可靠性工程与故障诊断技术

郭其一　冯江华　刘可安
周桂法　姚晓阳　黄世泽　著

科学出版社
北京

内 容 简 介

RAMS（可靠性、可用性、可维修性和安全性）理论诞生于美国的军工设备体系，并且逐步发展完善，该理论进入我国后已经成为工业设备和重大装备的质量保障基础；系统的故障诊断技术是保障重大设备可靠运行的重要技术支撑。这些理论和技术经过我国科学工作者和工程师的研究探索，形成了丰富的理论、技术与应用成果。本书总结了作者在该领域的科研成果，讨论了 RAMS 体系的基本概念，阐述了故障诊断的基本概念、基础理论和实现诊断的技术过程，并将其应用于轨道交通车辆领域，给出了相应的实践应用与规范要求。同时，对所涉及的技术标准也做了比较完整的介绍。

本书适合于高等院校交通、铁路及轨道控制等专业的高年级本科生和研究生阅读，也可供从事研究设计、生产制造、技术诊断、维护保障以及质量体系管理研究的工程技术人员参考。

图书在版编目(CIP)数据

可靠性工程与故障诊断技术/郭其一等著. —北京：科学出版社，2016

ISBN 978-7-03-050311-4

Ⅰ. ①可… Ⅱ. ①郭… Ⅲ. ①机车-可靠性工程②机车-故障诊断 Ⅳ. ①U268.3②U269.32

中国版本图书馆 CIP 数据核字（2016）第 256595 号

责任编辑：姚庆爽 张海娜 高慧元 / 责任校对：桂伟利

责任印制：吴兆东 / 封面设计：迷底书装

科学出版社 出版

北京东黄城根北街 16 号

邮政编码：100717

http://www.sciencep.com

北京厚诚则铭印刷科技有限公司 印刷

科学出版社发行 各地新华书店经销

*

2016 年 10 月第 一 版 开本：B5（720×1000）

2023 年 1 月第三次印刷 印张：33 3/4

字数：680 000

定价：180.00 元

（如有印装质量问题，我社负责调换）

序

由于铁路运输的高效、安全，我国的货物运输和人员运输还是以铁路运输作为主要的运输工具。同样，由于城市轨道列车（包括地铁、轻轨以及其他形式的有轨车辆）的高效、高速、正点与安全等特征，目前已成为各个特大型城市以及部分大城市和中型城市解决地面交通压力的主要选择。

列车（含机车、高速动车组）和城市轨道列车均由轨道线路系统、车辆系统、供电系统（包括电气化铁路供电系统和地铁的牵引供电系统）、信号控制系统（又称为列车控制系统）和行车调度系统以及其他各类辅助系统组成。而其中的轨道车辆系统是轨道交通实现人员运输和货物运输的唯一载体。

轨道车辆系统同样也是一个结构非常复杂的大系统，它的组成包括车体、走向机构（转向架）、车钩与缓冲器、牵引与制动控制系统、诊断系统和旅客信息系统等。而其中的牵引控制系统是实现列车运行速度控制、安全控制以及舒适性控制等的技术核心，故障检测诊断系统是保障列车安全运行的重要的技术辅助控制之一。随着现代微电子技术、电力电子技术、计算机技术、网络通信技术、现代传感器技术、现代信号处理技术和现代数学以及控制理论的发展，现代的列车牵引控制系统和故障诊断系统就是建在这些理论与技术之上的数字化、智能化与网络化的电子电气系统。

该系列包括《现代列车控制技术与应用》和《可靠性工程与故障诊断技术》。两册书的内容有所区别，但是立足点都是列车状态检测控制技术与应用系统的论述，相互补充，构成现代列车检测、控制、诊断、测试认证等完整的技术体系。《现代列车控制技术与应用》的主要内容为列车状态信息检测与控制的理论基础和技术实践，包括交流传动理论和现代列车车载通信网络技术、工程应用以及测试认证技术等。而《可靠性工程与故障诊断技术》的主要内容包括故障诊断的基础理论体系与实现方法，可靠性工程、故障诊断的实践应用和实验测试结果等。

该书的第一个特点是吸收和汇集了现代列车检测、控制、诊断与测试领域近年来的丰富研究成果。列车（机车）车载电传动控制系统从初期的变压器级间调压到相控整流输出的直流电机调速技术，发展到目前建立在直接转矩控制或者旋转磁场控制理论基础之上、普遍采用以 IGBT 构成的变流器系统可控变频变压输出的三相交流异步电机速度与力矩控制技术。从以变流器为核心的速度调节技术，到目前的以车载计算机控制网络为基础的分布式控制系统，不仅实现速度控制，还实现安全控制和充分利用黏着的力矩控制与防滑控制。从常规的普通列车控制到高速列车控制、重载重联列车同步控制。以现代传感技术和信号处理技术为基础的故障诊断技术不断完善并且实用化，而成为保障列车安全运行的重要技术基础之一。列车（机车、动车组） 的 RAMS 体系构建、实践和实现不断进步，并且贯穿列车设计、制造、运营、管理和处置的整个生命过程，因此现代列车的技术性能与功能、可靠性、安全性不断提高，一个往返运行交路从以前的一二百公里到目前的一千多公里。整个的列车（机车）牵引控制理论和控制实现技术发生了重大的变化，并且还在不断的进步之中。该书就是将这些崭新的理论与技术形成完整的体系。

该书的第二个特点是以基本理论为基础，以应用实践为目的展开讨论和叙述。列车控制从检测技术、控制理论、车载网络到交流传动控制技术形成体系，列车诊断从 RAMS 体系的建立，引出故障诊断的信息获取与检测控制理论、信号处理、可诊断性理论、故障可分离性理论到部件诊断和系统诊断等构成完整的体系。全书贯穿的思想是建立理论基础，并且由理论指导实践，为实践服务。

该书的第三个特点是对系统的测试、认证和一致性检测技术与系统设计实现作为一个整体进行介绍。由于列车的运行环境非常特殊，其海拔、粉尘、盐雾、温度、冲击振动、电磁兼容性等均与地面环境相差非常大，所有的车载设备必须适应这样恶劣的运行环境才能够稳定正常地工作。牵引控制系统和故障诊断系统作为电子电气设备必须通过相关的国际标准或者国家标准、行业标准的测试认证，才能够成为合格的车载设备。因此，测试认证技术应当成为控制理论与技术的一部分。作为牵引控制系统与故障诊断系统核心的车载网络系统，它必须与所有与之相连接的设备实现无缝的互联互通，而网络的一致性检测测试技术就是保障其可靠安全运行的基础。因此，网络的一致性检测认证技术也必须成为该书的组成部分。这样的体系构成也就成为该书的重要特点。

该书的作者一直从事电力牵引与传动控制领域的教学、研究、技术开发和工程实践工作，理论扎实，经验丰富。该书的内容是他们几十年工作的积累和总结，也是对牵引控制和诊断应用行业的一份贡献与一种新的探索。全书阅览广泛，内容丰富，见解独特，可以作为该领域工作者的指导与引领。特此作序。

中国工程院院士

2016 年 8 月于湖南株洲

前 言

随着计算机控制技术、列车车载通信网络、大功率电力电子器件与现代微电子技术、现代传感器技术和检测测量技术以及列车控制理论的发展、不断完善和相互融合，逐步形成了以交流传动为基本传动方式、以车载列车通信网络为平台和以计算机数字化检测控制为核心的现代列车检测、控制和诊断技术体系。

随着现代交流拖动与控制理论体系的建立和不断深化，电气化机车（包括列车与电动车组）从以变压器级间调压和以可控硅为核心的相控调压实现的直流拖动电传动系统，发展成为现代的以 IGBT 为主的大功率电力电子器件构成的变流器机组与交流传动体系。

20 世纪 80 年代，西门子、ABB、三菱、东芝等列车车载设备生产企业相继研发了列车计算机检测控制系统，并且实现工程化和产业化，由此机车车辆的控制从模拟电子技术为主的检测控制体系向以微型计算机为核心的数字化、智能化和网络化检测控制体系发展，不仅实现了检测控制的自动化，而且形成了基本完整的故障诊断体系。

20 世纪 90 年代，西门子、庞巴迪（原 ABB 的 Aditrans）等企业提出了基于现代网络技术的列车通信网络技术标准 TCN（IEC 61375），并且成为目前国际上广泛采用的车载通信网络标准，由此列车检测控制走向网络化。更重要的是，原来以变流器为核心的列车牵引控制系统，发展成为以列车通信网络为基础平台和核心的牵引控制体系，所有的检测控制系统或装置就成为现代车载通信网络上的一个节点或者接口装置。

牵引电机技术也从直流电机发展成为可靠性更高的异步交流电机，目前各个大型生产企业开始建立生产永磁同步直驱电机拖动系统体系。同时，交流拖动的理论体系也不断发展完善，从早期的滑差控制，到目前的旋转磁场矢量控制和直接转矩控制技术，以及基于状态估计理论的无速度传感器控制技术都已非常成熟完善，并且完全实现工程化和产品化。

目前，列车控制诊断技术以安全为主题，节能、高效和高可靠性为发展方向；干线铁路列车控制技术以安全、重载和高速为主要内容；而高速电动车组与城市轨道列车控制向更安全、更加智能化、节能以及舒适性服务等方向发展。

本书试图就以计算机的数字化智能化技术为核心、以列车车载通信网络为平台、以交流传动理论为基础的现代列车控制检测与诊断技术的理论体系、技术实现和工程应用等作一个比较完整的研究与阐述。本系列中的《现代列车控制技术与应用》的主要内容包括检测与控制理论基础、交流传动理论与技术、列车通信网络技术、工程应用以及测试认证技术等。而《可靠性工程与故障诊断技术》的主要内容包括可靠性工程的理论、技术标准以及工程实践，故障诊断技术的基础理论与方法，故障诊断的实践应用和实验测试结果等。两册书的内容有所区别，但是立足点都是列车检测控制技术与应用。

本书作者几十年来一直从事轨道交通牵引装备的技术研究，尤其在列车RAMS体系研究与实践、状态检测技术、牵引控制理论与技术、交流传动系统研究设计以及状态诊断等领域有着多年的研究探索。而作者所在单位中车株洲电力机车研究所有限公司以及下属的株洲时代电气股份有限公司是我国在该领域的最大研发基地和产品生产供应商；同济大学在我国的轨道交通基础理论和技术研究领域都取得了应有的成绩，几十年来为我国的轨道交通现代化作出了自己的贡献，因此为本书的成稿积累了丰富的素材。

另外，在本书的准备与完成过程中，中车株洲电力机车研究所有限公司以及下属的株洲时代电气股份有限公司的刘军、王益民、刘群欣、杨四清、谷丰、吕杰、杨卫峰、冯昊、刘智聪、倪大成、刘琳等，同济大学的黄世泽博士和舒露丝、徐秋勇、余亮亮、陈聪等众多研究生做了大量的实验准备、试验认证和文字工作，在此为他们所付出的辛勤劳动表示衷心的感谢。本书还引用了大量在公开刊物上发表的从事该领域基础研究与应用技术等工作的科研技术人员的成果以及他们的文献，在此向他们表示深深的谢意！

本书的出版得到国家863计划项目N863CF-G0104-01等多个国家项目的支持和资助，再次深表谢意！

由于作者水平有限，而且长期局限在此单一的领域内从事研究开发工作，书中难免存在疏漏之处，恳请广大读者批评指正。

作　者

2016年6月

目 录

第 1 章　系统的故障与可靠性问题

1.1　概　　述

随着现代科学技术的发展，系统的投资越来越大，工程技术设备的结构越来越复杂，从而对社会和经济效益的要求也越来越高。因此系统的高可靠性也就成为迫切的需要。组成系统的任何部件（硬件、软件等）发生故障或失效，都可能带来灾难性的后果，从而造成巨大的经济损失和社会伤害。

因系统的低可靠性或者部件疲劳引起故障而导致的机毁人亡事故数不胜数，例如，运载火箭因部件失效而爆炸，汽轮发电机组因主轴断裂或轴承故障而导致的机毁人亡，以及铁路列车因燃轴、车辆损坏、轴承故障、轮对疲劳断裂等引起的颠覆事故，飞机因某些关键部件故障导致解体和坠毁、甚至因一段导线短路引燃燃油而使飞机空中爆炸解体等，令人触目惊心。

1995 年 6 月 3 日，德国汉诺威至汉堡的 ICE884 次高速列车（图 1.1），在埃舍德小镇附近因车轮故障（公布的事故调查结论：可能是车轮轮箍疲劳破裂）所导致的列车颠覆事故，巨大的财产损失以及对全球高速铁路发展带来的不良影响且不说，仅人员伤亡就有几百人，现场惨不忍睹（图 1.2）。

图 1.1　德国 ICE 高速列车

图 1.2 德国 ICE 事故现场

2011 年 7 月 23 日，中国上海铁路局温州南站附近，因为信号设备雷击故障（事故调查报告所述），引起两列高速动车组追尾，导致伤亡几百人的严重后果，并且对中国的高速铁路建设、发展以及高铁技术走出国门带来非常不利的影响。图 1.3 为事故现场再现示意图，图 1.4 为事故的救援现场（摘自相关媒体）。

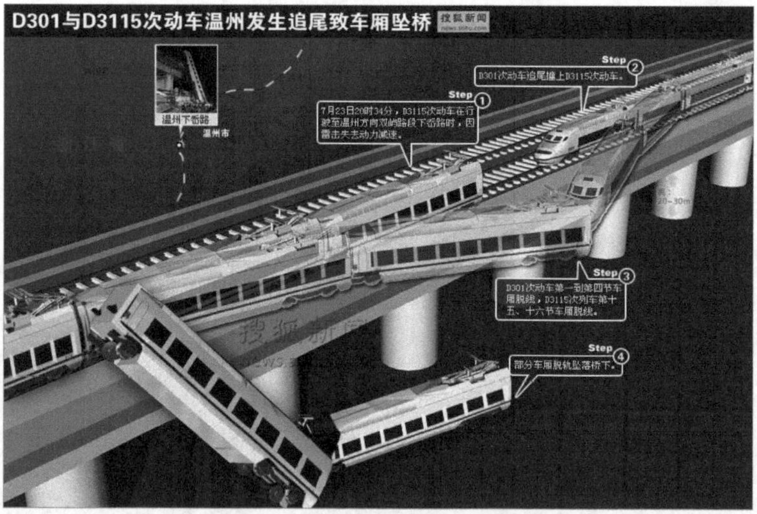

图 1.3 温州（2011 年 7 月 23 日凌晨）7·23 事故示意图（摘自搜狐网）

图 1.4　温州 7 · 23 事故救援现场（摘自中新网）

1998 年 9 月 10 日，上海虹桥机场上空发生的 MD-11 飞机（美国经上海至北京的 2137 航班）在 900 米高空因前起落架销子断裂致使转动装置失灵，引起前起落架收放失效而差点酿成惨祸（当时由于飞行机长高超的驾驶技术及地面人员的密切配合才未造成重大损失和人员伤亡）；1986 年 1 月 28 日，美国的“挑战者号”航天飞机因右侧助推器连接处的 O 形橡皮密封环损坏，引起 50 万加仑液态氢爆炸，航天飞机被炸毁，包括女教师克里斯塔 · 麦考利夫在内的全部 7 名乘员遇难；1996 年欧洲航天局的雅利安 5 型运载火箭因箭载计算机中错误地加载了 4 型火箭的软件，在起飞不久爆炸，火箭连同箭上数亿美元的通信卫星一起化为灰烬。另外，20 世纪 80 年代我国曾发生 200MW 发电机组严重断轴毁机事件，造成严重的经济损失。

这些严重的、灾难性的事故的不断发生，一方面迫使人们寻找更优质的材料，另一方面通过引入 RAMS（可靠性、可用性、可维修性和安全性）工程的过程管理，不断改进和提高系统的设计与制造技术，以尽量提高系统的可靠性。另外，故障诊断技术——一个能够为系统的可靠性提供一条新途径的技术领域，成为一个新的研究热点，也就是通过故障诊断为设备的可靠性和安全性提供技术支持。近 20 多年来，故障诊断在基础理论和技术应用方面均得到了迅速发展，在航天航空、核技术、发电设备与各类动工设备、交通运输、军事装备、机器人及其他工业自动化领域与医学领域等都得到了广泛的应用，取得了巨大的经济和社会效益。

可靠性是表示系统、设备、子系统或元器件等的功能在时间上的稳定性，它是产品质量按时间度量的抽象化。研究产品可靠性的目的之一在于延长系统保证性能前提下的寿命，而故障对系统的影响正好相反，它缩短系统的寿命。在系统运行中，当故障运动上升为矛盾的主要方面时，研究故障发生的机理，探索故障规律，往往比可靠性工程实施要先行。在正常运转的系统中，故障预报和先兆诊断有时比可靠性计划更重要。因此，研究系统的故障机理和故障症状的早期检测技术等，是可靠性设计和可靠性管理的基础工作之一。

RAMS 是系统的长期工作特性并且贯穿系统整个的生命过程，在系统的整个生命周期内，它可通过应用已建立的工程概念、方法、工具和技术而实现。系统的 RAMS 可以用与系统或子系统或组成系统的部件（或元器件）有关的定性和定量指标来表示，且可保证达到规定的功能、可用和安全。RAMS 是一个过程，它贯彻在一个系统对象从需求分析、概念设计、研制生产、运营运用、维修维护直到最后报废全部的寿命过程。同时，RAMS 又是一种概率，例如，轨道交通 RAMS 说明系统能保证在指定的时间内安全地达到轨道运输的规定运营质量水平的一种置信度。系统的 RAMS 对交付给用户的运营质量有明显的影响；运营质量还受有关功能和性能参数等其他特性影响，如系统的运行频度、运行规律性和费用结构。

也就是说，故障诊断是保障系统可靠性的技术手段。在系统的设计过程中充分考虑系统的可靠性因素，建立完整的技术检测和监测装备；在系统的运行和应用过程，通过运用相关的技术手段实现对系统的性能状态实施检测监控，为维修、运用提供技术保障。故障诊断是实现系统 RAMS 的技术保障之一。

对系统故障机理的研究除了应力、环境、时间等因素外，其内因则往往涉及材料的微观结构。通常总是先观测故障模式（即病症、故障表现），记录故障判据特征值的变化以及故障发生的时间等，进而观测记录故障的诱因（工作应力、环境应力和时间等），从中找出故障发生的真实过程，即故障机理（病理）。一旦查明故障机理，就可进行质量反馈，为元件、材料的选择和改进、系统的可靠性设计、维修工作的优化等提供依据。国际上也将这种研究方法称为 DDP，即检测（detection）、诊断（diagnosis）和预防（prevention）。通过对失效元件（或部件）的检测，找出导致其失效的物理、化学、生物原因（诊断），采取相应措施（材料选择、工艺设计与控制等），预防故障发生。从根本上提高产品的固有可靠性（产品在设计、制造过程中“固化”的可靠性）。

将可靠性问题作为专门问题来研究，是在第二次世界大战期间开始的。当时交战双方都开发研制了一批诸如雷达、弹道式导弹等以电子设备为核心的武器。但由于电子设备在作战环境下屡出故障造成严重损失，早期美军舰上曾经出现电子设备 70%以上发生故障。为了保障装备的正常工作，美军组成了庞大的维修、后勤保障队伍。这引起了美国政府、军界、企业界和学术界的高度重视，开始组成专门的班子和机构来研究可靠性这一重要问题。最初主要是研究器件的可靠性水平，虽取得不少进展，但整机水平提高不多。直到 20 世纪 40 年代末、50 年代初，设备可靠性仍很低。如水声设备约有 48%的时间、雷达约有 84%的时间可能处于故障状态。据统计，其维修费用是设备购置费的 60%～500%。经过数十年的努力，情况已从根本上改观。现在，美国军用电子设备平均无故障时间绝大部分都能达到 5000h 以上，有的甚至达到数万小时。军用视频系统平均无故障时间达 10000h 以上，通信电话系统已基本达到畅通无阻。20 世纪 50 年代初世界上最初的数字式电子计算机投入运行，当时平均使用了约 20000 只电子管，平均每小时需要更换 1～2 只电子管。整机难得连续工作数小时而无故障。然而经过数十年的努力，如今数字系统的可靠性平均提高了 5～7 个数量级。这主要归功于大规模集成电路工艺的日臻成熟和完善，同时归功于数字系统可靠性技术的研究成果的推广应用。目前，中型以上计算机由于对重要部件采用故障屏蔽的冗余技术，可连续运行数千甚至几万个小时而无须检修。目前，大量应用的微机系统，其硬件的平均无故障时间基本可达 10000h 以上。数字式程控电话的可靠性水平可达 20 年期间全局阻断时间小于 1h。

1.2　系统的故障与失效

故障的定义是：一个系统（或者一台机器、一个对象、一个设备或者一个装置等），在它应达到的功能量丧失了能力或者降低了性能，称这个系统发生了故障。故障包括使机器设备立刻丧失其功能的破坏性故障、降低设备功能的但没有完全丧失功能的功能性故障和人为误操作导致的停车故障等。产生故障的原因有人为误操作、由正常磨损或疲劳使机械设备达到其自然寿命和环境影响等三方面的因素。

故障的英语单词是 fault，另一个英语名词是 failure，一般可翻译成失效，也可译成故障。但是从汉语的名词含义看，故障比失效广泛些，有时系统发生轻微或不很严重的故障或者是部分功能丧失时，它还没有完全失效。

从一般的定义来说，被研究对象（系统、装置、部件）可以是一个复杂的大系统，如一列列车、一艘舰艇、一架飞机、一枚火箭或者一颗卫星等，也可以是一个简单的子系统甚至是一个元部件，如系统中的一个传感器、一段导线或者一个螺栓等，只要它们的故障（失效）可能引起不良的后果、导致系统的功能丧失或导致整个系统的崩溃，则它们都是被监视或被诊断的对象。而从严格的定义来说，从不同的角度来观测，可以将被诊断对象都视为系统（见定义 1.1），施加在其上的诊断称为系统诊断，由此而设计或建造的诊断装置称为诊断系统。本章从系统的角度就故障与故障诊断的若干基本问题提出一些作者的看法。

定义 1.1　系统就是设备，就是对象，它由元素及元素与元素之间的联系构成，并且能实现一定的功能，或者具有一定的行为，或者是具有一定特性的整体。系统的结构原理如图 1.5 所示。

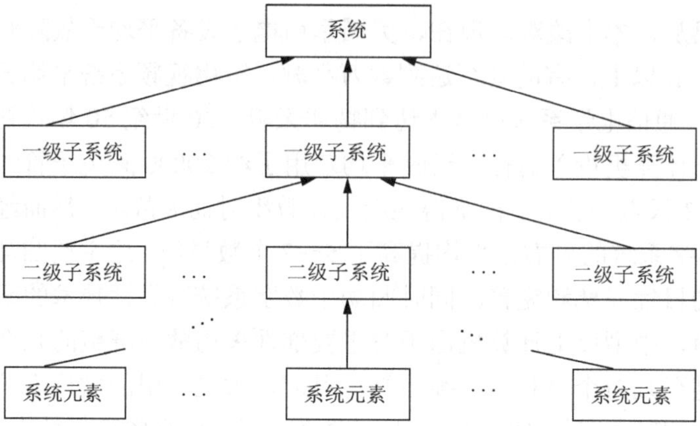

图 1.5 由元素及元素间的联系所构成的系统示意图

也就是说系统包含三部分内容：一是组成系统的元素；二是元素之间的联系；三是其构成整体的结果必须具有一定的行为、功能或特性。

例如，人脑的神经细胞就是元素，神经细胞之间的传导就是一种联系，神经细胞与传导构成人的记忆与思维系统；传感器完成信号测量并给出测量值，因此传感器可以看成一个系统；由车轮、刹车、骨架、链条等构成的自行车具有骑行功能，则自行车就是一个系统。诸如此类的具有功能、特性的装置构成系统。

因此，元素或者联系的任何功能丧失均可能导致系统发生故障。中华人民共和国国家标准 GB 3187—1982 所作出的定义是：所谓故障，就是系统丧失规定的功能。

系统可以分为可修复系统与不可修复系统两类。不可修复系统，是指系统或其组成单元一旦发生失效，不再修复，系统处于报废状态，例如，白炽灯就是不可修复系统，一旦灯丝故障整个灯泡就处于报废状态。不可修复是指技术上不能够修复、经济上不值得修复或者一次性使用，不必要进行修复。绝大多数设备是可修复系统。

定义 1.2 所谓故障，是指系统的运行处于不正常状态（或称为劣化状态），即系统或其中的元部件或元素间的联系丧失了规定的功能，从而使系统的功能低于规定的状态。或者说是组成系统的元素或元素之间的联系处于异常状态，导致系统的功能不符合要求。

与故障同意思的有“失效”，“失效”通常是针对不可修复的系统而言，失效（failure）一般是指一台装置（或其零部件）丧失了在预定期限内的正常功能。而“故障”往往是针对可修复的系统而言。

根据定义 1.2 可以作出这样的判定，一个系统所谓是故障的：

（1）就是说该系统在规定的条件下与规定的使用期限之内，不能实现其应该实现的功能；

（2）或者在规定的条件之下与规定的使用期限之内，其中一个或若干个性能参数不能达到规定的指标；

（3）或者在规定的条件之下与规定的使用期限之内，组成系统的元素（部件、元器件等）发生损坏；

（4）或者在规定的条件之下与规定的使用期限之内，组成系统的元素之间的联系处于劣化状态。

在这里，故障认定的前提条件是"在规定的条件之下与规定的使用期限之内"，这一点非常重要。例如，家用照相机不能在水中使用，这是相机出厂时所规定的使用条件，如果简单地将家用相机用于水下拍摄，就完全没有必要去认定相机的性能与状态；同样，一套超过使用寿命甚至是已经报废的设备，并没有判定设备是否发生故障的必要。

1.2.1　故障的特性

根据定义 1.2，故障问题具有以下几个特点。

（1）系统故障的普遍性。故障存在于一切系统中，存在于同一系统的各要素中，即任何系统都可能会发生故障。

（2）系统故障的破坏性。系统故障使系统运行包含着危机，故障的作用一般是消极的、破坏性的，即对于系统的运行具有不利的影响。

（3）系统故障的复杂性。造成故障的因素和机理一般是多方面的，具有因果的复杂性；而故障模式的表现也往往比较复杂，具有表现的复杂性。

（4）系统故障的输出行为。系统的行为只有通过输出才能实现其结果，同样，系统状态故障认定或判断的实现只能通过对系统的测量来完成，即故障检测或诊断建立在系统的可检测信息之上。如果系统内部的故障对于系统的输出没有任何改变，则通过测量的方式就不可能实现诊断（见第 7、8 章），此时故障的发现与排除只能依靠对系统进行解体来实现。

（5）系统故障的层次性。上层系统的故障源于其子系统（元素）、子系统间的联系（元素间的联系）的故障。实际上，这也是故障的扩展特性。这就是发现系统状态故障后故障定位以及由此采取故障隔离的必要性。

（6）故障结果的相关性。当某一子系统（元素）或联系发生故障，则同它相关的元素、联系的状态也可能偏离正常状态。正是由于故障的层次性与结果的相关性，发现故障后为了防止故障的进一步发展甚至导致系统崩溃，故障隔离就成为系统保护的重要环节。

（7）故障发生和发展的时延性。系统的故障有一定的发生和发展的过程，有一个量变到质变的过程。所谓突变故障实际上是一种小时延故障，相应的将渐变故障可以看做大时延故障。因此在诊断时可以将渐变故障与突变故障作同样的认知处理。

（8）故障诊断与系统输入的相关性。系统故障是客观存在的，而且某些故障可能在任何条件下都可检测，但是有些故障只有在一定的激励条件之下才可能通过行为检测获得其故障的不变特征信息，也就是说，系统中某些元件或联系只有在被使用时才能发现其故障。

（9）系统故障判别的多样性。由于系统行为的多样性和系统功能的多样性，系统故障的判断和识别方式同样有其多样性。例如，电力变流系统和电机系统的故障既可以通过其功能输出（电压、电流的波形与幅值、谐波特征）的特征实现故障测量，有时也可以通过其附加输出的特征（如温度等）实现故障测量，或者以二者的结合实现；旋转机械的磨损诊断既可以通过振动信息的分析，也可以对其正在运用的润滑油的污染成分检测得以实现；同样，旋转机械中轴承的故障诊断既可以通过对其的振动检测，也可以通过对其实施噪声检测所得的信息进行分析得以实现。

（10）系统故障的随机性与不确定性。在稳定系统中，故障往往是偶然发生的。即使可以通过检测分析得到故障先兆或者可能的故障发生期，也仅仅具有统计特征。所谓故障的不确定性主要体现在：①组成系统元素的特性不确定性及元素间联系的不确定性；②检测与分析装置的不确定性，如测量精度的不确定性和测量装置本身的本底噪声和通道噪声；③系统状态描述方法的不确定性以及工作环境的不确定性等。

（11）对故障认识的主观性。任何一个故障诊断系统的设计及实现过程都是以人特别是专家（设计、制造、应用、维修及管理专家等）的经验为主体实现的，故障诊断系统的设计过程就是知识的积累过程，也就是设计的主体——人对客观对象的认识过程，设计者对被诊断系统对象的认识深度，很大程度上决定故障诊断系统对故障识别的正确性与准确度（如误报率、漏报率和故障定位等）。

（12）故障标准的客观性。任何系统，其故障是否存在是客观的，并不依赖于人对它的认识程度、施加其上的检测监视技术、判断标准与诊断推理算法等。

1.2.2 故障的四要素

定义 1.3 故障的四要素是：故障的定义、故障的判据、故障的表现模式和故障发生的机理。故障的定义是故障诊断的前提，而故障判据是故障分析的依据，确定故障判据的原则是：

（1）在规定的条件之下与规定的使用期限之内，其系统功能；

（2）在规定的条件之下与规定的使用期限之内，系统可以接受的性能；

（3）在规定的条件之下与规定的使用期限之内，系统元部件以及相互关系（元素以及元素间的联系）的性能。

故障模式是故障分析的基础之一，是系统故障的表现形式，即故障所能表达的一种现象。故障诊断的实现往往是在观测或者测量故障模式的基础上完成的。

故障机理是系统故障发生的实质性的内在原因，故障诊断的根本任务之一就是要发现被诊断系统故障发生的机理。尤其故障后的故障效应分析（或者失效分析）的目的，就是找出相应的防止措施提供技术上的依据。机械或电子、电气系统中几乎所有常见的故障，其发生机理都可以归结为应力断裂、腐蚀、磨损、冲击断裂、疲劳以及热应力等。

故障分析、失效分析和事故分析的根本任务就是寻找故障机理。在失效分析中，通常将失效分类。从技术角度可按失效机制、失效零件类型、引起失效的工艺环节等分类。从质量管理和可靠性工程角度可按产品使用过程分类。图 1.6 所示的失效率曲线通常称为浴盆曲线，它描述了失效率与使用时间的关系。早期失效率高的原因是产品中存在不合格的部件；晚期失效率高的原因是产品部件经长期使用后，由于磨损等机理而进入失效期。机械产品中的磨合、电子元器件的老化筛选等就是根据这种失效规律而制定的保证可靠性的措施。失效按其工程含义分为暂时失效和永久失效、突然失效和渐变失效，按经济观点分为正常损耗失效、本质缺陷失效、误用失效和超负荷失效。产品的种类和状态繁多，失效的形式也千差万别。因此对失效分析难以规定统一的模式。失效分析可分为整机失效分析和零部件残骸失效分析，也可按产品发展阶段、失效场合、分析目的进行失效分析。失效分析的工作程序通常分为明确要求、调查研究、分析失效机制和提出对策等阶段。失效分析的核心是失效机制的分析和揭示。失效机制是导致零件、元器件和材料失效的物理或化学过程。此过程的诱发因素有内部的和外部的。在研究失效机制时，通常先从外部诱发因素和失效表现形式入手，进而再研究较隐蔽的内在因素。在研究批量性失效规律时，常用数理统计方法，构成表示失效机制、失效方式或失效部位与失效频度、失效百分比或失效经济损失之间关系的排列图或帕雷托图，以找出必须首先解决的主要失效机制、方位和部位。任一产品或系统的构成都是有层次的，失效原因也具有层次性，如系统—单机—部件（组件）—零件（元件）—材料。上一层次的失效原因即为下一层次的失效现象。越是低层次的失效现象，就越是本质的失效原因。

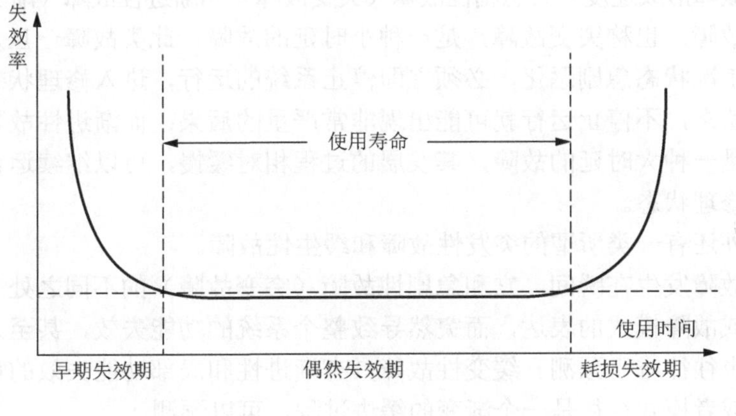

图 1.6　失效率与使用时间的关系

例如，集成电路芯片，如果封装存在缺陷，在工作过程中由于不断地热胀冷缩导致密封性破坏，腐蚀性气体、水汽等可能侵入，而导致器件的寿命急剧下降。显然，这里的故障机理就是芯片的密封缺陷。而有些器件引脚和芯片引出线之间的铝质连线在工作过程中，因为分子迁移导致连接线的一部分越来越细最后断裂，这里的故障机理属于磨耗性故障。

该浴盆曲线表明元器件的失效率随时间的变化大致分为三个阶段：初期失效期、偶然失效期和磨损（磨耗）失效期。初期失效期往往是由设计、制造中的缺陷引起的，并且在产品投入使用后的初期阶段很快暴露出来。当元器件使用后的一段时间内，失效率可以降低到一个稳定的较低水平，此阶段的产品失效通常是因为一些偶然因素造成的，故称为偶然失效期。当器件使用相当长的一段时间后就会进入磨损失效期，由于器件的磨损、老化、疲劳等因素，将会导致产品的失效率很快上升。显然产品的期望失效率要高于偶然失效期范围内的失效率，而偶然失效期的时间也是产品使用寿命的主要组成部分。对于元器件经过老化筛选以后，基本都处于偶然失效期。此阶段时间内如果使用得当，并且通过对产品的严格维护，将磨损的元器件进行更换，将会延长产品的使用时间。

故障可按其故障性质、状态的不同而分为以下几种类型。

（1）按工作状态分有间歇性故障和永久性故障。

间歇性故障是指故障状态有时发生，有时又消失，此类也常常称为活故障。永久性故障是故障状态出现后一直存在。

（2）按故障程度分有局部功能失效的故障和整体功能失效的故障。

局部功能失效的故障是该系统（设备）的某一部分（一个或者若干个子系统）存在故障，使这一部分功能不能实现，而其他部分（子系统）的功能仍可实现。整体功能失效的故障，虽然也可能是系统（设备）某一部分出现故障，但使系统的整体功能不能实现。

（3）按故障形成速度分有急剧性故障（突变故障）和渐进性故障（渐变故障）。

急剧性故障，也称突变故障，是一种小时延的故障，此类故障一旦发生之后就使系统的工况状态急剧恶化，必须立即停止系统的运行，进入修理状态甚至进入报废处置状态，不停止运行就可能出现非常严重的后果；而渐进性故障也称为渐变故障，是一种大时延的故障，其发展的过程相对缓慢，可以继续运行一定时间后再进入修理状态。

（4）另外还有一类所谓的突发性故障和缓生性故障。

突发性故障发生在瞬间，它和急剧性故障（突变故障）的不同之处是其没有明显的征兆或故障模式的表达，而突然导致整个系统的功能失效，甚至人身安全与系统安全也往往难于预测。缓变性故障具有渐进性和局部功能失效的特点，其外在的征兆或者模式往往是一个渐变的缓进过程，可以预测。

（5）按故障形成的原因分有操作或管理失误形成的故障与系统内在原因形成

的故障。

操作或管理失误形成的故障是人为的外在因素造成的，主要是要求系统的运用或操作者思想集中，提高工作责任心，此类故障一般不在故障诊断研究的范畴。而由系统内在原因形成的故障一般是由材料选择、系统设计过程控制、系统制造过程控制等阶段遗留的缺陷（如残余应力）或材料内部潜在的缺陷造成的，一般是由于缺少初始检测或者无法实现初始检测遗留的故障诱因，是突发性故障的重要原因之一。

（6）按故障形成的后果分有危险的故障和非危险的故障。

突发性故障和急剧性故障属于危险性故障，常导致整个系统的损坏、车间破坏，乃至人身事故和灾难性后果，是机械故障诊断重点研究的问题。而非危险的故障一般是指可修复的、不会导致灾难性后果的故障。

在 RAMS 体系中，关于系统安全性问题方面，有一个安全完整性的概念（见第 4 章），指的是故障的安全导向，是一个统计学问题。

（7）按故障形成的时间分有早期故障、随时间变化的故障和随机性故障等。

早期故障是有早期征兆或表现模式的，可通过状态监控或者诊断实现故障的早期发现，一般不影响机器的继续运行，但必须对系统的状态进行持续的监控以关注其发展趋势，防止故障扩大。随时间变化的故障是渐进性故障，如轴承磨损或其他的机械磨损等。随机性故障没有明显的规律，大部分故障的特征值都具有随机性。

上述故障类型是相互交叉的，随着故障的发展，可从一种类型转移到另一种类型。系统的状态迁移特性与过程如图 1.7 所示。图中的吸收态是指设备处于报废处置状态。

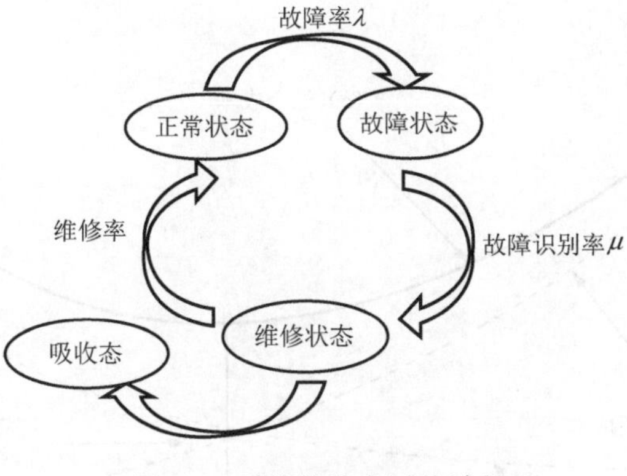

图 1.7　系统的状态迁移过程

1.3 系统的 RAMS 问题

可靠性是表征系统正常运行能力的一个通用概念，也是产品质量的时间性特征，是部件、元件、产品或系统的完整性的最佳数量的度量。可靠性又是一个统计的概念，是一个系统保证运行的置信度，它表明在某一时间内某个产品（或系统）能正常完成预定功能的概率（可靠度）。对重大装备和复杂产品系统而言，可靠性水平是产品和装备最重要的质量指标。

同时，可靠性是建立在系统的材料选择、设计、制造、维护和使用成本的基础上的，可靠性的提高需要在设计、制造技术与工艺、原材料选择使用等生命周期内所有方面的整个过程中提高成本，但是可以降低使用与维护过程的费用。

可靠性是一个过程性的概念，是产品质量的时间特性，它贯穿了系统从概念分析、需求设计、技术研发、生产制造、运营运用、维护维修、技术改进升级直至报废处置等完整的生命过程。它的度量与计算是与时间变量 t 相关联的。

可靠性有狭义的概念和广义的概念。狭义的概念一般仅仅是指系统完成预定功能的可靠度或者可信度，而广义的概念则包括完整的 RAMS 体系。

对于航空航天产品、军工产品、运输系统，首先不考虑成本，而是要保证尽可能高的可靠性。生命（或者寿命）周期成本（LCC）计算是经济分析的一个方法，用于对包括产品的采购成本和业主使用运行成本的产品总成本的评估。该分析对产品的设计、制造和使用过程中的维护保养以及使用对策的制定提供了主要的参考依据（图 1.8）。对于一般的产品，需要综合计算可靠性成本和维护成本形成的综合成本，并且该成本是可以被接受的，如图 1.8 中的曲线（c）所示。

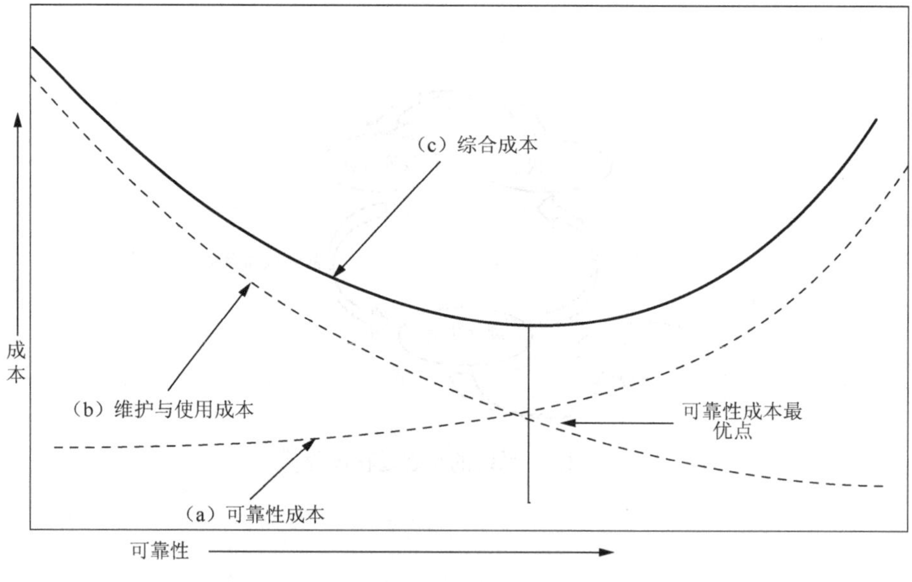

图 1.8 成本与可靠性指标关系图

RAMS 就是指可靠性、可用性、可维修性和安全性及它们之间的相互作用。产品不仅需满足可靠性和可维修性要求，还需通过合适的操作和维修规则进行维修，才能达到运行期间的可靠性、安全性和可用性目标。所有的 RAMS 指标都是建立在成本（费用）基础上的。尤其是在 RAMS 指标处于比较高的水平时，几乎 RAMS 指标微量提高就可能意味着经济成本的大幅度提高。

RAMS 是系统的长期工作特性，在系统的整个生命周期内，它可通过应用已建立的工程概念、方法、工具和技术等过程控制方法而实现。系统的 RAMS 可以用与系统或子系统或组成系统的部件有关的定性和定量指标来表示，且可保证达到规定的功能、可用和安全。系统 RAMS 是可靠性（R）、可用性（A）、可维修性（M）以及安全性（S）（即 RAMS）的组合。在系统的实现（设计制造）、维持（运行、运营、运用）和维护（维修、维护、升级）过程中，有效控制要求制定机制和过程控制程序来防止引入误差源。例如，用于实现轨道交通 RAMS 需求的方法是基于采用预防措施，使在整个的生命周期阶段由错误所引起的损伤概率最小。

产品的质量指标有很多种，例如，一部智能手机的指标就有耗电量、发射功率、最长通话时间与待机时间、语音质量与通话性能、拍照性能等。这类质量指标通常称为性能指标，即产品完成规定功能所需要的指标。除此之外，还有另一类质量指标，即可靠性指标。它反映产品保持其性能指标的能力，如手机出厂时各项性能指标都必须符合相应的国际或者国家标准，但使用一年之后是否仍能保持其性能呢？这是人们十分关心的问题。根据国家标准 GB/T 3187—1994《可靠性基本名词术语及定义》，可靠性定义为“产品在规定条件下和规定时间内完成规定功能的能力”。这种能力以概率（可能性、置信度）表示，故可靠性也称可靠度。定义中的“产品”是指作为单独研究和分别试验对象的任何元件、器件、设备和系统；“规定条件”是指产品的使用条件、维护条件、环境条件和操作技术；“规定时间”是指产品的工作期限，可以用时间单位，也可以用周期、次数、里程或其他单位表示：“规定功能”通常用产品的各种性能指标来表示。对这四方面内容必须明确规定，研究可靠性才有意义。

可靠性具有质量的属性，又有其自身的特点，大致有以下几点。

（1）规定条件下的可比性：从可靠性的定义可以看出，产品可靠性受三个“规定”限制，即“规定条件”“规定时间”和“规定功能”。第一个“规定”指因使用工况和环境条件的不同，可靠性水平有很大差异，为某种环境条件设计生产的产品不可以在另外的环境条件下使用，否则是无法用原来的可靠性指标去考核的；第二个“规定”指随规定时间的长短不同，其可靠性也不同，对于超出规定使用寿命的产品，其可靠性指标是不予考核的；第三个“规定”指因规定的产品功能判据不同，将得到不同的可靠性评定结果，不可能用系统实现某种功能的能力去考核该系统另外一种功能的可靠性。因此在讨论和评估产品可靠性时，必须先明确以上三个“规定”，否则将失去可比性、科学性与客观性。

（2）时间质量指标：一般产品的功能和性能参数，只要产品制成就能测定，在出厂前可进行检验和考核，故一般称为 $t=0$（使用时间为零）的质量。这种性能在设计阶段就给出并且是明确的，出厂前的出厂试验（检验）都可以确认和证明其 $t=0$ 的质量与性能。可靠性是指产品在规定时间内保持功能的能力或是保持功能的时间，对它的评定要等产品使用之后，或者通过模拟使用试验后（如型式检验可以部分证明）才能进行，故称为 $t>0$ 的质量。因此，分析评定一个产品的可靠性有两种方法：一是试验，通过建立模拟的使用环境条件或者加速的环境条件（如老化试验等）；二是利用现场使用数据的反馈，进行统计汇总和计算。后者是研究机电设备可靠性的主要途径。实际上，一个机电系统的真实可靠性数据基本上是建立在实际使用数据基础上的。

（3）强调可用性：可靠性与系统寿命有关，但是与传统的机械设备寿命概念有些不同。可靠性并不是笼统地要求系统保持长的使用寿命，而是强调在规定的使用时间内能否充分发挥其功能，有足够的工作或者使用效率，即产品的可用性（可靠性指标之一）。可用性={可用时间/（可用时间+因故障维修等不可用时间）}×100%。提高可用性可以从两个方面入手：一是保证产品在规定的使用时间内不出故障，或少出故障，尤其是不发生重大故障；二是一旦发生了故障能够迅速修复，提高维修效率，压缩维修时间，目的都是使设备不可利用的时间降到最低程度，为此需要提高产品的无故障性或维修性。

（4）抽样与统计特性（可靠度与置信度问题）：一个系统何时出现故障受许多随机因素影响，磨耗性故障是可以预测的，绝大部分故障是随机发生而不一定可以预测的。致使最终系统的无故障工作时间也具有随机特性。因此系统的可靠性观测值很难预测，可以利用概率统计理论估计整批系统的可靠性。可靠度就是指系统在规定使用条件下、规定时间内完成规定功能的概率，可用百分比表示。如某系统的可靠度为90%即表示该系统在规定条件下工作到规定时间内，有10%的系统可能丧失功能而失效，90%的系统有可能完成规定功能。另外，由于系统的可靠性要经过使用或模拟试验后才能评定，一般不能对整批系统逐个试验，需要采用抽样和（定数或定时）截尾试验的方式。因为是抽样试验评定，就有判定的风险问题，即以抽得的子样评定结果代表整批系统的可靠性水平的可信程度，称为置信度。若说某批次系统的可靠度估计值大于90%，置信度为60%，则表示对该批系统抽样试验评定可靠度，如抽样100次，将有60次评定的可靠度结果是大于90%的。

（5）指标体系：一般来说，一个系统的可靠性可由多种指标形式表示。因为可靠性是个综合特性，它综合表现了系统的耐久性（或者使用寿命）、无故障性、维修性、可用性和经济性，可分别用各种定量指标表示，形成一个指标体系。系统具体采用什么样的指标要根据系统的复杂程度和使用特点而定，一般对于可以修理的复杂系统、机器设备，常用可靠度、平均无故障时间（MTBF）（对于车辆飞机等交通系统，也常常用平均无故障里程/公里指标）、平均修复时间（MTTR）、有效寿命、可用度和经济性指标等。对于不能或者不予修理的系统，如耗损元器件等，常用可靠度、可靠寿命、故障率、平均寿命（MTTF）等。材料则采用性能均值和均方偏差等特性作为指标。

可靠性弥补了传统的质量、寿命等指标、概念体系的不足，表达了产品的时间质量特性，更符合使用目的的要求。因此，现代的全面质量管理、质量保证等活动过程中，都把可靠性指标体系作为管理的目标之一。

总之，RAMS 是一系列的数学模型（研究的角度）；是一系列的指标（管理的角度）（概率、置信度、期望寿命、使用时间、识别率、维修时间、维修度、维修费用等）；是一个自始至终的过程与活动（全寿命过程）；同时是一系列的证明文件、管理文件和文档（如各类的测试、试验报告，论证证明文件等）。它还是一系列的方法、工具、技术和工艺；是一系列的程序、质量控制规则和标准；更是一系列的数据与分析（抽样、分析、统计等），包括数据记录和统计数据。在系统的实现和维持中，有效控制要求制定机制和程序来防止引入误差源。用于实现轨道交通及各类复杂系统的 RAMS 需求的方法，基于采用预防措施，使在生命周期阶段由错误所引起的损伤概率最小。

1.4　小　结

随着技术的进步，系统设备越来越复杂；而现代化生产中，对于系统设备的可靠性、运行效率（可用性）以及由此产生的经济效益、安全与安全完整性等的要求越来越高。这些广义可靠性（RAMS）的实现，需要在设计、制造和运行使用过程贯彻 RAMS 体系、控制与保障 RAMS 规则的执行来达到。同时，需要在系统的体系架构和技术结构中包含状态诊断的技术模块，通过状态诊断识别故障，从技术上保障或者提高系统的可靠性实现。因此，近年来故障诊断技术越来越受到重视，如果系统中的某个装置出现故障而又未能及时发现和排除，其结果不仅会导致装置本身损坏，甚至可能造成整个系统机毁人亡的严重后果。在连续生产系统中，如果某台关键设备因故障而不能继续运行，往往会涉及整个生产系统设备的运行，而造成巨大的经济损失。因此，对于连续生产系统，故障诊断具有重要的意义。例如，电力系统的汽轮发电机组、冶金过程及化工过程的关键设备、列车的走行机构以及飞机的操纵机构等。在机械制造领域中，如柔性制造系统（FMS）、计算机集成制造系统（CIMS）等，故障诊断技术也具有相同的重要性。然而在机械制造工业中，大量的是单件、小批量生产，在传统的生产环境中，一般普通机床设备操作与质量控制主要靠人进行，这时故障诊断技术的地位就没有前述连续生产系统显得那么重要。但对于一些大型复杂的机床设备如数控加工中心、连续自动化运行的机床设备等，因故障存在而导致加工质量降低或者运行效率降低，使整个机器产品质量与经济指标不能保证，这时故障诊断技术同样是关键结构。

RAMS 是一个新的过程体系，其贯彻执行需要长期的坚持。同样，故障诊断是一门新发展的科学领域，还没有形成较为完整的科学体系。因此对这两者的研究目的、研究内容和范畴的理解，往往与工程应用背景，乃至工程技术人员的专业水平不同而有很大差异。正确地理解 RAMS 体系的活动规则和过程体系以及执行贯彻，以及保障 RAMS 目标实现的故障诊断的研究目的、研究内容的范畴是涉及本门学科指导思想和发展策略的问题。

故障诊断技术是伴随复杂产品可靠性、维修性的发展而发展起来的一门边缘学科。它涉及系统科学、控制论、信息论、检测与估计理论以及计算机科学等多方面的内容，距今已有 30 多年的发展历史。故障诊断技术首先应用在航空航天工业，并迅速渗透到军用、民用等许多部门。目前已在电子产品、机械产品以及机、电、光相结合的复杂产品上都获得成功应用。机械图像分析、润滑油样分析，红外热成像、动态信息处理以及计算机模拟等作为实现故障诊断的研究方法，已形成各具特色的研究与应用领域。从其发展趋势看，有以下几个方面。

（1）计算机装置（尤其是处理器或者微处理器）是故障诊断的核心，由微处理器构成的嵌入式装置越来越多地应用于大型或者复杂系统而为故障诊断的实现提供技术基础。若与中央计算机构成网络与通信联系，或者多个微处理器装置构成分布式协同诊断系统，则能对产品全系统实施高效管理。

（2）现代数学和计算机技术、传感器技术是故障诊断的基础。而控制论、信息论、检测和估计理论以及数字信息处理技术等的近期研究成果，以及大数据运用与处理技术等，越来越多地被移植到故障诊断技术中。

（3）产品本身的在线自检设备（在线性能监测与状态监测，大都采用嵌入式装置）和修理单位的自动测试设备（离线的诊断故障），是产品全系统中所必须统筹考虑的。在线自检设备具有发现并隔离系统在工作时才出现的瞬时故障、随机故障或间歇故障的优点。目前性能优良的在线自检设备已经实现故障定位，即定位到最小可更换单元模块。离线自动测试设备则具有更大的程序控制灵活，测试范围大、精度高、通用性强。通常，离线自检设备能够实现故障诊断到可更换的功能模块和印制电路板，离线自动测试设备则用于对更换下的大批功能模块和印制电路板进行诊断修复，这使产品的维修管理大大改观。目前离线自动测试设备一般应用于系统大修以及修理后的性能测试等环节。

（4）故障的计算机模拟和智能模式识别的研究，实现诊断过程的多变量、多传感信息融合和多模式融合，促使诊断技术迅速发展，诊断的结论更加准确，故障的定位更加有效，并且发展成为结合诊断、辅助优化运行指导的智能化系统。

（5）机械系统中图像的时域、频域分析技术，机械系统润滑油中磨屑的光谱分析技术，特别是对机器振动和噪声的测量、获取与计算分析技术等，越来越成熟并形成具有特色的工程诊断分支。

（6）依据冗余技术的容错系统已经得到广泛的应用。

（7）在线嵌入式自动测试装置正在向模块化自动测试设备发展，已经形成标准化的系列模块。不同标准模块的组合，能分别用于多种型号产品的在线自动测试以及适用于不同维修级别的需要，从而具有更大的灵活性、扩展性和经济性。

（8）通用测试语言（故障诊断的计算机软件）的研究迅速发展，已形成相应的标准并且得到成熟应用。

（9）云计算、远程专家库系统、大数据分析运用等为诊断技术的有效性和准确性提供了又一条崭新的技术路线和技术支持。

当今社会，人们越来越重视产品的可靠性是因为可靠性对于国民经济的发展及社会生活的安定有十分重要的意义。不难想象，如果一个由计算机参加管理的银行系统的计算机系统一旦出故障，丢失了储户数据，将会造成多大的混乱，而且对储户的心理、银行的信誉有多大的影响。航空公司航班和定座管理的计算机系统的故障，立刻就造成航班和旅客的混乱。邮电通信系统的故障对于信息社会将是难以承受的。国家统计和计划部门的信息管理系统的故障将是灾难性的。又如医疗电子器械和仪器设备的可靠性，对于人民的健康和患者的生命安全是直接相关的。手术室的急救设备、仪器的故障是对患者的不负责任。显然，用于这些要害部门、军事系统的电子设备、数字系统、计算机等均要求有极高的可靠性。

可靠性对于一般民用电子产品也是极其重要的，它是企业的命脉，决定一个产品是否具有市场竞争能力的根本因素。市场上受欢迎的产品，首先是可靠性高的产品。目前一些国外电子仪器产品、计算机以及航空系统等之所以能在我国国内占据相当的市场，主要原因就是同类国产系统与进口系统相比，在可靠性方面还存在相当大的差距。这也是我们科学技术与产品制造业要赶上国际先进水平的主要努力方向。也就是说，制造业要迅速起上世界无进水平，提高可靠性是一个重要的方面。

近十多年来，国内的各部门和行业对于产品的可靠性已相当的重视，产品的可靠性水平增长很快。例如，人造卫星的火箭发射系统的可靠性相当高，多次成功地为我国和外国发射了各类卫星和返回式卫星以及载人宇宙飞船。在可靠性研究方面，国内航天航空部和机电部起步最早，已有相当规模的研究机构和研究队伍，目前在航空航天、轨道交通等领域已经取得非常明确的成果，我国在这些领域走向国际市场就是一种成功的证明。可靠性工程（reliability engineering）提供理论和实用的工具，从而使部件、元件、产品或系统在规定的环境条件下、规定的时间内以给定的置信水平无故障地执行其设计功能的概率（probability）和能力（capability），可以规定、预测、设计、试验或演示部件、元件、产品或系统的可靠性性能，可以监测并将相关信息反馈到有关的机构与组织，进一步提高可靠性。同样，可靠性工程也提供理论和实用工具使企业有竞争力的价格水平获得产品或系统的最优可用性（availability）、可维修性（maintainability）、安全性（safety）和最佳质量（quality）。

第 2 章　系统的可靠性原理

2.1　概　　述

RAMS，即可靠性（reliability）、可用性（availability）、可维修性（maintainability）和安全性（safety）的简称。RAMS 体系与管理工程起源于 20 世纪 70 年代，首先应用于民航、核电、军工等领域，从 20 世纪 80 年代起，轨道交通行业引入了RAMS管理体系。轨道交通系统作为快速大容量的公共交通工具，其安全性直接关系到广大乘客的生命安全，RAMS 为保证轨道交通系统有计划、有组织、安全、高效地运行提供安全管理规则。对于复杂大系统和涉及安全的装备，美国、欧洲、澳大利亚和日本等国家和地区已建立了比较完善的安全评估和安全管理体系，制定了一系列切实可行的安全评估的技术标准。例如，英国工商部门和健康安全部门提出了一个 CASS（与安全系统相关的一次性评估）安全评估框架，并且成立了 CASS 公司，负责对评估员进行考核、监督和评估过程。另外，国际标准化组织也十分关注 RAMS 问题，针对轨道交通的系统可靠性、信号系统安全性和运营安全性问题等，提出了一系列标准，包括以 IEC 61508 为代表的标准族，如 IEC 62279（相应的中国国家标准 GB/T 28808）、IEC 62425（GB/T 28809），ERTMS/ETCS、IEEE 等国际组织也在关注轨道交通信号安全和运营安全，提出了相应的规范和标准，如 ERTMS/ETCS02S1266、IEEE 1474.1-1999 等。RAMS 的构成体系如图 2.1 所示。

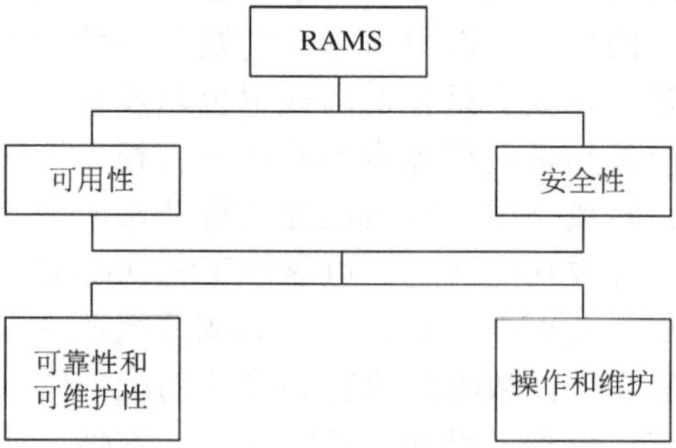

图 2.1　RAMS 各要素间的相互关系

目前，RAMS 管理体系已在军工、航空航天、交通运输等行业获得广泛应用，并取得良好成效，但在我国还处于起步阶段。为规范 RAMS 管理，英国标准协会（BSI）制定并颁布了相应的标准，由此欧洲标准化组织制定和颁布了 EN50126《铁路应用——可靠性、可用性、维修性和安全性的规范和验证》。IEC 61508 是国际电工委员会（IEC）制定的《电气/电子/可编程电子安全相关系统的功能安全》国际标准，我国也将 IEC 62278（轨道交通，可靠性、可用性、可维修性和安全性规范及示例）引入国内，经过修订而成为我国的国家标准（GB/T 21562），其他领域同样在采用国际标准的基础上建立了其相应的 RAMS 国家标准。

2.2 RAMS 要素的定义及其相互关系

2.2.1 可靠性

定义 2.1 所谓可靠性，就是说系统在规定条件下和规定使用时间内，完成规定功能的能力。

可靠性的内容和指标体系包括：系统在指定应用中所有可能的产品的失效模式（或者故障模式）与周围环境条件（使用条件）；每个失效（或者故障）发生的概率，或者每个失效发生的概率；失效（故障）对系统性能的影响以及评估（方法以及结果）。

可靠性通常用平均无故障时间（MTBF）来衡量。运行可靠性定义为正常运营功能服务平均时间（MTBFS）。与可靠性相关的参数如表 2.1 所示。

表 2.1 可靠性参数示例

参数	符号	量纲
故障率	$Z(t),\lambda$	故障数/时间、距离、周期
平均工作时间	MUT	时间、距离、周期
平均故障时间 平均故障距离 （对不可修理的项目而言）	MTTF MDTF	时间、距离、周期
平均无故障时间 平均无故障距离 （对可修理的项目而言）	MTBF MDBF	时间、距离、周期
故障发生概率	$F(t)$	无
可靠性（成功发生概率）	$R(t)$	无

对于轨道交通列车，如地铁列车，其指标的计算可以由式（2.1）和式（2.2）给出（以下计算仅仅针对一条运营地铁线路的全部车辆，也可以是地铁运营公司所有运营线路的全部车辆）：

$$\mathrm{MTBF}=\frac{\text{所有列车运行时间的综合}}{\text{所有运营列车上发生的列车故障总数}} \tag{2.1}$$

$$\mathrm{BDBF}=\frac{\text{所有列车运行里程总和}}{\text{所有运营列车上发生的列车故障总数}} \tag{2.2}$$

对于城市轨道交通，服务故障就是指因某一特定功能不能实现而导致列车晚点，列车甚至不能投入或继续维持商业运营。服务故障包含：

（1）救援：需要另外一列车将故障列车拖回车辆段；

（2）清客：需要疏散乘客，列车空车返回车辆段；

（3）晚点：列车因故障晚点超过 3min，对商业运行造成了影响；

（4）不能投入商业运营；

（5）不能继续维持商业运营。

于是有如下计算要求：

平均无故障时间（MTBF）：在规定的条件下，运营列车或功能单元两次相邻故障的平均连续时间；

正常运营功能服务平均时间（MTBFS）：全部运营列车两次服务故障之间的服务时间的平均值。

由于列车结构的复杂性，列车运营可靠性指标可以假设要求：一般是按照平均无故障时间为 3000h 考虑（或者考核、计算），或者按正常运营功能服务平均时间大于 40000h 考核计算。

在进行列车可靠性计算中一般可采用公式 $\mathrm{MTBF}=\dfrac{T_1}{N_1}$，其中 T_1 为列车运行的时间总和，而 N_1 为在 T_1 时间内发生的故障总数。也可以采用公式 $\mathrm{MTBFS}=\dfrac{T_2}{N_2}$，$T_2$ 为线路上运行的时间总和，N_2 为在 T_2 时间内发生的服务故障总数。

在数学上一般用 $R(t)$ 表示可靠度、$F(t)$ 表示故障概率、$f(t)$ 表示故障密度。那么它们之间的数学关系为

$$\begin{cases} R(t)=1-F(t) \\ f(t)=\dfrac{\mathrm{d}F(t)}{\mathrm{d}t} \end{cases} \tag{2.3}$$

系统内部失效与系统的应用环境，如电磁干扰、支撑的运行环境状况等有关，这些支撑环境包括气候（或气象）条件、湿度、温度、振动与冲击、粉尘、腐蚀性气体等。所有的系统失效都对系统可靠性产生负面影响，而只有其中的安全相关失效模式才对安全性产生负面影响。为实现系统给定的可靠性指标，需要确定影响系统 RAMS 的各种因素，并且分别估计其影响，然后在系统的生命周期内应用适当的控制措施来驾驭产生这些负面影响的原因，或者尽可能地抑制这种负面影响的作用，使系统性能得到优化，尽可能地保障 RAMS 指标的达到或者实现。RAMS 与环境之间的相互关系如图 2.2 所示。从图中可以看出，系统的 RAMS 指标与系统的操作环境相关，因此，系统所涉及的企业（包括研发、设计、制造、运营等企业）的企业文化建设同样非常重要。

可靠性指标是产品系统与设备除了功能性指标之外最重要的性能指标。

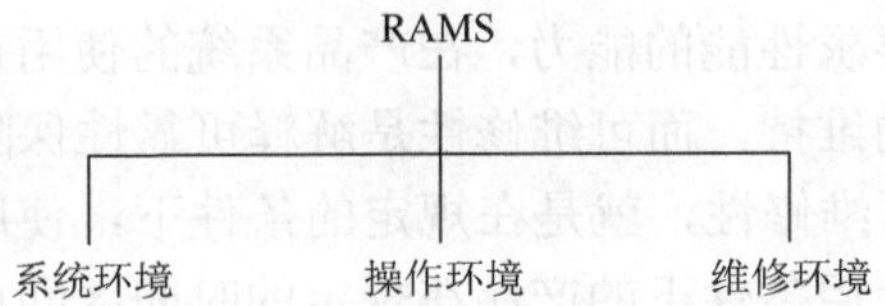

图 2.2　RAMS 环境

对于轨道交通车辆这样的复杂大系统，假如其列车整车或者其中的可更换部件的可靠性服从指数分布，则其平均失效间隔时间可以由式（2.4）来表达：

$$\mathrm{MTBF}=\int_0^{\infty}R(t)\mathrm{d}t=\int_0^{\infty}\mathrm{e}^{-\lambda t}\mathrm{d}t=1/\lambda \tag{2.4}$$

式中，$\lambda=\sum_{i=1}^{n}\lambda_i$ =故障数 / 给定项目的全部运行公里数（$\sum d$），即运行里程的比率，或者 λ = 故障数r / 给定项目的全部运行时间（$\sum t$），即运行时间的比率；λ_i 是系统中第 i 个部件或者子系统的故障率，于是还可以是如下数学关系：

$$\frac{1}{\mathrm{MTBF}}=\sum_{i=1}^{n}\frac{1}{\mathrm{MTBF}_i} \tag{2.5}$$

以车辆系统中的电子产品为例，可以用实际平均无故障时间（AMTBF）来划分故障出现的频度，城市轨道交通车辆的故障频度的常用分级一般可以参见表 2.2。

表 2.2　城市轨道车辆故障频度分级

分类	故障出现的频度
频繁	AMTBF＜1250h（每季度都要发生 1 次或几次）
经常	2500h＞AMTBF≥1250h（一季度以上发生 1 次）
有时	5000h＞AMTBF≥2500h（半年以上发生 1 次）
很少	10000h＞AMTBF≥5000h（1 年以上发生 1 次）
极少	20000h＞AMTBF≥10000h（2 年以上发生 1 次）
几乎不可能	AMTBF≥20000h（4 年以上发生 1 次）

2.2.2　可维修性

由于 RAMS 是一个过程体系，贯穿了系统整个的生命过程，因此在系统的使用过程中需要通过合理的维修来保障可靠性、可用性与安全性指标的实现，而维修活动的实现与产品的设计和生产等过程密切相关，需要在设计阶段就可维修部件的定义、可维修部件的构成与清单、被维修部件的可接近性以及维修维护费用、部件的长期供货能力以及使用用户的维修保障能力、后勤支持能力等作出综合的考虑，然后才能进行系统的架构设计和总体设计。

可维修性指的是对产品进行必需的维护、维修和保养时的方便性、经济性、安全性和准确性，并且可以使用概率和维护项目所需的资源级别来进行衡量，也是衡量系统设计、制造与维护以达到可靠性目标的主要指标与能力。可维修性直接影响着产品达到所要求性能的能力，在产品系统的使用过程中，需要通过维修活动来保证其可靠性的维持，而可维修性是解释可靠性保障与保证的一种能力。

定义 2.2　所谓可维修性，就是在规定的条件下，使用规定的程序和资源进行维修时，对于给定使用条件下的产品在规定的时间区间内，能完成指定的实际维修工作的能力。可维修性的基本参数见表 2.3。

表 2.3　可维修性参数示例

参数	符号	量纲
平均不可用时间	MDT	时间、距离、周期
平均维修间隔时间、距离	MTBM/MDBM	时间、距离、周期
平均修复性维修间隔时间、距离 平均预防性维修间隔时间、距离	MTBM（c）/MDBM（c） MTBM（p）MDBM（p）	时间、距离、周期
平均维修前时间	MTTM	时间
平均修复性维修前时间 平均预防性维修前时间	MTTM（c） MTTM（p）	时间
平均恢复时间	MTTR	时间
错误报警率	FAR	时间的倒数
平均修复时间 （维修作业耗时平均值）	MaxTTR	时间
在线修可更换单元	LRU	名称，件
主更换单元	MRU	名称，件
二级可更换单元	SRU	名称，件
最小可诊断单元	SDU	名称，件
最小可更换单元	LRU/MRU/SRU	名称，件

这里同样强调了必须在规定的使用环境条件下，同时强调了维修时必须可以利用的资源条件实现维修，以及维修的能力。而所谓的维修能力包括被维修部件的可接近性、人力资源、材料与维修设备工具的保障资源以及维修的时间、成本与维修成功率等，也包括维修场地资源。

这里包括了系统的供应商（研发者、设计生产者、或者集成商等）和用户两个方面的责任。系统供应商通过优化设计以及配置合理的检测诊断装置，给出最小可诊断单元（SDU）和最小可更换单元（LRU）清单，实现维修维护部件的可接近性、实现最小可更换单元的易维护维修性以及易更换性、给出更换维修维护的最小时间与基本费用清单、给出必需的备品备件清单、维护维修更换过程所必需的工具清单和专用设备清单，并且在系统使用的整个寿命期间内提供必要的技术支持。

而整个维修维护能力的建设、后勤保障、维修维护过程的实现是由用户完成的。

因此，可维修性包括了系统的供应商和系统用户两个方面的工作和职责。

维修包括预防性维修和修复性维修，预防性维护可确保产品在使用期内安全的、经济的运行。但并不是所有的系统或者部件都可以进行预防性维修，一般的机电产品系统，由于磨耗磨损性质导致的可靠性问题或者故障问题，其易损部件是可以通过预防性维修以提高系统的可靠性和可用性，例如，易磨损部件的提前更换或者润滑油脂的提前更换与加注等。但是一些电子类产品，通常无法通过提前更换元器件或者板卡插件的方式提高系统的可靠性，由于浴盆效应，新的器件或者板卡的故障率可能更高，由此而导致系统的可靠性指标可能会降低。

维修需要修理规章和必需的后勤保障如专业工具装备等。系统通常用平均恢复时间也称为平均修复时间（MTTR）（单位：小时或天）来表示，涉及可维修性的相关参数见表 2.3。因此，在系统设计阶段需要考虑易损件的可接近性（在可能的条件下），维修手册需要说明最小可更换部件、每个可修理部件的修理/替换时间（最大修理/替换时间或平均修理/替换时间）以及维修条件，同时需要说明最基本的备件供应和后勤保障条件。

在 MTTR 的组成中还包括时间成分，时间成分的内容包括调度/运行时间、进入时间、备件准备时间、修理/替换时间、测试/启动时间、数据接收时间以及等待时间等。可维修性时间计算还包括系统的维修间隔与周期、执行计划维修的时间、故障诊断与检测识别以及定位的时间、失效系统的恢复时间（计划之外的维修）等，如需专用工具，一般由系统制造厂（供应商）提供专用工具。

可维修性用恢复到正常状态平均所需的时间来衡量。系统在运行过程中必须执行了正确的维护维修后，产品才能达到其固有的可靠性和设计寿命。操作和维修的内容包括产品生命周期内全部可能的工作模式和必要维修，以及人为因素影响。

可维修性的系统供应商责任与工作内容是在产品的需求分析、技术设计阶段通过合理的设计活动实现的，这里包括对客户需求的分析以及设计规则、审查论证活动等，并且需要交付相关的说明文件。在产品的设计阶段，设计者应该考虑到系统及其元件部分如何进行维护，尤其这些部件的可接近性与可更换/维修性。还应记录下设计者需要考虑的如下问题：人与系统之间的相互作用，设备需求因素（如工业安全性、人力因素和方便的沟通途径等）。同时应当研究维护人员的技能水平、建议中的维护工作线、每个“维护工作线”可完成的维护类型和数量、可接近性、模块的可更换性、项目的功能互换性、维修支持设备和专业工具、维修修复的平均时间（MTTR）（包括更换时间和功能恢复时间、功能测试时间等）以及维护费用（包括人工费用、更换的部件和原材料费用、生产性以及相关的场地费用、仓储与运输费用以及各类工具、生产设备的费用等）。

平均修复时间可以用式（2.6）计算：

$$\mathrm{MTTR}=\frac{\sum_{i=1}^{K}\lambda_i T_i}{\sum_{i=1}^{K}\lambda_i} \tag{2.6}$$

式中，λ_i 是系统（或者部件）的第 i 种故障；T_i 是该故障模式的维修修复耗时；K 是系统的全部故障模式总和。

表 2.3 中的符号解释如下：

（1）LRU：可由一个维修人员直接从列车上拆卸并更换的可修或耗损单元，其质量一般不超过 15kg（如接触器、缓冲器等）。除该单元本身的安装部件和/或特别设计的盖板外，其维修过程无须拆卸其他任何单元。一个 LRU 可以是一个最小可更换单元。

（2）MRU：特征与 LRU 相同，是指大型单元，其单元质量可能超过 15kg（如车下设备箱、转向架），其更换或恢复工作要求一人以上进行，并要求采用提升设备。一个 MRU 可包含多个 LRU 和 SRU。

（3）SRU：在拆卸其他单元或一个 LRU 或 MRU 后拆卸并更换的可修或耗损单元（如牵引电机轴、车门驱动电机等）。一个 SRU 可以是一个最小可更换单元。

（4）SDU：可通过列车诊断系统诊断其功能和/或记录故障数据的最小单元。

（5）最小可更换单元：最小可更换单元是指在车辆段检修区域不能拆卸或不能维修的一个部件或系统的一个单元，如印刷电路板。

可维修性一般的定性要求至少应包括表 2.4 的要求。可维修性的实现还包括预防性/修复性维修要求、后勤保障要求以及维修费用要求等。

表 2.4　可维修性的定性要求

可接近性	设备布局（包括其相关的连接）应便于履行检查、修理、修改、替换等，并考虑这些操作必须使用的工具尺寸的影响。对于维修人员必需的工作区域，应考虑安全性要求和必要的局部照明。设备的所有紧固点以及与基础设施（如通风通道、风扇和过滤器等）的接口点，宜无须专用工具即可接近
可拆卸性	如有必要，在失效恢复或定期维修中，应能拆除任一设备，而无须对没有直接包含在特定维修活动的其他设备进行操作。一个产品的可拆卸性的评估，也应考虑可能需要移去机车车辆结构部分（如顶盖天窗和外罩等）以及拆卸、开启和处理的方便性
模块化	设计应尽可能提升对象的模块化水平，减少介入时间、必需的特殊工种人员和备件库存。模块化应适用于维修活动的两个等级：初级维修（单元的快速更换）和二级维修（离车修理单元，如在车间）
可操作性	为便于更换、修理或因计划维修而拆卸，每台设备、装置和产品不宜超过单人可搬动的质量，并且应单人可操作。当满足两个人可同时工作的可接近性条件时，最大质量可以加倍。部件形状的外部特征宜易于操作且无危害或伤害人员的可能。应使用机械起重设备移开和/或运输物体时，其布局和结构应能利用吊钩、系结物、叉式升降机（拥有吊环螺栓、吊钩和底脚等）。如果从市场购买不到吊钩、系结物或运输设备，它应由主要供应商负责设计、制造和供应。所有连接（在单元和结构之间以及在单元和其他互相连接的单元之间）应可接近、能够被拆卸、重新连接并在工作环境中不被腐蚀或生锈
易洁性	所有环境、设备、地板和遮盖物应设计成最易于进行清洁操作。尤其在旅客车辆环境中，纺织的遮盖物应能有效地被清洁。地毯及墙到墙的织品应易于从机车车辆上拆卸下来进行清洁和更换，这对于繁忙通路（走廊和门廊等）尤为重要。主要供应商应指明与所用材料和遮盖物兼容的清洁器。可视的范围内应尽可能避免锋利的尖角、凹槽、复杂的浮雕模型或孔穴，以免污垢累积而难以清理。应在模型上验证是否满足本项要求

续表

标准化	为提高互换性，应在最大范围内，尽可能采用用户已经使用的或已装在其他机车车辆上的部件。特别是通用部件，应采用商业或标准通用件，或用户用于分级替换的已用部件。用户宜提供使用部件的清单，用户可以保留部件统一的权利，如果有必要，这些部件可作为专用部件来加以限制。机车车辆的气路和电路与图纸应严格匹配
可换性	拆卸一个产品并在原来的位置安装另一个产品，应不影响设备特性。替换品在外形、安装和功能上宜兼容替换
易测性	对象的状态应能被快速、准确地识别，按既有经验检查失效前对象的状态，进行预防性诊断。可根据对象的状态进行修复性诊断，准确地识别发生故障或损坏的产品

1. 预防性/修复性维修要求

预防性/修复性维修要求有两种类型：通用维修类型涉及所有的维修工作，而专用的维修类型一般仅涉及一个子系统或者个别部件的维修工作。

通用维修和专用维修的要求的示例（包括要求、单位量纲等）见表 2.5。

表 2.5　预防性/修复性维修的要求

定义	量纲	符号
计划维修的最小间隔	时间和里程	$MinInt_{sm}$
完成维修工作的最大停用时间	时间	$MaxST_{cm}$
维修时最多允许雇佣的人数	无	$MaxANP_{m}$
特定的维修工作所需最大的人时数	人时	MaxMMH
拆卸和装配的最大允许时间	时间	$MaxAT_{d\text{-}m}$
检测/隔离、更换故障产品最大允许时间	时间	$MaxAT_{d\text{-}i\text{-}r}$
故障覆盖率	无	FC
平均恢复时间（修复性维修）	时间	MTTR
平均维修时间（预防性维修）	时间	$MTTM_{p}$
平均维修时间（修复性维修）	时间	$MTTM_{c}$
维修之间平均时间（预防性维修）	时间、里程和周期	MTBPM
维修之间平均时间（修复性维修）	时间、里程和周期	$MTBCM_{c}$

2. 后勤保障要求

可维修性的实现，在用户阶段需要的支持条件的最重要内容就是后勤保障的实现。没有良好的后勤保障是无法实现系统的维护维修的。典型的后勤保障指标要求（包括要求、量纲等）见表 2.6。

表 2.6　后勤保障的要求

定义	量纲	符号
到达维修现场的最大允许时间	时间	$MaxAT_{rm}$
计划维修工作的最大允许时间（从仓库取备件的时间以及取工具和诊断设备的时间）	时间	$MaxAT_{pm}$
需要时，备件有库存的概率	无	SOR
周转时间（可修理的备件）	时间	TAT
提前时间（不可修理的备件）	时间	LT
如果到达维修点时间或计划维修工作的时间不能预测，可通过合同协商相关时间		

3. 维修费用要求

可维修性的实现，在用户阶段需要的另一个重要指标就是维修费用的计算。尽管维修费用与系统供应商的设计、生产以及售后支持是相关的（也是可维修实现的技术前提），但是在应用运营阶段的考核指标之一就是维修费用。在运用阶段的维修费用可采用不同的表达方式来约束维修费用。

系统供应商给出一个基本、包括维修内容、时间、费用计算等项目参考文件，用户根据自己的后勤支持能力计算维修费用的发生。双方协商一致，可采用时间周期内维修费用最大允许值。用户宜规定维修费用的项目并协商确定计算的时间周期。

维修费用的项目（包括内容和量纲）示例见表 2.7。但是必须注意，维修费用的发生是与所处的时间相关的，因为物价在不断的变化，所以在系统采购时所给出的全寿命费用 LCC 仅仅具有参考作用。

表 2.7　维修费用要求

定义	量纲	符号
维修人员的培训	货币	T_{mp}
到达维修现场的差旅费	货币	T_{cm}
备件的查询、供给和储存	货币	$SP_{a\_p\_s}$
预防性（计划的）维修工作（包括备件、软件及雇用的人员费用）	货币	PM_c
修复性维修工作（包括备件、软件及雇用的人员费用）	货币	CM_c

其他维护维修费用要求还可以是预防性或修复性维修费用（或二者之和），根据用户的运营管理要求，可以是运营每公里、每 1000 公里或其他更大基数的维护维修费用（每年、每列车、每座位等）。但是用户应当给出维修文件，详细说明这些费用涉及的项目。

通常情况下，用户在采购之前就可以规定机车车辆重要的子系统的指标（如转向架、供电模块、车门、空调系统和卫生间等）参考，包括维护时间间隔要求以及维护维修的技术和费用要求的参考数值等。

例如，表 2.8 所给出的可靠性目标是某型号城市轨道车辆（地铁车辆）（不包括因车载信号系统故障）所引起的延误或掉线/未出库事故以及维护维修的指标。

表 2.8　地铁车辆可靠性、维护维修指标

	说明	目标	单位
可靠性（故障次数）	2 分钟或以上晚点	0.83	故障每百万车公里
	掉线/未出库	0.01	故障每百万车公里
可维护性（MTTR）	最小可更换组件（line replaceable unit）	0.45	小时（h）
	矫正维护（无须起车作业）	1.5	小时（h）
	矫正维护（须起车作业）	4.5	小时（h）

在计算矫正维护平均修复时间，即平均修复时间（MTTR）时，应该包括诊断时间、组件修理及替换时间以及在现场的调整及测试时间。运营与维护人员到达现场前的反应时间及运营员工在现场的诊断时间一般不包括在内。

对于系统的供应商，需要研究并且实现系统中各子系统的最佳可使用性，在设计中体现出可维修性与可靠性的设计思想，包括减少维修次数、提高子系统或者可更换单元的可接近性、减少维修更换时间、提供所需备品备件以及必需的维修设备和专用工具，获得最好的平均故障间隔时间、平均维修时间、系统的完好率，以实现运营服务的高质量。

以城市轨道交通车辆（地铁列车）为例，在车辆各子系统的设计和制造阶段通常需要完成以下材料：

（1）可维修性的论证材料；
（2）可维修性的分析资料；
（3）可维修性的临时文件；
（4）维修的管理程序；
（5）支持工具与设备。

在车辆的使用阶段提供以下材料：

（1）可维修性的论证材料；
（2）可维修性的正式文件；
（3）测试工具与测试方法；
（4）在线可维修部件的清单。

1）可接近性

在列车上进行维修工作（包括检查、LRU 件更换、排除故障），车辆设计满足的可接近性要求包括接近测试点、连接点和接线柱无须先拆卸其他部件，方便获取计算机监控系统内的信息，进行监控测量时便于接近参考点，以及方便接近润滑点、灌注孔和液位控制点。

2）互换性

列车制造商在车辆设计时，要尽可能地采用符合设计要求的体积小与质量轻的可互换单元，方便对车辆故障的处理，使列车尽快恢复运营使用。这些内容包括：车辆部件在不同车厢内的互换使用，库内备件与车辆上使用部件的互换使用，以及除制动与车门系统基于安全方面的原因需进行有关调整试验外，其他部件在互换时不作任何调整。

3）模块化

列车制造商在车辆牵引系统设计时，通过功能分析使相关功能部件模块化，以提高部件的可诊断性，有利于开展车辆部件换修，以提高车辆检修效率。

4）安装和拆卸性能

列车制造商将对整个列车进行研究，尽可能减少部件安装、拆卸的耗时，并降低误装的概率，以提高车辆的检修效率。以便减少拆卸 LRU 件时事先准备的工作量、拆卸时间和需用的专用工具。为此在设计生产工艺时要做到：车辆上任何最小可更换单元都不会采用黏结方式；安装、拆卸工具采用通用工具，对于本车结构所专制工具，需提供设计和制造图纸；所有部件均设计有防误装措施，以保证设备的正确连接；在拆卸或更换任何模块时，不必移动或重新安装线扎，只拆除连接器。

5）连接和固定方便性

例如，所有 LRU 和 SRU 件都要采用防误装措施，以保证设备的正确连接；电气连接器接口都要采用防误装措施。

6）打标记

需要给出必须的和符合规定的标记，包括：要根据 LRU 清单和列车分层技术清单编码对每个 LRU 作出标记；给出一个统一编码方案并且与使用人的计算机协助维修管理系统相兼容的；所有备品备件都按规定的要求打标记，并提供相应的方案；部件标记牌固定在相应部件上，不但方便维修人员查看，并且能耐受本技术规范中规定的技术性清洁作业要求；风、油、水的连接（无论固定的还是移动的）要按其功能标示清楚，并标示正确的流向或转向，如电动设备转动方向等；各种阀门装置、开关、转换器、绝缘控制部件和选择器的位置将作出明确标示。

7）可修复性

所有的 LRU 和 SRU 件（除易损易耗件，如过滤器、制动闸瓦）都设计成可以修复型。

LRU 和 SRU 件都按照规定的维修手册要求，采用合适的维修手段进行技术修复。

车轮镟修时无须拆卸任何部件。

8）快速诊断特性

车辆根据可测试性要求给出的测试与诊断实现，是地铁列车可维修性的重要指标，车辆的检测诊断要求准确、迅速、简便，通过合理地选择硬件与诊断软件设计，有利于车辆状态维修的开展。

车辆设计时建立一个可靠的、利用列车车载计算机网络（也可能包含地面网络，共同构成诊断与管理网络系统）实现的诊断系统，设计的诊断能力借助维修手册可达到最小可诊断单元。

微机系统部分最小可诊断单元是最小可更换单元。

可以了解每个 LRU、SRU 或部件的状态，提供查找故障部位时的足够帮助。

通过 PTU（便携式计算机检测诊断装置）在列车诊断系统和本地安装的控制单元下载的故障数据结合地面分析软件可以找到故障部件，并能查找部件可能损坏的原因。

诊断系统适用于列车的所有系统。为了能尽快恢复列车性能，列车将配备一个车载维修帮助系统，该系统可将维修所需数据集中，并可在驾驶室查询。能明确显示出现故障的车厢及位置、故障的等级、可能导致故障的 LRU 或设备。

在整个列车上，大多数含电子元件的子系统故障都能用诊断系统在线诊断或用车载测试方法检查。

9）预防性维修辅助系统

采用合理的技术手段（如计算、测量等）监测那些容易因磨损或状态变化而产生故障的部件。

10）预防性维护辅助系统

在系统设计中充分考虑列车设备（包括 LRU 和 SRU 件）的清洁、箱柜通风、结露排水及密封性要求，以及相关的维护计划设计、计算与规划等。

预防性维修（维护）采用“以可靠性为中心的维修（RCM）”分析方法对维修对象、维修方式、维修工作类型及维修间隔期进行优化，达到降低维修费用和减少维修停时的目的。需要明确提出每一种检修类型的人工和材料（包括备件更换）成本。这些人工、材料（包括备件更换）成本按项目逐一分解，显示检修和工作流程中的每一项维修任务的成本的计算依据与方法。

对车辆的组件（如受电弓和主电路、牵引逆变器、传动系统、牵引电机和牵引控制、蓄电池和辅助供电系统、诊断及信息系统、乘客信息及视频监控系统、转向架和悬挂装置、供风和制动系统、车门、车钩及缓冲装置、空调及通风、照明设备以及车体等）规定修复性指标，列出最小可更换单元的故障率、故障等级、MTTR 和 MaxTTR 等。对于车辆各系统部件通常需要列出明细表，并按规定标注以下特性：

（1）主更换单元（MRU）；

（2）在线修可更换单元（LRU）；

（3）二级可更换单元（SRU）；

（4）最小可更换单元；

（5）最小可诊断单元（SDU）；

（6）不可修复备件（易损易耗件）清单，包括技术更新期为 6 年以下的部件。

车辆组件维护需求，包括：车辆组件的建议清洁周期、方法、标准和保护措施；车辆预防性维护种类、规程、工具、停时和人工时；车辆 MRU 、LRU 和 SRU 安装、拆卸的方法、标准以及所需工具清单和耗时。

同时必须给出可维修性指标，内容如下：

（1）车辆部件的拆卸或安装时间不超过 1h。

（2）列车部件的技术清洁周期大于 6 个月或高于 60000km。

（3）车辆同种部件具备互换性，无须作任何调整。

（4）正常运行情况下，两次车轮镟修之间的运行里程达到 500000km。

（5）可维修性设计结合：①可靠性、安全性和可使用性；②可测试性；③备品备件总量。

车辆设计阶段进行可维修性研究的目的如下：

（1）减少维修作业次数（如部件的模块化设计以减少维修量）；

（2）所有需经常维修或更换的零部件都具有维修空间，以便于维修人员操作；

（3）减少维修工作时间（快速、准确地查找故障，安装/拆卸方便）；

（4）控制支持部分的需求（专用工具、试验台）；

（5）减少专用零配件的需求（标准化）；

（6）控制并减少保养的需求；

（7）简化维修操作（易接近部件、可互换性、无须调试）；

（8）减少维修出错可能性（消除接线错误）。

基于以上目的，车辆供应商应当致力于改善车辆系统的可维修性，需要进行的工作内容包括：

（1）可测试性研究：通过快速查找和确定故障部位来减少维修工作时间；通过诊断系统控制维护保养次数；通过提高检测故障的水平来减少维修费用、时间；列车通信网络（TCN）可以通过 PTU（便携式列车数据下载与检测诊断装置）在系统的数据维护接口下载故障数据，能诊断至最小可诊断单元（SDU）。

（2）车辆备用件总量设计：以便满足维护性和修复性的维修问题。

设计中还将确定属于特殊维修工作范围的特殊损坏零配件总量。这些零配件是为了应付那些与正常磨损或车辆正常故障无关的特殊损坏情况，如车辆的正面冲撞与侧边撞车，如用于修复车体或转向架构架等。但是这些范围的零配件和维修工具只是一种预防性的建议，并不需要专门的配置，以免不必要地提高维修性中的部件库存费用。

2.2.3 可用性

定义 2.3 所谓可用性，是指在要求的外部资源得到保证的前提下，系统在规定的条件下和规定的时刻或时间区间内处于可执行规定功能状态的能力。

可用性用实际可用的时间对全部运行时间的比率表示。计划以内的维修或日常的不需系统停用的临修（例如，列车在夜间停用期间的保养或者维护，不在可用性的计算范围内）不影响可用性。可用性参数示例见表 2.9，后勤保障参数示例见表 2.10。可用性的计算仅仅针对一条运营地铁线路的全部车辆，也可以是地铁运营公司所有运营线路的全部车辆。

有效性评估计算方法见式（2.7）：

$$有效性 = 1 - \frac{(DT(RE) + DT(OPM) + DT(CM))}{运用时间总量} \tag{2.7}$$

式中，运行时间总量=评估时间×按合同提供的同型号设备总量；DT(RE)表示停工检修时间，评估期内在合同项下提供的所有装置上进行例行检测导致的总停工时间（h）；DT(OPM)表示其他预防性维护的停工检修时间，指评估期内合同项下提供的所有同型号设备上进行的各次（例行检修除外）预防性维护引起的总停工时间（h）；DT(CM)表示修正性维护引起的停工检修时间。

表 2.9　可用性参数示例

参数	符号	量纲
可用性 固有的 达到的 运营的	$A(\cdot)$ =MUT/（MUT+MDT） Ai An Ao	无
可用率	FA（=可用机车车辆/保有量）	无
准时率	SA	无

表 2.10　后勤保障参数示例

参数	符号	量纲
运营和维修费用	O&MC	货币
维修费用	MC	货币
维修工时	MMH	时间（h）
后勤和管理延期	LAD	时间（h）
故障修复时间		时间（h）
修理时间		时间（h）
维修保障性		无
替换人员	EFR	无
需要时库存备件的概率	SPS	无

假设可预料的可维修性为 A_m，不可预料的可维修性为 A_R，则系统的可用性 A 归因于下面的部分。

预料的不可用性（可维修性）：

$$1 - A_m$$

没有预料到的不可用性（修理）：

$$1 - A_R$$

$$A = 1 - [(1 - A_m) + (1 - A_R)] = \text{MUT}/[(\text{MUT} + \text{MDT})], \quad 0 \leqslant A \leqslant 1 \tag{2.8}$$

式中，MUT 为平均可用时间，可用相应的 MTBF、MTBSF 等代替；MDT（mean down time）为平均不可用时间，可用相应的 MTTM、MTTR 等代替，该参数也称为平均停机时间，将平均修复时间的定义扩展至包括地铁列车的运营及/或维护员工到达现场前的反应时间及运营员工在现场的诊断时间。

对特定可用性 $A(\cdot)$，应规定 MUT 与 MDT 的具体计算要求。如“安全系统”的可用性 A_s，一般规定 MUT =MTBSF。

任务时间 T（如 1 年）内的不可用时间 $d(T)$ 的结果是

$$d(T)=(1-A)\times T \tag{2.9}$$

而地铁列车的固有可用性、服务可用性和技术可用性也可以定义为如下的计算公式：

$$\text{固有可用性}=\frac{\text{MTBF}}{\text{MTTR}+\text{MTBF}} \tag{2.10}$$

$$\text{服务可用性}=\frac{\text{MTBSF}}{\text{MTBSF+MTTR}} \tag{2.11}$$

或者

$$=\frac{\text{信号系统预定运营时间}-\text{信号系统服务故障引起的总列车延误时间}}{\text{信号系统预定运营时间}} \tag{2.12}$$

$$\text{技术可用性}=\frac{\text{MTBM}}{\text{MTBM}+\text{MTTM}} \tag{2.13}$$

或者

$$=\frac{\text{系统预期可运行时间}-\text{系统总的停机时间}}{\text{系统预期可运行时间}} \tag{2.14}$$

注意：MTBM 和 MTTM 将同时考虑预防性维修和恢复性（修复性）维修。

地铁列车的运营可用性（operational availability）需根据式（2.15）计算：

$$\text{运营可用性}=\frac{\text{MTBF}}{\text{MDT}+\text{MTBF}} \tag{2.15}$$

地铁列车的固有可用性（inherent availability）需根据式（2.16）计算：

$$\text{固有可用性}=\frac{\text{MTBF}}{\text{MTTR}+\text{MTBF}} \tag{2.16}$$

系统可用性 A 用系统正确运行的时间分数来定义，结合式（2.8）、式（2.15）和式（2.16）有

$$A=\frac{\text{MUT}}{\text{MUT}+\text{MDT}}=\frac{\text{MTBF}}{\text{MTBF}+\text{MDT}}\leqslant 1 \tag{2.17}$$

并其值通常接近于 1。它的求补结果称为不可用性，计算见式（2.18）：

$$1-A=\frac{\text{MDT}}{\text{MTBF}+\text{MDT}}\geqslant 0 \tag{2.18}$$

该值趋向于 0。

图 2.3 描述了可用性概念和相关术语之间的相互关系。图 2.3 中所列出的时间段为有效的维修时间。在预防性维修中没有检测时间。

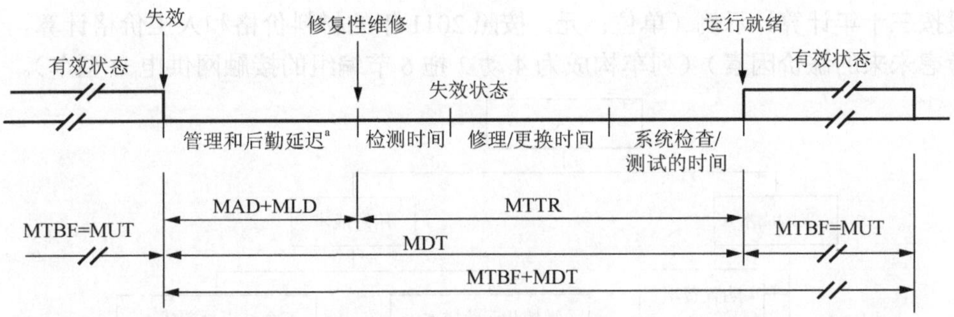

图 2.3　可用性概念和相关术语

MTBF 为平均故障间隔时间；MUT 为平均有效时间；MDT 为平均失效时间；MAD 为平均管理延迟；MLD 为平均后勤延迟；MTTR 为平均修复时间（修复性维修）；a 表示 MDT 内所有相关部分

2.2.4　安全完整性

安全完整性问题的完整论述，将在第 3 章作专门的讨论。

2.2.5　全寿命费用

定义 2.4　所谓全寿命费用（LCC，也称为全寿命成本），是指系统（或者设备）从建立概念开始，到设计、生产、使用、维护直至最后报废处置的全部费用之和。

全寿命费用包括系统供应商（即系统供货方、生产方或者集成商等）产生的费用（即用户的采购成本或采购费用）和系统使用方（采购方、用户、运营商等）使用与运行、维护维修、报废处置该系统等全部活动过程中，所产生的全部费用（用户成本）。系统供应商产生的费用包括调研、设计、生产、测试试验认证以及提供各类服务（如技术咨询、质保期内的维护维修等）等的费用，也可以折算为系统使用方产生的采购购置、技术服务购买、备品备件购买以及为系统提供技术支持的辅助性设备的全部购买费用和人工费用等。

而系统使用方（采购方、用户）使用与运行、报废处置该系统所产生的全部费用，还包括系统运行所消耗的各种能源的费用，也包括各类预防性维护维修、发生故障后修复性维修的人工费、材料费、配件费以及维修设备与工具等，另外还要计算后勤支援的各类费用。LCC 的构成结构如图 2.4 所示。

一个合适的 LCC 构成基本上符合下式（被认为是一种比较经济的方式，也是一种可以被接受的费用构成比例）：

$$\text{全寿命成本}\begin{cases}\text{购置成本}\begin{cases}\text{制造成本（约占28\%）}\\ \text{附加成本（约占5\%）}\end{cases}\\ \text{使用成本}\begin{cases}\text{运营成本（约占12\%）}\\ \text{维修成本（约占55\%）}\end{cases}\end{cases}$$

以下是某车型地铁列车三十年 LCC 的费用构成（国内地铁列车的结构寿命一

般按三十年计算）示例（单位：元，按照 2011 年的材料价格和人工价格计算，未考虑未来的涨价因素）（列车构成为 4 动 2 拖 6 节编组的接触网供电 B 型车）。

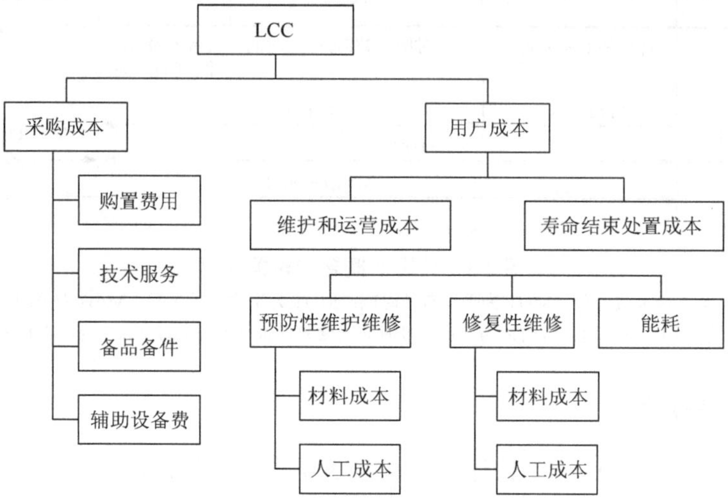

图 2.4　LCC 的构成结构图

（1）预防性维护维修费用构成见表 2.11。

表 2.11　城市轨道交通列车（地铁列车）的预防性维修及其费用表　（费用单位：元）

序号	修程	里程	人工时总价格/次	材料费用	三十年总费用
1	列检	每日	78	0	772200
2	双周检	5000km/15 天	496	0	297600
3	三月检	30000km/3 个月	2504	0	225360
4	定修	120000km/年	30744	419950	10816656
5	架修	600000km/5 年	33446	1498640	4595358
6	厂修	1200000km/10 年	129220	9174238	18606916
总计	35314090				

（2）修复性维修费用的构成见表 2.12。

表 2.12　城市轨道交通列车（地铁列车）的修复性维修及其费用表　（费用单位：元）

维修等级	地　点	MTTR /h	平均人次	平均材料成本	三十年故障数	人工成本	材料成本
一级	在线停车点	0.5	4	100	385	30800	38500
二级	车辆段	4	8	3000	122	156160	366000
三级	车间	6	12	8000	56	161280	448000
修复性维修费用小计					563	348240	852500
修复性维修费用总计							1200740

（3）LCC=购置费+能耗费用+预防性维护维修费用+修复性维修费用（表 2.13）。

表 2.13　城市轨道交通列车（地铁列车）的 LCC 费用表

（按 2012 年价格计算）　　（费用单位：元）

序号	名称	费用	备注
1	购置费（列）	37200000	2012 年价格计算
2	30 年的能耗费用（列）	34426944	2012 年价格计算
3	预防性维护维修费用（列）	35314090	2012 年价格计算
4	修复性维修费用	1200740	2012 年价格计算
5	使用、维护维修费用总计	70941774	2012 年价格计算

2.3　RAMS 的相关标准

IEC 61508 是国际电工委员会（IEC）制定的《电气/电子/可编程电子安全相关系统的功能安全》国际标准，是进行轨道交通安全评估和论证重要的参考标准。目前欧洲各国铁路主要以 EN（European）铁路标准为基准，依托第三方评估机构，对既有线和在建的项目进行安全性论证。我国台湾高速铁路尽管部分采用了日本设备，但也按 EN 系列标准进行独立验证与确认。

欧洲电工电子标准化技术委员会（CENELEC）下属 SC9XA 委员会，制定了以计算机控制的信号系统作为对象的铁道信号标准，包括四个部分：①EN50126 铁路应用：可靠性、可用性、可维修性和安全性（RAMS）规范和说明；②EN50129 铁路应用：安全相关电子系统；③EN50128 铁路应用：铁路控制和防护系统的软件；④EN50159.1 铁路应用：通信、信号和处理系统。

IEC 61508 和 EN50126/EN50129 的概念是兼容的，两者都是基于风险控制的方法，安全生命周期的概念、关于安全目标设置的方法也基本相同。但系统协议等级（EN50126/EN50129）、操作模式的使用（EN50126/EN50129）、RAM 和安全的集成（IEC 61508 只考虑安全）、安全案例概念（IEC 61508 不详细涉及）略有差异。

IEC 61508 规范了电气/电子/可编程电子安全相关系统软硬件生存周期的各个阶段的任务和目标，提供一个制定安全需求规范的方法。其主要目标是：对所有包括软硬件在内的安全相关系统的元器件生命周期范围提供安全监督的系统方法；提供确定安全相关系统的安全功能要求的方法；建立一个基础标准，使其可直接应用于所有工业领域，同时，亦可指导其他领域的标准，使这些标准的起草具有一致性（如基本概念、技术术语、对规定安全功能的要求等）；让使用者和维护者放心使用以计算机为基础的技术；建立概念统一、协调一致的标准。并且提出了安全生命周期和安全完整度等级（safety integrity level，SIL）的概念。

EN50126 标准定义了轨道交通运输一般系统 RAMS，在整个系统的生命周期内，给出了各个阶段 RAMS 的管理和要求。RAMS 是衡量系统服务质量的一个重要特征。如果系统的可靠性和可维修性在系统给定的时间内能够满足要求，则系统的安全性和可用性将得到保证。为了达到规定的 RAMS，必须在整个系统的生命周期内有效控制 RAMS 的影响因素，即在系统设计和实现阶段要考虑系统的随机故障和系统故障。

EN50129 标准适用于铁路信号应用中与安全相关的电子系统（包括子系统和设备）。可用于所有与安全相关的铁路信号系统、子系统或设备。标准建议对所有铁路信号系统、子系统或设备，都需要 EN50126 和本标准中定义的危险分析和风险评估过程。该标准不仅适用于完整的信号系统的规范、设计、构建、安装、接受、运行、维护和修改/扩展阶段，也适用于系统中子系统和设备。该标准定义了质量管理措施、安全管理措施、功能和技术安全措施以及安全接受和论证四个方面。对于安全案例，系统研究开发人员应按照标准在整个系统研制开发生命周期内所要完成的质量管理、安全管理和相关的技术安全措施的实施。其中在安全管理方面需要进行全程的安全评估和验证，进一步减少与安全相关的人为失误，减少系统故障风险。

EN50128 关注软件安全完整性等级的方法，并利用这些方法来提供满足安全完整性要求的软件。安全完整性通过在软件上加载广泛的安全考虑而达到安全的目的。该标准的大部分研究方向源自于 IEC/TC65 第九工作组（Working Group 9，WG9）的早期工作。WG9 的工作成果已成为软件安全系统的通用标准，现在则是 IEC 61508 标准的一部分。该标准同样包含了所有五个软件完整性等级，软件失效所产生的后果越严重，对软件安全完整性等级就越高。

EN50159.1 标准，铁路应用：通信、信号和过程控制系统在铁路中应用第一部分：封闭传输系统中安全相关通信。这个标准适用于采用封闭传输系统实现通信目的的安全相关系统。对安全相关设备和传输系统的通信接口信息传输提出安全要求。

此外，ERTMS/ETCS、IEEE 等国际组织也在关注轨道交通信号安全，并提出了相应的规范和标准。

2000 年，欧洲轨道交通联盟与欧洲委员会针对欧洲轨道交通运输管理系统（European rail traffic management system）中欧洲列车控制系统（European train control system）的信号技术（简称 ERTMS/ETCS）制定了系统 RAM 需求规范 02S1266。

IEEE 关于 CBTC 需求规范 1474.1-1999 标准是为基于通信的列车控制 CBTC（communication based train control）系统制定的功能和需求规范。CBTC 是一个采用高效列车定位技术、不依赖于轨道电路的连续的列车自动控制系统；采用连续、大容量、双向的车地数据通信，即移动闭塞。该标准不但定义了 ATP 车载及轨旁、

ATO、ATS 系统的功能需求，而且定义了系统可用性（包括可靠性和维修性）、安全性及列车间隔等要求。但由于 CBTC 系统作为一种新技术尚在试验阶段，因此，标准中未提出具体的量化指标和验收准则。

下面列出了一些实施和管理 RAMS 规划的合适的方法和工具。相关工具的选择取决于研究中的系统及系统的重要性、复杂性和新颖性等，不同的 RAM 分析技术分别在不同的标准中描述。

IEC 61160 正规设计核查（第 1 次修订版）。

IEC 60300-3-1 可信性管理 第 3 部分：应用指南 第 1 节：可信性分析技术：方法指南。

IEC 60706 设备可维修性指南。

IEC 60706-1 第 1 部分 第 1，2，3 节：引言，要求和可维修性计划。

IEC 60706-2 第 2 部分 第 5 节：在设计阶段内进行可维修性研究。

IEC 60706-3 第 3 部分 第 6，7 节：数据的验证、收集、分析和表述。

IEC 60706-4 第 4 部分 第 8 节：维修及其保障规划。

IEC 60706-5 第 5 部分 第 4 节：诊断测试。

IEC 60706-6 第 6 部分 第 9 节：可维修性评估中的统计方法。

IEC 60812 系统可靠性的分析技术 失效模式和影响分析（FMEA）程序。

IEC 60863 可靠性、可用性和可维修性预测说明。

IEC 61025 故障树分析（FTA）法。

IEC 61078 可信性分析技术，可靠性框图法。

IEC 61165 马尔可夫技术的应用。

在设计中部件可统计的“RAM”数据的可用性是 RAM 分析的基础（特别是失效率、修理率、维修数据、失效模式、事故率、数据和随机事件的分布状态等），例如：

IEC 61709（1996） 电子部件-可靠性-失效率和应力模型转化的参考条件。

US MIL HDBK 217 电子系统的可靠性预计。

实现危害和安全/风险分析程序：

US MIL HDBK 882D 系统安全设计要求。

US MIL HDBK 764（MI） 对军事材料的系统安全工程、设计指南。

上面的第 3 条关于 RAM 的基本技术和分析方法也可用于安全/风险分析。

GB/T 20438 第 1～7 部分中的“电气/电子/可编程电子安全相关系统的功能安全”由以下几部分组成：

第 1 部分：一般要求；

第 2 部分：电气/电子/可编程电子安全相关系统的要求；

第 3 部分：软件要求；

第 4 部分：定义和缩略语；

第 5 部分：确定安全完整性等级的方法示例；

第 6 部分：GB/T 20438.2 和 GB/T 20438.3 的应用指南；

第 7 部分：技术和措施概述。

RAM 测试计划和程序：目的是测试部件、装备和系统的长期运营性能是否与要求一致。更加深入的 RAMS 分析和测试结果用来改进 RAMS 规划，例如：

IEC 60300-3-5　可信性管理 第 3-5 部分：应用指南 可靠性测试条件和统计测试原理；

IEC 60605　设备可靠性测试；

IEC 60605-2　第 2 部分：测试周期设计；

IEC 60605-3-1　第 3 部分：首选的测试环境 户内可移动的设备-粗模拟；

IEC 60605-3-2　第 3 部分：首选的测试环境 在气候保护的地方固定使用的设备-精模拟；

IEC 60605-3-3　第 3 部分：首选的测试环境 第 3 节：测试周期 3：在部分气候保护地方的固定使用的设备- 粗模拟；

IEC 60605-3-4　第 3 部分：首选的测试环境 第 4 节：测试周期 4：便携的及非固定使用的设备-粗模拟；

IEC 60605-4　第 4 部分：成指数分布的统计步骤 点的判断、置信度间隔、预测间隔及容差间隔；

IEC 60605-6　第 6 部分：恒定失效率和恒定失效密度假设的有效性试验；

IEC 61014　可靠性增长设计；

IEC 61070　稳定状态可用性遵循的测试程序；

IEC 61123　可靠性测试 成功率遵循的测试规划。

现场的 RAMS 数据评估是很重要的（在运营中的 RAMS 测试），例如：

IEC 60300-3-2　可信性管理 第 3 部分：应用指南 第 2 节：现场可靠性数据的收集；

IEC 60319　电子部件可靠性数据的说明。

以上的标准分析与说明，均没有给出标准的年代号，也就是说，在具体执行标准的时候，需要采用最新的标准版本。

2.4　RAMS 与可靠性模型、分析与计算

2.4.1　事件发生的概率

在可靠性分析中，一般总是研究故障发生这样的事件。设所研究的事件为 E_i，事件发生的概率为 $W(E_i)$。假设在 n 次随机试验中发生了 l 次所希望的概率，则事件 E_i 频率为

$$h(E_i)=\frac{\text{发生所希望事件}E_i\text{的次数}}{\text{总的试验次数}}=\frac{l}{n} \tag{2.19}$$

当试验次数 n 趋于无穷时，式（2.19）中频率的极限就是随机事件 E_i 发生的概率 $W(E_i)$：

$$W(E_i)=\lim_{n\to\infty}h(E_i)=\lim_{n\to\infty}\frac{l}{n} \tag{2.20}$$

一般在计算中，若 n 充分大，则有

$$W(E_i)\approx\frac{l}{n} \tag{2.21}$$

概率 $W(E_i)=0$ 意味着事件几乎不可能发生，但是不等于不发生；而 $W(E_i)=1$ 就表示事件几乎必然要发生。

1. “与”事件的概率与串联系统的可靠性

若随机事件 E_1 和 E_2 相容并且非独立，则它们同时发生或先后发生的概率为

$$W(E_1\wedge E_2)=W(E_1)W(E_2/E_1)=W(E_2)W(E_1/E_2) \tag{2.22}$$

若事件 E_1 和 E_2 相容并且独立，则它们同时发生或先后发生的概率为

$$W(E_1\wedge E_2)=W(E_1)W(E_2) \tag{2.23}$$

而两个互斥事件（不相容），则它们同时发生的概率为 0。

图 2.5（a）所示为 3 个相容事件的串联电路概率模型，其正常工作树如图 2.5（b）所示，其故障工作树如图 2.5（c）所示。事件 E_i 表示部件 i 能够正常工作，其概率 $W(E_i)=q$，则 $\overline{E_i}$ 表示部件 i 不能够正常工作，其概率 $W(\overline{E_i})=p=1-q$。

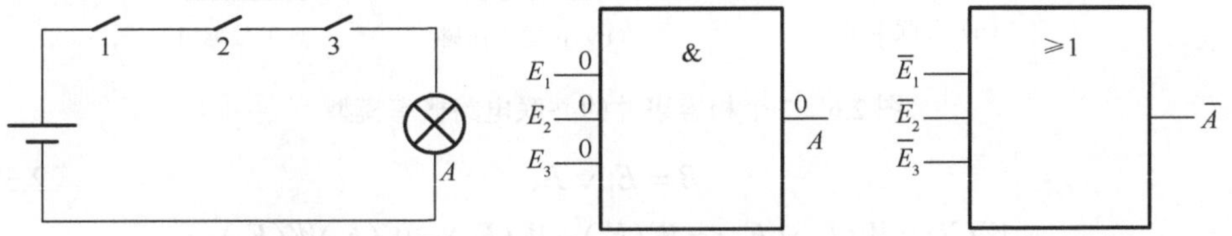

（a）串联电路　（b）正常工作树　（c）故障树

图 2.5　3 个相容事件的串联电路概率模型

在图 2.5（a）中开关 1、2 和 3 闭合（相容且独立事件），则灯泡有电流通过定义为事件 A，那么有

$$W(A)=W(E_1\wedge E_2\wedge E_3)=q^3=(1-p)^3 \tag{2.24}$$

若图 2.5（a）中至少一个部件故障（开路故障）即事件 $\overline{E_i}$，则事件灯泡中无电流即事件 $\overline{A}$，有

$$W(\overline{A})=W(\overline{E_1}\vee\overline{E_2}\vee\overline{E_3})=1-W(E_1\wedge E_2\wedge E_3)=1-q^3=1-(1-p)^3 \tag{2.25}$$

2. “或”事件的概率与并联系统的可靠性

若随机事件 E_1 和 E_2 的概率分别为 $W(E_1)$ 和 $W(E_2)$，则事件 E_1 或 E_2 或同时发生的概率为

$$W(E_1 \vee E_2) = W(E_1) + W(E_2) - W(E_1 \wedge E_2) \tag{2.26}$$

若两个事件不相容，则有

$$W(E_1 \vee E_2) = W(E_1) + W(E_2) \tag{2.27}$$

由德·摩根定律有

$$\overline{E_1 \vee E_2} = \overline{E_1} \wedge \overline{E_2} \tag{2.28}$$

则 n 个并联事件发生的概率为

$$W(E_1 \vee E_2 \vee \cdots \vee E_n) = 1 - \prod_{i=1}^{n} W(\overline{E_i}) \tag{2.29}$$

图 2.6（a）所示为并联电路，其正常工作树如图 2.6（b）所示，其故障工作树如图 2.6（c）所示。其中任意一个元件（开关）正常，则灯泡就有电流通过，其事件为 B，正常工作的概率为 $W(B)$。

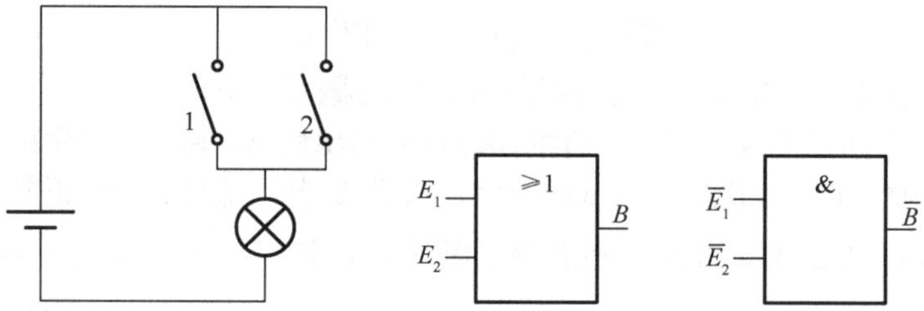

（a）并联电路　（b）正常工作树　（c）故障树

图 2.6　2 个相容事件的并联电路概率模型

$$B = E_1 \vee E_2 \tag{2.30}$$

$$\begin{aligned} W(B) &= W(E_1 \vee E_2) = W(E_1) + W(E_2) - W(E_1)W(E_2) \\ &= q + q - q^2 = 2(1-p) - (1-p)^2 = 1 - p^2 \end{aligned} \tag{2.31}$$

若有 n 个元件并联，则正常工作的概率有

$$B = E_1 \vee E_2 \vee \cdots \vee E_n \tag{2.32}$$

$$W(B) = W(E_1 \vee E_2 \vee \cdots \vee E_n) = 1 - \prod_{i=1}^{n} W(\overline{E_i}) = 1 - p^n \tag{2.33}$$

只有当两个元件都故障时灯泡中没有电流通过，该事件和概率分别为

$$\overline{B} = \overline{E_1} \wedge \overline{E_2} \tag{2.34}$$

$$W(\overline{B}) = W(\overline{E_1})W(\overline{E_2}) = pp = p^2 \tag{2.35}$$

一般地，n 个元件并联，则该事件和概率分别为

$$\overline{B} = \overline{E_1} \wedge \overline{E_2} \wedge \cdots \wedge \overline{E_n} \tag{2.36}$$

$$W(\overline{B}) = W(\overline{E_1})W(\overline{E_2})\cdots W(\overline{E_n}) = p^n \tag{2.37}$$

2.4.2　可靠度与故障的分布函数

若在时间 t_0 有 n 台相同的系统（或者设备、或元件）投入试验（或运行），到时间 t 为止有 $n(t)$ 台设备完好，则系统的可靠度（或残存概率）$R(t)$ 和故障概率 $F(t)$ 定义为

$$R(t) = \frac{n(t)}{n}, \quad 0 \leqslant R(t) \leqslant 1 \tag{2.38}$$

$$F(t) = 1 - R(t), \quad 0 \leqslant F(t) \leqslant 1 \tag{2.39}$$

若 $F(t)$ 至少逐段可微，则故障密度函数 $f(t)$ 为

$$f(t) = \frac{\mathrm{d}F(t)}{\mathrm{d}t} = -\frac{\mathrm{d}R(t)}{\mathrm{d}t} \tag{2.40}$$

设备的平均寿命（或寿命的期望值）为

$$E(t) = \bar{t} = \int_0^{\infty} tf(t)\mathrm{d}t = \int t\left(-\frac{\mathrm{d}R(t)}{\mathrm{d}t}\right)\mathrm{d}t \tag{2.41}$$

故障率为

$$z(t) = \frac{f(t)}{R(t)} \tag{2.42}$$

当被试验的设备或元器件数量较大，而抽样检验过程中故障率非常低，计算故障出现的概率，如求该故障不发生、恰好发生 x 次或者最大发生 x 次、至少发生 x 次的概率，可以用式（2.43）和式（2.44）所给出的泊松分布计算：

$$f(x) = \frac{\alpha^x}{x!}\mathrm{e}^{-\alpha} = \frac{(\lambda t)^x}{x!}\mathrm{e}^{-\lambda t} \tag{2.43}$$

$$F(x) = \sum_{i=0}^{x}\frac{\alpha^i}{i!}\mathrm{e}^{-\alpha} \tag{2.44}$$

式中，n 为抽样次数；p 为故障概率，$np = \alpha$，$\alpha = \lambda t$。

例如，某系统有 100 个部件（n=100），每个部件的故障率为10^{-4}，部件发生故障的平均个数为$\bar{x} = np = 10^{-2}$，则最多有 3 个部件发生故障的概率为

$$W(X \leqslant 3) = F(3) = \sum_{x=0}^{3}\frac{0.1^x}{x!}\mathrm{e}^{-0.01}$$

受磨损影响的元器件的寿命服从正态分布，其密度函数和累计分布函数由式（2.45）和式（2.46）确定：

$$f(t) = \frac{1}{\sigma\sqrt{2\pi}}\exp\left[-\frac{1}{2}\left(\frac{t-\bar{t}}{\sigma}\right)^2\right] \tag{2.45}$$

$$F(t)=\frac{1}{\sigma\sqrt{2\pi}}\int_{x=0}^{t}\exp\left[-\frac{1}{2}\left(\frac{x-\bar{t}}{\sigma}\right)^2\right]\mathrm{d}x \tag{2.46}$$

式（2.46）又称为$(\bar{t},\sigma)$正态分布，其中$\bar{t}$是随机变量的期望值（期望寿命）或平均值（平均寿命），σ是其标准差。因为只考虑正的寿命分布，所以式（2.46）的积分下限不是从$-\infty$开始，而是从 0 开始。该分布说明，若一个随机变量受到许多不同的影响因素的作用，且这些因素相互独立和同等重要，那么这样的随机变量总是服从正态分布，如图 2.7 所示。

一个任意的$(\bar{t},\sigma)$正态分布可以通过下面的坐标变换：

$$u=\frac{t-\bar{t}}{\sigma},\quad t=\bar{t}+\sigma u,\quad \mathrm{d}t=\sigma\mathrm{d}u \tag{2.47}$$

就可以转变成平均值在坐标原点，拐点在$u\pm1$处的（0, 1）正态分布：

$$f_n(u)=\frac{1}{\sqrt{2\pi}}\exp\left(-\frac{1}{2}u^2\right) \tag{2.48}$$

$$F_n(u)=\frac{1}{\sqrt{2\pi}}\int_{\tau=0}^{u}\exp\left(-\frac{1}{2}\tau^2\right)\mathrm{d}\tau \tag{2.49}$$

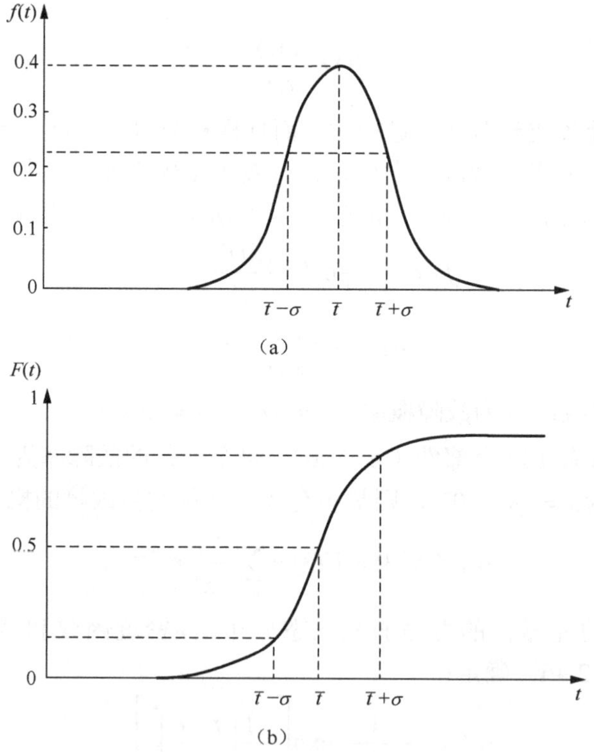

图 2.7　正态分布的密度分布和累计分布图

由正态分布的基本性质可以看出，只有一半的元器件可以达到平均寿命，即 $R(t=\bar{t})=0.5$。故障率为

$$z(t)=\frac{\exp\left[\frac{1}{2}\left(\frac{t-\bar{t}}{\sigma}\right)^2\right]}{\int_{x=0}^{\infty}\exp\left[-\frac{1}{2}\left(\frac{x-\bar{t}}{\sigma}\right)\right]\mathrm{d}x} \tag{2.50}$$

故障率从时间 $t=0$ 开始，随着寿命的增加而增加。

例如，灯泡的使用寿命服从正态分布，其平均寿命为 1200h，标准差为 100h。则至少工作 1350h 的概率为

$$\begin{aligned} W(X \geqslant 1350) &= 1-W(X<1350)=1-F(1350) \\ &= 1-F_n\left(\frac{1350-1200}{100}\right)=1-F_n(1.5)=0.067 \end{aligned}$$

最多工作 900h 的概率为

$$W(X \leqslant 900)=F(900)=F_n\left(\frac{900-1200}{100}\right)=F_n(-3)=0.001$$

工作时间在 1000～1400h 的概率为

$$\begin{aligned} W(1000 \leqslant X \leqslant 1400) &= F(1400)-F(1000) \\ &= F_n\left(\frac{1400-1200}{100}\right)-F_n\left(\frac{1000-1200}{100}\right) \\ &= F_n(2)-F_n(-2)=0.977-0.023=0.954 \end{aligned}$$

而发生非磨损性的偶然故障的元器件或系统的寿命，特别是电子元器件的寿命通常可以用指数分布来描述：

$$R(t)=\mathrm{e}^{-\lambda t} \tag{2.51}$$

$$F(t)=1-\mathrm{e}^{-\lambda t} \tag{2.52}$$

从电子产品的可靠性函数，就可以推出，电子产品不可能通过提前更换元器件或者插件板卡的形式来提高产品的可靠性，或者整体延长系统的寿命。

其故障率：

$$z(t)=\frac{f(t)}{R(t)}=\frac{\lambda \mathrm{e}^{-\lambda t}}{\mathrm{e}^{-\lambda t}}=\lambda \tag{2.53}$$

平均寿命（期望值）：

$$E(X)=\bar{t}=\int_{t=0}^{\infty}\mathrm{e}^{-\lambda t}\mathrm{d}t=\frac{1}{\lambda} \tag{2.54}$$

对于正常的产品，故障率 λ 通常非常小，而且故障率是不随时间的变化而变化的。由图 2.8 的曲线可以看出，寿命较短的概率大于寿命较长的概率，即事件初期的故障概率较高。因此，对于电子元器件这类系统，一般不可能通过提前更换元器件来提高系统的可靠性。

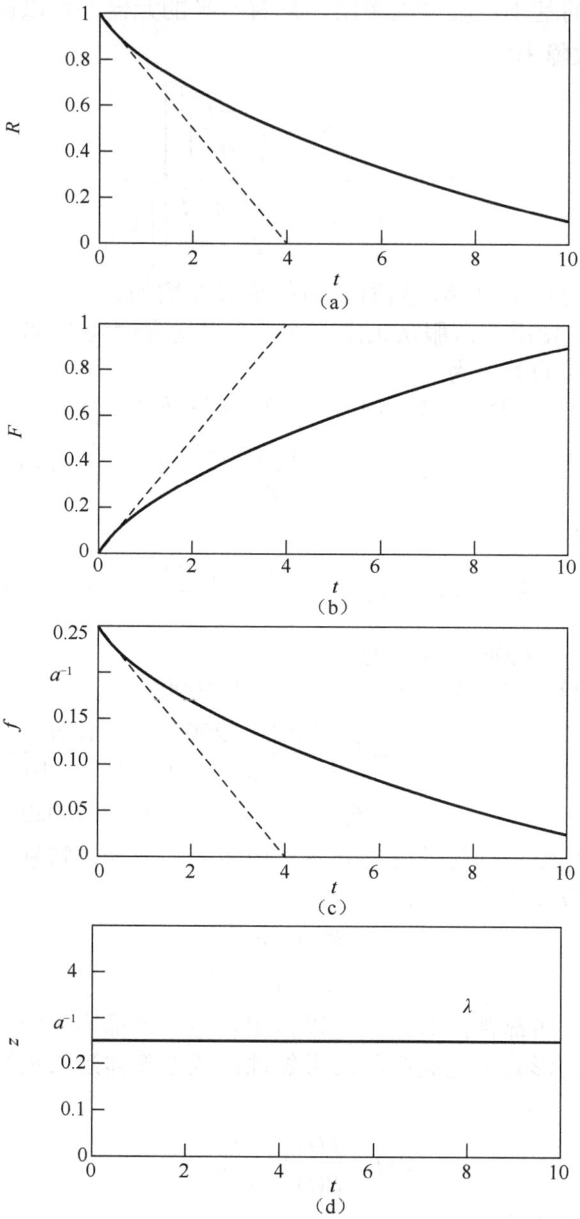

图 2.8　指数分布的可靠性、故障、故障密度与故障率曲线

2.4.3　可靠性框图的建立示例

在完全了解产品任务定义和寿命周期模型的基础上，应该通过简明扼要的直观办法表示出产品每次使用能成功地完成任务时，所有单元之间的相互依赖关系。

这就是建立系统可靠性框图。框图中每一方框代表在评定系统可靠性时必须考虑的，并具有与方框相联系的可靠性值的单元或功能。所有连接方框的线没有可靠性值。所有方框就失效概率来说互相独立。在软件可靠性没有纳入可靠性框图时，假设软件完全可靠。当人的因素没有纳入框图时，假设人员完全可靠，而且人员与产品之间没有相互作用问题。

清楚规定产品定义的实质就是建立系统可靠性物理模型，这是可靠性工程中基本的和重要的一个步骤，也是建立可靠性数学模型的前提条件。

系统可靠性模型还要表示出系统及其单元之间的可靠性逻辑关系和数量关系，这就从物理模型发展到数学模型，包括概率模型和统计模型。概率模型的中心问题是要确定系统成功（失效）概率和单元成功（失效）概率之间的关系。常用的有可靠性框图（网络）模型和故障树模型。此外，还有可修系统的马尔可夫状态转移图模型等。统计模型如金字塔模型，要综合各单元以及系统本身的可靠性试验数据，从而对系统可靠性作出统计推断。

在分析系统可靠性时，常常要将系统的工程结构图转换成系统的可靠性框图，再根据可靠性框图以及组成系统各单元所具有的可靠性特征量，计算出所设计系统的可靠性特征量。系统的工程结构图是表示组成系统的单元之间的物理关系和工作关系，而可靠性框图则表示系统的功能与组成系统的单元之间的可靠性功能关系。在工程实践中，常用功能系统图或框图来描述系统及其单元之间的功能关系，但应注意到系统可靠性框图虽然和它的功能框图有密切联系，但也有较大区别。例如，一个电容器 C 和一个电感线圈 L 在电路上并联组成一个振荡回路，从可靠性关系上看，两个单元 L 和 C 中只要有一个失效，这个振荡器就失效，因而振荡回路的可靠性框图是 L 和 C 组成的串联系统。LC 振荡器的功能系统图如图 2.9 所示，其可靠性框图如图 2.10 所示。

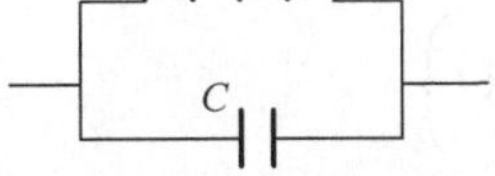

图 2.9 *LC* 振荡回路功能系统图

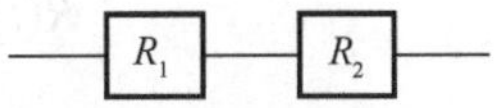

图 2.10 *LC* 振荡回路可靠性框图

建立可靠性框图首先要了解系统中每个单元的功能，各单元之间在可靠性功能上的联系，以及这些单元功能、失效模式对系统的影响。绝不能从工程结构上判定系统类型。系统的最基本类型为串联系统和并联系统两种。如果系统中任何一个单元失效，系统就失效，或系统中每个单元都正常工作，系统才能完成其规定的功能，则称这个系统为串联系统。只有当所有的单元都失效，系统才丧失其规定的功能，或只要有一个单元正常工作，系统就能完成其规定的功能，这种系统称为并联系统。这里重点介绍这两种基本类型的系统。

1. 串联系统的可靠性模型

由 n 个单元组成的串联系统表示当这 n 个单元都正常工作时，系统才正常工作。其可靠性框图见图 2.11。

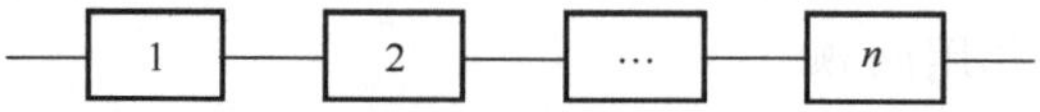

图 2.11　串联系统的可靠性框图

令第 i 个单元的寿命为 X_i，其可靠度为 $R_i(t)=P(X_i>t)(i=1,2,3,\cdots,n)$，且它们相互独立。由定义知系统寿命 X 等于各单元寿命 X_i 中的最小者，即 $X=\min(X_1,X_2,\cdots,X_n)$。所以串联系统的可靠度函数为

$$\begin{aligned}R(t)&=P(X>t)=P[\min(X_1,X_2,\cdots,X_n)]\\&=P(X_1>t,X_2>t,\cdots,X_n>t)\\&=\prod_{i=1}^{n}P(X_i>t)=\prod_{i=1}^{n}R_i(t)\end{aligned}\tag{2.55}$$

即串联系统的可靠度是组成该系统的各独立单元可靠度的乘积。

设第 i 个单元的失效率为 $\lambda_i(t)$，对式（2.55）两边求导，整理得

$$R(t)=\prod_{i=1}^{n}R_i(t)\sum_{i=1}^{n}\frac{R_i(t)}{R_i(t)}=-R(t)\sum_{i=1}^{n}\lambda_i(t)\tag{2.56}$$

从而系统的失效率为

$$\lambda(t)=-\frac{R(t)}{R(t)}=\sum_{i=1}^{n}\lambda_i(t)\tag{2.57}$$

即串联系统的失效率是各个单元的失效率之和。

假定第 i 个单元寿命服从参数为 λ_i 的指数分布，即 $\lambda_i(t)=\lambda_i$，$R_i(t)=\mathrm{e}^{-\lambda_i t}$，则系统的可靠度为

$$R(t)=\prod_{i=1}^{n}\mathrm{e}^{-\lambda_i t}=\exp\left(-\sum_{i=1}^{n}\lambda_i t\right)\tag{2.58}$$

系统的失效率为

$$\lambda=\sum_{i=1}^{n}\lambda_i t\tag{2.59}$$

这说明，当系统的各单元均服从指数分布时，串联系统也服从指数分布。

系统的平均寿命为

$$\theta=\frac{1}{\sum_{i=1}^{n}\lambda_i}\tag{2.60}$$

当各单元寿命均服从参数为 λ 的指数分布，即 $R_i(t)=\mathrm{e}^{-\lambda_i t}(i=1,2,\cdots,n)$ 时，有

$$R(t)=\mathrm{e}^{-n\lambda t} \tag{2.61}$$

$$\theta=\frac{1}{n\lambda} \tag{2.62}$$

从上面的分析可以得出以下结论：

（1）串联系统的可靠度低于该系统的每个单元的可靠度，且随着串联单元数量的增大而迅速降低；

（2）串联系统的失效率大于该系统的各单元的失效率；

（3）串联系统的各单元寿命服从指数分布，该系统寿命也服从指数分布。

一个由 10 个可靠度为 99%的单元组成的串联系统的可靠度仅为 90%。串联的单元数越多，系统的可靠度越低。因此，要提高系统的可靠度，必须减少系统中的单元数或提高系统中最低的单元可靠度，即提高系统中薄弱单元的可靠度。

2. 并联系统的可靠性模型

图 2.12 为由 n 个单元组成的并联系统，当这 n 个单元都失效时，系统才会失效，即只要系统的任一单元正常工作，系统就可以正常工作。

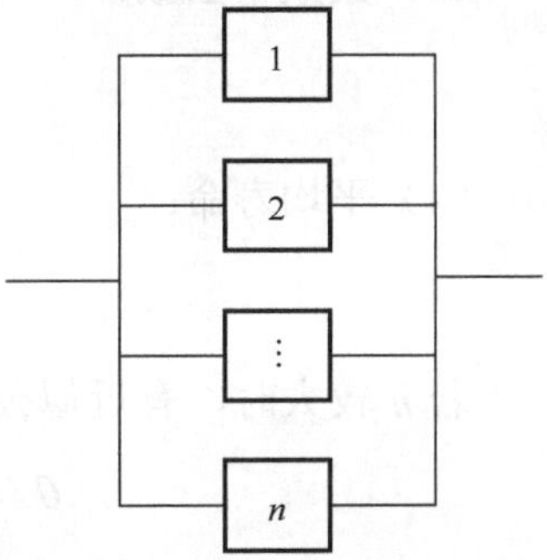

图 2.12　并联系统的可靠性框图

令第 i 个单元的寿命为 X_i，其可靠度为 $R_i(t)=P(X_i>t)(i=1,2,3,\cdots,n)$，且它们相互独立。由定义知系统寿命 X 等于各单元寿命 X_i 中的最大者，即 $X=\max(X_1,X_2,\cdots,X_n)$。所以并联系统的可靠度函数为

$$\begin{aligned}R(t)&=P(X>t)=P[\max(X_1,X_2,\cdots,X_n)>t]\\&=1-P[\max(X_1,X_2,\cdots,X_n)\leqslant t]\\&=1-P(X_1\leqslant t,X_2\leqslant t,\cdots,X_n\leqslant t)\\&=1-\prod_{i=1}^{n}[1-R_i(t)]\end{aligned} \tag{2.63}$$

用 $F(t)$ 和 $F_i(t)(i=1,2,\cdots,n)$ 分别表示系统和第 i 个单元的累积失效概率，则式（2.63）也可表示为

$$F(t)=\prod_{i=1}^{n}F_i(t) \tag{2.64}$$

即并联系统的失效概率为各单元失效概率之乘积。

假定第 i 个单元寿命服从参数为 λ_i 的指数分布，即 $\lambda_i(t)=\lambda_i$，$R_i(t)=\mathrm{e}^{-\lambda_i t}$，系统的可靠度和平均寿命分别为

$$R(t)=1-\prod_{i=1}^{n}(1-\mathrm{e}^{-\lambda_i t}) \tag{2.65}$$

$$\theta=\sum_{i=1}^{n}\frac{1}{\lambda_i}-\sum_{1\leqslant i<j\leqslant n}\frac{1}{\lambda_i+\lambda_j}+\cdots+(-1)^{n-1}\frac{1}{\sum_{i=1}^{n}\lambda_i} \tag{2.66}$$

特别当 $\lambda_i=\lambda$ 时，可计算得到如下各特征量。

（1）累积失效概率：

$$F(t)=(1-\mathrm{e}^{-\lambda t})^n \tag{2.67}$$

（2）可靠度函数：

$$R(t)=1-(1-\mathrm{e}^{-\lambda t})^n \tag{2.68}$$

（3）失效率函数：

$$\lambda(t)=\frac{n\lambda\mathrm{e}^{-\lambda t}(1-\mathrm{e}^{-\lambda t})^{n-1}}{1-(1-\mathrm{e}^{-\lambda t})^n} \tag{2.69}$$

（4）平均寿命：

$$\theta=\frac{1}{\lambda}+\frac{1}{2\lambda}+\frac{1}{3\lambda}+\cdots+\frac{1}{n\lambda} \tag{2.70}$$

若 n 较大时，有近似公式：

$$\theta=\frac{1}{\lambda}+\frac{1}{2\lambda}+\frac{1}{3\lambda}+\cdots+\frac{1}{n\lambda}=\frac{1}{\lambda}\ln n \tag{2.71}$$

当 n=2 时，有

$$R(t)=2\mathrm{e}^{-\lambda t}-\mathrm{e}^{-2\lambda t} \tag{2.72}$$

$$\theta=\frac{2}{\lambda}-\frac{1}{2\lambda}=\frac{3}{2\lambda} \tag{2.73}$$

$$\lambda(t)=\frac{2\lambda\mathrm{e}^{-\lambda t}(1-\mathrm{e}^{-\lambda t})}{1-(1-\mathrm{e}^{-\lambda t})^2}=\frac{2\lambda(1-\mathrm{e}^{-\lambda t})}{2-\mathrm{e}^{-\lambda t}} \tag{2.74}$$

当 n=3 时，有

$$R(t)=3\mathrm{e}^{-\lambda t}-3\mathrm{e}^{-2\lambda t}+\mathrm{e}^{-3\lambda t}$$

$$\theta=\frac{3}{\lambda}-\frac{3}{2\lambda}+\frac{1}{3\lambda}=\frac{11}{6\lambda} \tag{2.75}$$

$$\lambda(t)=\frac{3\lambda\mathrm{e}^{-\lambda t}(1-\mathrm{e}^{-\lambda t})^2}{1-(1-\mathrm{e}^{-\lambda t})^3} \tag{2.76}$$

从以上分析可以得到以下结论：

（1）并联系统的失效概率低于各单元的失效概率；

（2）并联系统的可靠度高于各单元的可靠度；

（3）并联系统的平均寿命高于各单元的平均寿命，这说明，通过并联可以提高系统的可靠度；

（4）并联系统的各单元服从指数寿命分布，该系统不再服从指数寿命分布。

2.4.4　地铁列车牵引系统供应商的可靠性应用示例

地铁列车牵引系统供应商将提交列车牵引系统的 RAM 目标，并确保所有 RAM 目标均能达到用户的要求。

在设计阶段时，地铁列车牵引系统供应商就要开始进行 RAM 分析以预测系统 RAM 的表现，确保设计能满足 RAM 目标要求。分析中必须列明设备及相关组件的主要故障模式、故障处理时尽量减轻对营运造成干扰的可能性以及单项故障及多项故障同时发生时对系统造成的影响等。人为错误以及由其他设备接口故障所造成的影响亦纳入分析中。

通过 RAM 分析，确定系统的薄弱环节，并可显示最大改进潜力的子系统。

地铁列车牵引系统供应商在设计阶段时提供报告，说明系统配置如何满足列车总体 RAM 要求的方法，并在“V”形结构图中后续的工程阶段更新报告。分析报告将提交给用户。

由于列车运营涉及人身安全，在整项工程的计划期间就必须采取故障导向安全（fail-safe）策略。该策略的基础是采用故障模式完善的组件和完善安全功能，即牵引系统发生故障也可保持列车的安全状况。

对可能影响列车系统安全及有效营运的人为因素，列车牵引系统将执行运营安全设计标准，并且进行特别的人为因素分析，以确保重要系统复杂人机接口已设计了尽量减低人为错误的输入处理机制。

对安全构成影响的任何已知的故障模式记录在“危害登记册”上，该“危害登记册”应当考虑可能的未知故障模式的影响。

在进行列车牵引系统 RAM 分析时，使用相同或类似设备的故障记录及实际营运期间所得的故障数据，并记录数据来源，以确定可证实及追查这些资料。

RAM 分析方法包括故障模式、影响及重要性分析（FMECA）和可靠性方块图、缺失树状分析等。

故障模式、影响及重要性分析运用归纳法，首先确定潜在的问题，继而进行分析，最后计算出可能造成的影响及严重性。对列车牵引系统使用故障模式、影响及重要性分析或其他认可的分析方法时，除涵盖牵引系统本身外，也必须包括与其他系统的接口（包括与人的接口）。

故障模式、影响及重要性分析包括每一个系统全部潜在故障模式。特别是故障后果导致列车延迟等于或超过 3min，这些故障模式在 RAM 分析中考虑。

分析的深入性必须直至可更换组件（line replacement unit）层面。采用由下而上的分析（bottom-up）方式找出低层（low-level）设备对整个正线运营系统的影响，软件及人为因素（human factor）故障模式等也包括在内。不同的组件故障模式，其影响传达到系统或设备的下一级。这一过程将一直持续，直到能确定对系统功能的总体影响。冗余设备的影响纳入分析结果中。

分析也考虑故障对乘客和员工的影响，包括运营延迟，还需要对恢复系统至正常运营状态所需的时间进行评估。

列车牵引系统供应商应当完成故障模式、影响及重要性分析；并且在初步设计阶段提交故障模式、影响及重要性分析报告，并在后续的工程阶段更新该报告。

其他分析方法如可靠性方块图、缺失树状分析等都可用于评估特定之故障模式。供应商针对特殊需求可以选择合适的分析工具。

地铁列车牵引系统供应商于设计阶段中纳入可靠性增长管理（reliability growth management）要求，提供在原型（prototype）开发阶段查找系统不足或缺失的机会，从而优化系统，以确保系统能符合相关之可靠性要求。

可靠性增长管理包括但不限于说明需要接受测试的系统/子系统，测试时程表（由原型开发期至施工期）、建议的测试方法、时期及可接受标准等。过程可参考标准 MIL-STD-189 及 MIL-STD-781 所示的技巧和方法。

系统供应商在系统生命周期的最初阶段提交可靠性、可用性及可维护性证明计划，包括与列车及其子系统的 RAM 相关的试验和论证，可靠性、可用性及可维护性证明计划，并且详细说明在质保期（defect liability period）开始后实现 RAM 目标的证明方法及程序。

可靠性、可用性及可维护性证明计划至少包括以下内容：

（1）进行及监管证明工作的组织架构和主要人员；

（2）角色和职责；

（3）证明符合的可靠性、可用性及可维护性目标；

（4）证明方法及相关报告。

各项可维护性试验一般在交付样车后 4 个月内完成。试验包括各项预防性维护、清洁和具有代表性的实际或模拟型矫正维护。在进行可维护性试验时，参照 MIL-STD-471 标准。

如果不能在质保期内证明已达到 RAM 目标的所需等级，则继续每月 RAM 确定，直到在连续的 12 月期内实现各项 RAM 目标。

如果任何一项 RAM 目标未能达到，系统供应商将自行承担费用采取其认为必要的措施以达到 RAM 要求。

车辆在批量生产前或首件检查时，地铁列车牵引系统供应商向招标人提供所选主要部件的可靠性证明，包括检验程序、技术条件以及可靠性测试方案。

列车签署试运营（PAC）证书以后，列车服务利用率（列车无故障服务时间/列车计划服务时间），在一个月的时间内至少为 99.6%，连续三个月为一个周期，在每一个周期的每一个时间段内都满足列车服务利用率至少为 99.6%的要求，在该周期内有一个时间段没有满足要求时，表明该周期没有满足要求。列车服务利用率的考核以一个周期（三个月）为一个考核期，当该考核期内列车服务利用率没有达到要求时，则列车服务利用率的考核从下一个周期开始，每次考核以一个周期为考核时间段。

质保期内，连续 2 个考核周期（六个月），若列车服务利用率达不到 99.6%的要求，则质保期需要顺延 2 个考核周期，直至满足以上考核要求。

列车服务故障时间限制

列车在最终验收证书（FAC）提交之前，每月的服务故障时间限制不超过如下的规定：

服务故障事件	每月数量（次）
超过 5min 低于和等于 10min	10
超过 10min 低于和等于 20min	5
超过 20min 低于和等于 30min	1
超过 30min	0

系统供应商在完成有关证明项目之后一个月内提交关于可靠性、可用性和可维护性证明报告。该报告提供依据，证明已达到了各项 RAM 目标，还包括有关资料和计算。在质保期内，地铁列车牵引系统供应商每两个月提交监控 RAM 表现、确定补救措施有效性的临时报告。

地铁列车牵引系统供应商向用户（系统运营商）签发安全证明文件，文件应简述、证明与车辆安全有关的一切测试、试验及分析方法，以证明设计车辆符合安全的全部要求，安全证明文件分为多个独立部分，最少包括下列部分：

（1）整车的安全证明文件；

（2）危险辨认及动力学安全评估；

（3）结构的整体性及碰撞能力；

（4）动态包络线和动态稳定性；

（5）遵从电力、电子标准；

（6）电力安全；

（7）维修时的安全；

（8）信号干扰；

（9）火警安全。

安全证明文件的每个部分，呈交用户确认。各部分应在有关工作完成后一个月内呈交。整个文件要在型式检验完成后一个月内提交。

系统供应商将在规定的工程阶段建立故障报告与修正措施（整改）系统，以便提供系统/设备的数据，包括问题和故障及其相关修正措施，还包括问题或故障发生的原因和方式。

故障报告与修正措施系统应用于监控设备的安全性和 RAM 表现，包括设计阶段（因预测性分析的结论而进行更改）、测试及启动和投入运营期。该系统用于监控设备/组件的性能，确定故障模式，以便采取修正措施改进系统的表现。

在各项危害和 RAM 分析中，一般可以采纳以下基本假定条件（不同城市的不同线路，其下列参数可能有一些不同）：

（1）每辆车每年的运行里数：15 万 km。

（2）车站间平均距离：1.5km。

（3）列车每天运营时间：18h。

（4）列车平均旅行速度：37km/h。

列车可靠性可以通过计算“3min 或以上晚点次数/100 万车公里（car-km）”或者“未能发送次数/100 万车公里（car-km）”的测定方法进行测定。

对于所有车辆在指定时期内达到的 100 万车公里平均≥3min 晚点次数，采用以下方法进行计算：

指定时期内≥3min 的晚点总次数×1000000/该时期内所有车辆行走总行程（km）

所有车辆在指定时期内达到的 100 万车公里平均能发送次数，采用以下方法进行计算：

指定时期内未能发送总次数×1000000/该时期内所有车辆行走总行程（km）

用户（或者用户代表）将在列车设计、开发、生产和测试阶段时进行 RAM 审核，以确认地铁列车牵引系统供应商已符合及执行相关的系统保证要求。

在审核完结时，用户（或者用户代表）将提出各项关于系统保证的整改行动意见。系统供应商提交证据以确保所有整改行动已在双方同意的时限前执行（如在时限前提交相关文件）。

在车辆设计阶段就必须开展可维修性和可靠性设计的分析，以便确定可靠性和可维修性可能出现的风险以及部位，从而提供可靠且高可维修性的列车。

可维修性和可靠性分析应该提供每个 LRU 所采用的技术方法和产生的技术结果，并定出每个 LRU 可能出现的故障、故障原因以及故障后果，特别是其对运营的影响。

由系统供应商对可靠性评估提出评估方案（包括程序和指标），为列车维修而编写预防性维修计划和故障检修方法，列出 LRU 清单或列车技术构成，提交 LRU 和/或 SRU 的可维修性标准。对每个 LRU 和/或 SRU 都将提供的标准包括：一级故障检修 MTTR、四级维修 MTTR、MaxTTR、可接近性、质量和体积以及所需要的专用工具。

系统供应商提供所有专用工具和试验方法资料（含加工图和计算说明），专用工具和试验台的调试将在列车批量生产过程中进行。

系统供应商提供主要部件技术报废清单，主要是技术更新期为 5 年以下的部件清单。

列车牵引系统供应商将编制的文件包括：备件清单文件；供货商清单和维修合同供货商清单；备件体积、质量和数量；以及长期支持政策等。

牵引系统供应商将提供的特殊信息及资料包括一份初步的、与常规检查、车辆大修和预定设备置换期间所有预防性维护摘要相一致的维护时间表，以及各自的停工期和人力需求。

牵引系统供应商将提供的车辆牵引系统检修工艺、设备文件（包括所需检修方法、检验标准、设备、工器具、材料、工时等）包括车辆日检、周检、月检、年检等检修工艺规程文件，车辆架修工艺规程文件和车辆大修工艺规程文件。内容包括车辆架、大修工艺流程、工艺布局、设备布置的详细设计方案、各部件架修所需场地的大小及条件。

车辆检修设备、设施技术资料（名录、功能及主要的性能指标）的内容应该包括车辆日检、周检、月检、年检等各级检修所需设备、设施，车辆架修所需检修设备、辅助设备、试验设备和设施，车辆大修、调试所需维修加工设备、辅助设备、试验设备和设施。

2.5　小　　结

狭义的可靠性问题仅仅是指可靠性本身。广义的可靠性问题就是 RAMS，即可靠性、可用性、可维修性与安全性的组合。RAMS 是一种概率，是一个管理方法与长期的管理工程，也是一种体系。本章的内容包括可靠性、可用性、可维修性以及全寿命成本费用计算，并讨论了可靠性的数学技术，即涉及可靠性的概率问题，以及这些原理体系在轨道交通车辆系统中的应用，主要是车辆供应商的可靠性责任问题。

第3章　风险与安全完整性问题

3.1　概　　述

轨道交通作为大众运输工具，具有运载量大、快速、运输成本低以及环境污染少等特点，特别是高效正点与几乎不受地面交通状况、天气以及其他环节因素影响的特点，城市轨道交通系统成为各国大型城市百姓出行（尤其是上班一族）的首选主要交通工具。但是由于轨道交通的运行运营方式，尤其是城市轨道交通系统的运行特点，其一旦发生事故，就可能产生导致巨大损失，特别是人员伤亡的灾难性后果，因此轨道交通系统的安全问题是轨道交通首先必须考虑的问题。

随着RAMS体系从航空航天与军工领域向工业领域和其他民用领域的发展扩散，而提高轨道交通系统及其相关设备的安全性一直是各国轨道交通领域研究的重要课题，在经历了许多惨痛的事故教训以后，欧洲一些轨道交通相对发达的国家在20世纪90年代开始对安全相关系统安全性问题进行系统、深入的研究，将RAMS体系引入轨道交通领域，并且在安全理论与实践方法等方面取得积极的成果，形成了轨道交通安全相关的系列标准，首先在欧洲得到贯彻与实施。尤其是RAMS体系中的安全思想与安全理念、安全相关标准也正在逐步推广至包括中国在内的世界其他国家。

以电子电气控制系统为例，20世纪70年代中期前主要是以电磁继电器和固态集成电路为核心构成控制系统，而80年代则以冗余的普通可编程控制器（PLC）为核心，其可靠性与安全控制性能有明显的提高，但是并没有形成安全控制的概念；80年代中期主要以高安全性的可编程控制器（PLC）为主；2000年以来，电子技术和计算机系统技术都是新兴的科学技术，应用时间不是很长；此时的工业领域同样没有形成安全性的完整概念，但是安全控制系统或设备执行安全功能时的可靠性要求已经成为设计的目标；各个行业对于安全的要求不尽相同，由此也增加了开发安全设备的成本。

近年来，我国轨道交通发展速度已远超欧洲以及其他国家。在我国，不仅仅是旅客，轨道交通主管部门、系统制造与集成商以及设备供应商对于轨道交通安全性问题也日益重视，特别是在干线铁路高速动车组7·23事故发生后，轨道交通各利益相关方无论在安全意识的提高，还是在安全标准以及安全相关技术的采用等方面都较以往发生了重大变化。但由于这些安全理论与方法源自欧洲国家，在我国实施时间相对较短，我国轨道交通领域对于安全的认识与理解仍然存在一定程度的模糊与差异，甚至在一些系统上出现过度追求所谓安全完整性的趋向。本书（尤其是本章）旨在从不同的角度对轨道交通安全相关系统安全性的相关问题进行系统性的探讨，并期待为相关实体在认识、理解以及实施安全相关系统安全性方面提供可能的参考。

3.2　与安全相关的若干基本问题

轨道交通系统在运营过程中，一旦发生事故，往往发生危险的后果，因此轨道交通系统必须是一个安全系统，同样地，轨道交通中的列车系统也是一个安全系统。轨道交通的安全问题涉及研发设计与制造过程中必须依据的安全理念、安全责任以及安全功能的规划、设计、管理与验证，同样，安全问题还涉及运行运营中的安全相关性，内容也包括安全理念与安全思想、安全管理与安全控制、安全环境建设并由此导向安全运营。本章是在第 2 章关于 RAM 论述的基础上，专门讨论安全、安全相关涉及的基本概念和基本理论以及轨道列车涉及的安全问题等。本章节的讨论主要是针对轨道列车的安全性问题展开论述，不涉及信号、运营、服务以及与此有关的人机接口的安全性问题。

在讨论安全相关系统的安全完整性之前，应该首先明确“安全相关”的含义。根据国标 GB/T 28809（等同 IEC 62425 或 EN50129）的定义：

定义 3.1　所谓安全相关，是指对安全性负有责任。

安全性的解释将在 3.7 节中展开并作详细的说明。与安全相关概念有关联的名称名词还包括安全性问题、危险与危害问题、风险与风险分析以及风险管理等诸多的问题，这里简单地可以得到如下几个说明：安全性是指避免不可接受的风险；风险是危害（也称隐患）发生的频度与其后果的组合；危害是可能导致事故的一种状况（如失效）；事故是导致人员伤亡、商业损失或者环境破坏的事件。由此，通过逻辑推导的方法，可以认为一个系统是否“安全相关”的判定依据就是其失效后果是否与死亡/伤害、商业损失或者环境破坏相关，如图 3.1 所示。

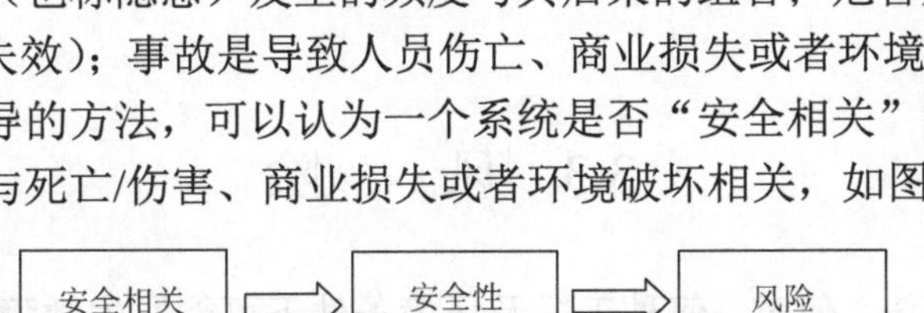

图 3.1　安全相关概念关联关系

显然，安全相关包括人（轨道交通管理机构或者管理者、列车系统以及相关系统的运用者、研发设计人员以及制造、验证、评价和考核人员等），同样包括系统（结构或者架构、部件、功能构成中的安全功能等）。

这里有两个概念：安全功能与功能安全，在安全相关系统中需要有明确的理解。

所谓安全功能，是指为了应对特定的危险事件，由（电气、电子、可编程电子，也可以是机械装置）安全相关系统、其他技术安全相关系统以及降低风险的外部系统（外部措施与机制）所实施的功能，期望达到或保持被控设备（EUC）处于安全状态。

而所谓的功能安全，是指与 EUC（被控设备）和 EUC 控制系统有关的，整体安全的一部分，取决于电气、电子、可编程电子以及机械的安全相关系统，其他技术安全相关系统和降低风险的外部系统（或措施机制）正确执行的功能。

定义 3.2　伤害与危害，所谓伤害（harm），是指由于对财产或环境的破坏而导致的直接或间接地对人体健康的损害或对人身的损伤。所谓危害（即危险，hazard），是指对人或环境造成潜在损害的物理状况，是伤害的潜在根源；是可能导致事故的一种状态（GB/T 28809）；而危险事件就是一种事故。

定义 3.3　所谓事故（危险事件），就是导致人的死亡、伤害，或者是系统、服务、商业丧失，或者是导致环境破坏的一个或一系列非预期事件。

危害集群（C-危害）：通常将具有共同特征（具有相同的原因或相同的结果）的一些危害；如两个独立的子系统在同一个原因的激励下同时发生危害，就是 C-危害。

接口危害：不同活动所涉及的组织或实体之间的接口，相互作用引起的危害；是由系统接口处的子系统相互作用所致。系统接口是指在系统开发过程中，作为系统层次一部分的子系统接口或者在系统的开发、运营和维修过程中，不同活动所涉及的组织或实体之间的接口。这些接口可能在不同的生命周期阶段有所不同。

3.3　风　险

一个复杂系统，何时、何种工况及环境条件下可能发生故障（由于风险存在，并且最终导致事故），这种事件（或者事故）发生的可能性（频率或概率分析），以及故障可能造成的后果（因果关系分析，主要是安全事故）是风险分析的内容。

定义 3.4　所谓风险，就是指由于导致系统可能的故障发生伤害的危害发生的概率及伤害的严重等级。而危害是可能导致事故的一种状况（如失效），对环境的破坏和财产的重大损失在安全分析中也应视为一种损害（参见 GB/T 28809—2012 中 3.1.20）；事故是导致人员伤亡、商业损失或者环境破坏的一个或一系列非预期事件。

由此，通过逻辑推导的方法，可以认为一个系统其风险的计算和判定依据就是其故障或者失效的后果是否与死亡/伤害、商业损失或者环境破坏相关。危害的发生不等于伤害的发生，如平交道口受命关闭栅栏而栅栏未关闭（此时危害发生）时，列车和汽车未发生冲突（发生事故或伤害，此时伤害未发生）。为使风险可相互比较，考虑危害实际导致伤害的概率非常重要。

风险可能导致人身伤害（导致受伤或死亡）、环境损害（财产损失、毒性物质的扩散和其他环境影响等）以及商业损害（信誉损失以及财产损失）。

显然，风险是一个安全相关概念。由于系统（或者设备）的失效（包括系统性失效与随机失效）可能导致人员的死亡或伤害的系统就是安全相关系统，如轨道交通信号系统就是典型的安全相关系统。显然，一个系统或设备的失效都可能导致商业损失或者环境破坏，例如，通常情况下，列车系统的失效往往会导致轨道交通不同程度的运营丧失、服务终止以及信誉损失等，则几乎所有的系统都可以认为是安全相关系统。事实上，导致商业损失（包括对利益相关方的财产/资产损害、对运营声誉的损害或客源损失，属于商业问题。）的系统失效应该是属于可靠性、可用性以及可维护性（RAM）研究的范围，而不应定性为安全相关，否则会产生安全性与可靠性混淆的问题。

关于“安全相关”的概念，目前欧洲比较普遍的认识也是不将“环境破坏”纳入安全性研究范围（除非导致重大财产损失或重大环境破坏），因为不直接与人员伤亡相关；另外环境损害是作为事件直接后果所导致的损坏（是指对相关财产的损坏、毒性物质或其他有害试剂在环境的扩散和火灾等），目前尚无环境损害程度的度量标准，也存在难以量化的问题。我国轨道交通领域各相关实体（包括主管部门、系统集成商以及设备供应商等）在考虑安全性问题时也可以根据合理与可行的原则，明确定义“安全相关”的概念以及界定“安全相关”系统，例如，是否与人员的死亡或伤害相关是风险的定义、管理等必须是依据和定义“安全相关”的条件。即大多数轨道交通安全研究趋向专注于人员伤害，但是原则上由RA与SRA协商是否将商业损害和环境损害排除在伤害之外，如果将其包含在内，则由一个规定具体度量标准。

3.4 风险管理

对风险的容忍度取决于对风险的理解，而对风险的理解在不同人员之间差别很大，并且也涉及社会和文化状态、心理和生理因素，风险是否自愿（如自愿承担或被其他人强加）和后果是否严重等因素；对风险的容忍度引出了允许风险或者是可接受的产品最大级别的风险，这种允许风险或者容忍度的确定必须根据当今社会的文明和物质水准，并且取决于大多数人能够接受的风险给定范围。

轨道交通主管部门可接受的产品最大级别的风险，是由轨道交通主管部门（RA）负责，并与安全主管部门（SRA）协商、产生、认可或者制定风险验收准则和风险验收等级（由 RA 和相关 SRA 协商或根据公认的原则，确定受到轨道交通影响的不同群体的伤害/死亡比例），并将其提供给轨道交通支承工业（RSI，即系统供货商、或者生产商、集成商等，也包括主要部件供应商）。通常由 SRA 或由 RA 与 SRA 协商定义风险验收等级，风险验收等级取决于国家法律或法规与社会环境。

允许风险的原则在协商时通常可以参考或者考虑按以下的伤害等效设定原则（欧洲模型）：

1 个等效死亡=1 个死亡=（或者相当于）10 个重伤=（或者相当于）100 个轻伤

风险的概念包括：可能发生风险、诱发风险发生的工作工况或者环境条件，这些内容是风险识别所必须考虑和计算的问题；导致危害的事件或事件组合发生的概率或者是这些事件发生的频繁程度，这种危害是造成人体的伤害或者导致商业的损失以及是否导致对环境产生损害；危害后果与严重性，如是否发生人身的伤亡，尤其是死亡事故。

在系统生命周期的各个阶段，风险分析应由负责该阶段的主管部门（如列车制造工厂（或者系统提供商）、铁路设计施工企业、铁路局、地铁公司或者运营公司等）来进行，并应形成文件。该文件至少应包括：

（1）分析方法；

（2）方法学的假设、限制和判据；

（3）危害鉴定结果；

（4）风险估计结果和置信度水平；

（5）折中选择的研究结果；

（6）数据及其来源与置信度水平；

（7）参考文件。

风险管理包括许多不同的构成元素，其内容涉及了风险的最初定义、风险的分析、风险的容忍度的评价以及潜在的降低风险的选择方案的确定、直到合适的控制与降低措施的选择、执行与监控等。风险的概念组成包括两个方面：导致危害的事件或事件组合发生的概率或这些事件发生的频繁程度，与危害导致的后果等两个元素。风险问题涉及以下问题。

危害：潜在的伤害来源或具有潜在伤害的条件。危害可以分为四类，即自然危害（如洪水、地震、龙卷风、闪电等造成的危害）、技术危害（如工业设施、结构、运输系统、消费产品、杀虫剂、除草剂、药效等引起的危害）、社会危害（如攻击、战争、破坏、感染疾病等而引起的危害），以及生活方式危害（由于药物滥用、酗酒、吸烟等引起的危害）；这些类别之间并不互相排斥，在从技术方面分析危害时，常需要作为风险分析的部分，考虑其他类别（尤其是自然危害）和其他系统的影响。

可能导致伤害的事件的发生就是危害事件，也就是事故。

危害识别：认识文献存在并定义其性质的过程；风险的分类可以按照被调查的结果的本质进行，如人员的（对社会公众的影响）、职业的（对工作人员的影响）、社会的（对公众的总体影响）、财产危害及经济损失（业务中断、惩罚等）以及环境（对地球、大气、水、植物、动物及文化遗产）。

风险分析：系统使用有用的信息，确定危害，估计对人员或人类，财产或环境的风险。定性的风险等级如表 3.1 所示；风险分析有时又称为概率安全性分析、概率风险分析、量化安全分析和量化风险分析；风险分析的总体目标是为与风险相关的决策提供合理的基础。通过将风险分析的结果与可容忍的风险边界比较，此类决策构成更高一级风险管理过程的组成部分；在许多情况下，需要在逐例分析的基础上评估收益，以便作出有效决策；风险分析过程步骤包括适用范围定义、危害识别及初始结果评价、风险评估、验证、文献化和分析更新。

风险评估：风险分析和风险评价的全过程。基于风险分析并考虑诸如社会经济和环境影响，对风险可容忍程度进行判断的过程；在系统生命周期的不同阶段都需要进行评估。用来进行对待分析风险级别测量的过程。风险评价包含频率分析，结果分析以及其综合分析等步骤。风险评估流程图见图 3.2。通过风险评估而实现危害的控制，危害控制流程图如图 3.3 所示。

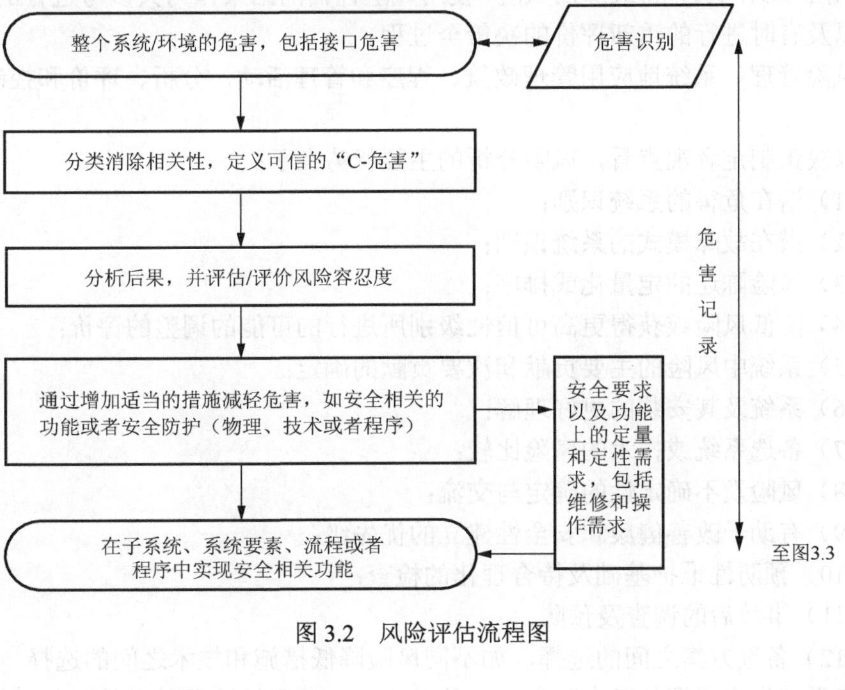

图 3.2　风险评估流程图

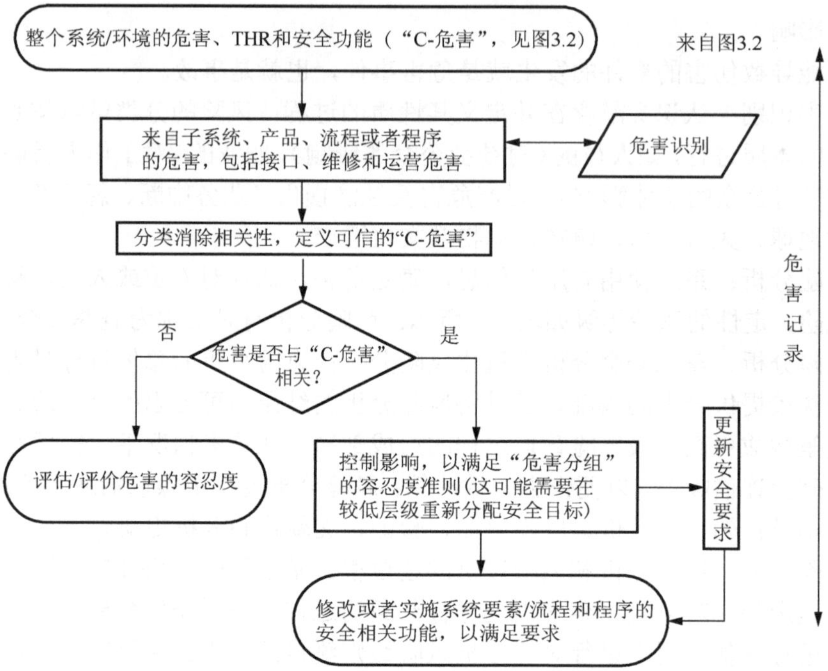

图 3.3　危害控制流程图

风险控制：管理和/或降低风险，使用风险评估的结果作为其参考进行的执行，强制以及有时进行的重新评价的决策全过程。

风险管理：系统地应用管理政策、程序和管理活动，分析、评价和控制风险任务。

以决策制定者观点看，风险分析的主要优势在于：

（1）潜在危害的系统识别；

（2）潜在故障模式的系统识别；

（3）风险陈述的定量化或排序；

（4）降低风险或获得更高可信性级别所进行的可能的调整的评价；

（5）系统中风险的主要贡献和次要贡献的确定；

（6）系统及其安装的更好理解；

（7）备选系统或技术的风险比较；

（8）风险及不确定性的确定与交流；

（9）有助于改善健康和安全性建立的优先级；

（10）预防性维护基础及待合理化的检查；

（11）事故后的调查及预防；

（12）备选方案之间的选择，如不同风险降低措施和技术之间的选择。

在系统生命周期的各个阶段，风险分析应由负责该阶段的主管部门来进行，并应形成文件。该文件应至少包括：①分析方法；②方法的假设、限制和判据；③危害鉴定结果；④风险估计结果和置信度水平；⑤折中选择的研究结果；⑥数据及其来源与置信度水平；⑦参考文件。

表 3.1 给出了风险等级的定性说明，表 3.2 的风险评估和用于风险验收的风险减小/控制示例是关于风险发生频度的定性说明，表 3.3、表 3.4、表 3.5 和表 3.6 等给出的也是涉及风险分析的定性说明，其中表 3.2 是风险评估和验收的典型示例。

表 3.1　定性的风险等级表

风险种类	对每一类风险所采取的措施
不容许的	应该消除
不希望的	当风险减少不可行时，应经过轨道交通主管部门或安全规章主管部门同意后方可接受
容许的	采用充分控制并经轨道交通主管部门同意后可以接受
可忽略的	有或无轨道交通主管部门同意均可接受

表 3.2　风险评估和验收的典型示例

危害性事件的发生频度*	风险等级			
频繁	不希望的	不容许的	不容许的	不容许的
经常	容许的	不希望的	不容许的	不容许的
有时	容许的	不希望的	不希望的	不容许的
很少	可忽略的	容许的	不希望的	不希望的
极少	可忽略的	可忽略的	容许的	容许的
几乎不可能	可忽略的	可忽略的	可忽略的	可忽略的
	轻微	次要	重大	特大
	危害后果的严酷等级			

* 危害性事件发生频度的定标取决于所考核的应用（即危害事件出现的频度，见表 3.3）。

表 3.3　危害事件出现的频度

分类	定义
频繁	频繁地出现，危害将一直存在
经常	发生多次，危害可以预期经常出现
有时	可能发生几次，危害预期有几次出现
很少	在系统生命周期的某个时期可能发生，危害能合理地预期出现
极少	不太可能发生但可能存在，可假定危害可极少出现
几乎不可能	几乎不可能发生，可假定危害不会发生

表 3.4　危害严酷等级

严酷等级	对环境或人的影响	给运行带来的后果
特大	多人死亡，和/或是多方面的严重伤害，和/或对环境的较多损害	
重大	一人死亡，和/或是单个严重伤害，和/或是对环境产生明显的损害	主系统失效
次要	较小的损伤和/或对环境的明显影响	严重的系统损害
轻微	可能存在的较小的伤害	较小的系统损害

表 3.5　频度-后果矩阵

危害性事件的发生频度	风险等级			
频繁				
经常				
有时				
很少				
极少				
几乎不可能				
	轻微	次要	重大	特大
	危害后果的严酷等级			

表 3.6　定性的风险等级

风险种类	对每一类风险所采取的措施
不容许的	应该消除
不希望的	当风险减少不可行时，应经过相关主管部门或安全规章主管部门同意后方可接受
容许的	采用充分控制并经相关主管部门同意后可以接受
可忽略的	有或无相关主管部门同意均可接受

危害的识别及初期结果评价需要将产生系统风险的危害同危害所实现的方式一起确定。已知危害（也许在先前的事故中已经发生）应该得到明确说明。风险估计应该检查初期事件或环境，相关的事件顺序，确定可能有害的结果的缓解性、特性及频率，以便对该分析的风险级别进行衡量。衡量标准可以主要侧重在人类、财产或环境风险方面，并包括与估算相关的不确定性的指示。

风险的结果分析用于对不希望事件发生的可能影响进行估计。结果分析应该以所选择的不希望发生的事件为基础，描述由不希望事件所导致的任何结果，考虑现有措施，减轻结果，以及对结果有影响的相关条件，给出用于对结果识别的边界条件，如果与所研究的适用范围一致，同时考虑直接反映出的结果和一定时间后出现的结果两种情况，考虑间接结果，诸如与相邻的设备和系统相关的结果。

风险计算应当能够预测人员死亡率和发病率（人员风险），给出社会风险发生频率与结果图（称为 *F-N* 曲线，*F* 代表频率，*N* 表示受到特定伤害人员累计数量，或损害的累计成本），以及在死亡、经济成本或环境损失方面所期望的统计损失率。

特定损害级别风险的分布通过用等高线曲线表达，以显示同等程度损失的数值。

风险验收应以普遍公认的原理为基础。

ALARP（风险降到可行，或者称为最小可行原则，as low as reasonably practicable）原理（该原理在英国使用）。根据实际应用，尽可能降低故障率。它将风险分成以下 3 类：①足够大的风险，不能接受；②足够小风险，可以忽略；③介于以上两种风险之间的风险，必须采用适当的、可行的、合理成本下的方法将其降到可以接收的最低程度。对于第 3 种风险，采用 ALARP 原理进行风险的减低，该原理的含义是采用尽可能低的成本、合理并且可行方法进行风险降低。该原理可以用图 3.4 所示简图说明。

GAMAB（综合最优，globalement au moinsaussi bon）原理（该原理在法国使用）。以下以轨道交通为例，这个原理的完整表述是："所有新型的导向式运输系统应提供一个风险等级，此等级整体上至少与任何等效的现有系统所提供的等级一样好。"也就是说，对于所有新的交通运输系统必须提供最好的安全性能，至少也要与现有同类系统的安全性能相当。定量方法解释如下（以轨道交通为例）。

（1）$\tau_{c.\text{ref}}$（即死亡人数/旅客人数，死亡人数为两列列车相撞导致的死亡人数）表示在上一年运行中，轨道交通运输系统的经验数据。在同样的自然环境下，该分数应从现有系统的统计数据中提取，并作为同类新型系统的基准。

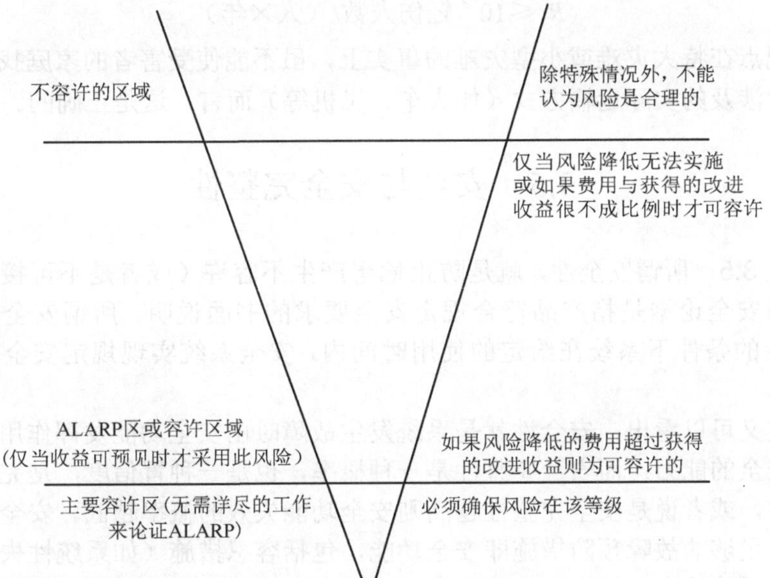

图 3.4　ALARP 原理

（2）现在考查新的（更新的）系统。

在此系统中规定：C=一列车的载客量（乘客人数/车）；F=列车密度（列车/

小时）；r=平均满员率（列车不全满）；n_c=新型系统中每次碰撞的死亡人数；D_m=吞吐量（旅客人数/小时）$=r\times C\times F$ 。

因此，实际上每个旅客经历的碰撞次数应该是

$$\text{col}=(\tau_{c.\text{ref}}/n_c)\ （碰撞次数/旅客人数）$$

并且新型系统的碰撞率应小于现有系统的碰撞率，因此

$$\lambda_c\leqslant \text{col}\times D_m=(\tau_{c.\text{ref}}/n_c)\times D_m=\tau_{c.\text{ref}}\times(r\times C/n_c)\times F\ （碰撞次数/小时）$$

MEM（最小内源性死亡率，minimum endogenous mortality）原理（该原理在德国使用）：新系统的应用不能增加人员伤亡的概率。

在发达国家中，内源性死亡率 R（由于技术原因引起的死亡）在 5～15 岁年龄段的值最小。内源性死亡率的最低等级称为“最小内源性死亡率”，用 R_m 表示，它由下式决定：

$$R_m=2\times10^{-4}\ 死亡人数/（人×年）$$

综上所述，简要陈述下述规则：“新型运输系统的危害应不使指标 R_m 明显增加”。

实际上可以使用下列数据：

$$R_1\leqslant10^{-5}\ 死亡人数/（人×年）$$
$$R_2\leqslant10^{-4}\ 重伤人数/（人×年）$$
$$R_3\leqslant10^{-3}\ 轻伤人数/（人×年）$$

此观点在特大灾难或小型灾难的事实上，虽不能使受害者的家庭找到任何安慰，但就涉及的实际运输方式（如火车、飞机等）而言，这是正确的。

3.5　安全与安全完整性

定义 3.5　所谓安全性，就是防止危害产生不容许（或者是不可接受）的风险。所谓安全论据是指产品符合规定安全要求的书面说明。所谓安全完整性是指在规定的条件下系统在给定的使用时间内，安全系统实现规定安全功能的可能性。

从定义可以看出，安全性就是系统发生故障时由安全功能发挥作用，使得系统导向安全的能力；而安全完整性是一种概率，也是一种置信度，是完成安全功能的能力，或者说是安全完整性越高则安全功能失效的概率越低。安全性的实现是依赖于足够的故障预防措施即安全功能，包括容忍措施（如系统性失效防护措施，所谓系统性失效是由于系统性错误包括规范错误、设计错误、验证过程的差异、制造错误、安装错误和由于操作程序缺陷导致的操作错误等导致的安全功能失效）和足够的随机失效控制措施等（随机失效往往由硬件的随机故障导致），因此安全完整性的表示需要平衡考虑定量目标（控制随机失效）和定性措施（避免系统性失效）。安全性的相关参数见表 3.7。

表 3.7　安全性能参数示例

参数	缩写符号	量纲
平均无危害故障时间	MTBF（H）	时间、距离、周期
安全系统平均无故障时间	MTBSF	时间、距离、周期
危害率	H（t）	故障数/时间、距离、周期
安全相关故障概率	F_s（t）	无
安全功能概率	S_s（t）	无
恢复安全的时间	TTRS	时间

所谓安全性也是追求系统的故障-安全，即故障导向安全。在这样的系统中，由于安全功能的作用，任何单一失效将导致系统进入安全状态。在进入安全状态或恢复系统前，随后的失效事件与第一个事件组合而产生危害的概率，应满足安全性等级的要求。通常通过组合具有确定失效模式的组件（具备固有物理特性的组件，即安全相关功能）来获得安全的失效模式，从而实现系统的故障安全。

安全完整性原则必须遵照以下国际标准（最新版）的规定及要求：

EN50126 “Railway applications – The specification and demonstration of Reliability, Availability, Maintainability and Safety (RAMS)”

EN50128 “Railway Applications – Communications, signaling and processing systems – Software for railway control and protection systems”

EN50129 “Railway Applications – Communications, signaling and processing systems – Safety related electronic systems for signaling”

IEC 61508：该标准是基于安全相关系统的可靠性，它是安全相关系统功能安全的基础标准，由 7 个部分组成，描述了安全相关系统的软硬件的要求（从危险分析和安全功能的详细说明开始，直到系统停用和处理）。它提出了 4 个安全完整性等级，提出了影响安全完整性等级的两个因素以及安全故障的比例和目标失效量的测量。

IEC 61511：该标准是 IEC 61508 在过程工业领域的应用。该标准给出了安全仪表系统的规范、设计、安装、运行和维护要求，以及它的应用指南和确定要求的安全完整性等级的指南，主要适用于包括化工、炼油、油气生产、纸浆和造纸等在内的过程控制领域。它适用于安全仪表系统的设计师、集成商和用户，但并不适用于过程工业领域的安全仪表系统的制造商。

IEC 62061：该标准是 IEC 61508 在机械应用领域中 E/E/PES（电子、电气与可编程电子系统）的功能安全要求，它包括机械设计完整性、安全相关电气控制系统的有效性等方面的要求和建议。该标准只考虑高要求（连续）操作模式下的安全完整性等级。

上述标准的区别是 IEC 61508 是一个基础标准，而 IEC 61511 和 IEC 62061 是基于 IEC 61508 在各自工业领域的功能安全应用标准。

安全完整性可以认为是定量元素（一般和硬件有关，如随机性失效）和非定量元素（一般与执行的标准、软件、技术条件、文件、程序等的系统性失效有关）的组合。为了达到安全性目标等级，降低风险的外部设施（或措施）和系统风险减少设施应和系统要求的必要风险减少相匹配。

系统功能的安全完整性的置信度可以通过有效地组合特定的系统结构、方法、工具和技术来得到。安全完整性与获取要求的安全功能的失效概率相互关联，也与容许危害率（tolerate hazard rate，THR）相关。功能的安全完整性要求越高，则实现所需的费用越昂贵。该标准没有规定轨道系统安全完整性和失效概率之间的相互关系，但应注意在 GB/T 20438 系列中规定了它们的一般关系，在轨道交通领域应用中对于这个关系的定义是轨道交通主管部门的职责。但是所规定的管理程序是通用的，并可适用于任何相互关系。而这种关系的应用须经轨道交通主管部门同意。

系统安全功能应用其他相关标准规定的体系结构、方法、工具和技术来实现。例如，IEC 62279 规定了开发软件系统的方法、工具与技术，EN50129 规定了轨道交通电子信号系统验收和批准的程序。

安全完整性基本上是为安全功能规定的。安全功能应分配给安全系统以及与此相关的为了降低风险而设计的外部设施（或措施）。通过分配程序的反复进行，使整个系统的设计与费用最优化。当安全性计划与 RAM 规划有效实施后，它能给出最终系统获得符合 RAMS 需求的置信度。

在开展车辆子系统的硬件和软件设计时，系统设备提供方必须按照 EN50126、EN50128 和 EN50129 标准内关于“安全完整性等级”的定义和要求，确保安全子系统和安全功能具备足够的安全完整性等级。需开展隐患分析以评估定义的安全完整度等级是否充分和足够，并明确相关子系统是否需要应用更高的安全完整性等级要求。需提供分析或评估文件以证明各子系统满足相应的 SIL 要求。安全完整性等级表示系统失效时仍可满足指定安全功能所要求的置信度等级的数值，用 SIL 的数字表示，分为四级，从 SIL1 到 SIL4。

而安全计划是一组适合于组织机构、责任、工序、活动、能力和资源实现的时间调度活动、资源和事件的文档，它们一起保证达到规定合同或工程关于安全性的要求。

系统安全功能应用其他相关标准规定的体系结构、方法、工具和技术来实现。例如，IEC 62279 规定了开发软件系统的方法、工具与技术，EN50129 规定了轨道交通电子信号系统验收和批准的程序。

当安全计划与 RAM 规划有效实施后，它能给出最终系统获得符合 RAMS 需求的置信度。对于涉及安全运行的重大设备，需要规定其中关键装置的安全完整性等级，例如，飞机上的导航系统和计算机控制系统的安全完整性必须达到 SIL4。

此时，系统提供方须将各子系统的 SIL 要求分配至软件。在软件实现过程中，卖方（系统提供方、供货方、集成商）系统应采用 EN50128 中针对相应 SIL 等级定义的所有“高度推荐的”和“推荐的”方法。系统提供方需开展针对软件的独立安全评估。软件评估员需具备至少 5 年依据 EN50128 或同等标准的评估经验。系统提供方需在初步设计阶段提交软件评估计划并适时提交软件评估报告。所有软件评估报告还需直接递交给产品使用者。软件评估计划须详细描述独立软件评估员在项目过程中将要开展的评估活动，其范围和活动应满足 EN50128 的要求。

在应用中已设定了安全等级并估计了必要的风险降低，以风险评审过程的结果为基础，应用中系统及部件的安全完整性要求可以得到。安全完整性可以认为是定量元素（一般和硬件有关，如随机失效）和非定量元素（一般与软件、技术条件、文件、程序等等的系统性失效有关）的组合。为了达到安全性目标等级，降低风险的外部设施（或措施）和系统降低风险设施应和系统要求的必要风险降低相匹配。

在以安全性为中心的工作中，主要是防止意外的及相关联的事故发生。系统功能的安全完整性的置信度可以通过有效地组合特定的系统结构、方法、工具和技术来得到。安全完整性与获取要求的安全功能的失效概率相互关联。功能的安全完整性要求越高，则实现所需的费用越昂贵。系统的安全性能和相应的安全完整性受系统使用环境的影响。当用与指定安全完整性相应的方法、工具和技术开发产品时，可声明该产品是安全完整性等级为“X”的产品。此声明表明产品在规定环境条件下、在某个完整性级别具有指定的功能。

应由安全专家来确定所用的 SIL 等级是否适当，一个“要素”应只分配一个 SIL，“要素”指能实现一个或多个简单功能且可被一个实现相同功能的设备代替的独立设备。通常这个“要素”是最底层的设备，在第一级修复性维修工作中可以替换。对于所考核的系统，产品所在的环境是极其重要的，在与产品的安全要求比较时，应审查现货供应产品的已鉴定的 SIL 及鉴定方法是否满足全部条件。一个 SIL 只说明产品安全性置信度的一个期望等级。安全性要求和可用性要求在系统运行范围内是相互关联的，即安全性和可用性的要求是存在冲突的：安全性要求越高，可用性可能会越低。使用中安全性和可用性目标的实现，只能通过满足所有可靠性和维修性要求，并控制正在进行的或长期的维修和操作活动及系统环境来达到。但是 SIL 并没有考虑到系统的所有方面，因此只考虑 SIL 是不够的（如降级运行模式和处于备用状态有不同的安全要求等）。安全性的技术概念以下述内容为基础：

（1）在各种运行、维护和环境模式下系统中所有可能的隐患。

（2）每个隐患的性质，包括隐患结果的严重性。

（3）安全性/安全相关的失效包括：导致隐患的全部系统失效模式（安全相关

的失效模式，它是全部可靠性失效模式的子集)，安全相关的每个系统失效模式的概率，在应用中可能导致事故的事件的顺序和/或并发率、失效工作状态、环境条件等（即导致事故的隐患）；在运行中每个事件发生的概率、故障、工作状态和环境条件等。

（4）系统安全相关的部件的可维修性包括与安全相关失效模式和隐患有关的部件及其组件维修的方便性，安全相关部件在维修工作期间内发生错误的概率，系统恢复到安全状态的时间。

（5）系统操作及安全相关部件的维修包括：人为因素对系统安全相关部分的有效维修及系统安全操作的影响；用于系统安全相关部分的有效维修和系统安全操作的工具、设备和工序；有效的控制、处理隐患的措施并减轻隐患的后果。

以地铁列车的车门为例，安全评估需要说明的事项包括系统名称、子系统名称、设计特点、参考要求、相关的潜在安全隐患、设计/运行安全原则、工业守则、法规与规范、现在符合情况的说明以及验证方法等。

而地铁列车在提交用户时，一般需要提供的安全证明文件包括：

（1）整车的安全证明文件；

（2）危险辨认及动力学安全评估文件；

（3）结构的整体性及碰撞能力文件；

（4）动态稳定性报告；

（5）遵从的标准；

（6）电气安全证明文件；

（7）维修时的安全说明文件；

（8）信号干扰安全证明文件；

（9）火警安全证明文件；

（10）与安全相关的其他证明文件。

3.6　安全完整性等级的确定

可以根据风险验收准则进行风险评价和评估，分析和评估危害容忍度（THR），然后推算出和确定安全完整性等级，即在确定 SIL 前应首先确定 THR。THR 的确定存在一个从顶层开始并且不断分解与细化的过程。THR 的确定主体与确定方法依据其研究对象的不同而不同，研究对象通常包括系统、子系统以及设备等（根据系统的大小，中间的子系统也可分为多层）；确定主体主要包括轨道交通主管部门（RA)、安全主管部门（RSI)、运营商、系统集成商以及设备供应商（一般情况下，设备供应商也可以被认为是其设备系统集成商)。

风险验收准则应基于法律或 SRA 同意的其他要求（如主要的法律要求、现有的技术标准、现有的安全系统或流程等)。应基于风险验收准则，通过引入风险降低与风险避免措施，将不可接受的高风险降低到可接受或容许（可以容忍）的水平。风险验收准则也可定性地给出。由此根据估计的事故率和与事故相关的损失容忍度，计算识别危害的事故率数值，确定每个 THR。

存在一些难以确定 THR 数值的情形：对于在规定的产品寿命生命周期内，依赖于材料耐用性和设计公差属性的机械部件；依赖于技术措施（以免出现触电和感应电压）的电气危害防护设计，这些措施可能取决于绝缘和接地设计。在此情形下，难以确定失效频度和可测量的危害率；在运营管理的功能阶段（包括操作人员和维修人员等)，几乎不可能确定 THR。对于这些情形，应决定是否采用 THR。

作为负责的机构，轨道交通主管部门（RA）应进行轨道交通系统的系统层次的风险评估，并应根据评估的结果定义公共系统普通应用的 THR，即危害发生的最大可接受比率，并符合法律法规要求和公共安全目标。

对于特定的系统，可根据整体定量风险目标，为每个“C-危害”分别确定 THR。需要综合考虑导致安全故障的触发事件和事故情形，并采取保护措施和安全防护措施，降低事故发生的概率以及事故发生后果的严重性。在考虑风险容忍度准则方面，获得 THR 的方法包括比较现有系统的性能、采用公认的技术规则、采用分析或统计方法（也包括类比方法)，也可以采用定性的分析方法。

一些危害可能会导致不同的事故，各个事故可能产生明显不同的结果，如地铁列车脱轨通常只会因为旅客跌倒在列车内而导致轻伤，而在极端情形下列车脱轨也可能导致人身伤亡。在此情形下，应对与每个事故和其后果升级情形相关的风险进行考虑和分级，以确定危害率，危害率应与可容忍度 THR 相对应（即最高等级风险的危害率)。

应由 RA 负责顶层危害和相应 THR 的定义，也可根据特定需求，由 RA 在任何系统层面给出 THR 定义。通常由轨道交通主管部门或与安全主管部门一同确定轨道交通系统的顶层 THR，同时也确定主要子系统的 THR。理论上，顶层 THR 应通过系统级的风险分析（包括隐患识别）并且结合相关安全法律、条例以及社会经济水平（也就是风险接受准则）来确定。如果 RA 不给出 THR，则应由安全主管部门（RSI）与系统/子系统的责任方（供货商和运营商）一起向 RA 提出 THR，或由 RA 和 RSI 共同确定。

如果系统的所有危害均被评估为“容许”，则可认为系统的总风险也是容许的，并符合 RA 设定的整体风险目标，可通过从总体风险目标得出的 THR 进行判定，否则应采用其他定性手段进行论证。THR 与安全完整性等级之间的关系见表 3.8。

表 3.8　THR/SIL 关系

THR/h^{-1}	SIL
10^{-9}≤THR<10^{-8}	4
10^{-8}≤THR<10^{-7}	3
10^{-7}≤THR<10^{-6}	2
10^{-6}≤THR<10^{-5}	1

但是，系统的 THR、SIL 都与系统的使用频度相关，尽管系统的 THR 相同，但是系统每年使用一次和每天使用一次，其 SIL 肯定不同。系统的使用频度分级方法可以见表 3.9，而与频度关联的 SIL 等级见表 3.10 和表 3.11。

表 3.9　频度分级方案的示例

说明（在 GB/T 21562—2008 的表 2 中）	频度范围举例	估计频度的中点	近似的事件数值/年	评级
频繁	1 次/20 天～1 次/3 个月	1 次/2 个月	6.25	6
可能	1 次/3 个月～1 次/15 个月	1 次/9 个月	1.25	5
偶然	1 次/15 个月～1 次/7 年	1 次/4 年	0.25	4
很少	1 次/7 年～1 次/35 年	1 次/20 年	0.05	3
极少	1 次/35 年～1 次/175 年	1 次/100 年	0.01	2
几乎不可能	小于 1 次/175 年	每 500 年 1 次	0.002	1

表 3.10　安全完整性等级：在低要求操作（低使用频度）模式下分配给一个电子电气安全相关系统的安全功能目标失效量

安全完整性等级	低要求操作模式（在要求时就执行其设计功能要求的平均失效概率）
4	≥10^{-5} 且 <10^{-4}
3	≥10^{-4} 且 <10^{-3}
2	≥10^{-3} 且 <10^{-2}
1	≥10^{-2} 且 <10^{-1}

注：详细解释见下面的注（1）～（3）。

表 3.11　安全完整性等级：在高使用频度或连续操作模式下分配给一个电子电气安全相关系统的安全功能目标失效量

安全完整性等级	高使用频度或连续操作模式（每小时危险失效概率）
4	≥10^{-9} 且 <10^{-8}
3	≥10^{-8} 且 <10^{-7}
2	≥10^{-7} 且 <10^{-6}
1	≥10^{-6} 且 <10^{-5}

注：详细解释见下面的注意（1）～（3）。

同样，SIL 等级的评定，也与系统发生安全事故时的伤害后果相关联，涉及的等级评定方法见表 3.12。

表 3.12　后果分级方案的示例

后果说明示例	每个事件等效于死亡的近似数值	评级
轻伤	0.005	1
更严重的伤害/多例轻伤	0.025	2
重伤	0.125	3
多例重伤/单一死亡	0.625	4
多例死亡（2～5 例等效死亡）	3.125	5
多例死亡（6～25 例等效死亡）	15.625	6

需要注意以下 3 个方面。

（1）SIL 不是 THR 的同义词。对于 THR 的定量需求，应补充相应的定性措施，也就是系统的使用频度，才能与相关的 SIL 等级进行关联；图 3.5 给出了 SIL 与频度的关系。

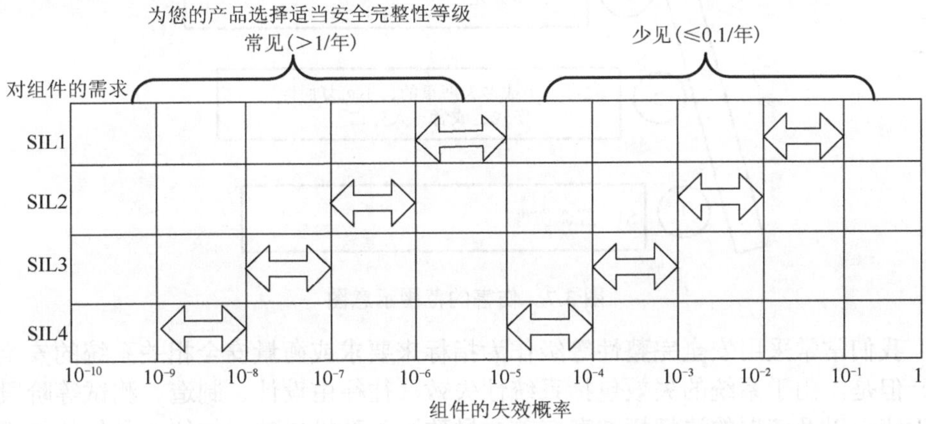

图 3.5　SIL 等级与失效概率以及使用频度的关系

（2）对于电子系统，该 SIL 表的等级划分得到公认并应用于实际，但该 SIL 表可能不适用于其他系统，如简单的机械系统比电子系统更可靠，10^{-9}～10^{-5} h^{-1} 的范围可能不适用于机械/机电系统或设备。在此情形下，“应用证明”的证据可能具有特殊价值。机械和机电系统或设备的安全性，可通过参考现行标准或最佳实践来加以证明。

（3）以上表格内容确定了系统预期的完整性极限，即不处理比 10^{-9} h^{-1} 更严格的 THR 需求，因为在任何系统中，都存在特定的等级，当低于这个等级时，无法降低系统性失效的后果；但可以采用下列方法处理定量需求比 10^{-9} h^{-1} 更严格的功能。

如果可将安全功能分解至功能上独立的子功能，可在这些子功能之间分解 THR，并将 SIL 分配给每个子功能；如果不能分解功能，至少应满足 SIL4 所需的措施和方法。应结合其他技术或运营措施一起使用这样的功能，以实现所需的 THR。图 3.6 给出了个人行为与伤害概率的示意图，图 3.7 给出了伤害的范围示意图。

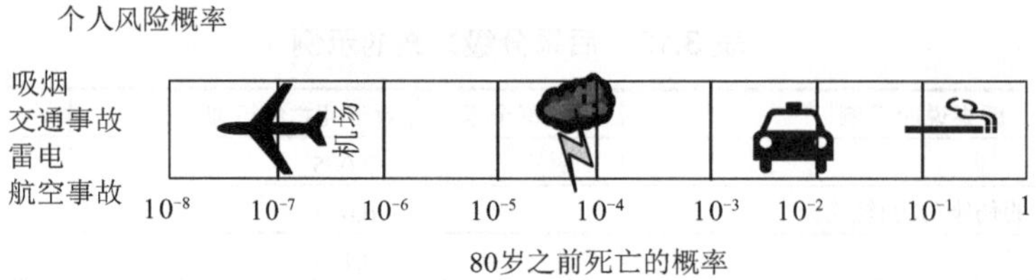

图 3.6　个人行为的风险概率

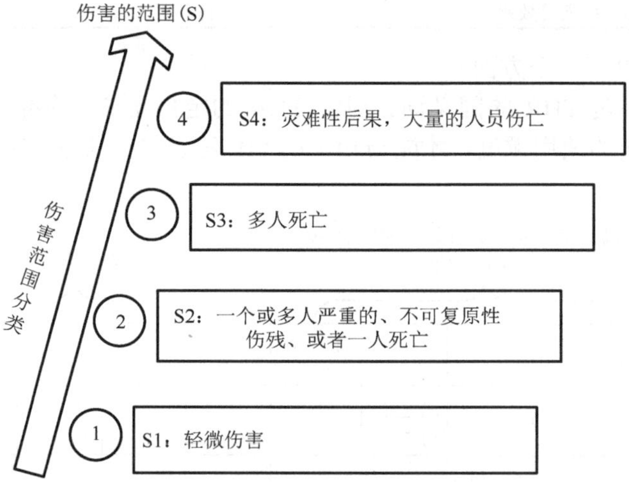

图 3.7　伤害的范围示意图

我们常常采用安全完整性等级作为指标来要求或衡量安全相关系统的安全性能。但是，由于系统的失效包括系统性失效（往往由设计、制造、测试等阶段的人为错误以及依据的法规标准存在差异导致）与随机失效（往往由硬件的随机故障导致），安全相关系统的安全完整性也包括系统性失效完整性与随机失效完整性。随机失效完整性采用可量化的 THR 来定义；而由于系统性失效的不可量化特征，其完整性则采用定性的安全完整性等级（SIL）来衡量。二者不仅在含义上完全不同，所要求采取的管理措施与技术方法也存在很大的差异。因此，满足量化的 THR 要求并不意味已达到 SIL 要求，同样满足定性的 SIL 要求并也不等于可以达到 THR 要求。因此，不同的指标来定义安全完整性并且明确二种指标之间存在关联的关系，却是不完全相等的，如图 3.8 所示。

由图 3.8 可知，在对危害进行识别并确定其后果的严重程度后，就可以依据风险接受准则得到 THR。一些欧洲国家已经形成各自的风险接受准则（如英国的 ALARP、法国的 GAMAB 以及德国的 MEM），但包括中国在内的大部分国家仍然缺乏相应的研究以及可以依赖或参考的体系。目前在我国轨道交通领域安全分析过程中，一般的风险分析都采用 ALARP 原则，但是 ALARP 原则的使用需要进行大量的假设与计算，并且计算过程也相对复杂。由于缺乏统一的安全风险接受准则，在实际操作过程中，往往是根据类似的系统或意向先设定 SIL 目标，然后再根据对应的 THR，调整风险接受准则使其符合风险分析的要求。这样可能失去了风险分析的意义，同时将导致 THR 或 SIL 目标确定的随意性或不合理性。

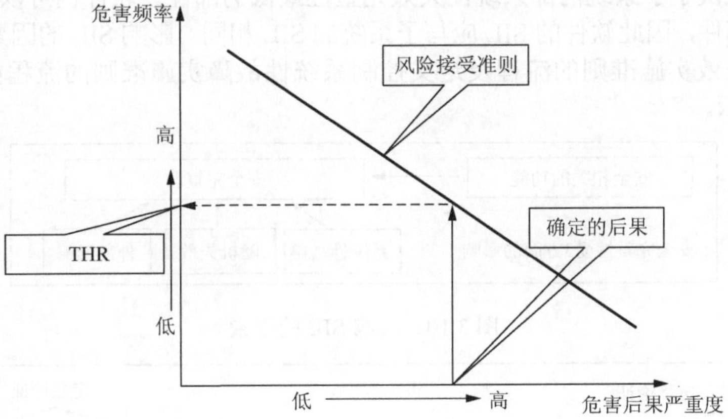

图 3.8　风险分析过程

一旦确定顶层 THR，就可以开始对 THR 进行分配。由于 THR 是通过危害分析得出的（不同的危害其对应的 THR 也不相同），而危害是由系统某项安全相关功能的失效所至，因此 THR 的定义与分配必然与具体功能相关。一个系统通常由多个子系统构成，系统的某项功能可能由一个子系统完成，也可能由几个子系统共同完成。因此，在进行 THR 分配时，应将系统级的 THR 按一定的比例分配到完成此功能的相关子系统，比例的大小取决于子系统对此安全功能的影响程度。此外，由于系统通常包含多项安全相关功能，因此每项功能所对应的 THR 均应分配至与其相关的子系统。由此便出现了交叉分配的现象，如图 3.9 所示。

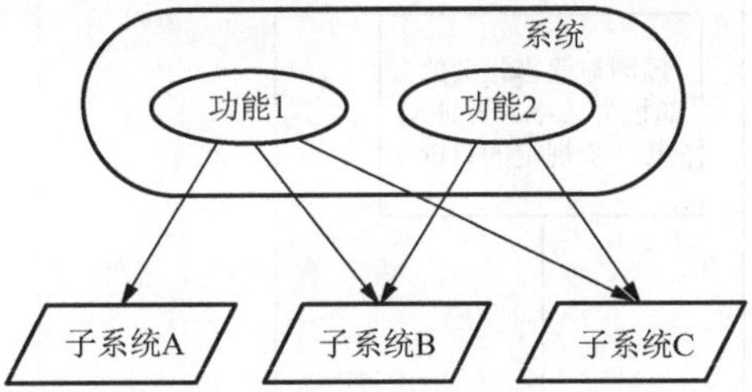

图 3.9　功能与子系统关系

图 3.9 中系统包含功能 1 与功能 2 两个功能，其对应的 THR 也不相同。由于功能 1 由 A、B、C 三个子系统完成，功能 2 由 B、C 两个子系统完成，因此通过分配后，子系统 A 会得到一个 THR，子系统 B 与 C 分别会得到两个不同的 THR。对于存在两个不同的 THR 的子系统，应将要求高（数值更低）的 THR 作为该子系统的 THR，除非子系统内部在完成两个功能时具有完全的独立性。因此，如果一个子系统既要完成安全相关功能，也要完成非安全相关功能，其非安全相关功能的执行也必须满足安全相关的要求；同样，如果一个子系统需要完成不同等级的安全相关功能，低等级安全功能的执行也必须满足高等级的安全要求。

在确定了子系统 THR 以后，根据 THR 与 SIL 的对应关系，就可以得到该子系统的 SIL。尽管在子系统内部，可以采用危险失效率的形式将 THR 进一步分解至部件级甚至更低层面，但子系统的 SIL 一旦确定将不再变化，也就是在子系统以下任何层面的 SIL 维持与子系统相同。此原则也可理解为：子系统的量化危险失效率是子系统内部各部件量化危险失效率累积的结果；而子系统的系统性失效完整性则取决于子系统内部系统性失效完整性最低的部件。软件也可以理解为子系统内部的部件，因此软件的 SIL 应与子系统的 SIL 相同。影响 SIL 的因素见图 3.10。控制随机失效实施准则的流程及定义控制系统性故障实施准则的流程如图 3.11 和图 3.12 所示。

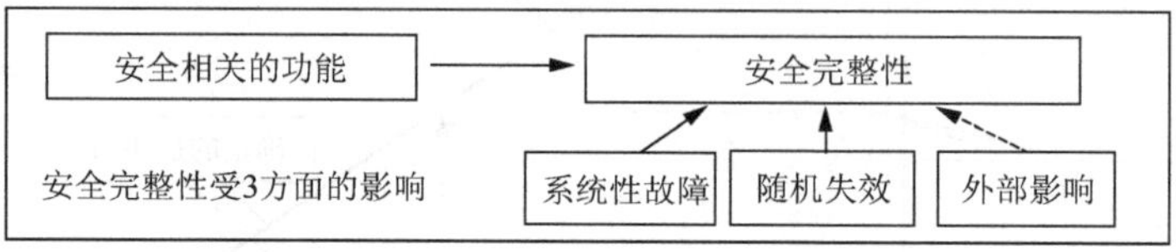

图 3.10　影响 SIL 的因素

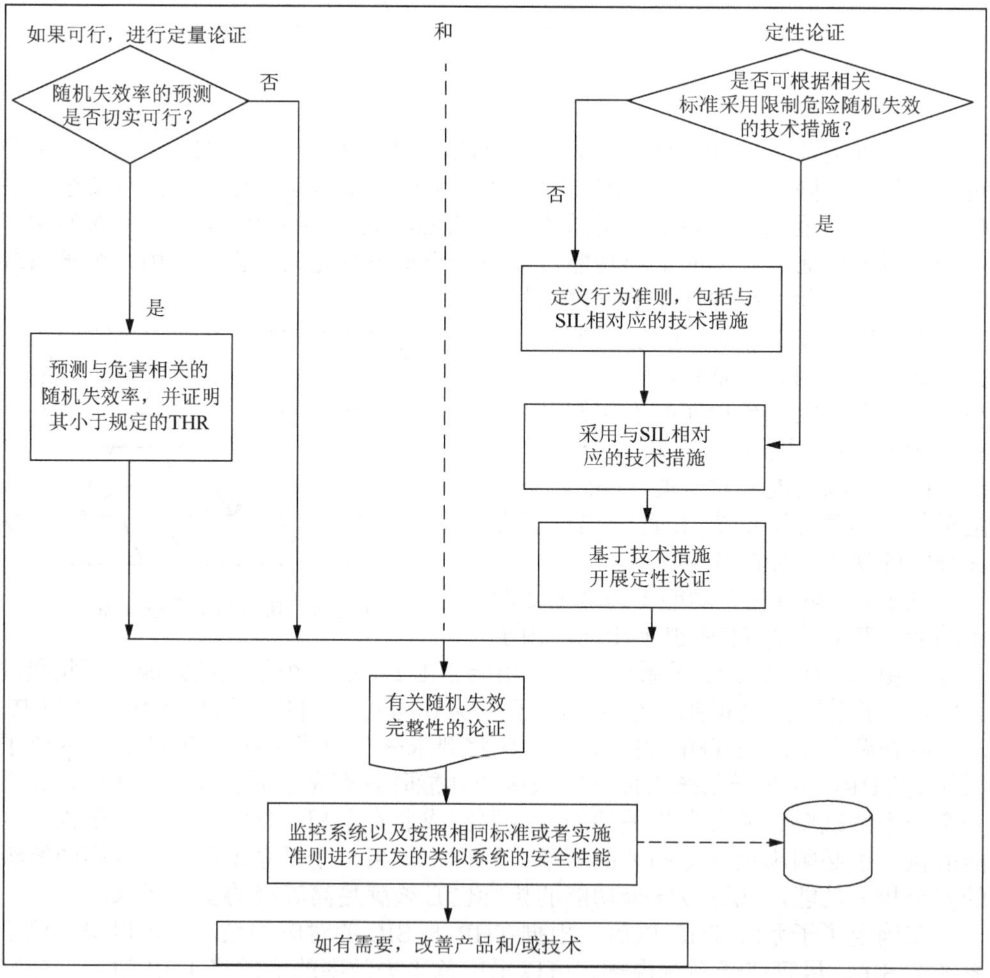

图 3.11　控制随机失效实施准则的流程

如果既不在系统级也不在部件级，而是在子系统层面确定 SIL，则是指该子系统在完成特定 THR 要求的功能时，不能再继续划分出与此功能无关的独立设备或部件。注意这里所描述的系统与子系统是一个相对的概念，例如，系统可以是轨道交通系统，也可以是信号系统，还可以是信号系统中的 ATP 系统。如果将轨道交通系统定义为系统，则信号系统就是子系统；如果将信号系统定义为系统，则 ATP 系统就是子系统。

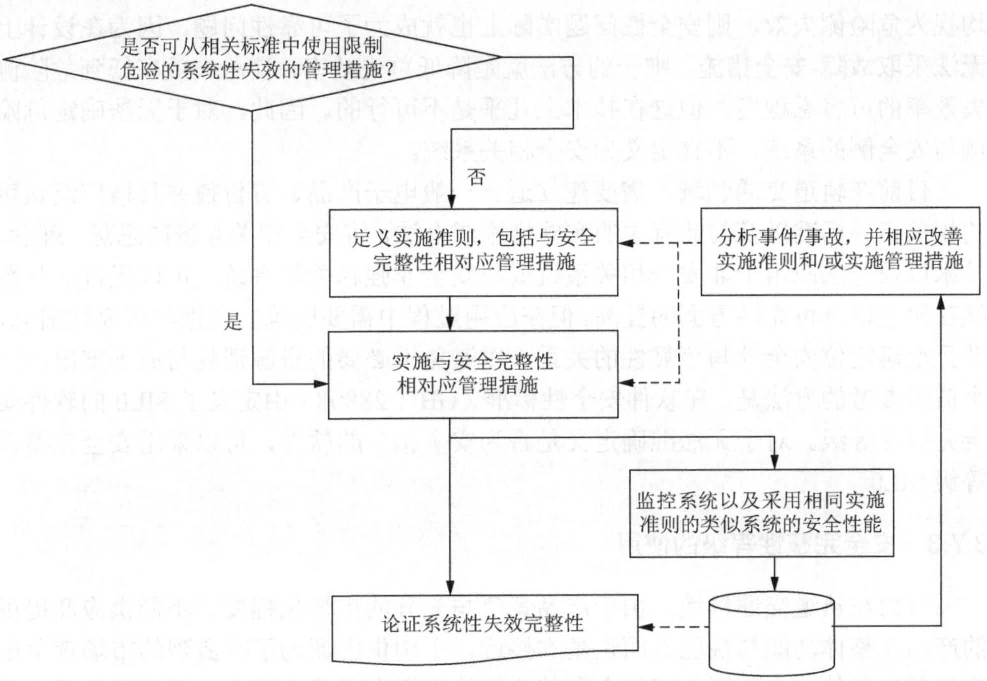

图 3.12　定义控制系统性故障实施准则的流程

3.7　安全性的若干问题

3.7.1　危险侧失效与安全侧失效

就安全相关系统而言，其失效分为危险侧失效与安全侧失效，二者相加即系统总失效。危险侧失效会导致危险的后果，是安全性研究的范围；安全侧失效不会产生危险的后果，但影响系统任务的完成，属于可靠性范围。由于技术条件的限制，系统总失效率常常难以甚至无法达到安全性的要求，即使在技术上可以达到，但在经济上往往不可接受。因此安全性研究的目的就是使危险侧失效率远低于总失效率或安全侧失效率，也就是所谓的故障-安全的理念。

3.7.2　安全相关系统的故障-安全属性

一个系统在设计之初的功能需求分析阶段，就需要研究安全功能和安全相关系统，其关键的问题是应该确定系统失效的危险侧与安全侧，并且在设计上使系统在发生故障时仍能以极高的概率保持在安全侧。如果将一个系统定义为安全相关系统，但又无法确定系统失效后果的危险侧与安全侧，则只会出现两种情况：一是将所有失效均视为安全侧失效，其结果是系统与安全无关；二是将所有失效均视为危险侧失效，则安全性问题实际上也就成为了可靠性问题，因为在设计上无法采取故障-安全措施，唯一的方法就是降低总失效率，使总失效率低到危险侧失效率的可容忍程度，但这在技术上几乎是不可行的。因此，对于无法确定危险侧与安全侧的系统，不宜定义为安全相关系统。

目前在轨道交通领域，需要建立适合一般电子产品、有价值并且被广泛认可的相关指导标准以及与此有关的实施措施或办法，将安全相关系统的思想、理念、技术以及方法应用于非安全相关系统或与安全非强相关的系统，可以促进这些系统在质量以及可靠性方面的提高。但在应用过程中需要明确安全性与可靠性概念，并且准确定位安全性与可靠性的关系，以避免不必要的资源消耗与成本支出。一个值得参考的方法是，在软件安全性标准（GB/T 28808）中定义了 SIL0 的软件安全完整性等级。对于无法准确定义是否为安全相关的软件，可以采用安全完整性等级 SIL0。

3.7.3　安全完整性等级的使用

目前在轨道交通领域，由于产品竞争与充分的市场化程度，不同供应商提供的产品在整体功能与性能方面也基本接近。个别供应商为了在激烈的市场竞争中突显其产品的与众不同，可能会在某些性能指标上寻找突破点。基于目前用户对于轨道交通安全性的普遍重视，因此供应商试图将安全完整性等级指标作为突破的对象之一，而较少深入考虑这种指标的提出是否具有合理性和必要性。

从产品用户的角度考虑，在不增加或少量增加产品成本的条件下适当提高安全完整性等级，也许是可以接受的。但问题是，如果一家供应商以安全完整性等级作为其产品的竞争优势并且获得用户认可，势必造成其他供应商的跟随甚至超越，由此形成在安全完整性等级指标上的非理性竞争。将安全完整性等级作为商业竞争的要素之一，这背离了安全完整性等级本身的目的与意义。

因此，使用安全完整性等级 SIL 应满足下列要求：

（1）安全完整性等级是一种功能，而不是性能指标，对于一个系统，功能与性能是两个完全不同的意义。

（2）不应该将安全完整性等级 SIL 用于营销；不能因为市场的竞争关系，而刻意显示其产品的安全功能，或者将安全功能作为刻意追逐的目标，这样失去了功能安全或者安全系统的实际意义。

（3）不应该将 SIL 用于描述系统属性，也不能用于描述一个部件，如“这是一个 SIL4 联锁系统”或“这是一个 SIL3 传感器”，因为 SIL 只能分配给功能。

（4）不能将 SIL 用于推导 THR，尤其是不能从早期估计的 SIL 确定 THR；但是可以通过 THR 以及所涉及的使用频度推导出 SIL。

（5）不应该将 SIL 用于非功能安全性，如将 SIL 用于滑落、绊倒和跌落的安全性。

（6）不可以将 SIL 用于合同中的规格说明，如果系统必须是安全系统，则需要考虑并且需要达到相应的 SIL 的可行性与意义，应通过使用 THR 得到 SI 需求规范。

使用 SIL 宜满足下列要求：

（1）从最高系统层次开始进行自顶向下分析后，再分配 SIL，在完成这种分析前，分配 SIL 毫无意义，SIL 分配应进行到无法再找到功能独立的部件为止；

（2）不针对每个等级确定的适当措施和技术，分配 SIL 毫无意义；

（3）有关系统性故障的完整性，只将 SIL 分配给安全相关的功能；

（4）不同系统层次的 SIL 相同，不表示随机失效完整性也相同；

（5）满足所有 SIL 需求，不表示相关功能是安全的，除了 SIL，还应符合所有其他安全相关的需求（如定量安全目标）以满足所需的安全等级；

（6）有可能存在 THR＞$10^{-5}h^{-1}$ 的功能，并仍然可对安全性产生重要影响，在此情形下可不定义特定的 SIL 需求，这并不表示这些功能多余或无需实施这些功能，仅表示可不规定 SIL 需求；

（7）对于特定的功能，满足所有 SIL 需求表示与系统性故障相关的完整性足够高，但由于无法量化系统性故障的完整性，特定功能的危害率可通过计算功能组件的随机失效率得到，并认为系统性故障的影响可忽略。

通过以下示例对以上（4）进行说明。

如果一个需要达到 SIL3 的功能是通过两个物理上独立但完全相同的通道来实现，则只有在通道以相同方式发生故障时，功能才会发生不安全的故障：因为两个物理上独立通道同时故障才会导致非安全状态的功能故障，所以无须每个通道的随机失效率都满足 SIL3 的要求。

对于系统性故障，SIL3 需求适用于两个通道，因为作为一种共模失效，系统性错误会影响两个通道。

3.7.4　系统安全、安全寿命与认证维护

对应着每一种安全完整性等级，相关的国际标准和国家标准都规定了可以降低设计错误的设计规范，对一些新型的控制方法，提供了更有效的安全评估解决方案。由此可提升系统越来越复杂的安全等级，保证运营生产的安全性和高效率。

并且结合新技术和设计经验，帮助列车运营企业在总体效率、生产力和灵活性方面得到提升，保证连续性的列车运营服务。并且减少意外终止服务时间，并降低运营、操作和维护成本。

同时，安全系统还需要达到规定的安全相关设备的抗扰度水平的附加要求，包括概率非常低的可能发生在任何场所的极端情况。测试试验需要模拟设备在工作状态下最严酷的电磁现象，如瞬时脉冲是电子电路（模拟电路与数字电路）或者数字信号传输的瞬变状态。为了增加安全完整性等级（SIL）的电磁抗扰度的可置信度，在进行抗电磁现象性能试验时相对于基础标准要施加更多数量的脉冲或者加长试验的时间以及提高试验等级。

安全评估的过程就是如何预先评估潜在的危害和风险，并且采取适当的方法来减小这些风险。为了促进这一过程，针对不同的安全要求，按不同等级对整体软件开发、评估、检测过程中，包括对软件需求规格、测试规格、软件结构、软件设计开发、软件检验和测试、软硬件集成、软件确认评估、质量保证、生命周期、文档等提出相应的程序，制定出相应的规范与要求。

安全系统功能安全主要的研究对象是以保护人身财产安全为目的与安全相关的保护系统，其包括安全控制系统和安全保护系统两大类。随着微电子技术、计算机技术、网络与通信技术、现场总线技术以及无线通信技术的迅速发展，这些技术被越来越多地应用到安全系统以实现安全功能。美国、欧共体等国家相继在各自工业领域开展对功能安全的研究，制定了相应的国家标准，直到 2000 年 IEC 61508.1-7《电气/电子/可编程电子安全相关系统的功能安全》标准的颁布，才标志着功能安全作为独立的安全学科，进入实际的应用阶段。

IEC 61508 发布后，欧盟的强制指令（如 ATEX 指令）、美国职业安全与卫生管理局、美国环保署和英国（HSE）都将其纳入安全法规范畴。

随后，各个应用领域的功能安全标准也相继制定，2003 年颁布 IEC 61511.1-3《过程工业领域安全仪表系统（SIS）的功能安全》标准，2005 年颁布 IEC 62061《机械安全-安全相关的电气/电子/可编程电子控制系统的功能安全》。IEC 61784-3 Data communications for measurement and control-Part 2 Profiles for functional safety communications in industry networks（用于工业网络功能安全通信）完成制定工作。这些标准都以安全完整性等级来评估仪表和系统的风险程度。

由此，一个安全系统如何实施特殊设计与运用控制规则，以及对其的状态和功能等也有其检测认证要求，因此，其生命过程与一般系统的全生命过程存在区别。安全寿命、平均寿命与故障发生概率的关系曲线见图 3.13。

可以用故障率基本为零或故障发生概率为某值来分别确定系统的维修间隔期以保障系统的安全性；也可以按可用度最大的原则确定预防性维修的间隔期：设

备经过定期的无故障工作时间 T 进行预防维修，而当设备在 T 间隔期的 T_1 时间发生故障时，即进行修复（修复时间 T_f），之后运行 T_2（$T_2=T-T_1$），预防性维修策略时序见图 3.14，以实现有效的安全性保障。

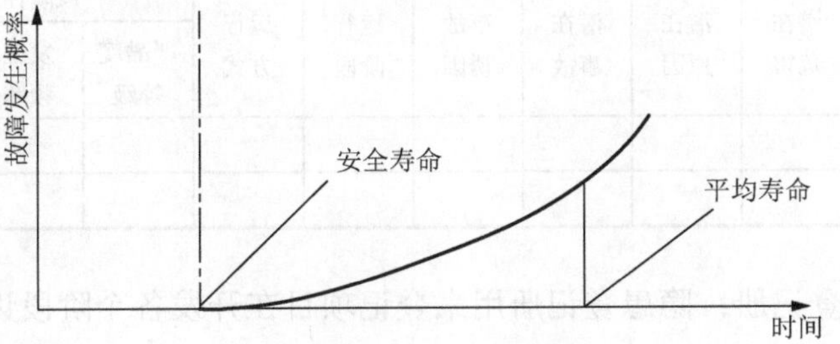

图 3.13　寿命与故障发生概率的关系曲线图

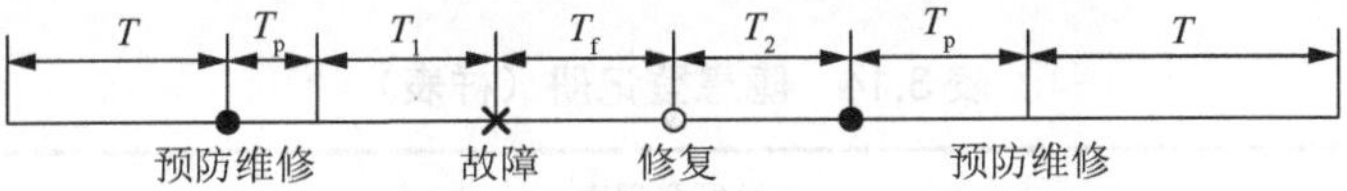

图 3.14　预防性维修策略时序

安全性包含在规定（设计）条件下保证系统的安全功能不失效，规定的使用条件下和在使用系统的固有安全性是由其安全相关子系统和安全临界子系统的可靠性来保证的。因此，可靠性、安全功能设计以及安全功能的维修维护，都是保障系统安全性实现的基本要求。

3.8　城轨车辆系统集成商的安全性管理实例

3.8.1　基本原则

车辆系统集成商（制造商、生产商或供应商）在生命周期的最初阶段，即项目开始阶段就进行安全分析，将识别的危害记入“隐患登记册”进行闭环管理，并在对安全隐患作出评价的基础上执行迭代分析评估和累进过程，直至满足安全要求。

3.8.2　危害识别及其管理

下面介绍车辆系统供应商用来进行危害识别及管理的方法。

（1）初步危害分析：在项目早期、系统设计开始前开展的隐患分析，用以识别车辆系统可能涉及和需要控制的潜在隐患，并引出系统设计过程中需要的措施以消除或减轻相关隐患。初步危害分析样表见表 3.13。

表 3.13　初步危害分析（样表）

初步危害分析 PHA											
编号	危害类型	潜在危害	潜在原因	潜在事故	事故诱因	运行阶段	运行方式	风险评估			预防补救措施
								严酷度等级	发生频率	风险等级	

（2）隐患登记册：隐患登记册用来登记项目在开发各个阶段识别的危害，在各个阶段对危害的消除与减轻措施的实施情况进行跟踪，并对剩余风险进行评估直至风险降低到可接受的水平。隐患登记册样表见表 3.14。

表 3.14　隐患登记册（样表）

隐患登记表

分析对象：

编制人：

编制时间：

1	2	3	4	5	6	7	8	9			10	11	12	13	14	15			16
隐患编号	隐患类型	潜在隐患	诱因或触发条件	潜在事故	原因分析	运行阶段	运行模式	影响组别			采取的减轻措施	验证文档	措施状态	修改时间	修改人	剩余风险			
								旅客	员工	运营商						发生频率	严酷度等级	风险等级	

（3）故障模式、影响分析（FMEA）：故障模式、影响分析运用归纳法，首先确定潜在的问题，继而进行分析，评估可能造成的影响并分析其危害性。故障模式、影响分析将包括每一个系统全部潜在故障模式，特别是影响列车正常服务和安全的故障。车辆系统集成商（制造商或生产商）在进行故障模式、影响分析将不同阶段分别采用功能性故障模式影响及危害分析和硬件故障模式影响分析两种方法。其中功能性故障模式影响及危害度分析开始于设计初期，硬件故障模式影响在详细设计阶段开展。功能性故障模式影响及危害度分析样表见表 3.15，硬件故障模式影响分析样表见表 3.16。

表 3.15　功能性故障模式、影响及危害性分析（样表）

功能故障模式、影响及危害度分析（FMECA）

分析对象：　　　　编制人：　　　　编制时间：

编号	功能	描述	故障模式	故障原因	故障监测方法			故障影响		故障分类	故障分配值	故障预测值	数据来源	风险分析			采取措施	证明文档	措施状态	备注
					运营员工发现	维护员工发现	内置测试功能	子系统	系统					危害严酷度风机	发生频率表	风险等级				

表 3.16　硬件故障模式影响分析（样表）

硬件故障模式影响分析（FMEA）

分析对象：　　　　编制人：　　　　编制时间：

编号	部件	零件	数量	功能	故障模式	故障原因	故障率	列车故障率	故障模式比例	列车模式故障率	故障监测方法			故障影响			故障分类	严酷度等级	采取措施	证明文档	措施状态	备注
											运营员工发现	维护员工发现	内置测试功能	部件	子系统	系统						

（4）故障树分析：对于极不希望发生的安全性事件，将依据 IEC 61025 使用商用分析软件开展故障树分析。故障树分析将给出顶事件的最小割集及定量的分析结果，并确保硬件、软件、共因故障、人为因素及环境因素等被包括在分析内。

3.8.3　风险评估方法

危害识别过程的目标是确保尽可能全面地识别危害，并对风险进行评估，确保不存在不可接受的风险。

对于识别的危害，应确定：

（1）危害发生的频率；

（2）危害严重性等级。

危害严重性等级如表 3.17 所示，危害发生的频率如表 3.18 所示。

表 3.17　危害严重性等级

严重程度	对人和环境的后果
灾难的	致命事故和/或多件严重伤害和/或对环境的重大损害
严重的	单独致命事故和/或严重伤害和/或对环境的明显损害
次要的	轻微伤害和/或对环境无明显威胁
无关紧要的	可能的轻微伤害

表 3.18 危害发生的频率

分类	描述	每年大约发生事故率
频率	很可能经常发生 将持续经历危险	6.25
可能性	将发生几次 预期危险经常发生	1.25
偶然的	很可能发生几次 预期危险发生几次	0.25
很少	在系统寿命周期内很可能有时发生 合理预期危险将发生	0.05
不可能	不太可能发生 设想预期的危险可能发生	0.01
难以置信	极不可能发生 可以设想危险不会发生	0.002

注：事件定量值取自 EN50126-2，仅用于举例。

风险评估：目的是对危害进行风险评估，确定危害的风险等级，判断是否能为安全所接受，或者是否需要采取进一步解决措施。风险等级定义如表 3.19 所示。

表 3.19 风险等级定义

风险分类	采取措施
R1	不能容忍
R2	不希望发生的 若不能降低风险，由 RS 安全经理确认，并考虑运营、维修程序或为运营及维修员工提供训练等方法来解决
R3	可以容忍经 RS 安全经理认可
R4	可忽略

标准 EN50126 中，危害严重性等级、危害发生频率及风险等级组合成风险矩阵，通过此工具，可对危害进行专业评估。风险矩阵定义如表 3.20 所示（供参考）。

表 3.20 风险矩阵

危险事件发生频率	风险级别			
频率	R2	R1	R1	R1
很可能	R3	R2	R1	R1
偶尔	R3	R2	R2	R1
很少	R4	R3	R2	R2
不可能	R4	R4	R3	R3
难以置信	R4	R4	R4	R4
	无关紧要	临界的	严重的	灾难性的
	危险后果严重程度			

3.8.4　安全性综合分析报告

车辆系统集成商将在最后设计阶段制订和提交安全性综合分析报告草稿，并按合同要求在余下阶段更新，在交付第一辆列车前提交正式版本。

3.8.5　安全管理流程图

执行安全工作的方法如图 3.15（安全活动程序图）所示。

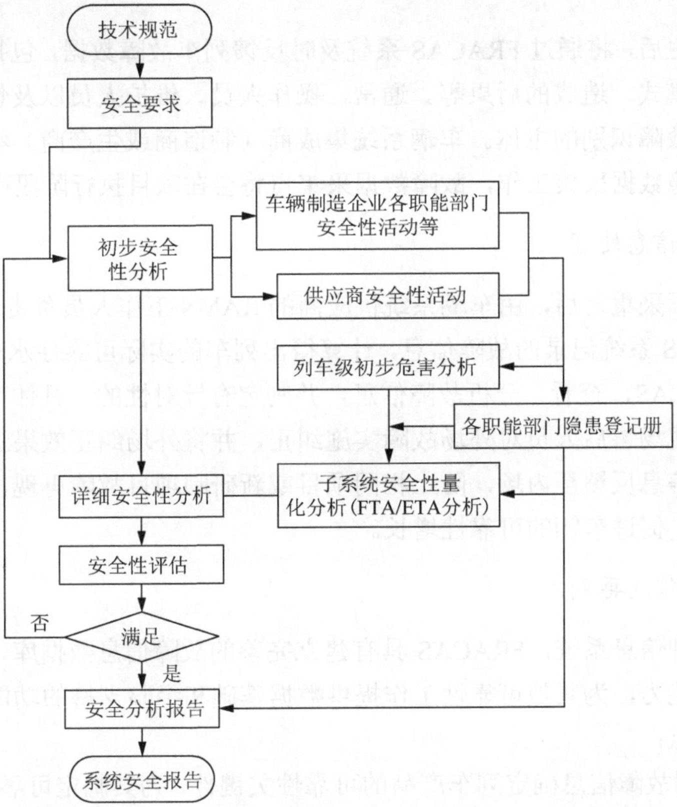

图 3.15　安全性工作执行程序

3.8.6　故障报告、分析及纠正措施系统

车辆系统集成商（制造商或生产商）将在规定的工程阶段建立故障报告、分析及纠正措施系统（FRACAS），以提供系统设备的数据，包括问题和故障及其相关修正措施，还包括问题或故障的原因和方式。

1. 基本原则

FRACAS 是问题和故障信息的闭环管理系统。FRACAS 利用了“信息反馈，闭环控制”的原理，通过一套规范化的程序，及时报告产品并对故障原因进行分析，同时制定和实施有效的纠正措施，以防止发生故障从而实现产品可靠性的增长，达到对产品可靠性和维修性的预期要求。

2. 故障信息收集

故障发生后，将通过 FRACAS 系统及时反馈列车故障数据，包括故障发生的原因、故障模式、造成的后果等。通常，操作人员、维护人员以及售后服务人员是进行首次故障识别的主体。车辆系统集成商（制造商或生产商）将由现场售后人员执行故障数据采集工作，故障数据采集点将会在项目执行阶段确定。

3. 故障信息处理

故障数据采集之后，由车辆系统供应商的 RAMS 工作人员负责筛选、统计、分析 FRACAS 系统记录的故障信息，计算得出列车的实际可靠性水平：设计人员可登录 FRACAS，查看、分析故障信息，并制定有针对性的、具体可行的纠正措施；最终由现场售后人员对外场故障实施纠正，并将外场纠正效果进行反馈；同时，将故障信息反馈至内场，防止相同项目或新研制项目故障再现，最终实现故障闭环管理，促进车辆的可靠性增长。

4. 故障信息再利用

作为一种信息系统，FRACAS 具有建立完善的故障信息数据库，提高故障信息的再利用能力，为其他可靠性工作提供数据基础和经验支持的功能，其突出表现有以下几点：

（1）根据故障信息确定列车产品的可靠性关键件，为其制定可靠性设计准则，为后续产品的研发提供经验支持；

（2）根据故障信息进行对列车产品进行可靠性评估；

（3）根据故障信息建立列车产品的可靠性增长计划，促进列车产品持续性的可靠性改进。

5. FRACAS 流程图

FRACAS 系统的工作流程图如图 3.16 所示。

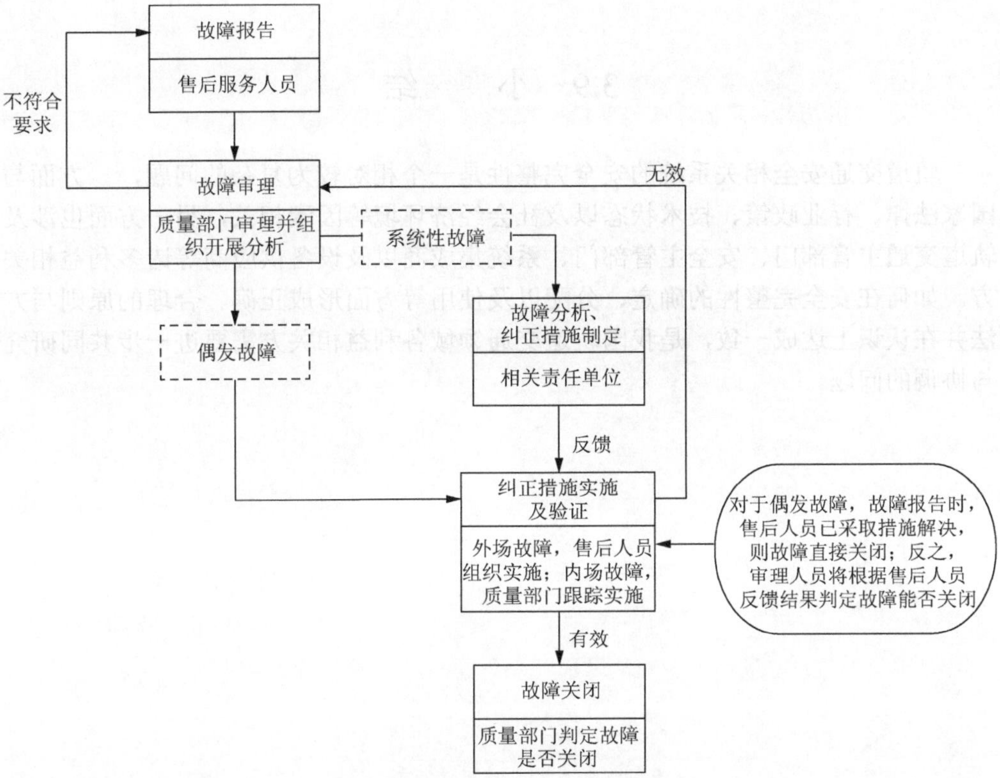

图 3.16　FRACAS 工作流程

3.8.7　文件资料/可交付的文件

系统保证活动及交付文件进度表如表 3.21 所示，具体将在项目执行阶段讨论确定。

表 3.21　RAMS 活动交付的进度表

项目	所需工作/文件	工程阶段				
		设计		制造及安装	测试及开通	试运营/质保期
		初步	最后			
系统安全管理相关工作						
1	系统保证计划	递交	—	—	—	—
2	安全性综合分析报告，包括附件：隐患登记册	—	递交	更新	更新	更新
可靠性相关工作						
1	可靠性综合分析报告包括附件：(1) 功能性故障模、影响及危害度分析；(2) 硬件故障模式影响分析	—	递交	更新	更新	—
2	可靠性验证计划	—	—	—	递交	更新
3	阶段及最终可靠性验证报告	—	—	—	—	递交

3.9 小　　结

轨道交通安全相关系统的安全完整性是一个相对较为复杂的问题，一方面与国家法律、行业政策、技术状态以及社会经济环境等因素相关，另一方面也涉及轨道交通主管部门、安全主管部门、系统集成商以及设备供应商等诸多利益相关方。如何在安全完整性的确定、分配以及使用等方面形成正确、合理的原则与方法并在认识上达成一致，是我国轨道交通领域各利益相关方需要进一步共同研究与协调的问题。

第4章 全生命周期及其相关因素

4.1 概 述

由于RAMS贯穿概念、需求、研发、设计、制造、应用和维护的整个工业过程的活动，因此工业应用中影响系统RAMS的因素是普遍和自始至终存在的，这些因素将影响系统成功地达到符合规定RAMS的要求，这些要求可能是用户要求的，也可能是客观需要的。为了确定影响系统RAMS的具体因素，在指定的系统环境中应考虑每一个普通的影响因素。影响RAMS的基本因素见图4.1。

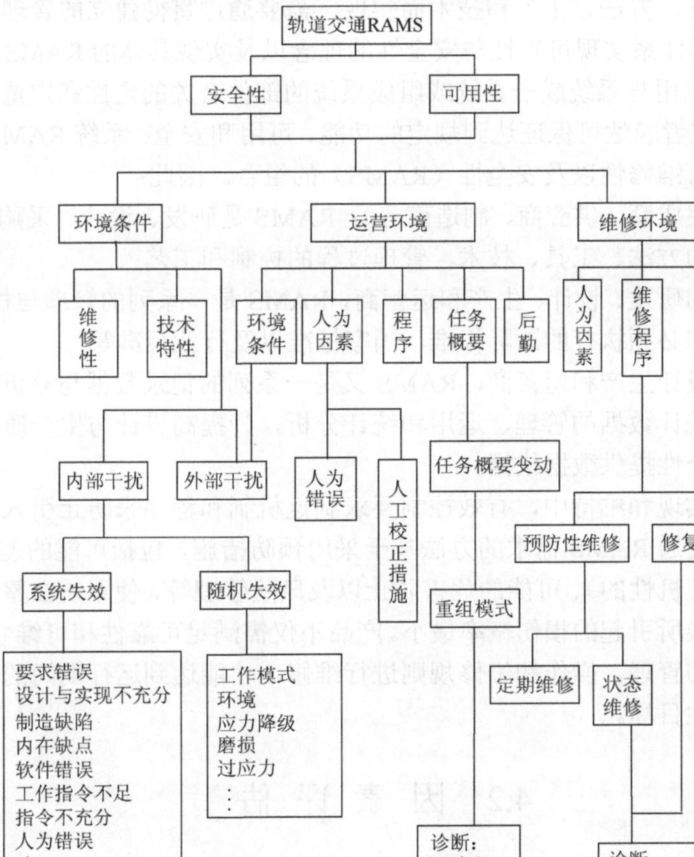

图4.1 影响轨道交通RAMS的因素

从学术研究的角度来看，RAMS 是一系列的建模过程，一系列的数学模型、计算方法与计算过程以及计算结果。

从运用、运营和管理的角度出发，RAMS 是一系列的（概率）指标，包括概率、置信度、期望寿命、平均无故障使用时间、故障识别率和识别时间、维修时间与维修度，以及安全完整性等级等等；也是一系列的统计结果和分析结果。

从系统的全生命过程来看 RAMS，这是一个自始至终的贯彻全生命周期的一种过程，包括概念设计、需求分析、产品的研发设计与制造检验、测试认证、运用运营与管理、维修维护活动等，以及在这些过程中的所有阶段的几乎所有活动。

RAMS 是一系列的证明文件（如安全证据、测试报告、认证文件等)、管理文件和文档（如风险记录、风险管理等等以及运行运营过程中的一系列的 RAMS 数据记录)。

RAMS 是系统的长期工作特性，在系统的整个生命周期内，它可通过应用已建立的工程概念、方法、工具和技术而实现，需要通过贯彻建立的管理方法、流程、工艺与控制体系实现可靠性与安全性的理念以及实现具体的 RAMS 目标；系统的RAMS可以用与系统或子系统或组成系统的部件有关的定性和定量指标来表示，并且说明或者表达可保证达到规定的功能、可用和安全；系统 RAMS 是可靠性、可用性、可维修性以及安全性（RAMS）的组合。因此：

对于系统集成商（供应商、制造商等)，RAMS 是研发、设计、采购、生产和运营中一系列的方法、工具、技术、管理过程的控制和工艺；

对于系统的研发、设计、生产和运营商，RAMS 是一系列的管理与控制程序、质量控制规则和必须执行的国际标准、国家标准以及行业标准等；

对于研发设计生产和运营商，RAMS 又是一系列的记录数据与分析结果，包括数据记录和统计数据的管理、运用和统计分析，为提高设计与生产质量、防范风险、提高安全性提供数据依据。

在系统的实现和维持中，有效控制要求制定机制和程序来防止引入误差源。用于实现轨道交通 RAMS 需求的方法基于采用预防措施，包括可能的差错源（包括系统性的和随机性的)、可能的危害防止以及风险管理等，使系统在整个的生命周期阶段由错误所引起的损伤概率最小。产品不仅需满足可靠性和可维修性要求，还需通过合适的管理、操作和维修规则进行维修，才能达到运行期间的可靠性、安全性和可用性目标。

4.2　因素评估

对于所考核系统的 RAMS，每一影响因素的潜在影响应在适合于该考核系统的某一级别上进行评估，它包括在生命周期的每一阶段内各个因素影响的评估，且应在适合于考核系统的级别上。评估应该考虑有关影响因素的相互作用。对于人为因素，该评估应考虑彼此相关的每个因素的作用。实现 RAMS 需求的方法关系到整个系统生命内影响 RAMS 因素的控制。在系统的实现和维持中，有效控制要求制定机制和程序来防止引入误差源，这些防御措施需要考虑随机性失效和系统性失效以及已知的危害源的防止等。图 4.1 是影响轨道交通 RAMS 的因素关系图。

用于获得 RAMS 需求的方法基于采用预防措施，使在生命周期阶段（也可以称为寿命周期）由错误所引起的损伤概率最小。预防措施的组合包括预防性措施（得以降低损伤发生的概率）和防护性措施（得以降低损伤后果的严重性）两个方面。

实现系统 RAMS 需求的策略，应该采用已经被证明是正确的策略用于预防措施和防护措施的实施，或者是通过类比推理采用已经证明有效的策略应用于新的系统。

在系统的生命周期内需要详细说明并且定义 RAMS 的影响因素的流程，这些影响因素将影响系统是否可以成功地实现符合规定 RAMS 的要求。在应用中影响系统 RAMS 的因素是普遍存在的。图 4.1 包含影响轨道交通系统 RAMS 的一些普遍因素，还说明了这些因素之间的相互作用。为了确定影响轨道交通系统 RAMS 的具体因素，在指定的系统环境中应考虑每一个普通的影响因素。

关于人为因素对系统 RAMS 的影响，其分析将在下面说明。

搜集的 RAMS 影响因素的证据，要求能够更加易于说明 RAMS 性能，如 RAMS 管理及组织、RAMS 资源的可用性、RAMS 需求规范、RAMS 计划和规划、RAMS 相关的核查报告、RAMS 分析报告、RAMS 测试记录（部件）、失效数据获取（统计表）、特定应用安全论据、系统确认和验收、在早期运营阶段 RAMS 性能监控、生命周期费用评估。

图表法（如因果关系图）表示具体 RAMS 影响因素的来源及其影响，图 4.2 是轨道交通系统一个简单的因果关系示意图。这种表示方法直接简明，在 RAMS 影响分析中通常被推荐使用。

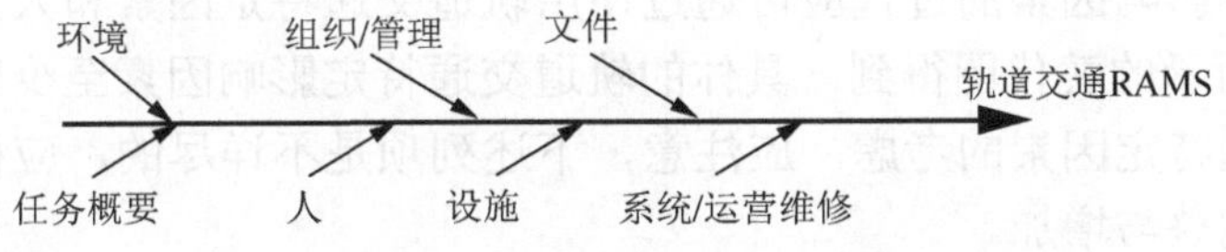

图 4.2　因果关系示意图

4.3　人的因素

影响 RAMS 的因素包括设计方法与工具、材料采购与质量控制、制造技术与工艺、维修环境与方法、系统使用和运营过程的环节干扰（如电磁场、环境条件等）、运用环境与规律以及人的影响等，还包括后勤支援、法律法规与规章制度等诸多方面。而其中人的影响也是非常重要的因素，包括人的知识水平、所在领域以及心理因素等。人的影响因素也基本上贯穿了系统的整个生命周期，不仅在设计研发与制造阶段对于 RAMS 的系统性影响，而且在运行、应用和维修环节的影响尤其明显。

人为因素可以规定为人的性格、期望和行为对系统的影响。这些因素涉及人体解剖学、生理学和心理学等方面，也包括所受的教育、技能水平以及文明程度。在满足人的健康、安全和工作后，人为因素的这些思想可以指导人们有效率地工作，也可能带来巨大的系统性差错源引入和运行环境与环节的差错引入。

以轨道交通为例，典型的轨道交通涉及很广的人群，从乘客到操作员工、维持轨道交通系统运营的人员（运营系统内的人员）到影响轨道交通运营的其他人员（各个环节的以及非系统内的人员）。例如，驾驶汽车经过平面交叉道口的汽车司机，其主观行为和心理状态就直接影响轨道交通系统的安全。每人都用不同的方法反作用于轨道交通。显然，人类对轨道系统 RAMS 的潜在影响是很大的。可认为人类拥有有益于轨道系统 RAMS 的能力，同样有对轨道交通系统产生负面影响的能力。为达到 RAMS 的给定目标，在系统的整个生命周期内，应确定和管理人为因素影响轨道交通 RAMS 的方式。在系统的设计和开发阶段内，RAMS 的分析内容就应该包括人为因素的潜在影响与可能的管控方法，包括影响的方式、作用的方式和可能的后果等。尽管在生命周期内通常需要涉及人为因素，但在所考虑的应用中应尽可能地规定人为因素对 RAMS 的精确影响，并且尽可能地消除反作用能力，实现正面作用。

在所考虑轨道交通系统环境中，应复核所有的普通影响因素，包括图 4.1 所含的内容。轨道交通主管部门在招标时应规定所有不可行的（负面作用的）因素。评审每一个可行的普通影响因素，并且应系统地导出详细的影响因素（与应用对应）。人为因素问题（整个 RAMS 管理程序的核心方面）在评审时应该说明。

源自具体影响因素的过程应可通过使用轨道交通特定因素和人为因素两个清单或图 4.1 所示的替代图得到。具体的轨道交通特定影响因素至少应包括对下述每一轨道交通特定因素的考虑，应注意，下述列项是不详尽的，应根据应用范围和目的进行调整与增加。

（1）系统运营的因素包括系统应执行的工作和执行该工作的条件，在运营环境内旅客、货物、人员和系统共存的关系，系统在生命周年内的需求，包括系统的生命期望、运行的密度和生命周期费用的要求。

（2）运营环境包括物理环境、该环境内轨道交通系统集成的水平、在轨道交通环境中测试整个系统的有限机会。

（3）系统运营的应用条件包括既有基本设施与系统对新系统的约束、在生命周期工作内轨道交通维修服务的需要。

（4）系统运营的工作条件包括轨道旁的设备工况、轨道旁的维修条件、在试运营和运营中已有系统和新型系统的集成。

（5）失效分类包括分布式轨道交通系统内所有失效的影响。

详细的人为影响因素至少应该包括对下述每一人为因素的考虑。应注意，下述列项是不详尽的，应根据应用范围和目的进行调整和增加。

（1）人机间系统功能的分配。

（2）系统内对人的行为的影响，包括人与系统接口、人与环境的关系；物理环境和人机工程学的要求、人的工作方式、人的能力、人工工作的设计、人与人的互相配合、人工反馈流程、轨道交通组织机构、轨道交通文化、专业轨道交通术语、新技术引入出现的问题等。

（3）由于人自身的作用能力和水平所产生的系统要求，包括人的能力、人的动机和志向支持、减轻人的行为变动的影响、运营安全装置、人的反应时间与间隔等。

（4）源于人类信息处理能力的系统要求，包括人机通信、信息传送密度、信息传送率、信息质量、人对异常情形的反作用、人员培训、支持人的决策形成过程、利于人应变的其他因素。

（5）系统中人和系统接口的影响，包括人与系统接口的设计和操作、人为错误的影响、人类故意违反规则的影响、系统中人的干预和参与、人的系统监控和取代、人对风险的感知、在系统关键范围内人所牵连的事务、人预测系统问题的能力等。

（6）系统设计与开发中的人为因素，包括人的能力、设计中人的独立性、验证和确认中人所牵连的事务、人与自动化工具之间的接口、系统失效预防程序等。

4.4　系统的生命周期

系统生命周期（也可以称为寿命周期）是一个由多个阶段构成的序列（每一阶段均包含有该阶段的任务），包含从初始概念阶段到停用及处置阶段的整个生命周期。生命周期提供一个规划、管理、控制和监控系统所有方面（包括 RAMS）的结构，且在系统各阶段中不断完善，以便在协商的时间阶段内交付价格适当合理（经济性）且功能性能正确的产品。

定义 4.1　系统生命周期（system life cycle），是指从系统的构思开始到系统不能再使用被退役或淘汰的时间内所发生的活动。在其他的一些标准或者文件或者应用场合，系统生命周期也被称为寿命周期，所表达的意思是一样的。

本书中按顺序表示了系统生命周期（图 4.3）。这种表示法指出了单个的阶段及每个阶段之间的联系。其他的生命周期表示法（包括“V”模型在内）广泛应用于工业上。生命周期的“V”表示法见图 4.4。下行分支（左边的分支）一般称为设计与开发，这是一个精进过程，以系统的部件制造作为该分支的结束。上行分支（右边的分支）包括装配、安装、验收和整个系统的运营。

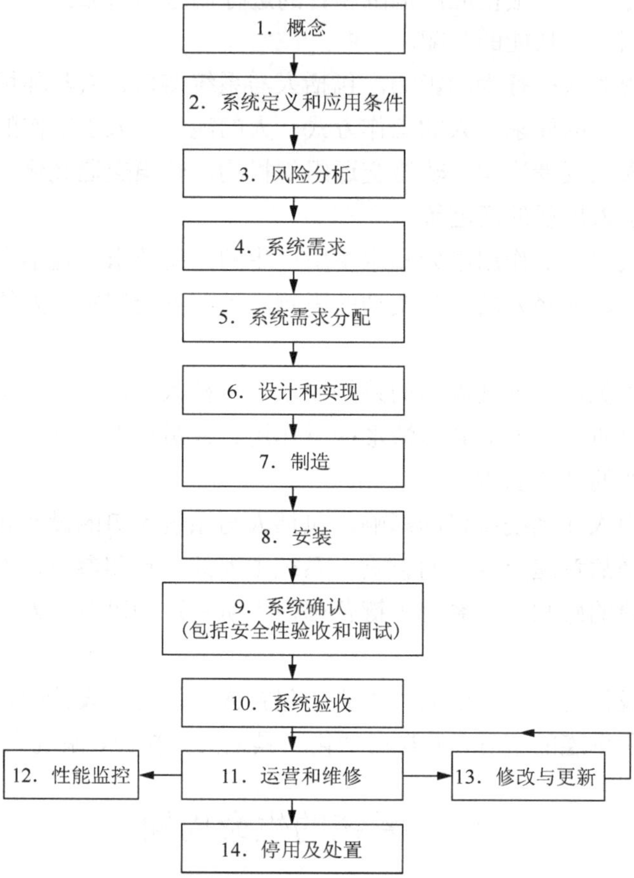

图 4.3　系统生命周期的顺序表示

由于实际开发的产品最终应按有关要求进行检查，“V”表示法假定验收活动与设计开发活动有固有联系，因此在系统各个阶段内，验收的确认活动以系统规范为基础，且应在较早的阶段中规划，即在相应的生命周期的设计开发阶段开始。这个联系见图 4.4。

在生命周期内展示验证与确认任务时，采用“V”表示法是有效和直观的。验证的目的是证明在指定的输入下，每个阶段的交付性在所有方面满足本阶段的要求。确认的目的是证明所考核的系统在其开发的各阶段中及安装后满足该阶段各个方面的要求。生命周期内各个阶段的 RAMS 任务如表 4.1 所示。

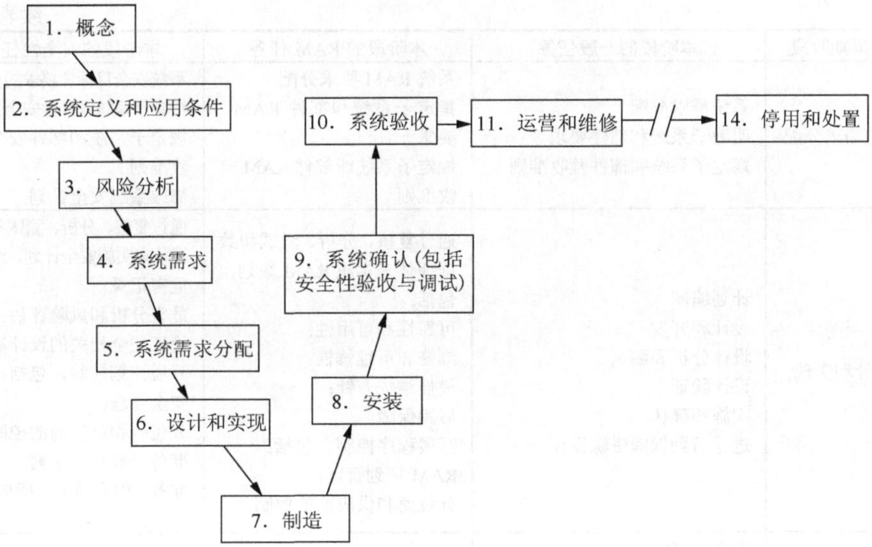

图 4.4　系统生命周期的"V"表示法

表 4.1　项目各阶段的相关任务

生命周期阶段	本阶段的一般任务	本阶段的 RAM 任务	本阶段的安全性任务
1.概念	确定项目的用途和范围 定义项目概念 进行财务分析和可行性研究 设立管理机构	回顾先前达到的 RAM 业绩 考虑项目的 RAM 蕴涵	回顾先前达到的安全业绩 考虑项目的安全蕴涵 回顾安全规章和安全目标
2.系统定义和应用条件	确定系统任务概要 拟定系统描述 确定运营和维修策略 确定运营环境 确定维修环境 验证现有基础设备约束的影响	评价 RAM 过去的经验数据 进行初步 RAM 分析 制定 RAM 方针 确定长期运营和维修环境 确定现有基础设施约束对 RAM 的影响	评价安全性过去的经验数据 进行初步危害分析 建立（整个的）安全计划 定义风险容许准则 确定现有基础设施约束对安全性的影响
3.风险分析（见注 6）	开展项目相关的风险分析		完成系统危害性和安全性风险分析 建立危害记录 完成风险评估
4.系统需求	开展需求分析 指定系统（所有的要求） 指定环境 定义系统论证和验收准则（所有的要求） 建立确认计划 确定管理、质量和组织需求 实施变更控制程序	规定（全面的）系统 RAM 要求 规定（全面的）RAM 验收准则 规定系统功能结构 建立 RAM 规划 建立 RAM 管理	指定系统（全面的）安全要求 定义安全（全面的）验收准则 定义安全相关的功能要求 建立安全管理

续表

生命周期阶段	本阶段的一般任务	本阶段的 RAM 任务	本阶段的安全性任务
5.系统需求分配	系统需求分配 明确子系统和部件要求 规定子系统和部件验收准则	系统 RAM 要求分配 指定子系统和部件 RAM 要求 规定子系统或部件 RAM 验收准则	系统安全目标和要求的分配 指定子系统或部件安全要求 规定子系统和部件安全验收准则 修改系统安全计划
6. 设计和实现	计划编制 设计和开发 设计分析和测试 设计验证 实施和确认 进行后勤保障资源设计	通过复核、分析、测试和数据评估来实施 RAM 规划，包括： 可靠性和可用性； 维修和可维修性； 最佳维护方针； 后勤保障 开展程序控制，包括： RAM 规划管理； 分包商和供应商的控制	通过复核、分析、测试和数据评估来实施安全计划，涉及： 危害记录； 危害分析和风险评估； 论证安全相关的设计决策； 开展计划控制，包括： 安全管理； 分包商和供应商的控制 准备一般安全论据 准备（如合适）一般应用安全论据
7. 制造	生产计划编制 制造 零部件的制造和测试 准备文件 建立培训方案	完成环境应力筛选 进行 RAM 改进测试 着手运行失效报告分析和纠正措施系统	通过复核、分析、测试和数据评审来实施安全计划 使用危害记录
8. 安装	组装系统 安装系统	开始维修人员培训 建立备件和工具供应方案	确定安装程序 实施安装程序
9. 系统确认（包括安全验收和调试）	调试 进行运营前的试运行 进行培训	完成 RAM 论证	建立调试程序 实施调试程序 准备应用特定的安全论据
10.系统验收	以验收准则为基础实施验收程序 汇集验收证据 投入运行 继续试运行工作（如果适合）	评估 RAM 论证	评估应用特定的安全论据
11.运营和维修	长期系统运营 进行计划内维修 执行计划内培训方案	备件和工具的计划内采购 进行计划内以可靠性为中心的维护后勤保障	进行计划内以安全为中心的维护 进行计划内的安全性能监控和危害记录维护
12.性能监控	收集运营性能统计 获取、分析和评审数据	收集、分析、评估和使用性能及 RAM 统计	收集、分析、评估和使用性能及安全统计
13.修改与更新	实施修改请求程序 实施修改与更新程序	考虑修改和更新 RAM 蕴涵	考虑修改和更新安全蕴涵
14.停用和处置	编制停用和报废处置计划 执行停用 进行处置	无 RAM 工作	建立安全规划 进行危害分析和风险评估 实施安全计划

注 1：变更控制或配置管理活动适用于项目的所有阶段。
2：验证和确认活动可适用于大部分的生命周期阶段。
3：就 RAM 而言，“RAM 规划”是通用术语；就安全性而言，“安全计划”是通用术语。
4：注意本标准的范围只限于 RAMS，并不针对于系统的所有保证活动；但是，根据 RAMS 观点，必须确保 RAMS 阶段和项目有关阶段同步，而且就通过一个阶段到另一个阶段的条件达成一致。
5：在第 9 阶段和第 10 阶段内的工作可以综合到一起，取决于所考核的应用。
6：在几个阶段中风险分析必须重复使用。

4.5　系统生命周期各个阶段的任务说明

本节详细说明了在系统生命周期的每个阶段内的目标、要求、交付性、所从事的验证和确认工作。这些要求的应用和范围应通过评估并调整到满足所考核系统的特殊要求。

4.5.1　第 1 阶段：概念

本阶段的目标是理解系统达到某个层次，以使后续的 RAMS 生命周期任务能满意完成。也就是理解或者提出系统的目的、所期望达到的目标、运行环境、需要的信息、需要提供的支持等，以及所谓向用户提供"正确系统"的理解。

这个阶段的输入应该包括所有满足该阶段要求必需的有关信息、数据，如对项目的范围和目标说明。

本阶段的第 1 个要求是要对 RAMS 性能的来龙去脉有所理解：

（1）系统的范围、背景、目的和目标；

（2）系统环境包括自然环境与运行环境问题、潜在的系统接口问题、社会环境问题、政治环境问题、法律环境问题、经济条件与后勤支持问题；

（3）系统通用的 RAMS 所应该达到与包含的内容。

本阶段的第 2 个要求应是回顾：

（1）系统为了达到规定的 RAMS 指标，所涉及的财务与技术成本分析；

（2）系统为了达到规定的 RAMS 指标，所开展和进行的可行性分析研究。

本阶段的第 3 个要求是确定影响系统 RAMS 性能的危害源，包括所考核系统与其他系统的相互作用、所考核系统与人的相互作用。

本阶段的第 4 个要求包括获取以下信息：

（1）以前的类似系统以及相关系统的 RAMS 要求与 RAMS 性能信息，通过对类似或相似信息的收集与统计，可以用于类比、推算新的相似系统或者类似系统的可能的 RAMS 性能以及危害源的研究；

（2）已知的和已确定的影响 RAMS 性能的危害源；

（3）轨道交通主管部门已有的安全规章与 RAMS 目标；

（4）安全立法。

本阶段的第 5 个要求是为后续的系统生命周期 RAMS 任务规定管理要求的范围。

本阶段的结果、作出的所有假设及理由都应形成相应的文件。

本阶段的可交付性（结论、结果、假设和理由等）应包括在生命周期第 2、3 和 4 阶段能充分实现 RAMS 要求的管理结构。

本阶段的可交付性是后续生命周期阶段的关键输入。

本阶段应进行如下验证任务：

（1）评估本阶段内作为 RAMS 任务输入的信息、已有的（已获取的）合适数据与其他统计数据的充分性；

（2）评估第 1 个要求规定的系统环境的充分性；

（3）评估第 3 个要求列出的危害源的完整性；

（4）评估在这个阶段内使用的方法、工具和技术的适宜性；

（5）对从事本阶段内任务的全体人员能力的评估。

4.5.2　第 2 阶段：系统定义和应用条件

本阶段的目标是：

（1）规定系统任务概要，包括基本的功能性要求和可能的性能要求；

（2）规定系统的有效范围；

（3）确定影响系统特性的应用条件以及环境条件；

（4）规定系统危害分析的范围；

（5）确定系统 RAMS 方针；

（6）建立系统的安全计划。

只要它们影响潜在的系统 RAMS 性能都要作出规定。

本阶段的输入包括所有相关的信息和（合适时）满足本阶段要求所必需的数据，包括在第 1 阶段的可交付性。实际上，本阶段的目标的完成，都是建立在第一阶段可交付作为输入的前提下，将第一阶段提高的数据和相关信息作为依据的。

本阶段的第 1 个要求是规定：

（1）系统任务概要：性能要求、RAMS 目标、长期运营策略和运营环境、长期维修策略和维修环境、系统生命考虑、涉及的生命周期费用问题以及后勤支持的考虑；

（2）系统范围，包括所考核系统与自然环境的接口、与其他技术系统的接口、与人的接口、与相关轨道交通主管部门以及可能的其他管理部门的接口；

（3）影响系统的应用条件范围，包括现有基础设施的约束、系统运营环境、系统维修环境、后勤保障因素以及类似系统以往经验数据的复核；

（4）系统危害分析的范围，包括确定受控过程中固有的危害、环境的危害、安全防护的危害、外部事件的影响、所考核系统的范围以及现有基础设施约束对 RAMS 的影响。

本阶段第 2 个要求是完成：

（1）支持系统建设目标的初步 RAM 分析。

（2）对下述内容的初步危害鉴定：确定与已识别的危害相关的子系统；确定待考核的初始事件的事故类型，包括部件失效、流程错误、人为误差和相关的机制性失效；规定最初的风险容许准则。

本阶段的第 3 个要求是为系统建立通用 RAMS 方针，包括为解决可用性和安全性间冲突的轨道交通主管部门的方针与安全概念的要求。

本阶段的第 4 个要求是为系统建立安全计划。对于所考核系统，安全计划应通过轨道交通主管部门及其支承工业（系统供应商、系统集成商以及零部件供应商等）同意，且应在系统的生命周期内实施、复核和维护，它包括以下内容：

（1）达到安全性的目标、方针和策略。

（2）安全计划的范围。

（3）系统的功能性描述与安全性描述，以及与 RAM 之间的关系。

（4）生命周期内从事任务的团体（包括轨道交通主管部门、业主、安全管理部门、供应商与支承工业以及运营部门等）之间的关系、责任、能力及所担任的角色的详细说明。

（5）系统生命周期与生命周期所从事的安全任务及其依赖性的描述。

（6）生命周期内使用的安全分析、设计和评估过程，该过程包括在任务中保证人员相应的独立程度，确保和系统风险相匹配（包括其承担的安全责任与获取的利益的关联性）；危害的确定和分析；风险评估和正在进行的风险管理；风险容许准则；安全要求充分性的确定与复核；系统设计；验证和确认；为获得系统要求与实现一致性进行的安全性评估；为获得管理程序与安全计划一致性进行的安全性审查；为获得子系统和系统安全分析一致性的安全性评估。

（7）生命周期中安全相关的可交付性的详细说明包括文件、硬件、软件。

（8）编写系统安全论据的过程。

（9）系统安全性的批准过程。

（10）修改系统安全性的批准过程。

（11）分析运营与维修性能的流程以保证实现的安全与要求相符。

（12）安全相关文件维护的流程，包括危害记录。

（13）与其他相关规划和计划的接口。

（14）计划中的约束与假设。

（15）分包商的管理安排。

（16）贯穿生命周期且适合于所考核系统的与安全相关的周期性安全评审、安全性评估及安全性复核的要求，包括任何人员独立性的要求。

本阶段的结果、作出的所有假设及理由应该形成文件。

可交付性应包括系统 RAMS 方针。可交付性应包括安全计划（对应于安全系统与安全功能）。本阶段的可交付性构成后续生命周期阶段的一个关键输入。

本阶段应进行如下验证任务：

（1）评估本阶段内作为任务输入的信息、已有的（已获取的）合适数据及其他统计数据的充分性；

（2）在第 1 阶段可交付性的基础上，应该验证第 2 阶段的可交付性的各个方面，特别是评审 RAMS 方针与在第 1 阶段中规定的系统要求的一致性；

（3）应对 RAM 分析的完整性和危害确定过程进行评估；

（4）安全计划充分性的评审，包括核查安全计划内所有数据源的充分性；

（5）评估该阶段内所使用的方法、工具和技术的适宜性；

（6）对从事本阶段内任务的全体人员能力的评估。

任何一个错误或不足都需要重复先前一个生命周期阶段中的部分或全部工作。

4.5.3 第 3 阶段：风险分析

本阶段的任务是建立风险分析的流程与方法，但是风险分析并不是仅仅在本阶段开展（参见第 1 阶段和第 2 阶段关于风险分析的工作与任务），本阶段所建立的流程与方法必须在生命阶段的本阶段开始，一直到生命周期的第 13 个阶段（图 4.3 和图 4.4）为止，需要不断地重复进行。

本阶段的目标是：

（1）确定与系统有关的危害；

（2）确定导致危害的事件；

（3）确定与危害有关的风险；

（4）建立一个用于全生命计划内风险管理的流程。

本阶段的输入包括以前阶段以及其他方式给出的所有相关的信息和满足本阶段要求所必需的数据，特别是第 2 阶段的可交付性成果给出的信息。

本阶段的第 1 个要求如下。

（1）在系统应用环境中，系统地确定并区分所有有理由预见的（应该预见的和必须预见的）系统危害的优先次序，包括由以下条件所产生的危害：系统正常运营、系统故障环境、系统紧急运营、系统误用、系统接口、系统功能、系统操作、维修和支持问题，以及系统处置所需要考虑的事项、人为因素、职业健康问题、机械环境和电气环境，还包括雪、洪水、风暴、雨、滑坡等等现象在内的自然环境。

（2）确定导致危害的事件的顺序（包括由事件导致的危害以及由危害导致的次生危害或进一步危害等）。

（3）估计每个危害发生的频度（表 3.3）。

（4）估计每个危害后果可能的严酷性。

（5）估计每个危害产生的系统风险。

考虑了可用性与系统生命周期费用（财务成本）要求的冲突后，本阶段的第 2 个要求是确定与每个已识别危害有关的风险的可接受性并对其进行分类。

本阶段的第 3 个要求是建立一个危害记录作为管理风险的基础。在生命周期中，只要已识别的危害发生改变或确定有新的危害，危害记录就应更新。危害记录包括下述详细情况：

（1）危害记录的目的和用途；

（2）每个危害性的事件和引起危害的部件；

（3）每个与危害有关的事件序列的可能结果及频度；

（4）每个危害的风险；

（5）应用的风险容许准则；

（6）减小风险至容许等级或消除每个危害事件的风险的方法；

（7）检查风险可接受性的流程；

（8）核查风险减小方法有效性的流程；

（9）日常的风险和事故汇报的流程；

（10）危害记录管理流程；

（11）已实施分析的极限；

（12）分析中所作的任何假设；

（13）分析所用数据的置信度限值；

（14）使用的方法、工具和技术；

（15）过程中有关的职员及其能力。

本阶段的结果、作出的所有假设及理由应形成文件。风险分析的结果应继续记录在危害记录中。本阶段的可交付性构成后续生命周期阶段的关键输入。

本阶段应进行如下验证任务：

（1）评估作为本阶段内任务输入的信息、（合适时）数据和其他统计数据的充分性；

（2）第3阶段的可交付性应比照第2阶段的可交付性进行检查；

（3）评审风险评估的完整性；

（4）评估风险可接受的类别；

（5）评审所考核系统危害记录流程的合适性；

（6）评估本阶段内使用的方法、工具和技术的适宜性；

（7）对从事本阶段内任务的全体人员能力的评估。

任何一个错误或不足需要重复先前一个或多个生命周期阶段中的部分或全部工作。

4.5.4　第4阶段：系统需求

本阶段的目标是：

（1）规定系统全面的RAMS要求；

（2）对系统RAMS，规定全面地论证与验收准则；

（3）为控制后续生命周期阶段的RAM任务建立RAM规划。

本阶段的输入应包括所有相关的信息和满足本阶段要求所必需的数据，特别是第 2、3 阶段的可交付性成果。

本阶段的第 1 个要求是规定整个系统的所有 RAMS 要求。所考核系统的 RAMS 要求应包括系统定义和界限、任务概要、功能要求和所支持的性能要求，对于每个安全功能，包括安全功能要求和安全完整性要求、后勤保障要求、接口关系、应用环境、已识别危害的容许风险等级、为达到要求所必需的外部测量、系统支持要求、分析极限的详细说明以及所作假设的详细情况等。

本阶段的第 2 个要求是规定与系统 RAMS 相一致的所有要求，也就是规定所有 RAMS 要求的验收准则；规定系统 RAMS 确认计划推进的所有 RAMS 要求的论证和验收流程，论证和验收流程的内容包括：

（1）系统描述；

（2）系统采用的 RAMS 确认原理；

（3）为进行确认所作的 RAMS 试验和分析，包括需要的环境、工具、设施等细节；

（4）包括个人独立性要求在内的确认管理结构；

（5）确认规划（顺序和进度表）的详细情况；

（6）处理不一致性的程序。

本阶段的第 3 个要求是为此后的生命周期阶段的任务建立详细的 RAM 规划。对于所考核系统，RAM 规划应包括判定能最有效地达到 RAM 要求的任务。所考核系统的 RAM 规划应经过轨道交通主管部门及其支承工业部门的同意，并在整个系统生命周期内实施。RAM 规划中，应考虑以下任务。

（1）管理任务，包括下列详细情况。获得 RAM 要求的方针和策略；规划范围；系统描述；系统生命周期、RAM 任务和生命周期内采取的流程，特别是保证最有益于系统设计的 RAM 任务的顺序；生命周期内执行任务的组织的角色、责任、能力和关系；从生命周期的第 7 阶段，系统采用了失效报告分析和纠正实施系统（一般需要由轨道交通主管部门及其支承工业部门的同意），记录的内容包括：①系统的技术数据；②维修理由；③维修类别；④维修工时；⑤维修停机时间；⑥人员的数量和其技能水平；⑦使用的备品；⑧消耗品的费用；⑨汇报和纠正措施等。

为保证单个 RAM 要素间的协调所作的安排，本生命周期内提交所有与 RAM 相关的可交付性的详细资料、RAM 验收任务的详细资料、与其他相关规划和计划的接口资料、RAM 规划作出的约束和假设资料、分包商管理方案等。

（2）可靠性任务，内容包括可靠性分析和预计，内容包括：①功能分析和系统失效定义；②下行分析法，如故障树分析和方框图分析；③上行分析法，如失效模式影响分析：共因失效或多路失效分析、敏感度分析和折中研究、可靠性指标的分解与分配、人机接口分析、应力分析、“最坏情况”预计和容差分析等；④可靠性规划，其内容包括可靠性设计复核方案、部件可靠性保证方案以及软件质量与可靠性保证方案等；⑤可靠性测试，其内容包括基于失效产生的可靠性增长测试、基于预期失效模式的可靠性论证测试、环境应力筛选、部件的寿命测试、早期运营期间的系统寿命测试、可靠性数据获取和评估和可靠性改进的数据分析等。

（3）可维修性的任务内容包括可维修性分析和预计、可维修性计划、后勤保障评估、可维修性数据获取与评估，以及可维修性改进的数据分析等。

可维修性分析和预计的内容包括可维修性分析与验证、维修任务分析、易维修性研究和测试，以及可维修性的人为因素考虑。

可维修性计划的内容包括可维修性设计方案复核、建立维修策略、以可靠性为中心的维修选项的核查以及软件维修方案等。

后勤保障评估包括维修要求定义、备件策略与支持资源的定义、维修人员及设备、人员安全预防措施、系统支持要求、培训方案要求以及系统的运输、包装、搬运和储存条件等。

（4）可用性的内容包括可用性分析、敏感度分析和折中研究、早期运营期间的可用性论证、可用性数据获取和评估以及可用性改进和预计的数据分析等。

本阶段的第 4 个要求是修订安全计划以保证所有今后计划任务与系统的应急 RAMS 要求相一致。

本阶段的结果、作出的所有假设及理由应该形成文件，应该产生一个更新的安全计划和验收计划，本阶段的可交付性是后续系统生命周期阶段的输入。

本阶段应进行如下验证任务：

（1）评估本阶段内作为任务输入的信息、合适数据和其他的统计数据的充分性；

（2）系统要求应在比照第 2、3 阶段产生的可交付性（包括系统生命周期费用）后验证；

（3）安全性要求应在比照轨道交通主管部门的安全目标和安全方针后验证；

（4）RAM 要求应对照轨道交通主管部门的 RAM 目标和 RAM 方针进行验证；

（5）评估验收计划和确认计划的充分性与完整性；

（6）评估 RAM 规划的充分性（包括复核所有使用的数据源的充分性）；

（7）评估本阶段内采用的方法、工具和技术；

（8）对从事本阶段内任务的全体人员能力的评估。

任何一个错误或不足都需要重复先前一个或多个系统生命周期阶段中的部分或全部工作。

4.5.5　第 5 阶段：系统需求的分配

本阶段的目标是：

（1）把系统的所有 RAMS 要求分配给所设计的子系统、部件和外部设施；

（2）为所设计的子系统、部件和外部设施规定 RAMS 验收准则。

本阶段的输入应包括所有相关的信息、满足本阶段要求所必需的合适数据，特别是第 4 阶段产生的所有可交付性成果。

本阶段的第 1 个要求是：

（1）给所设计的子系统、部件和外部设施分配功能要求；

（2）给所设计的子系统、部件和降低风险的外部措施分配安全要求；

（3）规定所设计的子系统、部件与外部设施达到全部的系统 RAM 要求，包括共因失效与多路失效的影响；

（4）复核 RAM 规划。

本阶段的第 2 个要求是规定符合子系统、部件和外部设施要求的一些要求，包括符合要求的子系统部件和外部设施的验收准则；子系统、部件和外部设施符合要求的论证、验收过程与步骤。

本阶段的第 3 个要求是复核和更新安全计划并确认这些计划，确保计划的任务与分配后的系统要求相一致。包括人员独立性要求的关键区域和系统接口控制的安全功能，可折中妥善处理。

本阶段的结果、作出的所有假设及理由应形成文件；本阶段应产生更新的安全计划；本阶段产生的文件应包括给所设计的子系统、部件和外部设施分配系统要求；本阶段的可交付性成为后续系统生命周期阶段的一个关键输入。

本阶段要进行如下的验证任务：

（1）评估本阶段内作为任务输入的信息、合适数据和其他的统计数据的充分性；

（2）对照第 4 阶段产生的可交付性成果，验证系统、子系统、部件和外部设施要求，包括对系统生命周期费用要求的复核；

（3）应验证所设计的子系统、部件和外部设备总的组成结构，确保与整个系统 RAMS 要求相一致；

（4）应验证子系统、部件和外部设施的 RAMS 要求，确保它们可追踪系统的 RAMS 要求；

（5）应验证子系统、部件和外部设施的 RAMS 要求，确保功能之间的完整性和一致性；

（6）修订后的安全计划和确认计划应经过验证以确保持续可用性；

（7）本阶段内使用的方法、工具和技术适宜性的评估；

（8）对从事本阶段内任务的全体人员能力的评估。

任何一个错误或不足都需要重复先前的一个或多个系统生命周期阶段中的部分或全部工作。

4.5.6　第 6 阶段：设计和实现

本阶段的目标：

（1）创建符合 RAMS 要求的子系统和部件；

（2）证明子系统和部件符合 RAMS 要求；

（3）为后续的生命周期任务（包括 RAMS）建立计划。

本阶段的输入应包括所有相关的信息、满足要求所必需的合适数据，特别是第 5 阶段的可交付性。

本阶段的第 1 个要求是设计满足 RAMS 要求的子系统和部件的方案。

本阶段的第 2 个要求是完成满足 RAMS 要求的子系统和部件的施工设计。

本阶段的第 3 个要求是在 RAMS 范围内为今后的生命周期阶段的任务建立计划，包括安装计划、调试计划、运营和维修计划（包括运营和维修程序的定义）以及运营中的数据获取和评估计划等。

本阶段的第 4 个要求是定义、验证和建立能够生产已确认的 RAMS 的子系统和部件的制造工序，并考虑使用环境应力筛选措施、RAM 改进测试措施、对 RAMS 有关失效模式进行检查和测试措施。

实施安全计划的第 4 个要求是建立生命周期内从事任务的团体之间的关系、责任、能力及所担任的角色的详细说明。

本阶段的第 5 个要求如下。

（1）为一已设计的并独立使用的系统准备一个一般安全论据，证明系统能满足安全性要求。该安全论据应通过轨道交通主管部门的正式批准，安全论据的内容应该包括：①系统概述；②安全性要求的摘要或参考，包括安全功能 SIL 的论证；③生命周期内采用的质量和安全管理控制摘要；④安全性评估和安全性审查任务摘要；⑤安全性分析任务摘要；⑥系统所采用的安全工程技术综述；⑦制造工序的验证；⑧与安全性要求（包括系统的任何 SIL 要求）一致的充分性；⑨应用到系统的限制与约束摘要；⑩与本标准的普通要求相比，合同强加并认为是正当的任何特定的考核。

（2）如果有需求或者有必要，在这个阶段为系统准备应用安全论据。该应用安全论据建立在一般安全论据的基础之上，用于证明对于特定类别的应用，系统设计及其物理实现（包括安装和试验阶段）满足安全性要求。该应用安全论据需经轨道交通主管部门的正式批准。安全论据的内容应包括对于所考核应用的级别，证明系统安全性所必需的全部附加信息以及系统应用有关的所有约束与限制。

本阶段的结果、作出的所有假设及理由应形成文件；并且应记录本阶段内进行的 RAMS 确认任务；应提出 RAMS 后续系统生命周期阶段任务的详细计划；提出运营与维修规程，包括所有提供备用部件的相关信息。特别是安全相关项目，应在本阶段内提出。

本阶段必须出示一般安全论据。可出示应用安全论据。本阶段的可交付性成为后续系统生命周期阶段的一个关键输入。

本阶段应进行如下验证任务：

（1）评估作为本阶段任务输入的信息、（合适时）数据与其他统计数据的充分性；

（2）通过分析和测试，验证子系统和部件的设计符合 RAMS 要求；

（3）通过分析和测试，验证子系统和部件的施工设计与设计方案一致；

（4）确认子系统和部件的实现，以保证与 RAMS 验收准则（包括系统生命周期要求）相一致；

（5）通过分析和测试，验证制造布局可生产已确认 RAMS 的子系统与部件；

（6）验证所有后续系统生命周期活动计划与系统 RAMS 要求（包括系统生命周期费用要求）相一致；

（7）评估一般安全论据与相应的应用安全论据的充分性和完整性；

（8）评估本阶段内使用的方法、工具和技术的适宜性；

（9）对从事本阶段内任务的全体人员能力的评估；

（10）保证 RAMS 确认计划的持续适用性。

任何一个错误或不足可以要求重复以前的一个或多个系统生命周期阶段中的部分或全部工作。

4.5.7 第 7 阶段：制造

本阶段的目标是：

（1）实施能生产出已确认符合 RAMS 要求的子系统和部件的制造工序；

（2）建立以 RAMS 为中心的工序确保计划；

（3）建立子系统和部件 RAMS 的支持计划。

本阶段的输入包括所有满足本生产阶段要求所必需的数据相关的信息，特别是第 6 阶段产生的可交付性成果。

本阶段的第 1 个要求是验证和实现制造工序。

本阶段的第 2 个要求是建立子系统和部件的支持计划，支持计划的内容包括子系统和部件 RAMS 支持文件的准备、验证和确认；RAMS 内容中运营和维修程序的准备、验证和确认；以及子系统和部件关于 RAMS 培训材料的准备、验证和确认。

上述文件、程序和培训材料应在所有后续阶段中复核。

作为制造阶段的需要，本阶段的第 3 个要求是安排满足要求的制造；实施满足要求的制造；以及实现 RAMS 流程保证，以避免潜在的 RAMS 相关失效模式。

本阶段的结果、作出的所有假设及理由应形成文件。应记录本阶段内进行的 RAMS 确认任务。本阶段的可交付性构成后续系统生命周期阶段的一个关键输入。

本阶段应该执行如下验证任务：

（1）评估本阶段作为任务输入的信息、（合适时）数据及其他统计数据的充分性；

（2）验证 RAMS 支持文件是正确的、充分的，并与系统生命周期费用要求和系统规定的目标 RAMS 要求相一致；

（3）评估以确保正在生产的产品按系统要求制造；

（4）评估本阶段内使用的方法、工具和技术的适宜性；

（5）对从事本阶段内任务的全体人员能力的评估。

任何一个错误或不足可以要求重复先前的一个或多个系统生命周期阶段的部分或全部工作。

4.5.8　第 8 阶段：安装

本阶段的目标是：

（1）对形成完整系统所需要的子系统和部件进行组合装配与安装；

（2）启动系统支持计划。

本阶段的输入应包括所有相关的信息和满足安装阶段要求所必需的数据，特别是第 6 阶段准备的安装计划，以及第 7 阶段制造的子系统和部件以及第 7 阶段准备的 RAMS 支持文件。

本阶段的第 1 个要求是按照安装计划对形成完整系统所需要的子系统、部件和外部设施进行组合装配和安装。

本阶段的第 2 个要求是写出安装流程，安装流程的内容包括复核设计、实现运营和维修程序的定义与计划；安装任务；以及用于解决失效和不兼容性的工作。

本阶段的第 3 个要求是在安装完成后复核和修改安全计划，确保记录了系统或工序发生的变化，并在后续的生命周期任务中有效管理安全计划工作。

本阶段的第 4 个要求是开始人员培训、制订可用的支持步骤、建立备件供应以及建立工具供应等工作。

本阶段的结果、作出的所有假设及理由应形成文件；应记录本阶段内所执行的所有 RAMS 确认任务，包括安装工作，本阶段应更新安全计划；本阶段的可交付性构成后续系统生命周期阶段的一个关键输入。

本阶段应进行如下验证任务：

（1）评估本阶段内作为任务输入的信息、（适当时）数据和其他统计数据的充分性；

（2）验证安装工作是按安装计划进行的；

（3）通过分析和测试，验证已安装的系统满足 RAMS 要求；

（4）评估安全计划以确保其持续适用性；

（5）评估系统支持计划的有效性和充分性；

（6）评估本阶段使用的方法、工具和技术的适宜性；

（7）评估本阶段内从事任务的全体人员的能力。

任何一个错误或不足可以要求重复先前的一个或多个系统生命周期阶段的部分或全部工作。

4.5.9 第 9 阶段：系统确认（包括安全验收和调试）

本阶段的目标是：

（1）确认子系统、部件和降低风险的外部措施的总成与系统的 RAMS 要求一致；

（2）对子系统、部件和外部降低风险设施的总成进行调试；

（3）准备和在合适时间验收系统的特定应用安全论据；

（4）提供获得的数据并评估。

作为系统验收阶段的基础和前期，必须关注第 10 阶段（系统验收）的要求；对于所考核的系统，第 10 阶段的工作就是第 9 阶段要求的集成。在第 9 阶段任务实现后，本阶段的可交付性证明了第 10 阶段的要求得到了充分满足。

本阶段的输入应包括所有相关的信息、即满足本阶段要求所必需的数据，特别是在第 4 阶段内产生的系统要求、验证和确认计划，还有第 6 阶段的调试计划及第 7 阶段准备的培训材料等。

本阶段的第 1 个要求是按照确认计划来确认子系统、部件和降低风险的外部措施的总成并记录确认流程，包括：对照验收准则确认 RAMS 任务的详细执行情况，包括 RAM 论证工作和安全性分析工作的完成状况；对照验收准则确认完成 RAMS 任务所采用的流程、工具、设备的详细情况；按所有验收准则进行确认 RAMS 任务的执行结果；确认应用于系统的所有限制与约束是否得到执行；以及确认是否解决了 RAMS 工作中的各种失效和不兼容性问题。

本阶段的第 2 个要求是按照调试计划调试子系统、部件和降低风险的外部措施的总成，记录调试过程，记录的内容包括调试任务、失效报告与评估任务、解决各种失效和不兼容性的工作以及任何约束与限制系统使用的详细情况等。

可以采取试运营周期的方式解决正式运营时的系统问题。当采用作为系统验收一个部分的试运营周期时，在系统投入商业运营之前，应考虑证明系统的安全性。

本阶段第 3 个要求是，若在第 6 阶段还没有准备好一个一般安全论据，则应为系统准备一个应用安全论据，用它来证明该系统在特定的应用中符合系统安全性要求。该应用安全论据需经轨道交通主管部门的正式批准，该应用安全论据内容应包括：

（1）系统综述；

（2）安全性要求的参考或摘要（包括该应用的安全性功能 SIL 合理性的考虑）；

（3）系统生命周期内采取的质量和安全管理控制摘要；

（4）安全评估及安全评审任务摘要；

（5）安全性分析任务摘要；

（6）系统所采用的安全工程技术概要；

（7）符合系统安全性要求的充分性，包括遵循在特定应用中的 SIL 要求（含其物理实现）的充分性；

（8）对本应用采取的限制与约束摘要。

本阶段的第 4 个要求是建立和实现一个流程，该流程用于获取和评估运营数据，然后作为系统改进过程的输入。

本阶段的结果、作出的所有假设及理由应形成文件；应记录本阶段内执行的所有 RAMS 确认任务，包括调试工作；在本阶段内应为系统提供一个特定应用安全论据；应记录本阶段内进行的所有验收任务；本阶段的可交付性构成后续系统生命周期阶段的一个关键输入。

本阶段应执行如下验证任务：

（1）评估本阶段作为任务输入的信息、（合适时）数据和其他统计数据的充分性；

（2）通过分析和测试，验证并确认所安装系统满足 RAMS 要求，应注意在有些轨道交通系统中，特定应用安全论据的验收要求在安装和调试工作进行之前完成验收；

（3）验证调试活动是按调试计划实施的；

（4）评估运行数据采集系统的有效性和充分性；

（5）评估在本阶段内所使用方法、工具和技术的适宜性；

（6）评估本阶段执行任务的全体人员的能力。

任何一个错误或不足可要求重复先前的一个或多个系统生命周期阶段的部分或全部工作。

4.5.10 第 10 阶段：系统验收

本阶段的目标是：

（1）评估子系统、部件和降低风险的外部措施的总成符合完整系统的所有 RAMS 要求；

（2）验收投入运行的系统。

本阶段的输入应包括满足系统验收要求所必需的所有相关信息与数据，特别是在第 4 阶段准备的系统要求、验证与确认计划和验收计划以及在第 9 阶段中准备的验证和确认任务的记录。

本阶段的第 1 个要求是根据系统验收计划评估系统的所有验证和确认任务，特别是 RAM 验证和确认，以及特定的应用安全论据。

本阶段的第 2 个要求是正式验收系统以便投入运行（运营）。

本阶段的第 3 个要求是复核和更新危害记录，记录系统确认或验收过程中确定的残留危害，并确保这些危害所造成的风险得以有效管理。

本阶段的结果、作出的所有假设及理由应形成文件。应继续记录本阶段所执行的所有验收任务。更新本阶段的危害记录。本阶段的可交付性构成后续系统生命周期阶段的一个关键输入。

本阶段应执行以下验证任务：

（1）评估本阶段内作为任务输入的信息、合适数据与其他统计数据的充分性；

（2）通过分析和测试验收系统满足 RAMS 要求（包括系统生命周期费用要求）；

（3）验证验收工作是按验收计划执行的；

（4）评估修改过的安全计划的延续适用性；

（5）评估以确保任何残留的危害已得到有效的管理；

（6）评估特定应用安全论据的充分性和完整性；

（7）评估在本阶段内使用的方法、工具和技术的适宜性；

（8）评估在本阶段内执行任务的全体人员的能力。

任何一个错误或不足可要求重复先前的一个或多个系统生命周期阶段的部分或全部工作。

4.5.11　第 11 阶段：运营和维修

本阶段的目标是在规定的条件下和规定的生命周期内系统的运行运营与维护维修，系统构成包括维修与支持子系统、部件和降低风险的外部设施的总成，使之继续符合系统 RAMS 要求。

本阶段的输入包括所有满足系统运营要求所必需的数据与相关信息，特别是第 6 阶段准备的运营和维修程序。

本阶段的第 1 个要求是监控系统运行、运用与运营实现，实施运营和维修程序，特别是与系统性能和生命周期费用相关的程序。

本阶段的第 2 个要求是用下列方法确保整个阶段中符合系统 RAMS 要求：

（1）运营和维修程序的定期核查和更新；

（2）系统培训文件的定期核查；

（3）定期核查和更新危害记录与安全论据；

（4）有效的后勤保障，包括备品、工具、校正措施、胜任的人员和以 RAMS 为中心的维修；

（5）维护失效报告分析和纠正措施系统。

应继续记录在本阶段内所作的假设、论证及所有执行的 RAMS 任务；在本阶段内应更新相应的系统文件；本阶段的可交付性构成后续系统生命周期阶段的一个关键输入。

本阶段应该执行以下的验证任务：

（1）评估作为本阶段任务输入的信息、合适数据和其他统计数据的充分性；

（2）验证后勤计划的变动与系统 RAMS 要求和系统生命周期费用要求一致；

（3）评估在本阶段内所用方法、工具和技术的适宜性；

（4）评估在本阶段内从事这些任务的全体人员的能力。

4.5.12　第 12 阶段：性能监控

本阶段的目标是保持系统 RAMS 性能的置信度。

本阶段的输入包括所有满足系统性能、功能以及运行运营要求所必需的数据与相关信息，特别是系统 RAMS 要求和系统支持数据。

本阶段的第 1 个要求是建立、实施和定期核查这些流程：RAMS 和运营性能统计数据的收集流程；RAMS 和性能数据的获得、分析和评估流程；在安全论据中的假设保持有效的核查流程等。

本阶段的第 2 个要求是分析影响由新的运营和维修程序、系统后勤保障变动所引起系统的性能改变、RAM 数据以及统计数据结果。

应继续记录本阶段内所有性能监控工作、所作的假设与理由；本阶段内可能更新的系统支持文件；本阶段的可交付性构成后续生命周期阶段的一个关键输入。

本阶段应执行如下验证任务：

（1）评估作为本阶段任务输入的信息、（合适时）数据和其他统计数据的充分性；

（2）验证保障计划的变动与系统 RAMS 要求和生命周期费用要求相一致；

（3）评估在本阶段内使用的方法、工具和技术的适宜性；

（4）评估在本阶段内从事这些任务的全体人员的能力。

4.5.13　第 13 阶段：修改与更新

本阶段的目标是控制对系统的修改与更新任务（即维护、维修、技术升级、技术更新、技术改造等）来保持系统 RAMS 的要求。

本阶段的输入包括所有满足系统修改与更新要求所必需的数据和相关的信息。

本阶段的第 1 个要求是为系统的修改与更新建立一个安全计划。

本阶段的第 2 个要求是在 RAMS 范围内建立、实现和定期核查控制系统修改与更新的流程，包括：

（1）通过强制采用一种合适的生命周期模型来控制全部修改与更新工作；

（2）在修改与更新之后要求建立一个验证、确认和验收系统 RAMS 性能的程序；

（3）要求分析变更的原因；

（4）要求进行变更 RAMS 的影响分析，包括对生命周期费用要求的影响；

（5）要求变更计划的实现及随后的验收；

（6）要求记录修改与更新任务；

（7）要求更新所有受影响的系统文件。

本阶段的关键可交付性是确认修改过的系统；本阶段的结果、作出的所有假设及理由应形成文件；继续记录本阶段内进行的验证、确认和验收任务；在本阶段内应更新危害记录；在本阶段内应更新应用安全论据；必要时，应复核及更新全部 RAM 相关的文件；本阶段的可交付性构成后续系统生命周期阶段的关键输入。

本阶段应执行以下的验证任务：

（1）评估本阶段内作为任务输入的信息、（合适时）数据和其他统计数据的充分性；

（2）验证和确认系统的任何变更或修改与系统 RAMS 要求和系统生命周期费用要求相一致；

（3）评估任何修改过的系统文件（特别是系统安全论据文件）的充分性和完整性；

（4）评估本阶段内使用的方法、工具和技术的适宜性；

（5）评估本阶段内从事任务的全体人员的能力。

4.5.14　第 14 阶段：停用及处置

本阶段的目标是控制系统停用及处置任务。

本阶段的输入包括满足停用处置要求所必需的相应数据与相关信息。

本阶段的第 1 个要求是：

（1）确定停用与处置对与待停用系统关联的任何系统和外部设施的影响。

（2）制定停用计划，停用计划的内容一个包括与确定的内容：系统和相连外设的安全关闭计划与步骤；系统和相连外设的安全拆除计划与步骤；继续保证受停用系统影响的任何系统或外部设施的 RAMS 要求的一致性。

本阶段的第 2 个要求是提供包括系统生命周期费用在内的 RAMS 生命周期性能的分析，作为将来系统的输入。

本阶段的结果、作出的所有假设及理由应形成文件；继续记录本阶段执行的全部停用及处置任务；在本阶段内应更新危害记录；建立安全计划来说明停用及处置任务和停用后要完成的工作。

本阶段可产生一个修订的应用安全论据。在停用与处置任务期间，更新后的文件应包含仍然满足受影响的相关系统 RAMS 要求的一致性。

本阶段应进行以下的验证：

（1）评估在本阶段内作为任务输入的信息、（合适时）相应的数据和其他统计数据的充分性；

（2）评估被停用及处置工作影响的系统所有文件的充分性；

（3）评估本阶段所使用方法、工具和技术的适宜性；

（4）评估本阶段内从事任务的全体人员的能力。

4.5.15　生命周期 RAMS 流程内的责任

一个轨道交通项目所依据的 RAMS 工作与责任，通常要求由用户或某个制定规章的（法定的，如安全主管部门）机构来制定；同样地，批准和验收由用户或制定规章的机构来执行；而解决方法、实施效果与验证通常由承包商详细说明或执行；通常同时实施确认。

而这些一般规则的建立与实施还取决于有关各方的合同关系与法定关系。

然而，在每种情形下，RAMS 标准要求在系统生命周期各个阶段任务的责任都被规定且经过协商。下面的矩阵表（表 4.2）举例说明典型安排的责任。

表 4.2　RAMS 典型责任安排

	用户/操作员	批准机构	（主要的）承包商	分包商	供货商
概念阶段	×				
系统定义和应用条件	×				
风险分析	×		×		
系统需求	×	（×）			
系统需求的分配	（×）		×		
设计和实现			×	（×）	
制造			×	×	×
安装			×	（×）	
系统确认	×	×	×	（×）	
系统验收	×	×			
运营和维修	×		（×）	（×）	
性能监控	×		（×）	（×）	
修改与更新	×		×	×	
停用与处置	×		（×）		

注：×表示全部责任并参与；（×）表示特定的责任和/或部分参与（如分包商或备用要素的责任）。

4.6　RAMS 规范概要与规划

4.6.1　RAMS 规范概要

RAMS 规范的基本结构和内容（作为完整系统要求的一部分）应和下面的概一致。

1. 立项

（1）确定项目。
（2）可交付性和最后期限。
（3）项目组织和 RAMS 管理。

2. 通用系统描述

（1）系统的技术描述。
（2）特定应用和运营。例如，对于机车车辆，有高速列车运营、列车编组、任务概要、地理位置、列车时刻表和容差、运营概要、安全性原理、人为因素考虑。
（3）子系统的技术描述。例如，对于机车车辆，有能源供给系统、制动系统、牵引系统、通风系统、保护系统、控制系统、通信系统、采暖系统。

3. 运营条件与环境条件

（1）确定运营模式。例如，对于机车车辆，有日运营时间或里程、日待用时间、日停止运营时间。
（2）期望寿命。例如，对于机车车辆，有系统预计使用的总时间（年）、年平均运营时间。
（3）确定环境条件。例如，对于机车车辆，有遵循标准、温度范围、机车车辆的内部温度范围、运营中、停用状态、湿度范围、最高海拔。

4. 可靠性

（1）可靠性目标。
（2）规定可靠性目标以满足特定应用所需的性能。
（3）系统失效模式和平均无故障时间（MTBF）。例如，对于机车车辆，表 4.3 列出了其失效模式对平均无故障时间的影响。

表 4.3　失效模式与平均无故障时间

失效种类	系统失效模式	对运行的影响	MTBF（·）*
特大	完全失效	不能运行	
重大	重大的功能失效	紧急运行 1	
次要	不重大的功能失效	紧急运行 2	
轻微	可忽略的功能失效	正常运行	

* MTBF（·）单位为小时、年或千米。

（4）对运营和性能的影响。例如，对于机车车辆，对运行中完全失效、紧急运行 1、紧急运行 2 和对运营无影响的失效等各种技术和运营条件作出规定。

4.6.2　RAMS 规划建设

产品的供应商应该对每一个产品系列建立一个 RAMS 规划，提供一个“标准的 RAMS 规划”，有助于满足所考虑应用的 RAMS 需求，它是一个公司的 RAMS 原始资料。基本的 RAMS 概要示例见表 4.4。

表 4.4　基本 RAMS 规划概要示例

项目-阶段	RAMS 工作	责任者	参考文件
预计	估计指定应用的 RAMS 目标		
可行性研究	评估 RAMS 要求 评价 RAMS 过去的数据和经验 确定指定应用对安全性的影响 咨询用户关于 RAMS 的要求（必要时）		
邀请投标者	进行初步的 RAMS 分析（最坏情况） 系统 RAMS 要求的分配（子系统/设备、其他相关系统等） 进行系统危害和安全风险的分析 进行 RAM 相关的风险分析 准备进一步的 RAMS 数据评审 逐条注释 RAMS		
合同协议	核查/修改初步的 RAMS 分析和 RAMS 分配		
指令作业： 规定系统要求	确定项目具体的 RAMS 管理 规定系统 RAMS 需求（所有的） 建立 RAM 规划（标准 RAMS 规划充分否？） 分配 RAMS 要求给分包商，供应商 规定 RAM 验收准则（所有的）		
指令作业： 设计和实现	可靠性分析（FMEA） 安全性分析（FMECA），如果可行 维护/修理分析：说明维护/修理策略 在维护/修理策略基础上作可用性分析 RAMS 核查 生命周期费用估计 RAMS 说明，一致性的证据 设计/制造 FMEA 测试可靠性和可维修性，如果可行		
采购	提供给分包商/供应商的 RAMS 规范		
制造/测试	RAMS 相关的质量保证/工艺保证		
调试/验收	完成 RAM 说明 准备特定应用安全论据 启动 RAMS 数据评估 早期运营的 RAM 测试，数据筛选和评估		
运营/维修	临时的运营和维修（维修/修理策略） 运营人员和维修人员的培训 RAMS 数据评估 生命周期费用评估 性能复核		

以下给出一个基本 RAMS 规划的简要示例步骤。

（1）规定符合公司商业流程的合适生命周期。

该步所形成的结果：建立公司指定产品或指定项目的生命周期（或者定义其各个阶段），包括各个阶段的内容。

（2）指定每个项目阶段及其相关的 RAMS 工作，这些应充分满足项目和系统指定的要求。

该步所形成的结果：确定生命周期内所有必需的 RAMS 工作。

（3）规定在公司内执行每个 RAMS 工作的责任者。

该步所形成的结果：确定必需的 RAMS 资源需求、资源提供与资源利用，尤其是 RAMS 责任人员所承担的工作责任。

（4）规定每个 RAMS 工作必需的指令、工具和参考文件。

该步所形成的结果：建立完整文件化的 RAMS 管理，形成系列以文件形式的工作指令、需求工具和引用的参考文件等。

（5）在公司作业中执行的 RAMS 活动。

该步所形成的结果：集成 RAMS 管理规程（RAMS 原始资料），将产品形成过程中产生的 RAMS 文件构成该产品在生命周期中最初步的和原始的资料。后续的资料是在运用、管理、维护维修、处置等过程中形成。

4.6.3　工具清单

在系统的生命周期内，为了达到 RAMS 的目标，可以参考或者执行下面列出的工具清单，下面列出的是一些实施和管理 RAMS 规划的合适的方法和工具。相关工具的选择取决于研究中的系统及系统的重要性、复杂性和新颖性等。

（1）RAMS 规范的概要形式：以保证所有的 RAMS 相关要求的评估。（见 GB/T 21562 的附录 A 示例）。

（2）正规设计核查程序：着重于 RAMS，使用某些普通的和应用指定的合适的检查清单，如 IEC 61160 正规设计核查（第 1 次修订版）。

（3）实施“从上到下”（推理法）和“从下到上”（归纳法）的程序，对简单和复杂功能的系统结构进行深入 RAM 分析和最坏情况的分析。通常对不同技术使用的 RAM 分析程序、方法、有利之处和不利之处、输入数据和其他要求的一般综述如下所示：

IEC 60300-3-1　可信性管理 第 3 部分：应用指南 第 1 节：可信性分析技术：方法指南。

不同的 RAM 分析技术分别在不同的标准中描述，如：

IEC 60706　设备可维修性指南。

IEC 60706-1　第 1 部分 第 1，2，3 节：引言，要求和可维修性计划。

IEC 60706-2　第 2 部分 第 5 节：在设计阶段内进行可维修性研究。

IEC 60706-3　第 3 部分 第 6，7 节：数据的验证、收集、分析和表述。

IEC 60706-4　第 4 部分 第 8 节：维修及其保障规划。

IEC 60706-5　第 5 部分 第 4 节：诊断测试。

IEC 60706-6　第 6 部分 第 9 节：可维修性评估中的统计方法。

IEC 60812　系统可靠性的分析技术——失效模式和影响分析程序。

IEC 60863　可靠性、可用性和可维修性预测说明。

IEC 61025　故障树分析法。

IEC 61078　可信性分析技术 可靠性框图法。

IEC 61165　马尔可夫技术的应用。

在设计中部件可统计的“RAM”数据的可用性是 RAM 分析的基础（特别是失效率、修理率、维修数据、失效模式、事故率、数据和随机事件的分布状态等），如：

IEC 61709（1996）　电子部件-可靠性-失效率和应力模型转化的参考条件。

US MIL HDBK 217　电子系统的可靠性预计。

许多关于系统 RAM 分析和统计数据分析的计算机程序也可利用。

（4）实现危害和安全/风险分析程序，以下列出一些：

US MIL HDBK 882D　系统安全设计要求；

US MIL HDBK 764（MI）　对军事材料的系统安全工程、设计指南。

上面的第 3 条关于 RAM 的基本技术和分析方法也可用于安全/风险分析。

GB/T 20438 第 1～7 部分中的“电气/电子/可编程电子安全相关系统的功能安全”由以下几部分组成：

第 1 部分：一般要求；

第 2 部分：电气/电子/可编程电子安全相关系统的要求；

第 3 部分：软件要求；

第 4 部分：定义和缩略语；

第 5 部分：确定安全完整性等级的方法示例；

第 6 部分：GB/T 20438.2 和 GB/T 20438.3 的应用指南；

第 7 部分：技术和措施概述。

（5）RAM 测试计划和程序：目的是测试部件、装备和系统的长期运营性能是否与要求一致。更加深入的 RAMS 分析和测试结果用来改进 RAMS 规划，如：

IEC 60300-3-5　可信性管理 第 3-5 部分：应用指南 可靠性测试条件和统计测试原理。

IEC 60605　设备可靠性测试。

IEC 60605-2　第 2 部分：测试周期设计。

IEC 60605-3-1　第 3 部分：首选的测试环境 户内可移动的设备-粗模拟。

IEC 60605-3-2　第 3 部分：首选的测试环境 在气候保护的地方固定使用的设备-精模拟。

IEC 60605-3-3　第 3 部分：首选的测试环境 第 3 节：测试周期 3：在部分气候保护地方的固定使用的设备-粗模拟。

IEC 60605-3-4　第 3 部分：首选的测试环境 第 4 节：测试周期 4：便携的及非固定使用的设备-粗模拟。

IEC 60605-4　第 4 部分：呈指数分布的统计步骤 点的判断、置信度间隔、预测间隔及容差间隔。

IEC 60605-6　第 6 部分：恒定失效率和恒定失效密度假设的有效性试验。

IEC 61014　可靠性增长设计。

IEC 61070　稳定状态可用性遵循的测试程序。

IEC 61123　可靠性测试 成功率遵循的测试规划。

现场的 RAMS 数据评估是很重要的（在运营中的 RAMS 测试），如：

IEC 60300-3-2　可信性管理 第 3 部分：应用指南 第 2 节：现场可靠性数据的收集。

IEC 60319　电子部件可靠性数据的说明。

执行 LCC（生命周期费用）分析的步骤/工具：LCC 分析可以利用各种各样的计算机程序。

4.7　小　　结

轨道交通 RAMS 是整个轨道系统诸多方面中的工作之一，是整个轨道交通系统的综合管理方法的一个组成部分。对于任何轨道交通主管部门，其容许安全风险取决于国家安全规章主管部门或轨道交通主管部门自身（经安全规章主管部门同意）制定的安全标准。轨道交通主管部门的主要职责是评估风险、控制风险并使风险降至最小。有些情况下，制定法规需要提供正式的论证系统安全充分性的证据。

系统生命周期是一个阶段序列（每一阶段均包含有任务），包含从初始概念阶段到停用及处置阶段的整个生命周期。生命周期提供一个规划、管理、控制和监控系统所有方面（包括 RAMS）的结构，且在系统各阶段中不断完善，以便在协商的时间阶段内交付适当价格且功能与性能合格的产品。生命周期概念是成功实施本标准的基础。

系统 RAMS 性能和开发费用及系统所有权费用（即生命周期费用）之间有一个平衡，但不在费用的基础之上来规定解决 RAMS 问题的方法，因为这是轨道交通主管部门的责任。对每个生命周期阶段而言，本章讨论了整个项目范围内 RAMS 任务的目标、要求、输入和可交付性。

此流程通过提供生命周期各个阶段内的综合任务序列来支持系统的供货合同。在综合管理流程内，这是形成单个 RAMS 任务或任务组合的合同基础。进行这些任务的职责取决于所考核的系统和可行的合同条件。

对所考核系统，轨道交通主管部门应规定 RAMSSW 要求的应用。评估应以对特定系统要求的可行性为基础，在评估第 9 阶段（系统确认）和第 10 阶段（系统验收）内的任务序列时要特别注意。

在系统更新的情况下，既有系统和更新的系统混合运营或同时运营，常常会有“混合阶段”。在这种情况下，安全性研究应明确陈述既有系统与更新系统间可能的相互影响。

对所考核系统应用 RAMS 的评估应包括：为实现所考核系统规定需要的生命周期阶段，为这些生命周期阶段提供正当的理由，论证在这些生命周期阶段所从事的任务是否与本标准要求的原理相一致。

用表 4.1 以及 4.5 节相关阶段的相应信息为清单，规定所需的生命周期各阶段的强制性活动及要求，包括：

（1）与所考核系统相关的各个要求的范围；

（2）每个要求所需要的方法、工具和技术及其应用范围与深度；

（3）对于每个要求所需要的验证与确认活动及其应用范围；

（4）所有的支持文件；

（5）证明偏离本标准的要求与活动是正当的；

（6）证明所考核的应用选择的任务的充分性。

在 RAMS 体系的所有应用中，下述要求是强制的：

（1）对所考核系统，在生命周期每个阶段所执行的全部 RAMS 任务的职责，包括关联任务之间的接口，应被规定并经过协商同意；

（2）所有对 RAMS 管理负责任的人员应有能力履行这些职责。

在可信性系统的实现过程中，RAM 规划和安全计划的建立与实施是基本组成部分。虽然这些规划文件的内容是针对所考核系统的，对这些工作的约束可以不同,但很多 RAMS 任务将要求类似的分析工作。对以 RAM 为中心的任务来说，主要考虑的是费用，而在以安全为中心的任务中，则是防止意外的及相关联的事故发生。根据轨道交通主管部门的要求，与 RAMS 有关的经济结果可以不同，在这一意义上 RAMS 的要求可能有冲突。由于 RAMS 任务之间的分析工作的深度可以变化，对确定和管理 RAMS 冲突的认可及所有 RAMS 分析的详细资料应包括在 RAMS 的规划文件内。

在企业活动过程中本标准的要求应被实现，它由符合 GB/T 19001—2000 要求、适用于所考核系统的质量管理体系（QMS）支持。

一个适当并有效的配置管理系统应该建立和实施，它针对所有系统生命周期阶段的 RAMS 任务。结构管理的范围取决于所考核的系统，但通常应包括全部系统文件和所有其他系统的可交付性。

在系统生命周期规定的管理流程基础上，通过把每一个损伤的影响降到最小和控制各种影响因素，本章详细讲述了保证达到 RAMS 要求的方法。设计可靠的系统所适用的方法、工具和技术在工具清单的其他一些相关的 RAMS 标准中列出。值得注意的是方法、工具、技术的选择及其应用的深度和范围以及文档的范围和深度应与所考核的系统需求相匹配。对于所考核系统，这些内容应通过轨道交通主管部门与供货商协商同意，轨道交通主管部门及其支承工业应该同意和实施评审计划，审查 RAMS 要求的应用与系统相适应。

第 5 章 系统 RAM 工程的用户需求

5.1 概 述

本章根据前述的 RAMS 体系思想和要求，通过城市轨道交通列车系统（地铁列车系统）的技术要求和技术实现可能与能力，简要地阐述车辆系统用户在地铁列车（也包括其他的轨道交通车辆系统）采购与供应流程中，贯彻 RAMS 体系的功能需求和实现的过程。

城市轨道交通列车系统的用户（以下简称买方、用户、运营商或者招标人等，这几个名称在本章和第 6 章中具有近似的意思，其中买方与运营商可能有区别）。可以通过技术需求书的形式，确定为车辆系统 RAMS 而需开展的系统保证要求以及相对应的技术体系。同时，向车辆系统的集成商（以下简称制造商、供应商、制造人、集成商、投标人等，这几个名称在本章和第 6 章中具有近似的意思）提出了车辆系统在设计、开发、生产、组装、测试和初步运营阶段中系统保证的一般要求和具体任务。

与此对应，系统供应商可以根据用户的技术需求，根据自己的理解、技术研发能力、生产制造能力与采购供货能力、技术检测测试以及认证能力与水平等，给出相应的 RAMS 响应（在第 6 章阐述）。

除特殊说明外，用户需求书中的术语定义必须依据 EN50126、EN50128 和 EN50129，或者对应的国际标准与国家标准。

本章提出的要求、措施、方法以及参数等仅供参考，用户应根据具体线路作出具体要求。

5.2 RAMS 的总体要求

系统的用户或者运营商根据自身的条件、运营要求以及环境特点，根据 RAMS 标准体系以及技术状态，通常可以提出如下的 RAMS 总体要求。

（1）系统供应商在各个工程阶段达到 RAMS 要求的系统保证任务和应该交付文件；所有分析应根据系统当前或者目前所处阶段的设计情况开展，并且更新相应的文件与报告，不得以设计未完成或其他原因推迟提交系统保证文件。

（2）系统供应商应提交系统保证工作的月度报告，总结系统保证领域当月的主要进展、发现的问题以及解决方案，并对后续工作作出计划。

（3）系统供应商应组织资源，以保障开展用户 RAMS 要求所规定的所有系统保证工作，涉及的安全认证及评估费用，以及开展各项工作所需的其他费用等，应包含在合同总价中。

（4）系统供应商给出的系统保证计划应说明如何计划、管理及监控在其服务范围内整体系统的 RAMS 要求，确保在设计、开发、生产、安装、测试和初步运营阶段中能有效地落实这些设计目标。

系统保证计划的内容须至少应该包括：负责实施系统保证计划的组织架构、人员、职责及沟通方式；负责实施系统保证计划的主要人员的工作简历说明（包括个人的相关学历及经验资料），系统供应商 RAMS 工程师需具备最低 RAMS 工程工作年限（可以要求若干年，如 2 年以上）和与本系统类似 RAMS 工程的最低工作经验；系统供应商及其子系统供应商系统保证任务的监控过程及相关程序和方法；对于每一个阶段所涉及的人员，都必须有相应的资质与能力，这些能力的体现必须有相应的证明文件，必要时必须对涉及的人员的能力进行考核与评估（RAMS 标准的全生命周期计划的每一个阶段都对涉及人员的能力评估提出了要求，见第 4 章）。

系统保证计划的内容必须详述系统保证任务、安全分析方法、系统安全证明，以及能达到可靠性、可用性及可维修性目标的方法。

在各项安全和 RAM 分析中，除特别说明外，可以采纳以下假定条件：

（1）车辆每年运营公里数（如 120000km 左右）；

（2）（该线路）列车最高运行速度、平均车速、平均旅行速度等（单位：km/h）；

（3）轨道线路（一条线路，车辆运行范围）的总长度（单位：km）；

（4）（该线路）列车每天运营时间（如 12～17h 等）；

（5）列车每年运营时间（单位：天）。

结合系统保证分析，系统供应商应提供所供列车系统的全寿命周期成本分析。

用户（或买方）代表将在车辆系统设计、开发、生产和测试阶段进行审核，确认系统供应商已执行并符合相关的系统保证要求。买方代表将于执行审核的若干个（如 7 个）工作日前通知系统供应商有关审核的时间安排。系统供应商须提供一切相关的协助，以使用户或其代表能完成审核，包括诸如安排适当的员工参加会面、提供相关的文件等。

在审核完毕时，买方代表将提出关于系统保证的各项改善要求。系统供应商须提交证据以确保所有改善行动已在双方同意的时限前执行（如在时限前提交相关文件）。

5.3　系统安全性要求

1. 安全性执行的安全标准

系统供应商必须遵照以下标准（最新版）（或对应的国际与国家标准）的规定及要求：

EN50126 "Railway applications – The specification and demonstration of Reliability, Availability, Maintainability and Safety (RAMS) "（对应 GB/T 21562）

EN50128 "Railway Applications – Communications, signaling and processing systems – Software for railway control and protection systems"（对应 GB/T 28808）

EN50129 "Railway Applications – Communications, signaling and processing systems – Safety related electronic systems for signaling"（对应 GB/T 28809）

2. 安全完整性等级

由于轨道交通系统涉及人身及社会安全，是安全系统。在开展车辆子系统的硬件和软件设计时，系统供应商必须按照 EN50126、EN50128 和 EN50129 标准关于"安全完整性等级"的定义和要求，确保安全子系统和安全功能具备相应的安全完整性等级（safety integrity level, SIL）。系统供应商须开展风险分析（或者隐患分析）以评估用户需求的安全完整性等级是否充分和足够，并明确相关子系统是否需要应用更高的安全完整性等级要求。系统供应商须提供分析或评估文件以证明各子系统满足相应的 SIL 要求。

系统供应商应参考相关要求，分析所涉及（相关）的子系统及其接口的安全功能和安全完整性等级，并须针对任何不符合项提供证明。系统供应商还须评估属其供货范围内的其他子系统和功能的安全完整性等级，提请买方审批。

为了有效地降低系统性失效的风险，系统供应商须将各子系统的 SIL 要求分配至软件。在软件实现过程中，系统供应商应采用 EN50128 中针对相应 SIL 等级定义的所有"高度推荐的"和"推荐的"方法，系统供应商须列出并说明任何不符合项，并提请买方审批。

对于涉及安全功能的软件，系统供应商须开展针对软件的独立安全评估。软件评估员须具备依据 EN50128 或同等标准的多年的评估经验（一般至少 5 年），经买方认可。软件安全评估员必须与系统供应商项目团队完全独立（独立第三方，并且具有权威性）。所有软件评估报告须直接递交给买方，系统供应商必须针对软件评估员发现的不足进行必要的改进。

软件评估计划须详细描述独立软件评估员在项目过程中将要开展的评估活动，其范围和活动应满足 EN50128 的要求。软件评估报告应在每次评估完成后的适当时间内提交买方审批。买方有权对系统供应商以及软件评估过程进行审核，供应商应确保资源保障审核的顺利进行。

在任何安全联锁回路的设计过程中，系统供应商须应用“故障导向安全”原则。设计过程中，系统供应商应开展详细的分析以保证所有正常和降级运行模式下不存在影响安全的单点故障模式。系统供应商应针对所有安全联锁回路进行分析，以确保满足此项要求。系统供应商应在系统保证计划中明确具体分析方法，并提请买方审批。

5.4 风险分析及危害（隐患）登记要求

风险分析是针对车辆系统潜在的危害（隐患）进行的系统性分析、在工程项目的适当阶段应用的一种安全分析技术，开展风险分析的目的是作出优化系统设计、实现功能安全的变更。

设计过程中，系统供应商需参照运营商（用户）提供的主隐患清单（generic high level hazard list）（附件 2）开展初步风险分析、系统与子系统风险分析、接口风险分析及操作和支持风险分析。系统供应商须将各个风险分析的结果纳入“隐患登记册”，提交买方审查，并定期更新。

（1）初步风险分析：在项目早期、系统设计开始前开展的风险分析，用以识别车辆系统可能涉及和需要控制的潜在隐患，并引出系统设计过程中需要执行的措施以消除或减轻相关隐患。

（2）系统与子系统风险分析：其目的是识别和分析与子系统和部件设计相关的潜在隐患，包括与子系统架构、部件失效、人因错误、软件错误等相关的隐患，并引出相应的隐患消除或减轻措施。

（3）接口风险分析：通过识别和分析与系统、子系统内部以及外部接口相关的潜在隐患，引出系统和相关接口系统需要执行的隐患消除或减轻措施。

（4）操作和支持风险分析：通过识别和分析在系统（设备）的制造、安装、测试、运输、储存、培训、运营和维修等过程中与人员和程序相关的潜在隐患，并引出需要执行的隐患消除或减轻措施。

5.4.1 危害（隐患）和可操作性研究

系统供应商在危害分析的过程中，须采用正式的风险隐患和可操作性研究（hazard and operability study, HAZOPS）的方法，以识别潜在隐患并提出适合的隐患控制措施。系统供应商须邀请买方及各相关方参加隐患和可操作性研究会议。

系统供应商在设计、开发、生产及测试阶段，须考虑有关隐患及其减轻措施，并将有关的减轻措施纳入系统设计、开发、生产及测试内。隐患的范围须涵盖系统、接口、运营和维护等方面。

所有隐患须按买方制定的风险矩阵（附件 4）进行风险等级评估。各风险等级的处理如下：

（1）被评估为 R1 或 R2 风险等级的所有隐患事项，必须尽快通过设计方法将风险减轻至 R3 或 R4 等级。只在没有可行的设计办法下，才可考虑运营、维修程序或为运营及维修员工提供培训等的方法来解决。

（2）买方应该不接受剩余风险被评为 R1 等级的隐患事项。系统供应商可要求买方批准特许剩余风险为 R2 的隐患事项，在该等级情况下，必须连同有关理由向买方正式申请，并由买方审核批准。

（3）对于 R3 等级的隐患事项，系统供应商认为此项目的风险已是“最低实际可行”（as low as reasonably practicable, ALARP）时，须向买方提出证据。但若实际可行并符合成本效益时，系统供应商仍须寻求机会将该类隐患事项减低至 R4 等级。

（4）风险评级为 R4 的隐患事项均在可接受范围内。在正常情况下，无须采取额外减轻措施。

（5）系统供应商须依照由买方所提供的标准格式完成“隐患登记册”（附件 3），将所有隐患记录在“隐患登记册”内，定期更新（至少每两个月）隐患识别、预防或减轻措施的相关数据及进度，并同时提交正式隐患登记册报告和 EXCEL 版本给买方审查。

5.4.2　接口危害（隐患）

系统供应商或其他接口承包商识别的接口危害（隐患）应通过附件 5 中规定的接口隐患措施表来管理。接口隐患措施表识别接口隐患的管控单位以及系统供应商和接口承包商需要执行的隐患减轻措施。系统供应商应在“隐患登记册”中记录接口隐患措施表的编号，并确保各接口隐患关联方已知晓此隐患。必要时，系统供应商应组织技术协调会，以澄清或讨论接口隐患的技术方法、管控责任和细节。系统供应商应最终经接口相关方签字，并将已关闭的接口隐患措施表提交买方。

隐患的关闭：针对设计或安装阶段的风险控制减轻措施，系统供应商须根据以下原则定期检查“隐患登记册”上的隐患解决工作的进度。所有隐患关闭证据须登记在“隐患登记册”中。

（1）设计完成前，必须解决所有需要作出设计变更的隐患事项；

（2）开始施工（建造、制造）前，必须解决所有 R1 及 R2 的隐患事项；

（3）开始进行受安装隐患事项影响的工作前，必须实施控制安装隐患事项的所有减轻措施。

运营及维修过程隐患事项的减轻措施控制：在初步运营阶段开始前，系统供应商须以适当程序结束所有需要特定运营及维修过程控制的运营隐患事项，且必须得到买方的同意。

5.4.3　安全原则及规范要求的符合性评估

在设计完成前，系统供应商须根据系统的设计特点与安全要求，识别其相关的潜在危害（隐患），并列举将会被采用的设计、运营安全原则、标准或规范，以评估系统设计是否符合相关的安全要求或设计特点。

系统供应商须依照附件 6 所显示的标准格式（或内容）进行安全原则及规范要求的符合性评估（deterministic safety assessment）并提交报告。

已识别的安全要求与安全功能，必须进行安全验证，以证明系统的设计符合所需的安全功能与相关安全标准。安全验证应包括在安全关键设备的型式试验和调试试验中。在试运营前，系统供应商须完成全部安全验证工作，并确认完全符合所需的安全功能与相关标准。

5.4.4　量化风险评估

初始风险被评为 R1 或 R2 等级，以及会导致乘客、员工死亡的危害（隐患）事项，系统供应商须应用量化风险评估进行风险分析，以证明其剩余风险被控制在 R3 或 R4 的范围。

系统供应商须通过故障树或者事件树的形式开展量化风险分析，分析报告须于最后设计阶段提交给买方审批。

5.4.5　故障树分析要求

开展故障树分析（fault tree analysis，FTA）时，系统供应商需依据 IEC61025 或其他通用性标准。系统供应商可以使用商用分析软件（如 Isograph、Relex 等）以减轻计算的工作量。系统供应商须给出顶事件的最小割集，并确保硬件、软件、共因故障、人为因素及环境因素等被包括在分析内。

事件树分析（event tree analysis，ETA）：系统供应商在进行量化风险评估时，需应用事件树分析来评估复杂系统（如具有冗余设计、故障监测与保护设计的系统）的所有潜在后果。人为因素及环境因素等影响须包括在分析内。

系统供应商可参考附件 7 中给出的典型事故发生概率、影响后果以及人因错误发生概率，系统供应商应确保将适用的事件引入其量化风险分析建模中。在经买方批准的前提下，系统供应商可参考相似系统的运营数据及安全记录（采用类比或者其他推理计算），引入其他相关事件及其发生概率以支持其分析工作。

5.4.6 可容忍的危害（隐患）发生率

系统供应商须通过计算验证车辆系统以及相关子系统的安全功能满足 3.5 节和 3.6 节规定的安全完整性等级所隐含的定量隐患发生率指标要求，以达到可容忍的危害发生率（tolerable hazard rate）分析过程和结果须详细记录在量化风险评估报告内。

5.4.7 安全关键项清单

系统供应商应根据隐患识别和分析的结果，制定安全关键项清单（SCIL）。必要时，系统供应商应确保 SCIL 包含其他系统承包商分析和识别出的、属于系统供应商供货范围内的安全关键项。安全关键项清单 SCIL 是“隐患登记册”的补充但不是代替，与“隐患登记册”一样，安全关键项清单也是一个“动态的”文件。系统供应商须依据附件 8 规定的标准格式完成安全关键项清单。

安全关键项的评估准则如下，系统供应商可建议其他评估准则并提请买方批准：

（1）导致“严重的”或以上后果，或初始风险等级为 R1 或 R2 的事件；
（2）单一故障导致“严重的”或以上后果的部件或组件；
（3）单一故障导致初始风险等级为 R1 或 R2 的部件或组件；
（4）双重故障导致“危急的”或以上后果的部件或组件；
（5）三重故障导致“重大的”或以上后果的部件或组件；
（6）历史使用经验不是很充分的安全产品；
（7）有储存时间限制的安全产品。

系统安全报告：系统供应商应在最后设计阶段制订和提交初步的系统安全报告草案，并按合同要求在余下阶段更新，在交付第一辆列车前提交正式版本。系统安全报告须依照 EN50126 和 EN50129 中对“Safety Case”的要求编写，应至少包含但不限于附件 12 中所述内容。

5.5 可靠性、可用性及可维修性指标要求

5.5.1 故障定义

系统供应商在开展可靠性分析的过程中，需采用表 5.1 所规定的故障定义。

表 5.1　用户运营故障定义

故障类别	对运营的影响
严重的（significant）	大范围的线路服务中断，列车服务中断超过 30min
较大的（major）	区域性服务中断，列车服务中断 15～30min
较小的（minor）	列车服务中断 2～15min
可忽略的（negligible）	正常服务的短暂延误，列车延误少于 2min

列车服务延误时间定义为计划抵达（或离开）任一站台时刻与实际抵达（或离开）任一站台时刻的差值。车辆系统故障引起的列车服务延误时间应通过故障引起的所有延误列车中最久的列车延误时间来测量。当故障导致临时关闭一个（或多个）车站时，相关延误时间通过故障前最后一班列车的离站时间和车站服务恢复后的首班列车离站时间测量。

列车服务中断是指：在已开展所有相关预防性维修、并且运营人员正确地进行操作条件的情况下，2min 或以上的列车服务延误、班次取消或者列车中途退出运营等事件。

5.5.2 可靠性指标

车辆系统应满足表 5.2 所规定的可靠性指标。

表 5.2 运营可靠性指标要求

故障类别	对运营的影响	车辆系统（平均故障间隔里程）
严重的（significant）	大范围的线路服务中断，列车服务中断超过 30min	7000000 列车公里
较大的（major）	区域性服务中断，列车服务中断 15～30min	567600 列车公里
较小的（minor）	列车服务中断 2～15min	131300 列车公里
可忽略的（negligible）	正常服务的短暂延误，列车延误少于 2min	22300 列车公里
服务故障（service failure）	列车服务中断 2min 或以上	105000 列车公里

注：表中车辆系统的可靠性指标通过每列车的平均故障间隔里程来规定，其单位为列车公里（train-km）。

系统供应商应通过可靠性分析评估车辆系统是否满足各故障类别下的可靠性指标要求，并通过可靠性证明试验验证车辆系统的平均服务故障间隔里程（MDBSF）是否满足规定的要求。

5.5.3 可用性指标

1）服务可用性

全线车辆系统应满足服务可用性（service availability）≥99.8%。服务可用性通过以下公式定义和计算：

$$\text{服务可用性}=\frac{\text{平均服务故障间隔时间（MTBSF）}}{\text{平均服务故障间隔时间}+\text{平均恢复时间（MTTR）}}$$

或

$$\text{服务可用性}=\frac{\text{信号系统预定运营时间}-\text{信号系统服务故障引起的总列车延误时间}}{\text{信号系统预定运营时间}}$$

平均恢复时间（mean time to restore）区别于平均故障修复时间（mean time to repair），MTTR 被定义为所有服务故障引起的行车延误总时间与服务故障次数之比。

2）技术可用性

车辆系统应满足技术可用性（technical availability）≥98%。技术可用性通过以下公式定义和计算：

$$技术可用性=\frac{平均维修间隔时间（MTBM）}{平均维修间隔时间+平均维修时间（MTTM）}$$

或

$$技术可用性=\frac{系统预期可运行时间-系统总停机时间}{系统预期可运行时间}$$

平均维修间隔时间（MTBM）和平均维修时间（MTTM）须同时考虑预防性维修和纠正性维修，但不含等待备件、维修工具、维修人员到达现场的后勤和管理性响应时间。

系统预期可运行时间定义为在一定时期内（如每月）车辆系统所预期可以正常运行的总时间，应按每天 24h 计算。

系统总停机时间应包含所有预防性以及纠正性维修所引起的列车不能使用的时间，但不含等待备件、维修工具、维修人员到达现场的后勤和管理性响应时间。

系统供应商应通过可用性分析评估车辆系统是否满足可用度指标要求，并通过可用性证明试验验证。

5.5.4　可维修性指标

车辆设备使用中的平均故障修复时间应该包括故障诊断时间、组件修理及替换时间，以及在维修现场的调整及测试时间在内，但不包含运营或维修人员以及备件到达故障现场的响应时间。

系统供应商应满足表 5.3 所规定的维修性指标要求。

表 5.3　运营维修性指标

	说明	目标	单位
维修性（MTTR）	现场可更换组件（line replaceable unit）	≤0.5	h
	矫正维护（无须起车作业）	≤4	h
	矫正维护（须起车作业）	≤6	h

系统供应商应通过维修性分析以评估车辆系统是否满足 MTTR 指标要求，并通过维修性证明试验验证其符合性。

维修时间受设备故障诊断能力、测试仪器以及维修手册、培训质量所影响。因此，车辆系统应具有对车辆设备故障进行检测和反应的维修及诊断能力，包括远程诊断能力和现场嵌入式测试装置以及其他快速确定故障点的故障显示装置。

把预防性维护工作列为基本任务的目的是使设备保持正常工作状态。保养要求参见表 5.4。

表 5.4　保养等级要求

维修等级	操作	最短保养周期	列车最长停修时间
日检	在整列车上	每日	2h
双周检	在整列车上	5000km（15 天）	0.5 天
三月检	在整列车上	30000km（3 个月）	2 天
定修	在整列车上	120000km（1 年）	6 天
架修	在整列车上进行，拆卸部件	600000km（5 年）	18 天
厂修	在整列车上进行，拆卸部件	1200000km（10 年）	32 天

系统供应商应提供一套操作和检修规程，以保障列车在运营中发挥良好功能。

第一列车投入运行前，双方讨论最终用户确认该规程，一年后双方再讨论并修订该规程。

系统供应商应明确提出每一种检修等级的人工和材料成本。这些人工、材料成本应按项目分解，以显示检修和工作流程中的每一项维修任务的成本的计算方式。系统供应商可向买方提供更为优化的维修模式，应明确提出每一种检修等级的建议频率、相关的人工和材料成本。

此外，列车的可维护性设计应满足对车轮的任何磨损部位进行镟修而无须在镟修前卸下部件。

供应商在投标之初就开展初步分析并评估是否可满足买方规定的全部 RAM 要求。

5.5.5　RAM 全寿命分析和管理

系统供应商须在项目早期依据 IEC 60300-3-3 标准开展寿命周期费用分析（life cycle cost analysis，LCC），并在后续设计阶段更新。寿命周期费用分析的目的是降低车辆系统整个寿命周期中可能产生的成本，包括购置成本、运行成本（如能源消耗）、纠正性维修和预防性维修的人力和物料成本以及报废成本等。

系统供应商应通过提高部件和组件的固有可靠性与使用寿命、提高故障诊断能力和可维修性、改进预防性维修程序等手段优化（尽可能降低）系统使用过程中的维护成本。

系统供应商应在分析中考虑经济和通胀等因素对设备采购、运行与维护费用的影响，同时须确保用于 LCC 的部件或组件失效率、维修时间和人力、预防性维修间隔等输入数据和信息与 RAM 分析和实际维修程序保持一致。

5.5.6　RAM 指标分配

系统供应商须在设计早期将系统可靠性、可用性和维修性指标分配至关键子系统、部件或组件。早期的 RAM 指标分配结果应作为指导后续子系统设计以及部件或组件采购的依据。RAM 指标分配可与 RAM 预计分析迭代进行。

1）RAM 分析

在设计阶段，系统供应商须开展 RAM 分析以预测系统 RAM 的表现，确保设计能满足 RAM 目标要求。分析中必须列明设备及相关组件的主要故障模式、故障原因与机理、维修时尽量减轻对运营造成干扰的可能性以及单项故障及多项故障同时发生时对系统造成的影响等。

通过 RAM 分析，系统供应商可以估计系统可能达到的 RAM 表现，确定系统的薄弱环节，并确定最大改进潜力的子系统。如发现任何潜在缺陷，必须提出改进行动（包括更改设计），并落实执行。

系统供应商须在初步设计阶段提供分析报告，说明系统配置应如何满足其总体 RAM 的要求并详述 RAM 表现的预测结果，并在后续的工程阶段更新报告。分析报告须提交买方审批。

系统供应商须应用有关设计标准对可能影响系统安全及有效运营的人为因素作为关键输入。必要时，系统供应商还应当进行特别的人为因素分析，以确保重要系统复杂的人机接口的安全与可靠，在设计上应尽量减低人为错误，即尽量降低系统性差错的引入。

系统供应商在进行 RAM 分析时，可以使用相同或类似设备的故障记录及实际运营期间所得的故障数据，并记录数据来源，并且确定可证实及追查这些资料。

2）RAM 分析方法

系统供应商可以采用可靠性方块图或故障树分析等方法评估系统 RAM 性能，系统供应商需依据 IEC 61078（RBD）、IEC 61025（FTA）或其他通用性标准开展相关分析。系统供应商可针对特别需求选择其他合适的分析工具。

3）故障模式、影响及危害性分析（FMECA）

故障模式、影响及危害性分析运用归纳法，首先确定潜在的问题，继而进行分析，评估可能造成的影响并计算出危害性。系统供应商使用故障模式、影响及危害性分析时，除涵盖其本身的系统外，亦须包括与其他系统的接口。

故障模式、影响及危害性分析须包括每一个系统全部潜在故障模式，特别是影响列车正常服务和安全的故障，这些故障模式必须在 RAM 分析和定量风险评估中考虑。

系统供应商须在 FMECA 分析中考虑故障对运营延误的影响，对恢复系统至正常运营状态所需的时间和故障类别进行评估。

系统供应商须将 FMECA 分析中识别的影响安全的故障模式记录在“隐患登记册”和安全关键项清单中。

FMECA 分析的深度应至少达到现场可更换单元（line replaceable unit，LRU）层面。分析应以“由下而上”方式找出低层组件对整个线路运营的影响，软件及人为因素故障模式等也须包括在内。不同组件的故障模式，其影响应传达到设备或子系统的下一级。这一过程将一直持续，直到能确定对系统功能的总体影响时为止。冗余设备的影响应纳入分析结果内。

系统供应商需参考 MIL-STD-1629A 并依照附件 9 中所规定的标准样板完成 FMECA 分析。

系统供应商须在初步设计阶段递交故障模式、影响及危害性分析报告，并在余下工程阶段更新。

4）可靠性关键项清单（reliability critical items list，RCIL）

系统供应商在设计阶段就应该编写可靠性关键项清单。必要时，系统供应商要确保其 RCIL 包含其他系统承包商分析和识别出的属系统供应商供货范围内的可靠性关键项。系统供应商可以参考依据附件 10 中规定的标准格式完成可靠性关键项清单。

可靠性关键项的评估准则如下，系统供应商也可建议其他评估准则并提请买方批准。

（1）单一故障影响系统运营的分系统、设备或现场可更换单元；故障将导致系统不可用或无法满足设计要求或导致高昂维修成本的产品。

（2）有使用寿命、储存寿命或特殊环境要求而需要特别监控的设备。

（3）对搬运、储存或测试有特殊要求的设备。

（4）受制于技术先进性难以采购或制造的产品。

（5）首次应用某项新技术对可靠性缺乏信心的产品。

（6）以往使用中发现有缺陷而需要特别监控的产品。

（7）大量使用的产品（如系统中数量超过 10%的某种电子元器件）。

5）可靠性增长管理（reliability growth management）

系统供应商在系统的设计阶段中纳入可靠性增长管理要求，提供在样机（prototype）开发阶段查找系统不足或故障的机会，从而优化系统，以确保系统能符合相关的可靠性要求。

可靠性增长管理应包括但不限于说明需要接受测试的系统、子系统与相关设备，测试进度表（由样机开发期至施工期）、建议的测试方法、时间及可接受标准等，具体可参考标准 MIL-STD-189 及 MIL-STD-781 所示的技巧和方法。

6）可靠性、可用性及维修性证明计划

系统供应商应当在设计阶段提交可靠性、可用性及维修性证明计划给买方审批。RAM 证明计划应包括与车辆系统及其子系统 RAM 相关的测试和试验，并详细说明验证 RAM 目标的方法及程序。

可靠性、可用性及维修性证明计划须至少包括以下内容：

（1）进行及监管证明工作的组织架构和主要人员角色和职责；

（2）须证明符合的可靠性、可用性及可维修性目标；

（3）证明方法、时间、地点、相关报告；

（4）关联责任故障判据；

（5）FRACAS 程序和管理工具；

（6）合格标准。

除特殊说明外，车辆系统可靠性与维修性证明应按照客户方风险 β=10%执行。

可靠性和可用性证明期一般是从质量保证期开始后第 1 月的月初开始计算。

维修性证明可在系统测试和调试期间独立安排或随系统测试调试和质保期中发生的实际维修活动共同开展。维修性证明应包括各项预防性维护、清洁，以及实际的或模拟的具有代表性的纠正性维护，且应由买方代表全程参与。采用模拟故障进行维修性证明时，系统供应商须确保维护环境（包括故障诊断条件、工作环境、维修工具等）与实际现场维护一致。买方有权指定特定的产品和维修项目要求系统供应商对其开展维修性证明。在进行维修性试验时，系统供应商需参照 MIL-STD-470A 标准试验方法 9 进行。系统供应商可建议其他试验标准，并提请买方批准。系统供应商应在 RAM 证明计划中指明试验方案、程序、时间、地点、置信度、接收或拒绝准则等，在经得买方批准后，方可开始试验。

5.6　可靠性、可用性及可维修性证明及报告

根据开展 RAM 证明的时间节点，列车系统供应商需在完成每项 RAM 证明工作的适当时间（如 30 天）内递交可靠性、可用性及可维修性证明报告，并在 RAM 证明期完成后递交最终 RAM 证明报告。

在 RAM 证明期内，买方及供应商须记录车辆及相关系统的各种事故和故障，并提供给供应商进行分析及确认。系统供应商应在收到故障记录后 15 天内对有关故障进行分析及提交报告给买方审批。

在整个 RAM 证明期内，系统供应商须每月提交 RAM 监控表现、确定补救措施有效性的报告（可包含在月度 FRACAS 总结报告中）。如果任何一项 RAM 目标未能达到，应该由系统供应商自行承担费用并采取必要的补救措施以达到目标要求（因用户原因的环境改变/隐瞒或者相关因素发生改变除外）。

从可靠性证明期的第 1 个月开始，系统供应商应在每个月末评估车辆系统故障记录，并依据以下公式计算 MDBSF 的观测值（点估计值）$\hat{\theta}$ 和置信度为 80%的 MDBSF 双边置信下限 θ_L。系统供应商须将 θ_L 作为可靠性验证值与目标值进行比较。

$$\hat{\theta}=T/r,\quad \theta_L=\frac{2T}{\chi^2_{(1-C)/2,2r+2}} \tag{5.1}$$

式中，T 为系统可靠性验证期内的累积总运营里程；r 为系统可靠性验证期内的累积关联责任故障数；χ^2 为卡方分布；C 为置信度（80%）。

系统供应商须确保可靠性验证值在质量保证期的最后 6 个月内连续达标。

从可用性证明期的第 1 个月开始，系统供应商应在每个月末评估车辆系统故障记录，依据以下公式计算单月可用性验证值，与目标值进行比较：

$$\text{单月服务可用性}=\frac{\text{单月车辆系统预定运营时间}-\text{单月车辆系统服务故障引起的总列车延误时间}}{\text{单月车辆系统预定运营时间}}$$

$$\text{单月技术可用性}=\frac{\text{单月车辆系统预期可运行时间}-\text{单月车辆系统总停机时间}}{\text{单月车辆系统预期可运行时间}}$$

系统供应商须确保车辆系统每月的可用性表现在质量保证期最后 6 个月内连续达标，且在质量保证期内的平均值达标。

维修性证明试验中，系统供应商可以按依据以下公式计算 MTTR 验证值，并与目标值进行比较：

$$\mu_C = \bar{X}_c + \frac{\varphi \hat{d}_c}{\sqrt{n_c}} \tag{5.2}$$

式中，μ_C 为纠正性维修 MTTR 验证值；$\bar{X}_c$ 为纠正性维修样本修复时间的均值，$\bar{X}=\frac{\sum_{i=1}^{n} X_i}{n}$；$n_c$ 为纠正性维修样本数；$\hat{d}_c$ 为纠正性维修样本修复时间的标准差，其中 $\hat{d}^2=\frac{1}{n-1}\sum_{i=1}^{n}(X_i-\bar{X})^2=\frac{1}{n-1}\left(\sum_{i=1}^{n}X_i^2-n\bar{X}^2\right)$；一般取 $\varphi=1.28$。

系统供应商若未能在质量保证期满时实现规定的 RAM 目标，则系统供应商须继续 RAM 验证，直至最后 24 个月的综合验证值达标且最后 6 个月内连续达标为止。在这种情况下，最长的 RAM 继续验证时期为 12 个月，此期间将视为系统供应商针对未达标项目延长的质量保证期，系统供应商应自行承担费用以改进该项 RAM 表现（因用户原因的环境改变/隐瞒或者相关因素发生改变除外）。

针对车辆系统的可靠性表现，如系统供应商在 RAM 继续验证期结束后，仍无法满足全部可靠性指标要求，则视系统供应商违约，同时系统供应商应向买方支付违约罚金（因用户原因的环境改变或者相关因素发生改变除外）。违约罚金由以下方式计算，上限一般不超过系统合同尾款的 10%，即

违约罚金=（1−最后 24 个月的可靠性验证值/可靠性目标值）× 系统合同尾款

系统供应商必须在 RAM 证明期完成后规定时间内，向买方提交最终可靠性、可用性及维修性证明报告，该报告须提供依据，证明已达到了各项 RAM 目标，还须包括有关资料和计算。

系统供应商应该尽早建立故障报告、分析及纠正措施系统（failure reporting, analysis and corrective action system，FRACAS），以便提供系统的 RAM 数据，包括问题和故障及其相关修正措施，还包括问题或故障发生的原因和方式。

故障报告、分析及纠正措施系统应用于监控设备的安全性和 RAM 表现，涵盖测试、调试、试运行、试运营和商业运营期。该系统用于监控设备/组件的性能，确定故障模式，以便采取修正措施改进系统的表现。

系统供应商应该在系统保证计划以及 RAM 证明计划中给出所采用的 FRACAS 报表并提请买方批准。系统供应商可参考或采用附件 11 中的 FRACAS 报表形式。

FRACAS 运行期间，系统供应商应编制故障记录并向买方提交月度 FRACAS 总结报告。主要纠正措施须在月度 FRACAS 总结报告以及可靠性、可用性和可维修性证明报告中概述。

5.7　故障认定与故障审查委员会

业主（买方）可以通过建立故障审查委员会（Failure Review Board）的方式，审查和管理 RAM 证明的结果，故障审查委员会的职责一般包括：

（1）判定关联责任故障；

（2）判定故障分析和纠正措施的有效性；

（3）审查系统供应商提交的月度 FRACAS 总结报告；

（4）判定系统是否满足合同要求的目标。

故障审查委员会的成员，一般包括买方领导、买方技术专家、系统供应商指派的具备资质的人员以及第三方独立专家等。

在 RAM 证明期内系统供应商应提供足够的资源（包括人力和必要的设备）并利用现有的资源（包括运营商）以开展 RAM 证明期内的数据收集工作。

在买方拒绝任何不能接受的验证测试、证明或确认结果的规定时间内，系统供应商应提供重测或纠正方案，同时系统供应商应承担落实纠正措施所需的所有费用，包括重新设计、修复、更换或翻新。在买方批准的情况下，系统供应商可在落实纠正措施后重新测试（买方造成或隐瞒的因素变化除外）。

5.8　关联责任故障与非关联责任故障

关联责任故障处置：在可靠性和可用性证明中，由系统供应商责任导致的关联责任故障将作为计算系统或子系统是否满足规定目标要求的依据。

非关联故障定义为已经证实是未按规定的条件使用而引起的故障或已经证实仅属某项将不被采用的设计所引起的故障，内容包括：

（1）事故或误操作；

（2）测试设备和器具故障；

（3）由超过规范要求的外部过应力而引起的故障，包括人为破坏和过度使用；

（4）未按批准过的操作和维修手册作业引起的故障；

（5）由其他设备故障直接或间接引起的从属故障；

（6）有寿命要求的设备，未在到寿前更换而引起的故障等。

非关联故障以外的其他故障定义为关联故障，内容包括：

（1）由系统、设备、元器件或零部件的设计、制造或安装缺陷导致的故障，由软件验收测试中没有发现并纠正的软件缺陷导致的故障，由使用系统供应商建议的运营、维修程序、工具而引起的设备故障；

（2）启动时间超过规定要求（如 2min）的永久或间歇性故障；

（3）未探明故障，如故障无法重复或未探明原因的故障；

（4）设备物理的或功能的衰减超过规定要求的故障等。

在关联故障中，由系统供应商提供的设备出现的独立故障以及由此引起的任何从属故障将算做一次责任故障。由非系统供应商提供的设备所引起的系统供应商设备故障称为非责任故障。非责任故障不作为判决设备或系统合格与否的依据。

5.9　可维护性技术要求

系统供应商应对所有设计中的可维修性进行审核，以保证运营过程中系统的维修方便性。尤其是安装零件尽可能在不需要专用工具的条件下容易拆装，或者尽可能地减少专用工具。在得到买方确认后，车辆供应商应根据车辆合同的有关附件，提供所有的专用工具。

在设计与制造过程中，在最大可能范围内使所有车辆的设备与部件标准化和模块化，尽可能地保证部件的可替换性与互换性。

用户对车辆电气系统的要求是（下列要求仅仅是示例，并非完全必要，具体视用户需求修改与增减）：

（1）所有设备箱的正门开度应满足维护维修要求。

（2）系统供应商应在首列车交付时将每个系统的“最小维修单元”提交买方核准。

（3）元器件排列应与综合线路逻辑框图相一致，并在线路图上标出。

（4）连接模块和组成电气连接线的零件，尽量采用可快速拆装的接头和紧固件。

（5）印刷电路板质量、元器件连接、焊接牢固度等必须可靠。

（6）所有模块、可更换的零部件，如继电器、接触器、空气阀门、压力表等，其安装处的代号（与电路图中代码相对应）应永久、清晰、可辨，建议采用白底黑字的电蚀防蚀标牌标示。

（7）模块应尽量安装在支架上，模块的装、拆应能在不移动其他模块的条件下进行。

（8）模块的安装零件能快速拆卸。

（9）在拆卸或更换任何模块时，应不必移动或重新安置线扎，只允许插、拔连接器。

（10）线扎不应挡住模块或其指示标牌。

（11）模块的概念应一直贯彻到车辆设备设计的部件设计一级，要求在设计中灵活地、合理地、仔细地考虑如何布置模块。

（12）印刷电路板应便于拆装，尤其是快速接插件的可靠性与成熟性。

（13）线扎、线管、支撑架和任何其他敷线设备，都不得挡住安装用的紧固件。

（14）对于叠层安装部件，必须兼顾拆装、维护以及 EMC 问题。

（15）所有设备与子系统的设计要便于维修，对于那些在维修时有可能更换的、而且更换时又有可能损坏的元件，应设有保护罩。

（16）端子排的设置，应使标准工具容易接近端子排及附近零件，导线的安排与布置必须考虑安全性以及可维护性。

（17）所有的指示灯、开关、断路器或其他维修用指示器，应符合可接近性。

（18）除故障显示系统外，各个独立系统中，也应提供状态指示器，并且保持性能、状态以及方式的一致性，状态指示器的实现或指示应该符合下列要求：

① 蓄电池或电源的正端和负端；

② 输入、输出信号，便于维修人员能迅速判断：是否更换所怀疑的零部件或查找输入、输出电路故障；

③ 根据电路的复杂性或查找其他故障的需要，也可能需要其他指示器；

④ 绿色发光二极管表示电路工作正常，常用于制动控制单元、中央故障存储单元、牵引控制单元、辅助逆变器控制单元等的状态显示；

⑤ 红色发光二极管表示电路故障；

⑥ 黄色发光二极管显示注意或警告；

⑦ 包括印刷线路板和显示器在内，所有显示电路应具有可测试接口；

⑧ 故障指示可以采用一个信号表示一种故障，也可以采用组合显示的模式；

⑨ 不得用其他故障信号来替代输出/输入回路的故障显示。

（19）在断路器等关键电路的操作手柄上，应设置安全措施以防止误操作。

（20）所有熔断器的支座安装位置，应考虑便于拆装和更换。

（21）可拆卸的电气设备的安装位置，应考虑不得使它或它的安装零件落入封闭的空间里面难以取出，应提供适当的接近方法。

用户对车辆机械系统（装置）的要求如下：

（1）风管、线管的连接，应符合可接近性要求。

（2）电缆不得被固定在管路上。

（3）各种安装零件应尽量标准。

（4）机械部件的设计与加工，必须避免尖角与毛刺。

（5）组件的设计、加工、安装、维护更换等必须符合可维护性要求，并且易于安装拆卸和更换。

（6）需要垫片的部位，应将垫片点焊到一个部件或一个组装件的配合表面上，不应焊接到结构部件上。

（7）设备的安装框架，若一般情况下不拆的，可用 Huck 式螺栓安装在车架上；若需要拆，则用一般螺栓安装；在设计前未经买方书面核准，一般不得将框架焊在车架上。

（8）车底下需要得到保护的设备，应提供适当的防护罩或合适的防护装置。

（9）除设计前已被审核和认可外，所有用于门、盖上的安装零件，安装应是可快速操作的。

在设计与制造阶段必须重视车辆之间相同部件的互换要求。车辆之间相同部件具有互换性。

5.10　用户需求信息的格式化附件

根据以上的分析，用户的 RAMS 需求信息以及相应详细的格式化内容要求可以参照下列附件，12 个附件内容基本构成了完整的 RAMS 需求。但是不仅限于下列所列内容，用户可以根据需求以及运用、运营、保障和维护能力提出其他合适或者合理的信息需求，供应商也可以根据协商一致的原则，或者根据自己的管理工程与研发制造能力，提供详细的或者实用的信息内容。以下的附件仅提供参考，读者可以根据自己的需求建立和提出类似的需求格式。

附件 1　车辆系统 RAMS 文件提交列表

<table>
<tr><th rowspan="3">项目</th><th rowspan="3">所需工作/文件</th><th colspan="5">工程阶段</th></tr>
<tr><th colspan="2">设计</th><th rowspan="2">制造及安装</th><th rowspan="2">测试及启动</th><th rowspan="2">试运营/质保期</th></tr>
<tr><th>初步</th><th>最后</th></tr>
<tr><td colspan="7">安全管理相关工作</td></tr>
<tr><td>1</td><td>系统保证计划（含安全及 RAM）</td><td>呈交</td><td>—</td><td>—</td><td>—</td><td>—</td></tr>
<tr><td>2</td><td>HAZOP 研究计划和报告</td><td>呈交</td><td>呈交</td><td>—</td><td>—</td><td>—</td></tr>
<tr><td>3</td><td>安全原则及规范要求的符合性评估</td><td>呈交</td><td>更新</td><td>更新</td><td>更新</td><td>—</td></tr>
<tr><td>4</td><td>量化风险评估</td><td>—</td><td>呈交</td><td>—</td><td>—</td><td>—</td></tr>
<tr><td>5</td><td>安全关键项清单</td><td>呈交</td><td>更新</td><td>更新</td><td>更新</td><td>—</td></tr>
<tr><td>6</td><td>隐患登记册</td><td>呈交</td><td>更新</td><td>更新</td><td>更新</td><td>更新</td></tr>
<tr><td>7</td><td>软件评估计划</td><td>呈交*1</td><td>更新*1</td><td>—</td><td>—</td><td>—</td></tr>
<tr><td>8</td><td>软件评估报告</td><td>呈交*1</td><td>呈交*1</td><td>呈交*1</td><td>呈交*1</td><td>—</td></tr>
<tr><td>9</td><td>系统安全报告</td><td>—</td><td>呈交</td><td>更新</td><td>更新</td><td>—</td></tr>
</table>

续表

项目	所需工作/文件	工程阶段				
		设计		制造及安装	测试及启动	试运营/质保期
		初步	最后			
可靠性、可用性及维修性管理相关工作						
1	寿命周期费用分析及报告	呈交	更新	—	—	—
2	可靠性、可用性及维修性指标分配及报告	呈交	—	—	—	—
3	可靠性、可用性及维修性分析及报告	呈交	更新	—	—	—
4	故障模式、影响及危害性分析及报告	呈交	更新	—	—	—
5	可靠性关键项清单	呈交	更新	—	—	—
6	可靠性、可用性及维修性证明计划	—	呈交	—	—	—
7	可靠性、可用性及维修性证明及报告	—	—	—	呈交*2	呈交*2
8	故障报告与修正措施系统月报（FRACAS 月度总结报告）	—	—	—	呈交	呈交

*1：软件评估计划和报告应由经认可的软件评估机构（或评估员）编制。

*2：根据 RAM 计划中设定的开展 RAM 证明的时机，系统供应商须在完成每项 RAM 证明工作的规定时间内递交可靠性、可用性和维修性证明报告，并在 RAM 证明期完成后递交最终 RAM 证明报告。

附件 2　主隐患清单

隐患类别	隐患类别	主隐患编号	隐患情景
FR	失火（fire）	FR01	站台失火
		FR02	综合入口失火（出入口）
		FR03	站厅失火
		FR04	车站商店（如有）失火
		FR05	机房/旅客止步区/附属建筑物失火
		FR06	隧道/轨旁/高架桥/高架范围失火
		FR07	车务控制中心失火
		FR08	车站控制室失火
		FR09	车辆段失火
		FR10	列车失火
		FR11	站台轨旁失火
		FR12	主变电站失火
PO	有毒物料/气体（poisoning material or gas）	PO01	列车上释出有毒/有害物料
		PO02	车站内释出有毒/有害物料
		PO03	车辆段内释出有毒/有害物料
		PO04	旅客止步区/机房/附属建筑物内释出有毒/有害物料
		PO05	隧道内释出有毒/有害物料
		PO06	排烟/有害气体积聚
		PO07	主变电站释出有毒/有害气体
		PO08	车务控制中心释出有毒/有害气体

续表

隐患类别	隐患类别	主隐患编号	隐患情景
EP	爆炸 （explosion）	EP01	车站爆炸（包括机房、旅客止步区和附属建筑物）
		EP02	车务控制中心爆炸
		EP03	车辆段爆炸
		EP04	列车上爆炸
		EP05	隧道内爆炸
		EP06	高架桥爆炸（露天段）
		EP07	主变电站爆炸
FD	水淹 （不设防洪门） （flooding）	FD01	车站水淹（包括机房、旅客止步区和附属建筑物）
		FD02	隧道/隧道口/地面线路水淹
		FD03	车辆段水淹
		FD04	车务控制中心水淹
		FD05	主变电站水淹
EW	地震/强风 （earthquake /strong wind）	EW01	设计能力能够承受的地震
		EW02	设计能力不能承受的地震
		EW03	强风与暴雨　（有没有任何风监测系统?）
		EW04	强风将异物吹到高架、地面线轨道上，以致侵入动力限界
		EW05	异常强风以致列车两旁承受极大的侧向力
		EW06	异常强风将接触网、悬挂装置破坏
SC	结构倒塌 （structural collapse）	SC01	隧道衬砌倒塌
		SC02	高架桥倒塌
		SC03	车站结构倒塌
		SC04	车站装饰（含广告牌等）倒塌
IB	侵入限界 （intrusion to boundary）	IB01	侵入结构限界/动态限界
		IB02	第一期的动态限界与第二期的动态限界不同
AC	意外 （accident）	AC01	触电意外（包括交直流、高低压触电）
		AC02	滑倒意外（如高架车站选用了不合适的铺地物料）
		AC03	高空坠物导致意外
		AC04	人力处理时发生意外（如搬运重物）
		AC05	密闭空间内发生意外
		AC06	车站太过拥挤导致意外
		AC07	维护/疏散期间从高架桥上跌落
		AC08	不正常情况或降级操作
		AC09	破裂的窗户或车门玻璃
		AC10	设备严重受损
		AC11	被风挡装置困住
		AC12	进行连挂时车速过高
		AC13	维护/操作设备时员工发生意外
		AC14	乘客行为导致意外
		AC15	突出物/锋利边缘/可动部分导致意外
		AC16	过热的物体/表面/液体导致的烫伤意外

续表

隐患类别	隐患类别	主隐患编号	隐患情景
OD	外来威胁（outside danger）	OD01	相邻公路上的路面车辆构成的威胁（轨道交通上方/旁边的高速公路）
		OD02	高架桥的支柱被路面车辆撞击/高架桥被吊车撞击
		OD03	沉降构成的威胁
		OD04	外来威胁——恶意破坏（如邻近居民抛下物件、相邻建筑物的棚架倒塌）
		OD05	外来物对接触网构成的威胁
		OD06	有害外来物进入车站
		OD07	“人防”构成的威胁（如建造工程/轨道范围的进出控制）
		OD08	相邻化工厂发生意外/输油、输气管爆炸
		OD09	附近的加油站（如有）发生爆炸
		OD10	电磁干扰
IM	撞击（impact）	IM01	列车迎面/尾追撞击
		IM02	列车侧面撞击
		IM03	列车撞击轨道上的障碍物
		IM04	列车撞击车挡（停车位置与车挡距离太近）
		IM05	车辆段内路面车辆/行人与轨道车辆撞击
		IM06	撞击——员工被列车撞倒
		IM07	撞击——旅客被列车撞倒
DR	脱轨（derailment）	DR01	车站/车辆段内的列车脱轨
		DR02	隧道/高架桥范围内的列车脱轨
		DR03	转辙机或道岔位置的列车脱轨
OA	运行意外（operational accident）	OA01	运行意外——掉进列车与站台之间的间隙
		OA02	运行意外——从列车上跌落轨道
		OA03	运行意外——在列车内跌倒
		OA04	运行意外——列车脱钩
		OA05	运行意外——被屏蔽门或车门夹住/撞击
		OA06	运行意外——被卡在屏蔽门与列车之间
		OA07	运行意外——降级运营期间，屏蔽门打开时列车移动
		OA08	运行意外——人员被困于车辆内
		OA09	运行意外——人员被困于电梯内
		OA10	运行意外——人员被困于车站内
NA	非运行意外（non-operational accident）	NA01	非运行意外——在自动扶梯/楼梯上跌倒
		NA02	非运行意外——在车站站厅或车辆段范围跌倒
		NA03	非运行意外——在站台跌倒
		NA04	非运行意外——从站台跌落轨道
		NA05	擅入轨道——由站台擅入轨道/由附近地方擅入轨旁范围
EA	紧急行动（emergent action）	EA01	紧急行动——清客
		EA02	紧急行动——车站疏散
		EA03	紧急行动——车辆段疏散
		EA04	紧急行动——车站拥挤

续表

隐患类别	隐患类别	主隐患编号	隐患情景
AS	窒息 （asphyxiation）	AS01	氧气消耗介质出现在列车/车站/车辆段等地方
		AS02	列车上氧气不足
		AS03	人员暴露于列车/车站/车辆段等位置的烟雾中
HE	热耗 （heat exhaustion）	HE01	工作环境温度过高使人员难以忍受
		HE02	列车上温度过高使人员/乘客难以忍受
		HE03	车站内温度过高使人员/乘客难以忍受

附件 3　隐患登记册格式

（1）隐患编号，命名规则：项目名称—主隐患编号—系统—主系统—标段号—主隐患序列号。

（2）系统名称，如车辆系统 PSK、信号系统 SIG、屏蔽门系统 PSD、通信系统 COM、隧道通风系统 TVS、综合监控系统 ISC、自动售检票系统 AFC、供电系统 PWS 等。

（3）子系统名称。

（4）部件/运维程序类型。

（5）组件/运维程序说明；运维程序是针对操作和维护中识别的隐患的处理。

（6）隐患类别。

（7）主隐患编号。

（8）隐患描述。

（9）发生位置。

（10）运行模式。

（11）可能的原因。

（12）影响组别：乘客、员工、公众、承包商、环境、服务中断。

（13）影响与后果。

（14）初始风险：严酷度、频度、等级。

（15）建议的隐患减轻措施，必须说明一下各个阶段需要执行的减轻措施：设计阶段、制造与安装阶段、测试调试与运行阶段、运营与维护阶段。

（16）减轻措施的类别：系统保证分析、设计、制造、测试、运营程序、维修程序、培训、安全信息和表示、其他。

（17）隐患来源，注明识别的方式：初步隐患分析、系统隐患分析、接口隐患分析、操作与支持隐患分析、隐患及可操作性研究等。

（18）剩余风险：严酷度、频度、等级。

（19）减轻措施的管控单位。

（20）减轻措施的验证方法和证据，包括设计与分析文档、测试计划与报告、运维大纲与程序、培训教材与记录等。

（21）接口隐患措施表。

（22）减轻措施的状态，包括关闭、未关闭与删除，以及计划完成的时间等。

（23）目前的隐患状态，包括关闭、未关闭与删除等。

（24）修改日期。

（25）备注。

附件4 风险矩阵

				后果						
				7	6	5	4	3	2	1
				微不足道	极轻微	轻微	严重	危急	重大	特别重大（灾难性的）
	安全		死亡数目					<5	5-50	51-500
	安全		重伤数目				<5	5-50	51-500	501-5000
	安全		轻伤数目			<5	5-50	51-500	501-5000	>5000
	服务		线网服务中断			30-60分钟	数小时	1天	1星期	1个月
	服务		线路服务中断		30-60分钟	数小时	1天	1星期	1个月	数个月
	服务		车站服务中断	30-60分钟	数小时	1天	1星期	1个月	数个月	1年
概率	A	每周发生数次或更多	≥100/年	R3	R1	R1	R1	R1	R1	R1
概率	B	每月发生数次	10～100/年	R4	R2	R1	R1	R1	R1	R1
概率	C	每年发生数次	1～10/年	R4	R2	R2	R1	R1	R1	R1
概率	D	十年内发生数次	0.1～1/年	R4	R3	R2	R1	R1	R1	R1
概率	E	运营以来发生过一次	1E-2～1E-1/年	R4	R3	R3	R2	R1	R1	R1
概率	F	不大可能出现	1E-3～1E-2/年	R4	R4	R3	R3	R2	R1	R1
概率	G	非常不可能出现	1E-4～1E-3/年	R4	R4	R4	R3	R3	R2	R1
概率	H	发生可能性极少	1E-5～1E-4/年	R4	R4	R4	R4	R3	R3	R2
概率	I	不可能发生	1E-6～1E-5/年	R4	R4	R4	R4	R4	R3	R3
概率	J	难以置信的	<1E-6/年	R4	R4	R4	R4	R4	R4	R3

风险等级的定义

R1除特殊情况外，必须消除该类风险（risk must be reduced save in exceptional circumstances.）

R2必须将风险减低至最低实际可行的水平（risk must be reduced if it is reasonably practicable to do so）

R3可忍受的风险，但仍须按成本效益尽量减低风险（risk is tolerable but should be further reduced if it is cost effective to do so）

R4可接受的风险（risk is acceptable.）

伤害的定义

重伤：骨折（除手掌或脚板外）
断肢
眼睛严重受伤或丧失视力
触电而须实时医药治疗
因缺氧而昏迷
严重刺伤
因感染病菌而医药治疗
因受伤而入院超过24小时

轻伤：任何非重伤的伤害事故

附件 5　接口隐患措施表

<table>
<tr><td>措施执行方：</td><td></td><td>发起方隐患编号：</td><td></td><td>接口隐患措施表编号：</td><td></td><td rowspan="6">第一联：发送方填写</td></tr>
<tr><td>其他执行方（另行发送）：</td><td></td><td>发起日期：</td><td></td><td>回复截止日期：</td><td></td></tr>
<tr><td>隐患：</td><td colspan="5"></td></tr>
<tr><td>隐患原因：</td><td colspan="5"></td></tr>
<tr><td>事故后果：</td><td colspan="5"></td></tr>
<tr><td>初始风险：</td><td></td><td>严重度：</td><td></td><td>频度：</td><td></td></tr>
<tr><td colspan="6">描述所需措施（发起方填写）</td><td rowspan="5">第二联：接收方/发起方填写</td></tr>
<tr><td>现有的措施：</td><td colspan="5"></td></tr>
<tr><td>推荐的措施：</td><td colspan="5"></td></tr>
<tr><td>措施执行方意见回复：</td><td colspan="5"></td></tr>
<tr><td>姓名：</td><td></td><td>签字：</td><td></td><td>日期：</td><td></td></tr>
<tr><td colspan="6">措施的审查</td><td rowspan="5">第三联：发送方填写</td></tr>
<tr><td>针对第二联的意见：</td><td colspan="5"></td></tr>
<tr><td>剩余风险：</td><td></td><td>严酷度：</td><td></td><td>频度：</td><td></td></tr>
<tr><td>姓名：</td><td></td><td>签字：</td><td></td><td>日期：</td><td></td></tr>
<tr><td colspan="6">是否需要后续措施：是=>措施表编号：　　　　否</td></tr>
<tr><td colspan="6">措施的关闭</td><td rowspan="5">第四联：接收方填写</td></tr>
<tr><td colspan="6">减轻措施的验证：</td></tr>
<tr><td colspan="6">项目经理（姓名/签字）：　　　　日期：</td></tr>
<tr><td colspan="6">系统保证经理（姓名/签字）：　　　　日期：</td></tr>
<tr><td colspan="6">措施可关闭：是　　　　否</td></tr>
</table>

项目	解释
第一联：隐患描述（发起方填写）	当接口隐患被识别后，由发送方填写
第二联：措施描述（发起方/接收方填写）	发起方描述需要接收方采取的隐患减轻措施 接收方对发起方进行回复
第三联：措施的审查（发起方填写）	发起方描述接收方的回复是否符合所需减轻措施的要求 发起方评估剩余风险 发起方应负责监督接收方回复的接口隐患措施表，必要时，须在接口会议或其他会议上澄清或讨论或许的隐患减轻措施，当有问题时，发起方应向买方反映 在适当的时候，发起方须请求接收方填写减轻措施的已经被验证的证据
第四联：措施的关闭（接收方填写）	接收方应提供验证减轻措施的证据。当无须进一步的验证时，接收方应指明 接收方应在接口隐患措施表上签字，并返回给发起方。发起方收到完成的接口隐患措施表后，应在隐患等级册中注明减轻措施或隐患的状态为“已关闭”

附件 6　安全原则及规范要求的符合性评估

序号	系统	子系统	设计特点	参考章节	相关的潜在安全隐患	相关设计 / 运营安全原则/工业守则 / 法规 / 规范	现在符合状况	验证方法	设计符合类别*	相关隐患编号
如 WX1-DSA-PWS-××××-00-001	供电	××××	（1）每个变电所采用双回路 10kV 进线，10kV 母线分段运行，设置母联开关，当一台变压器或者进线电缆发生故障，母联开关自动投入运行，保证供电不中断 （2）两台配电变压器分别从两段 10kV 母线引入电源，400V 开关柜设置母联开关，且具有自投自复功能 （3）变压器容量和电缆截面满足单回路供电的要求	GB 50157—2003《地铁设计规范》第 14.1.7	因一路进线电缆或一台变压器及相关设备故障造成的供电中断	GB 50157—2003《地铁设计规范》第 14.1.7：一级负荷应由双电源双回线路供电，当一个电源发生故障时，另一个电源不应同时受到损坏。一级负荷中特别重要的负荷，除由双电源供电外，尚应增设应急电源	设计已满足规范要求，10kV 双环网供电，10kV 开关柜和 400V 开关柜设置母联开关，实现“失压自投”功能要求	（1）供电系统图（A） （2）10kV 开关柜二次图纸（A） （3）10kV 保护装置逻辑图（自投）（A） （4）400V 开关柜二次图纸（A）	C	

* 符合类别注释：C-已经符合；N/C-不符合，返工或重新测试；W-不符合，但买方已批准；I/C-尚未结束，仍需在建造时审查或维修程序。

附件 7　典型事故发生概率、影响后果以及人因错误发生概率

本附件表格中的数值信息仅提供参考，是假设数据或者是可能发生的数据，也是某些线路实际运行数据的统计结果。

读者可以根据自己的实际状况、管理需求、运营模式以及统计结果，提供自己的概率数据或者统计数据。

事件	发生频度
隧道起火	每 10 年发生一次
车站起火（公共区和非公共区）	每 5 年发生一次

事件	死亡人数	重伤人数
列车起火（或隧道起火）	10	100
车站起火（公共区或非公共区）	10	100
撞车	10	100
出轨	10	100

序号	描述	人因错误发生概率
1	一般口头交流错误	0.03
2	一般遗漏错误	0.01
3	遗漏程序中规定的某项活动	0.003
4	需要注意的简单例行操作失误	0.01
5	简单例行操作失误	0.001
6	在紧急情况下压力工作 30 分钟后，人员操作失误	0.1
7	在高压情景下工作数小时后，人员操作失误	0.01

附件 8　安全关键项清单表格式

序号	组件/关键项描述	安全关键特性	隐患后果	后果严重性等级	预防措施/风险降低措施	相关隐患编号	运营维护手册参考章节
如：WX1-SCIL-PWS-××××-00-001		填写被列入 SCIL 的原因	描述隐患的后果	结合风险矩阵中的严酷度定义填写	设计、运营和维护中针对此关键项须采取的减轻措施		须填写运营和维护手册中与此安全关键项相关的参考章节

附件 9　故障模式、影响及危害性分析格式

（1）编号 ID。

（2）组件 Item，如车辆空调压缩机。

（3）功能 Function。

（4）故障模式 Failure Mode。

（5）故障原因 Cause（s）of　Failure。

（6）运行模式 Operation Mode。

（7）故障检测方法 Failure Detection Method:包括可由运营员工发现、可由维护员工发现、由内置测试功能发现。

（8）故障的机理与特性 Failure Mechanisation and Behaviour，包括老化、随机、磨损、韦布尔分布等。

（9）故障影响与后果 Failure Effects/Consequences，子系统（如单台空调压缩机某个故障对空调系统的影响），系统（如单台空调压缩机某个故障对列车系统的运行影响），线路（如单台空调压缩机某个故障对整条线路运营的影响），安全（如单台空调压缩机某个故障对乘客安全的影响），服务与运营包括对换、撤回、降级服务、线路中断、车站服务中断、运营员工行为、其他（如单台空调压缩机某个故障对列车运营是否有影响），延误时间（分钟）（如单台空调压缩机某个故障对列车运营延误是否有影响），故障类别（严重、较大、较小、可以或略），安全严酷度等级等。

（10）危害性分析 Criticality Analysis，组件故障率/概率，故障模式频数比（该故障占压缩机总故障的比例），故障影响概率，任务时间，故障模式危害度等。

（11）设计中采取的保护措施与特定的操作维修程序达到的保护与减轻措施。

（12）恢复系统运作行动：行车时间之实时行动即列车运行时间发生故障时的处置行动，非行车时间的跟进行动即进库后的维修行动。

（13）备注/假设/意见。

（14）故障率数据源 Data Sourses of Failure rate。

附件 10　可靠性关键项清单表格式

RCIL Ref. 序号	Item No. 组件编号	Item Name 组件名称	Critical Feature 关键特性	Preventative / Corrective Action 预防/纠正措施	Remarks 备注
如：WX1-RCIL-PWS-××××-00-001	××××××		填写被列入 RCIL 的原因	设计和运营过程中如何预防和纠正	

附件 11　故障报告、分析及纠正措施系统报告单

本附件的表格形式仅提供参考，读者可以根据自己的实际状况与能力，以及需求和管理模式等因素，建立自己的报告单表格。

<table>
<tr><td colspan="2">FRACAS 报告单</td><td>1. 故障报告编号</td><td colspan="2">第 1 页，共 2 页</td></tr>
<tr><td colspan="5">第一联，由故障报告人填写</td></tr>
<tr><td colspan="4">2. 报告人</td><td rowspan="6">故障发生</td></tr>
<tr><td>姓名</td><td>职位/工号</td><td>签名</td><td>日期</td></tr>
<tr><td>3. 缺陷报告编号</td><td>4. 日期（事件）</td><td>5. 时间（事件）</td><td>6. 累计工作时间/里程</td></tr>
<tr><td>7. 车/车站</td><td>8. 部件/编号</td><td colspan="2">9. 子系统/部件名称</td></tr>
<tr><td colspan="4">10. 缺陷/失效/故障描述</td></tr>
<tr><td colspan="4"></td></tr>
<tr><td rowspan="2">11. 运营中故障
（是/否）</td><td>12. 故障可重置
（是/否）</td><td>13. 部件退出服务
（是/否）</td><td></td><td rowspan="3">故障处置</td></tr>
<tr><td>如是，在__________
分钟内完成重置</td><td>14. 服务延误_______
分钟/小时</td><td></td></tr>
<tr><td colspan="4">15. 运营纠正措施</td></tr>
<tr><td colspan="5">故障报告单已转发给承包商</td></tr>
<tr><td>16. 转发单号</td><td></td><td>日期</td><td colspan="2"></td></tr>
<tr><td colspan="5">承包商接收人：</td></tr>
</table>

续表

FRACAS 报告单		1. 故障报告编号	第 2 页，共 2 页	
第二联，由维修人员/承包商填写				
17. 故障纠正人				故障分析和纠正
姓名	职位/工号	签名	日期	
18. 失效数量	19. 部件编号	20. 序列号	21. 设备编号	
22. 工作描述				
故障现象/故障模式 弯曲　卡死　过热　不稳定　损坏　短路 开路　磨损　脱落　误跳　泄漏　其他 如“其他”，请指明：				
23. 故障代码	24. 更换部件（是/否）	25. 被替换的部件	26. 部件序列号	
27. 维修开始 日期： 时间：	28. 维修结束 日期： 时间：	29. 故障诊断时间： 30. 总维修时间：	分钟/小时 分钟/小时	
31. 修改单编号				
32. 故障分析（是/否）	33. 保修件（是/否）	34. 工作结束日期		
35. 故障原因		纠正措施		
36. 检验和接收				
姓名	职位/工号	签名	日期	
第三联，故障审查委员会（FRB）				
37. 审查日期	38. 关联故障（是/否） 责任故障（是/否）	39. 故障审查完毕（是/否）	40. 关闭日期	
41. 业主代表签字		42. 供应商代表签字		
43. 后续行动				

序号	字段	解释
1	故障报告编号	故障报告序列编号
2	报告人	报告人姓名、职位/工号、签名、故障报告日期
3	缺陷报告编号	当缺陷被报告时，产生此故障报告
4	日期（事件）	设备故障发生日期
5	时间（事件）	设备故障发生时间
6	累计工作时间/里程	当故障发生时，系统运营时间或里程
7	车/车站	故障车编号或车站
8	部件/编号	故障组件的编号
9	子系统/部件名称	故障子系统/部件的名称，需与可靠性分析中的名称一致
10	缺陷/失效/故障描述	对缺陷/失效/故障进行描述
11	运营中故障（是/否）	故障是否发生在系统营运过程中
12	故障可重置（是/否）	故障是否可以重置，如是，需指明重置时间
13	组件退出服务（是/否）	失效部件无法使用或必须退出营运
14	服务延误	累计影响营运的时间
15	运营纠正措施	描述故障发生后，营运过程中采取的纠正措施，如系统重置后故障消失
16	转发单号	故障报告转发给承包商时的转发单号、日期和承包商接收人
17	故障纠正人	故障纠正人（维修人员）的姓名、职位/工号、签名和纠正日期
18	失效数量	故障部件的数量
19	部件编号	失效部件的编号
20	序列号	失效部件的序列号
21	设备编号	故障设备/子系统的标号
22	工作描述	描述开展的纠正措施
23	故障代码	故障的特定代码
24	更换部件（是/否）	是否更换了故障的部件
25	被替换的部件	被替换的故障部件
26	部件序列号	被替换的故障部件的序列号
27	维修开始日期和时间	记录维修开始的日期和时间
28	维修结束日期和时间	记录维修结束的日期和时间
29	故障诊断时间	发现故障部件所花费的时间
30	总维修时间	纠正故障所花费的时间
31	修改单编号	工程更改单的编号
32	故障分析（是/否）	是否需要供应商开展故障分析
33	保修件（是/否）	故障部件是否处于保修期内
34	工作结束日期	工程修改完成日期
35	故障原因/纠正措施	查找出的故障根源以及相应所采取的纠正措施
36	检验和接收	检验员的姓名、职位/工号、签名和接收日期
37	审查日期	故障审查会的日期
38	关联故障（是/否） 责任故障（是/否）	是否为关联故障，是否为责任故障
39	故障审查完毕（是/否）	故障审查委员会是否完成对故障的审查
40	关闭日期	所有未完成事项结束的日期
41	业主代表签字	业主代表（通常为故障审查委员会主席）在故障报告关闭时签字
42	供应商代表签字	承包商（或供应商）代表在故障报告关闭时签字
43	后续行动	指示故障审查会后的任何意见

附件 12　系统安全报告（安全案例）结构

本附件的表格形式仅提供参考，读者可以根据自己的实际状况与能力，以及需求和管理模式等因素，建立自己的安全报告内容与结构形式。

1. 绪论
   - 1.1　背景
   - 1.2　定义
   - 1.3　缩略语及词汇
2. 各系统的描述
   - 2.1　系统概要
   - 2.2　系统及子系统描述
   - 2.3　接口描述
   - 2.4　安全功能和特色
   - 2.5　紧急操作
3. 质量管理
   - 3.1　质量计划
   - 3.2　质量检验结果
4. 安全管理
   - 4.1　安全管理架构及职责
   - 4.2　安全管理程序
   - 4.3　各阶段的安全管理活动
5. 安全要求
6. 危害确认及监控
   - 6.1　简介
   - 6.2　危害确认
   - 6.3　危害监控（包括监控架构、危害评审、危害结束等）
   - 6.4　危害分析结束总结
   - 6.5　重要的危害（安全关键）概述
7. 安全原则及规范要求的符合性评估
   - 7.1　简介
   - 7.2　方法
   - 7.3　结果总结
8. 故障树分析/量化风险评估（若适用）/危险侧故障
   - 8.1　简介
   - 8.2　方法

8.3　结果总结

9.　运营安全评估

9.1　运营程序

9.2　维护程序

9.3　训练

10.　总结

10.1　安全管理

10.2　危害管理

10.3　故障树分析

10.4　未能符合要求的项目（若有）

10.5　运营危害——剩余风险指数 R1 或 R2（若有）

10.6　总结报告

第6章　系统RAM工程的供应商行为

6.1　概　述

本章是供应商依据用户对于城市轨道交通列车系统的RAMS需求，结合自己对于RAMS体系的理解以及执行能力，给出对于用户需求的应答和初步的RAM要求所需信息，以及在生命周期各阶段列车系统和所涉及的相关子系统的详细RAMS规范、要求所需相关工作与文档信息等。

同时,本章还讨论了系统生命周期的各个阶段的RAM规划工作和相关信息、应处理的工作、应有的分析、采用的工具以及应提供的相关文档等。相应的RAM规划与生命周期之间关系见图6.1，尽管形式不同，图6.1与图4.3和图4.4所给出的生命周期表达内容是一致的。

招标阶段
- 1：概念
- 2：系统定义和应用条件
- 3：风险分析
- 4：系统需求
- 5：系统需求分配

设计阶段
- 6：设计和实现
- 7：制造
- 8：安装
- 9：系统确认
- 10：系统验收

运营阶段
- 11：运营和维修
- 12：性能监控
- 13：修收与更新
- 14：停用和处置

图6.1　RAM规划和生命周期阶段

供应商（本章关于供应商的定义同第5章）需要确定列车生命周期各阶段涉及的所有实体。图6.2给出制造过程和规划实现的示例（这里用户既是运营者也可以是使用维修者；主要供应商负责选择各自的子合同商或者分包商）。GB/T 21562—2008规定生命周期的每个阶段的结果将作为下一阶段的输入，因此每个阶段的结果应在后续阶段之前被确认。

用户（本章的用户的定义同第5章）准备招标阶段（见图6.1，生命周期阶段1～5）的结果是提交给潜在的主要供应商的招标文件。招标文件应包括机车车辆的概念、定义、技术规格和 RAM 要求。

在招标阶段，用户可以（应该）要求潜在的主要供应商提供 RAM 数据和分析。用户通过该文件以建立统一的准则，对不同的供应商进行比较。

在回应投标之前，主要供应商应确保已考虑了每个要求相关的所有风险；可行性分析（可行性分析可以基于当前的经验和以往类似/相似系统的数据，确认能够达到的最合理的性能，并考虑与新任务概要以及新系统定义的任何差异，也可以采用类似的应用得到的经验和分析模型，如故障树分析或可靠性框图进行可行性分析）；商业的风险分析（按照可行性分析能达到的最合理的性能，评估需要的性能与可达到的性能之间的差距，估算罚款的概率）。

图 6.2　在机车车辆生命周期某些阶段期间的用户、主要供应商和子供应商之间可能关系

主要供应商应该提供用户要求的 RAM 文档列表，编制 RAM 相关章节具体内容，回应被用户提出的质疑与疑问。

供应商在承担任务后待实现的不同 RAM 规划工作的示例见图 6.3。表 6.1 给出了这些工作的描述。

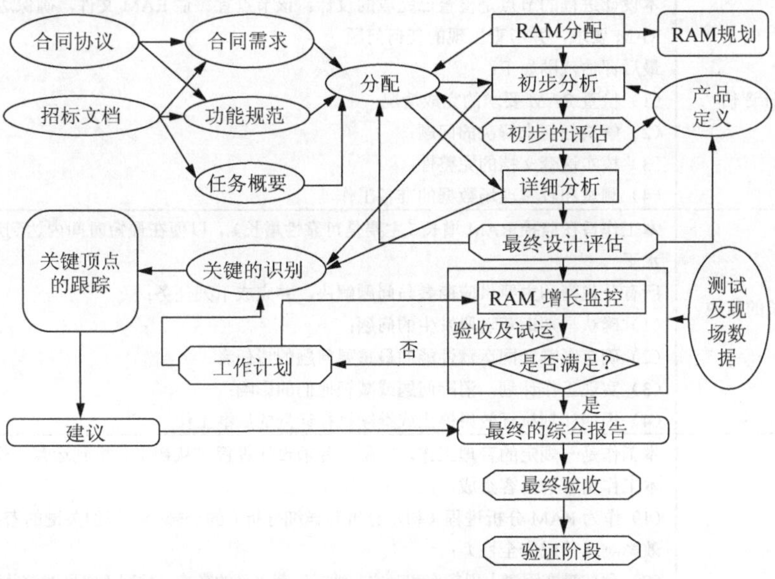

图 6.3　设计阶段工作或文件的流程图

表 6.1　设计阶段主要工作的描述

名称	工作描述
RAM 规范	合同签订后，机车车辆主要供应商第一步是向分包商、合伙人或设备供应商详细说明在他们的供货范围内相关子系统、功能或设备的合同要求，通常包括认可 RAM 规划分要求
初步分析	本工作的依据是投标文件和合同协议。功能级层面的分析应通过详细的分析明确关键的 RAM 功能。宜按照主要供应商定义的失效分类和合同协议对功能进行分类。本工作通过功能 FMECA 和可靠性框图来识别关键的 RAM 功能。本工作的可交付性是已覆盖所有 RAM 要求。通常，分析深度与分解结构相关，分解结构受技术和功能设计的规范及数据影响
初步设计的评估	设计进程的节点是检查设计完成初步阶段。此节点应评估 RAM 文档，保证 RAM 活动是按设计进程进行的，实现 RAM 要求并考查出现的任何问题
详细分析	本工作对初步分析期间确定的关键功能进行详细的分析。主要供应商宜根据机车车辆分解结构的 LRU 级进行充分详细的设计。因此，宜更新前一阶段分析并详细考虑 RAM。分析的最终范围应确保机车车辆设计满足所有的 RAM 要求和下列各项要求： （1）解决在先前分析或评估期间确定的任何问题； （2）核实这套文档的完整性； （3）测试和收集现场数据的准备工作 在这一个阶段，主要供应商也应收集由分包商完成的详细分析资料，以便开展下列工作： （1）确保他们之间的较好一致性； （2）在分析模型中，集成所提供设备级的预计，以得到机车车辆级的预计； （3）解决预测模型中集合接口不匹配的问题

续表

名称	工作描述
最终设计评估	本设计进程的节点是检查已完成的设计。该节点宜评估 RAM 文件，确保达到所有的 RAM 要求，并考查出现的任何问题 最后评估范围如下： （1）检查 RAM 要求的完成情况； （2）解决任何未解决的问题； （3）核实这套文档的完整性； （4）测试和收集现场数据的准备工作
RAM 增长的监控	本工作旨在监控 RAM 增长（主要是可靠性增长），以便在最短时间内达到运营的稳态水平 所有分包商和主要供应商参与问题解决，并完成下列任务： （1）确认早期运营阶段发生的问题； （2）确定影响合同运营性能的最重要问题的责任者； （3）实现工作计划，消除问题或减轻他们的影响； （4）根据计划执行效果停止或继续执行计划的后继工作
关键因素跟踪	本工作是一规定的管理工作，在所有各项设计进程（从初步分析到运营工作）中实现 本工作由下列内容组成： （1）作为 RAM 分析进程（初步分析和详细分析）的一部分，识别关键的潜在因素（失效影响运营或安全性）； （2）预估潜在因素出现频度和对安全性或运营水平的影响，按层次级别对这些潜在因素进行分类； （3）建议或要求设计者采取措施以消除该因素或减轻它们的影响； （4）预估工作计划的影响； （5）在最后的设计阶段或制造期间，跟踪各项工作的应用情况 采用问题解决技术实现本工作

供应商在此阶段（投标准备）所描述的 RAM 参数是暂时计算，一般（通常）基于使用概率图。而 6.2 节和 6.3 节是投标阶段的供应商 RAMS 工作。

6.2　牵引系统的 RAMS 工程

6.2.1　车辆牵引系统的基本描述（供应商建议）

目前在我国，城轨车辆系统主要包括列车车辆主体、牵引系统（包括牵引变流器 VVVF、辅助电源系统 SIV、牵引电机、控制系统、列车车载网络，以及相关的传感器、电路系统和保护系统等）、制动系统以及信号系统等。因此牵引系统是城轨列车的主要系统组成。

牵引系统供应商给出一个就供货范围内对用户的车辆牵引系统项目的计划维修理念进行描述。并基于系统设计和车辆编组、运营条件等可用的有限信息，对列车牵引系统在三十年生命周期内所要求的维护完成评估。

维修理念在投标阶段提出并将根据设计阶段的实际情况结合车辆供应商及用

户既有的需求信息进行更新。

牵引系统主电路比较常见的故障有：各类电压传感器、电流传感器、温度传感器及其他的各种传感器故障、接触器故障、控制电路板卡故障、风机故障等。

牵引系统电路中大量的电压传感器，监控着各环节的电压。如果任何一个电压传感器检测的电压超过了设计范围，牵引系统将对牵引电路的电压进行限制，从而保护牵引设备，保障列车运行安全。

引起这些故障的原因很多，例如，接触网电压上升过高，电压传感器故障、列车制动电阻（或者地面吸收装置故障）损坏，逆变器（或斩波器）检测单元损坏等，在车辆的检修时，应该对此类传感器和相关电路特别予以注意。

列车主要控制电路包含各类继电器、接触器、断路器、旋钮开关、指示灯等控制器件。其主要承担着车辆的高速断路器、VVVF 逆变器、辅助电源 SIV、牵引电机、制动系统等的控制和监控工作。该系统出现故障较少，检修作业一般也就是针对相关的易损控制元件。

牵引系统零部件都有不同的使用寿命，磨耗性部件可以通过预防性维修在零部件使用寿命即将达到时更换。冷却风扇、牵引电机等旋转部件需要进行定期的润滑维护，过滤装置需要定期更换或者清洗，这些部件需要按照约定的方法进行预防性维护。

关于维修层次的数据是根据类似项目在过去的使用数据统计或者研发设计时的计算获取的可用信息推理估计给出。可以采用以定期检修为主，检查和临时性维修相结合的综合检修制度，即有计划的周期性维修制度。同时约定：

（1）维修人员应该具有的相应技术背景；

（2）维修车间具有的备品备件及工具以及必要的后勤支持；

（3）相关的维护需根据系统供应商提供的设备使用维护手册进行；

（4）维修应使用系统供应商要求的原厂物料。

6.2.2　产品功能及组成建议说明

地铁车辆牵引系统按照其功能可划分为电气传动系统和、基于车载网络的控制检测系统以及辅助供电系统等。目前我国通常将列车网络系统单列，由车辆系统负责采购。

电气传动系统的主要设备包括高压电器箱、牵引逆变器 VVVF、制动电阻、牵引电机和接地装置等。

电气传动系统的主要功能有：牵引/制动（包括再生电制动与空气制动）、空转/滑行检测与控制、速度和轮径校验、特殊运行模式功能、超速防护功能、列车高压回路控制以及保护逻辑控制功能等。

辅助供电系统的主要设备是辅助电源箱和扩展供电箱（扩展供电方式）。

辅助供电系统的主要功能有：提供 AC380V 电源系统（为车辆交流 3800V、220V 负载提供电源）、提供 DC110V 电源系统（为车辆蓄电池及 DC110V 负载提供电源）。

VVVF 逆变器有一个 IGBT 变流器模块，驱动 4 台牵引电动机。变流器模块包括牵引控制单元（DCU/TCU）、逆变单元与制动斩波单元三个部分组成。DCU 带有多功能车辆总线接口，是列车通信网络的一部分（列车网络的一个节点）。

高压电器箱主要有隔离转换开关（BQS）、高速断路器（HB1/HB2）、辅助熔断器（F1）、辅助母线熔断器（F2）、主熔断器（F3、F4）等保护与切换电路组成。

如果地面牵引供电系统没有牵引电源吸收装置，则在每辆动车设置一个制动电阻装置。牵引或电制动工况时，通过触发导通斩波模块，能抑制因空转或其他原因引起的瞬时过电压，再生制动时，能够吸收再生制动能量，确保再生制动装置的稳定运行。

牵引电机为三相交流异步牵引电动机，是列车运行的驱动机构。电机的转子为铜排（焊接）或铝排（压铸）鼠笼式结构，定子为无机壳结构，绝缘等级为 200 级（耐电晕），一般采用带内风扇自通风的冷却方式。功率一般是 180kW/190kW/200kW（持续制）三种。

接地装置安装于转向架轴端，网侧高压电源的电流经逆变器（牵引逆变器或者辅助逆变器）后通过接地装置流经车轴车轮接入钢轨，形成一个回路，能有效地改善车辆导电性能和防止轴承电蚀，提高车辆的可靠性。

地铁列车的辅助电源主电路包括受电电路、输入滤波电路、电容器充放电电路、IGBT 逆变电路、输出变压器、交流滤波电路、输出接触器、信号检测电路以及直流电源电路等。

6.2.3　主要部件的维护建议

牵引系统中主要包括 VVVF 牵引逆变器、辅助电源和牵引电动机等三大部件以及相关的辅助电路。下面给出了主要部件维护程序的参考建议。

1）VVVF 牵引逆变器维护程序

根据列车车辆的维护检修体制，VVVF 牵引逆变器的维护保养分为日常维护与周期性维护保养。

VVVF 的日常维护是确保其良好的状态和安全运行所必须完成的日常性工作。主要内容是列车出库前与入库后检查逆变器箱体的安装螺栓及各部件连接的紧固情况；检查安装骨架、箱体门和散热器的完好状态，包括表面是否发生油漆剥落和腐蚀；导线（引线）的护线管状态包括保护与屏蔽层有无破裂；控制插头插座的连接情况；箱体门螺栓和门锁紧固锁紧状况；散热器及护罩状况；接地线连接状况等。通过检查发现问题，及时采取针对性的措施。

表 6.2 所示为以车辆行驶公里数或月数为标准确定的 VVVF 牵引逆变器一般性定期保养（周期性维护保养）的时间和项目的参考内容。在恶劣条件下使用时应根据运行环境条件适当缩短保养期限。若表中内容与运营维护时间有重叠或冲突时，应参照运营维护周期作相应调整，并参看有关的检修规程。

表 6.2　VVVF 牵引逆变器检查保养的建议内容示例

VVVF	项目			检修层次				
结构	检查项目	检查内容	判断依据	A	B	C	D	E
逆变器箱体与外部结构的检修保养	箱体骨架	变形、伤痕、腐蚀等	是否影响逆变器的密封和正常使用	—	J·X	J·X	J·X	J·X
	柜门	变形、伤痕、腐蚀等	是否影响逆变器的密封和正常使用	—	J·X	J·X	J·X·G	J·X·G
	门锁	松动、间隙	是否松动，能否拧紧	J·T	J·T	J·T	J·T·G	J·T·G
	门封	永久变形、弹性状态	是否存在永久变形、弹性是否影响密封	—	—	J·G	J·G	J·G
	散热器护罩	堵塞、腐蚀、破损	是否能有效保护散热器并保证通风面积	J. X	J·X	J·X	J·G	J·G
	控制插头、插座	松动、裂纹、伤痕	插座螺钉是否松动、有无伤痕和裂纹	J·T	J·T	J·T	J·T	J·T·G
逆变器内部的检修保养	布线	线缆的老化、破损	有无严重老化和保护层破损	—	—	—	J·G	J·G
		端子、连接器、护线套	有无端子松动、生锈，护线套破损	—	—	—	J·T·G	J·T·G
	紧固螺钉	松动、生锈、脱落	有无紧固螺钉松动、生锈、脱落	—	—	J·T·G	J·T·G	J·T·G
	逆变器电路模块	线缆与插头	有无插头松动，线缆老化破损	—	—	J·T	J·T	J·T
		紧固件	有无紧固件松动	—	—	J·T	J·T	J·T·G
		控制盒	是否有积灰尘	—	—	—	J·C	J·C·G
		电容元件	有无漏液或塌陷	—	—	—	J·G	J·G
		驱动组件	是否有积灰尘	—	—	—	J·C	J·C·G
		IGBT 元件	元件有无裂纹或放电痕迹	—	—	—	J·G	J·G
		散热器	是否有积灰尘	—	—	—	J·C	J·C
	控制单元与电源模块	变形、伤痕、腐蚀等	是否影响功能单元的正常使用	—	—	—	J·G	J·G
		插头、紧固件	有无松动	—	—	J·T	J·T	J·T
		风扇层	有无异常与积尘	—	—	J·C	J·C	J·C
		电路板检查	是否有积灰尘	—	—	J·C	J·C	J·C
	电压/电流传感器	外观、接线端子	接线端子是否松动	—	—	—	J·T	J·T·G
	电阻组件	外观、接线端子	是否积灰，有无脱色或损坏，接线端子是否松动	—	—	—	J·T·G	J·T·G

注：A-1 个月或 10000km；B-6 个月或 60000km；C-2 年或 240000km；D-5 年或 600000km；E-10 年或 1200000km；J-表示检查；T-表示调整（如拧紧螺栓）；X-表示修复；G-表示更换；C-表示除尘。

2）辅助电源系统 SIV 的维护程序

正常使用情况下，只需对装置进行简单的维护和保养，日常维护主要是列车出库前和入库后检视装置情况，主要检查内容与盘踞同 VVVF 的检查内容（表 6.2）相似。

表 6.3 为建议的辅助电源的维护保养内容及保养周期表，如表中保养周期与运营维护时间有重叠或冲突时，应参照运营维护周期作相应调整。表中周期 A、B、C 及 D 的含义如下：

A：6 个月或 60000km；B：2 年或 240000km；C：5 年或 600000km；D：10 年或 1200000km

表 6.3 给出了辅助电源主要检查的器件或部件、内容与方法。接地电线也必须每年检查，以确保没有松动现象。

表 6.3　辅助电源检查保养的建议程序示例

SIV 结构	检查项目	检查方法	检修层次				检查说明、判据及处置方法
			A	B	C	D	
箱体	检查箱盖及紧固件的情况	目检	√	√	√	√	
	检查箱体外表及紧固件的情况	目检 触摸	√	√	√	√	
	检查密封垫是否老化	目检 触摸	√	√	√	√	如严重损坏，更换 变形必须小于 3mm
	检查门锁是否有松动或损坏	目检 触摸	√	√	√	√	
	检查电阻器是否退化	目检 触摸			√	√	
	检查电线电缆是否老化或损坏	目检 触摸		√	√	√	
	检查接线端子是否受到损害或老化	目检 触摸			√	√	
	检查各接线头、端子、焊接处是否紧固或损坏 检查电路是否出现接地故障、短路，表面是否损坏	目检 触摸		√	√	√	
	检查绝缘材料是否老化	目检 触摸		√	√	√	
	检查接线端子是否损坏	目检 触摸		√	√	√	
	测量绝缘电阻	测量			√	√	
电阻	检查电阻元件和绝缘体是否损坏	目检 触摸		√	√	√	
	检查端子是否损坏、螺栓和其他紧固件是否紧固	目检 触摸		√	√	√	
变压器 电抗器	检查电抗器与变压器线圈是否损坏、老化和变色	目检 触摸	√	√	√	√	
	检查橡胶垫	目检 触摸		√	√	√	如严重损坏，更换 出现裂纹、变硬、遗失、螺栓松动等
	清洁电抗器与变压器	压缩空气		√	√	√	

续表

SIV 结构	检查项目	检查方法	检修层次				检查说明、判据及处置方法
			A	B	C	D	
交流滤波电容	检查电容是否损坏，变形和漏油	目检触摸		√	√	√	如漏油，更换电容
直流滤波电容	检查电容是否损坏，变形和漏油	目检触摸		√	√	√	如漏油，更换电容
控制单元、控制电路板	检查控制单元是否损坏、变形、沾污	目检触摸			√	√	用软布清洁 如损坏则更换
	检查接线是否损坏、老化及是否紧固	目检触摸			√	√	
	检查 PCB 上的部件和元器件是否损坏、变色	目检触摸			√	√	如损坏则更换
	检查 PCB 上的电解电容是否损坏、变形及漏油	目检触摸			√	√	如损坏则更换
IGBT 逆变器模块	密封圈是否失去弹性或永久变形	目检触摸		√	√	√	如严重损坏，更换 变形必须小于 3mm
	检查门极驱动板上的元器件是否损坏、变色，电解电容是否漏液、变形，PCB 板是否变形	目检触摸			√	√	
	散热器表面如积尘，清洁	压缩空气		√	√	√	
充电机变换模块，整流模块	密封圈是否失去弹性或永久变形	目检触摸		√	√	√	如严重损坏，更换 变形必须小于 3mm
	检查门极驱动板上的元器件是否损坏、变色，电解电容是否漏液、变形，PCB 板是否变形	目检触摸			√	√	
	散热器表面如积尘，清洁	压缩空气		√	√	√	√
应急启动电源与熔断器	检查电阻值	测量				√	每 12 年检查一次
交流接触器、继电器	检查动作情况：触头是否动作不灵活、卡位、粘连	目检				√	无电压测试
冷却风机	检查动作情况：叶轮是否转动灵活、是否有摩擦异响等	目检触摸	√	√	√	√	

3）牵引电动机维护程序

牵引电机的维护检修分为日常维护、月度维护、在段维护、临修、架修和大修等。日常维护、月度维护、在段维护是电机在列车上的不拆卸检修；架修是电机从列车上卸下但不解体的检修；大修则必须将电机解体的检修。

（1）不拆卸检修分为日常维护（每次正常出入库）、月度维护（列车运行 1 万公里进行一次）；在段维护（列车运行 12 万公里进行一次）。

（2）拆卸检修分为架修（列车运行 60 万公里进行一次）、大修（列车运行 120 万公里进行一次）。各维护周期的建议内容见表 6.4。

表 6.4　牵引电动机维护周期的建议内容示例

维护阶段	走行公里数	运行时间
日常维护		
月度维护（A 级修）	1 万公里	1 月
在段维护（B 级修）	12 万公里	1 年
架修（C 级修）	60 万公里	5 年
大修（D 级修）	120 万公里	10 年
临修	当电机由于某种原因必须修理时	

主要的建议检查项点见表 6.5。

表 6.5　牵引电动机主要检查项点建议示例

检查点	检查说明	检修层次（定义同表 6.3）		
		A、B	C	D
电机外部	用压缩空气清洁空气过滤器（每月）	√		
	转向架的安装条件	√	√	√
	空气过滤器的安装条件	√	√	√
	松动或缺少的螺栓	√	√	√
	牵引电机引线和温度，速度传感器引线的表面状况	√	√	√
	牵引电机引线连接器和温度、速度传感器引线连接器的连接			
	异常振动、噪声或异味	√	√	√
	轴承漏油	√	√	√
	用压缩空气清洁		√	√
	牵引电机被雨水或灰尘侵入			√
电机转子	锥形部分变形或其他损伤		√	√
	联轴节啮合面的啮合		√	√
	联轴节啮合面的键槽损伤		√	√
	轴端螺纹部分损伤或变形		√	√
	转子轴破裂、弯曲或其他损伤			√
	转子铜条，定位环或短接环裂纹或其他损伤			√
	转子铁心明显变形			√
	风扇表面破损			√
	平衡块安装情况			√
	用压缩空气清洁			√
	转子条的重压			√
电机定子	引出线或连接器破损	√	√	√
	轴承装配情况			√
	与机座的装配情况 检查定子内部污垢			√
	定子铁心异常迹象			√
	定子线圈之间的连接			√
	导线连接部分和联结面（导线和定子线圈各相）损坏			√

续表

检查点	检查说明	检修层次（定义同表 6.3）		
		A、B	C	D
电机定子	检查定子线圈绝缘漆的损坏和脱落			
	定子内部清洁			√
	用压缩空气清洁			√
	耐压测试			√
	真空压力注入清扫			√
速度传感器和温度传感器	检查速度、温度传感器电缆和连接器是否损坏或松动	√	√	√
	检查速度传感器间隙和波形		√	√
	速度传感器头的污垢和生锈		√	√
	温度传感器的电阻检查		√	√
电机轴承	漏油	√	√	√
	空载运行时异常噪音		√	√
	轴承部分异常过热		√	√
	润滑油补充（见润滑油填充方法）		√	
	检查轴承表面没有迹象：裂纹、泡疤、腐蚀与生锈			√
	检查异常摩擦，看是否有铆钉松动			√
	更换润滑油（见润滑油填充方法）			√
	测量轴承的绝缘电阻			√
	机油箱和轴承的破损			√
	更换橡胶垫圈			√
	更换滚珠轴承和滚柱轴承			√
组装试验和其他	空载运行时轴承的异常振动或噪声		√	√
	测量轴承温度			√
	耐压试验无异常		√	√
	合格的绝缘电阻值			√

4）制动电阻维护程序

制动电阻的日常维护主要是例性检查，是确保其良好状态和安全运行所必须完成的日常性工作。主要检查内容是出库前、入库后检视电阻的安装螺栓的连接紧固情况、电阻单元部件是否完好、构架有无明显裂纹和变形、检查主电路电缆及接地电缆的连接情况等。

电阻的其他维护属于定期维护范围。表 6.6 的建议内容以车辆行驶公里数或月数为标准确定了一般定期保养的时间和项目示例。各项目的检查、调整、修复、更换和其他维护工作应按照表中规定进行。如果在恶劣条件下使用时应视具体使用环境情况适当缩短保养的期限。

表 6.6　制动电阻维护计划的建议示例

制动电阻结构内容	项目			检修层次（定义同表 6.2）				
	项目	检查内容	判断依据	A	B	C	D	E
电阻箱体	构架	变形、伤痕、裂纹、锈蚀等	变形、伤痕、裂纹、锈蚀等情况已影响到装置使用	J • X	J • X	J • X	J • X	J • X
	罩板	罩板变形、伤痕、锈蚀等	罩板永久弹性变形、锈蚀等已影响到装置使用	J • X	J • X	J • X	J • X	J • X • G
	螺栓	固定状态	松动	T • G	T • G	T • G	T • G	T • G
电阻内部元件	电阻单元	电阻带外观检查	变形、破损、破坏性锈蚀等，片间距离低于技术要求（4mm）时	—	—	G	G	G
		绝缘子外观检查	是否有裂纹	—	G	G	G	G
		电阻值测量	超过额定阻值允差（-5%～+7%）	—	—	G	G	G
	电阻内部	目检	积尘、杂物等	C	C	C	C	C
制动电阻风机	各固定螺栓	固定状态	松动	T • G	T • G	T • G	T • G	T • G
	电机	—	轴承发热、异常响声等	—	—	G	G	G
	叶轮、风筒	—	变形、破损、破坏性锈蚀等	—	—	G	G	G

6.2.4　可靠性指标要求

1）列车运行条件

本节的分析与计算假设依据表 6.7 所示运行条件实现的建模与分析，当实际运行条件发生变化时，则需要修订相应的分析。

表 6.7　基本运行条件参数

项目	数据	单位
列车总数目	**（初期一般每公里 1 列，如 22 列）	列
每列车车辆数目	6	辆
每列车平均每天运行时间	12（或其他）	小时
每月平均日数	30.42（或其他）	日
列车旅行车速	37（或更高）	公里每小时

列车的编组采用 4 动 2 拖的 A2/B2 型车编组（目前国内的 A2/B2 型列车基本上是采用这样的编制与动力结构），其列车编组型式为=Tc－Mp－M+M－Mp－Tc=（其中，Tc 为有司机室的拖车，Mp 为有受电弓的动车，M 为无受电弓的动车）。列车由两个单元车组组成，每个单元车组由 1 辆拖车和 2 辆动车组成，列车编组示意图如图 6.4 所示。

图 6.4　A2/B2 型地铁列车编组示意图

可靠性以一个列车单元在给定的运营时间段内和给定的条件下能够达到所有要求功能的能力计算。系统可靠性定义为平均无故障时间（MTBF），即运营列车或功能单元两次相邻故障的平均连续时间。运行可靠性定义为正常运营功能服务平均时间（MTBFS），即全部运营列车两次服务故障之间的服务时间的平均值。

列车故障是指无法实现某一特定功能而造成车辆非正常停车/部分功能的丧失而不能正常运转，元器件因为失效而更换或修复。服务故障是指因某一特定功能不能实现而导致列车晚点，列车甚至不能投入或继续维持商业运营。服务故障包含：救援（需要另外一列车将故障列车拖回车辆段）、清客（需要疏散乘客，列车空车返回车辆段）、晚点（列车因故障晚点超过 3 分钟，对商业运行造成了影响）、不能投入商业运营以及不能继续维持商业运营。

2）列车运营可靠性指标要求

列车的平均无故障时间（MTBF）一般要求 3000 小时，正常运营功能服务平均时间（MTBFS）希望大于 40000 小时，两者的计算方法和公式采用 2.2 节的定义与公式。

3）可靠性分配原则

车辆牵引系统可靠性分配遵循以下准则：

（1）复杂的产品分配较低的可靠性指标；

（2）工作环境恶劣的产品分配较低的可靠性指标；

（3）当把可靠度作为分配参数时，对于需要长期工作的产品，分配较低的可靠性指标；

（4）重要的产品分配较高的可靠性指标；

（5）工作时间长的产品分配较低的可靠性指标；

（6）不易维修、更换的产品分配较高的可靠性指标；

（7）对于已有可靠性指标的货架产品或使用成熟的系统/成品，不再进行可靠性分配。

可靠性指标分配在方案论证阶段和初步设计阶段进行，随着设计工作的深入和设计信息的细化，可反复多次进行，以提高分配结果的合理性。

嵌入式软件一般与硬件系统一起合并考虑。

按成熟期的规定值进行分配，分配值作为开展产品设计的基础。

把最低可接受值分配到需要单独考核验证的产品，作为其研制结束时的考核要求。

留有适当的分配余量，以尽可能减少对可靠性分配指标的全局性更改，保证设计工作的顺利进行。一些故障率很低的非电子产品，可以不直接参加整体的可靠性指标分配，可归并在“其他”项目中一并考虑。“其他”项目应占 1%～10%的比例，具体数值依实际情况确定。

根据产品特点，选定适当分配方法进行分配。

4）可靠性分配方法

利用 RAMS 管理及分析系统，对收集的类似操作条件下的车辆牵引系统故障数据进行统计和分析，计算各子系统发生各类故障的比例，同时对比例进行调整优化，最终得出各子系统 RAM 指标值，具体 RAM 分配方法见表 6.8。

表 6.8　RAM 指标的分配方法示例

步骤	内容	说明
1	分析轨道车辆牵引系统并确定子系统的细分结构	确定子系统的细化结构，该结构以分包合同协议的最新约定和合同中可获得的概念设计信息以及要求为基础。定义出主要系统或者设备的下一层级
2	考虑系统和子系统等级的功能要求	分析系统和子系统的功能要求
3	通过分析其故障条件的功能要求获得 RAM 要求	通过分析获取项目的 RAM 要求
4	考虑并评审以前项目的 RAM 性能数据	提供单个子系统故障分配比例。以类似车辆系统的实际运行数据、相似操作环境下以前项目轨道车辆供货的经验为基础来分配目标
5	考虑 RAM 要求的实际修改	通过评审未来供应商提议的 RAMS 数据来确定在目标分配阶段是否需要调整、优化可靠性分配比例
6	确定单个子系统故障的百分比	根据步骤 4 中讨论的内容，在类似车辆系统的实际经验数据和类似操作条件下的其他项目经验的基础上来评估百分比
7	确定不同事件类型的 MTBF 以及对单个子系统的分配	以整个系统的 MTBF 和每个系统故障成因百分比为基础来计算子系统的故障率

6.2.5　牵引系统可靠性建模

可靠性建模的假设条件如下：系统输入是可靠的，并且各个电气连接（如导线、连接器）是可靠的，并且没有运输储存阶段等非运用阶段导致的故障。

故障建模仅仅是针对牵引系统使用阶段的进行可靠性建模。则牵引系统的基本可靠性框图如图 6.5 所示。牵引系统的运营可靠性（晚点故障）框图、牵引系统的运营可靠性（维护故障）框图和牵引系统的运营可靠性（维护故障）框图均参考图 6.5 所示串联模型建立。

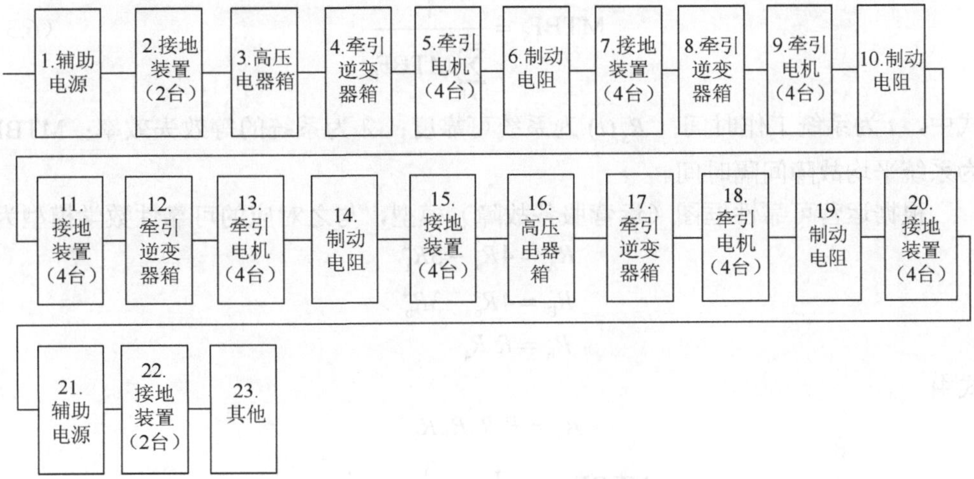

图 6.5　牵引系统基本可靠性框图

牵引系统的运营可靠性（运营服务故障）框图如图 6.6 所示。

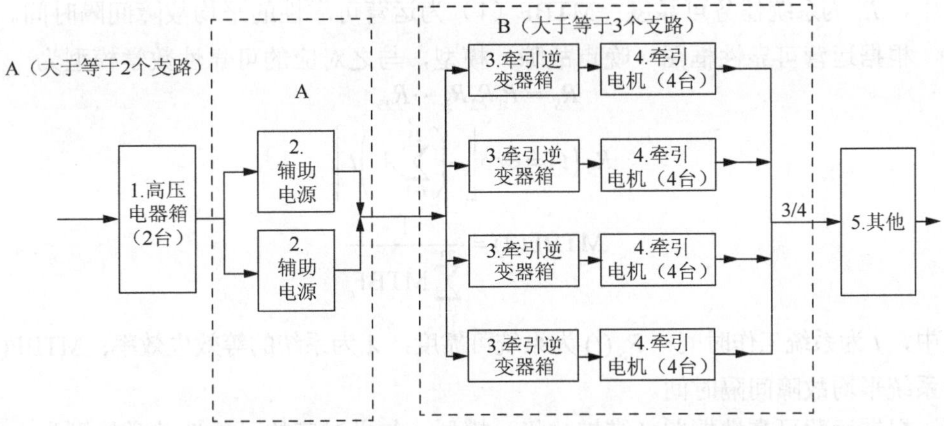

图 6.6　牵引系统运营可靠性框图（运营服务故障）

由 5.5 节、5.6 节与 6.2.4 节内容可知，牵引系统内在可靠性模型、运营可靠性（晚点故障）、运营可靠性（维护故障）模型均是串联模型，运营可靠性（运营服务故障）为串联模型并涵盖了并联模型和表决系统模型。电子产品寿命一般服从指数分布，所以采用普通概率法建立可靠性数学模型。

牵引系统须完成应具有的各项功能，其中的每个部件都必须正常工作。根据基本可靠性框图模型，与之对应的可靠性数学模型为

$$R_S = R_1 R_2 R_3 \cdots R_{23} \tag{6.1}$$

$$R_S(t)=\exp\left[-\left(\sum_{i=1}^{23}\lambda_i\right)t\right] \tag{6.2}$$

$$\mathrm{MTBF}_S=\frac{1}{\sum_{i=1}^{23}\mathrm{MTBF}_i} \tag{6.3}$$

式中，t 为系统工作时间；$R_S(t)$ 为系统可靠度；λ 为系统的等效失效率；MTBF 为系统平均故障间隔时间。

根据运营可靠性框图（运营服务故障）模型，与之对应的可靠性数学模型为

$$R_\mathrm{A}=4R_\mathrm{a}^3-3R_\mathrm{a}^4$$

$$R_\mathrm{B}=4R_\mathrm{b}^3-3R_\mathrm{b}^4$$

$$R_\mathrm{b}=R_3R_4$$

式中

$$R_S=R_1R_AR_BR_5$$

$$\mathrm{MTBF}_\mathrm{RB}=\frac{4}{3\lambda_\mathrm{b}}-\frac{3}{4\lambda_\mathrm{b}}=\frac{7}{12\lambda_\mathrm{b}}$$

$$\mathrm{MTBF}(1)=\int_0^\infty R_S(t)\,\mathrm{d}t \tag{6.4}$$

其中，R_S 为系统任务可靠度；MTBF（1）为运营可靠性的平均故障间隔时间。

根据运营可靠性框图（晚点故障）模型，与之对应的可靠性数学模型为

$$R_S=R_1R_2R_3\cdots R_{23}$$

$$R_S(t)=\exp\left[-\left(\sum_{i=1}^{23}\lambda_i\right)t\right]$$

$$\mathrm{MTBF}(2)=\frac{1}{\sum_{i=1}^{23}\mathrm{MTBF}_i}$$

式中，t 为系统工作时间；$R_S(t)$ 为系统可靠度；λ 为系统的等效失效率；MTBF(2) 为系统平均故障间隔时间。

根据运营可靠性框图（维护故障）模型，与之对应的可靠性数学模型为

$$R_S=R_1R_2R_3\cdots R_{23}$$

$$R_S(t)=\exp\left[-\left(\sum_{i=1}^{23}\lambda_i\right)t\right]$$

$$\mathrm{MTBF}(3)=\frac{1}{\sum_{i=1}^{23}\mathrm{MTBF}_i}$$

式中，t 为系统工作时间；$R_S(t)$ 为系统可靠度；λ 为系统的等效失效率；MTBF(3) 为系统平均故障间隔时间。

6.2.6 牵引系统可靠性分配

牵引系统的可靠性分配包括基本可靠性指标分配、任务可靠性指标分配和可靠性指标分配等内容。这些问题都是在牵引系统的设计、研制、生产和测试阶段必须完成和必须依据的一项工作。

假设牵引系统平均故障间隔时间设计值：MTBF=606.55h。牵引系统的基本可靠性指标分配见表 6.9。

表 6.9　牵引系统的基本可靠性指标分配

序号	子系统名称	复杂度 R_{i1}	技术难度 R_{i2}	重要度 R_{i3}	环境条件 R_{i4}	评分数 W_i	评分系数 C_i	分配的故障率 λ_i	分配的 $MTBF_i$ /h
1	辅助电源	3.2	3.5	4.5	2.5	126	0.11578073	1.91×10^{-4}	5239
2	接地装置（2 台）	1.2	1.5	1.9	2.8	9.576	0.008799335	1.45×10^{-5}	68931
3	高压电器箱	1.8	2	3.5	2	25.2	0.023156146	3.82×10^{-5}	26194
4	牵引逆变器箱	3	3.5	4	2.5	105	0.096483941	1.59×10^{-4}	6287
5	牵引电机（4 台）	2.5	2	1.5	2.5	18.75	0.017229275	2.84×10^{-5}	35205
6	制动电阻	1.1	1.2	2	2	5.28	0.004851764	8.00×10^{-6}	125016
7	接地装置（4 台）	1.2	1.5	1.9	2.8	9.576	0.008799335	1.45×10^{-5}	68931
8	牵引逆变器箱	3	3.5	4	2.5	105	0.096483941	1.59×10^{-4}	6287
9	牵引电机（4 台）	2.5	2	1.5	2.5	18.75	0.017229275	2.84×10^{-5}	35205
10	制动电阻	1.1	1.2	2	2	5.28	0.004851764	8.00×10^{-6}	125016
11	接地装置（4 台）	1.2	1.5	1.9	2.8	9.576	0.008799335	1.45×10^{-5}	68931
12	牵引逆变器箱	3	3.5	4	2.5	105	0.096483941	1.59×10^{-4}	6287
13	牵引电机（4 台）	2.5	2	1.5	2.5	18.75	0.017229275	2.84×10^{-5}	35205
14	制动电阻	1.1	1.2	2	2	5.28	0.004851764	8.00×10^{-6}	125016
15	接地装置（4 台）	1.2	1.5	1.9	2.8	9.576	0.008799335	1.45×10^{-5}	68931
16	高压电器箱	1.8	2	3.5	2	25.2	0.023156146	3.82×10^{-5}	26194
17	牵引逆变器箱	3	3.5	4	2.5	105	0.096483941	1.59×10^{-4}	6287
18	牵引电机（4 台）	2.5	2	1.5	2.5	18.75	0.017229275	2.84×10^{-5}	35205
19	制动电阻	1.1	1.2	2	2	5.28	0.004851764	8.00×10^{-6}	125016
20	接地装置（4 台）	1.2	1.5	1.9	2.8	9.576	0.008799335	1.45×10^{-5}	68931
21	辅助电源	3.2	3.5	4.5	2.5	126	0.11578073	1.91×10^{-4}	5239
22	接地装置（2 台）	1.2	1.5	1.9	2.8	9.576	0.008799335	1.45×10^{-5}	68931
23	其他					120	0.110267362	1.82×10^{-4}	5501

针对牵引系统中各设备的 MTBF 指标详见表 6.10。

表 6.10　牵引系统基本可靠性指标分配

序号	各单元名称	分配的故障率 λ_i	分配的 $MTBF_i$ /h
1	辅助电源	1.91×10^{-4}	5239
2	接地装置	3.63×10^{-6}	275725.4
3	高压电器箱	3.82×10^{-5}	26194

续表

序号	各单元名称	分配的故障率 λ_i	分配的 $MTBF_i$ /h
4	牵引逆变器箱	1.59×10^{-4}	6287
5	牵引电机	7.10×10^{-6}	140818
6	制动电阻	8.00×10^{-6}	125016
7	其他	1.82×10^{-4}	5501

1）牵引系统的任务可靠性指标分配

牵引系统各子系统的运营可靠性指标（运营服务故障），即牵引系统运营服务故障 MTBF 设计值：MTBF(1)=19278.96h。牵引系统各子系统的运营服务可靠性分配指标见表 6.11。

表 6.11　牵引系统的运营可靠性指标分配（运营服务故障）

序号	子系统名称	复杂度 R_{i1}	技术难度 R_{i2}	重要度 R_{i3}	环境条件 R_{i4}	评分数 W_i	评分系数 C_i	分配的故障率 λ_i	分配的 $MTBF_i$ /h
1	高压电器箱（2 台）	2	2	4	2	32	0.0332571	1.73×10^{-6}	579694
2	辅助电源	3.2	3.5	4.5	2.5	126	0.1309499	6.79×10^{-6}	147224
3	牵引逆变器箱	3.1	3.5	4	2.5	108.5	0.1127624	5.85×10^{-6}	170970
4	牵引电机（4 台）	2.5	2	1.5	2.5	18.75	0.0194866	1.01×10^{-6}	989345
5	牵引逆变器箱	3.1	3.5	4	2.5	108.5	0.1127624	5.85×10^{-6}	170970
6	牵引电机（4 台）	2.5	2	1.5	2.5	18.75	0.0194866	1.01×10^{-6}	989345
7	牵引逆变器箱	3.1	3.5	4	2.5	108.5	0.1127624	5.85×10^{-6}	170970
8	牵引电机（4 台）	2.5	2	1.5	2.5	18.75	0.0194866	1.01×10^{-6}	989345
9	牵引逆变器箱	3.1	3.5	4	2.5	108.5	0.1127624	5.85×10^{-6}	170970
10	牵引电机（4 台）	2.5	2	1.5	2.5	18.75	0.0194866	1.01×10^{-6}	989345
11	辅助电源	3.2	3.5	4.5	2.5	126	0.1309499	6.79×10^{-6}	147224
12	其他					80	0.0831428	4.31×10^{-6}	231878

针对牵引系统中各设备的 MTBF(1)指标详见表 6.12。

表 6.12　牵引系统各设备可靠性指标分配

序号	各单元名称	分配的故障率 λ_i	分配的 $MTBF_i$ (1)/h
1	高压电器箱	8.63×10^{-7}	1159388.46
2	辅助电源	6.79×10^{-6}	147224
3	牵引逆变器箱	5.85×10^{-6}	170970
4	牵引电机	2.53×10^{-7}	3957379.27
5	其他	4.31×10^{-6}	231878

2）牵引系统各子系统的运营可靠性指标（晚点故障）

牵引系统延误故障 MTBF 设计值：MTBF(2)=12693.57h。牵引系统各子系统的运营务可靠性分配指标见表 6.13。

表 6.13　牵引系统运营可靠性指标分配（晚点故障）

序号	子系统名称	复杂度 R_{i1}	技术难度 R_{i2}	重要度 R_{i3}	环境条件 R_{i4}	评分数 W_i	评分系数 C_i	分配的故障率 λ_i	分配的 $MTBF_i$ /h
1	辅助电源	3.2	3.5	4.5	2.5	126	0.1179484	9.29×10^{-6}	107620
2	接地装置（2 台）	1.2	1.5	1.9	2.8	9.576	0.0089641	7.06×10^{-7}	1416049
3	高压电器箱	1.8	2	3.5	2	25.2	0.0235897	1.86×10^{-6}	538099
4	牵引逆变器箱	3	3.5	4	2.5	105	0.0982903	7.74×10^{-6}	129144
5	牵引电机（4 台）	2.5	2	1.5	2.5	18.75	0.0175518	1.38×10^{-6}	723204
6	制动电阻	1.1	1.2	2	2	5.28	0.0049426	3.89×10^{-7}	2568198
7	接地装置（4 台）	1.2	1.5	1.9	2.8	9.576	0.0089641	7.06×10^{-7}	1416049
8	牵引逆变器箱	3	3.5	4	2.5	105	0.0982903	7.74×10^{-6}	129144
9	牵引电机（4 台）	2.5	2	1.5	2.5	18.75	0.0175518	1.38×10^{-6}	723204
10	制动电阻	1.1	1.2	2	2	5.28	0.0049426	3.89×10^{-7}	2568198
11	接地装置（4 台）	1.2	1.5	1.9	2.8	9.576	0.0089641	7.06×10^{-7}	1416049
12	牵引逆变器箱	3	3.5	4	2.5	105	0.0982903	7.74×10^{-6}	129144
13	牵引电机（4 台）	2.5	2	1.5	2.5	18.75	0.0175518	1.38×10^{-6}	723204
14	制动电阻	1.1	1.2	2	2	5.28	0.0049426	3.89×10^{-7}	2568198
15	接地装置（4 台）	1.2	1.5	1.9	2.8	9.576	0.0089641	7.06×10^{-7}	1416049
16	高压电器箱	1.8	2	3.5	2	25.2	0.0235897	1.86×10^{-6}	538099
17	牵引逆变器箱	3	3.5	4	2.5	105	0.0982903	7.74×10^{-6}	129144
18	牵引电机（4 台）	2.5	2	1.5	2.5	18.75	0.0175518	1.38×10^{-6}	723204
19	制动电阻	1.1	1.2	2	2	5.28	0.0049426	3.89×10^{-7}	2568198
20	接地装置（4 台）	1.2	1.5	1.9	2.8	9.576	0.0089641	7.06×10^{-7}	1416049
21	辅助电源	3.2	3.5	4.5	2.5	126	0.1179484	9.29×10^{-6}	107620
22	接地装置（2 台）	1.2	1.5	1.9	2.8	9.576	0.0089641	7.06×10^{-7}	1416049
23	其他					100	0.0936098	7.37×10^{-6}	135601

针对牵引系统中各设备的 MTBF(2)指标详见表 6.14。

表 6.14　牵引系统各设备可靠性指标分配

序号	各单元名称	分配的故障率 λ_i	分配的 $MTBF_i$ (2)/h
1	辅助电源	9.29×10^{-6}	107620
2	接地装置	1.77×10^{-7}	5664195
3	高压电器箱	1.86×10^{-6}	538099
4	牵引逆变器箱	7.74×10^{-6}	129144
5	牵引电机	3.46×10^{-7}	2892818
6	制动电阻	3.89×10^{-7}	2568198
7	其他	7.37×10^{-6}	135601

3）牵引系统各子系统的运营可靠性指标（维护故障）

牵引系统维护故障 MTBF 设计值：MTBF(3)=658.76h。牵引系统各子系统的运营务可靠性分配指标见表 6.15。

表 6.15　牵引系统运营可靠性指标分配（维护故障）

序号	子系统名称	复杂度 R_{i1}	技术难度 R_{i2}	重要度 R_{i3}	环境条件 R_{i4}	评分数 W_i	评分系数 C_i	分配的故障率 λ_i	分配的 $MTBF_i$ /h
1	辅助电源	3.2	3.5	4.5	2.5	126	0.1157807	1.76×10^{-4}	5690
2	接地装置（2 台）	1.2	1.5	1.9	2.8	9.576	0.0087993	1.34×10^{-5}	74865
3	高压电器箱	1.8	2	3.5	2	25.2	0.0231561	3.52×10^{-5}	28449
4	牵引逆变器箱	3	3.5	4	2.5	105	0.0964839	1.46×10^{-4}	6828
5	牵引电机（4 台）	2.5	2	1.5	2.5	18.75	0.0172293	2.62×10^{-5}	38235
6	制动电阻	1.1	1.2	2	2	5.28	0.0048518	7.36×10^{-6}	135777
7	接地装置（4 台）	1.2	1.5	1.9	2.8	9.576	0.0087993	1.34×10^{-5}	74865
8	牵引逆变器箱	3	3.5	4	2.5	105	0.0964839	1.46×10^{-4}	6828
9	牵引电机（4 台）	2.5	2	1.5	2.5	18.75	0.0172293	2.62×10^{-5}	38235
10	制动电阻	1.1	1.2	2	2	5.28	0.0048518	7.36×10^{-6}	135777
11	接地装置（4 台）	1.2	1.5	1.9	2.8	9.576	0.0087993	1.34×10^{-5}	74865
12	牵引逆变器箱	3	3.5	4	2.5	105	0.0964839	1.46×10^{-4}	6828
13	牵引电机（4 台）	2.5	2	1.5	2.5	18.75	0.0172293	2.62×10^{-5}	38235
14	制动电阻	1.1	1.2	2	2	5.28	0.0048518	7.36×10^{-6}	135777
15	接地装置（4 台）	1.2	1.5	1.9	2.8	9.576	0.0087993	1.34×10^{-5}	74865
16	高压电器箱	1.8	2	3.5	2	25.2	0.0231561	3.52×10^{-5}	28449
17	牵引逆变器箱	3	3.5	4	2.5	105	0.0964839	1.46×10^{-4}	6828
18	牵引电机（4 台）	2.5	2	1.5	2.5	18.75	0.0172293	2.62×10^{-5}	38235
19	制动电阻	1.1	1.2	2	2	5.28	0.0048518	7.36×10^{-6}	135777
20	接地装置（4 台）	1.2	1.5	1.9	2.8	9.576	0.0087993	1.34×10^{-5}	74865
21	辅助电源	3.2	3.5	4.5	2.5	126	0.1157807	1.76×10^{-4}	5690
22	接地装置（2 台）	1.2	1.5	1.9	2.8	9.576	0.0087993	1.34×10^{-5}	74865
23	其他					120	0.1102674	1.67×10^{-4}	5974

针对牵引系统中各设备的 MTBF(3)指标详见表 6.16。

表 6.16　牵引系统各设备可靠性指标分配

序号	各单元名称	分配的故障率 λ_i	分配的 $MTBF_i$ (3)/h
1	辅助电源	1.76×10^{-4}	5690
2	接地装置	3.34×10^{-6}	299459
3	高压电器箱	3.52×10^{-5}	28449
4	牵引逆变器箱	1.46×10^{-4}	6828
5	牵引电机	6.54×10^{-6}	152940
6	制动电阻	7.36×10^{-6}	135777
7	其他	1.67×10^{-4}	5974

4）牵引系统的可靠性指标分配

牵引系统的可靠性指标分配见表 6.17。

表 6.17　牵引系统的可靠性指标分配

系统	子系统	分配的 $MTBF_i$ /h	分配备注
牵引系统	电气传动系统	1157.56	基本可靠性故障
	辅助供电系统	1273.57	
	电气传动系统	31625.55	运营服务故障
	辅助供电系统	49382.72	
	电气传动系统	19584.80	晚点故障
	辅助供电系统	36075.04	
	电气传动系统	1280.08	维护故障
	辅助供电系统	1357.22	

5）结果及分析

根据上述初步的可靠性建模与分配，系统供应商提供的车辆牵引系统能够满足用户可靠性要求。并通过上述数据可知牵引逆变器、辅助电源这两个子系统功能复杂、重要程度高、设计难度大，在后续设计时需重点关注，进一步提高产品的可靠性。

6.2.7　质保期内 RAMS 验证

对 GB/T 21562—2008 描述的车辆系统生命周期第 9 阶段、第 10 阶段和第 11 阶段（图 6.1）的要求进行细化并给出实际信息，指导用户通过 RAM 举证测试和现场数据的收集，检查列车车辆（也可以推广到轨道交通的机车车辆工程项目）是否达到运行周期内的 RAM 合同目标。

用户通过记录与分析现场数据所提供的结果可以作为列车系统验收的基础、性能的认知、新车辆系统或者子系统以后采购（或招标）的一个参考数据库。

而且，现场运用数据的记录分析同样有助于主要供应商监控、验证和改进完善系统的设计、制造和安装，有助于监控列车的运营，以及为维护与修复性工作提供技术支持。通过收集、记录的数据分析研究，为技术的深入发展和以后的研究、发展、开发与技术进步提供知识积累。

就长期运营而言，现场数据的记录与分析也有助于发现管理过程的薄弱环节（运行和维修阶段），是进一步改善性能、减少运营费用以及优化维修维护提供技术基础。

根据所选择的 RAM 要求，用户可以定义现场的 RAM 验收判据。

可靠性验收判据的定义应规定什么条件下哪一类失效归类为“责任的”（由主要供应商承担责任），或是被归类为“非责任的”。验收时，至少将下列失效条件归类为“非责任的”：

（1）超出规定运营条件时发生的失效；

（2）由用户人员导致的失效；

（3）由意外的事件导致的失效。

意外的事件是指不由系统本身、系统正常运行和供应商相关人员引起，而是由外部因素导致系统性能降级的事件。

因此在检查周期和每个 RAM 要求开始前，用户应定义详细的验收判据以便建立应遵循的清晰规则。

1）在运用检查周期

用户负责定义适当的检查周期期限。

为定义检查周期，用户应该考虑通常 RAM 目标可能不在第一个运用检查周期中达到，由于浴盆曲线原理，通常至少在两年营业运营后才会达到稳定的水平。

可靠性增长监控进程是对现场数据连续地监控和 RAM 分析、并将结果与合同要求的目标校对的过程。附加的要求由用户和供应商协商认可。

如果现场数据的结果达不到合同要求，主要供应商应采取纠正措施。

选择检查周期时，应满足下列要求：

（1）在可靠性增长进程中，纠正工作应按 5.5 节的描述管理，适当时按纠正工作计划进行；

（2）在 RAM 检查周期开始前，对可靠性增长进程应当给出结论；

（3）为了管理连贯的现场数据收集，机车车辆配置状态宜保持稳定，如进行必要的技术修改，供应商应当精确量化修改配置的影响（如软件更新）。

2）现场数据报告和它的组织

检查周期内收集的现场数据，应由失效数据和故障的全部处理组成，内容示例如下：

（1）运营和维修期间的失效；

（2）失效类别（重大、重要和次要）；

（3）失效产品源的结构代码；

（4）被检测故障的描述；

（5）在维修期间的工作；

（6）工时的数量；

（7）材料的消耗；

（8）运营的公里数/小时数；

（9）停运次数和停用时间（含后勤、管理引起的延迟）；

（10）报告应说明修理和失效的原因以便安排正确的纠正工作。

为更深入地调查研究进行追溯应收集下列标识信息：

（1）包含数据的报告识别号；

（2）发生事件的日期；

（3）运行状态的描述；

（4）车队内机车车辆（或车辆）的识别号；

（5）应包括可能原因的初步信息（含技术评估），以便验收判据的定位。

通常，经用户和主要供应商确认的 RAM 举证计划至少包括下列各项内容：

（1）规则和方法；

（2）资源和工具；

（3）组织和职责；

（4）现场数据收集点（车库和车间）；

（5）参考文件（RAM 分析和分解结构）；

（6）RAM 合同的指标；

（7）验收判据；

（8）收集数据的规程；

（9）所有数据来源和任何干扰的检测；

（10）周期性现场数据收集评估的进度表；

（11）解决问题和处理纠正工作的规程；

（12）实现纠正工作计划的规程。

纠正工作计划也包含修复性工作对配置管理流程影响的评估。RAMS 证明以及报告的形成见 5.6 节。

6.3　车辆系统的 RAMS 工程

6.3.1　车辆系统供应商的一般建议说明

车辆系统供应商在投标的开始阶段，就应该向用户提交车辆系统保证计划（见 6.3.2 节），说明在服务范围内的车辆整体系统安全性、可靠性、可用性及可维护性（RAMS）的实现与管理要求，确保有效地在设计、开发、生产、测试和初步运营阶段中落实相关设计目标。内容一般包括负责实施系统保证计划的组织架构、人员、职责及沟通方式；车辆系统与子系统分包商在系统保证任务在项目实施过程中必须执行的监控过程及相关程序；系统保证任务及提交文件的时间表；内部审核方案。以及执行的相关标准。内容一般还包括 LCC 计算。

危害分析是针对系统的潜在危险进行有系统的分析，在工程项目的适当阶段应用安全评估技术，以作出优化安全的变更。车辆供应商将审议在服务范围的系统设计，以识别其他危害及相关的预防和给出减轻危害的措施，进行正式的危害分析（hazard analysis）与减轻危害的可操作性研究（HAZOP study），所有危害应当进行风险等级评估，并且按要求登记在“危害登记册”（hazard log）内，并在详细设计完成后提交用户。车辆供应商将在“危害登记册”内定期更新预防以及减轻措施的相关数据及进度，并提交用户。

供应商应用量化风险评估分析，分析报告于最后设计阶段提交用户。故障树分析和量化风险评估报告是安全分析报告的一部分。

应用故障树分析的评估报告涉及多项故障内容、有多种原因相互影响、具有冗余设计的系统、会引起或导致乘客/员工死亡等内容，以及所引起的组合事件的发生频率。软件、人为因素及环境因素等影响将包括在内。

在量化风险评估分析中所采用的“概率”可以参考相似系统的运营数据及安全记录，并根据具体项目的特性作出适当调整。

供应商根据以下原则定期检查“危害登记册”上的危害解决工作的进度：

（1）设计完成前，解决所有需要作出设计变更的危害事项；

（2）开始施工前，解决高等级的危害事项；

（3）开始进行受安装危害事项影响的工作前，实施控制安装危害事项的所有减轻措施。

在设计完成前，供应商将根据系统的设计特点或安全要求，识别其相关的潜在危害，并列举将会被采用的设计、运营安全原则、相关标准和规定，以评估系统设计是否符合相关的安全要求或设计特点。安全原则及规范要求的符合性评估报告是安全分析报告的一部分。已识别的安全要求或功能，将进行安全验证，以证明系统（设备）的设计符合所需的安全功能、特殊要求或标准。安全验证将包括于安全关键设备的型式试验和调试试验中。

安全分析工作在最后设计阶段提交安全分析报告（在余下的工程阶段更新）、制订和提交系统安全报告草案（在交付第一辆列车前提交正式版本）。内容包括安全原则及规范要求的符合性评估以及故障树分析报告和量化风险评估报告。

6.3.2 可靠性、可用性及可维护性的建议要求

供应商必须按双方同意的标准进行设计、制造，以保证产品的高可靠性，并将有关内容反映在相关的技术文件中。可靠性指标的现场验证开始时间为首列车交付运营的时间，截止时间为最后一列车质保期结束时。但是在实际的考核过程中，必须考虑系统的浴盆效益。

选用的元器件和设计的电路，应当有成功运行所验证、满足轨道的质量要求、并且留有足够的裕量，保证当涉及该器件、电路的系统发生故障时，对任何其他系统带来的间接损坏为最小，且系统是故障导向安全的。

车辆中各子系统的最大允许故障率和可靠性定义要求基于整列的列车；供应商提供最大允许故障率的数值，车辆各子系统提供各子系统最大允许故障率的数值，以供招标人确认。对于重要的故障，以下部件将规定λ（1/km 或 1/h）的数值：

（1）牵引系统（牵引电机、齿轮箱、联轴节、VVVF 逆变器、线路滤波器、控制和保护装置）；

（2）受电弓；

（3）基础制动；

（4）制动系统；

（5）车门（包括门的控制和传动机构）；

（6）辅助电源（辅助逆变器、蓄电池、控制和保护装置）；

（7）车钩（包括连接件、作用机构）；

（8）转向架构架、轴、悬挂系统；

（9）设备通风风扇；

（10）空调机组（空调单元、通风装置、空调控制单元）；

（11）贯通道；

（12）照明（不包括灯泡）；

（13）监控系统（监控单元、显示器、传输线）；

（14）通信（包括列车广播系统、视频系统等全部 PIS）。

一列六辆车编组列车，若在运营中发生故障，按其后果分为 4 类：救援故障、清客故障、延误故障和维护故障。

（1）救援故障：列车严重损坏，需要牵引车或另一列车来救援，牵引回车辆段。

（2）清客故障：列车故障后不能继续载客运行，需要疏散乘客，但能空车返回车辆段。

（3）延误故障：一类延误故障是指列车故障后，引起列车在线路上停车超过 2min；二类延误故障是指列车故障后，引起列车在线路上停车不超过 2min。

（4）维护故障：车辆运营中由司机发现的车辆故障及检修人员检查中发现的故障。

在质保期内，假如同一部件（最小可更换单元）失效导致列车发生服务故障 3 次或累计故障次数与运营车辆该类部件所发生故障总数（以每列车统计）的百分比超过表 6.18 所列数值，那么这个部件应该换型或改造，整改后的部件质保期一般应该重新开始计算。

表 6.18　部件故障占比的统计

故障次数百分比/%	同一产品上相同零部件数	
	大于	小于或等于
15	0	6
12	6	59
9	59	219
6	219	—

地铁列车各类故障的平均无故障时间 MTBF 或平均无故障距离 MDBF 要求如下：

（1）救援故障（MTBF）＞40000h，这些列车在 40000h 内不发生这种故障；

（2）清客故障（MTBF）＞30000h，这些列车在 16000h 内不发生这种故障；

（3）一类延误故障（MDBF）＞200000km，这些列车在 200000km 内不发生这种故障；

（4）临修、列检故障：每列车平均无故障时间 150h。

需要注意的是，以下故障不包含在证明可靠性之列：

（1）超过寿命期的损耗件；

（2）连带故障（关联故障，由前级故障导致的故障）；

（3）列车修复前相同故障的重复出现；

（4）碰撞、事故、故意破坏；

（5）操作或维修人员的疏忽或不遵守操作规程；

（6）操作和维修作业不按供应商提供的操作和维修手册要求进行；

（7）由于预防性维护工作失误导致的故障（如忘记加油、整定错误等）；

（8）由公众（包括乘客）行为或工作疏漏导致的故障；

（9）因非合同设备导致的故障。

在设计阶段供应商应该根据招标人提出的可靠性要求，给出表 6.19 所示项目的指标要求，并且进行可靠性方案的论证和设计。

表 6.19　子系统可靠性要求目录

主要子系统	平均无故障时间/h
车体及贯通道	
车钩及缓冲装置	
客室门（全部）	
转向架和悬挂装置	
制动系统（全部）	
空调及通风	
辅助电源	
蓄电池	
电气设备（全部）	
照明设备	
列车控制	
旅客信息系统	
受电装置	
牵引电动机	

供应商在需求分析和设计阶段就要进行可维修性研究，以达到车辆各子系统最佳的可使用性，获得最好的平均故障间隔时间、平均维修时间、车辆完好率、减少维修次数和维修时间等，以实现运营服务的高质量与低比率的备品备件。

车辆供应商和子系统供应商在设计和制造阶段将分别提供以下材料：

（1）可维修性的论证材料；

（2）可维修性的分析资料；
（3）可维修性的临时文件；
（4）维修的管理程序；
（5）支持工具与设备。

在车辆的使用阶段将提供以下材料：
（1）可维修性的论证材料；
（2）可维修性的正式文件；
（3）测试工具与测试方法；
（4）在线可维修部件的清单。

车辆的设计应当严格执行 RAMS 标准以实现用户的可接近性要求：接近测试点、连接点、接线柱、润滑点、灌注孔和液位控制点等部位而无须先拆卸其他部件，方便获取（下载）计算机监控系统内的信息，进行监控测量时便于接近参考点。

尽可能地采用符合设计要求的体积小与质量轻的可互换单元，方便对车辆故障的处理，使列车尽快恢复运营使用。将通过功能分析使相关功能部件模块化，以提高部件的可诊断性，有利于开展车辆部件换件修，以提高车辆检修效率。尽可能减少部件安装、拆卸的耗时，并降低误装的概率，以提高车辆的检修效率。以便减少拆卸 LRU 件时事先准备的工作量、拆卸时间和需要的专用工具。所有 LRU 和 SRU 件都要采用防误装措施，以保证设备的正确连接。所有的 LRU 和 SRU 件（除易损易耗件，如过滤器、制动闸瓦）都设计成可以修复型。LRU 和 SRU 件都按照维修手册要求，采用用户具有的维修手段进行技术修复。

采用以可靠性为中心的预防性维修分析方法对维修对象、维修方式、维修工作类型及维修间隔期进行优化，达到降低维修费用和减少维修停时的目的。表 6.20 为根据用户需求定义的初步的预防性维修。

表 6.20　初步预防性维修用户建议

维修等级	操作	最短保养周期/km	列车最长停修时间	最大用工量
月检	在整列车上	12000		
半年检	在整列车上	75000		
年检	在整列车上	150000		

修复性维修作业的目的是在出现故障后重新恢复正常功能状态。表 6.21 为根据用户建议的修复性维修要求。

表 6.21　初步的修复性维修用户建议

维修等级	维修地点	MTTR	MaxTTR	最大用工量
一级	在线，停车点	5min	0.5h	1 人工小时
二级	车辆段	45min	2h	4 人工小时
三级	车间	没有要求	6h	10 人工小时

对车辆以下组件规定修复性指标，给出最小可更换单元的故障率、故障等级、MTTR 和 MaxTTR。

受电弓和主电路；牵引逆变器；传动系统；牵引电机和牵引控制；蓄电池和辅助系统；诊断及信息系统；乘客信息及视频监控系统；转向架和悬挂装置；供风和制动系统；车门；车钩及缓冲装置；车体及其他；空调及通风；照明设备。

车辆各系统部件明细表，并标注以下特性：主更换单元（MRU）；在线修可更换单元（LRU）；二级可更换单元（SRU）；最小可更换单元；最小可诊断单元（SDU）；不可修复备件（易损易耗件）清单，包括技术更新期为 6 年以下的部件。

车辆组件维护需求，包含：车辆组件的建议清洁周期、方法、标准和保护措施；车辆预防性维护种类、规程、工具、停时和人工时；车辆 MRU、LRU 和 SRU 安装、拆卸的方法、标准以及所需工具清单和耗时。

可维修性指标：车辆部件的拆卸或安装时间不超过 1h；列车部件的技术清洁周期大于 6 个月或高于 60000km；车辆同种部件具备互换性，无须作任何调整；正常运行情况下，两次车轮镟修之间的运行里程达到 500000km。

可维修性研究与设计涉及的综合因素包括：可靠性、安全性和可使用性；可测试性；备品备件总量等。

车辆设计阶段要进行可维修性研究的目的：减少维修作业次数（如部件的模块化设计以减少维修量）；所有需经常维修或更换的零部件都具有维修空间，以便于维修人员操作；减少维修工作时间 （快速、准确地查找故障，安装/拆卸方便）；控制支持部分的需求（专用工具，试验台）；减少专用零配件的需求（标准化）；控制并减少保养的需求；简化维修操作（易接近部件、可互换性、无须调试）；减少维修出错可能性（消除接线错误）。

列车制造商在设计阶段中采用可靠性增长管理（reliability growth management）要求，在原型（prototype）开发阶段就持续的查找系统不足或缺失，从而优化系统，确保系统能符合相关可靠性要求。

可靠性增长管理至少应该包括需要接受测试的系统和子系统、测试时程表（由原型开发期至施工期）、测试方法、时期及可接受标准等。过程参考标准 MIL-STD-189 及 MIL-STD-781 所示的技巧和方法。

可靠性、可用性及可维护性证明计划将包括进行及监管证明工作的组织架构和主要人员，角色和职责，证明符合的可靠性、可用性及可维护性目标。

列车签署 PAC 证书以后，列车服务利用率（列车无故障服务时间/列车计划服务时间），在一个月的时间内至少为 99.6%，连续三个月为一个周期，在每一个周期的每一个时间段内都将满足列车服务利用率至少为 99.6%的要求，在该周期内有一个时间段没有满足要求时，表明该周期没有满足要求。列车服务利用率的考核以一个周期（三个月）为一个考核期，当该考核期内列车服务利用率没有达到要求时，则列车服务利用率的考核从下一个周期开始，每次考核以一个周期为考核时间段。

质保期内，连续 2 个考核周期（六个月），若列车服务利用率达不到 99.6%的要求，则质保期顺延 2 个考核周期直至满足以上考核要求。

列车在最终验收证书（FAC）提交之前，每月的服务故障事件限制不超过如下规定：

服务故障事件	每月数量（次）
超过 5min 低于和等于 10min	10
超过 10min 低于和等于 20min	5
超过 20min 低于和等于 30min	1
超过 30min	0

供应商将向招标人签发安全证明文件，文件中简述、证明与车辆安全有关的一切测试、试验及分析方法，以证明设计车辆符合安全的全部要求，安全证明文件分为多个独立部分，包括下列部分：

（1）整车的安全证明文件；
（2）危险辨认及动力学安全评估；
（3）结构的整体性及碰撞能力；
（4）动态包络线和动态稳定性；
（5）遵从电力、电子标准；
（6）电力安全；
（7）维修时的安全；
（8）信号干扰；
（9）火警安全。

安全证明文件的每个部分，将呈交用户确认。各部分将在有关工作完成后一个月内呈交。整个文件在动态型式试验完成后一个月内提交。

供应商将在规定的工程阶段建立 FRACAS，以便提供系统（设备）的数据，包括问题和故障及其相关修正措施，还包括问题或故障发生的原因和方式。

FRACAS 应用于监控设备的安全性和 RAM 表现，包括设计阶段（因预测性分析的结论而进行更改）、测试及启动和投入运营期。该系统用于监控设备/组件的性能，确定故障模式，以便采取修正措施改进系统的表现。

6.3.3　供应商将提供的相关资料

在车辆设计阶段将开展可维修性和可靠性设计的分析，以便确定可靠性和可维修性出现风险的地方，提供可靠且可维修性高的列车。

可维修性和可靠性分析将提供每个 LRU 所采用的方法和结果，并定出每个 LRU 的故障、故障原因、故障后果，特别是可靠性对运营的影响，LRU 清单或列车技术构成将交招标人认可；提交 LRU 和 SRU 的可维修性标准。对每个 LRU 和/或 SRU 都将提供 MTTR（一级故障检修）、MTTR（四级维修）、MaxTTR、可接近性、重量和体积、需要的专用工具等。

供应商将提供所有专用工具和试验方法资料（含加工图和计算说明）以及主要部件技术报废清单，也就是说技术更新期为 5 年以下的部件清单。

编制的文件还包括备件清单文件、供货商清单和维修合同供货商清单、备件体积、重量和数量、长期支持政策。

将提供车辆技术支持还包括检修工艺与设备文件（包括所需检修方法、检验标准、设备、工器具、材料、工时等）：车辆日检、周检、月检、年检等检修工艺规程文件；车辆架修工艺规程文件；车辆大修工艺规程文件；车辆架、大修工艺流程、工艺布局、设备布置的详细设计方案，各部件架修所需场地的大小及条件。

另外还要包括车辆检修设备、设施技术资料（名录、功能及主要的性能指标）：车辆日检、周检、月检、年检等各级检修所需设备、设施；车辆架修所需检修设备、辅助设备、试验设备和设施；车辆大修、调试所需维修加工设备、辅助设备、试验设备和设施等。

6.3.4 车辆系统建议的保证计划

本计划说明了车辆供应商（制造商）在项目执行周期内开展可靠性、可用性、可维修性及安全性工作的要求。概述了车辆在设计、生产、测试和运营阶段的 RAMS 工作中的具体任务和实施方法，以保证项目执行周期内的各个阶段按本计划的规定执行，使本项目的 RAMS 工作能够满足规范、标准和规定的要求。

支持的范围包括设计、生产、测试、试运营和质保期，初步定义了项目中 RAMS 的组织架构及其职责，规划了项目在各研制阶段需要开展的 RAMS 工作项目、内容以及完成的时间节点。

项目 RAMS 组织机构及人员职责见表 6.22。

表 6.22 RAMS 人员与职责

职务	职责
项目经理	保障 RAMS 工作顺利实施 监督整个项目团队 RAMS 工作进程及质量；负责整个项目团队的协调，提供必要的资源，确保 RAMS 工作的顺利开展 全面负责与 RAMS 相关的措施能够按照项目的时间节点要求实施 确保设计团队向 RAMS 团队提供必要的相关信息，并及时的支持 RAMS 团队的分析工作 确保可靠性可维修性的分析结果及时地反馈给设计团队 监察各项 RAMS 工作的进度

续表

职务	职责
技术经理	确保设计团队向 RAMS 团队提供必要的相关信息，并及时的支持 RAMS 的分析工作 确保 RAMS 的分析结果及时地反馈给设计团队 处理和平衡在设计团队和 RAMS 团队之间发生的不一致的意见 监察 RAMS 工作的各项进度 批准开展 RAMS 内部审核工作，协助用户对长客股份进行 RAMS 审核
设计经理	负责系统设计 负责协调各个设计团队成员之间的 RAMS 活动，确保 RAMS 要求落实
RAMS 经理	负责整个项目 RAMS 工作 向项目经理、技术经理汇报 RAMS 工作 向项目经理和副总工程师对 RAMS 进程的各个方面提出建议 与技术经理沟通协调以确保设计团队按 RAMS 计划的要求进行
设计团队	团队中每个成员要把 RAMS 要求在设计中考虑并将 RAMS 各个方面进行集成 任何由于设计进展而涉及的 RAMS 相关问题都要报 RAMS 团队分析讨论 设计团队应协助进行 RAMS 分析工作，并应该通过提供设计或系统信息来说明设计上的安全管理和 RAMS 活动，并且公开所识别的危害、对危害采取相应的减轻措施并验证这些措施的有效性
RAMS 团队	协助 RAMS 经理管理 RAMS 任务 开展各项 RAMS 分析工作以确保长客股份按计划贯彻落实各项 RAMS 活动 积极与用户澄清 RAMS 相关问题 积极与设计团队进行联系并掌握相关的设计信息，在规定的时间内提交相关文件 与分包商进行沟通，使分包商接受长客股份及业主进行的 RAMS 审核
供应商系统 RAMS 经理/工程师	确保有关 RAMS 要求已在产品设计、制造过程中得到考虑并且满足 进行必要的可靠性分析及验证 向长客股份提交有关的 RAMS 文件，包括相关数据 建立供应商与长客股份间的沟通渠道，参与长客股份及业主所有要求的相关会议 接受长客股份及业主进行的 RAMS 审核

1. 系统安全分析方法

危害分析是一种“自上而下”的方法，可以在概念和方案设计阶段系统地、综合地确定有关系统的各种风险。初步危险分析（priminary hazard analysis，PHA）是设计阶段进行危害识别及风险评估工作的第一步，目的是确定概念设计阶段存在的风险范围和风险程度，以便将安全管理的目标定位在适当的深度，并且为下一步危害分析提供依据，确定在概念和方案设计阶段可以排除或控制的潜在危害的清单。

将采用初步危害分析以确定有关系统设计能预见的风险，以及在系统和子系统之间功能关系中产生的各种风险，也可以提供有关系统风险的初步评估。并且在每个项目阶段上，为消除已确认的风险或者控制其相关风险到可以接受的程度而必须采取的措施提供一定的基础。

初步风险分析的结果以文件的形式包含在危害登记册里，在项目概念和方案设计阶段提交。

2. 危害登记册（hazard log）

通过危害登记册，记录与合同规定有关的所有危害，对已确定的危害进行审核和跟踪，提供风险减轻措施，并监控危害关闭过程。

任何由业主、项目设计团队、RAMS 团队或者任何相关部门确定的危害都应加到本危害登记册中，并且在整个项目执行过程中进行监控。

供应商在项目设计阶段编制的危害登记册，并在后续阶段根据设计进行不断更新。在车辆正式交付前，将确保所有合同相关的风险满足 ALARP 要求。如果风险仍然没有解决，长客股份公司将与业主进行讨论协商，确认减轻措施，长客股份公司将定期执行风险审查，以便跟踪风险减轻措施的状态。风险闭环确认将参考最终设计文件、建造图纸、测试和调试结果、操作和维护程序或相关资料执行。

3. 量化风险评估（quantitative risk assessment，QRA）

量化风险评估分析的分析报告于最后设计阶段提交用户。故障树分析/量化风险评估报告是安全分析报告的一部分。

故障树分析应当所引起的组合事件的发生频率。软件、人为因素及环境因素等影响须包括在内。

事件树分析将应用事件树分析来评估复杂系统（如具有冗余设计、故障监测与保护设计的系统）的所有潜在后果。人为因素及环境因素等影响须包括在内。

4. 安全原则及规范要求的符合性评估

在设计完成前，供应商将根据系统的设计特点或安全要求，识别其相关的潜在危害，并列举将会被采用的设计、运营安全原则、相关标准和规定，以评估系统设计是否符合相关的安全要求或设计特点。安全原则及规范要求的符合性评估报告是安全分析报告的一部分。已识别的安全要求或功能，须进行安全验证，以证明系统（设备）的设计符合所需的安全功能/特殊要求或标准。安全验证应包括于安全关键设备的型式试验和调试试验中。

安全分析报告的内容应该包括安全原则及规范要求的符合性评估和故障树分析/量化风险评估报告。

5. 安全证明文件

供应商向用户签发的安全证明文件中，简述、证明与车辆安全有关的一切测试、试验及分析方法，以证明设计车辆符合安全的全部要求，安全证明文件分为多个独立部分，包括：①整车的安全证明文件；②危险辨认及动力学安全评估；③结构的整体性及碰撞能力；④动态包络线和动态稳定性；⑤遵从电力、电子标准；⑥电力安全；⑦维修时的安全；⑧信号干扰；⑨火警安全。

安全证明文件的每个部分，将呈交用户确认。各部分将在有关工作完成后一个月内呈交。整个文件在动态型式试验完成后一个月内提交。

6. 各阶段 RAMS 工作/文件

车辆系统各个阶段的 RAMS 工作见表 6.23。

表 6.23　车辆系统各个阶段的 RAMS 工作

序号	工作/文件	工程阶段				
		设计		生产制造及装配	试验与调试	试运营/质保期
		概念与方案	详细			
1	系统保证计划	√	更新			
2	RAM 指标分配报告	√	更新			
3	安全分析报告		√	更新	更新	更新
4	安全分析报告（包括故障模型分析及结果分析、隐患登记册）		√		更新	
5	FMECA				√	
6	可靠性验证计划				√	更新
7	可靠性验证报告					√

6.4　小结：应用示例

列车制造商一般在设计早期就必须将系统可靠性、可用性和可维修性指标分配至关键子系统、部件或组件。早期的 RAM 指标分配结果应作为指导后续分系统设计以及部件或组件采购的依据。RAM 指标分配可与 RAM 预计分析迭代进行。

在设计阶段，列车制造商就必须开展 RAM 分析以预测系统 RAM 的表现，确保设计能满足 RAM 目标要求。分析中必须列明设备及相关组件的主要故障模式、故障原因、维修时尽量减轻对运营造成干扰的可能性以及单项故障及多项故障同时发生时对系统造成的影响等。

通过 RAM 分析，列车制造商可以估计系统可能达到的 RAM 表现，确定系统的薄弱环节，并确定最大改进潜力的子系统。如发现任何潜在缺陷，必须提出改进行动，如更改设计，并落实执行。

列车制造商须在初步设计阶段提供分析报告，说明系统配置应怎样满足其总体 RAM 的要求并详述 RAM 表现的预测结果，并在余下工程阶段更新报告。分析报告须提交买方（系统或者设备用户）审批。

对可能影响系统安全及有效运营的人为因素，列车制造商须应用有关设计标准作为首要考虑。有需要时，列车制造商可被要求进行特别的人为因素分析，以确保重要系统复杂的人机接口，在设计上已尽量减低人为错误。

列车制造商进行 RAM 分析时，须使用相同或类似设备的故障记录及实际运营期间所得的故障数据，并记录数据来源，以确定可证实及追查这些资料。

以某型轨道交通列车为例，其要求的 MTBF=2746h，根据指数分布的可靠性模型，$\lambda_S = \frac{1}{\text{MTBF}} = \frac{1}{2746} = 364.166 \times 10^{-6}$，按照其进行子系统的可靠性分配，则通过可靠性指标分配，有表 6.24 所示的各个子系统的可靠性参数。

表 6.24　某地铁列车牵引系统可靠性指标分配数据

序号	子系统	MTBF/h	$\lambda = 10^{-6}$	故障比率/%
1	车体及其他	409500	2.442002442	0.70
2	车体结构及内部	204800	4.8828125	1.40
3	转向架与悬挂系统	204800	4.8828125	1.40
4	通道和车钩系统	204800	4.8828125	1.40
5	牵引设备系统	35600	28.08988764	8.03
6	制动设备系统	45500	21.97802198	6.28
7	辅助供电设备系统	41000	24.3902439	6.97
8	车门系统	9050	110.4972376	31.58
9	空调与通风设备	91000	10.98901099	3.14
10	气动与空气系统	254000	3.937007874	1.13
11	列车控制与监控系统	254000	3.937007874	1.13
12	乘客信息与视频系统	204800	4.8828125	1.40
13	信号系统车载设备	409500	2.442002442	0.70
14	电气系统	10000	100	28.58
15	出此得列车合计期望值	2857.6	349.94455	100.00

下例是另一型号轨道交通列车，其要求的 MTBF=2746h，根据指数分布的可靠性模型，$\lambda_S = \frac{1}{\text{MTBF}} = \frac{1}{2746} = 364.166 \times 10^{-6}$，按照其进行子系统的可靠性分配，需要有表 6.25 所给出各个子系统的可靠性参数才能够得到整车系统的可靠性要求。

表 6.25　某一地铁列车牵引系统可靠性指标分配数据

序号	子系统	MTBF/（10000km）	$\lambda = 10^{-4}$
1	牵引系统	2.34	14.90
2	空气制动系统	2.06	17.00
3	控制与诊断系统	2.11	16.60
4	辅助供电系统	14.58	2.40
5	蓄电池	10.41	3.36
6	空调与通风系统	21.34	1.64
7	车门系统	2.79	12.00
8	旅客信息系统	5.51	6.40
9	车体与装饰	72.30	0.484
10	转向架系统	6.12	5.72
11	受电弓	2.94	11.9
12	全自动车钩与缓冲装置	143.50	0.244
13	半自动车钩与缓冲装置	245.00	0.142
14	半永久牵引杆与缓冲装置	240.6	0.145
15	贯通道	3.02	11.6

第7章 系统RAMS工程的低压电器实践

7.1 概 述

低压电器是用于交流电压1200V以下、直流电压1500V以下电路中的电器，起着通断、控制或保护等作用。低压电器是电器工业配电系统的重要组成部分，在轨道交通领域包括在列车上都有大量的应用，其RAM性能对于保障列车的运营同样具有重要的意义与作用。

低压电器的可靠性是指低压电器产品在规定的条件下和规定的时间内完成规定功能的能力。它综合反映了一个产品的耐久性、无故障性、可维修性、有效性和使用经济性等，可用各种定量指标表示。可靠性是产品的一项重要质量指标。

这里讨论的低压电器是有触点的开关电器，其所谓的规定性能是指开关和通断能力。例如，对于一台继电器，一种规定是只要求它能接通和分断规定的电流值就算完成功能，另一种规定是还要求其触头的电压降如超过规定值就算作失效。显然，后一种规定的功能要求的可靠性水平要比前一种低些。又如一台接触器，如只规定其主触头空载操作的平均寿命，与除此之外还要求有负载通断寿命，二者的可靠性水平显然有较大的差别。因此， 在评定一个低压电器的可靠性时，应明确以上三个“规定”的具体内容。

产品在工厂制成后，需要通过各种试验来检测其功能和性能参数，这就是通常所称的$t=0$时（使用时间或次数为零）的质量。而可靠性则是指产品在规定的时间（或次数）内保持功能的能力或是保持功能的时间，即为产品功能的维持性。对产品的可靠性评定要在产品使用之后，或者通过模拟使用试验之后才能进行，故称为$t>0$的质量。因此，一个产品的可靠性实际上是表示该产品的时间质量指标。产品的可靠性与其工作时间有着密切的关系。对大量试验数据和使用中得到的产品失效数据进行统计分析，发现大多数产品失效率又与工作时间t的关系，见图1.6所示的浴盆曲线图。

（1）早期失效期。它出现在产品工作早期。其特点是产品失效率较高，随着工作时间的增加而失效率迅速下降，此时期的产品失效是由设计和制造工艺上的缺陷等造成的，包括原料采购缺陷、工艺控制缺陷、生产环境缺陷、生产设备发生故障、操作人员出厂质量检验不严格等。开关电器零部件在加工过程中或多或少存在的粗糙度和毛刺（工艺缺陷），也是造成产品早期失效的原因。经过早期失效期操作的磨合，零部件的表面磨光而使动作灵活，故早期失效期也称为磨合期。如采用产品早期筛选的方法，使产品度过早期失效磨合期，向用户提供无早期失效的高可靠性产品。

（2）偶然失效期。此时期内产品的失效是随机的。其特点是产品失效率较低且稳定，并接近于常数，是产品质量最佳的工作时期。此时期的失效主要是偶然因素引起的。通常产品的可靠性水平是以此时期作为代表的。

（3）耗损失效期出现在产品工作后期，其特点是产品失效率随工作时间的增加而明显增高，此时期内产品失效主要是由老化、磨损、疲劳等造成的。如在损耗失效期开始之前，采取事先更换备件等预防性维修措施，可以使上升的失效率降下来，产品的使用寿命将得以延长，如图 1.6 虚线所示。

低压电器可靠性研究的目的就是如何改变浴盆曲线的形状，尽量降低早期失效率，缩短早期失效期，推迟耗损失效期，延长偶然失效期和降低盆底的水平线。最理想的曲线是从头到尾为一根水平直线，即整个产品使用过程的失效率服从恒定型的指数分布规律。评定和分析产品的可靠性采用概率统计和抽样试验的方法。开关电器的可靠性实现如图 7.1 所示。

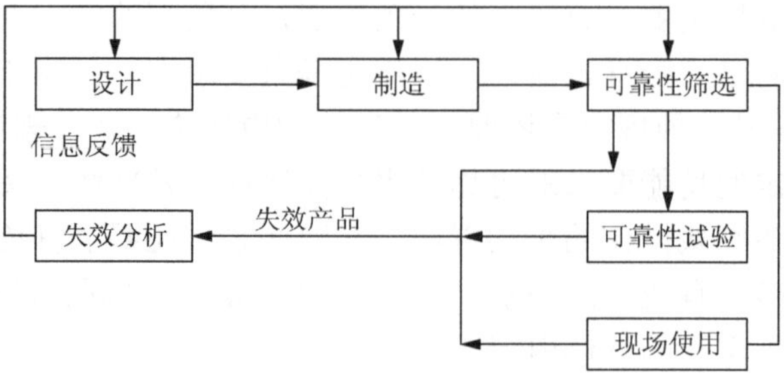

图 7.1　低压电器可靠性技术内部内容示意图

图中表示了从产品设计、制造、可靠性筛选、可靠性试验、产品现场使用以及对失效产品进行失效分析，并将所得到的信息反馈到设计、制造及应用单位，改进产品状态。由图 7.1 可见，可靠性试验作为可靠性技术基本内容的一个重要环节，主要目的和作用之一在于通过对失效产品所进行的分析找出引起产品失效的内在原因（即失效机理）及产品的薄弱环节，从而可以采取相应的措施来提高产品的可靠性水平。

低压电器可靠性的研究工作大致包括下列几个方面：

（1）电器产品可靠性基础理论的研究，如产品的失效分布类型的研究、可靠性特征量评估的研究、产品可靠性抽样方法的研究，数据处理方法研究等。

（2）制定产品的可靠性指标，确定失效判据及可靠性考核方法。

（3）研制各种电器产品进行可靠性试验用的相应的可靠性试验装置。

（4）对于大批量产品建立抽样方案，对样品进行可靠性试验，获得产品的失效数据；对于成套装置等小批量产品建立现场数据采集方法，获得产品失效数据。

（5）进行电器产品的失效分析研究，研究各种开关电器产品的失效模式与失效机理。

（6）电器产品的可靠性保证工作，从电器产品可靠性设计、可靠性制造、可靠性管理等方面实现和提高产品的可靠性。

重点工作还包括以下几个研究方向：

（1）可靠性机理研究：对产品如何失效即失效的物理、化学过程进行研究，从而找出失效的真正原因，研究各种使用环境条件对接触可靠性的影响，以及对触头的材料、形状、接触方式和接触压力进行全面分析并对产品的设计和使用提出要求。

（2）低压电器可靠性指标及考核方法研究：影响低压电器可靠性因素很多，根据不同产品的使用场合及常见故障，早期故障，科学地确定可靠性指标及考核方法。

（3）低压电器可靠性试验装置研制：根据低压电器可靠性指标及考核方法，研制相应的试验装置是提高低压电器可靠性的必备条件。

（4）提高可靠性的研究：根据可靠性考核中暴露的问题，通过失效机理分析，提出改进措施，从而提高产品可靠性。

7.2　低压电器可靠性问题的研究

7.2.1　美国情况

美国 1964 年发布的军用标准 MIL-R-39016D《有可靠性指标的电磁继电器总规范》是开关电器可靠性标准的起始。该规范中采用最大失效率作为电磁继电器的可靠性指标，有以下四个等级，见表 7.1。

表 7.1　美国 MIL-R-39016D 标准的电磁继电器可靠性指标

失效率等级代号	最大失效率/（次/10^6）
L	3
M	1
P	0.1
R	0.01

后来各国有关电器开关产品标准的可靠性指标大都沿用这种分等级的失效率的办法。1962 年，美国 AIEE 和 IEEE 为了给 IEEE 493《工业和商业电力系统可靠性设计标准》的修订提供主要数据，对高、低压开关电器设备开展可靠性现场调查，1973～1979 年，IEEE 开展了一系列的高、低压开关电器设备的可靠性现场调查。现场调查报告中有关 600V 及以下低压电器的失效率和每次失效平均停电时间见表 7.2。停电时间是指开关电器每次失效后检修或更换一只新开关电器的

时间，在有备用电路的场合，是指转换到备用电路所需的时间。1985 年美国 IEEE 对运行时间在 15 年以下的高、低压断路器进行可靠性现场调查，被调查的工厂有 13 家。现场调查报告中有关 600V 及以下框架式断路器的可靠性数据见表 7.2～表 7.5。

表 7.2　低压电器的失效率和每次失效平均停电时间

名称	容量	失效率/（失效次数/台年）	每次失效停电时间/h	
			平均值	中位值
固定式断路器（包括框架式和塑壳式）	全部电流等级	0.0042	4.7	4.0
	0～600A	0.0035	2.2	4.0
	>600A	0.0096	9.6	8.0
抽屉式框架式断路器	全部电流等级	0.0027	147.0	4.0
	0～600A	0.0023	3.2	1.0
	>600A	0.0030	232.0	5.0
电动机启动器	全部电流等级	0.0139	65.1	24.5
封闭式隔离开关	全部电流等级	0.0061	1.6	2.8

表 7.3　框架式断路器的失效数据

断路器数量/台		1695
样本数/台年		2941.24
失效次数/次		23
失效率/（失效次数/台年）		0.00782
总计事故次数/全部台年		225
总计无事故次数/全部台年		24604
失效时数/（小时/失效次数）	平均值	2.8
	最小值	0.5
	中位值	4
	最大值	4

表 7.4　框架式断路器按户内、户外分的失效数据

	户内	户外
样本数/（年/台）	873.57	2067.67
失效次数	9	14
失效率/（失效次数/年台）	0.0103	0.00677

表 7.5　按框架式断路器内装脱扣器型式分的失效数据

	固定脱扣器	电磁脱扣器
样本数/（年/台）	1888.49	1052.75
失效次数	9	14
失效率/（失效次数/年台）	0.00477	0.0133

记录可靠性现场调查的内容是否齐全和详细，对以后整理现场调查可靠性数据的完整性和准确性有直接的关系，任何记录内容上的遗漏都会带来不可挽回的损失。IEEE 对高、低压断路器可靠性现场调查的记录内容极为详尽全面，记录表格包括断路器现场调查总表和断路器的失效单元数据表及其分项目代号。

例如，断路器现场调查总表中应填写的内容包括断路器编号、类型、台数、是否主要用做电动机起动器、线电压、使用场所、有无内置脱扣器、内置脱扣器类型、无故障操作次数/（年台）的统计平均值、有故障操作次数/（年台）的统计平均值、维修周期、维修质量和维修简述等 13 个项目。

断路器的失效单元数据表应填写的内容包括断路器编号、发现失效时刻、失效发生原因、失效起作用原因、预计失效责任、失效模式、距离上次维修的月数、修理紧急度、失效小时数、修理或更换和失效部件等 11 个项目。而在上述失效单元数据表中的 11 个项目都细化为若干个分项目的代号需要选填，部分摘选和介绍如下。

（1）“失效发生原因”项目中需要选填以下 10 个分项目代号：①暂态过电压（如雷击、操作浪涌电压或系统事故）；②绝缘击穿；③运动部件机械耗损、摩擦或卡住；④机械破损（如撞击、松脱、磨伤或静止件或结构件变形）；⑤外力造成的本体损坏或缺陷（如车祸）；⑥电气事故或丧失功能；⑦保护继电器或脱扣装置丧失功能；⑧其他辅助装置丧失功能；⑨电路的电压太低或无电压（如空压机和 SF-6 的加热器电路）；⑩其他。

（2）“失效起作用原因”项目中需要选填以下 13 个分项目代号：①持续过载；②过热（环境温度，℃）；③过冷（环境温度，℃）；④恶劣气候（如风、雨、雪或冰雹）；⑤浓雾；⑥化学物质侵入；⑦灰尘、盐雾或其他污染物暴露；⑧老化与正常损坏；⑨润滑丧失或不足；⑩操作或检验不正确；⑪脱扣电源不足；⑫缺少预防性检修；⑬其他。

（3）“失效模式”项目中需要选填以下 15 个分项目代号：①接指令闭合失败；②闭合和锁扣失败；③接指令断开失败；④没指令闭合；⑤没指令断开；⑥断开时不能分断电流；⑦断开成功但损坏；⑧闭合时损坏；⑨不能承载电流；⑩不在闭合或断开时的对地或相间故障；⑪不在闭合或断开时断开触头的故障；⑫真空丧失（对真空断路器）；⑬需要停止运行 30min 以内的其他失效；⑭不需要暂停运行的其他失效；⑮不明原因的失效。

美国 IEEE 493-1997《工业和商业电力系统可靠性设计标准》中给出通用低压工业配电系统的强制非利用率计算式：当开关电器元件串联时（图 7.2），计算见式（7.1）、式（7.2）和式（7.3），并联元件的计算见式（7.4）、式（7.5）和式（7.6）。

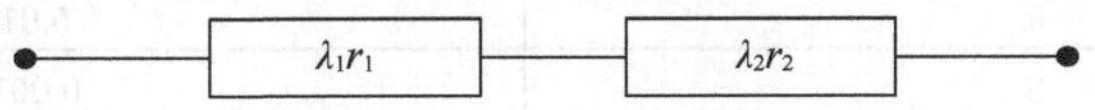

图 7.2　开关电器串联连接元件图

$$f_s = \lambda_1 + \lambda_2 \tag{7.1}$$

$$f_s r_s = \lambda_1 r_1 + \lambda_2 r_2 \tag{7.2}$$

$$r_s = \frac{\lambda_1 r_1 + \lambda_2 r_2}{\lambda_1 + \lambda_2} \tag{7.3}$$

式中，λ_1为开关电器元件 1 的失效率（每年失效次数）；λ_2为开关电器元件 2 的失效率（每年失效次数）；r_1为元件 1 每次失效的平均停电小时数；r_2为元件 2 每次失效的平均停电小时数；f_s为串联系统的失效频数（每年失效数）；r_s为串联系统每次失效的平均停电小时数。

$$f_p = \frac{\lambda_3 \lambda_4 (r_3 + r_4)}{8760} \tag{7.4}$$

$$f_p r_p = \frac{\lambda_3 r_3 \lambda_4 r_4}{8760} \tag{7.5}$$

$$r_p = \frac{r_3 r_4}{r_3 + r_4} \tag{7.6}$$

式中，λ_3为开关电器元件 3 的失效率（每年失效数）；λ_4为开关电器元件 4 的失效率（每年失效数）；r_3为开关电器元件 3 每次失效的平均停电小时数；r_4 r_3为开关电器元件 4 每次失效的平均停电小时数；f_p为并联系统的失效频数（每年失效数）；r_p为并联系统每次失效的平均停电小时数；$f_s r_s$为串联系统的每年强制停电小时数；$f_p r_p$为并联系统的每年强制停电小时数。并联系统见图 7.3。

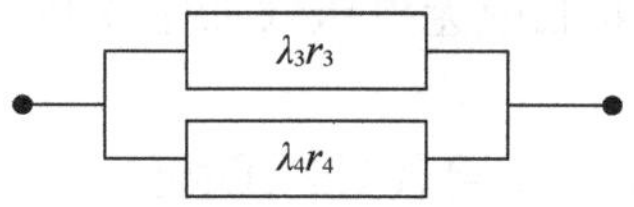

图 7.3　开关电器并联连接元件图

利用现场调查所得的各类开关电器元件的失效数据，就可推导计算出各种系统的强制非利用率等有关数值。也可直接用作进行开关电器元件和电器成套设备的失效率、可靠寿命、修复率、可用度、利用率和成本有效度等的计算。

7.2.2　日本情况

日本在工业标准 JISC 5440-1980《有可靠性要求的控制小型继电器通则》中规定有 5 个失效率等级见表 7.6。

表 7.6　日本 JISC 5440 标准的继电器失效率等级

失效率等级代号	最大失效率/（次/10^6）
M	1
P	0.1
R	0.01
S	0.001
T	0.0001

而在 JISC 5442-1986《控制用小型电磁继电器试验方法》中则规定有 10 个失效率等级见表 7.7。

表 7.7 日本 JISC 5442 标准的继电器失效率等级

失效率等级代号	最大失效率/（次/10^6）
L	5
M	1
N	0.5
P	0.1
Q	0.05
R	0.01
E	0.005
S	0.001
H	0.0005
T	0.0001

20 世纪 70 年代初，日本电气学会控制设备专业委员会对电磁式接触器的使用故障实际情况进行广泛的现场调查。被调查的电器设备有 763 个，其中所使用的电磁式接触器超过 31 只，调查到的故障次数累计超过 15 万次。现场调查结果，按设备的运行时间、接触器故障次数和造成故障的责任分类比例见表 7.8。

表 7.8 接触器现场调查故障统计表

设备运行时间/h			<10000	10000～30000	>30000	总计
设备数/个			253	233	277	763
平均使用接触器数/只			135	515	565	407
接触器总数/只			34155	119995	156505	310541
接触器故障次数/次			1935	5413	8265	15513
造成故障责任分类	制造厂责任	故障次数	536	1158	1950	3644
		所占比例/%	27.7	21.4	23.6	23.5
	用户责任	故障次数	905	2698	4001	7604
		所占比例/%	46.8	49.8	48.4	49
	其他	故障次数	494	1557	2314	4265
		所占比例/%	25.5	28.8	28	27.5

图 7.4 显示辅助触头和主触头的故障比例约占一半，其次线圈和机械部分的故障所占的比例也不小。表 7.9 列出接触器主要故障项目的原因。

根据上述的故障情况和分析结果，可将电磁式接触器的可靠性研究项目分为与固有可靠性有关的和与使用条件有关的两类，并列于表 7.10 中。现场调查结果为触头部分的故障率最高。针对触头的熔焊问题，分析结果认为：

（1）S 型接触器具有 AC-3 和 AC-4 使用类别的接通和分断性能，且有一定的裕度，通断能力约为额定电流的 15 倍，已经足够。

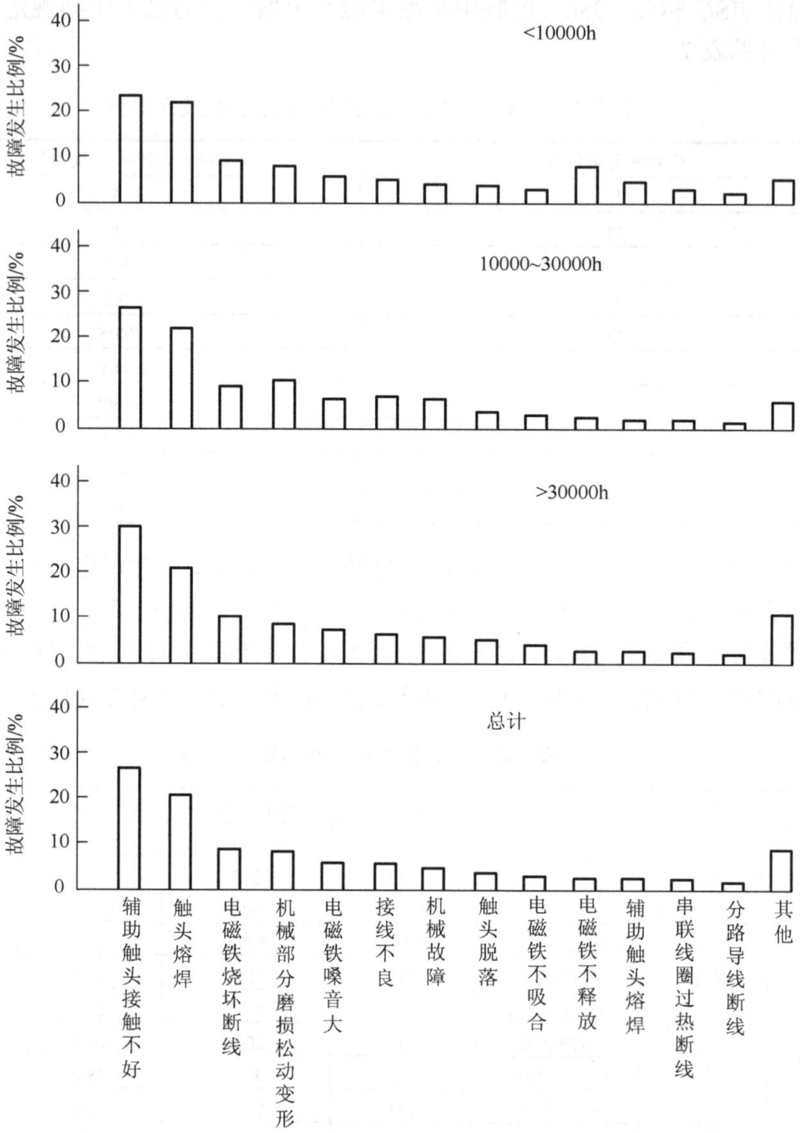

图 7.4　接触器的故障分类契机比例

表 7.9　接触器的主要故障及其原因

故障项目	原因
辅助触头接触不良	尘埃、氧化膜
触头熔焊	短路事故、接通大电流、触头过度磨损、闭合过程颤跳（控制电源电压波动、触头接触不稳定）
线圈烧坏、断线	控制电源电压太高、太低（不能吸合）、漆包线折断
磨损、变形、松动	寿命低、可动部件变形

续表

故障项目	原因
接线不好	接线螺丝松动
机械故障	寿命低
电磁噪声	铁心生锈、铁心吸合面有杂物
接触部件脱落	固定件破损、异常冲击、闭合过程颤跳
吸合不好	结构不好、铁心吸合面有杂物、变形
释放不好	剩磁、铁心吸合面有黏结物、变形

表 7.10　接触器的可靠性研究项目

与接触器固有可靠性有关的项目	与使用条件有关的项目
通断能力	辅助触头的接触可靠性
抗熔焊能力	电寿命
机械寿命	操作电压的波动
长期通电能力	接线端子的可靠性
耐振性能	
耐环境性能	
结构可靠性	

（2）电动机正反向运转和星-三角启动的切换可靠性要求，分断电流的燃弧时间必须限制在 1 周波以内。

（3）触头的熔焊往往是由触头的颤跳动作引起的，造成熔焊的主要原因是接触器线圈的控制电源电压波动和控制回路的触头接触不稳定，由于频繁地接通和分断电流产生了大量的电弧热，造成触头脱落、动触头的绝缘支架变形和触头熔焊现象。触头的熔焊问题要从设计上来解决。

从月批量生产的各种结构产品中选取 2～20 台进行机械寿命试验，作为保证 S 型接触器产品可靠性的手段之一。机械寿命的可靠性试验条件如下：控制电源电压为 105%线圈的额定电压；操作频率为 7200 次/h。

故障的判定条件有：

（1）机械结构部分和零部件损坏或异常磨损；

（2）线圈烧毁或断线；

（3）铁心中出现异常噪音，释放电压低于规定值。

S-18 型接触器（线圈的额定电压为 220V）分别用控制电源电压为 100%、105%和 110%线圈额定电压进行机械寿命可靠性试验，故障判定条件分成（a）和（b）+（c）两种情况，在韦布尔概率纸绘出试验结果见表 7.11。

表 7.11　接触器机械寿命试验结果

判定条件	线圈的试验电压/V	韦布尔分布的参数值			
		Y/万次	μ /万次	σ /万次	m
（a）	210	460	627	82	2.1
	200	520	675	74	2.2
	220	330	540	92	2.43
（b）+（c）	210	—	1200	354	3.7
	220	—	940	330	3.2

试验研究结果表明：以铁心中出现异常噪声和释放电压低于规定值作为故障的判定条件时，控制电源电压的波动对平均寿命的影响比较小，故零部件质量稳定产品的机械寿命可靠性，倾向于以铁心噪声与释放电压作为故障的判定条件。如果从进行寿命可靠性的观点出发，控制电源电压的波动范围控制在 90%～100%线圈额定电压是较合理的。操作频率为 7200 次/h 和为 1200 次/h 的机械寿命可靠性试验结果比较无明显差别。接触器正常为与垂直平面成直角的方向安装，如改成在同一平面内旋转 90° 成横向安装，会改变滑动面的运动部件的平衡，产生异常磨损，机械寿命约降低一半。

用 S-18 和 S-30 型接触器在 AC-3 使用类别下进行电寿命可靠性试验。将触头重量消耗或超行程减少到规定值的时刻、绝缘电阻和耐压降到规定值以下的时刻，即判为故障。电寿命的可靠性试验结果近似于正态分布。在 90%置信度下，求出的可靠性寿命见表 7.12。电寿命受分断电流的影响特别大，同一型号接触器的电寿命近似的和分断电流的平方成正比。电压的影响没有像电流那样严重。AC-3 的接通电流大而分断电流小，触头的消耗量接通和分断时约各占一半。S 型接触器的额定通断频率为 1200 次/h 或 1800 次/h，更高的通断频率下，触头的温升增高，甚至使触头熔焊，必须降容使用。控制电源电压的波动对电寿命的影响不太大，但电压越高，触头的振动时间越长，电寿命就越低。触头上附着油类和水分时，将大幅度地加速触头的消耗，显著地降低电寿命，其电寿命往往只是通常情况下的 1/10 左右。

表 7.12　触器可靠电寿命试验结果

可靠度/%	可靠电寿命/万次	
	S-18 型	S-30 型
90	127	158
80	133	167
70	139	173
60	143	179
50	146	183

接触器连续一年左右保持接通状态使用占有相当的数量。在此长期通电情况下，主要问题是线圈绝缘材料的热寿命。测得 S-18 和 S-30 型接触器线圈上施加电压和温升的关系曲线，根据线圈所用的绝缘材料允许温升为 95K，可确保线圈在 110%额定控制电源电压下连续使用寿命约为 10 年。

根据现场调查的统计，接触器辅助触头的故障占最大的比重。辅助触头不良是故障的成因。S 型接触器改进了辅助触头的设计，采用图 7.5 所示在闭合过程中带有滚动的触头结构，提高辅助触头在低电压、小电流下工作的可靠性。该类型辅助触头用链式可靠性试验线路进行试验，其接触可靠性见表 7.13。

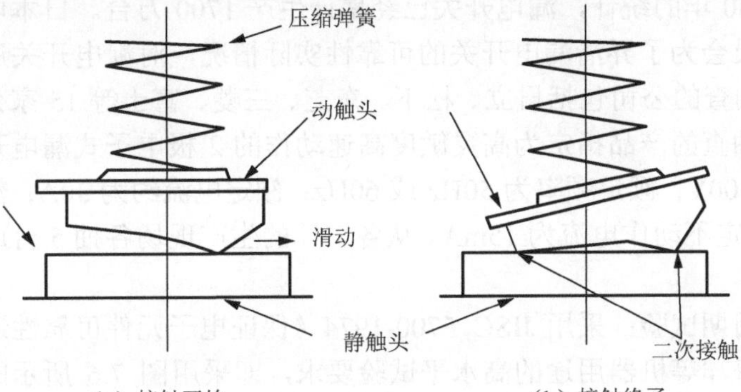

图 7.5　闭合过程带滚动的触头结构

表 7.13　接触器辅助触头的接触可靠性

接通和分断电压（AC、V）/电流/mA	试验结果		平均到每个触头的失效率/10^{-9}		平均到每个触头的MTBF/万次	
	通断次数/万次	失效次数/次	点估计	60%置信度	点估计	60%置信度
100/90	300	1	4.2	6.5	24000	15000
200/45	300	2	8.3	13	12000	7700
24/400	100	20	250	270	400	370
24/400（2 极并联）	300	6	50	61	2000	1640
100/90	500	1	1.3	2.5	80000	39000
200/45	300	2	8.3	13	12000	7700

使用条件与可靠性关系如下：

（1）耐振性能：确定标准接触器的耐振性能在 10Hz 振动频率下为 2*g*。

（2）闭合过程的颤跳：在接触器触头的熔焊和异常磨损的原因中，往往是因为操作电压的波动及操作回路中触头接触不稳定而引起接触器闭合过程的颤跳。使接触器颤跳的电压多数约为 70%额定控制电源电压。作为提高可靠性的措施是采用低电压补偿型接触器（可靠吸合电压比一般接触器低 10%左右）和延迟释放型接触器等。

三菱公司提出了以下提高接触器可靠性的结构设想：

（1）防止可逆式接触器的同时误接通：合并采用电气联锁和机械联锁。

（2）防止产生短路事故：采用限制喷弧的结构。

（3）防止绝缘老化：考虑在高湿度或导电性堆积的场合作用，采用船用 Lloyd 标准和 BV 规范中的环境条件的要求。

三菱公司在 S 型接触器上进行多年的可靠性试验研究，充分考虑到各种使用条件对接触器的要求，改进了接触器的结构，提高其技术性能和可靠性水平，取得良好效果。

日本 1980 年的统计，漏电开关已经累计生产 1700 万台。日本电气学会漏电开关技术委员会为了弄清漏电开关的可靠性实际情况，对漏电开关进行可靠性抽查试验。被抽查的公司包括日立、松下、东芝、三菱、富士等 15 家公司的漏电开关产品。被抽查的产品指定为高灵敏度高速动作的 2 极电子式漏电开关。开关的额定电压为 100V；额定频率为 50Hz 或 60Hz；额定电流约为 30A；额定动作电流为 30mA，额定不动作电流为 15mA。从各工厂的生产现场各抽 5 台成品进行以下项目的试验。

温湿度周期试验：采用 JISC 5700-1974《保证电子元件可靠性通则》中的宇宙、卫星和海洋等机器用途的高水平试验要求，即采用图 7.6 所示的温度和湿度试验周期。试验最高温度为 65℃，与其相对应的相对湿度为 95%：最低温度为 5℃。试验过程避免产生凝露。

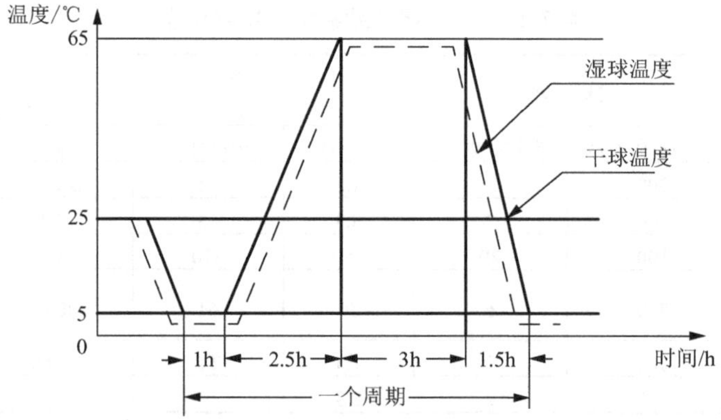

图 7.6 温度和湿度试验周期

试验条件为：

（1）漏电开关不在正常安装状态，而是操作手柄向上，使其处于水平状态；

（2）施加 110%的额定电压，即 AC110V，不通入电流；

（3）进行 100 个周期试验。

试验过程中检测以下参数：

（1）实际漏电动作电流；

（2）动作时间；

（3）开关处于闭合状态，操作手柄和带电部件之间的绝缘电阻。

试验时间为 1981 年 10 月 12 日～16 日，实际共进行 103 个周期试验。试验结果如下：

（1）75 台试品中只有 1 台在第 53 个周期时拒动，而在第 63 周期曾恢复正常动作，但以后又一直拒动直至第 103 个周期结束。其余 74 台试品均正常动作。

（2）漏电动作电流试验开始时为 20.3～25.5mA，试验结束时变为 20.0～24.0mA，试验中，每台试品波动幅值的平均值为 1.0mA。

（3）动作时间试验开始时为 10～49ms，试验结束时为 10～50ms。试验过程中，平均每台试品波动幅值的平均值为 3.7ms。有 8 台试品动作时间发生约 20 ms 的突然变化，然后又回到原来的数值。

（4）试验前后以及试验过程中，所有试品的绝缘电阻均在 100MΩ以上。

雷电冲击试验是在对漏电开关施加电源电压的状态下，施加雷电冲击波电压，漏电开关内部有雷电冲击电流流过时，漏电开关是否脱扣，或是否损坏的试验。

试验方法采用 JISC 8371 规定的方法。

（1）试验电压和试验电流见表 7.14。

表 7.14　雷击冲击试验的电压和电流

	波峰值	波形	
		波头长	波尾长
试验电压	7kV	0.5～1.5μs	32～48μs
试验电流	220A	约 1.0μs	约 2.6μs

（2）试验电压波形见图 7.7，试验电流波形见图 7.8。

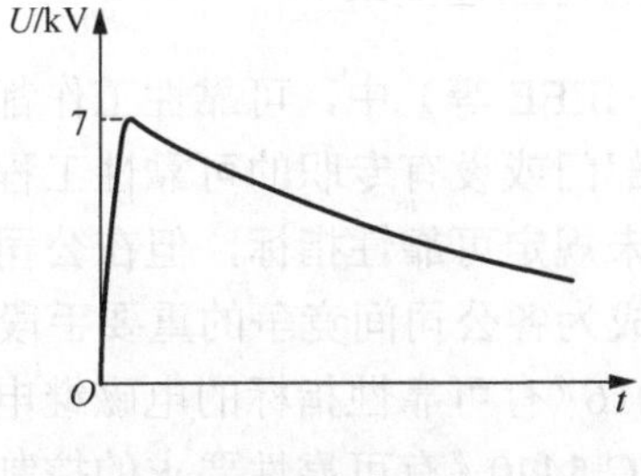

图 7.7　试验电压波形

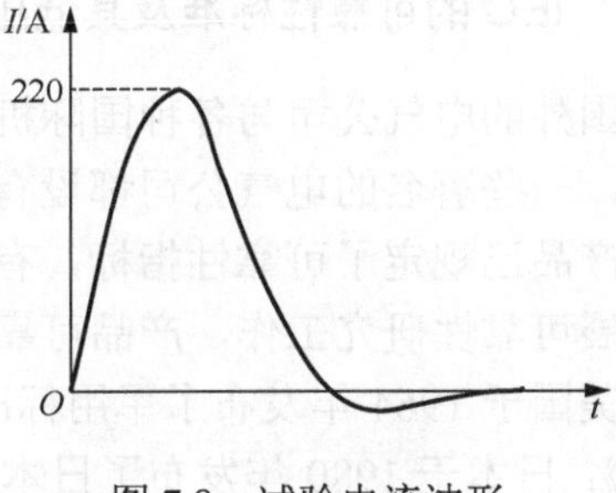

图 7.8　试验电流波形

（3）施加到漏电开关上的电源电压为交流额定电压 100V，频率为 60Hz。

（4）雷电冲击波电压施加时间约 1min。

（5）双极漏电开关每极的正向和反向各试验 3 次，每台试品共试 12 次。

试验时间为 1981 年 11 月 30 日～12 月 1 日。试验结果：对温湿度试验合格的 74 台试品逐台进行雷电冲击试验，试后以操作漏电开关上的试验按钮，开关能可靠动作来判定其试验合格，结果 74 台试品全部试验合格。

7.2.3 其他国家的低压电器可靠性工作

德国在 VDE0660《低压开关电器规范》中规定：“产品机械寿命和电寿命的额定值是取占 90%的接触器所能达到的极限通断次数”，这意味着用可靠寿命（可靠度等于 0.9）的概念来考核接触器的机械寿命和电寿命。德国西门子公司对批量生产的接触器，每周抽一次试品，两个月共抽额定电流大于或等于 32A 的样品 20～30 台或额定电流小于 32A 的试品 10～15 台为一组进行机械寿命试验，试到每台试品都损坏为止。根据试验结果用韦布尔概率纸确定出可靠度等于 0.9 时的可靠寿命，要求此值不应低于产品样本上规定的机械寿命值。

法国在 NFC63-100《工业用控制设备——接触器》标准中规定：“对成批生产的电器，特别是约定电流小于或等于 40A 的电器，机械寿命是在有代表性的样机上以重复方式进行试验的，制造厂在统计了试验结果即给出产品的机械寿命值”，这实际上也是规定了用可靠性的概念来确定接触器的机械寿命。

随着生产技术及应用水平的不断提高，对低压开关电器的可靠性提出了越来越高的要求。当今国际社会上电器可靠性早已成为各种国际会议的重要议题之一，有关电器可靠性的国际学术会议主要有下列几个：

（1）国际电接触会议，它于 1901 年举行第一届年会，1964 年起每两年召开一次；

（2）霍姆电接触会议，它每年举行一次，会议地点主要在美国；

（3）继电器年会，它于 1953 年举行第一届年会，以后每年召开一次，会议地点固定在美国。

7.2.4 IEC 的可靠性标准及其低压电器标准中的可靠性要求

国外的电气公司与各种国际机构（如 IEE、IEEE 等）中，可靠性工作都很受重视，一些著名的电气公司都设有可靠性管理部门或设有专职的可靠性工程师。有些产品已规定了可靠性指标，有些产品虽还未规定可靠性指标，但在公司内部已开展可靠性研究工作，产品可靠性的高低已成为各公司间竞争的重要手段。

美国于 1964 年发布了军用标准 MIL-R-39016《有可靠性指标的电磁继电器总规范》；日本于 1980 年发布了日本工业标准 JISC 5440《有可靠性要求的控制用小型继电器通则》；苏联于 1983 年发布的《低压开关电器通用技术条件》中规定了产品的可靠性要求和可靠性试验方法；德国的 VDE0660《低压开关电器规范》中规定：“产品机械寿命和电寿命的额定值是取占 90%的接触器所能达到的极限通断次数”，这意味着用可靠寿命（可靠度等于 0.9）的概念来考核接触器的机械寿命和电寿命。法国在工业用控制设备——接触器标准 NFC63-100 中规定：“对成批生产的电器，特别是约定发热电流小于或等于 40A 的电器，机械寿命是在有代表性的样机上以重复方式进行试验的，制造厂在统计了试验结果后给出产品的机械寿命值”，这实际上也是规定了用可靠性的概念来确定接触器的机械寿命。

IEC 在 1965 年成立了技术委员会 TC56（可靠性与维修性技术委员会），至今已发布了不少关于可靠性与维修性方面基础性或共性的标准：如 IEC 300《可靠性与维修性管理》，它为产品在制定可靠性与维修性时提供管理导则，还作为 ISO 9000 系列标准的补充文件提供有关可靠性方面的内容；还有 IEC 605《设备可靠性试验》与 IEC 706《维修性导则》。IEC 605 是关于设备（既可指电子设备，也可指电工设备或机械设备；既可指元件，也可指装置）可靠性试验方面一套较为完整的基础性标准，它规定了设备可靠性验证试验和可靠性测定试验的总原则、具体程序及试验方案。它由下列 7 个部分组成（续发表 3 个部分），具体如下：

IEC 60605-1 设备可靠性试验第 1 部分：总要求。

IEC 60605-2 设备可靠性试验第 2 部分：试验周期设计导则。

IEC 60605-3-1 设备可靠性试验第 3 部分：推荐的试验条件室内便携设备-粗模拟。

IEC 60605-3-2 设备可靠性试验第 3 部分：推荐的试验条件-气候防护场所设备-精模拟。

IEC 60605-4 设备可靠性试验可靠性测定试验的点估计和区间估计的方法（指数分布）。

IEC 60605-5 设备可靠性试验成功率的试验方案。

IEC 60605-6 设备可靠性试验恒定失效率假设的有效性检验。

IEC 60605-7 设备可靠性试验恒定失效率假设下的失效率与平均无故障时间的验证试验方案。

第 8 部分：非指数分布假设的有效性检验。

第 9 部分：韦布尔分布时的验证试验方案。

第 10 部分：正态分布时的验证试验方案。

在电器产品可靠性标准的制定方面，IEC 255 电气继电器标准中的 IEC 255-0-20《电气继电器的触点性能》、IEC 255-0-10《电子元件质量评价系统在有或无继电器上的应用》及 IEC 255-19《机电式有或无继电器的质量评价》等标准都有可靠性的内容。IEC SC4JA 在 1988 年 6 月发布 46 号文件，提出在现有 IEC 标准的基础上应补充“应用于小电流的有或无继电器的可靠性试验”、2002 年 IEC 发布的标准 IEC 60050-444《电工术语基本继电器》的 444-07 节中也列入了 12 条关于可靠性方面的术语。

上述 IEC 标准现行的新版本均在原标准号前冠以“60”。原 IEC 300 的新版本有 IEC 60300-1～2、IEC 60300-3-1～7、IEC 60300-3-9～12。原 IEC 605 的新版本有 IEC 60605-2、IEC 60605-3-1～6、IEC 60605-4、IEC 60605-6。原 IEC 706 的新

版本有 IEC 60706-1～6。IEC 在 IEC 755:1983（剩余电流动作保护器的一般要求）、IEC 1008-1:1990《家用和类似用途的不带过电流保护的剩余电流动作断路器（RCCB）第 1 部分一般规则》和 IEC 1009-1:1991《家用和类似用途的带过电流保护的剩余电流动作断路器（RCBO）第 1 部分一般规则》3 份标准中都规定有产品可靠性的技术性能。即要求剩余电流动作保护器或断路器即使在长期工作后，考虑其元件的老化，也应能可靠动作。并规定通过气候试验、40℃温度试验和验证电子元件抗老化性能来验证是否符合规定的可靠性的要求。上述 3 份 IEC 标准中规定的有关可靠性技术性能和试验要求基本相同。

7.3 国内低压电器的可靠性工作发展

我国的低压电器可靠性研究与试验起步较晚，20 世纪 70 年代末期，我国曾经发生了由于低压电磁式中间继电器的失效，造成某饭店电梯失控将外国贵宾长时间地关在电梯中和某项国家重点工程开工典礼上机器无法开动等重大故障，造成了不良的政治影响和经济损失，由此有关研究所、高校和制造厂开展可靠性研究工作和试验，1986～1991 年共发布 7 批限期考核可靠性指标的机电产品清单中，低压电器就有电磁式中间继电器、小容量交流接触器、有填料熔断器和切换电容器接触器等产品。

20 世纪 80 年代初期开始推进电器产品的可靠性工作，1983 年成立了中国电工技术学会电工产品可靠性研究会。“六五”期间开展了“中间继电器的可靠性研究”；在“七五”期间又开展了小容量交流接触器的可靠性研究、电子时间继电器、小型中间继电器可靠性研究、量度继电器可靠性试验和评估方法的研究以及继电器及接触器的可靠性试验装置研究。先后开展可靠性试验研究的低压电器产品有电磁式中间继电器、小容量交流接触器、切换电容器接触器、有填料熔断器、框架式断路器、塑壳式断路器和漏电断路器等产品。大量的各种类型可靠性试验装置通过测试认证和投入使用。通过理论分析及大量试验数据统计分析，对产品失效机理有了真正的理解，提出了相关产品的可靠性指标及考核方法，对产品的可靠性设计及制造提出了改进措施并取得成效。

我国低压电器各产品的可靠性试验研究，大都采用以下步骤：

（1）根据产品的特点，确定其可靠性试验研究的项目内容及其可靠性指标；

（2）选择典型系列、规格的试品进行模拟试验；

（3）编制产品的可靠性指标及其试验方法的规范或标准；

（4）进行考核评定试验或试验研究；

（5）产品可靠性增长的试验研究。

从上述回顾看来，我国电器行业的可靠性工作目前大体上处于针对继电器及小容量交流接触器等典型产品制定可靠性指标、研制可靠性试验装置以及进行可靠性试验阶段。我国电器产品可靠性研究虽然取得了进展，但由于起步较晚，不少电器产品还未开展可靠性研究与考核工作，在新产品开发时尚未建立可靠性设计与制造规范，我国电器行业的部分企业对可靠性工作还重视不够，可靠性工作尚未认真开展，我国电器产品的可靠性水平还普遍低于发达国家产品的可靠性水平。

在市场经济竞争中，以优取胜，以质量与可靠性取胜，已经成为共识。提高我国电器产品的可靠性水平的可靠性工作包括：

（1）除了已制定或正在制定的几种电器产品可靠性试验方法的标准外，应尽快补充制定和完善可靠性试验方法的行业标准；

（2）可靠性试验装置是进行可靠性验证试验的必备手段，完善可靠性试验装置的研制生产；

（3）开展电器产品失效分析工作；

（4）电器生产企业加强可靠性管理工作，健全可靠性管理组织，开展可靠性设计、生产、实验和失效分析工作，收集现场使用中的产品失效信息，并把失效信息和失效分析结论反馈给设计、生产和试验企业；

（5）加强电器产品可靠性基础知识的普及工作与可靠性方面的人才培养。

7.4 可靠性指标确定

7.4.1 可靠性指标确定

由于可靠性是产品的一项重要质量指标，因此必须给出各种定量的尺度和这一质量指标的数值，包括可靠度、失效率、平均寿命、有效寿命、可维修度、有效度和重要度等。

低压开关电器种类繁多，各类产品都有不同的工作特点，即便是能实现同种功能的不同产品其工作方式及故障模式仍有差别，因此，产品的可靠性指标应根据各类产品各自特有的工作特点及故障模式来确定。可靠性指标要全面定量反映电器可靠性。在完整地反映其可靠性特征的条件下，产品的靠性指标尽可能少；可靠性指标应结合开关电器的工作特点及失效模式，并能反映使用要求和当前产品的薄弱环节。

7.4.2 保护类电器的可靠性指标

当电机或其他用电设备发生故障（如电机过载、设备漏电和线路短路）时，保护类电器必须及时可靠隔离（关断）故障源，达到保护用电设备的目的。保护类电器是在用电设备异常情况下动作，如果它的可靠性不高，将导致用电设备损坏，造成重大经济损失，甚至危及人身安全。保护类电器主要包括低压断路器、漏电开关、量度继电器和熔断器等。

从国际电工委员会（IEC）及各工业发达国家来看，在保护类电器的可靠性研究及可靠性标准方面，尚无成熟的经验可以借鉴。而保护类电器的工作特点又与中间继电器、接触器等频繁操作的控制类电器的工作特点有很大不同，所以不能套用中间继电器等控制类电器可靠性指标的规定方法及考核方法。

当用电设备发生故障时，保护电器应及时可靠地动作；当用电设备处于正常工作时，保护电器应不动作。一般说来，用电设备的故障不会频繁发生，且没有一定规律，因此保护电器可能在不长的工作时间内就会动作，而有时可能在较长的时间甚至几年内都不会发生一次用电设备故障而需要保护电器动作。所以保护类电器的保护动作次数不会太多。

保护类电器的故障模式的一种是拒动，即当用电设备发生故障时保护类电器不能及时可靠地动作，而导致用电设备得不到可靠的保护；另一种是误动，即当用电设备未发生故障时，保护类电器由于本身动作特性的改变或由于各种干扰信号的作用而发生误动作，这将导致用电设备不必要地被切断用电。因此，其可靠性应主要对保护类电器的拒动作和误动作进行设计，可靠性指标应能表征出它的故障模式和工作特点。

成功率就是指保护类电器在工作期间不发生拒动或误动的概率，同时可用失效率作为考核保护类电器可靠性指标之一。采用这两个指标，就可以以台数作为考核的统计量，并在考虑环境影响因素后，恰当反映出保护类电器的工作特点。

而对于低压断路器，由于其工作特点及故障模式，就很难用一个可靠性指标来衡量其可靠性，但为使可靠性考核工作精确而不过分复杂，不宜采用过多的考核指标。仅仅针对操作故障（操作故障率是指已工作到 t 时刻的产品，在 t 时刻后的单位时间内发生操作故障的概率）、误动故障及拒动故障这三类故障规定两个可靠性指标。

对于操作故障，可采用操作故障率的大小作为其可靠性指标；对于误动与拒动故障，可采用保护成功率 R 的大小作为其可靠性指标。低压断路器对低压配电电路及用电设备的保护包括过载保护及短路保护，考虑到短路故障对低压配电电路及用电设备造成的危害比过载故障所造成的危害严重得多，同时考虑可靠性指标及其考核工作不要过于复杂，一般可采用瞬动保护成功率和操作故障率作为低压断路器的可靠性特征量，分别按其大小分成若干等级，并将瞬动保护成功率等级和操作故障率等级作为低压断路器的可靠性指标。

根据对我国低压断路器可靠性摸底试验的结果，将其操作故障率等级分成四个等级，如表 7.15 所示，瞬动保护成功率等级分成五个等级，如表 7.16 所示。

表 7.15　低压断路器操作故障率等级名称及其最大故障率 λ_{max}

操作故障率等级名称	最大故障率 λ_{max} /（1/10 次）
亚三级	3×10^{-3}
三级	1×10^{-3}
亚四级	3×10^{-4}
四级	1×10^{-4}

表 7.16　低压断路器瞬间保护成功率等级名称及其不可接受的成功率 R_1

瞬间保护成功率等级名称	不可接受的成功率 R_1
A 级	0.99
B 级	0.98
C 级	0.97
D 级	0.96
E 级	0.95

7.4.3　控制类电器可靠性指标

控制电器的可靠性广义地说应包括耐环境影响、接线、绝缘和操作可靠性，以及连续工作过程的可靠性，即运行可靠性等。

对应于浴盆曲线（图 1.6）的三段，控制电器的可靠性水平可用早期可靠寿命、失效率、耐久寿命（耐久性）三种指标来衡量。

（1）早期可靠寿命。我国控制电器的早期故障较严重，且早期故障不服从指数分布，不同产品分布不同，可用可靠寿命来衡量。可靠寿命是与规定的可靠度相对应的寿命，即不可靠度为 Q 的寿命。用户在选用电器时需要知道绝大多数（如 90%）的电器能达到的寿命，如 10%寿命。

因此可靠寿命是控制电器必须达到的可靠性指标。可靠寿命可以用按规定的置信度和可靠度置信下限选定的抽样方案来进行试验考核，可靠寿命和可靠度一起构成一组完整的可靠性指标。

（2）失效率。在较低电压较小电流情况下，接触失效是个重要问题。接触故障发生的概率随负载减少而加大。对于民用非密封电器，接触失效在很大程度上是受周围环境中有害物质等偶然因素的影响，其发生的概率和电器已用次数关系不显著，在偶然失效期内是常数。因此反映接触失效水平的不是何时发生失效，而是发生了多少次失效。在偶然故障期内，一批产品带额定最小负载（额定最低工作电压，额定最小工作电流）发生接触失效的次数在总动作次数中占的比例称为接触失效率（以下简称失效率）。

在额定最大负载下也可能发生接触失效，但由于控制电器的交流额定工作电压较高（一般是 220V 或 380V 直流/交流），电弧较强，产生电击穿或高温来排除相当一部分引起接触失效的原因，因此失效率比额定最小负载时低得多。因此用额定最小负载时的接触失效率代表可靠性水平更适合。有些关于军用或电子设备用元器件的文献中，把一批产品保持失效率最低值也就是偶然失效期终了前的动作次数称为有效寿命（useful life）。在失效率试验中规定的最小动作次数就是对有效寿命的考核。有效寿命和耐久寿命（耐久性）是两个性质不同的特征量，前者描述要求保证系统失效率的用户，应当调换新电器的时间，后者描述简单系统的用户控制电器可以用多久。因此失效率和最小动作次数一起构成一组完整的可靠性指标。

对于元件数不多的一般生产性控制系统，元件失效率低一些也能基本满足系统工作的要求，接触失效的后果也不是很严重。因此考核失效率的必要性不大。对于军用系统或元件数较多的复杂控制系统，如加工中心、加工自动线、柔性制造系统与计算机集成制造系统等必须进行以元件失效率为依据的系统可靠性设计。为了保证系统失效率不超出设计值，必须选用失效率低的元件并且及时更换失效率已变大（超出偶然失效期）的控制电器。在这种情况下前述耐久寿命（耐久性）就非常重要。

（3）耐久寿命（耐久性）。控制电器经过长期工作之后，会发生磨损、劣化、变形、损坏等耗损故障导致失效，包括不能正常复位等。这些失效一般发生在耗损失效期，服从韦布尔分布。一台电器发生耗损失效的概率达到规定的动作数值称为耐久寿命（耐久性）。

耐久寿命是负载的函数，负载越大寿命越短。对应于额定最大负载的寿命称为电寿命。对应于触点不产生电弧即不引起明显电磨损的小负载的寿命称为机械寿命。机械寿命可以在无负载情况下进行试验， 但对于实际使用来说无负载是没有意义的。

7.5 低压电器的可靠性特征参数与失效分布

7.5.1 低压电器的可靠性特征参数

低压电器的可靠性特征量是用来表示低压电器产品总体可靠程度的各种数量指标，其数值是理论值，而实际上是统计值。特征量有估计值、外推值和预测值。

（1）特征量的估计值：根据样品的观测数据，经一定的统计计算所得到的就是特征量的估计值。估计值可以是点估计，也可以是单边或双边的区间估计。

（2）特征量的外推值：根据试验所得特征量观测值或其他估计值，按一定外推或内插方法，推算出在不同应力条件下的数值，即是特征量的外推值。

（3）特征量的预测值：在规定使用条件下，根据一个复杂产品的设计，按各组或单元的可靠性特征量的观测值（或其他估计值），计算所得到复杂产品的特征量数值，即为特征量的预测值。

低压电器产品可靠性的高低仅仅定性地描述是不够的，科学地说，需要定量地描述产品的可靠性数值。因此规定了可靠性特征参数来定量描述产品可靠性。

特征参数可分为不可修复产品（指不能修复或不值得修复的产品）和可修复产品两类。

1. 不可修复产品的可靠性特征参数

一批低压电器产品进行寿命试验时，各个产品的寿命（对频繁操作的低压电器元件来说，指试验到元件失效为止的操作次数）可能相差很多，但是寿命数据是存在一定规律的，其寿命是服从一定分布的。

寿命分布是可靠性工程应用和可靠性研究的基础。寿命分布的类型很多。某一类型分布可以适用于具有共同失效机理的某类型产品。寿命分布类型往往与施加的应力类型，以及产品失效机理、失效形式有关。

研究寿命分布的内容为：①已知组成系统的每个部件所属的分布类型，推断出系统的寿命特征；②研究系统的多元寿命分布。用符号“T”表示产品寿命这个随机变量，则产品在时间 t 内失效的概率称为随机变量“T”的累积失效分布函数 $F(t)$、密度函数 $f(t)$ 和可靠度 $R(t)$（式(2.3)），以及失效率 $\lambda(t)=\dfrac{m(t+\Delta t)-m(t)}{[n-m(t)]\Delta t}$，其中，$n$ 为产品数，$m(t)$ 为工作至时间 t 时的失效数，$m(t+\Delta t)$ 为工作至时间 $t+\Delta t$ 时的失效数。

平均寿命 MTTF（指产品发生失效前的平均工作时间或平均工作次数），一般从一批产品中抽取 n 个产品进行时候寿命试验，测得一组试样特性的观测值就称为子样。总体的性质可以用子样的性质进行估计。大小为 n 的寿命子样的平均值为

$$\bar{i}=\frac{1}{n}\sum ti \tag{7.7}$$

寿命方差及寿命标准离差：平均寿命虽能说明一批产品寿命的平均水平，但还需要有表示产品寿命离散程度的量才能说明该批产品寿命的全貌。一般就用这两个参数来描述。

从上述可靠性特征参数可见：可靠度、累积失效概率、失效率都是时间 t 的函数，而平均寿命却是产品可靠性的主要参数。

2. 可修复产品的可靠性特征参数

由可修复产品寿命过程可知，其可用累积故障分布函数 $F(t)$（指在时间 t 内产品发生故障的概率）及累积维修分布函数 $M(\tau)$（指在时间 τ 内产品修复的概率）

来表示。

可修复产品的主要可靠性特征参数如下：

可靠度：产品在规定条件下和规定时间内不发生故障的概率。

故障率：工作到 t 时刻的可修复产品在该时刻后的单位时间内发生故障的概率。

平均无故障工作时间：两次相邻故障间工作时间的平均值。平均故障间隔时间 MTBF 是可修复产品的一种基本可靠性参数。其计算方法为：在规定的条件下和规定的时间内，产品工作时间总数与故障总次数之比。由于该指标在可靠性评价中结果直观、计算简便，而得到广泛的应用：

$$Q = \text{MTBF} = \frac{1}{N_0}\sum_{i=1}^{N_0} t_i \tag{7.8}$$

平均修复时间 MTTR：每次故障后所需维修时间的平均值。

维修度：可修复产品在规定的条件下和规定的时间内完成维修的概率，就等于修复时间的累积分布函数 $M(\tau)$。

有效度（即可用性）：可分为瞬时有效度、平均有效度、时间有效度等。时间有效度最为常用。时间有效度 A 指产品的可工作时间 MTBF 与总时间 MTBF+MTTR 的比值。

7.5.2　失效分布类型及确定方法

针对某一件产品，其失效情况存在偶然性。但是对于大批量的产品，它们的失效情况就会遵循某种规律，即失效分布。

所谓某一随机变量的分布类型就是指该随机变量的密度函数或累积分布函数的函数类型。在可靠性技术中，主要研究寿命这个随机变量的分布类型，所以称为失效分布类型。一般指失效密度函数或累积失效分布函数的函数类型。

由参数分布的函数关系式可以看出：产品的可靠性特征参数与累积失效分布函数 $F(t)$ 及失效密度函数 $f(t)$ 间存在着密切关系。可用函数关系式表达。而产品的分布类型是数理统计中的重要内容之一。在可靠性技术中，主要研究寿命（失效时间）这个随机变量的分布类型，即失效分布类型。产品的失效分布类型就是指它的失效密度函数 $f(t)$ 或累计失效分布函数 $F(t)$ 的函数类型。因此，若已知失效密度函数 $f(t)$，则可分别求出可靠度 $R(t)$、累积失效概率 $F(t)$、失效率等。这些可靠性特征参数是可靠性设计、生产、试验及失效分析工作的重要技术参数。

常见的失效分布类型有指数分布（包括单参数与双参数指数分布）、韦布尔分布、正态分布、对数正态分布。

寿命服从指数分布时，其累积失效分布函数是

$$F(t) = 1 - \mathrm{e}^{-\lambda t}, \quad t \geqslant 0 \tag{7.9}$$

寿命服从韦布尔分布时，其累积失效分布函数是

$$F(t)=1-\exp\left[-\left(\frac{t-\delta}{\eta}\right)^{m}\right],\quad \delta\leqslant t,\quad m,\eta>0 \tag{7.10}$$

寿命服从正态分布时，其累积失效分布函数是（详细的可参见式（2.42）的说明）：

$$F(t)=\frac{1}{\sigma\sqrt{2\pi}}\int_{-\infty}^{t}\exp\left[-\frac{(t-\mu)^2}{2\sigma^2}\right]\mathrm{d}t \tag{7.11}$$

寿命服从对数分布时，其累积失效分布函数是

$$F(t)=\int_{0}^{t}\frac{1}{t\sigma\sqrt{2\pi}}\exp\left[-\frac{(\ln t-\mu)^2}{2\sigma^2}\right]\mathrm{d}t \tag{7.12}$$

通常确定电器失效分布类型的方法有：①通过失效物理分析看其故障模式或失效机理近似符合于哪种类型分布的物理背景，从而确定其失效分布类型；②通过所获得的失效数据，利用数理统计中的判断方法来确定其失效分布类型。

目前，一般是抽取一定数量样品进行寿命试验，根据试验数据画出失效频率直方图或可靠度曲线，并结合以往的经验对产品的失效分布类型作出估计。然后进行拟合度检验，证实所估计的失效分布类型是否与寿命试验数据相适合。检验的方法可以采用统计分析的假设检验方法，也可以用作图检验方法。假设检验方法有一定的准确度但不能证明所假设的分布类型的正确性，一般只作出“是否拒绝所作假设”的判断；而作图检验方法简单易懂且使用方便，但准确度较低。

7.5.3 可靠性特征参数的估计方法

在实际过程中，一般都是通过抽取一定量的样品进行寿命试验，或是由现场使用中收集失效数据来获得产品寿命的子样观察值，然后根据此子样观察值求得与总体可靠性特征参数比较接近的一个估计数值（或估计区间），这个数值（或区间）就称为总体可靠性特征参数的估计值（或估计区间）。

由寿命子样观察值求总体可靠性特征参数估计值（或估计区间）的方法可分为两大类。一类是在特制的坐标纸上作图的方法，即图估计法，这类方法精确性较差，但适合电脑完成，而且现在可以运用在大数据场合；另一类方法是统计方法，包括点估计与区间估计两种。

7.6 可靠性试验

可靠性试验是为了测定、验证或提高产品的可靠性而进行的试验，是对产品在设计、研制、生产各阶段的可靠性进行调查、分析和评价的一种手段，是可靠性工作的一个重要环节。根据试验的地点、试验的项目、可靠性工作的阶段、施加的应力强度、对可靠性的影响、试品破坏情况、试验规模及抽样方案的类型等因素，低压电器的可靠性试验可分成很多种类。

按试验项目分类可分为环境试验、筛选试验和寿命试验。

按试品破坏情况分类可分为破坏性试验和非破坏性试验。

按试验地点分类可分为实验室试验和现场试验。

按可靠性试验的性质分可分为可靠性测定试验、可靠性验证试验和可靠性增长试验。

按抽样方案类型分类可分为定时或定数截尾试验和序贯截尾试验。

根据应力强度不同可分为正常工作试验、超负荷试验、破坏性试验极限试验、加速寿命试验和强制耗损试验。

根据应力施加时间长短又可分为恒定应力试验、各种负载试验、步进应力试验或递增应力试验、周期应力试验、间歇工作试验和无负载存放试验。

根据现场数据的不同特点，归纳起来可以将所收集到的数据分为三类：第一类是在整个试验期间内电器没有故障现象发生，即无失效数据的电器；第二类为该期间内电器有故障现象发生，但故障频数较小，即失效数较少的电器；第三类则为样本量较大，且该期间内电器故障数也较多，即失效数较多的电器。

7.6.1　抽样试验

在可靠性试验中，有许多试验是属于破坏性的，而且进行试验需要昂贵的设备，尤其是集成的电元件规模大，或者产品批量很大，不可能 100%进行试验时，就必须采取抽样检查（或者抽样试验（Sampling））。

抽样检查是指对批量生产的产品从一批产品中随机抽取一部分作为样品进行试验，根据试验测试结果来判断整批产品的质量是否合格的一种检查办法。这是一种检验产品质量和可靠性既经济又实用的办法。

抽样检查的前提是产品的质量和可靠性必须均匀、稳定。只有这样，从整批产品中抽取出来的样品，才能具有一定的代表性。对它检查的结果才能用来评估整批产品的质量与可靠性指标。不过，抽样检查的方法总是免不了会出现偶然性，也就是说，由子样品的特性来推断母体的特性，不可能完全准确，只有用概率计算的方法，使抽样检查结果更加接近实际情况。

假如有一批产品的总数为 N（量很大），其不合格品率为 p，在其中任抽 n 个样品，得到不合格品个数为 $k \leqslant C$（合格判定数）的概率是多少？也就是说，这批产品被接受的概率是多少？解决这一问题可用二项式分布来表示，即任抽 n 个样品，刚好为 k 个次品的概率为

$$P\left(k,\frac{n}{p}\right)=\binom{n}{k}p^{k}q^{n-k} \tag{7.13}$$

$$\binom{n}{k}=C_{n}^{k}=\frac{n!}{k!(n-k)!} \tag{7.14}$$

式中，$q=1-p$ 为合格品率。

当 n 很大时，p 往往很小，np 是一个较小的数，这时二项式分布可以用泊松分布近似，可写成

$$P(\xi=k)=\frac{\lambda^k}{k!}\mathrm{e}^{-\lambda},\quad k=0,1,2,\cdots,n \tag{7.15}$$

可近似写成为

$$P\left(k,\frac{n}{p}\right)\approx\frac{1}{k!}(np)^{k_e-np} \tag{7.16}$$

对于一批产品按照某一抽样检查方案进行检查，被判为合格的概率，称为接收概率。接收概率是产品质量和可靠性的函数，通常用 $L(p)$ 表示：

$$L(p)=\sum_{k=0}^{c}P\left(k,\frac{n}{p}\right) \tag{7.17}$$

$L(p)$ 也称为抽样检查特征函数。

根据 $L(p)$ 表达式，可作 $L(p)$-P 的关系曲线，如图 7.9 所示。该曲线称为接收概率曲线，也称 OC 曲线（即工作特性曲线）。图 7.9 的纵坐标表示对批量产品进行抽样检查的合格率 $L(p)$ 或 $L(\lambda)$。对于质量检查，横坐标为不合格品率 p；对于可靠性检查，横坐标为失效率 λ。图中，λ_0 称为合格失效率 AFR，可与质量管理中废品率 p_0 的合格质量水平 AQL 相对应。λ_1 为批次内允许失效率（常表示为 LTFR），它与不合格品率 p_1 的批次允许不合格品率 LTPD 相对应，表示不能低于这一界限的质量水准。

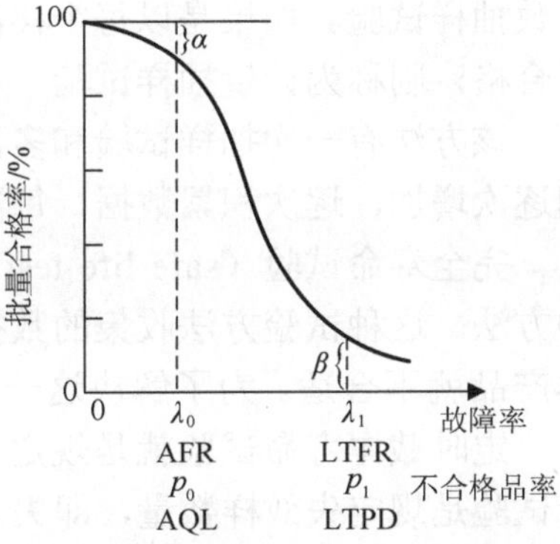

图 7.9　抽样试验中的失效工作特性曲线

对于任何一种抽样方案，当 $\lambda\leqslant\lambda_0$ 时，产品总会有被判为不合格的可能。假设当 $\lambda=\lambda_0$ 时，产品不被接收的概率为 α，则接收概率为 $L(\lambda_0)=1-\alpha$（图 7.9），α 为拒收合格批产品的最大概率。这表示将本来合格的一批产品被误判为不合格批，称为第一种错误判断。在这种情况下，受损害的是生产方，因此 α 又称为生产方风险率。当 $\lambda=\lambda_1$ 时，被接收的概率 $L(\lambda_1)=\beta$，这表示将本来不合格的一批产品被误判为合格批。这种判断错误称为第二类错误。在这种情况下，受损害的是用户一方，所以 β 又称为使用方（消费者）风险率。可是这个 λ_1 的不合格概率为 $1-\beta$。这意味着以 $1-\beta$ 的可靠程度（置信水平）可以保证产品的失效率小于 λ_1。质量管理的抽样方式是基于正态分布设计的，而可靠性试验的抽样方式则是以指数分布为依据。早期失效可利用质量管理通过筛选来评价，耗损失效以固有的技术来

评价，而偶然失效必须用可靠性试验来评价。所以，可靠性试验的抽样检查广泛采用以偶然失效为主的指数分布方式。目前世界上普遍采用了美军标准（MIL-S-19S00）指数分布式计数一次抽样方式，我国军用标准半导体集成电路规范也采用这种抽样方式，这种抽样方式是以 $\alpha=0.05$、$\beta=0.1$ 进行设计的。

使用方法如下：

（1）确定应保证为 λ_1 的最大失效率（LTPD）。

（2）确定判定批次合格个数 C。

（3）从 λ_1 和 C 在表上交汇的点确定抽样数 n。

（4）从批产品中抽取 n 个样品，按规定时间（1000 小时）做试验，若失效数不超过 C 个，就可判定整批产品为合格。在这种情况下，整批失效率是以置信水平为 $1-\beta=0.9$ 的概率来保证小于 λ_1。

抽样试验可分为计数抽样试验和计量抽样试验。例如，检验一批灯泡是否合格，若规定使用寿命超过 5000 小时为合格品，则可从这批产品中抽出 n 个样品，进行逐个试验，然后要据合格灯泡数来判断这批产品的合格率。这种方法就称为计数抽样试验。如果是以每个样品的定量指标（如使用寿命）来判断这批产品是否合格，则称为计量抽样试验。

该方法有一次抽样试验和多次抽样试验。此外还有随生产的进行抽样数和时间逐次增加，逐次积累数据，每次都进行判断的方法。后者称为序贯抽样试验。

完全寿命试验（safe life test）是将参加试验的样品进行到全部失效为止的一种方法。这种试验方法收集的数据完整可靠，但常常需要很长时间，如对于半导体产品就不合适。为了解决这一问题，可以采用定时截尾和定数截尾寿命试验。

定时截尾寿命试验就是规定试验时间，到规定的时间试验结束。定数截尾寿命试验是规定失效样数量，即失效样品数到规定的数量试验即结束。

加速寿命试验（accelerated test）是用加大试验应力方法人工缩短产品失效时间，以缩短试验时间一种试验。为使试验取得可靠的数据，要求失效模式和机理不因加速而改变。运用加速寿命模型估计出产品在正常工作应力下的可靠性特征值。加速的一般方法有下列五种：

（1）增加应力强度或增加施加应力的次数，如增加温度、增加负荷或增加转动次数和速度等；

（2）提高失效判据的标准；

（3）采用已具有一定退化量的试件；

（4）采用相似法，按一定比例放大或缩小所模拟的试件来进行模拟试验；

（5）以产品易发生性能退化或易发生致命失效的结构尺寸来做试验。

对于失效机理单一的产品，加速寿命试验较为简单。但对失效原因较多的产品，则很难实现理想的加速寿命试验，此时，可以将主要失效机理作加速寿命试验，再综合其他试验结果加以改善，以预测符合实际的产品寿命特征。

按照 GB 5080 的规定，设备可靠性试验主要分为可靠性测定试验及可靠性验证试验。可靠性测定试验是指测定设备可靠性特征量数值的试验，可靠性测定试验通常是用来提供可靠性数据的，它适用于还没有定量地规定可靠性要求的产品。通过可靠性测定试验，采用参数估计的方法对试验数据进行统计分析，就可以估算出产品的可靠性特征量数值。可靠性验证试验是指验证设备可靠性特征量的数值是否符合其规定的可靠性要求的试验。

通过产品的可靠性试验可以了解产品在不同环境以及不同应力条件下的失效模式与失效规律，找出引起产品失效的内在原因（即失效机理）及产品的薄弱环节，从而可以采取相应的措施来提高产品的可靠性水平。

7.6.2　可靠性测定试验

可靠性测定试验是指测定设备可靠性特征量值的试验，它适用于还没有定量规定可靠性要求的产品。通过可靠性测定试验，采用参数估计的方法对试验数据进行统计分析，就可以估算出产品的可靠性特征量值。

可靠性测定试验的数据一般通过实验室试验和现场调查两种途径来获取。

我国低压电器的可靠性研究都局限于实验室内进行，在实验室内进行可靠性试验研究，具有试品的试验条件和故障评判标准统一、可比性强以及便于确定可靠性考核指标和评定方法的优点。由于实验室内的试验条件与产品的使用条件的差别，一些主要技术性能的可靠性试验费用大，而一些产量少、价格昂贵的大容量产品的可靠性试验还受到试品数量和试验费用的限制，无法开展全面可靠性试验。已开展了可靠性试验研究的产品包括电磁式中间继电器、小容量交流接触器、熔断器、断路器以及漏电开关等，这些在实验室进行的可靠性试验和研究工作，对提高有关低压电器产品的实际质量是卓有成效的。

产品有各种不同的使用环境条件，在实验室内进行可靠性试验研究和考核，不可能对使用环境可能出现的各种条件（如温度、湿度、冲击、振动、有害介质等）都兼顾到，而在现场调查中，则可以通过对被调查场所的选择，较真实地反映出产品在各种各样实际使用条件下的可靠性。尤其是低压电器成套设备的可靠性设计需要其组成的低压电器元件的全面可靠性数据，可以通过现场调查得到较全面地实际运行情况，并且作为低压电器成套设备可靠性设计依据。此外，通过对现场调查的可靠性资料和数据的剖析，还可作为产品的可靠性分析、改进设计和可靠性增长的主要依据。

7.6.3　可靠性验证试验

可靠性验证试验是低压电器可靠性研究的一个重要内容。它是指验证产品可靠性特征量的数值是否符合规定的可靠性要求的试验，其目的在于加强产品在设计、研制和生产过程中的可靠性保证活动。可靠性验证试验必须针对产品的工作特点进行。

试验必须首先确定采用的试验装置。不同的试验装置的技术性能、对试品的要求、对试品的适用性以及失效判据也各不相同。

进行失效率验证试验时，失效判据的确定非常重要。失效判据的宽严程度应从实际出发，考虑产品实际工作情况，不同类型产品考核条件不应完全一样，失效判据也不应一样。如一般民品的考核等级就完全不同于军标考核要求。

另外，在性能指标中的额定寿命试验与失效率等级验证试验，不只是在试品数量、试验时间和合格判定数上的单纯变化，在失效判据和试验方法上也不同。在可靠性指标考核时加入了一些在性能指标中额定寿命试验过程中不检测的性能参数的监测，以及考核试验电流上的变化等。在可靠性考核时应对下列性能参数作出规定：

（1）接触电阻；

（2）触点熔焊；

（3）吸合、释放时间；

（4）线圈吸合、释放电压；

（5）触点弹跳；

（6）温升；

（7）介质耐压；

（8）其他性能指标。

有了考核标准并开始进行试验时，面对现场调查的大批量产品的实际情况，必须采取抽样的试验方案。针对具有不同工作特点，即可靠性指标的产品，也必须制定不同的抽样方案，才能更准确地说明问题。

7.6.4　可靠性验证试验的方法介绍

1. 定时或定数截尾试验方案

它是指在试验期间，对受试产品进行连续地或短间隔地监测，并将累积的试验时间和失效数与规定的判据进行比较，以确定是接收、拒收还是应继续进行试验。下面对平均寿命是否达到规定要求的定时或定数截尾试验方案的确定方法进行讨论验证。

2. 截尾序贯试验方案

序贯抽样方案是指在抽样时，不事先规定总的抽样个数（观测或实验次数），而是先抽少量样本，根据其结果，再决定停止抽样或继续抽样、抽多少，这样下去，直至决定停止抽样为止。其基本出发点为观察故障（失效）出现时对应的累积试验时间若足够长，则可判为接收；若出现 r 的时间相当短，则可判为拒收；若介于两者之间，则还不能作出判断，需继续试验，等到下一次故障（失效）发生时再进行判断。因此，序贯试验可以充分利用每一次故障（失效）发生时所提供的信息，从而有可能减少试品数及试验时间。下面以平均寿命抽样为例来说明序贯试验方案的确定方法。

3. 指数寿命型统计试验方案举例

1）定数截尾鉴定试验

定数截尾试验预先规定出现 r 个故障时截止试验，此时累积试验时间为 T^*，则 MTBF 的观测值为 $\hat{\theta}=\dfrac{T^*}{r}$，当订购方给出置信水平 $\gamma=1-\beta$（订购方风险），观测值的单侧置信下限（系数）为

$$\theta_L=\frac{2r}{\chi^2_{\gamma}(2r)}\hat{\theta}=\frac{2T^*}{\chi^2_{\gamma}(2r)}$$

双侧置信区间（系数）为

$$\theta_L=\frac{2r}{\chi^2_{(1+\gamma)/2}(2r)}\hat{\theta}=\frac{2T^*}{\chi^2_{(1+\gamma)/2}(2r)} \tag{7.18}$$

$$\theta_U=\frac{2r}{\chi^2_{(1-\gamma)/2}(2r)}\hat{\theta}=\frac{2T^*}{\chi^2_{(1-\gamma)/2}(2r)} \tag{7.19}$$

经过计算转换，编制了定数截尾置信水平系数表，直接可以查出，此时 MTBF 单侧置信下限为

$$\theta_L=\theta_L^n(\gamma,r)\hat{\theta}$$

MTBF 的双侧置信区间为

$$\theta_L=\theta'_L\left(\frac{1+\gamma}{2},r\right)\hat{\theta} \tag{7.20}$$

$$\theta_U=\theta'_U\left(\frac{1+\gamma}{2},r\right)\hat{\theta} \tag{7.21}$$

试验数据处理程序为：

（1）计算出现定数故障数 r 时刻的累积试验时间 T^*；

（2）计算 MTBF 的观测值 $\hat{\theta}=T^*/r$；

（3）计算置信水平 $\gamma=1-\beta$，并在查出系数后计算 MTBF 单侧置信下限：

$$\theta_L=\theta_L^n(\gamma,r)\hat{\theta} \tag{7.22}$$

（4）与规定的 MTBF 比较，$\theta_L=\theta_L^n(\gamma,r)\hat{\theta}\geqslant$MTBF 时，通过鉴定；

（5）计算 MTBF 的置信区间，置信水平 $\gamma=1-2\beta$；

（6）将置信上限与 MTBF 规定值进行比较，如果前者小于后者，说明 MTBF 在不可接收的区间，其错判概率为β（见表 7.17）。

表 7.17　定数截尾试验数据处理计算系数

置信限	双侧 60%	单侧 80%	双侧 80%	单侧 90%	双侧 90%	单侧 95%	双侧 95%	单侧 97.5%
故障数 r	上 θ'_U	下 θ'_L	上 θ'_U	下 θ'_L	上 θ'_U	下 θ'_L	上 θ'_U	下 θ'_L
1	4.481	0.621	9.491	0.434	19.496	0.334	39.498	0.271
2	2.426	0.668	3.761	0.514	5.630	0.422	3.262	0.359
3	1.954	0.701	2.722	0.564	3.669	0.477	4.849	0.451
4	1.742	0.725	2.293	0.599	2.928	0.516	3.670	0.455
5	1.618	0.744	2.055	0.626	2.538	0.546	3.080	0.488
6	1.537	0.759	1.904	0.647	2.296	0.571	2.725	0.514
7	1.479	0.771	1.797	0.665	2.131	0.591	2.487	0.530
8	1.435	0.782	1.718	0.680	2.010	0.608	2.316	0.555
9	1.400	0.791	1.657	0.639	1.917	0.623	2.187	0.571
10	1.372	0.799	1.607	0.704	1.843	0.637	2.085	0.585
其他								

2）定时截尾鉴定试验

定时截尾试验预先规定累积试验时间为T^*结束试验，期间出现r个关联故障，此时则 MTBF 的观测值为$\hat{\theta}=T^*/r$；如果期间未测到故障（$r=0$），IEC 建议 MTBF 的观测值为$3T^*$。当订购方给出置信水平：

$$\gamma=1-\beta \text{（订购方风险）}$$

观测值的单侧置信下限（系数）为

$$\theta_L=\frac{2r}{\chi_\gamma^2(2r+2)}\hat{\theta}=\frac{2T^*}{\chi_\gamma^2(2r+2)} \tag{7.23}$$

双侧置信区间（系数）为

$$\theta_L=\frac{2r}{\chi_{(1+\gamma)/2}^2(2r+2)}\hat{\theta}=\frac{2T^*}{\chi_{(1+\gamma)/2}^2(2r+2)} \tag{7.24}$$

$$\theta_U=\frac{2r}{\chi_{(1-\gamma)/2}^2(2r)}\hat{\theta}=\frac{2T^*}{\chi_{(1-\gamma)/2}^2(2r)} \tag{7.25}$$

经过计算转换，编制了定时截尾置信水平系数表，直接可以查出，此时 MTBF 单侧置信下限为

$$\theta_L=\theta_L(\gamma,r)\hat{\theta}$$

MTBF 的双侧置信区间为

$$\theta_L = \theta_L\left(\frac{1+\gamma}{2}, r\right)\hat{\theta} \tag{7.26}$$

$$\theta_U = \theta_U\left(\frac{1+\gamma}{2}, r\right)\hat{\theta} \tag{7.27}$$

试验数据处理程序为：

（1）计算累积试验时间 T^* 及试验发生的关联故障数 r；

（2）计算 MTBF 的观测值 $\hat{\theta} = T^* / r$；

（3）计算置信水平 $\gamma = 1-\beta$，并在查出系数后计算 MTBF 单侧置信下限：

$$\theta_L = \theta_L(\gamma, r)\hat{\theta} \tag{7.28}$$

（4）与规定的 MTBF 比较，当 $\theta_L = \theta_L(\gamma, r)\hat{\theta} \geqslant$ MTBF 时，通过鉴定；

（5）计算 MTBF 的置信区间，置信水平 $\gamma = 1-2\beta$；

（6）将置信上限与 MTBF 规定值进行比较，如果前者小于后者，说明 MTBF 在不可接收的区间，其错判概率为 β（见表 7.18）。

表 7.18 定时截尾试验数据处理计算系数

置信限	双侧 60%	单侧 80%	双侧 80%	单侧 90%	双侧 90%	单侧 95%	双侧 95%	单侧 97.5%
故障数 r	上 θ_U	下 θ_L	上 θ_U	下 θ_L	上 θ_U	下 θ_L	上 θ_U	下 θ_L
1	4.481	0.334	9.491	0.257	19.496	0.211	39.498	0.179
2	2.426	0.467	3.761	0.376	5.630	0.318	8.262	0.277
3	1.954	0.544	2.722	0.449	3.669	0.837	4.849	0.342
4	1.742	0.595	2.293	0.500	2.928	0.437	3.670	0.391
5	1.618	0.632	2.055	0.539	2.538	0.476	3.080	0.429
6	1.537	0.661	1.904	0.570	2.296	0.507	2.725	0.459
7	1.479	0.684	1.797	0.595	2.131	0.532	2.487	0.485
8	1.435	0.703	1.718	0.616	2.010	0.554	2.316	0.508
9	1.400	0.719	1.657	0.634	1.917	0.573	2.187	0.527
10	1.372	0.733	1.607	0.649	1.843	0.590	2.085	0.544
其他								

3）定时截尾试验标准方案

根据标准，定时截尾试验方案参数包括生产方风险 α 和订购方风险 β、MTBF 可接收值 θ_0 和最低可接收值 θ_1、鉴别比 $d = \theta_0 / \theta_1$，以及 θ_1 归一化的试验时间、判决故障数（接收数和拒收数，后者为前者加 1）。由于试验耗费资源较多，双方如果希望缩短试验时间，可采取短时高风险方案。

选定定时截尾试验方案的程序：

（1）根据产品可靠性水平和用户要求研讨 θ_0 和 θ_1，综合试验时间和所需资源权衡确定 θ_1、d、α、β 等参数。

（2）根据 θ_1、d、α、β 等参数，查表得到相应的试验时间、接收判决的故障数及拒收故障数（见表 7.19）。

表 7.19　定时截尾试验方案

类别	方案号	决策风险/%				鉴别比 $d=\theta_0/\theta_1$	试验时间 θ_1 倍数	判决故障数	
		名义值		实际值				拒收数（≥）	接收数（≤）
		α	β	α'	β'				
标准型	9	10	10	12.0	9.9	1.5	45.0	37	36
	10	10	20	10.9	21.4	1.5	29.9	26	25
	11	20	20	19.7	19.6	1.5	21.5	18	17
	12	10	10	9.6	10.6	2.0	18.8	14	13
	13	10	20	9.8	20.9	2.0	12.4	10	9
	14	20	20	19.9	21.0	2.0	7.8	6	5
	15	10	10	9.4	9.9	3.0	9.3	6	5
	16	10	20	10.9	21.3	3.0	5.4	4	3
	17	20	20	17.5	19.7	3.0	4.3	3	2
高风险	19	30	30	29.8	30.1	1.5	8.1	7	6
	20	30	30	28.3	28.5	2.0	3.7	3	2
	21	30	30	30.7	33.3	3.0	1.1	1	0

（3）权衡的原则。降低决策风险，则需要延长试验时间，判决故障数也相应增加，带来的问题是试验费用增加、试验周期长；相反，提高决策风险，可以缩短试验时间，判决故障数减少，试验费用和时间周期减少。

应根据产品可靠性水平和要求适当选择，较多单位趋于方案标准风险 17。

4）序贯试验方案

序贯试验的试验时间不能预先确定，必须在试验过程应用公式进行计算，给管理上带来不便。为解决此问题，标准将各方案的判决时间与故障数的对应关系列出，试验过程不断应用即可。

序贯试验同样分为标准型和高风险型两类方案，试验大纲规定采用序贯试验方案时，有关方面应根据产品的可靠性水平选定。程序如下：

（1）生产方和订购方协商确定 θ_0、θ_1、α、β；$d=\theta_0/\theta_1$ 取 1.5、2.0、3.0 之一，α、β 取 10%、20%或 30%之一。

（2）查表得试验方案号及其相应的判决时间表，将表中对应的时间与 θ_1 相乘得到判决的累积试验时间（小时）T_{AC}（接收）T_{RE}（拒收），见表 7.20～表 7.28。

（3）进行试验，验收试验的样品量建议为批量的 10%，最多不超过 20 台。试验中应及时计算累积试验时间和记录的故障数 r，并比较判决：①当 r 对应的累积试验时间 $T \geqslant T_{AC}$，判决为接收，停止试验；②当 r 对应的累积试验时间 $T \leqslant T_{RE}$，判决为拒收，也停止试验；③当 $T_{RE} < T < T_{AC}$，继续试验，到下一个故障数再比较判决，直至得出结论为止。

表 7.20　序贯试验方案

类别	方案号	决策风险/%				鉴别比	判决故障数与时间
		名义值		实际值			
		α	β	α'	β'		
标准型	1	10	10	11.1	12.0	1.5	见表 7.21
	2	20	20	22.7	23.2	1.5	见表 7.22
	3	10	10	12.8	12.8	2.0	见表 7.23
	4	20	20	22.3	22.5	2.0	见表 7.24
	5	10	10	11.1	10.9	3.0	见表 7.25
	6	20	20	18.2	19.2	3.0	见表 7.26
高风险型	7	30	30	31.9	32.2	1.5	见表 7.27
	8	30	30	29.3	29.9	2.0	见表 7.28

表 7.21　方案 1 接收拒收累积试验时间（θ_1 的倍数）

关联失效数 r	累积试验时间（单位：θ_1）		关联失效数 r	累积试验时间（单位：θ_1）	
	拒收（≤）T_{RE}	接收≥T_{AC}		拒收（≤）T_{RE}	接收≥T_{AC}
0	不适用	4.19	10	8.76	16.35
1	不适用	5.40	11	9.98	17.57
2	不适用	6.62	12	11.19	18.73
3	0.24	7.83	13	12.41	19.99
4	1.46	9.05	14	13.62	21.21
5	2.67	10.26	15	14.84	21.90
6	3.90	11.49	16	16.05	21.90
7	5.12	12.71	17	17.28	21.90
8	6.33	13.92	18	18,50	21.90
9	7.55	15.14	19	21.90	不适用

表 7.22　方案 2 接收拒收累积试验时间（θ_1 的倍数）

关联失效数 r	累积试验时间（单位：θ_1）		关联失效数 r	累积试验时间（单位：θ_1）	
	拒收（≤）T_{RE}	接收≥T_{AC}		拒收（≤）T_{RE}	接收≥T_{AC}
0	不适用	6.95	5	不适用	13.03
1	不适用	8.17	6	0.34	14.25
2	不适用	9.38	7	1.56	15.46
3	不适用	10.60	8	2.78	16.69
4	不适用	11.80	9	3.99	17.90

续表

关联失效数 r	累积试验时间（单位：θ_1）		关联失效数 r	累积试验时间（单位：θ_1）	
	拒收（≤）T_{RE}	接收≥T_{AC}		拒收（≤）T_{RE}	接收≥T_{AC}
10	5.20	19.11	26	24.66	38.57
11	6.42	20.33	27	25.88	39.78
12	7.64	21.54	28	27.07	41.00
13	8.86	22.76	29	28.31	42.22
14	10.07	23.98	30	29.53	43.43
15	11.29	25.19	31	30.74	44.65
16	12.50	26.41	32	31.96	45.86
17	13.72	27.62	33	33.18	47.08
18	14.94	28.64	34	34.39	48.30
19	16.15	30.06	35	35.61	49.50
20	17.37	31.27	36	36.82	49.50
21	18.50	32.49	37	38.04	49.50
22	19.8	33.70	38	39.26	49.50
23	21.02	34.92	39	40.47	49.50
24	22.23	36.13	40	41.69	49.50
25	23.45	37.35	41	49.50	不适用

表 7.23　方案 3 接收拒收累积试验时间（θ_1 的倍数）

关联失效数 r	累积试验时间（单位：θ_1）		关联失效数 r	累积试验时间（单位：θ_1）	
	拒收（≤）T_{RE}	接收≥T_{AC}		拒收（≤）T_{RE}	接收≥T_{AC}
0	不适用	4.40	9	9.02	16.88
1	不适用	5.79	10	10.40	18.26
2	不适用	7.18	11	11.79	19.65
3	0.70	8.56	12	13.18	20.60
4	2.08	9.94	13	14.56	20.60
5	3.48	11.34	14	15.94	20.60
6	4.86	12.72	15	17.34	20.60
7	6.24	14.10	16	20.60	不适用
8	7.63	15.49			

表 7.24　方案 4 接收拒收累积试验时间（θ_1 的倍数）

关联失效数 r	累积试验时间（单位：θ_1）		关联失效数 r	累积试验时间（单位：θ_1）	
	拒收（≤）T_{RE}	接收≥T_{AC}		拒收（≤）T_{RE}	接收≥T_{AC}
0	不适用	2.80	5	4.86	9.74
1	不适用	4.18	6	6.24	9.74
2	0.70	5.58	7	7.62	9.74
3	2.08	6.96	8	9.74	不适用
4	3.46	8.34			

表 7.25　方案 5 接收拒收累积试验时间（θ_1 的倍数）

关联失效数 r	累积试验时间（单位：θ_1）		关联失效数 r	累积试验时间（单位：θ_1）	
	拒收（≤）T_{RE}	接收≥T_{AC}		拒收（≤）T_{RE}	接收≥T_{AC}
0	不适用	3.75	4	3.87	10.35
1	不适用	5.40	5	5.52	10.35
2	0.57	7.05	6	7.17	10.35
3	2.22	8.70	7	10.35	不适用

表 7.26　方案 6 接收拒收累积试验时间（θ_1 的倍数）

关联失效数 r	累积试验时间（单位：θ_1）		关联失效数 r	累积试验时间（单位：θ_1）	
	拒收（≤）T_{RE}	接收≥T_{AC}		拒收（≤）T_{RE}	接收≥T_{AC}
0	不适用	2.67	2	0.36	4.50
1	不适用	4.32	3	4.50	不适用

表 7.27　方案 7 接收拒收累积试验时间（θ_1 的倍数）

关联失效数 r	累积试验时间（单位：θ_1）		关联失效数 r	累积试验时间（单位：θ_1）	
	拒收（≤）T_{RE}	接收≥T_{AC}		拒收（≤）T_{RE}	接收≥T_{AC}
0	不适用	3.15	4	2.43	6.80
1	不适用	4.37	5	3.65	6.80
2	不适用	5.58	6	6.80	不适用
3	1.22	6.80			

表 7.28　方案 8 接收拒收累积试验时间（θ_1 的倍数）

关联失效数 r	累积试验时间（单位：θ_1）		关联失效数 r	累积试验时间（单位：θ_1）	
	拒收（≤）T_{RE}	接收≥T_{AC}		拒收（≤）T_{RE}	接收≥T_{AC}
0	不适用	1.72	2	不适用	4.50
1	不适用	3.10	3	4.50	不适用

7.6.5　保护类电器（低压断路器）可靠性验证试验方案

保护类电器可靠性的主要考核指标是成功率，而成功率验证试验方案可以采用定数验证试验方案，也可以采用序贯截尾验证试验方案，这两种方案各有优缺点。序贯截尾验证试验所需平均试品数较少，但试验费用变动大，且在试验设备、人员等安排上存在一定困难，因此一般适用于价格昂贵产品的可靠性验证试验；定数验证试验方案所需试品一般比序贯截尾试验所需的平均试品数多，但在试验前，试品数、人员、费用及试验设备等固定，因此一般适用于价格较低、生产批量较大的产品可靠性验证试验。

对保护类电器可靠性的要求是指它们在一定工作时期内的可靠性，这一般需要在一定环境条件下并在一段时间内进行模拟试验，因此可以采用定数验证试验方案作为保护类电器的成功率考核方案。

由抽样的基本理论可得

$$\begin{cases} \sum_{r=0}^{A_c} C_n^r R_0^{n-r} (1-R_0)^r \geqslant 1-\alpha \\ \sum_{r=0}^{A_c} C_n^r R_1^{n-r} (1-R_1)^r \leqslant 1-\beta \end{cases} \tag{7.29}$$

由式（7.29）计算出的成功率定数验证试验方案。若规定了保护类电器的成功率由式（7.29）求出最小整数解，就可得判定数验证试验方案。

1. 低压断路器操作故障率验证试验方案

对于低压断路器，为验证其操作可靠性及瞬动保护可靠性是否满足规定的试验就是其可靠性验证试验，这里仅仅给出验证试验的抽样方案。故障率抽样方案的 OC 曲线表示接收概率 $L(\lambda)$ 与产品故障率 λ 间的关系，如图 7.10 所示。

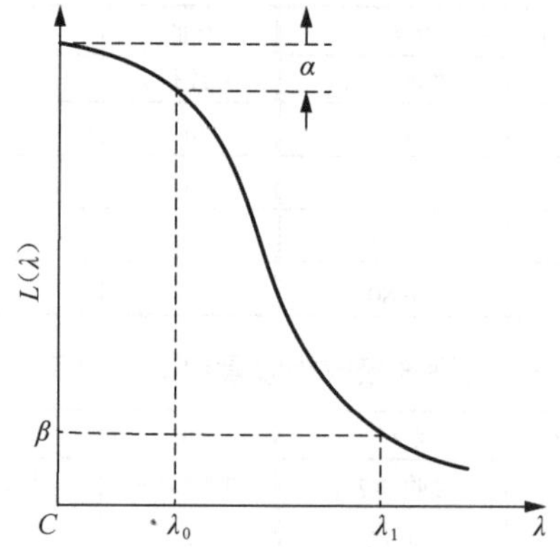

图 7.10　低压断路器故障率抽样方案的 OC 曲线

由图 7.10 可以得出

$$L(\lambda_0)=1-\alpha \tag{7.30}$$

$$L(\lambda_1)=\beta \tag{7.31}$$

式中，λ_0 为合格故障率水平；λ_1 为批故障率容限；α 为生产方风险率，一般为 0.05；β 为使用方风险率，一般为 0.1。由参数 λ_0、λ_1、α 和 β 确定的抽样方案为四参数抽样方案，只由 λ_1 和 β 确定的抽样方案为双参数抽样方案。即只由式（7.31）确定抽样方案。工程上大多采用双参数抽样方案。

设从批量总数为 N 的一批产品中抽取 n 个试品进行试验，试验到规定的截止次数 t_c 时试验停止，若共有 r 个试品发生操作故障，则当批量较大（即 $N>10n$）时，接收概率 $L(\lambda)$ 可用式（7.32）表示：

$$L(p)=\sum_{r=0}^{A_c}C_n^r p^r q^{n-r}=\sum_{r=0}^{A_c}C_n^r p^r(1-p)^{n-r} \tag{7.32}$$

式中，A_c 为允许故障数；p 为不合格品率；q 为合格品率。若产品寿命服从单参数指数分布，则式（7.32）可写成

$$L(\lambda)=\sum_{r=0}^{A_c}C_n^r(\lambda t_c)^r(1-\lambda t_c)^{n-r} \tag{7.33}$$

由式（7.31）、式（7.33）可列出

$$\sum_{r=0}^{A_c}C_n^r(\lambda_1 t_c)^r(1-\lambda_1 t_c)^{n-r}=\beta \tag{7.34}$$

在满足 $n\lambda t_c<5$ 及 $\lambda t_c<0.1$ 时，二项概率可用泊松近似表示，则式（7.34）可以表示为

$$\sum_{r=0}^{A_c}\frac{\mathrm{e}^{-n\lambda_1 t_c}(n\lambda_1 t_c)^r}{r!}=\beta \tag{7.35}$$

如果将 nt_c 近似看成总试验时间 T，则式（7.35）可以表示为

$$\sum_{r=0}^{A_c}\frac{\mathrm{e}^{-\lambda_1 T}(\lambda_1 T)^r}{r!}=\beta \tag{7.36}$$

经数学变换，式（7.36）可以表示为

$$\int_{2\lambda_1 T}^{\infty}f(X,2A_c+2)\mathrm{d}x=\beta \tag{7.37}$$

式中，$f(X,2A_c+2)$ 为自由度等于 $2A_c+2$ 的 χ^2 分布的密度函数。$2\lambda_1 T$ 与 β 间的关系可用图 7.11 表示。

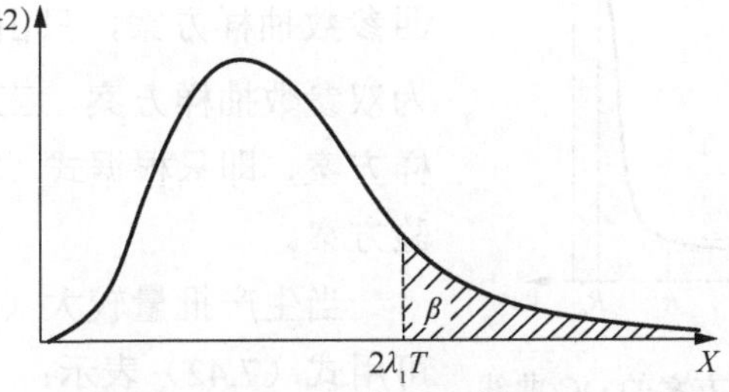

图 7.11　$2\lambda_1 T$ 与 β 的关系

显然，$2\lambda_1 T$ 就等于自由度为 $2A_c+2$ 的 χ^2 分布的 $1-\beta$ 下侧分位数 $\chi^2_{1-\beta}(2A_c+2)$，即

$$2\lambda_1 T=\chi^2_{1-\beta}(2A_c+2) \tag{7.38}$$

或

$$T=\frac{\chi^2_{1-\beta}(2A_c+2)}{2\lambda_1} \tag{7.39}$$

若式（7.39）中的 λ_1 用所定的故障率等级的最大故障率 $\lambda_{\max}$ 替代，置信度 $1-\beta$ 用 0.9 代入，则由式（7.39）求得的 T 值即为验证试验方案中的截尾时间 T_c。对于不同的 A_c 值，可求得相应的 T_c 值，从而可得低压断路器操作故障率验证试验方案，如表 7.29 所示（表中的数据为对应于不同允许失效数和故障率等级计算出的截尾时间 T_c）。

表 7.29　低压断路器操作故障率验证试验方案（置信度 $1-\beta=0.9$）

（单位：$\times 10^4$ 次）

故障率等级	允许设计效率 A_c						
	0	1	2	3	4	5	6
亚三级	0.768	1.30	1.77	2.23	2.66	3.09	3.51
三级	2.3	3.89	5.32	6.68	7.99	9.27	10.53
亚四级	7.68	13.0	17.7	22.3	26.6	30.9	35.1
四级	23.0	38.9	53.2	66.8	79.9	92.7	105.3

2. 低压断路器瞬动保护成功率验证试验方案

由图 7.12 可知，接收概率 $L(R)$ 与成功率 R 的关系为

$$L(R_0)=1-\alpha \tag{7.40}$$

$$L(R_1)=\beta \tag{7.41}$$

式中，R_0 为可接收的成功率；R_1 为不可接收的成功率；α 为生产者风险率；β 为使用者风险率。

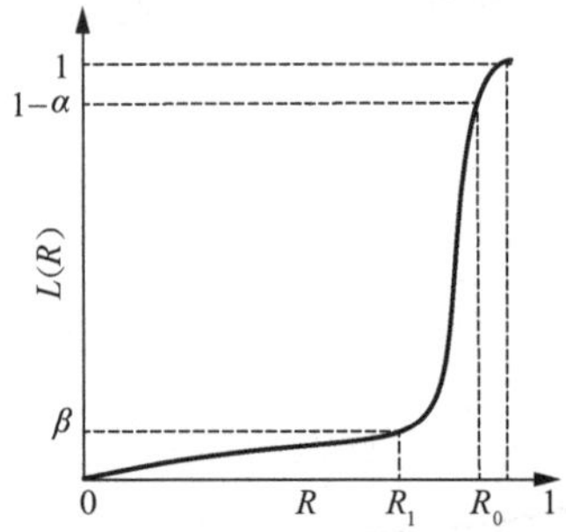

图 7.12　成功率抽检方案的 OC 曲线

由参数 λ_0、λ_1、α 和 β 确定的抽样方案为四参数抽样方案，只由 R_1 和 β 确定的抽样方案为双参数抽样方案。工程上大多采用双参数抽样方案，即只根据式（7.41）确定成功率验证试验方案。

当生产批量较大（$N>10n$）时，式（7.41）可用式（7.42）表示：

$$\sum_{r=0}^{A_c} C_n^r R_1^{n-r}(1-R_1)^r=\beta \tag{7.42}$$

根据式（7.42）可知 $1-\beta=0.9$，并取 A_c 为不同值时计算出 n 的最小解 n_f（n_f 为作接收判断时所要求的试验数），即可得出低压断路器瞬动保护成功率验证试验方案，如表 7.30 所示（表中的数据为对应于不同允许失效数和成功率等级计算出的试验数 n_f）。

表 7.30 低压断路器瞬动保护成功率验证试验方案（$1-\beta=0.9$）

成功率等级	允许失效数 A_c						
	0	1	2	3	4	5	6
A 级	230	388	531	667	798	926	1051
B 级	114	194	265	333	398	46	525
C 级	76	129	176	221	265	308	349
D 级	57	96	12	166	198	230	262
E 级	45	77	105	132	158	184	209

7.6.6 控制类电器（接触式继电器）可靠性验证方案

对于接触器式继电器，一般可假定其失效分布类型为指数分布，即其失效率为常数（不随时间的增加而变化），因此国内外继电器标准中一般均以失效率的高低作为继电器的可靠性指标，用失效率作为接触器式继电器的可靠性指标来定量反映其可靠性水平。失效率是指产品工作到 t 时刻后的单位时间内发生失效的概率。

接触器式继电器属于控制类电器，对它提出的要求是投入使用后，应保证可靠工作，不发生故障。GB/T 15510—1995 按最大失效率的数值分为亚五级、五级、六级、七级（即 YW、W、L、Q）。为能够准确反映产品的可靠性等级，增加划分可靠性等级：亚四级、四级、亚五级、五级、六级、七级，见表 7.31。这样做并没有降低可靠性要求，而是进一步细分了可靠性等级。

表 7.31 接触器式继电器失效率等级和最大失效率

失效率等级	最大失效率 λ_{max} /（1/10 次）
亚四级	3×10^{-4}
四级	1×10^{-4}
亚五级	3×10^{-5}
五级	1×10^{-5}
六级	1×10^{-6}
七级	1×10^{-7}

接触器式继电器是以电磁铁线圈作为输入元件，触点作为输出元件的低压电器元件。线圈通电后，触点接通或分断控制电路。接触器式继电器的失效集中在触点系统，主要可能产生两种类型的失效，一种是触点接触不良，另一种是触点断开不良。不同大小的负载，对试品触点的工作有不同影响。

因此，在试验中循环操作试品，试品的触点通以不同负载电流，检测触点的工作状态。不同型号试品，不同负载的多组试验中，试品都表现出偶然失效和永久失效两种形式。例如，在对 8 台某型号的接触器式继电器的一组试验中，线圈通以额定 220V 交流电压，触点通以直流 24V、0.1A 的负载电流，负载因数为 40%，操作频率为 1200 次/小时。试验中记录失效时间和失效的试品触点号，以及发生的失效类型。试验中设置 4 次连续检测失效后，不再检测该触点状态。试品循环操作 200000 次，试品失效形式可由两个触点说明：1 号试品的 7 号触点和 9 号试品的 7 号触点的失效数据列在表 7.32 中。

表 7.32　接触器式继电器部分触点试验数据

试品号	触点号	失效时间/次	失效类型
1	7	4134	接触不良
9	7	30422	接触不良
9	7	30423	接触不良
9	7	30424	接触不良
9	7	30425	接触不良

9 号试品的 7 号触点从 30422 次后连续检测中都出现了失效，试验后检查该触点接触电阻高达 3Ω，已不能可靠闭合。这类触点的失效是由于部件磨损或损坏引起的永久失效。

1 号试品的 7 号触点只出现一次失效，随后的操作中，失效不再出现，试验后检查不出试品的部件的损坏。这类试品触点出现的是偶然失效，在随后的操作中，恢复正常工作。这种在动作过程中曾发生，但在重新动作中可自行消失的偶然失效是很难分析和避免的，环境条件中的一些偶然因素如灰尘、晃动以及冲击振荡都可能引起接触器式继电器的偶然失效。

接触器式继电器是产量很大的低压电器，而且可靠性检测试验简单，只检测触点状态，因此接触器式继电器的抽样检查方案采用一次抽样检查方案，其失效率抽样特性曲线可由图 7.13 表示。

失效率抽样特性曲线应尽量接近理想的阶跃形抽样特性曲线，当接触器式继电器失效率小于合格失效率水平 λ_0，应认为这批产品是合格的，当 $\lambda=\lambda_0$ 时被误判为不合格而拒收的概率 α，α 称为生产者风险率。当接触器式继电器的失效率大于批失效率容限 λ_1 时，应认为这批产品是不合格的，$\lambda=\lambda_1$ 时接触器式继电器以 β 的概率被误判为合格的，β 称为使用者风险率。

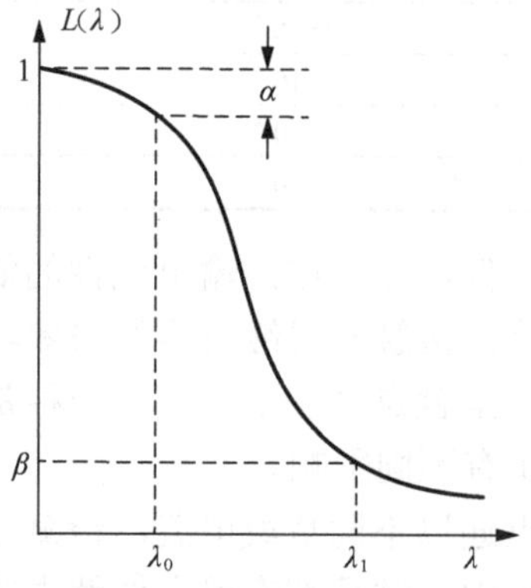

图 7.13　接触器式继电器失效率抽检特性曲线

λ_0 -可接收的失效率；α -生产者风险率；
λ_1 -不可接收失的效率；β -使用者风险率

α 和 β 的计算由式（7.30）与式（7.31）给出，$1-L(\lambda_0)=\alpha$，$L(\lambda_1)=\beta$，$L(\lambda)$ 可以利用二项概率公式计算，接触器式继电器寿命服从单参数指数分布，失效率抽样方案的接收概率 $L(\lambda)$ 由式（7.43）

计算：

$$L(\lambda)=\sum_{r=0}^{A_c} C_n^r (1-\mathrm{e}^{-\lambda t_g})^r (\mathrm{e}^{-\lambda t_g})^{n-r} \tag{7.43}$$

失效率抽样方案就是根据给定的 λ_0、λ_1、α 和 β 值来确定抽样数 n 和允许失效数 A_c。失效率抽样检查中常常采用 λ_1 方案或 LTFR 方案，即只根据给定的 λ_1、β 值来确定失效率试验抽样方案。由一个方程来确定 2 个未知数会有许多组解，所以取 A_c=0, 1, 2, …，求出相应的 n 值，得到失效率试验抽样方案。

接触器式继电器是频繁操作的电器，它的机械寿命可达数百万次，电寿命可达数十万次。对接触器式继电器的可靠性考核，主要是考核在工作过程中，发生失效不能正常工作的概率。采用抽样数 n 和允许失效数 A_c 的试验抽样方案显然是不实用的。而且偶然失效和永久失效对接触器式继电器的工作的影响是不同的，因此可靠性考核应考虑以上不同情况。同一台试品可以允许发生一次以上的偶然失效。在可靠性验证试验方案中，希望得到试品操作时间 T 与允许失效数 A_c 之间的关系来确定接触器式继电器的可靠性水平。

设所抽 n 个样品试验到规定时间（或操作次数）t_g 时失效 r 个，一般接触器式继电器的失效率较低，λt_g 不太大，满足 $n\lambda t_g$<5 及 λt_g<0.1，此时，二项概率可用泊松概率近似，接触器式继电器的接收概率 $L(\lambda)$ 可用式（7.44）计算：

$$L(\lambda)=\sum_{r=0}^{A_c}\frac{\mathrm{e}^{-n\lambda t_g}\left(n\lambda t_g\right)^r}{r!} \tag{7.44}$$

如令

$$T=nt_g \tag{7.45}$$

T 为 n 个试验品的总试验时间：

$$L(\lambda)=\sum_{r=0}^{A_c}\mathrm{e}^{-\lambda T}\frac{(\lambda T)^r}{r!} \tag{7.46}$$

将式（7.46）代入式（7.31）可得

$$L(\lambda_1)=\sum_{r=0}^{A_c}\mathrm{e}^{-\lambda_1 T}\frac{(\lambda_1 T)^r}{r!}=\beta \tag{7.47}$$

若作进一步变换可以得到

$$\sum_{r=0}^{A_c}\mathrm{e}^{-\lambda_1 T}\frac{(\lambda_1 T)^r}{r!}=\int_{2\lambda_1 T}^{\infty} f(x,2A_c+2)\,\mathrm{d}x \tag{7.48}$$

式中，$f(x,2A_c+2)$ 为自由度等于 $2A_c+2$ 的 χ^2 分布的密度函数，而

$$\beta=\int_{2\lambda_1 T}^{\infty} f(x,2A_c+2)\,\mathrm{d}x \tag{7.49}$$

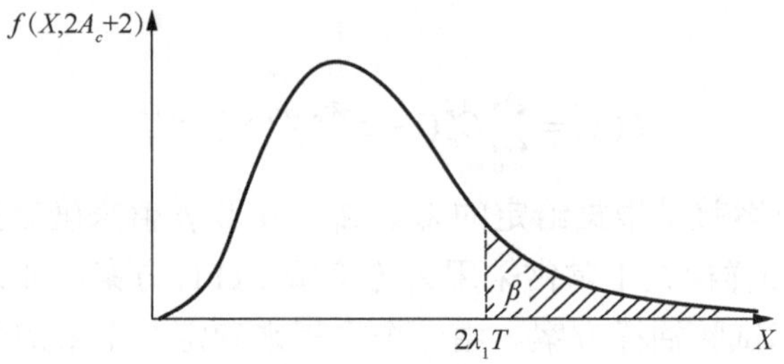

图 7.14　$2\lambda_1 T$ 与 β 间的关系图

$2\lambda_1 T$ 与 β 间的关系可用图 7.14 表示。显然，$2\lambda_1 T$ 就等于自由度为 $2A_c+2$ 的 χ^2 分布的 $1-\beta$ 下侧分位点，$\chi^2_{1-\beta}(2A_c+2)$，即

$$2\lambda_1 T=\chi^2_{1-\beta}(2A_c+2) \tag{7.50}$$

或

$$T=\frac{\chi^2_{1-\beta}(2A_c+2)}{2\lambda_1} \tag{7.51}$$

若式（7.51）中的 λ_1 用失效率等级的最大失效率 λ_{max} 替代，置信度 1-β 用 0.9 代入，则由式（7.51）求得的 T 值即为表 7.33 所示的失效率验证试验方案中的截尾时间 。对于不同的 A_c 值，可求得相应的 T_c 值，从而可得出表 7.33。

表 7.33　失效率验证试验方案

失效率等级	截尾时间 T_c /（10^6 次）									
	A_c =0	A_c =1	A_c =2	A_c =3	A_c =4	A_c =5	A_c =6	A_c =7	A_c =8	A_c =9
亚四级	0.0768	0.130	0.177	0.223	0.266	0.309	0.351	0.392	0.433	0.474
四级	0.23	0.389	0.532	0.668	0.799	0.927	1.053	1.177	1.30	1.421
亚五级	0.768	1.30	1.77	2.23	2.66	3.09	3.51	3.92	4.33	4.74
五级	2.3	3.89	5.32	6.68	7.99	9.27	10.53	11.77	13.0	14.21
六级	23	38.9	53.2	66.8	79.9	92.7	105.3	117.7	130	142.1
七级	230	389	532	668	799	927	1053	1177	1300	1421

表 7.33 所示的失效率验证试验方案可按照以下步骤进行可靠性验证试验：

（1）选定确定失效率等级；

（2）选择允许失效数 A_c，允许失效数 A_c 应尽量避免过小，但若选择过大，试验总次数就很大，试验工作量大；

（3）由表 7.19 查出试品的截尾时间，即试品总操作次数；

（4）根据试品的电寿命适当选定试品的截止时间 t_z；

（5）从批量产品中，随机抽取 n 个试品，n 的数值可由式（7.52）计算

$$n=\frac{T_c}{t_z}+A_c \tag{7.52}$$

（6）在试品的试验条件下，操作试品；

（7）统计试验中的失效数r；

（8）统计试验总次数T；

（9）试验结果判定。

判定产品是否达到选定的失效率等级：试品的操作次数达到选定试品的截尾时间，试品发生的失效数不大于允许失效数，则可判定该批试品达到选定的失效率等级；试品的操作次数未达到选定试品的截尾时间，试品发生的失效数r大于允许失效数A_c，则可判定该批试品不能达到选定的失效率等级。通过以上步骤，进行接触器式继电器可靠性抽样试验，可对其可靠性水平进行评定。

7.7　可靠性分析方法

失效分析的目的是确认失效现象，由此需要明确失效分析的目标，根据失效现象，列举失效部位的全部疑点，制定排除疑点的方案，然后开始采用相关的分析方法、工具或者理论开展逐级定位失效部位，提出导致失效部位现象的各种假设，用统计学方法、理论方法或者试验方法验证假设，提出并评审预防失效的方案，试验预防失效的方案的效果，最后实施预防失效的方案。

7.7.1　失效分析

任一元器件的失效都会对系统性能产生不利影响。在系统可靠性、安全性和有效性的研究中要求作定性和定量的两种分析。定量分析可计算或预测出在特定条件下执行任务期间或长期运行中的系统性能指标。典型指标分别为可靠度、有效度、失效率、失效前平均工作时间、平均无故障工作时间等。

失效模式和效应分析是根据基本失效判据或主要失效模式对已经规定的单元所作的分析。从基本单元的失效模式和系统的功能结构出发，来确定单元失效与系统失效、系统不能正常工作、工作受到限制、性能或完整性下降等效应之间的关系。除了对上述基本单元的失效进行分析外，还需要对高一级的或更高一级的系统功能失效以及所能考虑得到的继发事件进行分析。

1. 失效模式

所谓失效模式（failure mode）就是指元器件或产品“失效的表现形式”。失效模式一般是能被观察到的和能被测量出来的一种失效现象。例如，机械运动的缺陷、断裂、变形、摩擦损坏、表面毛刺、氧化、炭化、信号失真、漂移、泄漏、不稳、开路、短路、脱焊等均为一般的失效模式。

2. 失效机理

失效机理（failure mechanism）是寻求元部件失效的实质原因。GB-3187-82规定，失效机理是“引起失效的物理、化学变化等内在原因”。

失效机理因产品的种类、使用条件不同而各异，多数情况以磨损、疲劳、腐蚀、氧化等形式出现。有的失效机理则只有通过仪器的测试才能被阐明。

失效机理是导致产品失效的内在原因。如蠕变或应力造成损坏、腐蚀、损耗、冲击破坏、疲劳、电应力、化学反应、辐射等，都是在一定条件下使产品失效的原因。

3. 失效效应

失效效应是指每种假定的失效模式引起的各种后果，这种后果包括对各有关系统功能级的功能、人员安全、维护等的影响，以影响的大小来确定失效效应的严重等级。

失效效应还分为局部效应和最终效应。

局部效应：专门研究失效模式对所研究单元的运行和功能的效应，连同二次效应说明每种假定失效模式对该单元输出的影响后果。确定局部效应的目的在于为现有的替换措施或作出建议的修正措施提供一个依据，以及为更高功能级的分析提供失效模式。应注意到某些场合下除失效模式本身含义之外可能没什么局部效应。

最终效应：假定失效模式通过所有中间功能级对最高功能级的运行、功能和状态的失效效应。所描述的最终效应可以是多重失效的后果。例如，晶体管电流超过电流保护值，同时保护电路失效，这时所引起的最终效应就是多重失效效应。

失效分析是人们认识事物本质和发展规律的逆向思维和探索，是变失效为安全的基本环节和关键，是人们深化对客观事物的认识源头和途径。

在失效分析中，通常将失效分类。从技术角度可按失效机制、失效零件类型、引起失效的工艺环节等分类。从质量管理和可靠性工程角度可按产品使用过程分类。

失效率曲线通常称为浴盆曲线，它描述了失效率与使用时间的关系。早期失效率高的原因是产品中存在不合格的部件；晚期失效率高的原因是产品部件经长期使用后进入失效期。机械产品中的磨合、电子元器件的老化筛选等就是根据这种失效规律而制定的保证可靠性的措施。失效按其工程含义分为暂失效和永久失效、突然失效和渐变失效，按经济观点分为正常损耗失效、本质缺陷失效、误用失效和超负荷失效。产品的种类和状态繁多，失效的形式也千差万别。因此对失效分析难以规定统一的模式。失效分析可分为整机失效分析和零部件残骸失效分析，也可按产品发展阶段、失效场合、分析目的进行失效分析。失效分析的工作程序通常分为明确要求、调查研究、分析失效机制和提出对策等阶段。失效分析的核心是失效机制的分析和揭示。失效机制是导致零件、元器件和材料失效的物理或化学过程。此过程的诱发因素有内部的和外部的。在研究失效机制时，通常先从外部诱发因素和失效表现形式入手，进而再研究较隐蔽的内在因素。在研究批量性失效规律时，常用数理统计方法，构成表示失效机制、失效方式或失效部位与失效频度、失效百分比或失效经济损失之间关系的排列图或帕雷托图，以找出必须首先解决的主要失效机制、方位和部位。任一产品或系统的构成都是有层次的，失效原因也具有层次性，如系统—单机—部件（组件）—零件（元件）—材料。上一层次的失效原因即为下一层次的失效现象。越是低层次的失效现象，就越是本质的失效原因。

7.7.2　数理分析方法

而产品的失效分析及进一步的靠性研究都是基于概率论理论基础，以数理统计为基本方法研究方法，建立各种数学模型得出相应结构的失效概率 P（或可靠性指标β）。可靠性分析计算方法很多，常用的有一阶二次矩法、Monte Carlo 法、故障树分析法和贝叶斯网络分析法等。

一般而言，实际工程结构的失效函数形式均较复杂，随机变量的数目也较多。此时运用一阶二次矩法或二阶二次矩法，则求一阶、二阶偏导数的计算将是非常繁冗的；运用 Monte Carlo 法，则需要的计算时间将很大。

1. 故障树分析法

它是 1962 年美国贝尔电话实验室的 Watson 首先提出的，然后被应用到航空和宇航工业、核工业，其中最有影响的工作是 1974 年美国原子能委员会发表的 WASH-1400 计划，是采用故障树分析（FTA）法对核电站进行安全评估，目前在化工、机械各行业中也广泛的应用 FTA 法进行安全评估。

FTA 法就是逻辑关系，把可能考虑到的故障失效原因连接成一个树状因果图。其中 FTA 法是以系统不期望发生的事件作为顶事件，从上往下依次找出引起项事件发生的各个中间事件和基本事件，并把这些事件的关系用倒立树状关系图表示出来，然后通过求解最小割集的方法对项事件进行定性和定量的分析。但求解最小割集通常是很复杂的，对于求解大型复杂系统其精确度低并且浪费时间，所以虽然故障树具有简洁直观的优点，但其分析能力有限。

FTA 法是一种逻辑演绎方法，它开始于一种结果性事件（通常为系统级的意外事件）并逐步演绎，最终确定能够导致这个结论产生的根本原因。故障树分析以一些简单规则和概率论与布尔代数中的某些逻辑符号为基础，使用一种从上至下的方法，生成一个能够进行系统可靠性定量与定性评估的逻辑模型。在系统层次上不希望发生的事件被称为顶事件，数据在每个故障树分支下的最底层事件被称为底事件，它们代表那些失效概率已经给出或已有预计的软硬件失效及人为因素引起的失效，故障树的构建需要通过逻辑门将底事件连接到一个或多个顶事件。在故障树分析过程中，各种事件的传递及因果关系要以基本逻辑门（与门、或门等）的形式进行描述，为了描述故障传递的动态特性，又增加了动态逻辑门（如优先与门、强制序列门等），使得故障树的分析结果更加符合系统运行的实际情况。通过故障树分析，可以得到哪些事件的组合能够导致危及系统安全的故障网，并计算它们发生的概率，还可以对各种事件组合的重要度进行评估，然后通过设计改进和有效的故障监测、维修等措施，设法减小它们发生的概率，其分析结果可以使系统的可靠性和安全性得到重视和改善。FTA 法还可以使分析者对系统有更深入的认识，对有关系统结构、功能、故障及维修保障的知识更加系统化，从而使在设计、制造和操作过程中的可靠性改进更有效。

故障树分析技术在国外各行业产品的设计中均得到了广泛的应用，并已经成为了可靠性分析工作中最重要的内容之一。

2. 贝叶斯网络技术

贝叶斯网络又称为信念网络，是一种对概率关系的有向图解描述，适用于不确定性和概率性事物，应用于有条件地依赖多种控制因素的决策，在解决实际问题中，需要从不完全的、不精确的或不确定的知识和信息中作出推理。它是一种概率推理技术，使用概率理论来处理在描述不同知识成分的条件相关而产生的不确定性，它提供了一种将知识直觉的图解可视化的方法。

贝叶斯网络由两部分组成：一部分是变量（节点）及连接它们之间的有向弧组成的有向无环图（DAG）；另一部分是每个变量和它的所有父代关系的条件概率表（CPT）。在贝叶斯网络中，没有任何导入箭头的节点称为根结点，它们有与之相联系的先验概率分布（离散型）或函数（连续型）。被箭头指向的节点称为子节点，而箭头的来源节点称为父节点。每个子节点都有一个在父节点的取值状态下的条件概率分布（或函数）。本书只考虑离散状态。利用贝叶斯网络可以容易地求解系统的后验概率，按照贝叶斯给出的条件概率定义：

$$P(A|B)=\frac{P(B|A)P(A)}{P(B)} \tag{7.53}$$

式中，$P(A)$为先验概率；$P(B)$为后验概率；$P(B|A)$为似然率。例如，A 是一个变量，有 n 个状态，则由全概率公式计算出后验概率 $P(A|B)$。

$$P(B)=\sum P(B|A=a_i)P(A=a_i) \tag{7.54}$$

在 FTA 法中，计算系统的不可靠度首先要求出最小割集，然后利用容斥定理进行精确计算。而在贝叶斯网络中，不必计算最小割集，利用联合概率分布就可以直接计算出系统的不可靠度。

$$F(T=1)=\sum_{A_1,\cdots,A_{N-1}} P(A_1=a_1,\cdots,A_{N-1}=a_{N-1},T=1) \tag{7.55}$$

式中，$A_i(1\leqslant i\leqslant N-1)$ 对应于故障树中的中间事件和底事件；$a\in\{0,1\}$用来表示事件发生与否；N 为贝叶斯网络节点的数目。另外，通过贝叶斯网络还可以进行后向推理，即可以得到在系统失效的情况下各个基本事件发生的概率，找出系统的薄弱环节，从而实现对系统更好的维护。这是 FTA 无法达到的，因此贝叶斯网络具有更强的建模分析能力。

贝叶斯网络方法是基于概率分析、图论的一种不确定性知识表达和推理模型，一种将因果知识和概率知识相结合的信息表示框架。贝叶斯网络是一个有向无环的信度网，它由代表变量节点及连接这些节点的有向边构成，图 7.15 就是一个典型的贝叶斯网络。用符号 $B(G,P)$表示一个贝叶斯网络，$B(G,P)$由两部分构成：

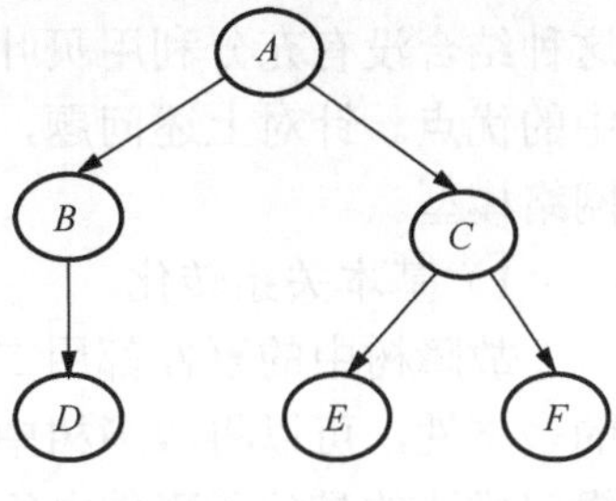

图 7.15　贝叶斯网络图

（1）一个具有 N 个节点的有向无环图，图中的节点代表随机变量，节点间的有向边代表了节点间的相互关联关系；

（2）一个与所有的节点都相关的条件概率表（conditional probability table，CPT），条件概率表可以用来描述变量之间关联性局部概率分布集，它代表了节点同其父节点的相关关系．没有任何父节点的结点概率称为先验概率。

贝叶斯网络应用于故障诊断具有以下优势：

（1）贝叶斯网络具有坚实的理论基础，以概率推理为基础，推理结果说服力强；

（2）贝叶斯网络是一种将多元知识图解可视化的推理模型，更加形象地表达了设备的因果关系；

（3）贝叶斯网络可以将与故障诊断相关的各种信息纳入网络结构中，按照节点的方式统一进行处理，能有效地按照信息的相关关系进行融合。

然而贝叶斯网络模型的建立是一个难题，目前贝叶斯网络模型主要有“故障—征兆模型”和“工况—操作—故障—征兆模型”，这两种模型在旋转机械转子故障中的应用较为广泛，但是存在没有充分考虑设备的结构和充分利用专家信息等问题。

3. 故障树和贝叶斯网络的结合

故障树模型表达故障诊断问题是常用的方法，故障树模型可以较好地表达设备故障的层次关系及关联关系，赋予各个事件故障概率后也可以进行诊断策略优化的研究，但是故障树一旦建造好就不容易更改，而且难于将设备无关但可以用以诊断故障的相关信息纳入故障诊断过程之中。而贝叶斯网络通过实践积累可以随时进行学习改进网络结构和参数，提高故障诊断能力，并且基于网络的概率推理算法，贝叶斯网络接收了新信息后立即更新网络中的概率信息。在应用中，将人机交互信息、与设备诊断相关的所有信息以适当的节点变量表示后，贝叶斯网络进行统一处理，可以将与设备故障诊断有关的所有信息来源纳入网络结构中，适合于表达更为复杂的、不确定性的问题。将故障树和贝叶斯网络结合可以利用故障树的先验概率，并系统地考虑故障可能原因，不出现遗漏。基于故障树的贝叶斯网络模型文献对故障树和贝叶斯网络结合进行了探讨研究，但是主要方法是简单地将故障树各事件对应用节点表示，将基本逻辑关系通过条件概率表实现。这种结合没有充分利用贝叶斯网络可以将故障诊断相关的各种信息纳入网络结构中的优点。针对上述问题，本书提出了将故障特征信息纳入基于故障树的贝叶斯网络模型。

1）基本关系转化

故障树中的事件都用二态性（正常、故障）表示，贝叶斯网络却能描述事件的多态性，可以将故障树中的事件看做贝叶斯网络中节点的特例。故障树中的逻辑门描述的是父子事件之间的故障逻辑关系，其结构函数可以用条件概率表表示，如表 7.34 所示。

表 7.34　基本关系转化表

	与门	或门	2/3 表决门
故障树逻辑门	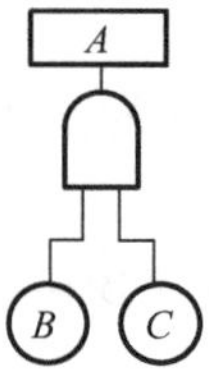	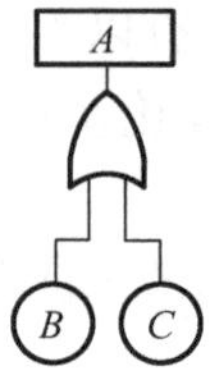	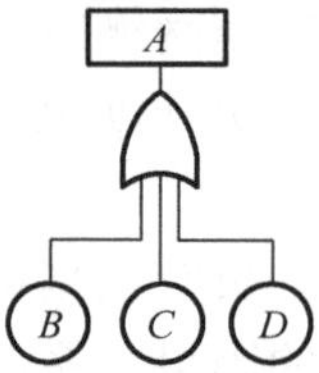
贝叶斯网络模型	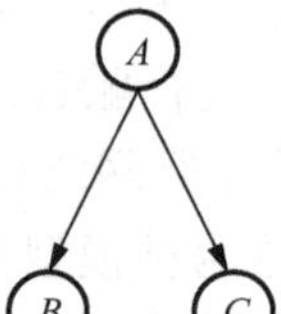	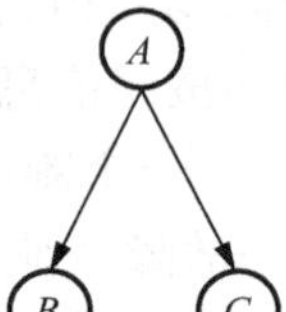	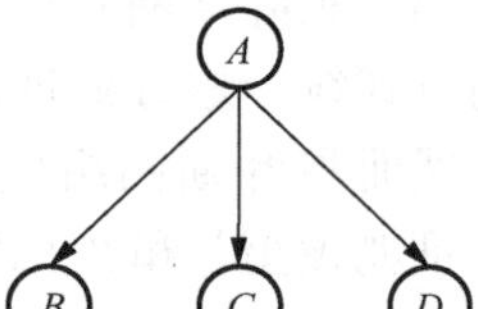
条件概率表	$P(A=1\|B=0,C=0)=0$ $P(A=1\|B=1,C=0)=0$ $P(A=1\|B=0,C=1)=0$ $P(A=1\|B=1,C=1)=1$	$P(A=1\|B=0,C=0)=0$ $P(A=1\|B=1,C=0)=1$ $P(A=1\|B=0,C=1)=1$ $P(A=1\|B=1,C=1)=1$	$P(A=1\|B=0,C=0)=0$ $P(A=1\|B=0,C=0)=0$ $P(A=1\|B=1,C=0)=0$ $P(A=1\|B=0,C=1)=0$ $P(A=1\|B=1,C=0)=1$ $P(A=1\|B=0,C=1)=1$ $P(A=1\|B=1,C=1)=1$ $P(A=1\|B=1,C=1)=1$

2）故障特征信息结点的确定

故障诊断过程中，故障特征信息需要通过测试、人机交互得到，而且不是必须得到所有的信息后才能够得出诊断结果，可以将故障特征信息作为一个节点在贝叶斯网络模型中表示，当得到某故障信息节点的值后，通过条件概率计算可以得到对应的后验概率。根据信息的价值量和代价确定搜索步骤是快速、准确定位故障的关键。目前的诊断方法多是通过故障特征得到故障可能原因，默认为故障特征是可以通过各种测试手段得到的，但是忽略了故障特征信息价值量和得到的成本，这与某些装备测试性设计水平不高实际和“最小代价”原则不相符合。一些专家提出了搜索策略的优化方法，但是优化结果多是固定的诊断树模型，不能够根据实际情况变化；只考虑了故障特征信息价值，或者只考虑了搜索代价。而贝叶斯网络动态的概率计算能力则能克服这些问题。

4. 马尔可夫可靠性分析模型

目前，用于可修复系统研究的数学工具主要是随机过程理论。当构成系统的各单元的寿命分布、故障修复时间的分布以及其他有关分布都为指数分布时，该系统称为马尔可夫可修复系统，其可靠性可由马尔可夫过程来分析。齐次马尔可夫可修复系统可靠性特征量的计算步骤如下：

（1）定义系统的状态总数为 N。要保证所定义的状态足以区分系统的各个不同状况，并根据系统的实际运行情况给出状态转移空间图。

（2）根据系统状态转移图建立用于可靠性分析的状态转移矩阵 A，其中 A 的元素 $a_{ij}\ (i \neq j)$ 为状态 i 到状态 j 的转移概率，$a_{ii}=1-\sum\limits_{j=1, j\neq i}^{N} a_{ij}$ 为状态 i 的自转移概率。然后运用式（7.56）计算出系统各状态的稳态态概率矩阵 $P=[p_1\ p_2\ \cdots\ p_N]$。

$$\begin{cases} PA=P \\ \sum\limits_{n=1}^{N} p_n = 1 \end{cases} \tag{7.56}$$

（3）根据系统各状态的稳态概率计算系统可靠性的评价指标。

7.8 小　结

低压电器是量大面广的元件，它们广泛用于各种自动控制系统和低压配电系统，例如，一台轧机的自动控翩系统中就用了超过 16 万个低压电器元件，由于低压电器元件可靠性不高导致轧机停工而造成的损失是十分巨大的，又如一个生产尿素的化工企业用了不少接触器，当接触器可靠性不高而导致整个企业的生产线发生故障而停止时，所造成的损失少者上万元，多者近百万元；高压电器大多用于高压电力系统，高压电器如发生故障将导致电力系统发生停电事故，其造成的直接经济损失将十分巨大，而间接经济损失则将更大；机床电器的可靠性如果不高， 则将造成各种机床经常发生故障，甚至会导致整条生产线停工，其损失也是十分巨大的。因此，开展电器产品的可靠性工作具有十分重要的意义。

我国电器产品可靠性研究在可靠性标准的制定、可靠性试验装置的研制等方面，对几十种规格的控制继电器、中间继电器、交流接触器、熔断器等电器产品进行了可靠性指标的考核工作，在电器的可靠性设计等方面做了一些工作，取得了一些进展，但由于我国电器产品可靠性研究工作起步较晚，不少电器产品还未开展可靠性研究与考核工作，在新产品开发时尚未认真开展可靠性设计与可靠性制造，特别是我国电器行业的大多数企业对可靠性工作还不够重视，可靠性工作尚未认真开展，我国电器产品的可靠性水平还普遍低于发达国家产品的可靠性水平。

在市场经济竞争中，以优取胜，以质量与可靠性取胜，必将成为共识。为了进一步开展电器产品的可靠性工作，以提高我国电器产品的可靠性水平，应进一步重点做好下列工作：

（1）除了上述已制定或正在制定的几种电器产品可靠性试验方法的标准外，应尽快制定其他主要电器产品（如低压断路器、热继电器等）可靠性试验方法的行业标准。

（2）由于可靠性试验装置是进行可靠性验证试验的必备手段，因此应研制各种主要电器产品的可靠性试验装置。

（3）开展电器产品失效分析工作，失效分析是指对失效产品进行分析，找出其失效模式和失效机理。针对失效分析中找出的问题，提出改进措施，以提高电器产品可靠性。

CPS 作为一种新型的低压开关电器，与传统的控制或者保护开关电器相比，在结构、工作模式及工作性能上都有显著的不同：CPS 将断路器、接触器、热继电器以及隔离器的功能融为了一体，这种模块化的单一结构形式的多功能低压电器产品在电控系统中应用，减少了线路中所需的元件品种、规格、数量，很好地解决了各电器之间的协调配合问题，具有体积较小、功能全、可靠性高、短路分断能力强的特点，由于其汇集了分立元器件的优点，为低压配电与控制系统的简化提供了一种理想的基础元件。

当前国内外都未对 CPS 进行可靠性的研究分析，但是随着其广泛的使用，对 CPS 的可靠性分析就显得越来越迫切。通过以上分析可以知道，产品的可靠性研究对产品的可靠性设计、可靠性生产、可靠性管理等方面都起着极其重要的作用，从而能促使产品向高质量的方向发展进步，对社会生产提供强有力的保证。

第 8 章　故障状态诊断的数学基础

8.1　概　　述

对大型工程设备的故障诊断的实现，包括列车的状态监测与故障诊断中，为了更充分地利用所测得的信号，就有必要从多个侧面来对它进行加工处理，即数学变换。这个加工处理的运算过程就是信号的分析与处理过程。目前，信号分析与处理的方法很多，并且在不断快速地发展和完善，本章仅就状态监测与故障诊断中用到的一些最基本的数学方法摘录加以介绍，主要包括傅里叶变换、快速傅里叶变换、小波变换和快速小波变换等。

8.2　傅里叶变换

傅里叶变换是在傅里叶级数正交函数作为基函数，由此展开的基础上发展而产生的，这方面的问题也称为傅里叶分析。傅里叶变换将一个由传感器获取的时间域信号映射到频率域信息，于是就可以通过对采样信息的频率域进行分析，实现对系统对象的状态进行频率分析。这种分析很大程度上是模拟人类实现故障状态分析的过程。从开始建立故障诊断技术开始，傅里叶变换就是最基本和最基础的数学变换工具。

傅里叶分析的研究与应用至今已经历了 100 余年。1822 年法国数学家傅里叶（Fourier）在研究热传导理论时发表了著作《热的分析理论》，提出并证明了将周期函数展开成正弦级数的原理，奠定了傅里叶级数的理论基础。其后泊松（Poisson）、高斯（Gauss）等把这一成果应用到电学中。20 世纪 70 年代以来，随着计算机、数字集成电路技术的发展，数字计算机应用和信号分析与处理紧密地结合发展为离散傅里叶变换（DFT）。

对于连续时间信号，为了获取正、逆傅里叶变换，无论在时域或在频域，都需要对连续函数进行积分运算，而且其积分上下限都要包括从$-\infty$到$+\infty$全部时间轴或频域轴的范围。对于离散时间信号，按序列的傅里叶变换（DTFT）的定义，其正变换为级数求和，逆变换仍为积分运算，它的求和范围仍然是从$-\infty$到$+\infty$。而要在数字计算机上完成这些变换，必须把计算范围从无限宽收缩到一个有限区间（在时域和频域都应限制于有限范围）。与此同时，必须把连续函数改换为离散数据（同样是在时域和频域两方面都应当是离散样值）。

傅里叶分析针对周期性离散信号定义了“离散傅里叶级数”（DFS），这时，时域和频域的有关运算全部离散化，并限于规定的区间（时域的一个周期和频域的一个周期）。然后借助离散傅里叶级数的概念，把有限长序列作为周期性离散信号的一个周期来处理，从而定义了“离散傅里叶变换”（DFT）。这样，就使有限长序列的傅里叶变换问题，在允许一定程度近似的条件下，可以实现数值计算。

8.2.1　傅里叶变换的形式

傅里叶变换的离散性和周期性在时域与变换域中表现出巧妙的对称关系，即呈周期性的连续时间函数，其傅里叶变换为离散的非周期频率函数；而非周期性的离散时间函数，其傅里叶变换为连续的周期性函数。就傅里叶变换的离散性与周期性而论，可能出现四种类型的时域和变换域组合，下面分别给出它们的表示式与图形。

1. 非周期的连续时间、连续频率——傅里叶变换

一个非周期连续时间信号 $x(t)$ 的傅里叶变换，即频谱 $X(\mathrm{j}\Omega)$ 是一个连续的非周期函数。这一变换对为

$$X(\mathrm{j}\Omega)=\int_{-\infty}^{\infty}x(t)\mathrm{e}^{-\mathrm{j}\Omega t}\mathrm{d}t \tag{8.1}$$

$L \geqslant N_1+N_2-1$

$$x(t)=\frac{1}{2\pi}\int_{-\infty}^{\infty}X(\mathrm{j}\Omega)\mathrm{e}^{-\mathrm{j}\Omega t}\mathrm{d}\Omega \tag{8.2}$$

可以看出，时域连续函数造成非周期的频谱，而时域的非周期造成频域是连续的谱密度函数。

2. 周期的连续时间、离散频率——傅里叶级数

一个周期性连续时间信号 $x(t)$，其周期为 T_p，该信号可展开成傅里叶级数，其傅里叶级数的系数为 $X(\mathrm{j}k\Omega)$，即 x（t）的傅里叶变换或频谱 $X(\mathrm{j}k\Omega)$ 是由各次谐波分量组成的，并且是非周期离散频率函数。这一变换对为

$$X(\mathrm{j}k\Omega)=\frac{1}{T_p}\int_{-T_0/2}^{T_0/2}x(t)\mathrm{e}^{-\mathrm{i}k\Omega t}\mathrm{d}t \tag{8.3}$$

$$x(t)=\sum_{k=-\infty}^{\infty}X(\mathrm{j}k\Omega)\mathrm{e}^{\mathrm{j}k\Omega t} \tag{8.4}$$

式中，$\Omega=2\pi f=2\pi/T_p$，为离散频谱相邻两谱线之间的角频率间隔；k 为谱谐波序号。傅里叶级数展开将连续时间周期函数分解为无穷多个角频率为 Ω 整数倍的谐波。可见，时域连续函数造成频域非周期的频谱函数，而频域的离散频谱就与时域的周期时间函数相对应。

3. 非周期离散时间、连续频率——序列的傅里叶变换

非周期连续时间信号 $x(t)$ 经过等间隔抽样的信号 $x(nT)$，即离散时间信号——

序列 $x(n)$（简写），其傅里叶变换是以 2π 为周期的连续函数。它们的变换关系为

$$X(e^{j\omega}) = \sum_{n=-\infty}^{\infty} x(n)e^{-j\omega n} \tag{8.5}$$

$$x(n) = \frac{1}{2\pi}\int_{-\pi}^{\pi} X(e^{j\omega})e^{j\omega n}d\omega \tag{8.6}$$

式中，ω 是数字频率，它和模拟角频率 Ω 的关系为 $\omega = \Omega T$。

若振幅特性的频率轴用 Ω 表示，则周期为 $\Omega = 2\pi / T$。即时域的离散化造成频域的周期延拓，而时域的非周期对应于频域的连续性。

4. 离散时间、离散频率——离散傅里叶变换

如果信号频域是离散的，则表现为周期性的时间函数。相反，在时域上是离散的，则该信号在频域必然表现为周期性的频率函数。这三种傅里叶变换至少在一个域（时域或频域）中函数是连续的，因此都不适合在计算机上运算。如果一个离散周期序列，它具有既是周期又是离散的频谱，这正是所期望的时域及频域都是离散的情况，适合于进行数字计算，便于计算机处理，也就是即将要研究的离散傅里叶变换。四种傅里叶变换函数与曲线见表 8.1 与图 8.1。

表 8.1　四种傅里叶变换形式的归纳

时间函数	频率函数
连续和非周期	非周期和连续
连续和周期（T_p）	非周期和离散（$\Omega = 2\pi F = 2\pi / T_p$）
离散（T）和非周期	周期（$\Omega = 2\pi / T$）和连续
离散（T_s）和周期（T_0）	周期$\left(\Omega_s = \frac{2\pi}{T_s}\right)$和离散$\left(\Omega_0 = \frac{2\pi}{T_0}\right)$

假设序列 $x(n)$ 是模拟信号 $x(t)$ 经过抽样得到，抽样时间间隔为 T_s，则频率函数的周期 $\Omega_s = 2\pi / T_s$；如果频率函数也是离散的，其抽样间隔为 Ω_0，则时间函数的周期为 $T_0 = 2\pi/\Omega_0$。当时间函数序列一个周期内的抽样点数为 N 时，有

$$N = \frac{T_0}{T_s} = \frac{\Omega_s}{\Omega_0}$$

在频域中频谱函数的一个周期内的抽样点数也为 N，即离散傅里叶变换的时间序列和频域序列的周期都是 N，可以得到表示于一个周期内的常用的离散傅里叶变换对如下：

$$X(k) = \sum_{n=0}^{N-1} x(nT_s)e^{-j\frac{2\pi}{N}nk} \tag{8.7}$$

$$x(nT_s) = \frac{1}{N}\sum_{k=0}^{N-1} X(k)e^{j\frac{2\pi}{N}kn} \tag{8.8}$$

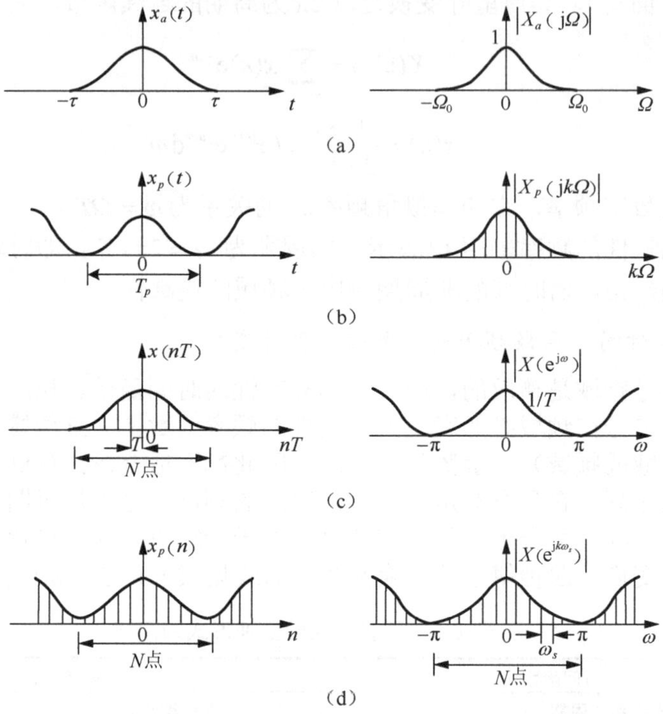

图 8.1　各种形式的傅里叶变换

8.2.2　离散傅里叶级数

设 $\tilde{x}(n)$ 是一个周期为 N 的周期序列，即 $\tilde{x}(n)=\tilde{x}(n+rN)$，$r$ 为任意整数。周期序列在周而复始永不衰减，但仅有 N 个样本值是独立的，取其中一个周期内的 N 个样本足以表征整个序列的特征，因此可以定义 n=0 到 $N-1$ 的周期区间为 $\tilde{x}(n)$ 的主值区间，而主值区间内的 N 个样本值组成的有限长序列称为 $\tilde{x}(n)$ 的主值序列，即

$$x(n)=\tilde{x}(n)R_N(n)$$

这一过程称为取主值序列，因此对于一个有限长序列：

$$x(n)=\begin{cases} x(n), & 0\leqslant n\leqslant N-1 \\ 0, & 其他 \end{cases}$$

若将其以 N 为周期进行周期性延拓，则可得

$$\tilde{x}(n)=\sum_{r=-\infty}^{+\infty}x(n+rN)=x(n)_N=x(n[\mathrm{mod}\,n])$$

式中，$x(n)_N$、$x(n[\mathrm{mod}\,n])$ 均表示模 N 运算，即取余数运算。

由于周期序列不是绝对可和的，无论 z 取何值，其 z 变换都是不收敛的，因

此周期序列不能用 z 变换或者傅里叶变换来讨论。

然而连续时间周期信号可以展开为傅里叶级数，同样，离散时间周期序列也可以用离散傅里叶级数来表示，如果时间序列的周期为 N，则离散傅里叶级数表示为周期也为 N 的复指数序列。

$\tilde{x}(n)$ 是周期为 N 的周期序列，可以展开成傅里叶级数为

$$\tilde{x}(n)=\sum_{k=-\infty}^{+\infty}a_k\mathrm{e}^{\mathrm{j}\omega_k n}=\sum_{k=-\infty}^{+\infty}a_k\mathrm{e}^{\mathrm{j}\omega_0 n}=\sum_{k=-\infty}^{+\infty}a_k\mathrm{e}^{\mathrm{j}\frac{2\pi}{N}kn}$$

故定义如下变换对为离散傅里叶级数变换对：

$$\tilde{X}(k)=\mathrm{DFS}\left[\tilde{x}(n)\right]=\sum_{n=0}^{N-1}\tilde{x}(n)\mathrm{e}^{-\mathrm{j}\frac{2\pi}{N}nk}=\sum_{n=0}^{N-1}\tilde{x}(n)W_N^{-nk} \tag{8.9}$$

$$x(n)=\mathrm{IDFS}\left[\tilde{X}(k)\right]=\frac{1}{N}\sum_{k=0}^{N-1}\tilde{X}(k)\mathrm{e}^{\mathrm{j}\frac{2\pi}{N}kn}=\frac{1}{N}\sum_{k=0}^{N-1}\tilde{X}(k)W_N^{-nk} \tag{8.10}$$

式中，为了方便起见，令 $W_N^{-nk}=\mathrm{e}^{-\mathrm{j}\frac{2\pi}{N}nk}$；DFS[·]表示离散傅里叶级数正变换；IDFS[·]表示离散傅里叶级数反变换。显然，这是前面第四种情况表达式取时间变量的离散间隔 T_s 等于 1 的简化形式。

离散傅里叶级数表明 $\tilde{X}(k)$ 是以 N 为周期的周期序列，其基波成分为 $\mathrm{e}^{\mathrm{j}\frac{2\pi}{N}n}$，$k$ 次谐波成分为 $\mathrm{e}^{\mathrm{j}\frac{2\pi}{N}nk}$，$\tilde{X}(k)$ 为 DFS 的 k 次谐波分量的复系数。由于 $\tilde{X}(k)$ 的周期性，当已知 $0\rightarrow N-1$ 次谐波成分后，根据周期性就可以确定其余谐波分量，因此，无论时域或频域中都只有 N 个序列值是独立的。

8.2.3 离散傅里叶变换

离散傅里叶级数周期序列，虽然是无限长序列，实际上只包含 N 个独立的复值，只要知道一个周期的内容，其他的内容也就知道了，所以 DFS 只有有限个序列值有意义，DFS 和 IDFS 表达式都只取 N 点序列值正证明了这一点，说明它和有限长序列有着本质的联系。

可以把长度为 N 有限长序列 $x(n)$ 看成周期为 N 的周期序列的一个周期，这样利用离散傅里叶级数计算周期序列的一个周期，也就是计算了有限长序列的离散傅里叶变换（DFT）。

设 $x(n)$ 为有限长序列，长度为 N，即 $x(n)$ 只在 $n=0$ 到 $N-1$ 点上有值，其他情况下，$x(n)=0$。即

$$x(n)=\begin{cases}x(n), & 0\leqslant n\leqslant N-1\\ 0, & \text{其他}\end{cases}$$

为了引用周期序列的概念，把它看成周期为 N 的周期序列 $\tilde{x}(n)$ 的一个周期，而把 $\tilde{x}(n)$ 看成 $x(n)$ 以 N 为周期的周期延拓，即表示为

$$\tilde{x}(n)=\sum_{r=-\infty}^{\infty}x(n+rN)$$

有限长序列和周期序列的关系如图 8.2 所示。

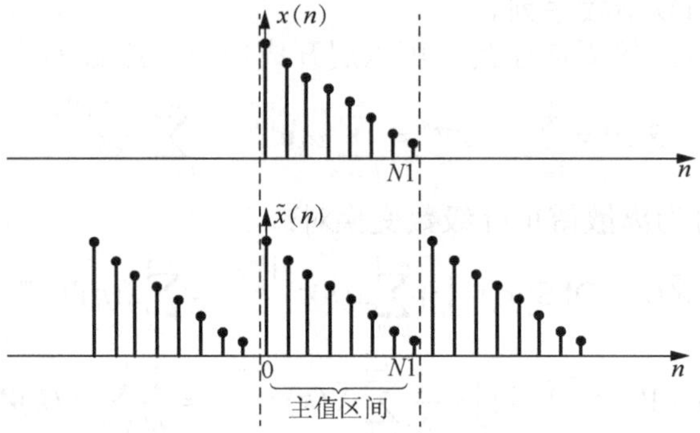

图 8.2　有限长序列和周期序列的关系

故 $x(n)$ 是 $\tilde{x}(n)$ 的“主值序列”，即主值区间上的序列。而称 $\tilde{x}(n)$ 为 $x(n)$ 的周期延拓。所以

$$\tilde{x}(n)=x(n\bmod N)=x(n)_N$$

$$x(n)=\tilde{x}(n)R_N(n)$$

式中，$R_N(n)$ 为矩形序列。

同理，频域的周期序列 $\tilde{X}(k)$ 也可看成对有限长序列 $X(k)$ 的周期延拓，而有限长序列 $X(k)$ 可看成周期序列 $\tilde{X}(k)$ 的主值序列，即

$$\tilde{X}(k)=X(k)_N$$

$$X(k)=\tilde{X}(k)R_N(k)$$

离散傅里叶级数的这两个公式的求和都只限定在 n=0 到 $N-1$ 和 k=0 到 $N-1$ 的主值区间进行，它们完全适用于主值序列 $x(n)$ 与 $X(k)$，因此可以得到有限长序列的离散傅里叶变换的定义：

$$X(k)=\mathrm{DFT}[x(n)]=\sum_{n=0}^{N-1}x(n)W_N^{nk},\quad 0\leqslant k\leqslant N-1 \tag{8.11}$$

$$x(n)=\mathrm{IDFT}[X(k)]=\frac{1}{N}\sum_{k=0}^{N-1}X(k)W_N^{-nk},\quad 0\leqslant n\leqslant N-1 \tag{8.12}$$

离散傅里叶变换实际上来自于离散傅里叶级数，只不过仅在时域和频域各取了一个周期而已。已知其中的一个序列，就能唯一地确定另一个序列。这是因为 $x(n)$ 与 $X(k)$ 都是点数为 N 的序列，都有 N 个独立值（可以是复数），所以信息量相等。

此外，值得强调的是，在使用离散傅里叶变换时，必须注意所处理的有限长序列都是作为周期序列的一个周期来表示的。 换句话说，离散傅里叶变换隐含着

周期性。

离散傅里叶变换有很多重要的性质，它们本质上和周期序列的离散傅里叶级数概念有关，而且是由有限长序列及其离散傅里叶变换表示式隐含的周期性得出的。假定以下讨论的序列都是 N 点有限长序列，用 DFT［·］表示 N 点 DFT，且设

$$\mathrm{DFT}\,[\,x_1(n)] = X_1(k)$$

$$\mathrm{DFT}\,[\,x_2(n)] = X_2(k)$$

1. 线性特性

$$\mathrm{DFT}[ax_1(n) + bx_2(n)] = aX_1(k) + bX_2(k) \tag{8.13}$$

式中，a、b 为任意常数。

说明：若 $x_1(n)$、$x_2(n)$ 长度不等，则离散傅里叶变换的长度必须按照两者长度较大的来计算，较短的序列需要相应补上零值。

2. 序列的圆周移位

有限长序列的圆周位移是以它的长度 N 为周期，将其延拓成周期序列，并将周期序列进行移位，然后取主值区间（n=0 到 $N-1$）上的序列值。因此有限长序列的 $x(n)$ 的圆周移位定义为

$$y(n) = x(n+m)_N R_N(n) \tag{8.14}$$

由于是周期序列的移位，当只观察 $0 \leqslant n \leqslant N-1$ 这一主值区间时，某一采样从该区间的一端移出时，与其相同值的采样又从该区间的另一端循环移进。因此，可以想象 $x(n)$是排列在一个 N 等分的圆周上，序列 $x(n)$的圆周移位，就相当于 $x(n)$在此圆周上旋转，如图 8.3 所示，因而称为圆周移位。当将 $x(n)$向左圆周移位时，此圆是顺时针旋转；将 $x(n)$向右圆周移位时，此圆是逆时针旋转。此外，如果围绕圆周观察几圈，那么看到的就是周期序列。

1）时域圆周移位定理

设 $x(n)$ 是长度为 N 的有限长序列，$y(n)$ 为 $x(n)$ 圆周移位，即

$$y(n) = x(n+m)_N R_N(n)$$

则圆周移位后的 DFT 为

$$Y(k) = \mathrm{DFT}[y(n)] = \mathrm{DFT}[x(n+m)_N R_N(n)] = W_N^{-mk} X(k) \tag{8.15}$$

这表明，有限长序列的圆周移位在离散频域中引入一个和频率成正比的线性相移 $W_N^{-kn} = \mathrm{e}^{\left(\mathrm{j}\frac{2\pi}{N}k\right)m}$，而对频谱的幅度没有影响。

2）频域圆周移位定理

对于频域有限长序列 $X(k)$，也可看成分布在一个 N 等分的圆周上，因此对于 $X(k)$ 的圆周移位，利用频域与时域的对偶关系，可以证明以下性质。

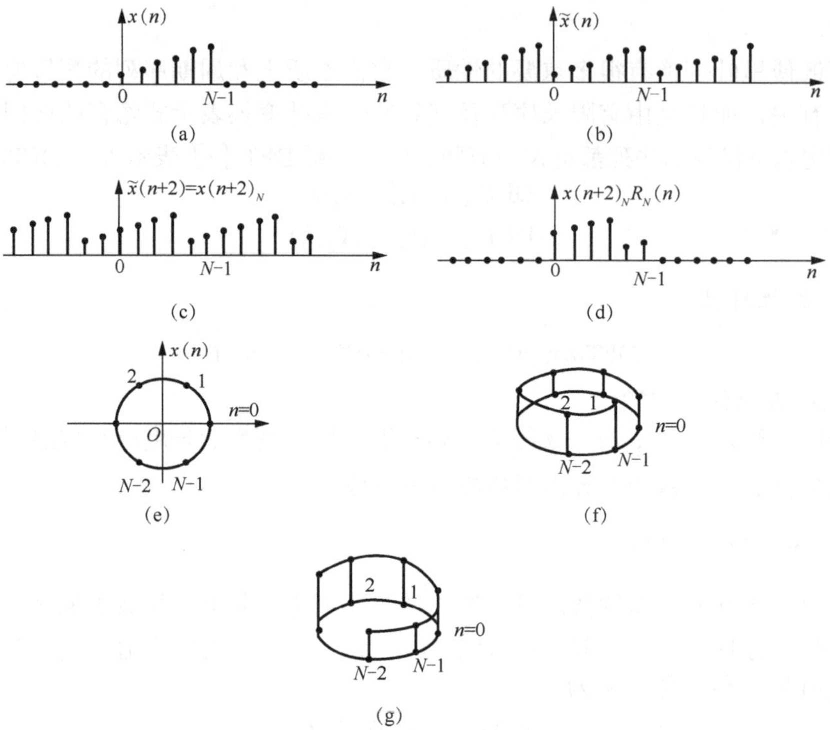

图 8.3　圆周移位过程示意图

若 $X(k)=\mathrm{DFT}[x(n)]$，则

$$\mathrm{IDFT}[X(k+l)_N R_N(k)]=W_N^{nl}x(n)=\mathrm{e}^{-\mathrm{j}\frac{2\pi}{N}nl}x(n) \tag{8.16}$$

这就是调制特性。它说明，时域序列的调制等效于频域的圆周移位。

3．共轭对称性

序列傅里叶变换存在一些对称性质，且定义了共轭对称序列与共轭反对称序列的概念。这里的对称性是指关于坐标原点的纵坐标的对称性。DFT 也有类似的对称性，但在 DFT 中，涉及的序列 $x(n)$ 及其离散傅里叶变换 $X(k)$ 均为有限长序列，且定义区间为 0 到 $N-1$，所以，这里的对称性是指关于 $N/2$ 点的对称性。

设有限长序列 $x(n)$ 的长度为 N 点，则它的圆周共轭对称分量 $x_{\mathrm{ep}}(n)$ 和圆周共轭反对称分量 $x_{\mathrm{op}}(n)$ 分别定义为

$$x_{\mathrm{ep}}(n)=\frac{1}{2}[x(n)+x^*(N-n)] \tag{8.17}$$

$$x_{\mathrm{op}}(n)=\frac{1}{2}[x(n)-x^*(N-n)] \tag{8.18}$$

如同任何实函数都可以分解成偶对称分量和奇对称分量一样，任何有限长序列 $x(n)$ 都可以表示成其圆周共轭对称分量 $x_{\mathrm{ep}}(n)$ 和圆周共轭反对称分量 $x_{\mathrm{op}}(n)$ 之和，即

$$x(n)=x_{ep}(n)+x_{op}(n),\quad 0\leqslant n\leqslant N-1 \tag{8.19}$$

由此可推得 DFT 一系列对称性质。

（1）

$$\begin{aligned}\text{DFT}\left[\,x^*(n)\,\right]&=X^*(-k)_N R_N(k)=X^*(N-k)_N R_N(k)\\&=X^*(N-k),\quad 0\leqslant k\leqslant N-1\end{aligned} \tag{8.20}$$

式中，$x^*(n)$ 是 $x(n)$ 的共轭复序列。

（2）

$$\text{DFT}\left[\,x^*(-n)\right]=X^*(k) \tag{8.21}$$

（3）

$$\text{DFT}[x(n)]=\text{Re}[X(k)]\text{DFT}[x(n)]=\text{jIm}[X(k)] \tag{8.22}$$

（4）若用 $x_r(n)$ 及 $x_i(n)$ 分别表示有限长序列 $x(n)$ 的实部及虚部，即

$$x(n)=x_r(n)+\text{j}x_i(n)$$

则有

$$\text{DFT}[x_r(n)]=X_{ep}(k)=\frac{1}{2}[X(k)+X^*(N-k)] \tag{8.23}$$

$$\text{DFT}[\text{j}x_i(n)]=X_{op}(k)=\frac{1}{2}[X(k)-X^*(N-k)] \tag{8.24}$$

4. 圆周卷积

1）时域圆周卷积定理

设 $x_1(n)$ 和 $x_2(n)$ 都是点数为 N 的有限长序列（$0\leqslant n\leqslant N-1$），且有

$$\text{DFT}[x_1(n)]=X_1(k)$$

$$\text{DFT}[x_2(n)]=X_2(k)$$

若 $Y(k)=X_1(k)X_2(k)$，则

$$\begin{aligned}y(n)&=\text{IDFT}[Y(k)]\\&=\sum_{m=0}^{N-1}x_1(m)x_2(n-m)_N R_N(n)\\&=\sum_{m=0}^{N-1}x_2(m)x_1(n-m)_N R_N(n)\end{aligned} \tag{8.25}$$

2）频域圆周卷积定理

若 $y(n)=x_1(n)x_2(n)$，则

$$\begin{aligned}Y(k)&=\text{DFT}[y(n)]\\&=\frac{1}{N}\sum_{l=0}^{N-1}X_1(l)X_2(k-l)_N R_N(k)\\&=\frac{1}{N}\sum_{l=0}^{N-1}X_2(l)X_1(k-l)_N R_N(k)\end{aligned} \tag{8.26}$$

3）有限长序列的线性卷积与圆周卷积

时域圆周卷积在频域上相当于两序列的 DFT 的乘积，而计算 DFT 可以采用它的快速算法——快速傅里叶变换（FFT），因此圆周卷积与线性卷积相比，计算速度可以大大加快。但是，在许多实际问题中常需要计算线性卷积，如果能将线性卷积转化为圆周卷积，就能够用圆周卷积来计算线性卷积而加快计算速度。因此，需要讨论圆周卷积与线性卷积在什么条件下相等及如何用圆周卷积运算来代替线性卷积运算的问题。

设 $x_1(n)$ 是 N_1 点的有限长序列（$0\leqslant n\leqslant N_1-1$），$x_2(n)$ 是 N_2 点的有限长序列（$0\leqslant n\leqslant N_2-1$）。

它们的线性卷积为

$$y_1(n)=x_1(n)*x_2(n)=\sum_{m=-\infty}^{\infty}x_1(m)x_2(n-m)=\sum_{m=0}^{N_1-1}x_1(m)x_2(n-m) \tag{8.27}$$

式中，$x_1(m)$ 的非零区间为 $0\leqslant m\leqslant N_1-1$；$x_2(n-m)$ 的非零区间为 $0\leqslant n-m\leqslant N_2-1$。

再来看 $x_1(n)$ 与 $x_2(n)$ 的圆周卷积。先讨论进行 L 点的圆周卷积，再讨论 L 取何值时，圆周卷积能代表线性卷积。

设 $x_1(n)$ 与 $x_2(n)$ 两序列进行 L 点圆周卷积，$L\geqslant\max[N_1,N_2]$，这就要将 $x_1(n)$ 与 $x_2(n)$ 都看成 L 点的序列。在这 L 个序列值中，$x_1(n)$ 只有前 N_1 个是非零值，后 $L-N_1$ 个均为补充的零值。同样，$x_2(n)$ 只有前 N_2 个是非零值，后 $L-N_2$ 个均为补充的零值，则

$$y(n)=\sum_{m=0}^{L-1}x_1(m)x_2(n-m)_L R_L(n) \tag{8.28}$$

将任一序列变成 L 点周期延拓序列代入式（8.28）得

$$\begin{aligned}\tilde{y}(n)&=\sum_{m=0}^{L-1}\tilde{x}_1(m)\tilde{x}_2(n-m)_L=\sum_{m=0}^{L-1}x_1(m)\sum_{r=-\infty}^{\infty}x_2(n+rL-m)\\&=\sum_{r=-\infty}^{\infty}\sum_{m=0}^{L-1}x_1(m)x_2(n+rL-m)=\sum_{r=-\infty}^{\infty}y_1(n+rL)\end{aligned} \tag{8.29}$$

前面已经分析了 $y_1(n)$ 具有 N_1+N_2-1 个非零值。因此可以看到，如果周期卷积的周期 $L<N_1+N_2-1$，那么 $y_1(n)$ 的周期延拓必然有一部分非零序列值要交叠起来，从而出现混叠现象。只有在 $L\geqslant N_1+N_2-1$ 时，才没有交叠现象。这时，在 $y_1(n)$ 的周期延拓中，每一个周期 L 内，前 N_1+N_2-1 个序列值正好是 $y_1(n)$ 的全部非零序列值，而剩下的 $L-(N_1+N_2-1)$ 个点上的序列值则是补充的零值。因此 L 点圆周卷积 $y(n)$ 是线性卷积 $y_1(n)$ 以 L 为周期的周期延拓序列的主值序列。

因此要使圆周卷积等于线性卷积而不产生混叠的必要条件为 $L\geqslant N_1+N_2-1$。

8.3　快速傅里叶变换

快速傅里叶交换仅仅是为减少比计算次数的一种快速有效的算法。

在信号处理中，DFT 的计算具有举足轻重的地位，信号的相关、滤波、谱估计等都要通过 DFT 来实现。然而，当 N 很大时，求一个 N 点的 DFT 要完成 $N\times N$ 次复数乘法和 $N(N-1)$次复数加法，其计算量相当大。1965 年库利（Cooley）和图基（Tukey）巧妙地利用 W_N 因子的周期性和对称性，构造了一个 DFT 快速算法，即快速傅里叶变换，从而使得 DFT 的运算真正得到了广泛应用。

8.3.1　直接计算 DFT 的问题及改进的途径

1. DFT 的运算特点

由前面可知，对于一个有限列长为 N 的序列 $x(n)$，其 DFT 变换为

$$X(k)=\sum_{n=0}^{N-1}x(n)W_N^{nk},\quad k=0,1,\cdots,N-1 \tag{8.30}$$

其逆变换为

$$x(n)=\frac{1}{N}\sum_{n=0}^{N-1}X(k)W_N^{nk},\quad n=0,1,\cdots,N-1 \tag{8.31}$$

二者的差别只在于 W_N 的指数符号不同，以及差一个比例因子 $1/N$，故式（8.30）和式（8.31）的运算量是相同的。下面只讨论 DFT 正变换式（8.30）的运算量。

一般来说，$x(n)$ 和 W_N^{nk} 都是复数，$X(k)$ 也是复数，因此每计算一个 $X(k)$ 值，需要 N 次 $x(n)W_N^{nk}$ 形式的复数乘法和 $N-1$ 次复数加法的运算。而 $X(k)$ 共有 N 个点（k 从 0 到 $N-1$），所以完成全部 DFT 运算总共需要 N^2 次复数乘法和 $N(N-1)$ 次复数加法。由于复数 $x(n)$ 和 W_N^{nk} 可用实数表示成如下形式：

$$x(n)=\mathrm{Re}[x(n)]+\mathrm{jIm}[x(n)] \tag{8.32}$$

$$W_N^{nk}=\mathrm{Re}[W_N^{nk}]+\mathrm{jIm}[W_N^{nk}] \tag{8.33}$$

故式（8.30）变为

$$\begin{aligned}X(k)=\sum_{n=0}^{N-1}x(n)W_N^{nk}=\sum_{n=0}^{N-1}\{&(\mathrm{Re}[x(n)]\mathrm{Re}[W_N^{nk}]-\mathrm{Im}[x(n)]\mathrm{Im}[W_N^{nk}])\\&+\mathrm{j}(\mathrm{Re}[x(n)]\mathrm{Im}[W_N^{nk}]-\mathrm{Im}[x(n)]\mathrm{Re}[W_N^{nk}]\}\end{aligned} \tag{8.34}$$

由式（8.34）可知，一次复数乘法需要用四次实数乘法和二次实数加法（实部、虚部分别相加）来实现，而一次复数加法则需要二次实数加法。因此每运算一个 $X(k)$ 需要 $4N$ 次复数乘法和 $2N+2(N-1)=2(2N-1)$ 次实数加法，要完成整个 DFT 运算共需要 $4N^2$ 次实数相乘和 $N\times 2(2N-1)=2N(2N-1)$ 次实数加法，由此可见，直接计算 DFT 时，乘法次数与加法次数都与 N^2 成正比，N 越大，运

算工作量将显著增加。为此，需要对 DFT 的计算方法进行改进，以减少总的运算次数。

2. 改善 DFT 运算效率的基本途径

由于系数 W_N^{nk} 具有以下特性：

$$(W_N^{nk})^* = W_N^{-nk} \quad （对称性）$$

$$W_N^{nk} = W_N^{(n+N)k} = W_N^{n(k+N)} \quad （周期性）$$

则有

$$W_N^{n(N-k)} = W_N^{(N-n)k} = W_N^{-nk}$$

$$W_N^{\frac{N}{2}} = \mathrm{e}^{-\mathrm{j}\frac{2\pi}{N}\frac{N}{2}} = -1$$

$$W_N^{\left(nk+\frac{N}{2}\right)} = -W_N^{nk}$$

因此，利用 W_N^{nk} 的特性可对 DFT 的运算进行如下改进。

（1）利用 W_N^{nk} 的对称性使 DFT 运算中有些项合并，式（8.34）中的对称项可合并为

$$\mathrm{Re}[x(n)]\mathrm{Re}[W_N^{nk}] + \mathrm{Re}[x(N-n)]\mathrm{Re}[W_N^{(N-n)k}] = \{\mathrm{Re}[x(n)] + \mathrm{Re}[x(N-n)]\}\mathrm{Re}[W_N^{nk}]$$

$$\mathrm{Im}[x(n)]\mathrm{Im}[W_N^{nk}] - \mathrm{Im}[x(N-n)]\mathrm{Im}[W_N^{(N-n)k}] = -\{\mathrm{Im}[x(n)] - \mathrm{Im}[x(N-n)]\}\mathrm{Im}[W_N^{nk}]$$

式中，共他各项也可以找到类似的归并方法。这样，乘法次数可以减少大约一半。

（2）利用 W_N^{nk} 的周期性和对称性使长序列的 DFT 分解为更小点数的 DFT。

由于 DFT 的运算量与 N^2 成正比，N 越小，DFT 的运算量越小，因此，如果一个长序列的 DFT 能分解为短序列的 DFT 的组合，则显然可取得减少运算工作量的效果。快速傅里叶变换算法正是基于这一基本思想发展起来的。快速傅里叶变换算法形式很多，但基本上可以分成两大类，即按时间抽取（decimation in time，DIT）法和按频率抽取（decimation in frequency，DIF）法。

8.3.2 时间抽取基-2FFT 算法

1. 算法原理

设序列 $x(n)$ 的长度 N 是 2 的整数幂次方，即

$$N = 2^M \tag{8.35}$$

式中，M 为正整数。如果 N 不满足此关系，可以通过人为增加若干零值点来达到这一要求。这种 N 为 2 的整数幂的 FFT 称为时间抽取基-2FFT。

首先将输入序列 $x(n)$ 按 n 的奇偶分成两个子序列，即

$$\begin{cases} x(2r) = x_1(r) \\ x(2r+1) = x_2(r) \end{cases}, \quad r = 0,1,\cdots,\frac{N}{2}-1$$

则式（8.30）变为

$$X(k)=\mathrm{DFT}[x(n)]=\sum_{n=0}^{N-1}x(n)W_N^{nk}=\sum_{\substack{n=0\\n=0,2,4,6,\cdots}}^{N-1}x(n)W_N^{nk}+\sum_{\substack{n=0\\n=1,3,5,7,\cdots}}^{N-1}x(n)W_N^{nk}$$

$$=\sum_{r=0}^{\frac{N}{2}-1}x(2r)W_N^{2nk}+\sum_{r=0}^{\frac{N}{2}-1}x(2r+1)W_N^{(2r+1)k}$$

$$=\sum_{r=0}^{\frac{N}{2}-1}x_1(r)(W_N^2)^{rk}+W_N^k\sum_{r=0}^{\frac{N}{2}-1}x_2(r)(W_N^2)^{rk} \tag{8.36}$$

由于 $W_N^2=\mathrm{e}^{-\mathrm{j}\frac{2\pi}{N}\cdot 2}=\mathrm{e}^{-\mathrm{j}\frac{2\pi}{\left(\frac{N}{2}\right)}}=W_{\frac{N}{2}}$，故式（8.36）可表示为

$$X(k)=\sum_{r=0}^{\frac{N}{2}-1}x_1(r)W_{\frac{N}{2}}^{rk}+W_N^k\sum_{r=0}^{\frac{N}{2}-1}x_2(r)W_{\frac{N}{2}}^{rk}=X_1(k)+W_N^kX_2(k) \tag{8.37}$$

式中，$X_1(k)$ 及 $X_2(k)$ 分别是 $x_1(r)$ 和 $x_2(r)$ 的 $N/2$ 点的 DFT。

$$X_1(k)=\sum_{r=0}^{\frac{N}{2}-1}x_1(r)W_{\frac{N}{2}}^{rk}=\sum_{r=0}^{\frac{N}{2}-1}x(2r)W_{\frac{N}{2}}^{rk}$$

$$X_2(k)=\sum_{r=0}^{\frac{N}{2}-1}x_2(r)W_{\frac{N}{2}}^{rk}=\sum_{r=0}^{\frac{N}{2}-1}x(2r+1)W_{\frac{N}{2}}^{rk} \tag{8.38}$$

该式表明：一个 N 点的 DFT 被分解为两个 $N/2$ 点的 DFT，这两个 $N/2$ 点的 DFT 按照式（8.37）可合成为一个 N 点的 DFT。但 $x_1(r)$、$x_2(r)$ 及 $X_1(k)$、$X_2(k)$ 的列长都是 $N/2$。即 r，$k=0,1,2,\cdots,N/2-1$，而 $X(k)$ 的列长为 N，所以按式（8.37）计算得到的只是 $X(k)(k=0,1,\cdots,N-1)$ 前一半项数的结果，要用 $X_1(k)$、$X_2(k)$ 来表示全部的 $X(k)$ 值，还必须应用系数 W 的周期性，即

$$W_{\frac{N}{2}}^{rk}=W_{\frac{N}{2}}^{r\left(k+\frac{N}{2}\right)}$$

则

$$x\left(\frac{N}{2}+k\right)=\sum_{r=0}^{\frac{N}{2}-1}x_1(r)W_{\frac{N}{2}}^{r\left(k+\frac{N}{2}\right)}=\sum_{r=0}^{\frac{N}{2}-1}x_1(r)W_{\frac{N}{2}}^{rk}$$

即

$$X_1\left(\frac{N}{2}+k\right)=X_1(k) \tag{8.39}$$

同理可得

$$X_2\left(\frac{N}{2}+k\right)=X_2(k) \tag{8.40}$$

式(8.38)、式(8.40)表明：后半部分 k 值 $(N/2\leqslant k\leqslant N-1)$ 所对应的 $X_1(k)$、$X_2(k)$ 完全重复了前半部分 k 值 $(0\leqslant k\leqslant N/2-1)$ 所对应的 $X_1(k)$、$X_2(k)$ 的值。

考虑到 W_N^k 的对称性，即

$$W_N^{\left(\frac{N}{2}-k\right)}=W_N^{\frac{N}{2}}W_N^k=-W_N^k \tag{8.41}$$

将式（8.39）、式（8.40）及式（8.41）代入式（8.37），就可以将 $X(k)$ 的表达式分为前后两部分。

前半部分：

$$X(k)=X_1(k)+W_N^kX_2(k),\quad k=0,1,\cdots,\frac{N}{2}-1 \tag{8.42}$$

后半部分：

$$\begin{aligned}X\left(\frac{N}{2}+k\right)&=X_1\left(\frac{N}{2}+k\right)+W_N^{\frac{N}{2}+k}X_2\left(\frac{N}{2}+k\right)\\&=X_1(k)-W_N^kX_2(k),\quad k=0,1,\cdots,\frac{N}{2}-1\end{aligned} \tag{8.43}$$

由此可见，只要求出区间 $[0,N/2-1]$ 内各个整数 k 值所对应的 $X_1(k)$、$X_2(k)$ 值，即可求出 $[0,N-1]$ 区间内的全部 $X(k)$ 值，从而大大节省了运算（这一点也正是 FFT 能大量节省计算的关键所在）。

式（8.42）和式（8.43）的运算过程可用图 8.4 所示信号流图（蝶形运算流图）表示。其中，图 8.4（b）是图 8.4（a）的简化形式。图中左边为输入；中间以一个小圆圈表示加、减运算；右上支路为相加后的输出，右下支路为相减后的输出。如果在某一支路上需要进行相乘运算，则在该支路上标以箭头，将相乘的系数标在箭头旁边。当支路上没有标出箭头及系数时，则该支路的传输系数为 1。由此图可知，每个蝶形运算，需要一次复数乘法 $[X_2(k)W_N^k]$ 及两次复数加（减）法 $[X_1(k)+X_2(k)W_N^k, X_1(k)-X_2(k)W_N^k]$。当 N=8 时，采用这种方法分解过程如图 8.5 所示。其输入序列 $x(n)$ 按偶数点和奇数点进行第一级分解后成为

$$x(2r)=x_1(r),\quad x(2r+1)=x_2(r),\quad r=0,1,2,\cdots,\frac{N}{2}-1$$

偶序列：

$$x_1(0)=x(0),\quad x_1(1)=x(2),\quad x_1(2)=x(4),\quad x_1(3)=x(6)$$

奇序列：

$$x_1(0)=x(1),\quad x_1(1)=x(3),\quad x_1(2)=x(5),\quad x_1(3)=x(7)$$

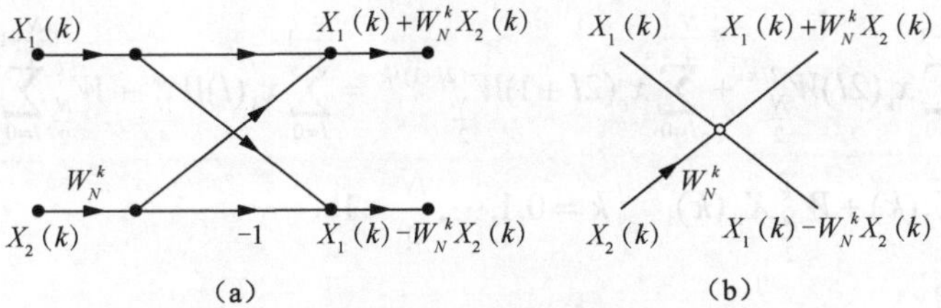

图 8.4　蝶形运算流图

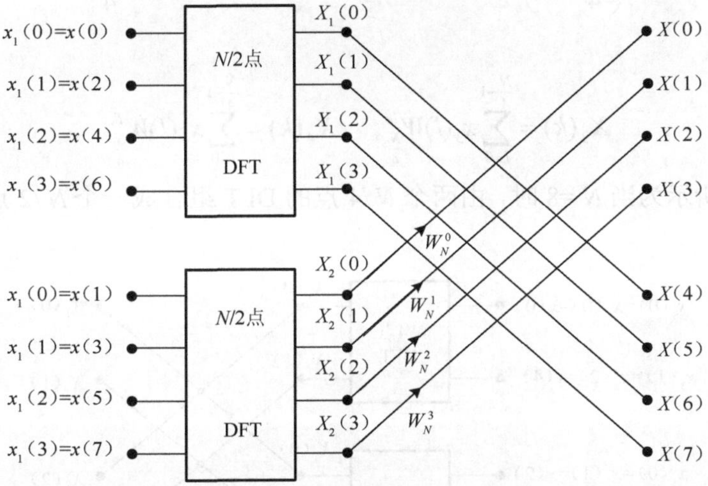

图 8.5　按时间抽取将一个 N 点 DFT 分解为 2 个 $N/2$ 点 DFT（N=8）

进一步把每个 $N/2$ 点子序列分解为 $N/4$ 点子序列，对于上面已经形成的偶序列 $x_1(r)$，有

$$x_1(2l)=x_3(l),\quad x_1(2l+1)=x_4(l),\quad l=0,1,2,\cdots,\frac{N}{4}-1$$

偶序列中的偶序列：

$$x_3(0)=x_1(0)=x(0),\quad x_3(1)=x_1(2)=x(4)$$

偶序列中的奇序列：

$$x_4(0)=x_1(1)=x(2),\quad x_4(1)=x_1(3)=x(6)$$

对于上面已经形成的奇序列 $x_2(r)$，有

$$x_2(2l)=x_3(l),\quad x_2(2l+1)=x_6(l),\quad l=0,1,2,\cdots,\frac{N}{4}-1$$

奇序列中的偶序列：

$$x_5(0)=x_2(0)=x(1),\quad x_5(1)=x_2(2)=x(5)$$

奇序列中的奇序列：

$$x_6(0)=x_2(1)=x(3),\quad x_6(1)=x_2(3)=x(7)$$

各第一次分解相同，将序列按奇偶两部分进行第二次分解后，可得

$$X_1(k)=\sum_{l=0}^{\frac{N}{4}-1}x_1(2l)W_{\frac{N}{2}}^{2l/k}+\sum_{l=0}^{\frac{N}{4}-1}x_1(2l+1)W_{\frac{N}{2}}^{(2l+1)/k}=\sum_{l=0}^{\frac{N}{4}-1}x_3(l)W_{\frac{N}{4}}^{lk}+W_{\frac{N}{2}}^{k}\sum_{l=0}^{\frac{N}{4}-1}x_4(l)W_{\frac{N}{4}}^{lk}$$

$$=X_3(k)+W_{\frac{N}{2}}^{k}X_4(k),\quad k=0,1,\cdots,\frac{N}{4}-1$$

而

$$X_1\left(\frac{N}{4}+k\right)=X_3(k)-W_{\frac{N}{2}}^{k}X_4(k),\quad k=0,1,\cdots,\frac{N}{4}-1$$

式中

$$X_3(k)=\sum_{l=0}^{\frac{N}{4}-1}x_3(l)W_{\frac{N}{4}}^{lk},\quad X_4(k)=\sum_{l=0}^{\frac{N}{4}-1}x_4(l)W_{\frac{N}{4}}^{lk}$$

图 8.6 所示为当 $N=8$ 时，由两个 $N/4$ 点的 DFT 组合成一个 $N/2$ 点的 DFT 的流图。

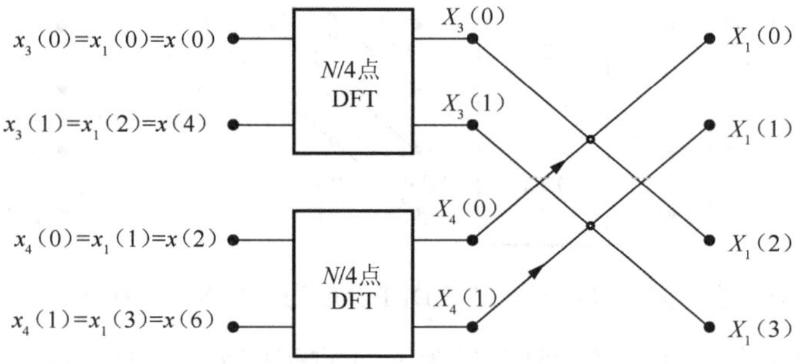

图 8.6　两个 $N/4$ 点的 DFT 组合成一个 $N/2$ 点的 DFT 的流图

$X_2(k)$ 也可以进行相同的分解：

$$X_2(k)=X_5(k)+W_{\frac{N}{2}}^{k}X_6(k),\quad k=0,1,\cdots,\frac{N}{4}-1$$

而

$$X_2\left(\frac{N}{4}+k\right)=X_5(k)-W_{\frac{N}{2}}^{k}X_6(k),\quad k=0,1,\cdots,\frac{N}{4}-1$$

式中

$$X_5(k)=\sum_{l=0}^{\frac{N}{4}-1}x_2(2l)W_{\frac{N}{4}}^{lk}=\sum_{l=0}^{\frac{N}{4}-1}x_5(2l)W_{\frac{N}{4}}^{lk},\quad X_6(k)=\sum_{l=0}^{\frac{N}{4}-1}x_2(2l+1)W_{\frac{N}{4}}^{lk}=\sum_{l=0}^{\frac{N}{4}-1}x_6(l)W_{\frac{N}{4}}^{lk}$$

将系数统一为 $W_{\frac{N}{2}}^{k}=W_N^{2k}$，则一个 $N=8$ 点的 DFT 就可以分解为 4 个 $N/4$ 点的 DFT，先进行 $N/4$ 点的 DFT 计算，再由相应的 2 个 $N/4$ 点的 DFT 结束合成 $N/2$ 点的 DFT，从而得到 $X_1(k)$ 和 $X_2(k)$。最后按式（8.42）和式（8.43）组合成 N 点

的 DFT，其流图如图 8.7 所示。由此可得出一个按时间抽取的完整的 8 点 FFT 流图，如图 8.8 所示。

以上算法是将时间 n 按奇、偶分开，故称为时间抽取算法（decimation in time，DIT）。

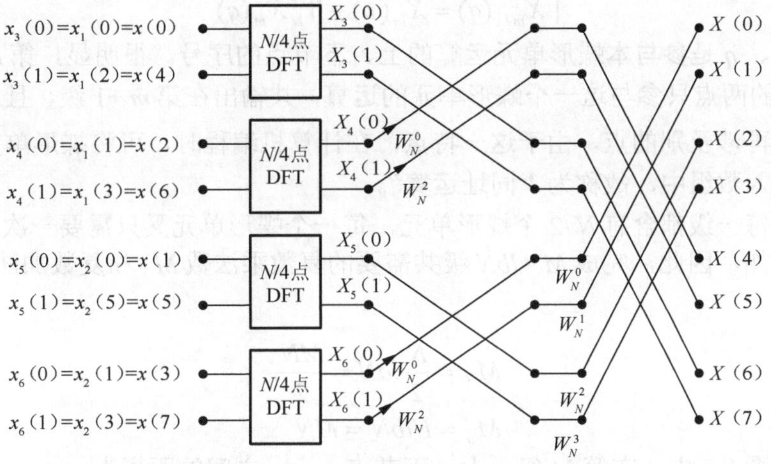

图 8.7　用 4 个 $N/4$ 点的 DFT 及两级蝶形组合来计算 N 点 DFT

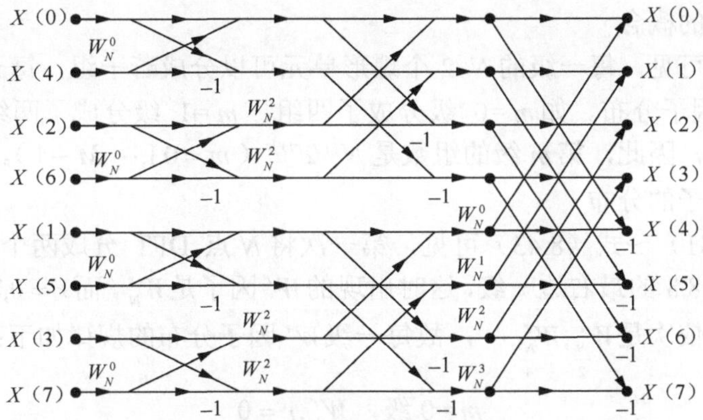

图 8.8　$N=8$ 按时间抽取 FFT 算法信号流图

2. 算法的讨论

下面对上述的推导过程进行详细讨论，以找到 FFT 算法的一般规律。

1）“级”的概念

上面推导过程，将 N 点 DFT 先分成 2 个 $N/2$ 点 DFT，再分成 4 个 $N/4$ 点 DFT，进而分成 8 个 $N/8$ 点的 DFT，直至分成 $N/2$ 个 2 点 DFT。每分一次，称为一“级”运算。因为 $M=N/2$，所以 N 点 DFT 列分成 M 级（图 8.8），图中 $N=8$，$M=4$，从左至右依次为 $m=0$ 级，$m=1$ 级，$m=2$ 级。

2）蝶形单元

在图 8.8 中有大量如图 8.4 的运算结构，由于该运算结构的几何形状像蝴蝶，故称为“蝶形运算单元”，在第 m 级，有

$$\begin{cases} X_{m+1}(p) = X_m(p) + W_N^r X_m(q) \\ X_{m+1}(q) = X_m(p) - W_N^r X_m(q) \end{cases}$$

式中，p、q 是参与本蝶形单元运算的上、下节点的序号。很明显，第 m 级序号为 p、q 的两点只参与这一个蝶形单元的运算，共输出在第 $m+1$ 级，且这一蝶形单元也不再涉及别的点。由于这一特点，在计算机编程时，可将蝶形单元的输出仍放在输入数组中，故称为“同址运算”。

由于每一级都含有 $N/2$ 个蝶形单元，每一个蝶形单元又只需要一次复数乘、两次复数加，因此，完成 $M = lbN$ 级共需要的复数乘法数 M_f 和复数加法数 M_a 分别是

$$M_f = \frac{N}{2} lbN = \frac{MN}{2}$$

$$M_a = NlbN = MN$$

那么，在图 8.8 中，在第 M 级，上、下节点 p、q 之间的距离为

$$q - p = 2^m$$

3）“组”的概念

由图 8.8 可见，每一级的 $N/2$ 个蝶形单元可以分成若干组，每一组有着相同的结构及 W^r 因子分布。如 $m=0$ 级分成了四组，$m=1$ 级分成了两组，$m=M-1$ 级分成了一组，因此，第 m 级的组数是 $N/2^{m+1}$（$m = 0,1,\cdots,M-1$）。

4）W^r 因子的分布

由式（8.31）～式（8.43）可见，第一次将 N 点 DFT 分成两个 $N/2$ 点 DFT 时，相当于图 8.8 的最右边一级，这时出现的 W^r 因子是 W_N^r，而 $r = 0,1,\cdots,N/2-1$。再往下分时，依次是 $W_{\frac{N}{2}}^r, W_{\frac{N}{4}}^r, \cdots$，故每一级 W^r 因子分布的规律如下：

$$m=0 \text{ 级，} W_2^r, r = 0$$

$$m=1 \text{ 级，} W_4^r, r = 0,1$$

$$m=2 \text{ 级，} W_8^r, r = 0,1,2,3$$

$$\vdots$$

$$m = M-1 \text{ 级，} W_N^r, r = 0,1,\cdots,\frac{N}{2}-1$$

因此，W^r 因子分布的一般规律为

$$\text{第 } m \text{ 级，} W_{2^{m+1}}^r, r = 0,1,\cdots,2^m-1$$

5）码位倒置

由图 8.8 可知，变换后的输出序列 $X(k)$ 依照正序排列，但输入序列 $x(n)$ 的次序不再是原来的自然顺序，这正是由于将 $x(n)$ 按奇、偶分开，得到两组 $N/2$ 点 DFT，$x(n)$ 的序号是

$$0,2,4,6|1,3,5,7$$

对每一组再按奇、偶分开，这时应将每一组仍按自然顺序排列，故抽取后可得四组，每组的序号为

$$0,4|2,6|1,5|3,7$$

这一顺序正是图 8.8 输入端序列 $x(n)$ 的排列次序。掌握这一规律，对 N 为 2 的更高次幂都可得到正确的抽取次序。

如果将 $x(n)$ 的序号 $N=0,1,\cdots,N-1$ 写成二进制，若 N=8，那么 $x(0),\cdots,x(7)$ 对应为

$$x(000),x(001),x(010),x(011),x(100),x(101),x(110),x(111)$$

将二进制数码翻转得

$$x(000),x(100),x(010),x(110),x(001),x(101),x(011),x(111)$$

它们对应的十进制序号分别是

$$x(0),x(4),x(2),x(6),x(1),x(3),x(5),x(7)$$

这也正是按奇、偶抽取所得到的顺序。掌握了这一规律，就可以正确编程，FFT 的软件已是通用程序，读者只要了解规律即可。

8.3.3　频率抽取基-2DFT 算法

在前面，已经讨论了按时间抽取 FFT 算法，是把输入序列 $x(n)$ 按其顺序的偶、奇分解为越来越短的序列，与 DIT 算法相对应，可把输出序列 $X(k)$（也是 N 点序列）按其顺序的偶、奇分解为越来越短的序列，这种算法称为按频率抽取（DIF）的算法。

1. 算法原理

为了讨论方便，仍假设输入序列 $x(n)$ 的长度为 $N=2^M$，M 为整数。先将 $x(n)$ 按 n 的顺序分成前后两半（不是按奇偶分成两半）。

前半子序列：

$$x(n)$$

后半子序列：

$$x\left(n+\frac{N}{2}\right),\quad 0\leqslant n\leqslant\frac{N}{2}-1$$

则

$$
\begin{aligned}
X(k) &= \sum_{n=0}^{N-1} x(n)W_N^{nk} = \sum_{n=0}^{\frac{N}{2}-1} x(n)W_N^{nk} + \sum_{n=\frac{N}{2}}^{N-1} x(n)W_N^{nk} \\
&= \sum_{n=0}^{\frac{N}{2}-1} x(n)W_N^{nk} + \sum_{n=0}^{\frac{N}{2}-1} x\left(n+\frac{N}{2}\right)W_N^{\left(n+\frac{N}{2}\right)k} \\
&= \sum_{n=0}^{\frac{N}{2}-1} \left[x(n) + x\left(n+\frac{N}{2}\right)W_N^{\frac{N}{2}k}\right]W_N^{nk}, \quad k = 0,1,\cdots,N-1
\end{aligned} \tag{8.44}
$$

由于$W_N = \mathrm{e}^{-\mathrm{j}\frac{2\pi}{N}} \neq W_{\frac{N}{2}}$，因此式（8.44）中的两个和式并不代表$N/2$点的DFT。又因$W_N^{\frac{N}{2}} = -1, W_N^{\frac{N}{2}k} = (-1)^k$，所以式（8.44）变为

$$
X(k) = \sum_{n=0}^{\frac{N}{2}-1} \left[x(n) + (-1)^k x\left(n+\frac{N}{2}\right)\right]W_N^{nk}, \quad k = 0,1,\cdots,N-1 \tag{8.45}
$$

当k为偶数时，$(-1)^k = 1$，k为奇数时，$(-1)^k = -1$，因此，按k的奇偶可将$X(k)$分为两部分。

令

$$
\begin{cases} k = 2r \\ k = 2r+1 \end{cases}, \quad r = 0,1,\cdots,\frac{N}{2}-1
$$

于是得

$$
\begin{aligned}
X(2r) &= \sum_{n=0}^{\frac{N}{2}-1} \left[x(n) + x\left(n+\frac{N}{2}\right)\right]W_N^{2rn} \\
&= \sum_{n=0}^{\frac{N}{2}-1} \left[x(n) + x\left(n+\frac{N}{2}\right)\right]W_{\frac{N}{2}}^{rn}, \quad r = 0,1,\cdots,\frac{N}{2}-1
\end{aligned} \tag{8.46}
$$

$$
\begin{aligned}
X(2r+1) &= \sum_{n=0}^{\frac{N}{2}-1} \left[x(n) - x\left(n+\frac{N}{2}\right)\right]W_N^{(2r+1)n} \\
&= \sum_{n=0}^{\frac{N}{2}-1} \left[x(n) - x\left(n+\frac{N}{2}\right)\right]W_N^{n}W_{\frac{N}{2}}^{rn}, \quad r = 0,1,\cdots,\frac{N}{2}-1
\end{aligned} \tag{8.47}
$$

其中，式（8.46）为输入序列前一半与后一半之和的$N/2$点的离散傅里叶变换，式(8.47)为输入序列前一半与后一半之差与W_N^n之积的$N/2$点的离散傅里叶变换。

令

$$
g(n) = x(n) + x\left(n+\frac{N}{2}\right), \quad n = 0,1,\cdots,\frac{N}{2}-1 \tag{8.48}
$$

$$h(n)=\left[x(n)-x\left(n+\frac{N}{2}\right)\right]W_N^n,\qquad n=0,1,\cdots,\frac{N}{2}-1 \tag{8.49}$$

则

$$X(2r)=\sum_{n=0}^{\frac{N}{2}-1}g(n)W_{\frac{N}{2}}^{rn},\qquad r=0,1,\cdots,\frac{N}{2}-1 \tag{8.50}$$

$$X(2r+1)=\sum_{n=0}^{\frac{N}{2}-1}h(n)W_{\frac{N}{2}}^{rn},\qquad r=0,1,\cdots,\frac{N}{2}-1 \tag{8.51}$$

式（8.50）和式（8.51）的运算关系可用图 8.9（a）所示蝶形运算来表示。这样，就将一个 N 点的 DFT 按频率 k 的奇偶分解为两个 $N/2$ 点的 DFT。图 8.9（b）所示为 $N=8$ 时的分解过程图。

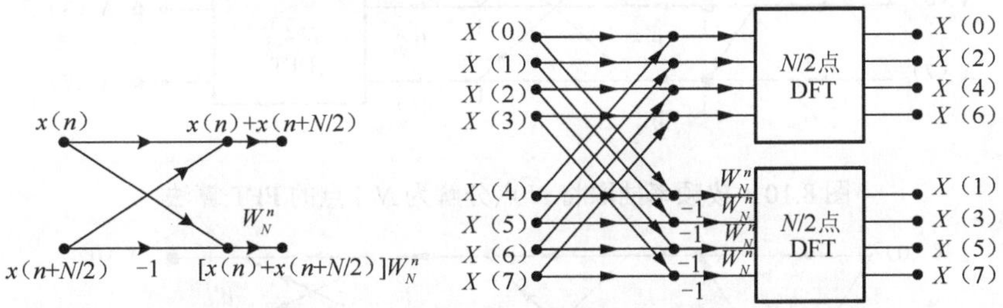

（a）蝶形运算流图　　（b）将N点分解为2个$N/2$点DFT组合（N=8）

图 8.9　按频率抽取法的 FFT 算法

与时间抽取法的推导过程一样，由于 $N=2^M$，$N/2$ 仍是一个偶数，因此可以将 $N/2$ 点的 DFT 的输出再分解为偶数组与奇数组，这就将 $N/2$ 点的 DFT 进一步分解为 2 个 $N/4$ 点的 DFT。这 2 个 $N/4$ 点 DFT 的输入也是将 $N/2$ 点 DFT 的输入上下对半分开，通过蝶形运算而生成，其分解过程如图 8.10 所示。这样的分解过程可以一直进行下去，直到分解 M 步后变成 $N/2$ 个 2 点的 DFT 为止。而这 $N/2$ 个 2 点 DFT 的计算结果（共 N 个值）就是 $x(n)$ 的 N 点 DFT 的结果 $X(k)$。2 点 DFT 实际上只有加减法运算，为了统一表示运算结果，仍然采用系数为 W_n^0 蝶形运算来表示。一个 $N=8$ 时的完整的按频率抽取的 DFT 结构如图 8.11 所示。

2. DIT 算法与 DIF 算法的比较

1）DIT 算法与 DIF 算法的区别

由图 8.8 与图 8.11 可知，两种算法的差别如下：

（1）DIF 的输入是自然顺序，输出是倒位序的，DIT 情况正好相反。由于 DIF 输出是倒位序的，因此运算完成后，需要经过重排变为自然顺序输出，其重排的规律与按时间抽取法相同。

（2）DIF 的蝶形运算与 DIT 的蝶形运算略有不同，其差别仅在于 DIF 中复数乘法出现于减法运算之后。

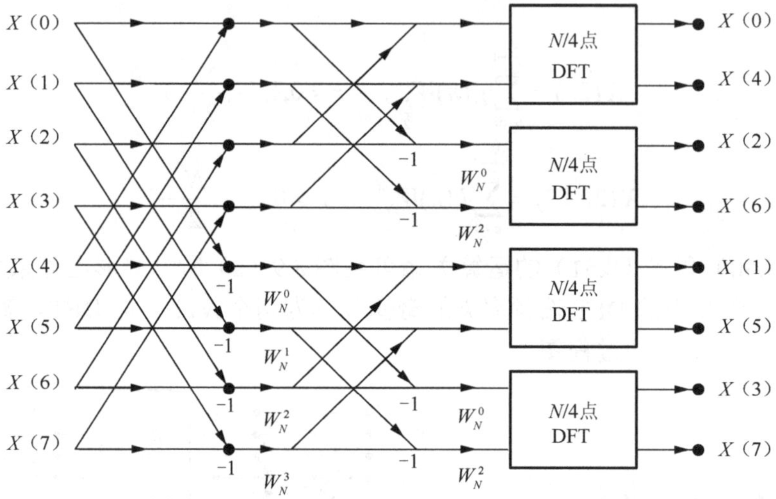

图 8.10　按频率抽取将 N 点分解为 N/4 点的 FFT 算法

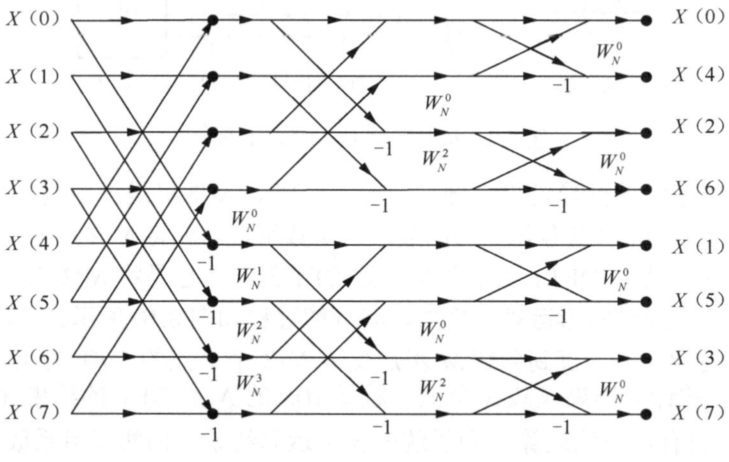

图 8.11　N=8 按频率抽取 FFT 算法

2）DIT 算法与 DIF 算法的相同之处

（1）计算量和时间抽取法相同。由图 8.11 可见，频率抽取法共有 M 列运算，每列运算也需要 $N/2$ 个蝶形运算来完成。因此也需要 $m_F = \dfrac{MN}{2}$ 次复乘和 $a_F = NM$ 次复加。

（2）两种运算均可作为原位运算。从图 8.11 可见，DIF 仍是一个原位运算。比较图 8.8 与图 8.11 发现，二者互为转置。将图 8.8 反一个面并倒转信号流图的方向，交换输入与输出，即可从图 8.8 得到图 8.11。同理，也可通过转置从图 8.11 得到图 8.11。因此，对于每一种按时间抽取的 FFT 算法都存在一种按频率抽取的算法，二者互为转置。

8.4　快速小波变换

快速小波变换（FWT）是一种实现离散小波变换（DWT）的高效计算，该变换使用了相邻尺度 DWT 系数间的一种幸运得令人惊讶的关系。它也称为 Mallat 人字形算法，FWT 类似于 2 子带的子带编码方案。

再次考虑多分辨率详细的等式：

$$\varphi(x)=\sum_n h_\varphi(n)\sqrt{2}\varphi(2x-n) \tag{8.52}$$

用 2^j 对 x 尺度化，用 k 对它平移，并令 $m=2k+n$，给出

$$\begin{aligned}\varphi(2^j x-k)&=\sum_n h_\varphi(n)\sqrt{2}\varphi(2(2^j x-k)-n)\\&=\sum_m h_\varphi(n)\sqrt{2}\varphi(2^{j+1}x-2k-n)\\&=\sum_m h_\varphi(m-2k)\sqrt{2}\varphi(2^{j+1}x-m)\end{aligned} \tag{8.53}$$

注意，尺度向量 h_φ 看成用来将 $\varphi(2^j x-k)$ 展开为尺度 $j+1$ 的尺度函数之和的“加权”。从式 $\psi(x)=\sum_n h_\psi(n)\sqrt{2}\varphi(2x-n)$ 开始的一系列类似操作作为 $\psi(2^j x-k)$ 提供了一个相似的结论，即

$$\psi(2^j x-k)=\sum_m h_\psi(m-2k)\sqrt{2}\varphi(2^{j+1}x-m) \tag{8.54}$$

其中，式（8.53）的尺度向量 $h_\varphi(n)$ 对应于式（8.54）中的小波向量 $h_\psi(n)$。

现在考虑关于小波 $\psi(x)$ 和尺度函数 $\varphi(x)$ 的函数 $f(x)\in L^2(R)$ 小波级数展开表达式：

$$f(x)=\sum_k c_{j0}(k)\varphi_{j0,k}(x)+\sum_{j=j_0}^{\infty}\sum_k d_j(k)\psi_{j,k}(x) \tag{8.55}$$

其系数表达式为

$$c_{j0}(k)=\left\langle f(x),\varphi_{j0,k}(x)\right\rangle=\int f(x)\varphi_{j0,k}(x)\,\mathrm{d}x \tag{8.56}$$

和

$$d_j(k)=\left\langle f(x),\psi_{j,k}(x)\right\rangle=\int f(x)\psi_{j,k}(x)\,\mathrm{d}x \tag{8.57}$$

将小波定义式：

$$\psi_{j,k}(x)=2^{\frac{j}{2}}\psi(2^j x-k) \tag{8.58}$$

代入式（8.57）得到

$$d_j(k)=\int f(x)2^{\frac{j}{2}}\psi(2^j x-k)\,\mathrm{d}x \tag{8.59}$$

使用式（8.54）的右端代替 $\psi(2^j x-k)$ 后，变成

$$d_j(k)=\int f(x)2^{\frac{j}{2}}\left[\sum_m h_\psi(m-2k)\sqrt{2}\varphi(2^{j+1}x-m)\right]\mathrm{d}x \tag{8.60}$$

变换求和与积分的顺序，并重新排列各项，然后给出

$$d_j(k)=\sum_m h_\psi(m-2k)\left[\int f(x)2^{\frac{j+1}{2}}\varphi(2^{j+1}x-m)\mathrm{d}x\right] \tag{8.61}$$

其中，方括号中的量是式（8.56）在 $j_0=j+1$ 和 $k=m$ 时的 $c_{j0}(k)$。为了理解这一点，将

$$\varphi_{j,k}(x)=2^{\frac{j}{2}}\varphi(2^j x-k) \tag{8.62}$$

代入式（8.56），并分别用 $j+1$ 和 m 代替 j_0 和 k。因此，可以写出

$$d_j(k)=\sum_m h_\psi(m-2k)c_{j+1}(m) \tag{8.63}$$

注意，尺度 j 的细节系数是尺度 $j+1$ 的近似系数的函数。以式（8.53）和式（8.56）作为涉及小波级数展开（和 DWT）近似系数类似推导的起点，同样发现

$$c_j(k)=\sum_m h_\varphi(m-2k)c_{j+1}(m) \tag{8.64}$$

当 $f(x)$ 为离散函数时，因为小波级数展开的系数 $c_j(k)$ 和 $d_j(k)$ 变成了 DWT 的系数 $W_\varphi(j,k)$ 和 $W_\psi(j,k)$，所以可以写出

$$W_\psi(j,k)=\sum_m h_\psi(m-2k)W_\varphi(j+1,m) \tag{8.65}$$

$$W_\varphi(j,k)=\sum_m h_\varphi(m-2k)W_\varphi(j+1,m) \tag{8.66}$$

式（8.65）和式（8.66）揭示了相邻尺度的 DWT 系数间的明显关系。将这些结果与

$$h_4(n)=h_1(K-1-n) \tag{8.67}$$

进行比较，可以看到 $W_\varphi(j,k)$ 和 $W_\psi(j,k)$，尺度 j 的近似和细节系数可用 $W_\phi(j+1,k)$ 和尺度 $j+1$ 的近似系数，分别与顺序倒置尺度和小波向量 $h_\varphi(-n)$ 和 $h_\psi(-n)$ 进行卷积操作，然后对结果下取样来计算。图 8.12 以方框图的形式总结了这些操作。注意，该方框图与 2 子带的子带编码和编码系统在 $h_0(n)=h_\varphi(-n)$ 和 $h_1(n)=h_\psi(-n)$ 时的分析部分相同。因此，可以写出

$$W_\psi(j,k)=h_\psi(-n)*W_\varphi(j+1,n)\Big|_{n=2k,k\geqslant 0} \tag{8.68}$$

和

$$W_{\varphi}(j,k)=h_{\varphi}(-n)*W_{\varphi}(j+1,n)\Big|_{n=2k,k\geqslant0} \quad (8.69)$$

式中，卷积是在$n=2k(k\geqslant0)$时直接求值；$*$表示卷积。

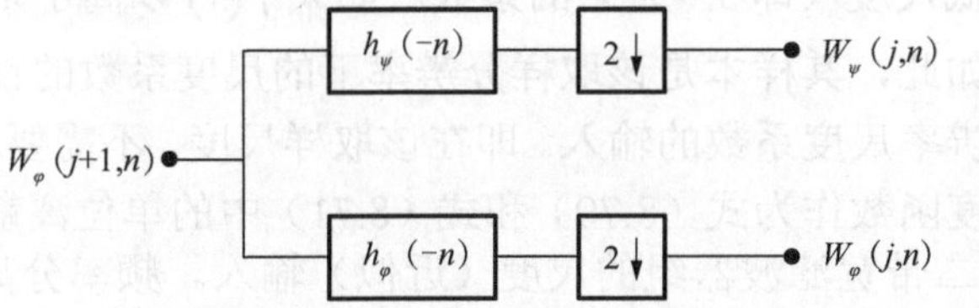

图 8.12 一个 FWT 分析滤波器组

式(8.68)和式(8.69)是计算快速小波变换的定义式。对于一个长度为$M=2^J$的序列，所涉及的数学操作的次数约为$O(M)$，即乘法和加法的次数与输入序列的长度呈线性关系，因为在图 8.12 中，用 FWT 分析滤波器组执行的卷积所涉及的乘法和加法的次数与进行卷积序列的长度成正比。这样，FWT 比用 FFT 算法有利，它要求$O(M\log_2 M)$次操作。

为总结 FWT 的阐述，注意到图 8.12 的滤波器组可“迭代”地产生多级结构，以便计算两个或多个连续尺度的 DWT 系数。例如，图 8.13 显示了一个用于计算变换的两个最高尺度系数的二级滤波器组。注意，最高尺度系数假定为函数本身的取样值。即$W_{\varphi}(J,n)=f(n)$，其中J表示最高的尺度。图 8.13 中的第一个滤波器组将原始函数分解为一个低通滤波器（它对应于尺度系数$W_{\varphi}(J-1,n)$的近似分量）和一个高通滤流器（它对应于系数$W_{\psi}(J-1,n)$的细节分量）。这就是图 8.13 的图示说明，其中，尺度空间V_J被分成小波子空间W_{J-1}和尺度子空间V_{J-1}。原始函数的频谱被分成两个半带宽分量。图 8.13 中的第二个滤波器组将频谱和子空间V_{J-1}，较低的半带宽，分解成$1/4$带宽子空间W_{J-2}和V_{J-2}，分别对应于 DWT 系数$W_{\psi}(J-2,n)$和$W_{\varphi}(J-2,n)$。

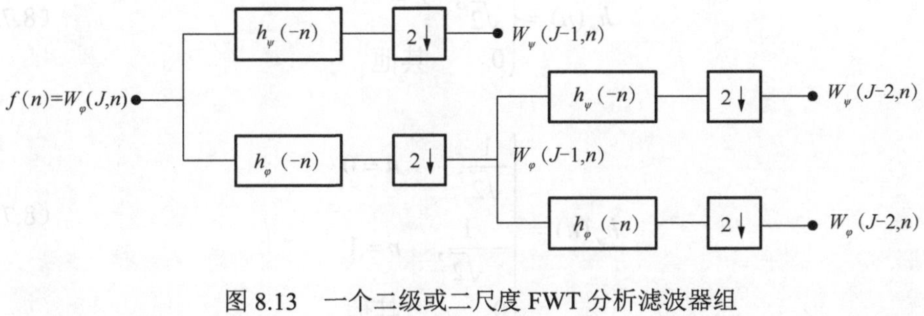

图 8.13 一个二级或二尺度 FWT 分析滤波器组

图 8.13 中的二级滤波器组很容易扩散到任意尺度数。例如，第三个滤波器组将在$W_{\varphi}(J-2,n)$系数上操作，将尺度空间V_{J-2}分成两个$1/8$带宽的子空间W_{J-3}和

V_{J-3}。通常，选择 $f(x)$ 的 2^J 个样本，并用 P 个滤波器组（图 8.12）在尺度空间 $J-1, J-2, \cdots, J-P$ 处生成一个 P 尺度 FWT。首先计算最高尺度（即 $J-1$）的系数，最后计算最低尺度（即 $J-P$）的系数。如果 $f(x)$ 以高于奈奎斯特频率的取样率取样，通常如此，其样本是该取样分辨率下的尺度系数的良好近似，并可以作为起始的高分辨率尺度系数的输入。即在该取样尺度，不需要小波或细节系数。最高分辨率的尺度函数作为式（8.70）和式（8.71）中的单位离散冲激函数，允许 $f(n)$ 用做第一个二带宽滤波器组的尺度（近似）输入。频率分离特性见图 8.14。

$$W_{\varphi}(j_0,k)=\frac{1}{\sqrt{M}}\sum_{n}f(n)\varphi_{j_0,k}(n) \tag{8.70}$$

$$W_{\psi}(j,k)=\frac{1}{\sqrt{M}}\sum_{n}f(n)\psi_{j,k}(n),\quad j\geqslant j_0 \tag{8.71}$$

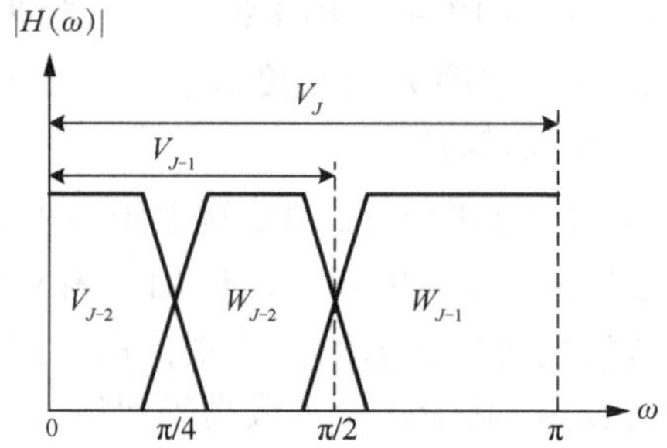

图 8.14　其频率分离特性

例 8.1　计算一维快速小波变换。

为解释前面的概念，考虑离散函数 $f(x)=\{1,4,-3,0\}$。如计算一维离散小波变换的例子所示，将计算基于哈尔尺度和小波函数的变换。然而，不再像计算一维离散小波变换中的 DWT 那样直接使用基函数，而是使用尺度和小波向量：

$$h_{\varphi}(n)=\begin{cases}\dfrac{1}{\sqrt{2}}, & n=0,1\\ 0, & \text{其他}\end{cases} \tag{8.72}$$

和

$$h_{\psi}(n)=\begin{cases}\dfrac{1}{\sqrt{2}}, & n=0\\ -\dfrac{1}{\sqrt{2}}, & n=1\\ 0, & \text{其他}\end{cases} \tag{8.73}$$

这些是用于建立 FWT 滤波器组的函数；它们提供了滤波器系数。注意，因为哈尔尺度函数和小波函数是归一化正交的，式（8.73）可用于类似 $h_{\varphi}(n)$ 单个原型滤波器产生 FWT 滤波器系数。

因为一维离散小波变换计算的 DWT 由元素 $\{W_\varphi(0,0), W_\psi(0,0), W_\psi(1,0), W_\psi(1,1)\}$ 组成，将尺度 $j=\{0,1\}$ 计算相应的二尺度 FWT，即 $J=2$（有 $2^J=2^2$ 个样本）且 $P=2$（按尺度 $J-1=2-1=1, J-P=2-2=0$ 的顺序进行）。变换使用图 8.13 中的二级滤波器组进行计算。图 8.15 显示了由所要求的 FWT 卷积和下取样操作得到的序列。注意，函数 $f(n)$ 自身是最左侧滤波器组的尺度（近似）输入。例如，为计算出现在图 8.15 中上支路末端的 $W_\psi(1,k)$ 系数，首先要作 $f(n)$ 和 $h_\psi(-n)$ 的卷积。这要求关于原点反转其中的一个函数，并滑过另一个函数，逐点计算两个函数各对应点的乘积之和。对于序列 $\{1,4,-3,0\}$ 和 $\left\{-\frac{1}{\sqrt{2}},\frac{1}{\sqrt{2}}\right\}$，产生的结果为

$$\left\{-\frac{1}{\sqrt{2}},-\frac{3}{\sqrt{2}},\frac{7}{\sqrt{2}},-\frac{3}{\sqrt{2}},0\right\}$$

其中，第二项对应于序号 $k=2n=0$（在图 8.16 中，带下划线的值表示负序号，即 $n<0$）。以偶序号点下取样时，得到 $W_\psi(1,k)=\left\{-\frac{3}{\sqrt{2}},-\frac{3}{\sqrt{2}}\right\}(k=\{0,1\})$。作为一种选择，也可以使用式（8.69）来计算：

$$W_\psi(1,k)=h_\psi(-n)*W_\varphi(2,n)\Big|_{n=2k,k\geqslant 0}=h_\psi(-n)*f(n)\Big|_{n=2k,k\geqslant 0}$$

$$=\sum_l h_\psi(1-2k)x(l)\Big|_{k=0,1}=\frac{1}{\sqrt{2}}x(2k)-\frac{1}{\sqrt{2}}x(2k+1)\Big|_{k=0,1}$$

这里，用 $2k$ 代替卷积中的 n，并采用 l 作为卷积中的虚变量（即置换相关的两个序列）。展开的和中只有两项，因为反转的小波向量 $h_\psi(-n)$ 中只有两个非零值。替代 $k=0$，可以得出 $W_\psi(1,0)=-\frac{3}{\sqrt{2}}$；对于 $k=1$，可以得出 $W_\psi(1,1)=-\frac{3}{\sqrt{2}}$。这样，滤波并下取样后的序列为 $\left\{-\frac{3}{\sqrt{2}},-\frac{3}{\sqrt{2}}\right\}$，它与先前的结果一致。剩下的卷积和下取样操作可按类似的方法执行。

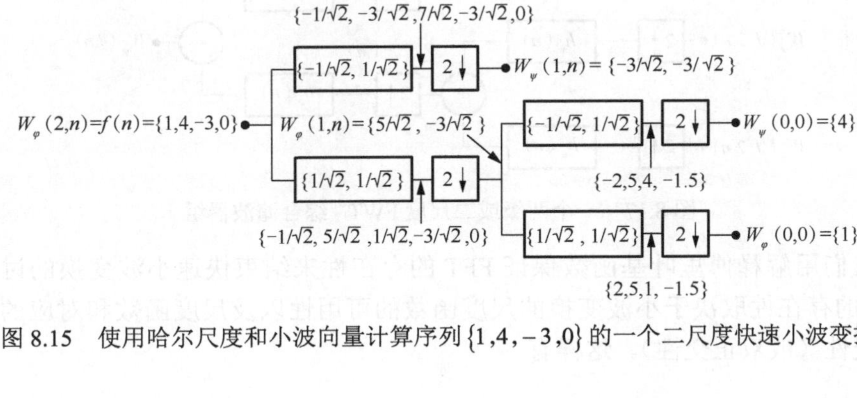

图 8.15　使用哈尔尺度和小波向量计算序列 $\{1,4,-3,0\}$ 的一个二尺度快速小波变换

正如期望的那样，从正变换的结果重建 $f(n)$ 的快速反变换也可以表达出来。这成为快速小波反变换（FWT^{-1}），它使用正交变换中使用的尺度和小波向量，以及第 j 级的近似和细节系数，来生成第 $j+1$ 级的近似系数。注意图 8.12 中 FWT 分析滤波器组和 2 带宽子带分析部分之间的相似性，可以立即得出所需的 FWT^{-1} 综合滤波器组。图 8.16 详细描述了它的结构，该结构与 2 带宽子带编码和解码系统的综合部分相同。

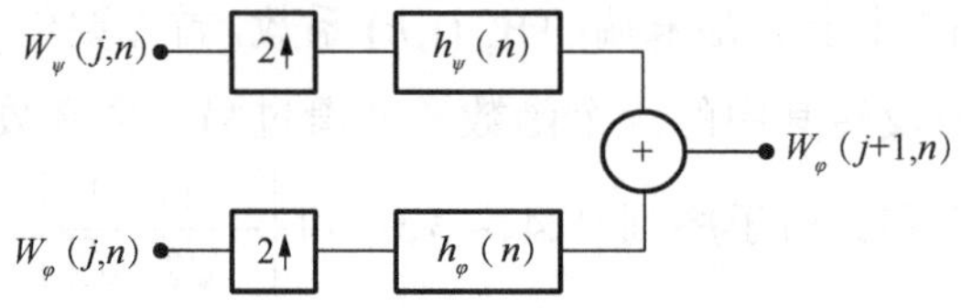

图 8.16　FWT^{-1} 综合滤波器组

完美重建（对于二子带正交滤波器）要求对于 $i=\{0,1\}$ 有 $g_i(n)=h_i(-n)$。也就是说，综合滤波器和分析滤波器之间必须是顺序相反的形式。因为 FWT 分析滤波器（图 8.12）是 $h_0(n)=h_\varphi(-n)$ 和 $h_1(n)=h_\psi(-n)$，所以要求的 FWT^{-1} 综合滤波器为 $g_0(n)=h_0(-n)=h_\varphi(n)$ 和 $g_1(n)=h_1(-n)=h_\psi(n)$。然而，应记住，也可以使用双正交分析滤波器和综合滤波器，但它们彼此之间形式上顺序不相反。

图 8.16 中的 FWT^{-1} 综合滤波器组执行下述计算：

$$W_\varphi(j+1,k)=h_\varphi(k)*W_\varphi^{2\uparrow}(j,k)+h_\psi(k)*W_\psi^{2\uparrow}(j,k)\Big|_{k\geqslant 0} \tag{8.74}$$

式中，$W^{2\uparrow}$ 代表基 2 的上取样。上取样的系数与 $h_\varphi(n)$ 和 $h_\psi(n)$ 进行卷积完成滤波，并相加产生较高尺度的近似。本质上，创建了 $f(n)$ 的较好近似，该近似含有较多的细节和较高的分辨率。与 FWT 正交变换类似，反变换滤波器组可以如图 8.17 所示进行迭代。其中，为了计算 FWT^{-1} 重建的最后两个尺度，描绘了一个二尺度结构。这种系数合并过程可以扩展到任意数量的尺度，并保证序列 $f(n)$ 的完美重建。

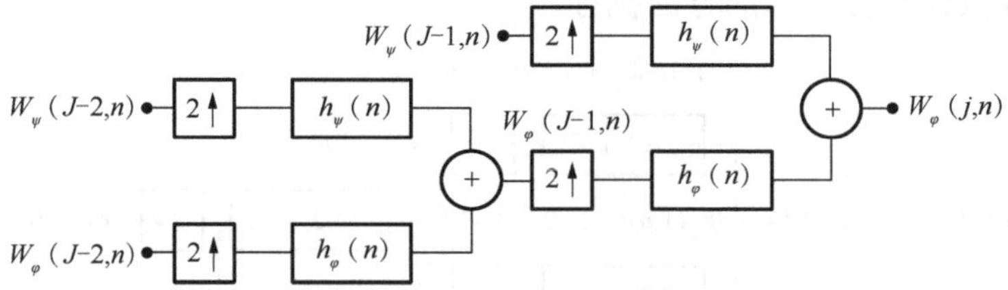

图 8.17　一个两级或二尺度 FWT^{-1} 综合滤波器组

我们用解释傅里叶基函数保证 FFT 的存在性来结束快速小波变换的讨论，FWT 的存在性取决于小波变换的尺度函数的可用性以及尺度函数和对应的小波的正交性（或双正交性）。这样有

$$\psi(x)=\left(\frac{2}{\sqrt{3}}\pi^{-\frac{1}{4}}\right)\left(1-x^2\right)e^{-\frac{x^2}{2}} \tag{8.75}$$

的确没有相伴的尺度函数，所以不能用 FWT 计算。换句话说，不能为其建立一个如图 8.12 所示的滤波器组，因为它不满足 FWT 方法的基本假设。

最后，我们注意到，在表示函数时，时间和频率通常被看成不同的域，但它们之间存在着不可分割的关系。如果试图同时在时域和频域对函数进行分析，就会遇到如下问题：如果想得到关于时域的精确信息，就必须接受频域的某些模糊，反之亦然。这是海森伯（Heisenberg）测不准原理在信息处理中的应用，为了用图示方式说明该原理，函数表示中用到的每个基函数都可粗略地视为时间-频率平面中的一片。该片也称为海森伯单元或海森伯盒，它显示了其所表示的基函数的频率内容，以及该基函数在时域中所处的位置。归一化正交的基函数由不重叠的片来表征。

图 8.18 分别显示了时间-频率片：（a）冲激函数（即传统的时域）基；（b）正弦函数（FFT）基；（c）FWT 基。图 8.18（a）～（c）的每一片都是一个方形区域；区域的高和宽定义了可用基函数表示的函数的频率和时间特性。注意，图 8.18（a）中的标准时域基指明了事件发生的时刻，但不提供频率信息（图 8.18（a）中的每个矩形的宽度应被考虑为时间上的一个瞬间）。这样，为了用冲激基函数表示一个单一频率的正弦波，就需要每一个基函数。另外，图 8.18（b）中的正弦基指出了发生较长时间的事件中出现的频率，但没有提供时间分辨率（图 8.18（b）中每个矩形的高度应考虑为一个单一频率）。这样，由无限数量的冲激基函数表示的单一频率的正弦波可以表示为包含一个正弦基函数的展开形式。图 8.18（c）中的 FWT 片的时间和频率分辨率是变化的，但每个片的面积是相同的。在低频处，片较短（即由较好的频率分辨率或较少的频率含糊），但较宽（对于较差的时间分辨率或较大的时间含糊）。在高频部分，片宽较小（时间分辨率提高），并且片高较大（表示频率分辨率下降）。这样，FWT 基函数就在图 8.18（a）和（b）这两种限制情况间提供了折中。FFT 和 FWT 之间的这种差别在频率随时间变化而变化的非稳态函数的分析中很重要。

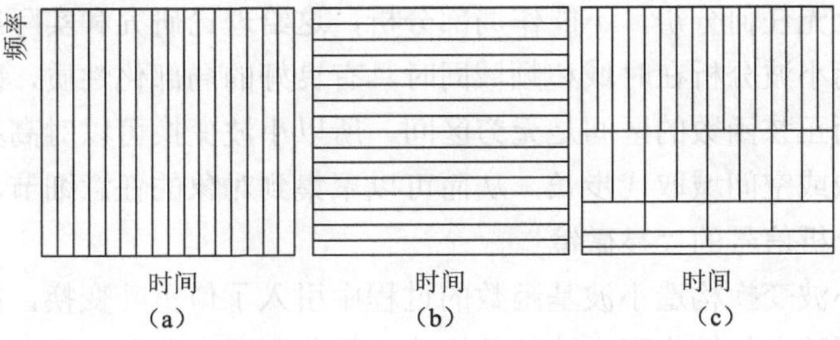

图 8.18　取样数据、FFT 和 FWT 相关的基函数的时间-频率片

图（c）中等高度矩形的水平条带表示 FWT 的尺度

8.5 小波变换及小波分析

小波分析是近年掀起的一个前沿领域，是一门源于信号分析、函数的伸缩和平移的新技术，是傅里叶分析，Gabor 分析发展的结果，是数学理论中调和分析技术发展的最新成果，被公认为是工具和方法上的重大突破。它不仅具有完美的数学内涵，而且具有重要的应用价值。小波函数具有很好的时-频特性，因此小波分析方法为信号的时频分析提供了有力的手段，对于信号采用小波变换的方法，可以方便准确地提取信号特征。在面向图像压缩、特征检测以及纹理分析的许多新方法，如多分辨率分析、时频域分析、金字塔算法等，都最终归于小波变换（wavelet transforms）的范畴。

线性系统理论中的傅里叶变换是以在两个方向上都无限伸展的正弦曲线波作为正交基函数的。对于瞬态信号或高度局部化的信号（如边缘），由于这些成分并不类似于任何一个傅里叶基函数，它们的变换系数（频谱）不是紧凑的，频谱上呈现出一幅相当混乱的构成。这种情况下，傅里叶变换是通过复杂的安排，以抵消一些正弦波的方式构造出在大部分区间都为零的函数而实现的。

为了克服上述缺陷，使用有限宽度基函数的变换方法逐步发展起来了。这些基函数不仅在频率上而且在位置上是变化的，它们是有限宽度的波并被称为小波（wavelet）。基于它们的变换就是小波变换。故本节将介绍小波变换和小波分析的部分相关知识。

8.5.1 小波变换

小波变换的基本思想类似于傅里叶变换，就是用信号在一簇基函数形成空间上的投影表征该信号。经典的傅里叶变换把信号按正弦函数基展开，将任意函数表示为具有不同频率的谐波函数的线性叠加，能较好地刻画信号的频率特性，但它在时空域上无任何分辨，不能作局部分析，这给理论研究和实际应用都带来了许多不便。而小波分析在时域和频域同时具有良好的局部化性质，因为小波函数是紧支集，而正弦函数的区间是无穷区间，所以小波变换可以对高频成分采用逐渐精细的时域或空间域取代步长，从而可以聚集到对象的任意细节。因此，小波变换被誉为分析信号的“显微镜”。

传统的小波变换构造小波基函数的过程中引入了傅里叶变换，在欧氏空间内通过基底的平移和伸缩实现小波基的构造，因此不适合非欧氏空间的应用。而且当同一信号采用不同的小波基分解时，会得到不同的分析结果。对一个具体信号，就要寻找相适应的小波基函数进行分解，往往非常困难。第二代小波变换是Sweldens 提出的一种不依赖于傅里叶变换的小波构造方法，它使用许多线性、非线性或空间变化的预测和更新算子，来获得期望特性的小波函数，而且可确保变换的可逆性。第二代小波变换继承了传统小波变换的时频局部化特性，具有计算速度更快、计算方法更简单、占用内存少等优点，通过预测算子和更新算子设计最优匹配特征的信号，因此适合自适应、非线性变换，适合于在线故障特征的提取。

在工程实际应用中，被分析信号通常具有局部相关的数据结构，其相邻样本之间的相关性比相距较远的样本之间的相关性强。利用剖分（split）运算，将信号分成奇样本序列和偶样本序列。由于奇样本、偶样本序列的相关程度较高，在一定的精度下，可以用 2 个序列中的一个序列预测 P（predict）运算来估计另一个序列，即利用剖分运算得到的偶样本序列中的若干个样本预测奇样本序列中的某一个样本，预测的偏差为细节信号，利用细节信号对偶样本进行更新 U（update）运算，使偶样本得到修正，更新的结果为逼近信号。

该过程实现如图 8.19 所示。设原始信号序列为 $x=(x_j)_{j\in\mathbf{Z}}$，第二代小波变换的分解算法如下。

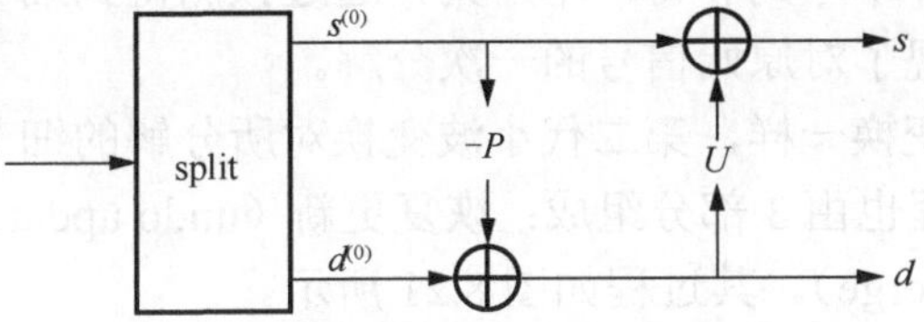

图 8.19　第二代小波分解过程

（1）剖分：将原始信号序列分成偶样本序列 $s^{(0)}=x_e=\left(s_i^{(0)}\right)_{i\in\mathbf{Z}}$ 和奇样本序列：

$$d^{(0)}=x_0=\left(d_i^{(0)}\right)_{i\in\mathbf{Z}}$$

$$s_i^{(0)}=x_{2i} \tag{8.76}$$

$$d_i^{(0)}=x_{2i+1} \tag{8.77}$$

（2）预测：利用相邻的 N 个偶样本 $s^{(0)}$ 预测奇样本 $d^{(0)}$，将预测误差 $d=\left(d_i\right)_{i\in\mathbf{Z}}$ 定义为原始信号经过第二代小波分解后的细节信号（高频信号），即

$$d=d^{(0)}-P\left(s^{(0)}\right) \tag{8.78}$$

式中，$P(\cdot)$ 定义为 N 点预测器，预测器系数为 $p_1,p_2,\cdots,p_N$，N 为预测器系数的个数。

（3）更新：在获得细节信号 d 的基础上，利用 $\tilde{N}$ 个细节信号更新偶样本 $s^{(0)}$，

将更新后的信号序列 $s=\left(s_i\right)_{i\in\mathbf{Z}}$ 定义为原始信号经过第二代小波分解后的逼近信号（低频信号），即

$$s=s^{(0)}-U\left(d\right) \tag{8.79}$$

式中，$U\left(\cdot\right)$ 定义为点更新器，更新器系数为 $u_1,u_2,\cdots,u_{\tilde{N}}$ 为更新器系数的个数。

当预测器系数的个数为 N=4，更新器系数的个数为 $\tilde{N}=4$ 时，信号 $x=\left(x_j\right)_{j\in\mathbf{Z}}$ 的第二代小波分解过程如图 8.20 所示。

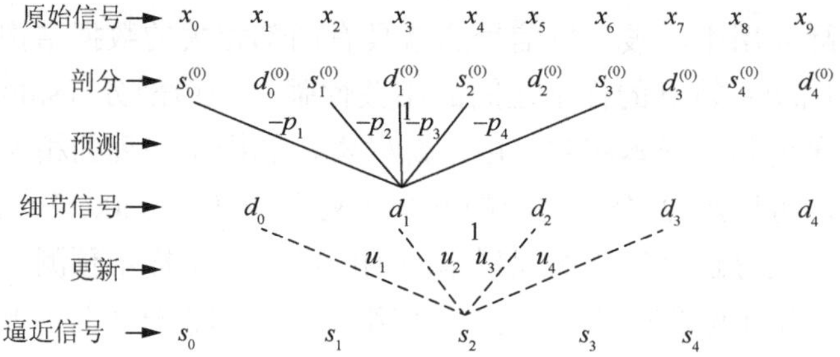

图 8.20　N=4，$\tilde{N}=4$ 时第二代小波分解过程

图 8.20 中，p_1, p_2, p_3, p_4 为预测器系数，u_1, u_2, u_3, u_4 为更新器系数。通过剖分将原始信号分成偶样本序列和奇样本序列，通过预测得到细节信号，再通过更新得到逼近信号，实现了对原始信号的一次分解。

和第一代小波变换一样，第二代小波变换对所分解的细节信号和逼近信号可进行重构，重构过程也由 3 部分组成：恢复更新（undo update）、恢复预测（undo predict）和合并（merge）。其过程如图 8.21 所示。

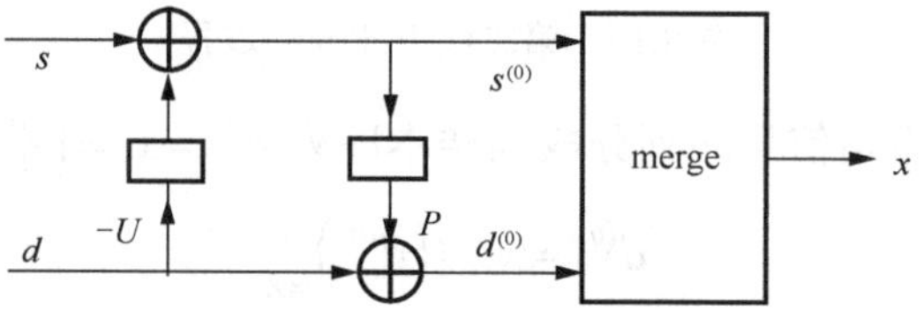

图 8.21　第二代小波重构过程

第二代小波的重构表达式可以直接从式（8.76）～式（8.79）经过简单的代数变换导出，其重构算法如下：

（1）恢复更新：由逼近信号 s 和细节信号 d 恢复偶样本序列 $s^{(0)}$

$$s^{(0)}=s-U\left(d\right) \tag{8.80}$$

（2）恢复预测：由偶样本序列 $s^{(0)}$ 和细节信号 d 恢复奇样本序列 $d^{(0)}$

$$d^{(0)}=d-P\left(s^{(0)}\right) \tag{8.81}$$

（3）合并：由偶样本序列$s^{(0)}$和奇样本序列$d^{(0)}$恢复原始信号序列为

$$x = \left(x_j\right)_{j \in z}$$

$$s_i^{(0)} = x_{2i} \tag{8.82}$$

$$d_i^{(0)} = x_{2i+1} \tag{8.83}$$

当预测器个数为N=4，更新器系数为$\tilde{N} = 4$时，第二代小波重构过程如图 8.22 所示。对逼近信号和细节信号经过恢复更新和恢复预测，合并得到原始信号。

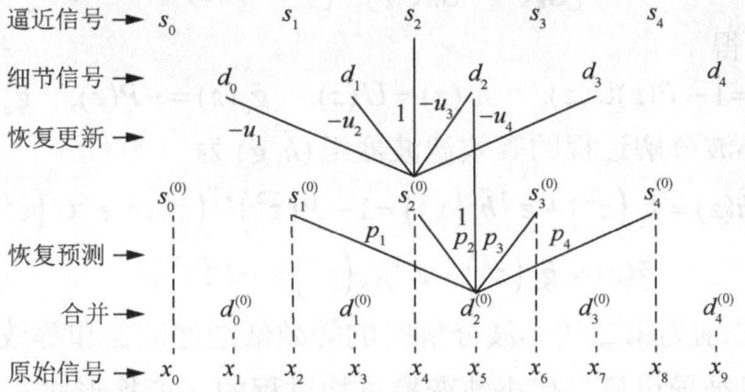

图 8.22　N=4, $\tilde{N} = 4$时第二代小波重构过程

与传统小波变换相比，利用第二代小波处理相同长度的数据，其运算速度显著提高。这是因为，对滤波器组采用多步预测和更新的方法进行分解后，就将传统小波变换时的卷积运算中的部分乘法转换为加减运算，从而减少了计算量。

从上面第二代小波变换对信号的分解和重构过程中可见，变换过程全部在时域中进行，运算简单、快捷，关键是运用 N 个预测器系数 $p_1, p_2, \cdots, p_N$ 和 $\tilde{N}$ 个更新器系数 $u_1, u_2, \cdots, u_{\tilde{N}}$，Sweldens 根据插值细分原理给出了预测器系数和更新器系数的计算方法。分析表明第二代小波变换与第一代小波变换的本质一样，在信号与基函数进行内积变换的数学原理方面，具有异曲同工之处。

1）第二代小波变换的等效滤波器

第二代小波变换采用了 2 个独立的滤波器：预测器和更新器。首先通过预测器产生细节信号，然后在细节信号的基础上通过更新器产生逼近信号。Clay-poole 等将预测器与更新器的设计与滤波器组相结合，提出了第二代小波变换的等效滤波器概念。

对第二代小波变换过程中式（8.78）和式（8.79）分别进行 z 变换，得

$$d(z) = d^{(0)}(z) - P(z)s^{(0)}(z) \tag{8.84}$$

$$s(z) = s^{(0)}(z) - U(z)d^{(0)}(z) \tag{8.85}$$

将式（8.84）代入式（8.85），得

$$s(z) = U(z)d^{(0)}(z) + \left[1 - P(z)U(z)\right]s^{(0)}(z) \tag{8.86}$$

把式（8.84）和式（8.86）写成矩阵形式并进行分解,可以得到第二代小波分解过程的多相矩阵形式表示：

$$\begin{bmatrix} s(z) \\ d(z) \end{bmatrix} = \begin{bmatrix} 1-P(z)U(z) & U(z) \\ -P(z) & 1 \end{bmatrix} \begin{bmatrix} s^{(0)}(z) \\ d^{(0)}(z) \end{bmatrix} \tag{8.87}$$

由式（8.87）可以得到第二代小波变换的对偶多相矩阵 $\tilde{P}_M(z)$ 如下：

$$\tilde{P}_M(z)^{\mathrm{T}} = \begin{bmatrix} h_e(z) & h_o(z) \\ \tilde{g}_e(z) & \tilde{g}_o(z) \end{bmatrix} = \begin{bmatrix} 1-P(z)U(z) & U(z) \\ -P(z) & 1 \end{bmatrix} \tag{8.88}$$

由式（8.88）可得

$$h_e(z)=1-P(z)U(z),\quad h_o(z)=U(z),\quad \tilde{g}_e(z)=-P(z),\quad \tilde{g}_o(z)=1$$

所以，第二代小波分解过程的等效滤波器组 $(\tilde{h},\tilde{g})$ 为

$$\tilde{h}(z)=\tilde{h}_e\left(z^2\right)+z^{-1}\tilde{h}_o\left(z^2\right)=1-P\left(z^2\right)U\left(z^2\right)+z^{-1}U\left(z^2\right) \tag{8.89}$$

$$\tilde{g}(z)=\tilde{g}_e\left(z^2\right)+z^{-1}\tilde{g}_o\left(z^2\right)=-P\left(z^2\right)+z^{-1} \tag{8.90}$$

称 $\tilde{h}(z)$ 和 $\tilde{g}(z)$ 分别为第二代小波分解时的等效低通滤波器和等效高通滤波器。

同理，可以推导出第二代小波变换重构过程的 z 变换形式，由此可以得到第二代小波重构时的等效低通滤波器 $h(z)$和等效高通滤波器 $g(z)$分别为

$$h(z)=h_e\left(z^2\right)+z^{-1}h_o\left(z^2\right)=1+z^{-1}P\left(z^2\right) \tag{8.91}$$

$$g(z)=g_e\left(z^2\right)+z^{-1}g_o\left(z^2\right)=U\left(z^2\right)+z^{-1}\left(1-P\left(z^2\right)U\left(z^2\right)\right) \tag{8.92}$$

由式（8.90）～式（8.92）给出的第二代小波分解、重构时的等效低通滤波器和等效高通滤波器 $\tilde{h}(z)$ 、 $\tilde{g}(z)$ 、 $h(z)$ 、 $g(z)$ 完全取决于预测器系数 $p_1,p_2,\cdots,p_N$ 和更新器系数 $u_1,u_2,\cdots,u_{\tilde{N}}$,容易得到这些滤波器系数 $\{\tilde{h}_k\}_{k\in z}$ 、 $\{\tilde{g}_k\}_{k\in z}$ 、 $\{h_k\}_{k\in z}$ 、 $\{g_k\}_{k\in z}$ 。

2）提升原理

小波提升是一种构造紧支集双正交小波的新方法。

（1）步骤。

由提升构成第二代小波变换的过程分为如下 3 个步骤。

① 分裂。

分裂是将原始信号 $s_j=\{s_{j,k}\}$ 分为偶数序列 e_{j-1} 和奇数序列 o_{j-1} ，即

$$\mathrm{Split}(s_j)=(e_{j-1},o_{j-1})$$

式中， e_{j-1}={ $e_{j-1,\ k}$,= $s_{j,2k}$ }， o_{j-1}={ $o_{j-1,\ k}$,= $s_{j,2k+1}$ }。

② 预测。

预测是由其中一个序列（一般是偶序列 e_{j-1} ）来预测另一个序列（一般是奇序列 o_{j-1} ）。实际值 o_{j-1} 与预测值 P（ e_{j-1} ）的差值 d_{j-1} 称为细节系数或小波系数，

对应于原信号 s_j 的高频部分。一般来说，数据的相关性越强，则小波系数的幅值就越小。如果预测是合理的，则差值数据集 d_{j-1} 所包含的信息比原始子集 o_{j-1} 包含的信息要少得多。预测过程如下：

$$d_{j-1}=o_{j-1}-P(e_{j-1})$$

式中，预测算子 P 可用预测函数 P_k 来表示，函数 P_k 可取为 e_{j-1} 中的对应数据本身：

$$P_k(e_{j-1,\ k})=e_{j-1,\ k}=s_{j,2k}$$

或 e_{j-1} 中的对应数据的相邻数据的平均值：

$$P_k(e_{j-1})=(e_{j-1,\ k}+e_{j-1,\ k+1})/2=(s_{j,2k}+s_{j,2k+1})/2$$

或其他更复杂的函数。

③ 更新。

经过分裂步骤产生子集的某些整体特征（如均值）可能与原始数据并不一致，为了保持原始数据的这些整体特征，需要一个更新过程。将更新过程用算子 U 来代替，其过程如下：

$$s_{j-1}=e_{j-1}+U(d_{j-1})$$

式中，s_{j-1} 为 s_j 的低频部分；与预测函数一样，更新算子也可以取不同函数，如下：

$$U_k(s_{j-1})=d_{j-1,\ k}/2$$

或

$$U_k(d_{j-1})=(d_{j-1,\ k-1}+d_{j-1,\ k})/4+1/2$$

P 与 U 取不同的函数，可构造出不同的小波变换。

（2）分解与重构。

经过小波提升，可将信号 s_j 分解为低频部分 s_{j-1} 和高频部分 d_{j-1}；对于低频数据子集 s_{j-1} 可以再进行相同的分裂、预测和更新，把 s_{j-1} 进一步分解成 d_{j-2} 和 s_{j-2}；如此下去，经过 n 次分解后，原始数据 s_j 的小波表示为 $\{s_{j-n},d_{j-n},d_{j-n+1},\cdots,\ d_{j-1}\}$。其中 s_{j-n} 代表了信号的低频部分，而 $\{d_{j-n},d_{j-n+1},\cdots,\ d_{j-1}\}$ 则是信号的从低到高的高频部分系列。

每次分解对应于上面的三个提升步骤：分裂、预测和更新。

$$\text{Split}(s_j)=(e_{j-1},\ o_{j-1}),\quad d_{j-1}=o_{j-1}-P(e_{j-1}),\quad s_{j-1}=e_{j-1}+U(d_{j-1})$$

小波提升是一个完全可逆的过程，其反变换的步骤如下：

$$e_{j-1}=s_{j-1}-U(d_{j-1}),\quad o_{j-1}=d_{j-1}+P(e_{j-1}),\quad s_j=\text{Merge}(e_{j-1},o_{j-1})$$

分解的三个步骤可以用替代的方式来计算：先将奇数序列更新(用偶数序列预测奇数序列)，然后用更新的奇数序列更新偶数序列。过程如下：

$$\text{Split}(s_j)=(e_{j-1},o_{j-1}),\quad o_{j-1}\ -\!=P(e_{j-1}),\quad e_{j-1}\ +\!=U(o_{j-1})$$

其反变换过程也可以用替代的方式来计算：

$$e_{j-1} -= U(o_{j-1}), \quad o_{j-1} += P(e_{j-1}), \quad s_j = \mathrm{Merge}(e_{j-1}, o_{j-1})$$

（3）应用。

① 线性哈尔小波变换。

取预测函数 $P_k(e_{j-1}) = e_{j-1,\ k} = s_{j,2k}$，更新函数 $U_k(d_{j-1}) = d_{j-1,\ k}/2$，则得到线性哈尔小波变换。

分解式如下：

$$\mathrm{Split}(s_j) = (e_{j-1}, o_{j-1})$$

$$d_{j-1,\ k} = o_{j-1,\ k} - P_k(e_{j-1}) = o_{j-1,\ k} - e_{j-1,\ k} = s_{j,\ 2k+1} - s_{j,\ 2k}$$

$$s_{j-1,\ k} = e_{j-1,\ k} + U_k(d_{j-1}) = s_{j,\ 2k} + d_{j-1,\ k}/2 = (s_{j,\ 2k+1} - s_{j,\ 2k})/2$$

重构式如下：

$$e_{j-1,\ k} = s_{j-1,\ k} - U_k(d_{j-1}) = s_{j-1,\ k} - d_{j-1,\ k}/2$$

$$o_{j-1,\ k} = d_{j-1,\ k} + P_k(e_{j-1}) = d_{j-1,\ k} + e_{j-1,\ k}$$

$$s_j = \mathrm{Merge}(e_{j-1}, o_{j-1})$$

② 线性小波变换。

取预测函数 $P_k(e_{j-1}) = (e_{j-1,\ k} + e_{j-1,\ k+1})/2 = (s_{j,\ 2k} + s_{j,\ 2k+2})/2$，更新函数$(U_k(d_{j-1})) = (d_{j-1,\ k-1} + d_{j-1,\ k})/4$，则得到线性小波变换。

分解式如下：

$$\mathrm{Split}(s_j) = (e_{j-1}, o_{j-1})$$

$$\begin{aligned} d_{j-1,\ k} &= o_{j-1,\ k} - P_k(e_{j-1}) = o_{j-1,\ k} - (e_{j-1,\ k} + e_{j-1,\ k+1})/2 \\ &= s_{j,\ 2k+1} - (s_{j,\ 2k} + s_{j,\ 2k+2})/2 \end{aligned}$$

$$s_{j-1,\ k} = e_{j-1,\ k} + U_k(d_{j-1}) = s_{j,\ 2k} + (d_{j-1,\ k-1} + d_{j-1,\ k})/4$$

重构式如下：

$$e_{j-1,\ k} = s_{j-1,\ k} - U_k(d_{j-1}) = s_{j-1,\ k} - (d_{j-1,\ k-1} + d_{j-1,\ k})/4$$

$$o_{j-1,\ k} = d_{j-1,\ k} + P_k(e_{j-1}) = d_{j-1,\ k} + (e_{j-1,\ k} + e_{j-1,\ k+1})/2$$

$$s_j = \mathrm{Merge}(e_{j-1}, o_{j-1})$$

实际上，提升算法是一种改善快速小波变换的方法。单步的提升算法并不能用于所有的小波构造过程，事实上，只有一些特殊的小波变换很容易用它构造，如双正交小波。不过，涉及有限滤波器（FIR）的所有小波或子带变换可用多个提升步骤来构造。Daubechies 和 Sweldens 等已经证明，借助于因子化小波变换，所有小波的构造都能够用提升模式实现。

（4）第二代小波的尺度函数和小波函数。

为了更好地从噪声背景中提取振动信号特征，应构造具有冲激响应信号形状的基函数与其作内积运算。利用第二代小波提升算法，可以改造小波函数的特性，从而获得期望的小波基函数。当 N 和 $\tilde{N}$ 分别为 8 时，由第二代小波构造的双正交小波的尺度函数和小波函数如图 8.23 所示。

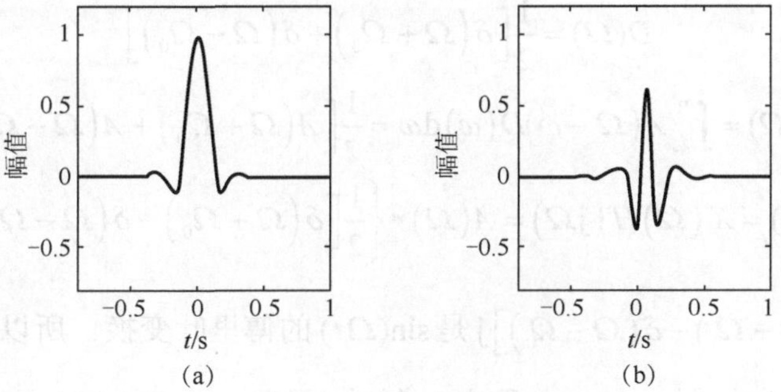

图 8.23　尺度函数和小波函数

双正交小波的小波函数和尺度函数具有良好的紧支性，而且具有广义的线性相位，可以有效地降低滤波带来的相位失真，可以用来识别信号的突变时刻。

3）基于希尔伯特（Hilbert）变换的包络解调法

给定一连续时间信号 $x(t)$，其希尔伯特变换 $\overline{x}(t)$ 定义为

$$\overline{x}(t)=\frac{1}{\pi}\int_{-\infty}^{\infty}\frac{x(t)}{t-\tau}\mathrm{d}\tau=\int_{-\infty}^{\infty}\frac{x(t-\tau)}{\tau}\mathrm{d}\tau=x(t)*\frac{1}{\pi t} \tag{8.93}$$

式中，$\overline{x}(t)$ 可以看做 $x(t)$ 通过一个单位冲激响应函数 $h(t)=\dfrac{1}{\pi t}$ 的滤波器的输出。根据傅里叶变换理论，$h(t)$ 的傅里叶变换是符号函数 $\mathrm{sgn}(\Omega)$，因此，希尔伯特变换器的频率响应为

$$H(\mathrm{j}\Omega)=-\mathrm{j}\,\mathrm{sgn}(\Omega)=\begin{cases}-\mathrm{j}, & \Omega>0\\ \mathrm{j}, & \Omega<0\end{cases} \tag{8.94}$$

若记 $h(\mathrm{j}\Omega)=\left|H(\mathrm{j}\Omega)\right|\mathrm{e}^{\mathrm{j}\phi(\Omega)}$，则

$$\left|H(\mathrm{j}\Omega)\right|=1$$

$$\phi(\mathrm{j}\Omega)=\begin{cases}-\dfrac{\pi}{2}, & \Omega>0\\ \dfrac{\pi}{2}, & \Omega<0\end{cases} \tag{8.95}$$

上述两式说明，希尔伯特变换器是幅频响应特性为 1 的全通滤波器。信号通过希尔伯特变换器后，其负频率成分作+90° 的相移，而正频率成分作−90° 的相移。

参考包络检波原理，对于振动信号经滤波后得到的连续信号 $x(t)$ 可以表示为

$$x(t)=a(t)\cos(\Omega_0 t) \tag{8.96}$$

若记 $a(t)$ 的傅里叶变换为 $A(\Omega)$，$\cos(\Omega_0 t)$ 的傅里叶变换为 $D(\Omega)$，$x(t)$ 的傅里叶变换记为 $X(\Omega)$，则

$$D(\Omega)=\frac{1}{2}\left[\delta\left(\Omega+\Omega_0\right)+\delta\left(\Omega-\Omega_0\right)\right] \tag{8.97}$$

$$X(\Omega)=\int_{-\infty}^{\infty}A(\Omega-\omega)D(\omega)\mathrm{d}\omega=\frac{1}{2}\left[A\left(\Omega+\Omega_0\right)+A\left(\Omega-\Omega_0\right)\right] \tag{8.98}$$

$$\overline{X}(\Omega)=X(\Omega)H(\mathrm{j}\Omega)=A(\Omega)*\left\{\frac{1}{2}\left[\delta\left(\Omega+\Omega_0\right)-\delta\left(\Omega-\Omega_0\right)\right]\mathrm{j}\right\} \tag{8.99}$$

式中，$\frac{1}{2}\left[\delta\left(\Omega+\Omega_0\right)-\delta\left(\Omega-\Omega_0\right)\right]\mathrm{j}$ 是 $\sin(\Omega_0 t)$ 的傅里叶变换。所以

$$\overline{x}(t)=a(t)\sin(\Omega_0 t) \tag{8.100}$$

$x(t)$ 的解析信号可以表示为

$$z(t)=x(t)+\mathrm{j}\overline{x}(t) \tag{8.101}$$

式中，$|z(t)|$ 即为原信号 $x(t)$ 的包络 $|a(t)|$。

对于基于希尔伯特变换的解调法，它在实现过程中只是进行了相移，不会引入高频成分。因此，只要在开始时的采样频率能够满足采样定理，就不会产生频率混叠现象。而基于希尔伯特变换的解调法则更适合于软件实现，这是因为希尔伯特变换可以借助于快速傅里叶变换来实现。

8.5.2　小波分析的基本理论

小波分析是从傅里叶分析逐渐发展起来的，它源于函数的伸缩和平移。小波，简单地说是“一小段波”，是一种特殊的长度有限、平均值为零的波。它有两个特点：一是“小”，即在时域都具有紧支撑或近似紧支撑集；二是正负交替的波动性，即直流分量为零。小波变换就是将信号分解为一系列小波函数的叠加，而这些小波函数都是由一个母小波函数经过平移和尺度伸缩得来的。

对模拟信号 $f(t)$ 的积分变换：

$$W_f(a,b)=\int_R f(t)\overline{\Psi}_{ab}(t)\mathrm{d}t \tag{8.102}$$

称为小波变换，其中，$\Psi_{ab}(t)=|a|^{1/2}\Psi(at-b)$ 是由 $\Psi(t)$ 经平移和缩放的结果。在小波变换的定义中，小波函数 $\Psi_{ab}(t)$ 是窗函数，它的时-频窗特性表现了小波变换的时-频局部化能力。

在实际应用中，计算机所处理的信号都是通过采样得到的二进制离散信号。因此通常将 $\Psi_{ab}(t)$ 中的连续变量 a 和 b 取做整数离散形式，将 $\Psi_{ab}(t)$ 表示为 $\Psi_{jk}(t)=2^{j/2}\Psi(2^j t-k)$，相应的小波变换表示为 $W_f(j,k)=(f(t),\Psi_{j,k}(t))$ 的形式。

如果 $\varphi(x)\in L^2(R)$ 的傅里叶变换 $\hat{\varphi}(\omega)$ 满足 $\sum_{n\in\mathbf{Z}}\left|\hat{\varphi}(2^n\omega)\right|^2=1$，则定义 $\varphi(x)$ 为基小

波函数。基小波和它的傅里叶变换都是窗函数，中心和半径分别为t^*、Δ_φ及ω^*、Δ_φ。基小波函数有两种作用：平移和伸缩，经过这种操作后形成一个小波函数族，该函数族称为分析小波，其连续和离散形式分别如下：

$$\varphi(a,b)=|a|^{\frac{1}{2}}\varphi\left(\frac{x-b}{a}\right) \tag{8.103}$$

$$\varphi_{j,k}=2^{\frac{j}{2}}\varphi(2^j x-k),\quad j,k\in\mathbf{Z} \tag{8.104}$$

式中，a 和 b 及其离散形式$\dfrac{j}{2}$和$\dfrac{j}{2}k$分别称为伸缩因子和平移因子；$\mathbf{Z}$ 为整数集合。离散正交小波函数族在小波分析中占据重要地位，它形成了平方可积函数$f(x)$的一组正交基。$f(x)$的小波级数表示为

$$f(x)=\sum_{j,k=-\infty}^{\infty}c_{j,k}\varphi_{j,k}(x) \tag{8.105}$$

定义在 L^2 上的积分小波变换为

$$(W_\varphi f)(b,a)=|a|^{\frac{1}{2}}\int_{-\infty}^{\infty}f(x)\,\varphi\left(\frac{x-b}{a}\right)\mathrm{d}x \tag{8.106}$$

这样，小波系数为

$$c_{j,k}=(W_\varphi f)\left(\frac{k}{2^j},\frac{1}{2^j}\right) \tag{8.107}$$

可见，对平方可积的函数$f(x)$，它被分解为小波族$2^{\frac{j}{2}}\varphi(2^j x-k)$的线性和，其系数由小波变换在具有二进制伸缩$a=2^j$的二进制位置$b=\dfrac{k}{2^j}$计算给出。和傅里叶分析一样，小波分析实际上是对小波系数的研究。

在满足相容性条件下，即$C_\psi=\int_0^\infty\dfrac{\left|\widehat{\psi}(\omega)\right|}{|\omega|}\mathrm{d}\omega<+\infty$时，函数可由如下公式复原：

$$f(x)=\frac{1}{C_\varphi}\iint\{(W_\varphi f)(b,a)\}\left\{|a|^{-\frac{1}{2}}\varphi\left(\frac{x-b}{a}\right)\right\}\frac{\mathrm{d}a\mathrm{d}b}{a^2} \tag{8.108}$$

类似于傅里叶分析，小波分析也存在 Parselval 恒等式：

$$\langle f,g\rangle=\frac{1}{2\pi}\left\langle\widehat{f},\widehat{g}\right\rangle \tag{8.109}$$

由式（8.106）可知，小波变换又可表示如下：

$$(W_\varphi f)(b,a)=\frac{a|a|^{-\frac{1}{2}}}{2\pi}\int_{-\infty}^{\infty}\widehat{f}(\omega)\,\mathrm{e}^{\mathrm{j}b\omega}\mu\left(a\left(\omega-\frac{\omega^*}{a}\right)\right)\mathrm{d}\omega \tag{8.110}$$

式中，$\mu(\omega)=\widehat{\omega}(\omega+\omega^*)$。

式（8.106）和式（8.110）表明小波分析在下述时频窗之内提供了函数 $f(x)$ 相同的信息：

$$[b+at^*-a\Delta_\varphi,b+at^*+a\Delta_\varphi]\times\left[\frac{\omega^*}{a}-\frac{1}{a}\Delta_\varphi,\frac{\omega^*}{a}+\frac{1}{a}\Delta_\varphi\right]$$

分析该窗可见，对于高频率 $\frac{\omega^*}{a}$，其时窗 $a\Delta_\varphi$ 变窄，对于低频率 $\frac{\omega^*}{a}$，其时窗 $a\Delta_\varphi$ 变宽。这种灵活可调的时频窗适应了信号频率的变化，同时正是调和分析所一直期望得到的。

8.5.3　多分辨率分析

在 L^2 的封闭空间中，各嵌套子空间 V_j 与由小波函数的伸缩形成的系统闭包 W_j 满足如下条件：

$$V_j=\cdots+W_{j-2}+W_{j-1} \tag{8.111}$$

该封闭空间具有如下特性：

（1）单调性：

$$\cdots\subset V_{-1}\subset V_0\subset V_1\subset\cdots$$

（2）逼近性：

$$\bigcap_{j=-\infty}^{+\infty}V_j=\{0\},\quad (\bigcup_{j=-\infty}^{+\infty}V_j)=L^2(R)$$

（3）伸缩性：

$$f(x)\in V_j\Leftrightarrow f(2x)\in V_{j+1},\quad j\in\mathbf{Z}$$

（4）平移不变性：

$$f(t)\in V_j\Leftrightarrow f(t-2^jk)\in V_j,\quad \forall f(t)\in L^2(R),\quad \forall j,k\in\mathbf{Z}$$

（5）Riesz 基的存在性：存在 $\varphi\in V_0$，使得 $\{\varphi(x-k)\}_{k\in\mathbf{Z}}$ 构成 V_0 的 Riesz 基。

则该组嵌套的子空间 $\{V_j\}$ 构成 $L^2(R)$ 的多分辨率分析。W_j 为 V_j 在 V_{j+1} 中的正交补空间，即 $V_j\oplus W_j=V_{j+1}$。由上述条件可知，如同小波函数 $\varphi(x)$ 的伸缩和平移生成了序列空间 W_j 一样，存在尺度函数 $\psi(x)$ 的伸缩和平移生成了嵌套子空间 V_j，即

$$V_j=\mathrm{span}(\varphi_{j,k}(x)) \tag{8.112}$$

式中，$\varphi_{j,k}(x)=2^{\frac{j}{2}}\varphi(2^jx-k)$。分析可知，由于 $f(x)$ 可在 V_j 上无穷逼近，其余部分可在 W_j 上给出，通过减小 j，V_j 上的能量将向 W_j 上移，该过程通过多分辨率分析实现。具体的数字信号分解算法由 Mallat 给出如下。

设有信号 $f(t)$ 的离散采样序列 $f(n)(n=1,2,\cdots,N)$，若以 $f(n)$ 表示信号在尺度

j=0 时的近似值，记为 $C_0(n)=f(n)$，则 $f(t)$ 的离散二进小波变换由式（8.113）和式（8.114）确定：

$$C_{j+1}(n)=\sum_{k\in\mathbf{Z}}h(k-2n)C_j(k) \tag{8.113}$$

$$d_{j+1}(n)=\sum_{k\in\mathbf{Z}}g(k-2n)C_j(k) \tag{8.114}$$

式中，$h(n)$ 和 $g(n)$ 为由小波函数 $\varphi(x)$ 确定的两列共轭滤波系数。此时尺度函数有两尺度关系：

$$\varphi(x)=\sum_{k=-\infty}^{\infty}h(k)\varphi(2x-k) \tag{8.115}$$

式中，$h(k)$ 的傅里叶变换 $H(\omega)=\sum_{k=-\infty}^{\infty}h(k)\mathrm{e}^{-\mathrm{j}k\omega}$ 有如下特点：

$$\left|H(\omega)\right|^2+\left|H(\omega+\pi)\right|^2=1 \tag{8.116}$$

$$\left|H(0)\right|^2=1 \tag{8.117}$$

尺度函数 $\psi(x)$ 的傅里叶变换如下：

$$\widehat{\psi}(x)=\prod_{q=1}^{\infty}H(2^{-q}\omega) \tag{8.118}$$

相应地，小波函数可表示如下：

$$\varphi(x)=\sum_{k=-\infty}^{\infty}g(k)\psi(2x-k) \tag{8.119}$$

式中，$g(k)=-1^k h(1-k)$。由此可见一个多分辨率分析决定了相应的尺度函数，进而决定了相应的小波函数，而滤波器系数序列则完全决定了多分辨率分析。找出满足要求的序列，就可以构造相应的规范正交小波基。

式（8.113）和式（8.114）中，C_j 和 d_j 分别成为信号在尺度 j 上的近似部分和细节部分。离散信号 C_0 经过尺度 $1,2,\cdots,J$ 的分解，最终分解为 $d_1,d_2,d_3,\cdots,d_j$，C_j 分别包含了信号从高频到低频的不同频带的信息，所以被称为多分辨率分析。同时它们各自都包含了原信号的时间信息，因此是信号的时频分析。

8.5.4　小波包变换

多分辨率分析的基本思想是把信号投影到一组相互正交的小波函数构成的子空间上，形成了信号在不同尺度上的展开，从而提取了信号在不同频带的特征，同时保留了信号在各尺度上的时域特征。虽然多分辨率分析是一种有效的时频分析方法，但它每次只对信号的低频部分进行分解，而对高频部分保留不动。而且它的频率分频率与 2^j 成正比，因此高频部分频率分频率差。小波包分析对此进行了改进，它同时可在低频和高频部分进行分解，自适应的确定信号在不同频段的分辨率。

由于尺度函数和小波函数存在着两尺度关系：

$$\varphi(x)=\mu_0(x)=\sum_{k\in\mathbf{Z}}h(k)\mu_0(2x-k) \tag{8.120}$$

$$\psi(x)=\mu_1(x)=\sum_{k\in\mathbf{Z}}g(k)\mu_0(2x-k) \tag{8.121}$$

$$\mu_{2p}(x)=\sum_{k\in\mathbf{Z}}h(k)\mu_p(2x-k) \tag{8.122}$$

$$\mu_{2p+1}(x)=\sum_{k\in\mathbf{Z}}g(k)\mu_p(2x-k) \tag{8.123}$$

式（8.122）、式（8.123）中的 $\mu_n(x)\,(n=2p$ 或 $n=2p+1, p=0,1,\cdots)$ 称为关于正交尺度函数 $\varphi(x)=\mu_0(x)$ 的小波包。

仿照多分辨率分析方法，可将式（8.122）、式（8.123）改写如下：

$$C_{2p}(n)=\sqrt{2}\sum_{k\in\mathbf{Z}}h(k)C_p(2n-k) \tag{8.124}$$

$$C_{2p+1}(n)=\sqrt{2}\sum_{k\in\mathbf{Z}}g(k)C_p(2n-k) \tag{8.125}$$

式（8.123）和式（8.124）即为信号的小波包分解。可见小波包分解每次得到的结果都是两个序列，而这两个序列都要进行进一步的分解，即分解过程不只对低频部分，高频部分也要进行，从而使信号的高频部分频率分辨率也得到提高。

由小波或小波包分解后的序列重构信号，所用算法也由 Mallat 给出。在式（8.113）和式（8.114）中，记 $H_{n,k}=h_{k-2n}$，$G_{n,k}=g_{k-2n}$，则有矩阵 $\boldsymbol{H}=(H_{n,k})$，$\boldsymbol{G}=(G_{n,k})$。式（8.114）及式（8.114）可重新记为

$$C_{j+1}(n)=\boldsymbol{H}C_j(k) \tag{8.126}$$

$$d_{j+1}(n)=\boldsymbol{G}C_j(k) \tag{8.127}$$

从而有

$$C_j(k)=\boldsymbol{H}^*C_{j+1}+\boldsymbol{G}^*d_{j+1} \tag{8.128}$$

式中，$\boldsymbol{H}^*$、$\boldsymbol{G}^*$ 分别为 $\boldsymbol{H}$、$\boldsymbol{G}$ 的对偶算子。式（8.128）即为重构算法，小波包的重构算法同样由此得到，分解后的序列可一步步恢复成为原始信号。

8.5.5　小波包的频带分析技术

应用多分辨率分析和小波包分析技术可以把信号分解在不同的频带之内。对这些频带内的信号进行分析，称为频带分析技术。通常可根据感兴趣信号的频率范围，把信号在一定尺度上进行分解，从而提取相应频带内的信息。另外还可对各频带内的信号进行统计分析，形成反映信号特性的特征向量。若分析各频带内的信号能量，则称为频带的能量分析。

傅里叶分析可作频带能量分析，其得出的不同故障的谱结构特征向量，在实际诊断中已获得了成功的运用。然而傅里叶分析只是对信号中的正弦成分进行了

统计，实际诊断信号往往包含非平稳成分，这些信号严格上并不能用正弦信号作为基来描述，即使描述，能量表示也不全面。而应用小波进行信号分析，则可以描述信号中的非平稳成分。尤其用小波包分析技术，可把信号分解在任意精细的频带上。在这些频带上作能量统计，形成特征向量，更趋合理性。与傅里叶频谱分析技术一样，小波频带分析技术的理论依据也是 Parseval 能量积分等式。因 $f(x)$ 在时域上的能量为

$$\|f\|^2 = \int_{-\infty}^{\infty} |f(x)|^2 \, \mathrm{d}x \tag{8.129}$$

$f(x)$ 的小波变换如下：

$$C_{j,k} = W(2^j, 2^j k) = 2^{\frac{j}{2}} \int_R \widehat{\psi}(2^{-j} x - k) f(x) \mathrm{d}x \tag{8.130}$$

二者由 Parseval 恒等式相关联：

$$\int_{-\infty}^{+\infty} |f(x)|^2 \, \mathrm{d}x = \int |C_{j,k}|^2 \tag{8.131}$$

由式（8.131）可知，小波变换系数 $C_{j,k}$ 的平方和具有能量的量纲，因此可以用于能量分析，形成信号的特征向量，从而实现对信号的特征提取。小波频带能量分析和基于傅里叶频谱的能量统计机理相同，但在实施手段上不同。小波频带分析直接把信号的时域波形进行分解，形成不同频带的信号。这些频带内的信号保留了其时间特征，仍然是时域信号。对这些频带内的能量统计是在时域波形上进行的，这与在信号傅里叶频谱上进行的能量统计是不同的，这种能量统计上的差异正是小波分析具有时域分析能力的重要表现。

8.6 小　结

在列车的状态监测与故障诊断中，对所测得的信号进行加工处理的运算过程就是信号的分析与处理。信号分析与处理的方法有很多，本章主要介绍了在故障诊断中用到的一些数学基础，如傅里叶变换、快速傅里叶变换、快速小波变换、小波变换和小波分析等数学基础。基于这些数学基础，在实际的故障状态诊断中根据不同的具体故障选用不同的数学方法来分析处理。

第9章　故障诊断与可诊断问题基础

9.1　概　　述

系统的RAMS过程控制体系为系统的可靠与有效运行提供了工程管理基础，在运行阶段的可靠性需要通过正常的维护与维修来保障，这就需要在系统的设计和制造阶段就要为可维修性提供技术保证措施（见第2章），同时在系统的设计和制造阶段需要为系统的故障诊断与识别的实现建立技术基础（见第10章）。因为故障诊断是实现维护与维修的技术基础之一，是RAMS体系实现重要的技术基础。

早期的被诊断系统结构比较简单，因此故障诊断的实现主要依靠简单的仪表加专家，以及维修人员的感觉器官与个人经验；随着技术的发展，传感器技术、动态测试技术和信号处理技术的发展，实现了一些常见故障的自动测试与判定，诊断技术发展进第二阶段；现在故障诊断技术发展成为一门应用型的多学科交叉的边缘学科，其基础是近代数学、自动控制理论、电子计算机理论与技术、传感器与信息获取技术、信号变换与处理技术、可靠性理论、模式识别、人工智能等有关学科，以及它们的相互融合，同时这些基础学科必须与被诊断系统对象的背景学科紧密结合。由于其在现代工程技术中的作用，以及直接为社会发展带来的经济与社会效益，近年来故障诊断的理论与技术应用研究已经成为自动控制领域（或者称为信息类学科）中一个新的研究方向和热点。当前在各个领域中广泛地应用着“诊断”这个术语，如医学诊断、企业诊断和环境诊断等，所谓诊断就是根据机械、电子以及电气设备运行过程中产生的各种信息来判断与识别系统设备是正常运转还是发生了异常现象，也就是识别机器是否发生了故障，称为故障诊断。故障诊断也包括系统设备失效后或发生事故之后进行的故障分析，即失效分析，这也是故障诊断的一个研究内容。

对于给定系统特定故障的检测、判断及预报技术的研究来说，已经经历相当长的研究历程。就目前的诊断技术而言，若对象的结构的参数已知，故障的判断或预报所采用的方法基本上是以控制理论为基础，采用基于模型的诊断方法，通过序贯方法、等价空间法、广义似然法、极大似然法等实现故障的检测、判定和预报；若对象的结构和参数未知或部分未知，或者对象是严重的非线性系统，则往往采用基于状态观测器或滤波器与残差分析技术相结合的故障检测、判定或预报方法；诊断的推理则大都采用基于知识的推理技术、基于人工神经网络的状态估计结合残差分析的诊断技术、基于模型分析与基于知识推理相结合的诊断技术以及模式识别技术等。系统的状态一旦被确定，诊断的进一步工作就是实现故障定位，这通常是诊断技术与检测技术的区别之一，目前通常见到的基本上是基于知识推理的专家系统技术、建立在计算机科学与控制理论基础上的模式识别技术和模糊识别技术等方法；故障诊断系统与一般自动测试系统和故障检测装置的另一区别是故障的机理分析和故障评估以及进一步实现故障隔离和故障保护等，目前比较有效的大都采用基于知识推理的专家系统。故障定位的研究也有不少成熟的技术及成功的应用如基于控制理论的方法、基于模糊式识别技术和人工神经网络技术等。

基于知识的推理技术在诊断技术领域的应用最为成熟。在诊断系统设计之前，首先必须对被诊断对象有一个充分的了解，这就是一个知识的积累过程；而且无论采用何种诊断技术，诊断系统的设计总是建立在专家知识的基础之上，以知识作为指导，以实现诊断推理；从故障诊断的定义（定义 9.1）可以看出，任何诊断系统，至少是一个知识系统；而实际上，任何一个实用的诊断系统，其结构中都含有智能推理或专家系统这样的知识成分。

神经网络能够在训练中通过自身的学习过程了解被学习对象，进一步能够描述对象的结构、参数和特性，尤其是对一些具有不确定因素的系统对象、严重非线性的系统尤其是混沌系统、灰箱系统和黑箱系统等，都可以通过构造出一个恰当的人工神经网络，对被学习对象的某些特性、功能与结构给出一个比较合理的和准确的描述。因此神经网络系统也被广泛地应用在故障诊断这样的智能应用领域。

在故障诊断的研究领域，作为诊断基础的信息获取、信号的特征变换及分析方面，研究较多且比较成熟的技术主要有观测器技术、以快速傅里叶变换为基础的功率谱分析技术（主要应用在平稳过程及周期变化的信号分析）、小波变换技术（特别是应用在有突变过程的非周期信号分析中）以及时序波形信号识别技术等，而在故障不变特征量的提取与识别研究中，模糊识别技术、人工神经网络技术及专家系统技术等获得广泛的应用；同时，这些技术还在机理分析、状态评估等到方面有着广泛的应用。

9.2 故 障 诊 断

诊断或诊断学（diagnostic）一词源于希腊文，意指鉴别、确定，早期的诊断一般都是指医疗诊断。其在《辞海》中的定义是：医生诊病后所作出的结论，即判断患者所患疾病及病情程度。在《中国大百科全书》现代医学卷中的定义是：由医学的角度对人们的精神和体质状态作出判断；对正常人的健康状态、劳动能力和某一特定的生理过程（如妊娠）的判断，也属于诊断的范畴；司法部门判定血缘关系和伤害性质也是诊断的一部分；诊断是治疗、预防的前提。

从以上分析可以看出，诊断的目的就是确定被诊断对象的性能状态，不良状态发生之前的预报、可能导致的危害与预防的措施，不良状态发生后的伤害鉴定与机理分析等；并且在此基础上所提出的保护与隔离的建议等。

故障诊断与自动控制、自动检测、监控及故障测试都有明显的区别。故障诊断是建立在检测和故障测试的基础之上，又是检测和故障测试技术的进一步发展；故障诊断系统一般不直接参与控制，但是要向控制系统或监控系统提供被诊断系统在故障发生之前的状态信息（包括状态发展趋势与可能发生的后果等）或者在故障发生时的处理信息（包括故障部位等）。例如，患者在医院里所接受的血、尿化验和体温、血压、心跳、透视检查等属于测试的范畴，医生则必须在此基础上作进一步的分析、考察和综合，然后才能给出诊断结论如患者的身体状态与病情、必须采取的治疗的手段等。

定义 9.1 所谓故障诊断，就是在一定的检测策略的指导下实施对被诊断系统的（自动）检测，通过检测获取表达被诊断系统故障模式的检测信息，经给定的计算方法提取出被检测信息的特征，然后从计算出的特征集合中提取出能反应故障模式的不变特征量；在此基础上根据预定的推理原则，对故障信息作出综合评估，确定系统的实际状态，并向系统的操作者或控制者（人或自动控制系统）提示该状态可能导致的后果和所要采取的处理措施，以及指明系统的故障所在和故障发生的机理，同时处理和管理获取的有关信息。

这里还有于此关联的概念就是失效分析、事故分析或者故障效应分析，即所谓不良状态发生后的伤害鉴定与机理分析，这同样是故障诊断的范畴，它与定义 9.1 的区别是：故障发生后，分析故障发生的机理，为防范同类型或者相似故障提供技术支持，以及为提高与保障系统可靠性提供技术支持。显然故障发生后的故障效应分析与故障状态分析同样非常困难，甚至更加困难。

由于大数据技术的发展与运用，目前也被应用到故障诊断的领域，并且取得良好的诊断效果。

9.2.1 故障诊断的要素

根据定义 9.1，一个完整的故障诊断基本过程如下（也可能是选取其中的若干步骤，也可以有更多的步骤）：

（1）通过传感技术或其他获取与感知技术，获取被诊断系统的原始信息集合，此信息集合能够充分表达系统的故障模式；

（2）以给定的计算方法如快速傅里叶变换、小波变换、时序信号识别等，通过对原始信息集合的计算分析或者变换，提取出测量的特征信息集合；

（3）通过对测量特征信息集合的处理，消去背景噪声，获得能够表达状态实际性能的状态特征信息（集合），有时也称为不变特征量；

（4）就是通过综合评估，目的是确定被诊断系统的实际性能与状态，该状态可能的发展趋势与可能导致的后果以及所要采取的处理措施（相对于预报诊断），或者指明系统的故障所在（故障定位）和故障发生的机理（相对于故障发生后的故障分析或失效分析）；

（5）系统状态信息的处理与故障数据的管理如数据仓库的建立、维护及管理，学习所得的知识，远程诊断的技术支持等。

9.2.2　系统的状态迁移

综合考虑系统的故障、故障诊断及系统维护维修时，系统的状态迁移存在以下四种过程，则图 9.1 所示的诊断过程（信息流方式）就可以分解为图 9.2 所示的状态迁移过程。其中状态 A 为系统的正常状态，状态 B 为系统的故障（或失效）状态，状态 B'是系统的故障状态，而状态 B''为经诊断（人或者故障诊断系统）后识别出的故障状态，状态 C 为吸收态（系统的不可维修态，处置或者报废），λ 是系统的故障转移率（故障率），μ 是系统的维修率，θ 为故障识别率，γ 是吸收态转移率。

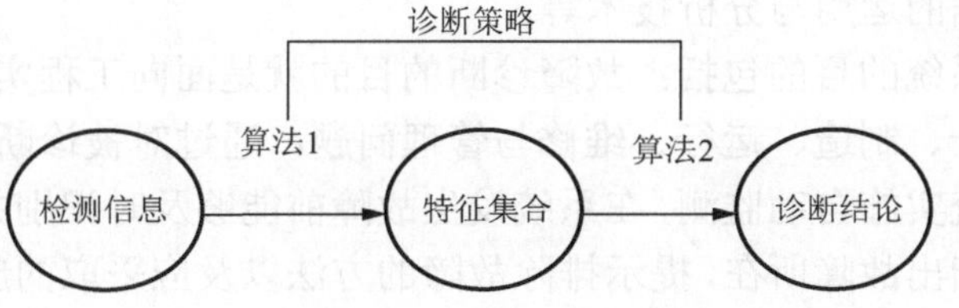

图 9.1　诊断过程原理

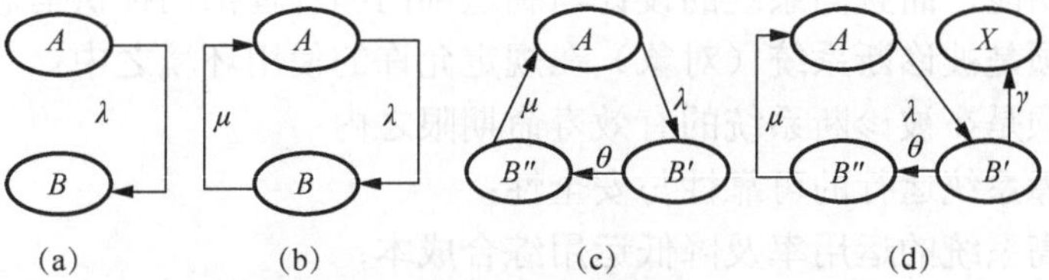

图 9.2　系统的状态迁移示意图

这里的吸收态指由于系统故障的严重性、或者基于经济成本的综合计算或者修复的可能性与可行性而进入被处置（报废）状态。

（1）图 9.2（a）是系统的正常状态至故障（或失效）状态（不考虑故障识别率）的迁移示意图；

（2）考虑系统是可维修时的状态（不考虑故障识别率，即故障完全可诊断）迁移示意图见图 9.2（b）；

（3）考虑有限故障识别率及有限故障可维修时的状态迁移示意图见图 9.2（c）；

（4）综合考虑故障诊断、故障维修、经济制约及存在吸收态时的状态迁移示意图见图 9.2（d）。

9.2.3　故障诊断的任务与意义

故障诊断的内容包括：

（1）原始信息集合的获取，即检测信号的选取与观测方式，如传感器的类型及型号的选取、传感器的数量、传感器的设置与安装位置及方式等；

（2）由原始检测信息集合到特征信息集合的转移，选取合适的计算与信号变换算法，计算出能反映故障模式的有效故障特征，即信号集合（域）到特征（域）的映射；

（3）选取合适的状态识别算法，由特征集合进行的状态识别，即故障特征的不变特征量的识别与提取，特别是在低信噪比时如何消除背景噪声等；

（4）在状态识别的基础上，实现的状态分析及其系统状态的发展趋势、故障机理分析等，特别是状态的评估与行为决策；

（5）故障数据仓库的建立与管理、诊断系统网络及远程诊断的技术支持；

（6）大数据的运用与分析技术等。

故障诊断系统的目的包括：故障诊断的目的就是面向工程实际，解决工程技术领域中的设计、制造、运行、维修与管理问题，通过对被诊断系统中的某些重要部件和子系统实施自动监测，在系统发生故障前能够及时识别并提前作出预报，在故障发生后指出故障所在，提示排除故障的方法以及应采取的应急措施的建议。以保证被诊断系统（设备）在一定的工作环境中，一定的工作期限之内可靠而有效地实现其功能，而且向系统的设计与制造部门和管理部门提供信息。即：

（1）必须是被诊断系统（对象）在规定允许的使用环境之中；

（2）必须是在被诊断系统的有效寿命期限之内；

（3）保障系统运行的可靠性与安全性；

（4）提高系统的运用率及降低运用综合成本；

（5）为运用、检修、保养、优化运行管理提供技术支持；

（6）为设备的设计、制造及运用管理部门提供反馈信息；

（7）最终的目的是提高系统的经济效益与社会效益。

1．故障诊断的任务

故障诊断的任务是：

（1）识别被诊断系统的实际性能状态，为优化运行操纵与管理、实现被诊断系统的状态检修与预防检修提供技术保证；

（2）分析被诊断系统的发展趋势，预报可能发生的状态劣化，为系统的安全关口前移提供现场运行的实时信息；

（3）识别被诊断系统的磨耗性故障和随机故障，为故障（失效）分析与故障机理分析、减少故障损失提供技术支持；

（4）将故障影响限制在发生故障的单一功能或单一部件范围内，即尽量减小故障影响的相关性，限制故障影响的层次深度，即实现故障隔离；

（5）在故障情况下指示运行方式，包括提出保持功能措施的建议以及故障导向安全等，即实现故障的安全保护或故障安全保护；

（6）指示迅速排除故障的维修建议；

（7）被诊断系统的自动化整备作业；

（8）为新的系统提高 RAMS 水平提供技术支持。

2. 诊断系统的分类

故障诊断系统的分类方法很多，这里仅就运动系统，如飞机、舰船、车辆及铁路列车等的故障诊断系统进行探讨，则通常可分为在线诊断与离线诊断两大类，在线故障诊断系统主要用于：

（1）系统运行前的状态分析及诊断测试；

（2）优化运行操纵；

（3）系统运行过程中的功能诊为、连续监视与信息记录等；

（4）故障时的安全引导（导向安全）；

（5）与离线诊断系统的配合；

（6）在被诊断系统维修时与检修工作的配合等。

在线诊断功能的实现受被诊断系统的构造成本及运行方式的制约，如传感器的数量、安装方式、维护、成本及传感器本身的可靠性给被诊断系统整体可靠性所带来的影响等，有相当大的局限性。被诊断系统对象故障诊断的完全实现往往还可能依赖离线诊断装置，但是离线诊断装置的实现又是依赖系统的标准化设计、制造与系统具有通用的数据接口等，同时是建立在现代无损检测技术与现代新型的传感器技术和微电子技术之上的。目前国内外在大部分轿车上也有标准的通用数据接口，以方便运用、维修与故障排除。

当然，故障诊断技术也有其他很多的分类方法，如状态诊断（故障发生前的状态预测）与故障效应分析（故障或者事故发生后分析）等。

9.2.4 技术诊断的过程

技术诊断的实现既要依赖于对背景知识的掌握，即对被诊断系统的设计制造技术、结构与参数、运行方式的完全了解，同时依赖于现代传感器与信号处理技术、模式识别与人工智能技术等。

技术诊断的过程是一个信息的获取、加工与管理的过程。而从数学的角度来说，诊断的过程就是问题的求逆的过程，也是模式识别的过程。它是一个由检测信息到系统性能、由整体性能到部件性能的分析过程。一个问题的求解本身就不易，而对于一个常常无法准确描述的系统对象，其求逆的过程也就更加困难。诊断过程如图 9.1 和图 9.3 所示。

图 9.3 中的直接物理状态是指物体的气态、液态及固态等，物态形式的特征信号是指金相分析、燃油特征分析结论、润滑油特征分析数据（如金属微粒含量等）等，能量形式的特征信号就是通过能量传感器所采集的信号如电流、电压、压力、位移、速度、温度等。

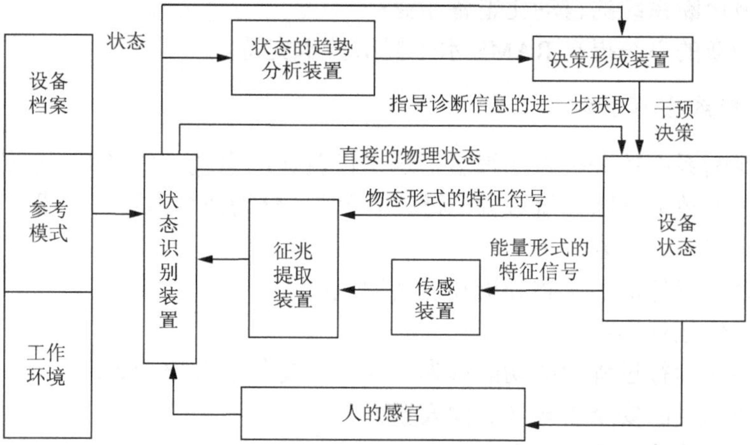

图 9.3　诊断过程示意图

9.3　诊断机问题

9.3.1　有限自动机问题

1. 确定性图灵机

诊断的过程实质上就是诊断信息的获取过程（包括信息获取方式的选择和信息的获取两个方面）和诊断推理计算（包括特征计算、不变特征的获取和推理等）两个问题。第二个问题即诊断的推理计算问题就是可以归结为一个计算的问题，或者是一个算法问题；同样，第一个问题也可以归结为一个计算或者是算法问题，该问题的讨论在第 6 章中有详细的探讨。因此这里从算法上着手，从自动有限机理论出发，来探究诊断的推理计算问题的本质，就诊断机问题作理论上的讨论。

图灵机是英国数学家图灵所创造的一种计算模型，用它可以确切地表达计算、可计算函数和计算的复杂性等问题。

定义 9.2　图 9.4 所示为一台多带图灵机。它由 k 条带组成，这些带的右边是无限的。每一条带都划分成单元，每个单元都存放着有限个带符号中的一个。每条带都有一个可以读和写的磁头来扫描带上的一个单元。图灵机的操作，由一个称为有限控制的原始程序确定。有限控制总是处于有限个状态中的一个状态，可以把状态看做程序里的一个位置。

图灵机的一个计算步骤是根据有限控制中的当前状态以及每个磁头注视的符号，执行下面这些操作中的任一个或全部：

（1）改变有限状态；

（2）在某几个或全部磁头所指的单元内，擦去当前的带符号，印上新的带符号；

（3）任几个或全部磁头不相关地向左移动一格（L）或向右移动一格（R）或保持不动（S）。

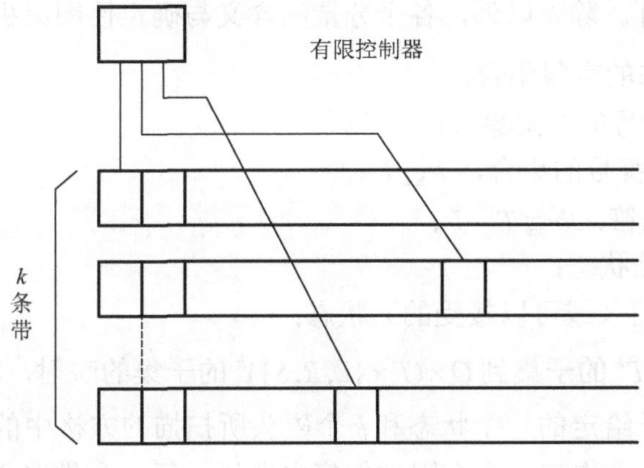

图 9.4　多带图灵机

可以用七元组$\left(Q,T,I,\delta,b,q_0,q_f\right)$形式表示图灵机，其中：

（1）Q 是状态的有限集合；

（2）T 是带符号的有限集合；

（3）I 是输入符号的集合，$I \subseteq T$；

（4）b 是空白符，$b \subseteq T-I$；

（5）q_0 是初始状态；

（6）q_f 是最后（或可以接受的）状态；

（7）δ 是转移函数，它是 $Q \times T^k$ 的子集到 $Q \times (T \times \{L,R,S\})^k$ 的一个单值映射。即对于由一个状态和 k 个带上磁头扫描的符号构成的某个 $k+1$ 元组，它产生一个新状态和 k 个对偶，每一个对偶含有一个新的带符号和磁头的移动方向。假设 $\delta\left(q,a_1,a_2,\cdots,a_k\right)=\left(q',(a_1',d_1),(a_2',d_2),\cdots,(a_k',d_k)\right)$，则当图灵机处于状态 q，第 i 个磁头扫描着符号 $a_i (1 \leqslant i \leqslant k)$ 时，转移后图灵机就进入状态 q'，把符号 a_i 改为 a_i'，并按方向 d_i 来移动第 i 个磁头 $(1 \leqslant i \leqslant k)$。由于 Q 和 T 的有限性，保证了函数的定

义域和值域的有限。它们构成一台图灵机的指令表。

这里规定 δ 是单值映射，所以也称这种图灵机为确定图灵机。一个输入符号串称为可接受的，当且仅当从指定的初始状态开始，且所有带的磁头都处于带的最左端单元上，此图灵机作一系列的移动后，最终能进入接收状态（称为正常停机）。图灵机接收的语音，是的有可接受的输入符号串的集合。因此说一个输入符号串是不可接受的，或者此图灵机一直执行下去永远不停机，或者在某一时刻无合法移动强迫作不停机状态。

2. 线性有限图灵机

定义 9.3　一个 k 带的不确定图灵机（简称为 NDTM），M 是一个七元组：$\left(Q,T,I,\delta,b,q_0,q_f\right)$。除 δ 以外，各个分量的含义与确定性图灵机相同：

（1）Q 是状态的有限集合；

（2）T 是带符号的有限集合；

（3）I 是输入符号的集合，$I \subseteq T$；

（4）b 是空白符，$b \subseteq T - I$；

（5）q_0 是初始状态；

（6）q_f 是最后（或可以接受的）状态；

（7）δ 是 $Q \times T^k$ 的子集到 $Q \times (T \times \{L,R,S\})^k$ 的子集的映射，称为转移函数。

换言之，对于给定的一个状态和 k 个磁头所扫描的方格中的符号，图灵机的由 δ 所确定的下一动作在一个有限动作集中选择。每一个供选择的动作由一个状态，k 个新符号和 k 个磁头动作所组成。注意，一台 NDTM 机的 M 可在该集合中任选一个动作，然而，不允许从其中一个动作中仅选出其不意个状态，又从另一个中取新得带符号，以各种方式组合而成的动作都是不允许的。设 W 为一字符串，若有 $\left(q_0W,q_0,q_0,\cdots,q_0\right)$ 至 $\left(\alpha_1,\alpha_2,\cdots,\alpha_k\right)$ 的一个计算路径，其中 $\{\alpha_j\}$ 有可接收的状态 q_f 时，则称 NDTM 机器 M 接收串 W。M 的可接收的字符串的集合称为机器 M 的可接收语言，表示为 $L(M)$。

3. 可计算问题

设机器从有 n 编码的带子出发，如果到达停机状态 q_f 时带子上有 m 的编码，则称计算了函数 $f(n)=m$。因此一个函数称为可计算的，如果它取自然数为定义域和值域，并且有一个图灵机来计算它。进而有 Church 论题：任何“可以算的函数”，都有一个图灵机来计算它，即任何人“可以计算的函数”都是可以计算的函数。

4. 不变映射问题

定义 9.4　设 $\Re_1$ 与 $\Re_2$ 都是度量空间，$R \in \Re_1$ 和 $Q \in \Re_2$ 是开集，如果映射 $f: R \to Q$，是从 R 到 Q 的，一一连续的满映射，而且逆映射 $f^{-1}: Q \to R$ 也是连续的，则 f 称为同胚映射；对于空间 $\Re_1$ 与 $\Re_2$，若它们之间存在一个同胚映射，则称 $\Re_1$ 与 $\Re_2$ 是同胚的。

定义 9.5　度量空间的性质，若在任意一个同胚映射下保持不变，则称为拓扑不变性质；度量空间中的某一子集按某种对应关系对应的量，若在任意一个同胚映射下保持不变，则称为该子集的拓扑不变量。

显然，同胚关系是一个等价关系；以拓扑学的观点看，同胚的对象（或者集合）都可以看做同一个东西。

9.3.2　诊断机问题

1. 问题的提出与描述

显然，大部分的被诊断系统都是有激励行为发生的控制量（输入）、行为的状态和行为所导致的结果即输出所组成，因此系统对象都可归纳为如下数学模型：

$$A_1: y(t) = f(x(t), u(t)) \tag{9.1}$$

式中，系统的行为输出 $y(t)$ 是 m 维向量，$y(t) \in \Re^m$（输出空间）；f 为一个映射 $\in F$ 域；系统行为状态即 $x(t) \in \Re^n$，是 n 维状态向量（系统的状态空间），它是被诊断单元的特征描述；l 维向量 $u(t)$ 是系统激励输入，$u(t) \in \Re^l$，若系统无激励输入，则 $u(t)=0$。

$x(t)$ 是系统的行为状态，也就是系统性能状态的数学描述；而 $y(t)$ 就是系统行为 $x(t)$ 所导致的结果，或者称为行为的输出，是可以通过测量获得；f 是系统的功能，F 是系统的功能域，$f \in F$。

若系统 A 在某一时段 t_j 至 $t_j + \Delta T_j$（$\Delta T_j \geqslant 0$，若 $\Delta T_j=0$ 则表示是时间点信息，若 $\Delta T_j>0$ 是表示是时间段信息）区间的实际测量的信息，记为

$$b_j = b(t_j) = B(t)\Big|_{t=t_j}^{t=t_j+\Delta T_j} = (y(t), u(t))\Big|_{t=t_j}^{t=t_j+\Delta T_j} = (y(t_j), u(t_j)) \tag{9.2}$$

定义 9.6　所谓系统的测量特征 r 是指，系统测量信息 b_j 经过一些给定的计算、推理等算法 δ_1 后得到的反映系统状态的信息，r 的全体构成集合 R；所谓系统的状态特征 q，是指 q 能够反映系统行为（状态）$x(t)$ 在某一时间点（或段）的实际性能以及可能的发展趋势，q 的全体构成集合 Q。

因此总有一个开集 $X_Q \in \Re^n$，存在一个同胚映射，使得 X_Q 与 Q 是同胚的。而当系统故障时，反映故障的故障状态特征信息也就是故障的征兆显然也属于集合 Q，故也称状态特征 q 为拓扑不变特征。从泛函的角度来说，R 就是测量信息

$B=\{b_j, j=1,2,\cdots\}$，通过系统的谱系，而 Q 就是 X_Q 的谱系。

例如，旋转机械的振动信号经过 FFT，可以得到它的功率谱信息，这就是旋转机械的特征信息，但是谱中可能有一个频率点在其能量达到特定值时表示系统的轴承破裂或主轴可能发生裂纹故障，这个与故障紧密相连的频率点特征（频率及它的能量）就是不变特征，这样的频率点通常也称为穿透频率。

从理论上说，一个诊断计算问题也就是可以归结为这样一个算法：根据测量信息 $B=\{b_j, j=1,2,\cdots\}$，通过系统的反函数求出系统状态：

$$x(t)=f^{-1}(y,u,t) \tag{9.3}$$

然后寻找一个同胚映射关系实现 $x(t)\to q\in Q$ 的一个映射 δ_0，最后对拓扑不变特征 q 进行评价，获得诊断结论（图 9.5）。在这里，任何一种状态关系都存在一个相应的拓扑不变特征，集合 Q 实际上就是状态 $x(t)$ 的谱系。因此诊断的数学问题就可以归结为计算反函数 $f^{-1}(\cdot,\cdot,\cdot)$ 和在谱系集合 Q 中寻找拓扑不变特征。

但是对于一个确定的数学模型，其求逆的计算往往难以实现。例如，式(9.17)所给的系统 A_3，只有当 $D(t)=0$，$C(t)$=Constant 并且 rank[$C(t)$]$=n$ 时，状态 $x(t)$ 的计算才会变得非常方便；否则 $x(t)$ 的求解极其困难。例如，式（9.4）所给的是一个实际的交流调速系统：电压源供电的磁链控制交流电机速度随动系统的数学模型。

$$\begin{cases} x'(t)=f(x)+\sum_{i=1}^{3}g_i(x)u_i-p(x)T_L \\ y(t)=\begin{bmatrix} 1&0&0&0&0\\0&1&0&0&0\\0&0&1&0&0\\0&0&0&1&0\\0&0&0&0&1 \end{bmatrix}x(t) \end{cases} \tag{9.4}$$

式中

$$f(x)=\begin{bmatrix} -k_d x_1+k(x_2x_5-x_3x_4) \\ -ax_2-n_px_1x_3+aL_mx_4 \\ n_px_1x_2-ax_3+aI_mx_5 \\ abx_2+n_pbx_1x_3-cx_4 \\ -n_pbx_1x_2+abx_3-cx_5 \end{bmatrix}, \quad g(x)=[g_1,g_2,g_3]=\begin{bmatrix} 0&0&0\\0&0&x_3\\0&0&-x_2\\ \dfrac{1}{\sigma}&0&x_5\\ 0&\dfrac{1}{\sigma}&-x_4 \end{bmatrix}$$

$$p(x)=\left[\frac{-1}{J},0,0,0,0\right]^{\mathrm{T}}, \quad x=[x_1,x_2,x_3,x_4,x_5]^{\mathrm{T}}=\left[\omega_r,\varphi_{rd},\varphi_{rq},i_{sd},i_{sq}\right]^{\mathrm{T}}$$

$$u=[u_1,u_2,u_3]^{\mathrm{T}}=[u_{sd},u_{sq},\omega_1]^{\mathrm{T}}$$

而

$$a = \frac{R_r}{L_r}, \quad b = \frac{L_m}{\sigma L_r}, \quad c = \frac{{L_m}^2 R_r}{\sigma {L_r}^2} + \frac{R_s}{\sigma}, \quad k = \frac{n_p L_m}{J L_r}, \quad k_d = \frac{F_d}{J}$$

$$\sigma = L_s - \frac{{L_m}^2}{L_r}$$

式中，ω_r是转子角速度（机械）；n_p为电机极对数；ω_1为dqO坐标系的旋转角速度；下标s和r分别表示定子和转子；下标d和q分别表示相当于dqO上的分量；R、i、φ和u分别表示电阻、电流、磁链和电压；J是转动惯量；T_L为负载转矩；F_d是与转速成正比的转矩阻尼系数；L_s和L_r分别是定子与转子的等效自感；L_m为定子与转子间的互感。

显然，此系统根本无法通过输出测量来完整求出系统的状态$x(t)$的全部分量。更何况在对象的模型未知、不准确或不确定时，其$f^{-1}(\cdot,\cdot,\cdot)$计算几乎是不可能的，那么映射$\delta_0$更是无从下手。

于是诊断问题就改变为如此一个递推的间接过程：寻找这样的一个算法，它能够通过计算系统A（式(9.1)）某些时段的采样信息$B=\{b_j, j=1,2,\cdots\}$（式(9.2)）的测量特征r，在消除背景噪声后，设法从中提取出能够反应系统状态$x(t)$性能的状态特征量（当系统故障发生时，则称为系统的故障征兆），从而通过此对状态特征量的评估确认系统A的实际状态、状态的发展趋势或者系统所发生的故障。

被诊断系统A状态变量$x(t)$的选择与一般控制系统状态变量的选择不一定相同。在控制系统设计时，往往选择那些容易观测或检测的状态及反映系统运行特征的变量作为系统的状态变量。而在诊断系统设计时，一般总是选择那些反映系统内部特征、尤其是能表述系统内部子系统和部件工作状态的变量作为状态变量，希望这些状态变量能充分表达和描述系统的性能状态，尤其是故障时的特征，以方便诊断功能的实现。

2. 诊断机问题

定义 9.7　由于系统A状态$x(t)$的故障特征可能包含在系统的检测或采样信息$b(t)=(y(t),u(t))$之中，所以设$B=\{b_j, j=1,2,\cdots\}$是时序信息序列的集合，设R是B的所有的特征集合。Q是一个集合，即状态特征集合，分别以下标 n（ormal）、f（ault）、non 表示正常、故障和异常。并且，KS是一个可数集合即的有的推理控制策略，它的基础是对被诊断系统的知识描述 K（nowledge）；δ_1、δ_2是状态转移函数，b是一个空白符号。设S为系统的全部行为集合，而RY系统设计要求的全部输出集合，U为系统全部要求的输入集合，DB为系统要求的行为集合，DT系统要求的运行环境技术条件集合，Con 为系统运行的约束条件。并且有以下关系：

$$
\begin{aligned}
&S \subseteq DB \\
&RY = F(S,U)\big|_{\mathrm{DT.and.Con}} \\
&DB \cap DT = \varnothing \\
&DT \cap \mathrm{Con} = \varnothing \\
&S_{\mathrm{f}} \subseteq S_{\mathrm{non}} \subseteq s \\
&S = S_{\mathrm{n}} \cup S_{\mathrm{non}} \cup S_{f} \\
&S_{\mathrm{n}} \cap S_{\mathrm{f}} = \varnothing, S_{\mathrm{n}} \cap S_{\mathrm{non}} = \varnothing \\
&RY_{\mathrm{f}} \subseteq RY_{\mathrm{non}} \subseteq RY \\
&RY = RY_{\mathrm{n}} \cup RY_{\mathrm{non}} \cup RY_{\mathrm{f}} \\
&RY_{\mathrm{n}} \cap RY_{\mathrm{f}} = \varnothing, RY_{\mathrm{n}} \cap RY_{\mathrm{non}} = \varnothing \\
&Q_{\mathrm{f}} \subseteq Q_{\mathrm{non}} \subseteq Q \\
&Q = Q_{\mathrm{n}} \cup Q_{f} \cup Q_{\mathrm{non}} \\
&Q_{\mathrm{n}} \cap Q_{f} = \varnothing, Q_{\mathrm{n}} \cap Q_{\mathrm{non}} = \varnothing
\end{aligned}
$$

定义 9.8　称 R 是 $B=\{b_j, j=1,2,\cdots\}$ 的特征集合，则它至少满足以下的条件：

$\forall r_i \in R$，存在相应的 t_i、ΔT_i、$u(t_i)$ 以及它的响应输出 $y(t_i)$，使得有

$$\delta_1\left(b_i\right)=\delta_1\left(\left(y(t),u(t)\right)\Big|_{t_i}^{t_i+\Delta T_i}\right)=r_i \tag{9.5}$$

Q 是一个集合，称 Q 是由 R 所导致的目标集合，而且又是所有的系统状态不变特征集合，则应满足以下条件：

（1）$R \cap Q = \varnothing$；

（2）$\forall q_i \in Q, \exists \delta_{2_i} \in \delta_2$，使得 $\exists r_{i_1}, r_{i_2}, \cdots, r_{i_k} \in R, i_k \geqslant 1$，满足

$$\delta_{2_i}\left(r_{i_1}, r_{i_2}, \cdots, r_{i_k}\right)=q_i \tag{9.6}$$

即 Q 中的任意一个不变特征可能存在一个或若干个相应的测量信息特征，但是要注意的是，此 q_i 可能是一个 0 元素（空元素）。

若设 D 是一个关系集合，$D=R\times Q$，即 $\forall d_j=\left(r_i,q_i\right)\in D$，其中 $r_i \in R, q_i \in Q$，有

$$D(r_i,q_i)\in[0,1]$$

所以有如下定义。

定义 9.9　所谓诊断问题 P，就是根据系统的检测信息 B 以及由 KS 给定的控制状态，由状态转移函数 δ_2 实现 R 至 Q 的一个映射，这个映射的结果可能是一个空白符，由于诊断对象的时序关系和故障之间的耦合关系，推理的初始出发状态为 q_0，q_f 是终了状态。诊断过程可归结为如下的九元式的有限诊断自动机：

$$P=\left(B,R,Q,\delta,KS,D,b,q_0,q_f\right) \tag{9.7}$$

式中，$\delta=\{\delta_1,\delta_2\}$。

诊断过程如图 9.5 所示。但是值得注意的是，由于 9.2.1 节所叙述的原因，诊断过程实际上是一个间接的计算过程，映射 δ_1 与 δ_2 存在主观性和不准确性，且不具备一一对应的同胚映射关系，因此可能存在推理的结果可能是一个空白符，即推理无结论，而且完全可能有如下关系：

$$\delta_0(\cdot)\neq f\left(\delta_1\left(\delta_2(\cdot)\right)\right) \tag{9.8}$$

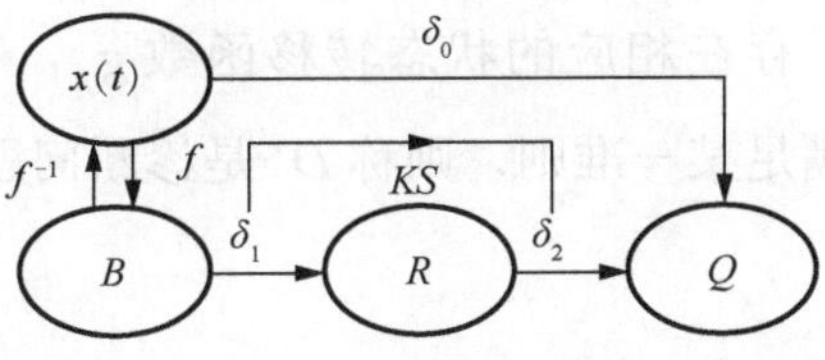

图 9.5　故障诊断问题的映射示意图

若以上标+表示与系统有关的目前已知信息（或状态），则有检测信息为 $B^+=\{b_1,b_2,\cdots,b_k\}\{b(t_1),b(t_2),\cdots,b(t_k)\}\subset B$ 为非空集合，是已知的测量信息，满足以下条件：

$$y_i=f(x_i,u_i)\big|_{f\in F,u_i\in U}\in RY \tag{9.9}$$

并且满足

$$S^+=\{x_i,x_i=f^{-1}(b_i)=f^{-1}(y_i,u_i)\in S,\text{对所有的}b_i\in B^+\}\subseteq S_f \tag{9.10}$$

f^{-1} 为 f 反函数，u_i 同上式。也就是说：$y_i>RY^+$ 对给定的 $u_i\in U^+$，或者 $y_i>RY^+$ 对任意的 $u_i\in U^+$，或者 $x_i=f^{-1}(b_i)>S_{\text{n}}=S-S_{\text{non}}$，对于可测量信息 $b_i\in B^+$ 和 $x_i\in S^+$，并且系统状态 S^+ 和系统输入 U^+ 满足一定的关系，则称状态集合 S^+ 是在给定的 $u_i\in U^+$，或者在对任意的 $u_i\in U^+$ 条件之下，对诊断问题 P 的一个解，称 B^+ 为已知的故障测量信息，S^+ 为已知的故障行为（状态）信息。

而实际上系统是否故障是系统本身的元素以及它们之间的联系所决定的，与系统的输入激励无关，一般总认为输入是能够保证系统在正常或者安全的范围内运行，输入并不会引起故障，只是一些特定的输入使得系统的故障能够在输出中能够以体现。而且，在诊断系统中，并不关心系统的实际输入或输出信号，而是关心如何在输出信息中能够提取出反映状态故障的不变特征信号。我们所真正感兴趣的是系统的状态故障和与此关联的特征信息。因此，定义 9.6 又可以表达为如下。

定义 9.10　若设系统的状态集合为 S，测量集合为 B，推理规则为 KS，且有 $S_f=\{\forall x_i\in S_f$，则系统故障$\}$为非空集合，$B=\{b_1,b_2,b_3,\cdots\}$ 为一个非空测量集合，$B^+=\{b_i,b_i\in B$，并且有 $f^{-1}(b_i)=x_i\in S_f\}$，$D^+=\{d_1,d_2,d_3,\cdots\}\subseteq D$ 为非空集合，是系统已知的故障集合（D 为系统全部的故障集合），则一个诊断问题 P 可

以表达为一个五元有限自动机：

$$P = \left(S, Q, Q^{+}, D, KS\right) \tag{9.11}$$

式中，Q^{+}为已知的不变特征信息集合。

若每一个故障$d_i \in D^{+}$，存在一个KS控制下的转移函数g_i和相应的不变特征系列$q_{i_1}, q_{i_2}, \ldots, q_{i_k} \in Q^{+}$，使

$$g\{q_{i_1}, q_{i_2}, \cdots, q_{i_k}\} = d_i \tag{9.12}$$

或者对任意的$q_j \in Q^{+}$，存在相应的状态转移函数g_j，有$g_j\left(q_j\right) = d_j \in D^{+}$，即$G\left(Q^{+}\right) \subseteq D^{+}$，并且$d_j$满足某一准则，则称$D^{+}$是诊断问题$P$关于$Q^{+}$的一个解。

9.3.3　诊断过程

从理论上来说，一个诊断系统的诊断过程实际上就是解决算法f^{-1}和δ_0问题。但是由于对象数学模型的未知，或不准确性和不确定性，就有f^{-1}和δ_0的实际不可计算性。于是实际的诊断过程就演变为寻找算法或算子δ_1和δ_2，使得$f\left(\delta_1\left(\delta_2(\cdot)\right)\right)$尽量逼近$\delta_0(\cdot)$，或者是$\delta_1\left(\delta_2(\cdot)\right)$尽量逼近$f^{-1}\left(\delta_0(\cdot)\right)$，以尽量避免计算的结果是空白符。

（1）选择合适的诊断信息获取或测量方式，其中包括最优检测点的选定、传感器的类型选择及数量的决定、安装方式与运行方式等，以最小的测量成本而获得能包含系统A最大故障特征信息量的测量信息集合$B = \{b_1, b_2, b_3, \cdots\}$，即$J_A\left(B\right) =$ Maximum（信息的定义见第6章），或者使得$B^{+} \subseteq B$且$B^{+} \approx B$。

（2）选择合适的信号处理技术与特征计算方法，即选择适当的特征计算方法（映射关系或状态转移函数δ_1），将一系列的时序信息转变为与系统故障有关的测量特征信息集合，如FFT或者选择小波变换、波形的智能理解等。

（3）采用合适的特征提取方法或者说是选择一个合适的滤波器、映射关系或状态转移函数（δ_2），其目的就是在（2）中计算出的信息集合中，消除背景噪声，提取出能代表和反映系统状态的状态特征（故障不变特征）$q \in Q^{+}$。

（4）选择合适的推理和分析方法，依据识别出的特征信息，评估系统实际的性能状态、估算出状态的发展趋势、系统可能存在的问题，即状态估计和故障预测以及可能的机理分析等。

（5）选择合适的评估及决策形成方法，根据系统的状态、其发展趋势以及故障的发生机理，形成可能的控制决策，以辅助控制系统的控制过程。

（6）选择合适的数据管理方式，建立适当的诊断数据库，管理系统的设计与制造信息、历史和现行的运行信息与检修信息，以辅助同类系统的设计与制造、优化系统的运用、检修和管理等。

（7）选择其他的支撑技术和辅助方式，如通信技术、网络结构技术、支撑软件等，用于远程故障诊断网络的构成等。

显然，这里有一个非常重要的步骤——故障建模。为了研究故障对系统设备的影响，并有效地进行故障诊断，有必要对设备的故障作一些分类，构造最典型的故障也就是必须实现诊断的故障，这个过程称为故障建模。故障建模的基本原则有两个：一个是故障模型应能准确地反映某一类故障对电路或系统的影响，即故障模型应具有典型性、准确性，还应有全面性；另一个原则是，故障模型应尽可能简单，以便作各种运算和处理。这两个原则是矛盾的，因此往往采取一些折中的方案。由于解决的问题和研究的侧重面不同，而故障模型也不一样，因此在决定使用何种故障模型时，首先要考虑所研究对象的重点是什么，所研究对象的实现技术和采用的关键部件以及体系结构是什么，最后还应考虑研究诊断装置所选用的传感器、诊断设备、计算软件和其他条件。总而言之，故障模型在故障诊断中起着举足轻重的作用，一个好的故障模型方案往往能使故障诊断的理论和方法得以发展和完善。

9.4 可诊断问题概述

目前，涉及故障诊断的成果和文献报道无数，其中大量的研究成果中都提及如何实施故障诊断以及如何实现深层次（或诊断的深度与程度）的诊断、低误报与低漏报的问题（诊断的可靠性、置信度与可信度等）和故障隔离与故障安全导向的问题（故障定位及部件诊断问题）等，还包括故障发生后的故障效应分析。然而，这只是研究的出发点与着手点以及观点的区别而已，从根本上说，这些问题在理论上都可以归结为故障的可诊断性和故障可分离性问题。

由上面的讨论可以看出，一个诊断问题可以归结为式（9.7）的诊断机问题，或者是图 9.5 的集合映射问题。但是，诊断问题本质上是一种对对象求状态的逆计算问题。而我们的诊断对象几乎都是非线性的，数学模型几乎是未知的，在这样的条件要完成逆计算求出系统的状态，显然是非常困难的。

一个系统在给定的输出条件（即测量条件）之下，系统内部某些部件的故障并不一定影响系统的输出。例如，系统中某些用来改善系统动态特性的元部件故障时，在一定的条件之下并不（或几乎不）影响系统的输出或功能；电气或电路装置中某些元件是用来改善电磁兼容性的，如保护二极管、限流电阻、压敏电阻和齐纳二极管等的故障，并不一定导致电路整体的功能故障；在门电路中，电阻值变化 30%可能仍然不会影响门电路的功能；有些元部件只有在使用时才能发现其是否故障，如某些系统中的保护报警装置、列车中的手动制动装置，以及如第 1 章所提及的飞机起落架销子只有在起落架动作时才能发现断裂故障等。

这些问题说明，系统的状态故障尽管是客观存在的，但是是否可以通过系统的测量输出而发现与识别状态的异常甚至故障，另外也需要就测量的方式方法等进行优化。第一个问题是本章所要讨论的问题，第二个问题是第 10 章所要讨论的问题。

而系统诊断功能的完成是在采集系统输入输出测量信息集合 $B=\{b_j, j=1,2,\cdots\}$ 的基础上，寻找一个合适的算法和滤波器，计算系统状态的测量特征后进一步得到状态特征，以确定系统状态的实际性能以及可能的发展趋势。即所谓故障诊断是根据系统的测量信息变化的异常特征而实现的，由第 5 章的讨论可以看出，这个诊断过程实际上是一个间接的推理计算过程。因此根据系统行为功能的状态是否对系统的输出及测量产生影响，就存在一个状态的故障可诊断与不可诊断的问题。

因此本章的研究内容就是讨论系统性能状态的可确定性问题，即是否可以通过测量信息确定或确认系统的状态性能，这也是所谓的系统故障的可诊断问题。即对特定的系统，若存在特定的几类故障，那么，所设计的故障诊断策略是否有足够的测量与分辨能力，能够在测量信息中分离出系统故障的状态特征信息；反之，也就是在什么样的条件之下这些状态特征对系统的输出会产生明显的影响，而使得测量诊断系统能够识别与确定它们。

9.5 系统描述

如同式（9.1）所描述的，被诊断系统对象通常由系统的激励输入、系统的行为功能及行为功能所导致的结果输出三部分所组成，因此在一般的条件下，被诊断系统结构描述有式（9.13）（或式（9.1））所示的形式：

$$A_1：\ y(t)=f(x(t),u(t))=f(x,u,t) \tag{9.13}$$

式中，系统行为功能的输出 $y(t)$ 是 m 维向量，$y(t)\in Y(t)\in\Re^m$（输出空间）是系统的实际测量输出；f 为一个映射 $\in F$ 域；系统的行为功能 $x(t)$ 是 n 维状态向量 $\in\Re^n$（系统的状态空间），它是被诊断单元（或子系统或元素或联系）的状态描述；l 维向量 $u(t)$ 是系统激励输入，$u(t)\in\Re^l$，若系统无激励输入，则 $u(t)=0$。

而且在以后的讨论中，总是假定式（9.1）所描述的系统是完备的或者是弱完备的。所谓系统 A_1 是完备的，即对任意的 $u(t)\in\Re^l$、任意的初值 $x_0=x(t)\big|_{t=t_0}\in\Re^n$，并且对于任意的时间 $t\geqslant 0$，总是存在系统的状态 $x(t)$ 满足式（9.1）；所谓系统是弱完备的是指，对任意的 $u(t)\in U^*\subseteq\Re^l$，任意的初值 $x_0=x(t)\big|_{t=t_0}\in DB\subseteq\Re^n$ 和对于任意的时间 $t\geqslant 0$，必定存在系统的行为状态 $x(t)$ 满足式（9.13）。

设 N 为一个微分流形，其上的向量场 X 是一种对应法则，它使 N 上的任意一

点 $x(t)$ 对应于该点的一个切向量 $X(x)\in T_xN$。向量场 X 称为可微的，若对任何 $x(t)\in N$，存在 $x(t)$ 的一个坐标邻域(R_x,φ)，而定义在 R_x 上的 n 个实可微函数 $f_1,f_2,\cdots,f_n$，使得

$$X(x)=\sum_{j=1}^{n} f_i(x)\frac{\partial}{\partial x_i}\text{，对于任意的 } x\in R_x \tag{9.14}$$

此式称为向量场 X 在点 x 的局部表示，也可简记为

$$X(x(t))=\left[f_1(x(t)),f_2(x(t)),\cdots,f_n(x(t))\right]^{\mathrm{T}} \tag{9.15}$$

按通常的方法定义加法和数乘后，N 上的全体可微向量场构成 $\Re^n$ 上的线性空间。

若式（9.13）所描述的系统是一个非线性控制系统时，系统结构的数学模型可以演变为由式（9.14）所描述的结构形式：

$$A_2:\begin{cases}x'(t)=f(X(t),U(t))\\ Y(t)=g(x(t))\end{cases} \tag{9.16}$$

式中，系统输出 $y(t)$ 是 m 维向量，$y(t)\in\Re^m$（输出空间）；f 为可微向量场；$x(t)\in N$，N 为 n 维连通的微分流形，它是被诊断单元的状态描述；l 维控制向量 $u(t)$ 是系统激励输入，$u(t)\in\Re^l$，而 g 为可微映射。而由微分几何控制理论可知，流形上的微分方程在局部等价于一般的微分方程组，微分方程组（9.16）第一式的解就是向量场 X 的积分曲线。

而当所讨论的系统结构是一个线性控制系统时，式（9.16）所描述的结构进一步又可以演变为式（9.17）所示的形式：

$$A_3:\begin{cases}x'(t)=A(t)x(t)+B(t)u(t)\\ y(t)=C(t)x(t)+D(t)u(t)\end{cases} \tag{9.17}$$

式中，$A(t)$ 是 $n\times n$ 矩阵；$B(t)$ 是 $n\times l$ 矩阵；$C(t)$ 是 $m\times n$ 矩阵；$D(t)$ 是 $m\times l$ 矩阵，且有 $l\leqslant n$ 和 $m\leqslant n$。$y(t)$、$x(t)$ 和 $u(t)$ 的定义同式（9.13）。对于定常系统，$A(t)$、$B(t)$、$C(t)$ 和 $D(t)$ 变为常数矩阵 A、B、C 和 D。

无论式（9.16），还是式（9.17）所描述的系统，都满足完备性或弱完备性假设。

由于我们考虑的是状态故障的测量，因此可以将故障和测量噪声从状态变量 $x(t)$ 中分离出来，设系统的状态故障向量为 $\theta_f(t)$（$k_f\times 1,k_f\leqslant n$），过程噪声和系统的干扰及不确定量为 $\theta_d(t)$（$k_d\times 1,k_d\leqslant n$），传感器故障向量为 $\theta_s(t)$（$k_s\times 1,k_s\leqslant n$）；而且系统的测量输出总是认定为系统状态的线性函数（这一点在实际中几乎是可行的），则式（9.13）、式（9.16）和式（9.17）分别变为

$$y(t)=f(x(t),\theta_f(t),\theta_d(t),u(t)) \tag{9.18}$$

$$\begin{cases}x'(t)=f(x(t),\theta_f(t),\theta_d(t),u(t))\\ y(t)=C(t)x(t)+D(t)\theta_s(t)\end{cases} \tag{9.19}$$

$$\begin{cases} x'(t) = A(t)x(t) + A_f(t)\theta_f(t) + A_d\theta_d(t) + B(t)u(t) \\ y(t) = C(t)x(t) + D(t)\theta_s(t) \end{cases} \tag{9.20}$$

由于系统的状态向量不太可能由系统的测量通过反函数直接计算出，一般只能获得相应的估计值，因此不妨设系统状态向量 $x(t)$ 的估计值为 $\hat{x}(t)$，输出测量 $y(t)$ 的估计是 $\hat{y}(t)$，则系统的状态残差 $e_x(t)$ 以及它的幅值 $E_x(t)$、测量残差 $e_y(t)$ 及其幅值 $E_y(t)$ 通常可以由以下公式给出：

$$e_x(t) = x(t) - \hat{x}(t) \tag{9.21}$$

$$E_x(t) = \|e_x(t)\| = \|x(t) - \hat{x}(t)\| \tag{9.22}$$

$$e_y(t) = y(t) - \hat{y}(t) \tag{9.23}$$

$$E_y(t) = \|e_y(t)\| = \|y(t) - \hat{y}(t)\| \tag{9.24}$$

显然，系统是可以实现诊断的前提条件是：对于任意的输入激励，总是存在一个 $\varepsilon > 0$，使得

$$E_x(t) > \varepsilon \quad 或者 \quad E_y(t) > \varepsilon \tag{9.25}$$

即系统的异常特征有足够驱动能力，使得测量系统在给定的分辨率内，足以能够识别对象的这些异常特征。

9.6　系统的状态可诊断问题

定义 9.11　系统结构由式（9.13）或式（9.16）给出，所谓系统 A_1、A_2 是状态完全可诊断的，就是说对任意给定的初始状态 $x(t_0) \in \Re^n$，给定任意的控制输入 $u(t) \in \Re^l$，其对应的输出为 $y(t) \in \Re^m$，总是存在相应的九元有限诊断自动机问题 $P = \{B, R, Q, \delta, KS, D, b, q_0, q_f\}$ 或五元有限诊断自动机问题 $P = \{S, Q, Q^+, D, KS\}$ 以及相应的问题解，以实现在 KS 控制下由 $B = \{b_j, j = 1, 2, \cdots\}$ 至 R 然后至 Q 的有限诊断推理。即

$$\delta_1(b_i) = \delta_1((y(t), u(t))\Big|_{t_i}^{t_i+\Delta T_i} = r_i \in R \tag{9.26}$$

$$\delta_2(r_{i_1}, r_{i_2}, \cdots, r_{i_k}) = q_i \in Q$$

式中，各变量的说明参见 9.3 节。

显然，状态的可诊断性也就是诊断问题的求解，它不仅与系统的输出 $y(t)$有关，有时也与系统的激励输入 $u(t)$也有关。由定义可以看出，可诊断性是表示系统的输入输出的测量信息 $B = \{b_j, j = 1, 2, \cdots\}$ 反映系统状态 $x(t)$的能力。

定理 9.1　设系统为线性控制系统，其状态空间方程和输出方程由式（9.17）给出，若系统是完全能观测的，则系统必定状态可诊断。

证明　由系统完全能观测的定义可知对任意的时刻 t，系统的状态 $x(t)$均可通

过 $y(t)$在有限的时间段$[t,t+\Delta T]$内确定，即系统所有的状态对系统的输出都有影响，系统状态的特征能够在系统的输出中得到反映，即系统状态 $x(t)$的特征可以通过计算系统的输出 $y(t)$而获得，进而由 Church 可计算性论题（见第 3 章），系统的诊断问题P是可以求解的，即状态是可诊断的。

考虑系统（9.17），设系统的残差序列由式（9.23）给出。而其状态观测器为

$$\hat{x}'(t)=A(t)\hat{x}(t)+B(t)u(t)+G(y(t)-C\hat{x}(t)) \tag{9.27}$$

式中，G 的选取条件是满足 $A-GC$ 具有负特征根。此时式（9.27）所表示的状态观测器实际上是一个指数逼近状态观测器（即估计误差以指数方式趋于 0，在时间$t\to\infty$时）。所以有如下的残差序列方程：

$$\begin{cases}E_x'(t)=G_{ex}e_x(t)=G_{ex}(y(t)-Cx(t))=(A-GC)e_x(t)\\ e_y(t)=Ce_x(t)\end{cases} \tag{9.28}$$

若系统发生状态故障$\theta_f(t)$，则式（9.27）变为

$$\begin{cases}e_x'(t)=G_{ex}e_x(t)+\mu\theta_f(t)=(A-GC)e_x(t)+\mu\theta_f(t)\\ e_y(t)=Ce_x(t)\end{cases} \tag{9.29}$$

对式（9.29）做 Laplace 变换并求出$\theta_f(t)$：

$$E_y(s)=C(sl-G_{ex})^{-1}\mu\theta_f(s) \tag{9.30}$$

显然，根据式（9.30）可以得到如下。

定理 9.2　若$m\geqslant k_f$；并且(A,C)是可以观测的，并且

$$\operatorname{rank}[C(sl-G_{ex})^{-1}\mu]=k_f$$

则线性定常系统是状态可诊断的，若$\operatorname{rank}[C(sl-G_{ex})^{-1}\mu]=k_s<k_f$，则至多有$k_s$个状态故障同时发生是可以诊断的。

根据定理 9.2 有如下命题。

命题 9.1　若系统有 m 个线性独立的测量信号，则不多于 m−1 个状态故障同时发生时是可以诊断的。

系统的状态估计如式（9.27）所示，若式（9.17）系统发生传感器故障，则只能以状态估计替代系统状态，以测量到的故障信号替代：

$$\begin{cases}S\hat{X}(s)=A\hat{X}(s)+G\Big(D\theta_s(s)-C\hat{X}(s)\Big)\\ \theta_s(s)=\theta_s(s)\\ Y(s)=[C,D]\begin{bmatrix}X(s)\\ \theta_s(s)\end{bmatrix}\end{cases} \tag{9.31}$$

对式（9.31）做代数变换并求出$\theta_s(s)$：

$$Y(s)=\Big[C\big[sI-A+GC\big]^{-1}GD+D\Big]\theta_s(s) \tag{9.32}$$

基于以上推理，有

定理 9.3　如果系统的状态正常而测量传感器发生故障，则传感器故障可以测量和诊断的条件，也就是式（9.32）有解的条件，应该满足(A,C)是可以观测的，并且

$$\operatorname{rank}\left[C\left[sI-A+GC\right]^{-1}GD+D\right]=k_s$$

若

$$\operatorname{rank}\left[C\left[sI-A+GC\right]^{-1}GD+D\right]=k_d\leqslant k_s$$

则最多只有k_0个检测点的传感器发生故障时是可以测量或诊断识别的（关于传感器故障测量诊断的论述见第 10 章）。

如果系统的状态和测量传感器同时发生故障，参考式（9.31）有

$$\begin{cases}S\hat{X}(s)=A\hat{X}(s)+A\theta_f(s)+G\left(D\theta_s(s)-C\hat{X}(s)\right)\\ \theta_s(s)=\theta_s(s)\\ Y(s)=\left[C,D\right]\begin{bmatrix}X(s)\\ \theta_s(s)\end{bmatrix}\end{cases}\tag{9.33}$$

对式（9.33）消去中间变量，得

$$Y(s)=\left[C\left[sI-A+GC\right]^{-1}A,C\left[sI-A+GC\right]^{-1}GD+D\right]\begin{bmatrix}\theta_f(s)\\ \theta_s(s)\end{bmatrix}\tag{9.34}$$

由式（9.34）可以得出如下。

定理 9.4　若系统可能同时发生状态故障和传感器故障，则其故障可以诊断所必须满足的条件是：(A,C)是可以观测的，并且

$$\operatorname{rank}\left[C\left[sI-A+GC\right]^{-1}A,C\left[sI-A+GC\right]^{-1}GD+D\right]=k_f+k_s\tag{9.35}$$

若

$$\operatorname{rank}\left[C\left[sI-A+GC\right]^{-1}A,C\left[sI-A+GC\right]^{-1}GD+D\right]=k_0\leqslant k_f+k_s\tag{9.36}$$

则最大只有k_0个故障同时发生时是可以诊断的。

定理 9.5　若被诊断系统的结构如式（9.16）所示，若系统是完全可观测的。则状态$x(t)$是可诊断的。

证明　由非线性控制系统的可观测性定义可知，对于任意的$x_1\in\mathfrak{R}^n$，其不可分辨的集合$=\{x_1\}$，也就是以任意的$x_1\in\mathfrak{R}^n$和$x_2\in\mathfrak{R}^n$作为系统的初始状态，任意的$u(t)\in\mathfrak{R}^l$，其相应的相应为$y_1(t)$和$y_2(t)$，若$x_1\neq x_2$，则必定有$y_1(t)\neq y_2(t)$。由此可知系统状态的任何变化都能从系统的输出中反映出来，即$q_i\in Q$，存在一个状态转移函数δ和一系列的测量值$\{b_{i_1},b_{i_2},\cdots,b_{i_k}\}\in B$，有

$$\delta\left(b_{i1},b_{i2},\cdots,b_{ik}\right)=q_i\in Q\tag{9.37}$$

由 Church 可计算性论题，因此诊断问题P是可以求解的，即系统必定是状态可诊

断的。

定理 9.6 式（9.13）所表示的系统若存在一个状态感测器 $G \in \Omega$，使得

$$x(t) = G\big(y(t), u(t)\big) \tag{9.38}$$

则系统是状态完全可诊断的。

如式（9.4）所给出的交流电机控制系统，尽管不能实现 $f^{-1}\big(\delta_0(\cdot)\big)$ 计算，但是完全可以实现计算 $\delta_1\big(\delta_2(\cdot)\big)$。将式（9.4）在原点线性化，且令 $T_L = 0$：

$$\begin{cases} x'(t) = Ax(t) + Bu \\ y(t) = Cx(t) \end{cases} \tag{9.39}$$

式中

$$A = \begin{bmatrix} -k_d & 0 & 0 & 0 & 0 \\ 0 & -a & 0 & aL_m & 0 \\ 0 & 0 & -a & 0 & aL_m \\ 0 & ab & 0 & -c & 0 \\ 0 & 0 & ab & 0 & -c \end{bmatrix}, \quad B = \begin{bmatrix} 0 & 0 & 0 \\ 0 & 0 & 0 \\ 0 & 0 & 0 \\ \dfrac{1}{\sigma} & 0 & 0 \\ 0 & \dfrac{1}{\sigma} & 0 \end{bmatrix}, \quad C = \begin{bmatrix} 1 & 0 & 0 & 0 & 0 \\ 0 & 0 & 0 & 1 & 0 \\ 0 & 0 & 0 & 0 & 1 \end{bmatrix}$$

而

$$CA = \begin{bmatrix} -k_d & 0 & 0 & 0 & 0 \\ 0 & ab & 0 & -c & 0 \\ 0 & 0 & ab & 0 & -c \end{bmatrix}, \quad \operatorname{rank}\begin{bmatrix} C \\ CA \end{bmatrix}^{\mathrm{T}} = 5$$

因此，根据控制系统能观测性原理，式（9.4）所给出的交流电机控制系统是满足存在一个以指数逼近状态观测器的条件，也可以说系统在一定的范围或条件下，是状态能观测的。而实际上，电机系统的电故障如绕组的短路、接地等，确实是可以通过测量信号予以发现的，即故障是可诊断的。

然而定理 9.1、定理 9.5 和定理 9.6 都不一定存在相反的情况，也就是说，一个系统中某些特定的状态故障在给定的测量信息条件下是可诊断的，但是并不一定就是状态完全能观测的。

如图 9.6 所示的电路系统，是某型电力机车传动系统中的 PFC（一种通过滤波电容和滤波电抗的串联谐振，以降低控制主电路中的三次谐波含量，提高功率因数的电路装置）装置，装置的输入点是 x_2，装置的输出点是 x_2，如果设装置的状态是功补电容 C_{172} 两端的电压 U_{172}，而输出测量变量是如图中所标出的电流和电压信号。根据可观测性定义，U_{172} 的任意初始值均不影响测量输出，因此这是一个状态不可观测系统，但是这确实是一个状态可诊断系统。若系统处于完全监控状态，则 C_{172} 发生短路故障时测量的电流值会发生一个明显的跃升过程，故电容的状态短路故障是完全可诊断的。

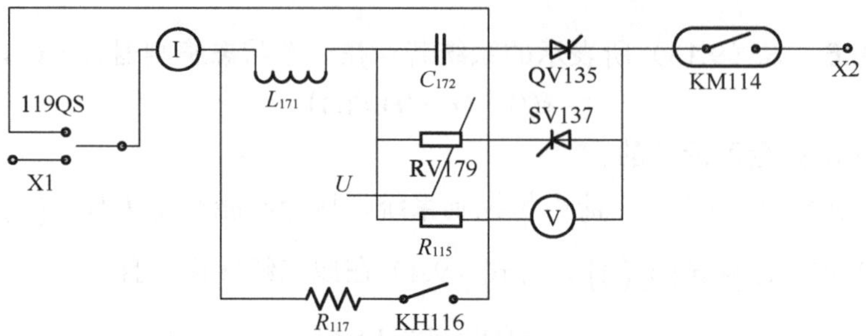

图 9.6　FPC 装置的电路结构原理

同样，图 9.7 是一个强干扰场合微机测控系统的控制信号处理模板中某信号的干扰滤波电路，其中 R_2 是负载，若取电容 C_1 两端的电压 $u_{c_1}(t)$ 为系统的内部状态，无论初始状态 $u_{c_1}(t_0)$ 是何值，都不能从输出电压 $u_{R_2}(t)$ 中检测出来，故状态 $u_{c_1}(t)$ 是不可观测的。但是它却是实际可诊断的，若在时刻 t_f 电容 C 发生短路，则状态 $u_{c_1}(t)$ 的变化在时间区间 $[t_f-\Delta t, t_f+\Delta t]$ 是可以从输出 $y(t)=u_{R_2}(t)$ 中反映出来的：同图 9.6 一样，在短路故障时有一个明显的电流跃升过程。如图 9.8 所示的电路，若 $\dfrac{R_1}{R_2}=\dfrac{R_3}{R_4}=\text{Constan}\,t$，则状态 $u_c(t)$ 完全不可诊断，即电容是否发生故障均不可监测。若 $\dfrac{R_1}{R_2}\neq\dfrac{R_3}{R_4}$，则结论同图 9.6 一样，是不可观测但是可以诊断。

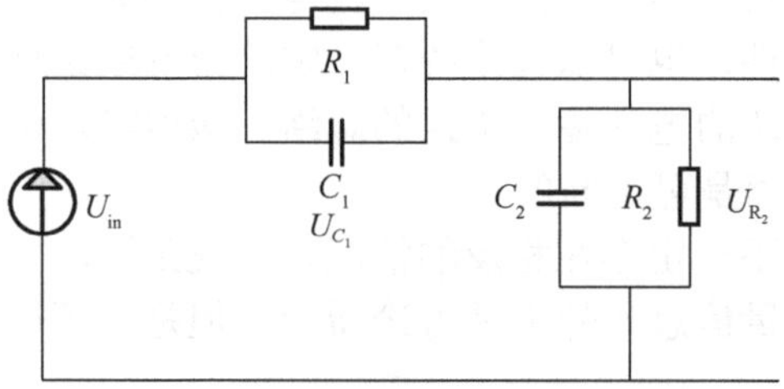

图 9.7　一类滤波电路

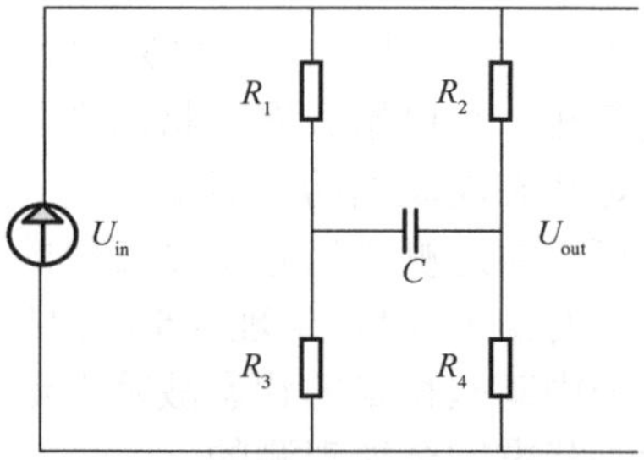

图 9.8　一类可诊断或不可诊断的电路

定义 9.12　若系统 A_2 所有的状态是故障可诊断的，则称系统 A_2 是故障可诊断的或者是完全可诊断的；若一个部件所表现的状态是可诊断的，即某个特定的状态是可诊断的，则称该状态（所表达的部件特性）在故障时是可诊断的。

由以上推导过程可以看出，所谓系统状态故障的可诊断性问题，实际上就是系统的测量信息对系统状态的反映能力。而且系统状态故障是否可以诊断，仅与系统的测量信息有关，即测量点的设置、测量传感器的选择与安装、测量的方式与时间等。而测量过程中所采用的算法（无论特性提取还是机理分析、故障评估等）无任何关系，或者说可诊断性是客观存在的，而非主观确认的。

9.7　实际可诊断

尽管系统的状态完全可诊断是一个非常强的条件，但是并不是说证明了系统满足状态的可诊断条件，就一定存在一个算法，可以识别其故障，例如，下面的温度传感器问题就是一例，事实上，所有的传感器故障都存在同样的问题。而有时只要求对一些特定的状态完成诊断，在理论上需要一些特殊的激励信号输入。而一个实际的系统其输入输出由于设计的限制或者运行环境条件的限制是有一定的条件的，即系统不可能存在相应的充分激励，因此实际系统有时却无法满足这样的要求，这就有一个实际可诊断的问题。

定义 9.13　设式（9.1）所表示的系统，其设计允许的输入激励的集合为 $U^+ \subseteq \Re^l$，相应的允许输出集合为 $Y_0 \subseteq \Re^m$，$I_0 = \{U_0, Y_0\} \subseteq I$，若对于一个给定的状态 $x_0 \in \Re^n$，存在一个输入激励 $u_0(t) \in U_0$，其输出为 $y(t) \in Y_0$，即 $i_0 = \left(u_0(t), y(t)\right) \in I_0$，存在一个如定义 9.4 的诊断推理机，则称系统是实际可诊断的。

温度检测控制系统中的温度传感器其可靠性极其重要，一旦传感器发生折断故障而不被发现，则控制系统会发生误操作而造成不堪设想的后果。图 9.9（a）是一个温度测量子系统中以铂电阻为传感器的温度检测电路，经放大电路输出电压与温度呈一定的比例关系，因此传感器两端的状态变化可以从输出中反映出来，理论上传感器的状态时完全可诊断的，但是实际上测量控制器不可能确定传感器是否发生开路故障，因为传感器的输出信息不仅包含传感器本身的状态，还包含外界温度变化的信息，这两个信息叠加在一起是不可分离的，即实际上是不可诊断的。若测量传感器是铂电阻，则将图 9.9（a）电路改为图 9.9（b）所示电路，通过叠加微弱的交流电流 I_2，就可确定传感器是否发生开路故障，即将一个实际不可诊断的电路系统图 9.9（a）转变为一个实际可诊断的电路图 9.9（b）。若测量传感器为热电偶，则如图 9.9（c）中施加微小直流电流 I_3，正常时 I_3 并不影响温度的测量，若发生传感器开路（折断）故障，则由于放大器和电阻 R_3 的作用，传感器检测电路中会检测到一个幅值较高的电压 U_h。

以上讨论了系统状态故障的可诊断问题，也就是所谓的系统状态性能的可确定性问题。但是故障状态的可诊断性是相对的，只能说是在设计给定的输入输出条件下或者系统运行的限制条件之下，有些状态是不可诊断的。但是通过输出重整和传感检测电路的优化技术（见第 7 章)，有些不可诊断的状态故障就变得可以诊断。因此系统的状态故障可诊断性可以分为：

（1）根据系统的设计条件和运行条件下所获得的基本测量信息，系统的状态是可以诊断的；

（2）经过输出重整技术对系统的输出信息重新配置和增广后，系统的状态故障是可以诊断的；

（3）故障状态或部位只有在系统解体后，对具体的部件进行测试后才能发现。

故障是威胁系统运行安全的主要因素，如何实现故障识别和故障诊断在大型复杂系统尤其是对安全有特殊要求的系统中就显得特别重要。但是并不是所有的故障仅仅依靠系统的输入激励和输出信息就可以完成诊断功能，因此一个诊断系统设计之前就要确认所要诊断的故障或状态是否可分离的，若不行，则应根据输出重整技术的原则，重新配置系统的采样传感器，使得所要诊断的状态变得可以诊断，同时应当选择适当的输入激励，使得诊断变得更加容易、结论更加可靠。

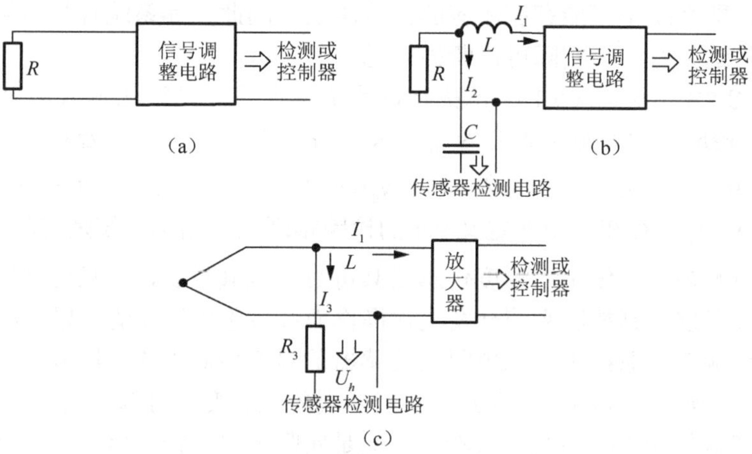

图 9.9　温度传感器开路故障检测示意图

9.8　状态故障的可分离问题

状态故障的可诊断性问题仅仅就测量信息中是否包含状态特征或故障特征提出了理论上的说明，但是诊断系统或诊断推理算法是否能够识别出系统的状态特征进一步确认系统状态与实际故障，并且定位故障发生的部位等，却是另一个所需要解决的问题，也就是所谓的故障可分离问题。

在医疗领域常常会有这样的情况：一个患者身患疾病是医生所公认的，但是具体是什么病，或者是不可确认，或者由于每个医生的诊治经验及医院的检验设备不同而得出不同的诊断结论，即对于同一个患者所表现出的一种病情症状，仅仅凭借其表现出来的外部现象和现有的医疗检验设备所得到的检验结果，得到的病因特征（类似系统的测量特征）往往是不完善的和不确定的（即下面的故障状态不可分离问题），医生在这些不完善和不确定的特征的基础上所作出的诊断结论与实际的病理分析有着较大的出入，因而往往会得到不同的诊断结果即所谓误诊问题（类似系统故障诊断中的误报问题），严重的会导致患者死亡。甚至，有时实际的病因要在患者去世后的病理解剖时才能发现真正的病因。这一点已是国际医疗界所得到的一个共同的结论。这也是下面所要提出的所谓故障（病理病因）的不可分离问题。

本章的研究内容就是故障的可分离性问题。对给定的系统，若存在特定的几类故障，而且它们几乎都可能发生，甚至它们的故障测量特征也几乎相同，那么，所设计的故障诊断推理策略是否有足够的能力将这几种故障分离开来，或者是在什么样的条件之下它们是可以分离的，即测量特征的分辨能力问题。或者由于系统存在大量的过程噪声（包括本底噪声和通道噪声等），而在测量时是难以甚至是无法滤去的，也就是系统的特征被湮没在噪声之中，而诊断推理策略是否有足够的能力能够将提取系统状态的特征以识别和确认系统状态的性能。这些都是故障的分离问题。

设被诊断系统可以描述成为一个类似控制系统的结构形式（不一定是自动控制系统），其系统结构或模型如式（9.13）、式（9.16）、式（9.17）所示，相应的变量说明也同此三式。

显然并非所有能诊断的故障状态和它所代表的故障在诊断推理过程中都能够被识别出来，这工程技术领域的故障诊断是常有的现象，即几种不同的故障机理所导致的故障模式是相似或相同的，因而其故障特征是不可分离的，也就是说在技术诊断时仅仅依靠诊断系统所获得的测量信息与历史记忆信息很难或者根本无法区别或识别故障状态，得到的状态特征是不足或者存在不确定性。即有 $x_1 \in \Re^n$，$x_2 \in \Re^n, x_1 \neq x_1$，而且 x_1 和 x_2 都是完全能诊断或实际能诊断的，但是对于任意的输入控制 $u(t) \in \Re^n$，相应的输出是 $y_1(t) \in \Re^m, y_2(t) \in \Re^m$，在诊断推理机的映射 δ_1 的作用下有式（9.40）成立：

$$\delta_1(y_1(t),u(t)) = (\text{或} \approx)\delta_1(y_2(t),u(t)) \in \Re^l \ \text{（特征集合）} \tag{9.40}$$

这就是所谓的状态不可分离的问题，式（9.41）所给出的系统就是如此，这是一类分离问题。这样的情况作者称为是状态不可分离的。如式（9.41）所示离散线性系统：

$$\begin{cases} \begin{bmatrix} x_1(k+1) \\ x_2(k+1) \end{bmatrix} = \begin{bmatrix} 1 & 1 \\ 1 & 1 \end{bmatrix} \begin{bmatrix} x_1(k) \\ x_2(k) \end{bmatrix} + \begin{bmatrix} b_1 \\ b_2 \end{bmatrix} u(k) \\ y(k) = [1,1] \begin{bmatrix} x_1(k) \\ x_2(k) \end{bmatrix} \end{cases} \tag{9.41}$$

尽管系统是不完全能观测的，但是显然任何一个状态对系统输出都是有影响的（除去 $x_1(0)=x_2(0)$ 这样的特殊情况），通过连续的监视性测量，系统故障是实际可诊断的，即系统是否发生故障是能够通过系统的检测信息 $b(t)=\{u(t),y(t)\}$ 来判断，然而其故障状态却是不可分离的，因为通过系统输出所观测到的是两个状态的和 $x_1(t)+x_2(t)$。在实际系统中很难将故障的状态变量分离出来。因此在此类情况之下，只能以概率方式或者隶属度的方式给出多个结论类而不能确切指明故障状态，实际的故障部位或故障机理只有在大修时系统解体后才能发现。

而当状态的异常通过测量得以发现，但是它所代表的故障却是不可分离的，即不能明确指示故障的部位与所在，诊断结果所给出的结论似是而非，也只能以概率或隶属都的方式给出多个的故障类或集合。如图 9.10 所示的直流串励传动控制系统，若仅仅通过电流传感器所得到的电流状态，则无法分离是变流元件击穿所引起的过流故障还是电机绕组短路而引起的过流故障；同样，若仅仅依靠速度传感器，则无法分离是传感器本身的故障还是电机超速、空转或者是小齿轮迟缓故障。这也是一类诊断分离问题，即故障的可分离性。

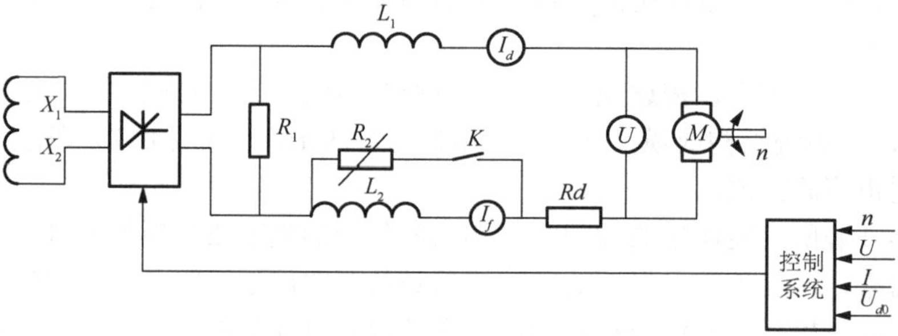

图 9.10　直流传动控制系统的简化主电路

X_1X_2-变压器绕组；L_1-平波电抗器；L_2-励磁绕组；R_2-励磁电流分流电阻

实际上，所谓的状态故障的可分离性问题，就是人们常说的故障诊断的深度或程度问题。或者也可以说是故障诊断的准确度问题，当然也涉及诊断的误报问题(漏报问题应该属于状态故障的可诊断性问题)。也就是如何通过测量信息，准确地识别出故障的状态、类型、发生故障的部位（故障定位问题）甚至包括故障发生的机理。但是，诊断的深度或程度与人们对对象的认识深度与程度是完全不同的概念，诊断中的可分离性即可以实现诊断深度是一个客观问题，而对事物的认识程度是一个主观问题。

以下讨论时，不违反一般性原则，通常记

$$t_0=0,\quad x(t_0)=x_0,\quad x(t_i)=t_i$$

$$y_i=y(t_i)=f(x_i,u)=f(x(t),u(t))\big|_{x_i}$$

定义 9.14　如果对式（9.13）所给出的系统，在任意给定的输入控制 $u(t)\in\Re^l$ 的作用下，以 x_1 和 $x_2\in\Re^n$ 为初始值的系统，其相应的输出都有 $y_1(t)=y_2(t)$，则

称 x_1 和 x_2 是不可分辨的。所有的与 x_1 不可分辨的集合记为 $I(x_1)$。

状态故障的可分离性是故障诊断实现的前提，要确定故障可分离的条件，首先就必须清楚何为可分离问题。而故障的可分离性却是一个很强的条件，有时对于有限的诊断，或者对于某些特定的状态诊断，并不一定需要如此强的条件；另外，就非线性系统来说，可分离与弱可分离也并不等价，因此这里就有故障可分离与弱可分离问题。

定义 9.15　状态故障的可分离与弱可分离性定义。

（1）如式（9.13）所描述的系统，如果对于给定的状态 x_0 是可分辨的，并且通过相应的输出测量可以确认状态 x_0，则称状态 x_0 是状态可分离的；如果对任意的 $x_1 \in \Re^n$ 和 $x_2 \in \Re^n$，$x_1 \neq x_2$，$t \in T$ 其输出不相同，即 $y_1(t) \neq y_2(t)$，并且可以通过相应的测量信息 $y_1(t)$ 与 $y_2(t)$ 确认 x_1 和 x_2，则称式（9.13）所代表的系统是故障状态可分离的系统，即通过输入输出的测量信息 $(y(t),u(t))$ 能够明确系统是哪一个状态引起系统输出异常。

（2）如式（9.13）所示的系统，对初始状态 $x_0 \in \Re^n$，若存在 x_0 的任意一个开域 $U \subset \Re^n$ 对任意的 $x \in U$，都存在一个特定的输入控制 $u(t) \in \Re^l$，其输出可分辨，并可通过测量 $y(t)$ 确认 x_0，则称系统在 x_0 是弱可分离的。

9.9　存在过程扰动时状态故障可分离问题

9.9.1　存在过程扰动时基于观测器方式的线性系统状态故障可分离

由于在实际的故障诊断系统中，如何在严重噪声信号中提取系统故障的有效消息，是一个非常关键的步骤。因此下面来讨论系统存在过程扰动时，状态故障可分离的条件。

线性定常系统的结构如下：

$$\begin{cases} x'(t) = Ax(t) + Bu(t) + E\omega(t) \\ y(t) = Cx(t) + u(t) \end{cases} \tag{9.42}$$

式中，A 是 $n \times n$ 矩阵；B 是 $n \times l$ 矩阵；C 是 $m \times n$ 矩阵；$\omega(t) \in \Re^r$ 是随机过程干扰（但不一定满足零均值条件，也不一定是均匀功率谱密度的白噪声，其模值 $\|\omega\|$ 可能较大）；干扰转移矩阵 E 是 $m \times r$ 矩阵。若给系统建造一个状态观测器：

$$\hat{x}'(t) = Ax(t) + Bu(t) + GC(x(t) - \hat{x}(t))$$

则系统的状态方程的解为

$$x(t) = \mathrm{e}^{(A-GC)(t-t_0)} x(t_0) + \int_{t_0}^{t} \mathrm{e}^{(A-GC)t} E\omega(\tau)\,\mathrm{d}\tau \tag{9.43}$$

不违反一般性原则，假定系统初始状态 $x(t_0) = 0$ 和 $t_0 = 0$，这并不影响以后的讨论，

则系统的测量输出差为

$$y(t)-\hat{y}(t)=C\int_0^t \mathrm{e}^{(A-GC)\tau}E\omega(\tau)\mathrm{d}\tau \tag{9.44}$$

而由定义 9.2 可以看出，所谓系统状态是故障可分离的，就是在存在扰动 $\omega(t)$ 时，能够唯一确定系统的状态 $x(t)$,也就是说，若系统是状态能观测的，而 $\omega(t)$ 对系统的输出 $y(t)$ 没有明显的影响，则通过状态观测器就可以获得唯一的状态估计。因此，若系统状态能观测，并且有 $E=0$ 或者 $\omega(t)=0$，则系统必定状态故障能分离。

定义 9.16　线性映射的扩张空间、张成子空间、核、值域和不变映射。

（1）如果设 $e_1,e_2,\cdots,e_k\in\Re^j$ 为一组向量，它的线性组合的全体组成的集合称为 $e_1,e_2,\cdots,e_k$ 的扩张，记为

$$\operatorname{span}\{e_1,e_2,\cdots,e_k\}\text{ 或者 }\operatorname{span}(e_i,i\in k) \tag{9.45}$$

即

$$\operatorname{span}(e_i,i\in k)=\left\{e\in R^j,e=\sum_{i=1}^{k}c_ie_i\right\}$$

显然，若 $e_1,e_2,\cdots,e_k$ 线性无关，则 $\operatorname{span}\{e_1,e_2,\cdots,e_k\}=\Re^k$ 即构成 k 维线性子空间。

（2）设矩阵 C 的列向量为 $c_1,c_2,\cdots,c_k$，则记矩阵 A 和 C 张成的子空间记为 $\langle A|C\rangle$。$\langle A|C\rangle$ 是以 $c_1,c_2,\cdots,c_k,c_1A,c_2A,\cdots,c_kA,\cdots,c_1A^{n-1},c_2A^{n-1},\cdots,c_kA^{n-1}$ 为基扩张成的线性子空间。

（3）如果令 $C:X\to Y$ 是一个线性映射，定义 $\operatorname{Ker}C$ 是 C 的核，$\operatorname{Im}C$ 是 C 的值域，即

$$\operatorname{Ker}C=\{x:x\in X\text{ 并且有 }Cx=0\}$$

$$\operatorname{Im}C=\{Cx,\text{ 对于任意的}x\in X\}$$

若称线性映射 C 是可逆的，如果有 $\operatorname{Im}C=Y$ 并且 $\operatorname{Ker}C=\varnothing$。

（4）设 $A:X\to Y$ 是线性映射，$S\subset X$ 是商空间。如果有 $A\varphi\subset S$，则称是 A-不变的。

由式（9.44）可以看出，所谓系统状态 $\omega(t)$ 是故障可分离的，则其首先必须满足的条件是:若 $x(t_0)=0$，则必有

$$C\int_{t_0}^t \mathrm{e}^{(A-GC)\tau}E\omega(\tau)\mathrm{d}\tau=0 \tag{9.46}$$

对任意的矩阵 E 和任意的向量 $\omega(t)\in\Re^r$，即

$$C\langle A-GC|\operatorname{Im}E\rangle\geqslant 0 \tag{9.47}$$

因此有如下定理。

定理 9.7　所谓系统状态 $\omega(t)$ 是故障可分离的，则其必须满足的条件是：

（1）系统（9.42）是状态可观测的，即 (A,C) 是状态能观测；

（2）并且存在矩阵 G，使得 $C\langle A-GC|\operatorname{Im}E\rangle\geqslant 0$。

由于 $\mathrm{Im}\,E \subset C\left\langle A-GC \middle| \mathrm{Im}\,E\right\rangle$，且 $C\left\langle A-GC \middle| \mathrm{Im}\,E\right\rangle$ 是 $(A-GC)$- 不变的，则式（9.35）的几何意义是：存在 G，使包含 $\mathrm{Im}\,E$ 的最小 $(A-GC)$- 不变子空间，也就是在 $E\omega$ 的作用下，$x(0)=0$。可观测的状态全体包含在 $\mathrm{Ker}C$ 中。

如果子空间 R_0 是 $(A-GC)$- 不变的，即 $(A-GC)R_0 \subset R_0$，就有 $AR_0 \subset R_0 + \mathrm{Im}\,B$，则称 R_0 为不变子空间。

定理 9.8　$(A,C)-R_0$ 是 (A,C) 不变子空间，当且仅当存在 G，使得 R_0 是 $(A-GC)$- 不变的。

若记所有属于 R_0 的 (A,C)- 不变子空间的全体的集合记为 $V(A,C,R_0)$，该集合的最大元记为 $V^*(A,C,R_0)$。因此满足式（9.33）的条件是存在 G，使得

$$C\left\langle A-GC \middle| \mathrm{Im}\,E\right\rangle \in V(A,C,\mathrm{Ker}C) \tag{9.48}$$

定理 9.9　式（9.42）所表达的系统，在存在过程干扰的前提下，若通过状态观测器法是可以实现故障状态可分离的条件是：

（1）系统（9.42）是状态可观测的，即 (A,C) 是状态能观测；

（2）$\mathrm{Im}\,E \subset V^*(A,C,\mathrm{Ker}C)$。

根据不变空间的定义，显然系统的不可观测子空间 $\bigcap\limits_{j=1}^{n}\mathrm{Ker}(CA^{j-1})$ 是包含在 $\mathrm{Ker}C$ 中最大的 A- 不变子空间。而根据能观测性定义，所谓系统（9.17）是能观测的，也就是 (A,C) 是能观测的，它满足条件 $\mathrm{rank}[c_1,c_2,\cdots,c_k,c_1A,c_2A,\cdots,c_kA,\cdots,c_1A^{n-1},c_2A^{n-1},\cdots,c_kA^{n-1}]=n$，此时系统的不可观测子空间 $\bigcap\limits_{j=1}^{n}\mathrm{Ker}(CA^{j-1})=\varnothing$。因此定理 9.9 可以改写如下。

定理 9.10　式（9.42）所表达的系统，在存在过程干扰的前提下，若满足以下的条件，则通过状态观测器法是可以实现故障状态可分离的：

（1）$\bigcap\limits_{j=1}^{n}\mathrm{Ker}(CA^{j-1})=\varnothing$；

（2）$\mathrm{Im}\,E \subset V^*(A,C,\mathrm{Ker}C)$。

9.9.2　存在过程扰动时基于观测器方式的非线性系统状态故障可分离

同线性系统（9.17），下面考虑存在过程干扰的如下非线性系统：

$$\begin{cases} x'(t) = f(x) + g(x)u(t) + e(x)\omega(t) \\ y(t) = h(x) \end{cases} \tag{9.49}$$

式中，$x(t)\in M$（n 维连通微分流形）；f 为可微向量场；$g(x)=[g_1(x),g_2(x),\cdots,g_k(x)]$；$e(x)=\left[e_1(x),e_2(x),\cdots,e_k(x)\right]$；$\omega(t)\in M^r$ 是过程扰动；h 和 g 为可微映射。$h(x)=\left[h_1(x),h_2(x),\cdots,h_m(x)\right]$。

定义 9.17　所谓系统（9.49）是故障状态可分离的，是指在定义 9.15 的基础上，而且对任意的过程扰动 $\omega_1(t)\in\Re^r$，$\omega_2(t)\in\Re^r$ 和对任意的 $x_0=x(t_0)\in\Re^n$，均有

$$y(t,x_0,\omega_1(t))=y(t,x_0,\omega_2(t)) \tag{9.50}$$

条件（9.50）称为是过程扰动输出无关的。

因此，如果希望系统是状态故障可以分离的，在系统（9.49）是状态可观测的基础上，只要系统的扰动无关的。以下就主要讨论过程扰动输出无关的条件。

设 M 是 n 维微分流形，以 $C^\infty(M)$ 表示 M 上的所有可微函数的集合，$C^\infty(x)$ 表示 $x\in M$ 点的所有可微函数组合的集合。则有如下定义。

定义 9.18　切空间、分布和不变分布。

（1）映射 $L:C^\infty(x)\to R$（实数域），称为点 x 的切向量，如果：

① $L(\alpha f+\beta h)=\alpha L(f)+\beta L(h)$，任意的 α,β,R 和任意的 $f,h\in C^\infty(x)$；

② $L(f,h)=fL(h)+gL(f)$，任意的 $f,h\in C^\infty(x)$　(9.51)

用 T_xM 记 M 上的点 x 的全体切向量的集合，在其上以通常的方式定义加法、数乘后构成 R 上的线性空间，则称为 x 点的切空间。

（2）微分流形 M 上的分布 $\varDelta$ 是一种法则，它将 M 上的每一点对应于该点切空间 T_xM 的一个子空间 $\varDelta(x)$。若对任意的 $x\in M$ 存在 x 的邻域 U_x 和其上线性无关的 k 个向量场 $X_1,X_1,\cdots,X_k$，使 $X_1,X_1,\cdots,X_k$ 构成 $\varDelta(x)$ 的基底，则称 $\varDelta$ 为可微分布，$X_1,X_1,\cdots,X_k$ 称为分布 $\varDelta$ 的局部基底。

（3）若 $f,h\in V(M)$（M 上的不变子空间全体)，$\varDelta$ 为可微分布，若对任意的 $x\in M$，$h(x)\in\varDelta(x)$，记为 $h\in\varDelta$；并且记 $[f,\varDelta]=\mathrm{span}\{[f,h]:h\in\varDelta\}$。显然 $[f,\varDelta]$ 仍然是 M 上的可微分布。分布 $\varDelta$ 称为 f 的不变分布，若满足 $[f,\varDelta]\subset\varDelta$。

（4）微分流形 M 上的分布 $\varDelta$ 称为 (f,h) 不变的，如果存在 $\alpha(x),\beta(x)$，使

$$[f+h\alpha(x),\varDelta]\subset\varDelta,\quad [i\beta_i^{\mathrm T}(x),\varDelta]\subset\varDelta,\quad i\in r$$

其中，(f,h) 不变分布是 (A,C)- 不变子空间的推广，就像 f 不变分布是 A- 不变子空间的推广一样。

（5）如果对任意的向量 $X\in\varDelta$，有 $X=Xh_i=0(i\in m)$ 则称分布 $\varDelta$ 与 h 相容。分布 $\varDelta$ 与 h 相容等价于 $\varDelta\in(\mathrm{span}\{\mathrm{d}h_j,j\in m\})^\perp$。

定理 9.11　若系统输入 $u(t)=0$，输出的第 i 个分量 $y_i(t)$ 不受扰动信号 $\omega_i(t)$ 影响，当且仅当存在一个分布 $\varDelta$，满足：

（1）$\varDelta$ 是 $f,e_1,e_2,\cdots,e_{j-1},e_{j+1},\cdots,e_r$ 的不变分布；

（2）$e_i\in\varDelta\in(\mathrm{span}\{\mathrm{d}h_j,j\in m\})^\perp$。

其中，$\mathrm{d}h_j$ 是 h_j 的微分

构造式（9.49）所描述系统的状态观测器如下：

$$\hat{x}'(t)=f(\hat{x})+g(t)u(t)+\left[q(x)h(x)-q(\hat{x})h(\hat{x})\right] \tag{9.52}$$

式（9.52）的状态观测器可以是一个非线性（自适应）观测器、（自）扩展卡尔曼滤波器或者是一个神经网络构成的观测器等。于是有

$$(x-\hat{x})'=f(x)-f(\hat{x})+q(x)h(x)-q(\hat{x})h(\hat{x})+g(x)\omega(t) \tag{9.53}$$

或者改写为

$$(x-\hat{x})'=\left[1,-q(x)\right]\begin{bmatrix}f(x)\\h(x)\end{bmatrix}+\left[1,q(\hat{x})\right]\begin{bmatrix}f(\hat{x})\\h(\hat{x})\end{bmatrix}+g(x)\omega(t) \tag{9.54}$$

式中，$q(x)$ 满足 $x(t)-x(\hat{t})$ 以指数逼近无穷小（当 $t\to\infty$）；则根据定理 9.11，可以得到定理 9.12。

定理 9.12　式（9.49）所表示的系统基于式（9.52）的状态观测器，则输出是过程扰动无关的条件是存在一个分布 $\varDelta$，满足以下的条件：

（1）分布 $\varDelta$ 是 $f(x),h(x)$ 不变的；

（2）$e(x)\in\varDelta\subset(\mathrm{span}\left\{\mathrm{dh}_j,i\in m\right\})^{\perp}$。

于是，类似于定理 9.8，对于非线性系统（9.49），有如下定理。

定理 9.13　$\varDelta$ 是在开集 U 上 (f,h) 不变分布的充分必要条件为：在 U 上有

$$\begin{aligned}\left[f,\varDelta\right]&\subset\varDelta+\mathrm{span}\left\{h_1,h_2,\cdots,h_m\right\}\\\left[h_i,\varDelta\right]&\subset\varDelta+\mathrm{span}\left\{h_1,h_2,\cdots,h_m\right\}\end{aligned} \tag{9.55}$$

注意，这里的 (f,h) 不变分布是一个局部的概念。

由此定理可知，两个 (f,h) 不变分布之和是 (f,h) 不变分布。由此有如下定理。

定理 9.14　在与 h 相容的局部 (f,h) 不变分布中，有最大者存在，此最大者记为 $\varDelta_{\max}$（这与线性系统中的最大不变子空间（定理 9.10）相比较）。

定理 9.15　设 $\varDelta_{\max}$ 是 r 维的，则至少有 r 个输出，不妨记为 $y_1,y_1,\cdots,y_r$，是过程干扰输出无关的。

对每一个给定的控制 $u(t)$ 就确定了一个向量场 $\left\{f(x),g(x),u(t)\right\}$，所有这些向量场的集合记为 F^0；记 $H^0=\left\{h_1,h_1,\cdots,h_m\right\}$；$G$ 为 $C^\infty(M)$ 中包含 G^0 且对 F^0 中元的导数是闭合的最小子空间。G 中的元形式如下：

$$L_{f_1}(\cdots(L_{f_j}(h_i))\cdots)$$

而记

$$\mathrm{d}G\equiv\left\{\mathrm{d}\varphi:\varphi\in G\right\}$$

式中，$\mathrm{d}G(x)$ 是 $\mathrm{d}G$ 在 x 点张成的向量空间。由非线性系统的可观测性定义，系统

局部弱可观测的条件是 $\dim\{\mathrm{d}G(x)\}=n$。由此讨论并结合定理 9.15 可得如下定理。

定理 9.16　对式（9.49）所描述的系统，若 $\Delta_{\max}$ 是常维数的，并且满足

$$\dim\{\mathrm{d}G(x)\}=n \tag{9.56}$$

$$g(x)\in\Delta_{\max} \tag{9.57}$$

则系统必定是状态故障可分离的。

从定理 9.16 的形式可以看出，它与线性系统的状态故障可分离性问题的条件在形式上是一致的。但是由于非线性系统的复杂性，这里仅就式（9.49）所描述的系统进行了状态故障的可分离性研究，而且这里所获得的结论也只是在系统的局部有效，并不能推广到全局的范畴。而对于线性系统，由于其完全能观测、局部能观测、弱能观测是等价的，同样，状态故障的完全能分离、局部能分离和弱能分离也是等价的，因此可分离问题条件的讨论是在全局范畴都是有效的。

9.10　基于投影算子方法的故障可分离性条件

9.10.1　实现故障分离的投影算子方法

对式（9.17）所描述的线性系统，考虑系统状态是 $x(t)$ 与故障状态 $e_1(t)$ 的组合，测量输出存在测量故障（传感器故障）状态 $e_2(t)$，状态方程和测量方程均存在零均值高斯白噪声序列，则经过离散化处理后得到如下离散线性系统：

$$\begin{cases}x(k+1)=\Phi(k+1)x(k)+\Gamma(k)\omega(k)+E_1(k+1)e_1(k+1)\\ y(k+1)=C(k+1)x(k+1)+v(k)\omega(k)+E_2(k+1)e_2(k+1)\end{cases} \tag{9.58}$$

式中，$x(k)\in\Re^n, y(k)\in\Re^m$；过程噪声 $\omega(k)$ 和测量噪声 $v(k)$ 分别为高斯白噪声序列，并且有相应的分布 $\omega(k)^{-}N(0,Q_1(k)), v(k)^{-}N(0,Q_2(k))$；$e_1(k)$ 和 $e_2(k)$ 分别为状态故障向量和测量故障向量（传感器故障），它们可以分别发生，也可以同时发生，其幅值、方向与发生时间都是未知的；$E_1(k)$ 和 $E_2(k)$ 分别为相应的故障转移矩阵。

由于是线性系统，因此定义 9.15 的弱可分离问题与可分离问题等价。而且可分离性问题也就可以表述如下。

定义 9.19　根据定义 9.2，所谓系统（9.58）是故障状态可分离的，是指存在 $\omega(k)$ 和 $v(k)$ 时，可以由测量输出 $y(k)$ 唯一地确定 $e_1(k)$ 和 $e_2(k)$。

当故障发生时，残差序列 $\gamma(k)$ 可表示为

$$\begin{aligned}\gamma(k)&=\sum_{j=1}^{k}g_1(k,j)e_1(j)+\sum_{j=1}^{k}g_2(k,j)e_2(j)+\gamma_0(k)\\&=g_1(k)\beta_1(k)+g_1(k)\beta_1(k)+\gamma_0(k)\end{aligned} \tag{9.59}$$

式中，$\gamma_0(k)$ 是满足 $N(0,V(k+1))$ 的零均值白噪声；$g_i(k,j)$ 是在 j 时刻发生的故障 $e_j(j)$ 在 k 时刻在输出端产生的冲激响应，而故障向量为

$$\beta_i(k)=\left[e_i^{\mathrm{T}}(1),e_i^{\mathrm{T}}(2),\cdots,e_i^{\mathrm{T}}(k)\right],\quad i=1,2$$

基于式（9.59）再定义随机向量 $\eta(k)$ 和随机矩阵 $G_i(k)$：

$$\eta(k)=\left[\gamma^{\mathrm{T}}(1),\gamma^{\mathrm{T}}(2),\cdots,\gamma^{\mathrm{T}}(k)\right]=\sum_{j=1}^{2}G_j(k)\beta_j(k)+\eta_0(k) \tag{9.60}$$

$$G_i(k)=\begin{bmatrix} g_i(1,1) & 0 & 0 & \cdots & 0 \\ g_i(2,1) & g_i(2,2) & 0 & \cdots & 0 \\ g_i(3,1) & g_i(3,2) & g_i(3,3) & \cdots & 0 \\ \vdots & \vdots & \vdots & & 0 \\ g_i(k,1) & g_i(k,2) & g_i(k,3) & \cdots & g_i(k,k) \end{bmatrix},\quad i=1,2 \tag{9.61}$$

式中，$\eta_0(k)$ 是零均值高斯白噪声向量，其协方差阵为

$$\overline{V}(k)=E\left[\eta_0(k),\eta_0^{\mathrm{T}}(k)\right]=\begin{bmatrix} V(1) & 0 & \cdots & 0 \\ 0 & V(2) & \cdots & 0 \\ \vdots & \vdots & & \vdots \\ 0 & 0 & \cdots & V(k) \end{bmatrix} \tag{9.62}$$

如果故障向量 $\beta_i(k)$ 是确定性的，那么 $\eta(k)$ 也是高斯随机向量，其均值是 $\overline{\eta}=\sum_{I=1}^{2}G_i(k)\beta_I(k)$，其协方差等于式（9.62）的 $\overline{V}(k)$。

如果设 $G_i^{+}(k)$ 是 $G_i(k)$ 的伪逆，则现在定义投影算子：

$$P_i(k)=I-G_i(k)G_i^{+}(k),\quad i=1,2 \tag{9.63}$$

于是基于式（9.63）的投影算子 $P_1(k)$、$P_2(k)$，就可以得到如下的故障检测与分离逻辑。

（1）系统正常，无故障时有

$$\begin{cases} E\left[P_1(k)\eta(k)\right]=0 \\ E\left[P_2(k)\eta(k)\right]=0 \end{cases} \tag{9.64}$$

（2）系统状态故障而测量装置正常时有

$$\begin{cases} E\left[P_1(k)\eta(k)\right]=0 \\ E\left[P_2(k)\eta(k)\right]\neq 0 \end{cases} \tag{9.65}$$

（3）系统状态正常而测量装置故障时有

$$\begin{cases} E\left[P_1(k)\eta(k)\right]\neq 0 \\ E\left[P_2(k)\eta(k)\right]=0 \end{cases} \tag{9.66}$$

（4）系统状态故障并且测量装置故障时有

$$\begin{cases} E\left[P_1(k)\eta(k)\right] \neq 0 \\ E\left[P_2(k)\eta(k)\right] \neq 0 \end{cases} \tag{9.67}$$

由式（9.63）～式（9.67）的投影算子及相应的计算结果可知，只要投影算子 $P_1(k)$、$P_2(k)$ 存在，就可以通过式（9.63）～式（9.67）确定状态故障和测量故障，也就是说故障分离问题就可以得到解决。即如下定理。

定理 9.17　若存在投影算子 $P_1(k)$、$P_2(k)$ 和由式（9.63）～式（9.67）定义的方程，则系统必定是故障可分离的。

9.10.2　投影算子存在的条件

根据上面的推导，只要存在投影算子，则系统故障状态就可以分离。因此这里只要讨论投影算子存在的条件。

对任意的一个 $m \times n$ 维矩阵 G ，若 $\operatorname{rank}[G] = r(r \leqslant m \leqslant n)$ ，那么 G 可以分解为两个矩阵的乘积的形式：

$$G = C \times D = CD \tag{9.68}$$

式中

$$C = [c_1, c_2, \cdots, c_r], \quad c_i \in \Re^m, \quad i = 1, 2, \cdots, m$$

$$D = \begin{bmatrix} d_1^{\mathrm{T}} \\ d_2^{\mathrm{T}} \\ \vdots \\ d_n^{\mathrm{T}} \end{bmatrix} = [d_1, d_2, \cdots, d_n]^{\mathrm{T}}, \quad d_i \in \Re^n, \quad i = 1, 2, \cdots, n$$

并且有

$$\operatorname{rank}[c_1, c_2, \cdots, c_r] = r \text{ 和 } \operatorname{rank}[d_1, d_2, \cdots, d_r] = r \tag{9.69}$$

此时称 C 是列满秩的，称 D 是行满秩的。

定义 9.20　设 G_1、G_2 是两个相同行数的矩阵，并且可以分解为

$$\begin{cases} G_1 = C_1 D_1 \\ G_2 = C_2 D_2 \end{cases} \tag{9.70}$$

式中，D_1、D_2、C_1 和 C_2 均满足式（9.70）的条件。如果 C_1 和 C_2 具有以下的关系：

$$C_1 = \lambda C_2 \tag{9.71}$$

式中，λ 是非零标量，那么称矩阵 G_1 和 G_2 是公共行相关的。

此时，若 G_1 和 G_2 行满秩，则必定存在式（9.71）条件的矩阵 C_1 和 C_2 ，可以实现式（9.70）所示的分解，即 G_1 和 G_2 是公共行相关的。

定理 9.18　$G_1(k)$ 和 $G_2(k)$ 由式（9.49）定义，则系统（9.46）故障时，故障是不可分离的充要条件是具有如下条件中的任意一个：

（1）$G_1(k)$ 和 $G_2(k)$ 是公共行相关的：

（2）$G_1(k)$ 和 $G_2(k)$ 中的任意一个，但不是两个，是行满秩的。

定理 9.19　如果 $G_1(k)$ 和 $G_2(k)$ 不是公共行相关的，或者 $G_1(k)$ 和 $G_2(k)$ 也不是行满秩的，则存在投影算子 $P_1(k)$ 和 $P_2(k)$，并且满足式（9.64）～式（9.67），也就是说，系统（9.58）是故障可检测并且是故障可分离的。

9.11　小　　结

显然，状态可分离问题属于由原始信息集合 $I(t)=\{u(t),y(t)\}$ 经过映射函数 d_1 实现到状态特征集合 $\mathbb{R}$ 映射的范畴，即基于函数 d_1 是可辨的。由此就可以通过特征提取与推理计算以实现故障的诊断。

对任意的一个故障，总是存在一个相应的计算过程求出输入信息的故障特征，同时存在一个相应的推理过程，将故障分离和识别出来，即系统一旦发生故障就能够识别出到底发生了什么故障。状态分离问题是所有故障检测和诊断方法都会遇到的问题，因此故障、状态的可分离问题是故障诊断理论的基本问题之一。

而且由以上的推导过程可以看出，所谓系统状态故障的可分离性，与第 4 章所讨论的可诊断性问题一样，同样是系统的测量信息对系统状态的反映能力。而且系统状态故障是否可以分离，仅与系统的测量信息有关，或者说与系统的结构有关。也就是说可分离性问题是客观存在的，而非由主观确认的。若一个对象系统，其状态故障可诊断且可分离，但是诊断推理的结果却为空白符，这只能说明所采用的推理算法或过程错误，或者说主观上对对象的认识有错误或认识不够准确与深入。

第 10 章　诊断中的检测控制与传感器诊断技术

10.1　概　　述

故障检测的目的就是使得对象的故障状态成为可以诊断并且可以分离的，例如，图 9.9 所给出的温度传感器的折断故障检测，就是一个典型的例子：通过附加一些测量点增加测量信息，使得故障的确认与分离更加准确与可靠。因此所谓检测控制策略，其目标就是寻找一个合适的途径，在希望所获得的测量信号中含有尽可能多的状态信息，以达到在诊断过程中的最低误报率与最低漏报率，实现准确预报、精确诊断、故障正确定位与合理的机理分析。

在医疗诊断领域，面对一个患者，医生要确定他是否患病，若患病则具体是什么病，首先要通过一定的观测和检测方法（如中医的望、闻、问、切就是一种获得病情特征的观测方法）得到被诊断者的病情信息，然后在获得的病情信息的基础上由一定的经验或理论法则提取出患者的病情特征（输入信息），最后才能给出合理的诊断诊断结论和医治方案。在这里信息的测量输入是第一重要的。有些病只要简单地观测和检测就能获得准确的信息，有些病需要采取全面的、综合的观测和检测方法才能获得完整的信息，而有些病目前尚无完善的或准确的检测和观测方法。有些病仅仅凭借其表现出来的外部现象就可确诊，而有些病要对身体内部作深入的检测（如脑颅内部等），采用造影、CT 扫描、核磁共振或手术检查等才能获得较准确的信息。甚至有些要患者死亡后的病理解剖时才能发现准确的病理或病变信息。

在工程技术领域也是如此。有些系统的状态故障仅仅凭借其基本的测量输入信息（如控制系统的反馈量检测和给定量检测等，包括系统的激励输入和响应输出）就可完成诊断；而有些系统故障必须附加一些信息输入装置如增设部分传感器，甚至要通过多信息的融合方可实现诊断的任务；而有些故障只能在系统解体时，通过对部件的性能测试才能发现故障的所在与故障发生的机理。

设一个被诊断系统的结构描述如式（9.1）或式（9.13）所示。

如同看病一样，故障诊断就是建立在系统的测量输入信息集合 $B=\{b_1,b_2,b_3,\cdots\}$（其中 $b_j=b(t_j)=B(t)\big|_{t=t_j}^{t=t_j+\Delta T_j}=\big(y(t),u(t)\big)\big|_{t=t_j}^{t=t_j+\Delta T_j}=\big(y(t),u(t)\big)$）的基础上完成对状态 $x(t)$ 的诊断，所谓诊断的深度或程度（包括状态故障的可诊断性与可分离性问题）实际上就是输入信息 $B=\{b_1,b_2,b_3,\cdots\}$ 对状态的反馈能力。显然并非所有的故障都能通过对 $B=\{b_1,b_2,b_3,\cdots\}$ 的处理而实现诊断的目的，即存在所谓可诊断与不可诊

断和可分离与不可分离问题。但是故障状态的可诊断性是相对的，只能说是在给定的输入信息条件之下，有些状态是不可诊断的，但是通过输出重整技术，有些不可诊断的故障就变得可以诊断。因此可诊断性通常可以分为：

（1）在基本的系统原始的输入输出测量信息条件之下可诊断；

（2）经过输出重整技术对系统的测量信息重新配置和增广之后的状态可诊断；

（3）故障状态只有在系统解体之后，对具体的部件进行测试才能发现。

显然第一类问题的诊断实现已经具备技术条件，而第二类、第三类问题就存在如何选择合理的检测测量部位、适当的测量传感器等以尽量获得与所要诊断故障有关的最大信息量。本章就从信息计量的角度出发提出检测控制问题，并且就在检测控制策略的控制之下的通过输出重整技术实现诊断的技术途径进行一些初步的探讨。

传感器优化设置问题的本质就是依据一定的准则，也就是检测控制策略。其基本方法就是建立一个容易量化计算的目标函数，同时考虑传感器资源的一些约束条件，采用某种算法对目标函数进行优化以获得传感器对目标的有效分配，而且目标函数、约束条件易于量化表示，既要科学合理又要切实可行。

因此，关于传感器优化配置问题的研究主要集中在：①用来描述系统行为因果关系的故障模型；②寻求能合理反映设计要求的优化准则；③研究求解优化问题的高效算法。故障模型用来描述系统行为的因果关系，确定和故障有关的一些变量，具体有键合图、有向图、符号有向图、结构分析法和故障树。

传感器优化设置准则主要有对被诊断对象的可观测性、可分辨和状态可分离性、可靠性和可诊断性等。可观测性是指一个传感器能观测到系统故障状态的能力或者其信息具有包含状态信息的能力，也就是说某种系统故障都可以通过传感器观测信息，通过一定的计算准则实现诊断。可分辨性是指系统故障时通过对传感器输出信息按照一定的计算准则能够实现故障识别与状态分离。而基于可靠性准则传感器设置目标是尽量降低那些未被传感器观测的故障发生概率；传感器优化算法是指求解系统目标函数所采用的有效方法，通常有随机搜索、启发式搜索、遗传算法等。

针对上述传感器设置三个方面的问题，国内外学者提出了很多有效的理论和方法，包括：在传感器可观测性和可分辨性概念基础上，以设计准则给出的确保满足可观测性和可分辨性设计准则；基于可靠性准则的传感器优化布局方法，同时考虑了故障发生概率、传感器故障概率和传感器成本代价等定量信息，处理相关的约束条件设计的确定传感器的布局算法；为了确保可观测性与获得最大分辨性，根据预测定性故障进化顺序采用的基于目标函数求解的整数规划模型以及用于模型故障检测和隔离的传感器配置方法；基于可诊断性准则的传感器设置方法，以及利用系统结构矩阵属性（观测性、辨别性和诊断性）来优化传感器的布置，只要知道系统结构，而不需要设计解析冗余关系；将基于键合图模型的系统结构特性分析应用于系统传感器优化配置中，不需要解析冗余关系，具有实用性强、建模方便、简单易行的优点。

本章从传感器所提供的有效诊断信息的角度，尤其是从信息熵和证据信息的角度对传感器的选择、安装布置等作了理论上的讨论，并且也讨论了实际的传感器诊断应用实例。

10.2　诊断信息获取方法

状态信息的采集常用方法有如下几种。

1）直接观察法

根据人的经验对机器的状态做出直接判断（识别）的方法称为直接观察法，这种方法可以获得可靠的第一手资料，但观察的对象主要是静止的、能直接观察到的零部件。为了扩大人眼的观察能力，可以应用一些现代化的仪器，如带照明的光纤探头、光学内孔检查仪、铸件内表面检查仪、红外测温仪、热镀涂料、电磁涂料以及探查表面微细裂纹的着色渗透剂等。

2）系统性能的测定

系统性能或整机性能，也就是机器功能的测定可分两类。

（1）用输入和输出之间的关系来表示系统的性能，输入与输出信号之间的关系也反映出一种信号，可以用来识别机器或系统的运行状态是否正常。如机床加工精度的变化、磨碎机产品粒度的变化、轧钢机轧制质量的变化、泵的效率的变化及发动机耗油量与输出之间关系的变化等。

（2）用两个输出变量之间的关系来识别系统的特性，如热交换器的温度和流星，泵的压力和流量等。

整机（系统）信号对初期故障反映不灵敏，例如，某些主要零件在影响机器性能之价可能已存在裂纹和缺陷，但并没有引起机器性能发生变化，因此必须对零件的性能进行监测。

3）零件性能的测定

零件性能主要反映其强度方面的性能，对于那些对机器的可靠性起决定性作用的关键零件，虽然它的初步损伤和缺陷在一定的时间内并没有影响机器的性能，但是对于预测机器性能的变化和失效却是重要的决定性因素，尤其是预报破坏性故障时更显示出它的重要意义。

对零件性能的测定，即对它的损伤诊断的方法很多，有直接观察法、振动诊断、噪声诊断、磨屑分析、应变测定、声发射诊断、非接触式传感器监测等的无损检测方法。

4）振动和噪声监测

对于机器或系统，振动和噪声是最重要的诊断信息，应用非常广泛，而且比较成熟，可以说是一种非常重要的诊断方法，因此在本丛书中专门有四本是用来介绍振动诊断的，有一本是用来介绍噪声诊断的。

5）磨屑（磨损残渣）的测定

机器中有相对运动的零件接触表面上由于磨损产生的残渣（简称磨屑），直接反映了这些零件的磨损状态，表征出机器是否在正常运行，并可以预报故障的发生，因此磨屑的分布情况也是诊断的一种重要信息。

6）其他的检测方法

除了上述各种故障探测方法之外，常用的故障探测方法还有温度测量和监视技术、红外成像——热像诊断技术、声和超声监测技术、声发射技术等。

在探测故障时采集各种故障信息所用的工具称为传感器，它是采集故障信号的装置。

传感器是一个完整的测量装置（或系统），它把被测量（多为非电量）转换为与其有确定对应关系的电量以满足信息的传输、处理、记录、显示与控制，它是实现自动检调和自动控制的首要环节。

检测是控制的基础和前提，而检测的精确度必须高于控制的精确度，否则无从实现控制的准确度要求。不仅如此，检测还涉及国计民生各个部门，可以说在所有科学技术领域无时不在进行检测。科学技术的发展和检测技术的发展是密切相关的。现代化的检测手段所能达到的精确度、灵敏度及测量范围等，在很大程度上决定了科学技术的发展水平。同时，科学技术的发展和达到的水平越高，又为检测技术、传感器技术提供了新的前提和手段。

在实现生产技术自动化过程中，采用合适的传感器（具有满足系统要求的长期稳定性、可靠性、精确度、灵敏度、过载能力等指标）是十分重要的。因为没有这些传感器装置，建立任何一个自动化系统都难以设想。传感器是控制系统的“感觉器官”，没有这些“感觉器官”测量、反映各种过程中的有关参数，就不可能实现系统的状态诊断。

传感器近代应用技术是以物理学、化学、生物学、电子学、力学、机械、自动控制、测量技术等知识为基础的一门综合性技术学科。传感器近代应用技术研究的内容包括多种传感器的工作原理和输出特性，选用或设计相应的测量电路，进行非电量、电量的测量和转换。具体地说就是研究利用各种传感系统对各种材料的构件进行无损探伤、测量和计量；对自动化系统中各工艺参数的自动检测、在线测量及各模拟量与数字量间的转换并研究传感技术和装置的基本工作原理、结构、类型、性能、特点、测量精确度和应用范围等内容。

10.3　传感器的基本特征

传感器的作用是把反映系统状态的物理或化学变化的信息取出来，转变成电信号传递到记录装置或数据处理设备中，供给识别或诊断系统的状态之用。当然，传感器的信号也可以用于控制系统的状态，这就是反馈控制。在工程科学与技术领域内，人们通常将能把被检测物理量、化学量或生物量转换为与之有确定对应关系的电量输出装置称为传感器。传感器也称为变换器、换能器、转换器或探测器。传感器是一种能把特定的被测量信息（包括物理量、化学量、生物量等）按一定规律转换成某种可用信号输出的期间或装置。

所谓传感器，就是能感受规定的被测量并按一定的规律转换成可用输出信号的期间或装置。简单地说，能把被测电量与非电量信息转换为电信号输出的器件或装置称为传感器。

传感器一般由敏感元件、传感元件、测量电路和辅助电源四部分组成，如图 10.1 所示。

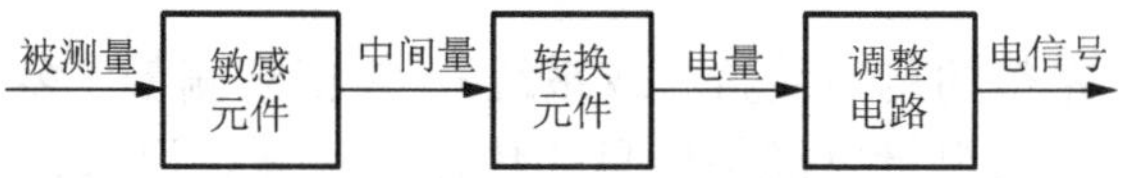

图 10.1　传感器组成框图

（1）敏感元件。它是指传感器中能直接感受被测电量与非电量信号，并将被测信号按一定的对应关系转换成易于转换为电信号的另一种信号变换元件。如应变式压力传感器中弹性膜片就是敏感元件，它的作用是将压力转换为弹性膜片变形；而应变片就是将压力位移等信号转换为电阻丝的长度以及直径变化。

（2）转换元件。它是指传感器中能将敏感元件输出的电信号或直接将被测电量与非电量转换成电信号输出的元件。传感元件又称为转换元件或变换器。

（3）调整电路，又称为调理电路，也可称为信号调节与转换电路，或直接称为转换电路。它能将传感元件输出的电信号转换为便于显示、记录、处理和控制的游泳电信号的电路。其作用是将信号进行调节与转换，或将电阻、电容、电感等电参数转换为电流、电压或频率输出，或将小信号调节为大信号输出。常用的测量电路有电桥、变阻器、振荡器、放大器等。

（4）辅助电源。其作用是为传感元件和测量电路供给电源。

从保证诊断的质量的角度来看，采集到能准确反映系统状态的信号是一个非常重要的关键环节，因此在设计诊断方法时，传感器的选择就变成一个关键性的问题。由于监控和诊断是建立在自动化和计算机处理之上的，一般要求传感器输出电流（或电压）信号，只有在非自动化或直接观察的简易诊断时传感器才可输出非电信号。

传感器对不同的能量进行变换的功能来讲，它可以分成以下几个大类，即光（辐射）传感器、磁传感器、温度传感器、力传感器（压力、加速度等）、电信号传感器和化学传感器等。这几类传感器中的前面五类又统称为物理传感器，以与化学传感器相对应。

根据传感器工作原理的不同，一般又可以分为结构型传感器和物性型传感器两类。结构型传感器是利用弹性膜、弹性管、双金属片、电容器、电感等结构型元件进行测量的，如压力表头就是一种典型的结构型传感器。物性型传感器则是利用一些材料的物理特性或固体元件的参数的变化来实现检测的，一般在测量时没有宏观的物体位移。因此物性型传感器也常被称为固体传感器。因为物性型传感器除具有小型、反应速度快、寿命长和便于批量生产等优点之外，它的输出通常就是电参量，最适于与信号处理电路配合应用。固体传感器中有一大类是利用半导体材料和器件制造的传感器，这种传感器很便于利用目前迅速发展的集成电路工艺技术，也便于与集成电路结合在一起，构成所谓“集成传感器”，因此它是目前传感器研究发展工作最活跃和最集中的领域。

另外，从能量来源来区分，传感器又可分为无源传感器和有源传感器两类。所谓无源传感器，是指不需要辅助能源就能把一种形式的信号变换成为电信号输出的传感器，诸如热电偶、光电池等就是无源传感器。但是有的传感器工作时需要一定的辅助能源才能进行信号变换，这样的传感器就是有源传感器。例如，热敏电阻就是一种有源传感器，因为它的电阻随温度的变化一定要通过外加电源才能变换成电流或电压信号。

除了上述一些分类方法之外，还可以根据传感器对信号的检测转换过程把传感器分为直接转换型和间接转换型。如光电二极管直接把光信号转换成电信号，热电偶直接把温差变成为电信号输出。光、温度等就属于直接转换信号，光电二极管和热电偶就是直接转换型传感器。另外，有一些信号则要通过适当的方法间接地被变换成电信号。例如，流体的流速可以通过测量两点的压差得到，物体的位移可先变换成为光信号或磁信号然后再行检出。这样，流速或位移就是间接转换信号，而相应的传感器就称为间接转换型传感器。

近年来，由于微电子技术的快速发展和网络技术应用，很多的传感器装置中已经集成了数字处理和辅助电源，甚至是集成了网络接口。此类传感器就可以直接进行计算机互连应用和远程应用，而不再需要其他的辅助接口电路。有些已经集成了微处理器的传感器称为智能传感器。

传感器是实现传感功能的基本部件，传感器的出入-输出关系特性是传感器的基本特性，也是传感器的内部参数作用关系的外部特性表现，不同的传感器内部结构参数决定了它具有不同外部特性。

传感器所测量的物理量稳态（静态或准静态）和动态（周期变化或瞬态）信号。前者的信号基本不随时间变化（或变化很缓慢）；后者的信号是随时间变化而变化的。传感器就是要尽量准确地反映输入物理量的状态，因此传感器所变现出来的输入-输出特性也就不同，即存在静态特性和动态特性。

不同传感器有不同的内部参数，因此它们的静态特性和动态特性就表现出不同的特点，对测量结果也产生不同的影响。一个高精度的传感器，必须要有良好的静态特性和动态特性，从而确保检测信号（或能量）的无失真转换，使检测结果尽量反映被检测的原始特征。

1. 传感器的静态特性

传感器的静态特性是它在稳态信号作用下的输入-输出关系。静态特性所描述的传感器的输入、输出关系式中不含有时间变量。衡量传感器静态特性的重要指标包括线性度、灵敏度、迟滞、重复性和漂移。

线性度是指传感器的输出与输入间呈线性关系的程度。理想输入-输出特性应是线性的，这样可以简化传感器的理论分析和设计计算，并且为标定和数据处理带来方便，对应的仪表刻度盘刻度均匀，避免了非线性的补偿环节。

通常用相对误差来表示：

$$\gamma_L = \pm\frac{\Delta L_{\max}}{y_{\mathrm{FS}}}\times 100\% \tag{10.1}$$

式中，$\Delta L_{\max}$ 为输出-输入实际关系曲线与拟合直线之间的最大误差，即最大的绝对非线性误差；y_{FS} 为满量程输出值。

灵敏度是指传感器在稳态下输出增量 Δy 与引起该增量的输入增量 Δx 之比即为其静态灵敏度：

$$K=\frac{\Delta y}{\Delta x}\approx\frac{\mathrm{d}y}{\mathrm{d}x} \tag{10.2}$$

在图形上，传感器输出特性曲线的斜率一般就定义为灵敏度。线性传感器的特性曲线的斜率是一条直线，故灵敏度 K 是一个常数，与输入量大小无关。但是绝大部分的传感元件都存在非线性特性。

迟滞是指传感器在相同的工作条件下，正向行程和反向行程期间输出-输入曲线不重合的程度，称为迟滞：

$$\lambda_H = \frac{\Delta H_{\max}}{y_{\mathrm{FS}}}\times 100\% \tag{10.3}$$

式中，$\Delta H_{\max}$ 为正反行程输出最大偏差值；y_{FS} 为满量程输出。

重复性表示传感器在输出量按同一方向作全量程多次测试时所得输入-输出特性曲线一致的程度。实际特性曲线不重复的产生原因与迟滞相同。重复性指标一般采用输出最大不重复误差 $\Delta R_{\max}$ 与满量程输出 y_{FS} 的百分比表示：

$$\gamma_R = \pm\frac{\Delta R_{\max}}{y_{\mathrm{FS}}}\times 100\% \tag{10.4}$$

2. 传感器的动态特性

传感器的动态特性，是指传感器对动态激励（输入）的响应（输出）特性，即其输出对随时间变化的输入量的响应特性。一个动态特性好的传感器，其输出随时间变化的规律（输出变化曲线），将能再现输入随时间变化的规律（输入变化曲线），即具有相同的时间函数。但实际上，输出信号不会与输入信号具有完全相同的时间函数，这种输入与输出间的差异称为动态误差，动态误差反映的是惯性延迟所引起的附加误差。

动态特性可以从时域和频域两个方面分别采用瞬时响应法和频率响应法来分析。由于输入信号的时间函数形式是多种多样的，在时域内研究传感器响应特性时，只研究几种特定的输入时间函数，如阶跃函数、脉冲函数和斜坡函数等。在频域内研究动态特性一般采用正弦函数。为了便于比较和评价，常常采用阶跃信号和正弦信号作为输入信号，对应的传感器动态特性指标分为与阶跃响应有关的指标和与频率响应特性有关的指标两类。

在采用阶跃输入研究传感器的时域动态特性时，常用延迟时间、上升时间、响应时间、超调量等特征量来表征传感器的动态特性，图 10.2 就是典型的时域动态响应过程。

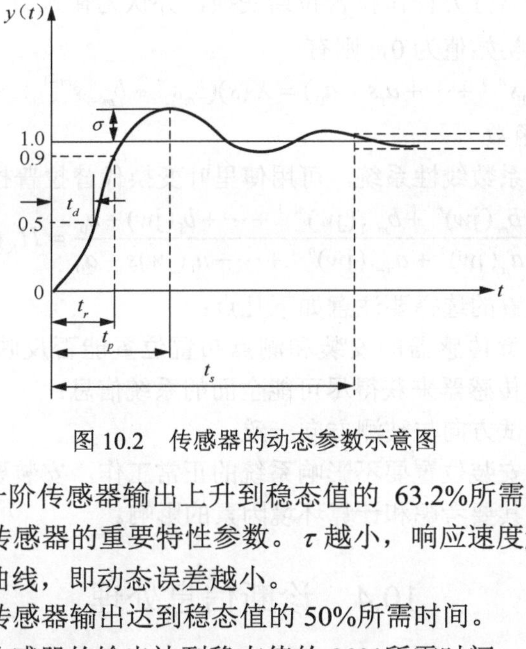

图 10.2　传感器的动态参数示意图

时间常数 τ：一阶传感器输出上升到稳态值的 63.2%所需时间。一阶传感器的时间常数是一阶传感器的重要特性参数。τ 越小，响应速度越快，响应曲线越接近于输入的阶跃曲线，即动态误差越小。

延迟时间 t_d：传感器输出达到稳态值的 50%所需时间。

上升时间 t_r：传感器的输出达到稳态值的 90%所需时间。

峰值时间 t_p：二阶传感器输出响应曲线达到第一个峰值所需时间。

响应时间 t_s：二阶传感器从输入量开始起作用到输出指示值进入稳态值所规定的范围内所需时间。

超调量 σ：二阶传感器输出第一次达到稳定值后又超出稳定值而出现的最大偏差，即二阶传感器输出超过稳态值的最大值。超调量常用传感器相对于最终稳态值的百分比来表示。超调量越小越好。

在采用正弦输入信号研究传感器的频域动态特性时，常用幅频特性和相频特性来描述传感器的动态特性。

1）传感器的数学模型

传感器的理想动态特性要求：当输入量随时间变化时，输出量能立即随之无失真地变化。但实际的传感器总是存在着弹性、惯性或阻尼元件，导致输出 $y(t)$ 不仅与输入 $x(t)$ 有关，还与传感器输入量的变化速度 $\mathrm{d}x/\mathrm{d}t$ 、加速度 $\mathrm{d}^2x/\mathrm{d}t^2$ 等有关。

在工程测试实验中，大多数检测系统属于线性时不变系统。因此，通常可以用线性时不变系统理论来描述传感器的动态特性。从数学上可以用常系数线性微分方程（线性定常系统）表示传感器输出量 $y(t)$ 与输入量 $x(t)$ 的关系：

$$a_n\frac{\mathrm{d}^n y}{\mathrm{d}t^n}+a_{n-1}\frac{\mathrm{d}^{n-1}y}{\mathrm{d}t^{n-1}}+\cdots+a_1\frac{\mathrm{d}y}{\mathrm{d}t}+a_0y=b_m\frac{\mathrm{d}^m x}{\mathrm{d}t^m}+b_{m-1}\frac{\mathrm{d}^{m-1}x}{\mathrm{d}t^{m-1}}+\cdots+b_1\frac{\mathrm{d}x}{\mathrm{d}t}+b_0x \quad (10.5)$$

式中，$a_n,\cdots,a_0$ 和 $b_m,\cdots,b_0$ 为与系统结构参数有关的常数。

2）传递函数

对常系数线性微分方程作拉普拉斯变换，并认为输入 $x(t)$ 和输出 $y(t)$ 及它们的各阶时间倒数的初始值为 0，则有

$$Y(s)(a_ns^n+a_{n-1}s^{n-1}+\cdots+a_1s+a_0)=X(s)(b_ms^m+b_{m-1}s^{m-1}+\cdots+b_1s+b_0) \quad (10.6)$$

3）频率响应函数

对于稳定的常系数线性系统，可用傅里叶变换代替拉普拉斯变换，相应地有

$$H(\mathrm{j}w)=\frac{Y(\mathrm{j}w)}{X(\mathrm{j}w)}=\frac{b_m(\mathrm{j}w)^m+b_{m-1}(\mathrm{j}w)^{m-1}+\cdots+b_1(\mathrm{j}w)+b_0}{a_n(\mathrm{j}w)^n+a_{n-1}(\mathrm{j}w)^{n-1}+\cdots+a_1(\mathrm{j}w)s+a_0}=H_R(w)+\mathrm{j}H_I(w) \quad (10.7)$$

传感器安装位置的选择要注意如下几点：

（1）首先要注意传感器的安装和测点布置位置能否反映被测对象的振动特征，用尽可能少的传感器来获得尽可能全面的系统信息；

（2）传感器测试方向与被测方向一致；

（3）传感器的安装位置要不影响系统的正常工作，安装要简单，受外界干扰少，易于维护，尤其要考虑和计算环境因素的影响。

10.4　诊断信息处理

在实现信息社会和以智能机器作为主要生产特征的转变中，作为信息采集的主要手段的传感器将发挥极大作用。目前所谓的传感器是指一种具有特殊变换功能的装置，这种装置能够感受、检测到某种形态的信息，并将它变换为另一种形态的信息。具体地说，传感器能感知和检测到多种物理量、化学量或生物量的信息，并能将其变换为相应的电信号。将这些经传感器变换后输出的电信号，送到相应的信息处理系统（通常为电脑）进行处理，并将其处理结果传达到各种执行

机构、伺服机构，就能实现各种复杂过程和系统的自动检测、自动控制和自动调整。

因而，通常也把传感器看成各种机械利电子设备的感觉器官，它能感觉到诸如光、色、温度、压力、声音、气味、湿度、长度、转角等物理量，酸碱度（pH）、百分比含量等物理、化学量，心电、心音、脑电、脉相、血液分析等生物信息。这些传感器扩大了人类的视觉、听觉、嗅觉、触觉和味觉等五官的功能。而且随着传感技术的不断发展和新型传感器的研制成功，传感器功能将日趋完善，有的功能已经超过人类五官的感觉能力和范围。例如，现在有不少传感器已能应用于人类无法经受的恶劣条件和无法感知的微弱信息。

检测与转换技术是以物理学、电子学、自动控制、测量技术和电子计算机等原理为基础的一门新学科。而传感器技术还要依赖于半导体技术、化学和生物学。传感器也从单一的结构型传感器（利用传感器结构的几何尺寸的变化而检测出信息，即当传感器感受各种物理、化学、生物信息后，其本身几何尺寸发生变化）开始向固态型传感器（利用半导体材料、高分子材料对物理量、化学量反应特性实现对物理、化学、生物信息的检测）演变。这样就使得有可能在小块半导体上集成包括传感器、放大器、补偿器甚至微处理器。从而向小型化、高性能化、智能化方向迈进一大步，20 世纪 80 年代各国都在这方面取得不少进展。这些都与新材料的研制分不开。

近年来光传感器异军突起，它以可靠性高、抗电磁干扰能力强为特点。不但能进行检测物体的大小、位移、形状和颜色，而且可以用来测量温度、压力、电场、磁场、速度等。新的传感器以 CCD（电荷耦合器件）为代表的图像传感器，具有视觉功能，可用于机器人的视觉。光纤传感器的研制也取得应用性成果。在遥感和遥测技术中得到广泛的应用。目前光纤传感技术已经成功的应用在大功率用电设备的温度检测和火灾防护检测上；以 CCD 为核心的视频光学检测装置在轨道交通车辆的弓网关系检测中得到成功应用并且大范围的推广。

当今传感器和传感技术能得以急速扩大应用，一个极其重要的背景是电子学和微电脑日益普及和极低的售价。许多低电平、非线性严重的传感器在高性能放大器和微型计算机帮助下使其测量精确度大大提高。

总之，传感技术的蓬勃发展适用于国防工业、民用工业的发展需要，同时传感器技术与微型计算机的结合和广泛应用更标志着信息社会的到来。

如前所述，传感器就是用来感知各种非电量信息，并将所感知的信息变换为电信号形式输出的装置。传感器输出的电信号通常为电压、电流、电阻、电荷、电容、电感、频率、相位等。由于直流电压测量和频率测量不但是目前电量中测试精确度最高的两个量，而且直流电压易于放大、衰减、变换，频率值易于传输，因此传感器输出的各种电信号绝大多数都转换成直流电压值和频率值。

同时应看到传感器输出信息中除脉冲量外的各种模拟量大多数都很微弱，如电压为微伏级、电流为微安级、电阻为微欧级等。这些电量通常都要经放大或变换到毫伏以上电压信号才能进行变换和处理。这些模拟量除直接进行记录、显示、观察外，大部分都将转换成数字量送给微处理机（计算机）进行信息处理，因此将模拟量转换成数字量的模数转换（A/D 转换）器在传感技术中也得到广泛的应用。当然，直接使用数字仪表（即 A/D 转换）以数字形式显示被测量也是极其方便的。

10.4.1 故障信号处理

机器或工程系统在运行个产生的各种信息、被诊断的结构系统和激励作用下产生的各种信息、被诊断的结构系统在激励作用下产生的各种信息，由传感器变换为信号输出，多数情况下，这些信号以电压（或电流）的时间历程形式输出，这些信号包含丰富的、可作为故障诊断依据的各种特性参数。

而这些特性参数一般都复合混杂在传感器输出的信号中，这些输出的信号中还随带着各种各样的噪声，并多半以随机的形式出现。因此，为了对系统进行技术诊断，就需要从这些信号中取出诊断所需的物性参数和确定它的特性曲线，信号处理或称数据处理技术就是用来从传感器输出的信号中分离出所需的特性参数曲线的。信号处理技术的另一个重要作用是寻找诊断用的特征指标，要求这个指标对系统故障具有敏感性。由此可见信号处理技术是技术诊断中的一个重要环节。

由于机器或系统在运行过程中产生的各种信息的特性不同，形成了上面已经讨论过的各种不同的诊断技术，每种诊断技术所需要的是与它本身的自然规律相符合的特性参数，因此在技术诊断中的信号处理技术可分为温度的信号处理、光学的信号处理、振动的信号处理、声的信号处理和其他的信号处理。

被测信号通过传感器后变换成电信号，如电阻、电感、电容、电荷等。这些信号必须进一步变换才能够送给输出设备，由输出设备进行信号的显示、记录及控制等。信号变换包括将无能量的参数信号转换成有能量的电压、电流信号，还包括信号的放大、调制解调、滤波等。本章将对传感器的匹配、滤波器和调制解调电路的工作原理和用途进行介绍和分析，并且对变换电路的抗干扰技术加以讨论。

10.4.2 传感器的匹配

不同传感器的输出阻抗不一样。有的传感器输出阻抗特别大，例如，压电陶瓷传感器，输出阻抗高达几十 kMΩ；有的传感器输出阻抗比较小，如电位器式位移传感器，总电阻一般为 1kΩ；动圈式传声器的阻抗更低，通常是 30～70Ω。高阻抗的传感器，通常用场效应管和运算放大器来实现匹配。阻抗特别低的传感器，在交变输入时，往往可采用变压器匹配进行隔离和匹配放大与驱动。

1. 阻抗匹配原理

将前级输出能量的装置简化为一个内阻 R_1 和一个电源电压 E 相串联的装置，其输出端为 A、B；后级接收能量的装置简化为一个具有输入阻抗 R_2 的装置，如图 10.3 所示。

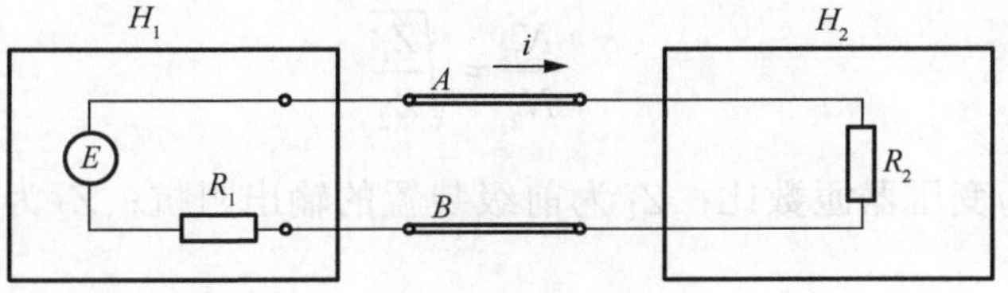

图 10.3　阻抗匹配示意图

在两个装置没有连接时，前级装置的开路电压 E_{AB} 为

$$E_{AB} = E \tag{10.8}$$

当两个装置连接后，两个装置间有电流 i：

$$i = \frac{E}{R_1 + R_2} \tag{10.9}$$

此时，A、B 两端的电压等于后级装置输入阻抗 R_2 上的电压，即

$$E_{AB} = iR_2 = E\frac{R_2}{R_1 + R_2} \tag{10.10}$$

输给后级装置 H_2 的功率：

$$P = \frac{E_{AB}^2}{R_2} = \frac{E^2}{R_2}\left(\frac{R_2}{R_1 + R_2}\right)^2 = \frac{E^2 R_2}{(R_1 + R_2)^2} \tag{10.11}$$

在前级装置 H_1 输给后级装置 H_2 的能量最大时，必须满足

$$\frac{\mathrm{d}P}{\mathrm{d}R_2} = 0 \tag{10.12}$$

即

$$\frac{E^2(R_1 + R_2)^2 - 2(R_1 + R_2)E^2 R_2}{(R_1 + R_2)^4} = 0 \tag{10.13}$$

则

$$R_1 = R_2 \tag{10.14}$$

式（10.14）表明，当前级装置的输出阻抗与后级装置的输入阻抗相等时，前级装置输给后级装置的功率最大，这就是电路中或装置间阻抗匹配的原则。

2. 阻抗匹配方法

在放大驱动电路中，各电路间的阻抗匹配是由专门的阻抗匹配电路来完成的，

各装置间的阻抗匹配也是采用专门的阻抗匹配装置来完成的。检测系统中常见的阻抗匹配装置有匹配变压器、匹配电阻、射极跟随放大器和电荷放大器。

1）匹配变压器法

采用匹配变压器进行匹配时，变压器的结构参数可按一般变压器要求进行设计。如图 10.4 所示，它们初、次级线圈间的匝数比必须满足下述条件：

$$\frac{N_1}{N_2}=\sqrt{\frac{Z_1}{Z_2}} \tag{10.15}$$

式中，$\frac{N_1}{N_2}$为变压器匝数比；Z_1为前级装置的输出阻抗；Z_2为后级装置的输入阻抗。

2）匹配电阻法

在前、后级装置的输出阻抗、输入阻抗是纯电阻或不是纯电阻但匹配要求不高时，就可以用匹配电阻来进行匹配。

如图 10.5 所示，匹配电阻的接入和阻值的大小必须满足下述要求：

$$R_3=[R_1(R_1-R_2)]^{\frac{1}{2}} \tag{10.16}$$

$$R_P=\left[R_2\left(\frac{R_1R_2}{R_1-R_2}\right)\right]^{\frac{1}{2}} \tag{10.17}$$

由于使用匹配电阻元件，因此不可避免地要损耗信号能量，这种损耗称为插入损耗。

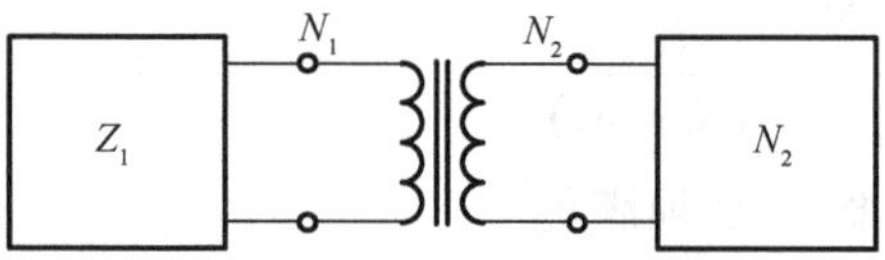

图 10.4　匹配变压器法

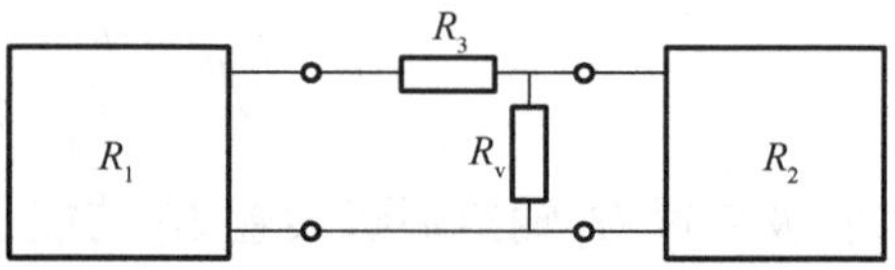

图 10.5　匹配电阻法

3）射极跟随放大器法

射极跟随放大器，如图 10.6 所示。

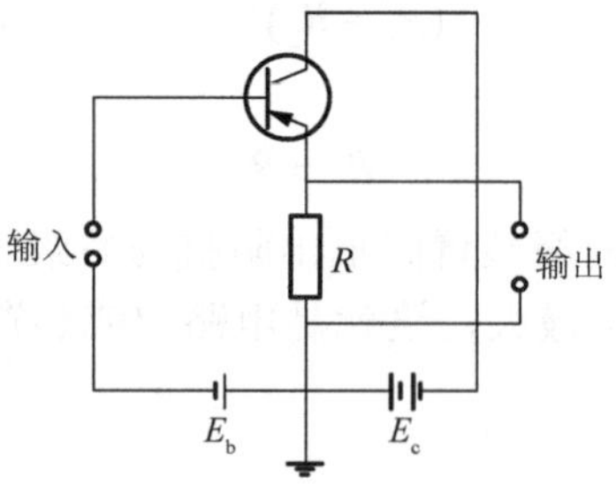

图 10.6　射极跟随放大器

在一般放大电路中，放大器的输出信号总是从集电极上取出，以获得较大的增益，达到信号放大的目的。在射极跟随器中，信号放大不是目的，其目的是阻抗变换。因此射极跟随器的输出信号都是从晶体管的发射极上取出，它的放大增益总是小于 1，但可将发射极上的高阻抗信号变换成低阻抗信号。

这种电路广泛用于高阻抗传感器（如电容式传感器和压电式传感器）与低阻抗后级装置的匹配。

4）电荷放大器法

压电式传感器的输出阻抗，一般都高达数兆欧姆，采用上述射极跟随放大器进行匹配比较简单、方便，但无法避免连接电缆、接插件等产生的分布电容对测量的影响。电荷放大器是一种能把压电传感器输出的电荷量变换成电压输出的特殊装置，几乎已经成为压电式传感器专用的匹配装置。由于它可以避免杂散电容的干扰，因此除了能进行阻抗匹配外，也使得连接电缆长度与传感器的灵敏度无关，从而能保证压电传感器的使用灵敏度是。图 10.7 是一个电荷放大器的电荷转换及射极跟随器部分的电路原理图。

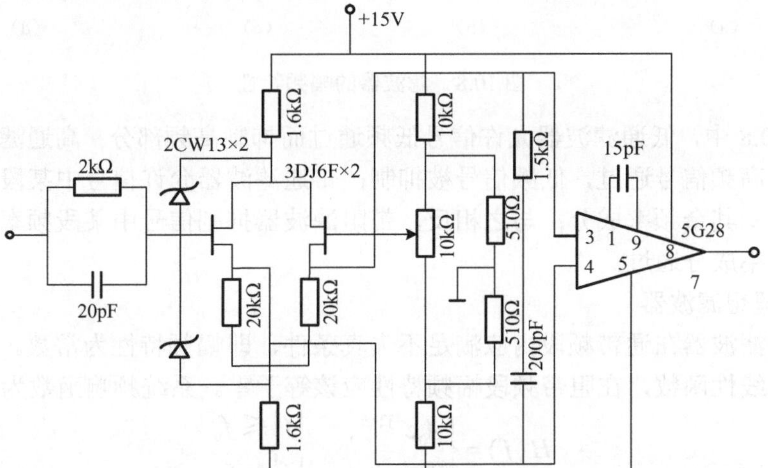

图 10.7　电荷放大器电路原理图

10.4.3　基本的信号处理

从前置放大电路出来的信号，其中可能包含着不期望的信号，如噪声和脉冲信号等，需要剔除；或对其中某一特征信号感兴趣，如故障表征信号，需要提取出来；或者要对信号进行变换，以便传输或记录；或者需要对信号进行转换、变换、映射、编码以及数字化处理等。信号处理电路一般包括滤波电路、调制解调电路及 A/D 转换电路等。

滤波器的基本作用是选频，即允许信号中某些频率成分通过，其他频率成分受到抑制。滤波的概念是广义的，由于任一环节都有自己的传递特性，信号通过任一环节都会有所改变，因此，测试中的滤波是为了各种不同的目的提取出需要的频率成分，衰减掉不需要的频率成分。用于实现这一功能的装置称为滤波器。对于滤波器，信号能够通过它的频率范围称为频率通带；被它抑制或者极度衰减掉的信号频率范围称为频率阻带；通带与阻带的交界点称为截止频率。滤波器按照能够通过的频率范围可分为四类，即低通滤波器、高通滤波器、带通滤波器和带阻滤波器，它们的幅频特性如图 10.8 所示。

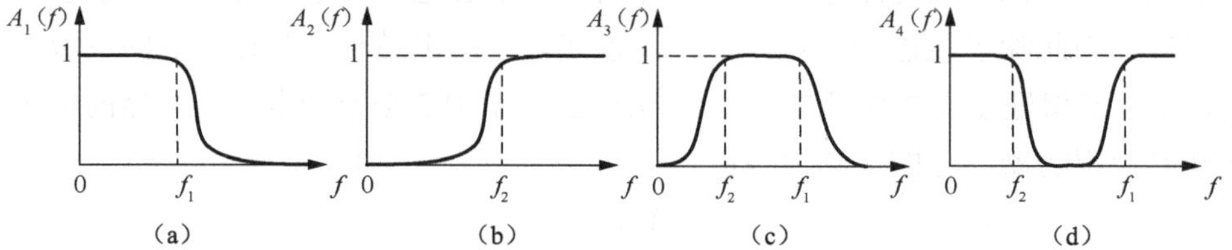

图 10.8　滤波器的幅频特性

图 10.8 中，低通滤波器允许信号低频通过而抑制高频部分；高通滤波器正好相反允许高频信号通过，低频信号被抑制；带通滤波器允许信号中某段频率成分通过而抑制其余频率成分；与之相反，带阻滤波器抑制信号中某段频率成分而允许其余频率成分通过。

1）理想滤波器

理想滤波器在通带频段内应满足不失真条件，即幅频特性为常数。相频特性是频率的线性函数，在阻带频段幅频特性应该等于零。系统频响函数为

$$H(f)=\begin{cases}A_0\mathrm{e}^{-\mathrm{j}2\pi ft}, & |f|\leqslant f_0\\ 0, & |f|>f_0\end{cases} \tag{10.18}$$

其幅频、相频特性分别为

$$H(f)=A_0 \tag{10.19}$$

$$\phi(f)=-2\pi ft \tag{10.20}$$

它对单位脉冲信号输入的响应为

$$h(t)=F^{-1}[H(f)]=2A_0f_0\frac{\sin 2\pi f_0(t-t_0)}{2\pi f_0(t-t_0)} \tag{10.21}$$

图 10.9 所示为理想滤波器的频率特性。各种理想滤波器在截止频率点上的幅频特性转折非常尖锐、陡峭，描述它的指标有截止频率 f_c 和带宽 B，并且 $B=f_{c1}-f_{c2}$。

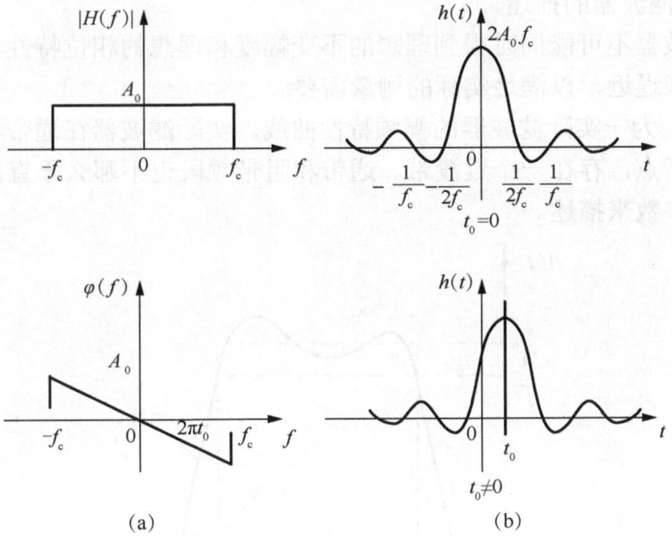

图 10.9　理想滤波器的频率特性

把一个单位阶跃信号 $u(t)$（图 10.10（a)），输入一个理想滤波器，其输出在时域就是理想滤波器的单位脉冲响应 $h(t)$（图 10.10（b)）与单位阶跃信号 $u(t)$ 的卷积，如图 10.10（c）所示。

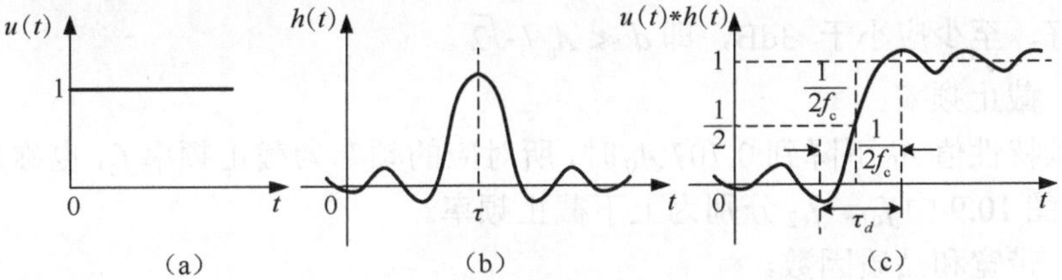

图 10.10　理想滤波器的单位阶跃响应

在图 10.10（c）中，如果定义由最小到最大值所需的时间为上升时间 τ_d，则表示为 $\tau_d=\dfrac{1}{f_c}$。其中，f_c 是这一低通滤波器的截止频率，它的大小代表了这一低通滤波器的工作频带宽度 B。所以可以得到一个结论：滤波器的上升时间与截止频率（带宽）成反比。这一结论对其他类型滤波器也适用。

建立上升时间 τ_d 与带宽 B 的关系，对理解和处理一些滤波器的问题是很重要的。例如，在选用一个带通滤波器时，为了准确地选出某一频率成分，提高分辨率，就需将滤波器的带宽选择的尽量窄些。但是根据上述分析，带宽与上升时间成反比，选择带宽越窄也就形成输出信号上升时间越长，这就造成高分辨率与快速响应要求的矛盾。应该根据具体情况作适当处理。

2）实际滤波器的描述

实际滤波器不可能同时得到理想的不变幅度和理想的相位特性，但可以向理想滤波器逐步逼近，以满足实际的测量需要。

图 10.11 为一实际滤波器的幅频特性曲线。实际滤波器在通带和阻带之间没有明显的转折点，存在一个过渡带。通带和阻带频段也不那么平直。实际滤波器一般用下列参数来描述。

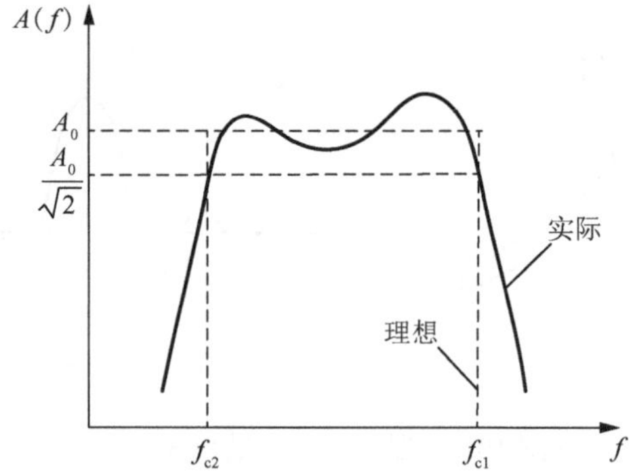

图 10.11　实际滤波器幅频特性

（1）纹波幅度。

滤波器顶部幅值的波动量，称为纹波幅度 d，幅频特性的平均值为 A_0。d/A_0 越小越好，至少应小于−3dB，即 $d \ll A_0/\sqrt{2}$。

（2）截止频率。

幅频特性值 A_0 下降到 0.707 A_0 时，所对应的频率为截止频率 f_c，也称为“−3dB 频率”。图 10.9 中 f_{c1}、f_{c2} 分别为上下截止频率。

（3）带宽和品质因数。

上下截止频率之间的频率范围称为滤波器带宽，因为

$$20\lg\frac{\frac{A_0}{\sqrt{2}}}{A_0}=-3\text{dB} \tag{10.22}$$

所以 $f_{c1} \sim f_{c2}$ 也称“−3dB 带宽”，标以 B_{-3dB}。

通常，把中心频率 f_n 和带宽 B 之比称为带通滤波器的品质因数，以 Q 表示：

$$Q=\frac{f_n}{B} \tag{10.23}$$

$$f_n=\sqrt{f_{c1}f_{c2}} \tag{10.24}$$

（4）倍频程选择性。

倍频程选择性是描述带宽外频率成分衰减的能力，以 $2f_{c1}$ 或 $\frac{1}{2}f_{c2}$ 的分贝数来

表征。其绝对值越大衰减越快，滤波器选择性越好。

（5）滤波器因数。

滤波器因数与处的带宽也是描述带宽外的频率成分衰减能力的，是 –60dB 处的带宽 $B_{-60\text{dB}}$ 与 –3dB 处的带宽 $B_{-3\text{dB}}$ 比值，即

$$\lambda = \frac{B_{-60\text{dB}}}{B_{-3\text{dB}}} \tag{10.25}$$

当 λ=1 时，表示幅频特性的两侧边是垂直下降的，即理想滤波器的幅频特性；实际滤波器的值 λ 越趋近越好，越接近理想滤波器。

10.5　诊断信息的量度

在上面的讨论中，就诊断信息的一般获取方法、传感信息的基本处理方法以及相应的处理电路进行了探讨和分析，这些讨论分析基本上是定性的。那么，如何在理论上进行定量的分析，以更好地给出传感器的选择、安装，本节的讨论就是从信息熵的角度对传感信息进行定量的量化处理，然后通过以后各节依次给出的分析方法，提出定量化的理论依据。

假定系统 A，其状态的概率密度函数是 $p(x)$，$p(x)$ 在区间 $[-\infty,+\infty]$ 存在积分，并且满足 $\int_{-\infty}^{+\infty} p(x)\mathrm{d}x = 1$，则其熵定义为

$$H(A) = \int_{-\infty}^{+\infty} p(x)\log_a p(x)\mathrm{d}x \tag{10.26}$$

若系统 A 可以处于 n 个互不相容的离散状态 $A_1, A_2, \cdots, A_n$ 中的任意一个，设 $S = \{A_i, i = 1,2,\cdots,n\}$，即 S 为系统 A 的状态集合。各个状态相应的概率分别为 $P(A_1), P(A_2), \cdots, P(A_n)$，并且满足 $\sum_{i=1}^{n} P(A_i) = \sum_{A_i \in S} P(A_i) = 1$，则相应地，各个状态的熵为

$$H(A_i) = -P(A_i)\log_a P(A_i) \tag{10.27}$$

若系统的每个状态出现的概率是相等的，则系统的不确定程度为 $\log_a n$，定义为系统的熵。显然，n 增大时熵也随之增大。而若系统可能分别处于不同的状态，则系统的熵等于各个状态熵之和：

$$H(A) = -\sum_{i=1}^{n} P(A_i)\log_a P(A_i) \tag{10.28}$$

若采用 2 为对数的底，则有

$$H(A) = -\sum_{i=1}^{n} P(A_i)\log_2 P(A_i) = -\sum_{A_i \in S} P(A_i)\log_2 P(A_i) \tag{10.29}$$

对于一个诊断系统，通常是通过观测系统的采样信息获得系统状态的测量特

征，继而获得状态特征信息。若假定被诊断系统是 A，它具有状态 $A_1, A_2, \cdots, A_n$；而系统 A 的信息测量系统 B 的状态集合；则复合系统的熵为

$$H(AB) = -\sum_{A_i \in S}\sum_{B_j \in W} P(A_i B_j)\log_2 P(A_i B_j) \tag{10.30}$$

若 A 和 B 统计无关，则系统 B 和系统 A 的复合熵为

$$\begin{cases} H(AB) = H(A) + H(B/A) \\ H(AB) = H(B) + H(A/B) \end{cases} \tag{10.31}$$

一般情况下，当 $H(A) \neq H(B)$ 时，它的条件熵也不等，即 $H(A/B) \neq H(B/A)$。

若 A 和 B 统计相关，则系统 B 对于系统 A 的条件熵为

$$H(AB) = -\sum_{A_i \in S}\sum_{B_j \in W} P(A_i)P(B_j / A_i)\log_2 P(B_j / A_i) \tag{10.32}$$

用条件熵表示 K 个系统组成的复合熵有

$$H(AB\cdots K) = H(A) + H(B/A) + \cdots + H(K/AB\cdots J) \tag{10.33}$$

一个系统 A 在仅有原始测量时其熵为 $H_0(A)$，在经过补充检测点得到增广检测信息，即所谓得到新的信源后，其熵为 $H_1(A)$，则根据 Shannon 提出的信息理论，定义系统 A 在经过一定的增广测量后，其所获得的信息量 J 为熵的差值，即

$$J = H_0(A) - H_1(A) \tag{10.34}$$

若被诊断系统的状态构成系统 A，系统的观测或检测信息 $b(t) = \big(y(t), u(t)\big)$ 构成系统 B，则系统 A 的状态信息实际上只能通过观测与 A 统计有关的系统 B 得到，故有关系统 A 的信息量定义为系统 B 中包含系统 A 的信息量，即

$$J_A(B) = H(A) - H(A/B) \tag{10.35}$$

同样，系统 A 中所包含系统 B 的信息量定义为

$$J_B(A) = H(B) - H(B/A) \tag{10.36}$$

根据式（10.29）、式（10.30）有

$$J_A(B) = J_B(A) \tag{10.37}$$

式（10.37）反映了检测信息的相互性与相对性，该式给出了通过状态检测信息实现故障诊断的重要性和基础性、合理性。

$$J_A(B) = H(A) + H(B) - H(AB)$$

根据式（10.30），并考虑到 $P(A_i) = \sum_{j=1}^{m} P(A_i B_j)$ 和 $P(B_j) = \sum_{i=1}^{n} P(A_i B_j)$ 得

$$J_A(B) = \sum_{A_i \in S}\sum_{B_j \in W} P(A_i B_j)\log_2 \frac{P(A_i B_j)}{P(A_i)P(B_j)} \tag{10.38}$$

同样，系统 B 中关于 A_i 的信息量为

$$J_{A_i}(B) = \sum_{B_j \in W} P(B_j / A_i)\log_2 \frac{P(A_i B_j)}{P(A_i)P(B_j)} \tag{10.39}$$

若 B 中的每个状态 B_j 都包含了某个 A_i 的信息（根据信息的相关性，反之亦然），则定义 B_j 中关于 A_i 的信息量为

$$J_{A_i}(B_j)=\log_2\frac{P(B_j/A_i)}{P(B_j)}=\log_2\frac{P(A_i/B_j)}{P(A_i)}=\log_2\frac{P(A_iB_j)}{P(A_i)P(B_j)} \tag{10.40}$$

所以有

$$J_{A_i}(B)=\sum_{B_j\in W}P(B_j/A_i)J_{A_i}(B_j) \tag{10.41}$$

若引入“状态 B_j 中关于系统 A 的信息”这个概念，则可写为

$$J_A(B)=\sum_{B_j\in W}P(B_j)J_A(B_j) \tag{10.42}$$

根据式（10.38）有

$$J_A(B_j)=\sum_{A_i\in S}P(A_i/B_j)\log_2\frac{P(A_iB_j)}{P(A_i)P(B_j)} \tag{10.43}$$

由式（10.37）和式（10.42），类似地可以写出

$$J_B(A)=\sum_{A_i\in S}P(A_i)J_B(A_i) \tag{10.44}$$

比较式（10.42）和式（10.36）有

$$J_B(A_i)=J_{A_i}(B) \tag{10.45}$$

同样有

$$J_{A_i}(B_j)=J_{B_j}(A_i) \tag{10.46}$$

这里整个的定义、推导、证明所给出的信息测量结论，提供了故障诊断中状态检测在数学原理上的合理性、基础性以及有效性。

10.6　检测控制策略问题

一个系统在设计时由于检测、控制或监控的要求，以及系统的可靠性、成本控制、结构方式、体积与安装以及运行方式等的要求，其输入与输出就已经是确定的，这里所谓的确定是指：系统有多少个及什么样的给定输入和测量反馈输出，这也就确定了系统输入输出的测量点（包括其数量和安装部位等），即确定了测量信息的“量”。但是诊断系统往往不能仅仅依靠控制系统所设定的输入输出信息实现其技术诊断，因为在这样的条件之下有些故障是不可诊断或不可分离的，它还必须适量地设置一些信息传感器以增加系统信息量，使得一些原来不可诊断或不可分离的故障成为可诊断且可分离的，或者是弱可诊断且弱可分离的。在本书中，将诊断系统适当地改变系统的测量信息则称为输出重整，其中在不改变控制系统结构的前提之下适当地增加系统的测量信息，称为输出（或测量）信息增广。

定义 10.1　实际的被诊断系统由式（9.1）或式（9.13）所描述，诊断系统设计中的检测控制策略原则是，不改变系统的状态和原来的输出条件，即保证原来系统完整不变的前提之下，以最少的检测点，由一定的检测策略控制，增广系统的输出信息集合，得到如下的新系统：

$$Y(t)=F(x(t),u(t)) \tag{10.47}$$

式中

$$Y(t)=\begin{bmatrix} y(t) \\ y_1(t) \end{bmatrix},\qquad F(x(t),u(t))=\begin{bmatrix} f(x(t),u(t)) \\ f_1(x(t),u(t)) \end{bmatrix}$$

使得新的系统是状态可诊断的，进一步是状态可分离和故障可分离的。

离散线性系统如下：

$$\begin{cases} \begin{bmatrix} x_1(k+1) \\ x_2(k+1) \end{bmatrix}=\begin{bmatrix} 1,1 \\ 1,1 \end{bmatrix}\begin{bmatrix} x_1(k) \\ x_2(k) \end{bmatrix}+\begin{bmatrix} b_1 \\ b_2 \end{bmatrix}u(k) \\ y(k)=[1,1]\begin{bmatrix} x_1(k) \\ x_2(k) \end{bmatrix} \end{cases} \tag{10.48}$$

显然任何一个状态对系统输出都是有影响的，系统是实际可诊断，但却是状态不可分离的，因为通过系统输出所观测到的是两个状态的和 $x_1(t)+x_2(t)$ 。而由式（10.22）的输出方程可知它的测量点在两个状态变量的相加点之后，因此增广式（10.23）的输出方程，即在相加点之前增加任意一个测量点即可：

$$\begin{cases} \begin{bmatrix} x_1(k+1) \\ x_2(k+1) \end{bmatrix}=\begin{bmatrix} 1,1 \\ 1,1 \end{bmatrix}\begin{bmatrix} x_1(k) \\ x_2(k) \end{bmatrix}+\begin{bmatrix} b_1 \\ b_2 \end{bmatrix}u(k) \\ Y(k)=\begin{bmatrix} 1,1 \\ 1,0 \end{bmatrix}\begin{bmatrix} x_1(k) \\ x_2(k) \end{bmatrix} \end{cases} \tag{10.49}$$

于是系统就变成完全状态可诊断和故障可分离的。

从诊断的要求来看，固然是测量点或传感器越多越好。因此，一个系统由于成本控制和可靠性控制，测量点的设置是有限的；同时每一个测量点传感器所能提供的信息也是不尽相同的。对一个特定的故障实施诊断，有的测量点的传感器可能能够提供 70%的信息量，而有些测量点的传感器可能仅能够提供不到 10%的信息量，甚至有些测量点其传感器根本就不能提供有效的诊断信息。这就有一个检测点的选择和如何实施测量的问题。测量策略问题的求解有两种方式：按式（10.31）或式（10.36）计算测量点所提供的信息量，则信息量最大点就是诊断测量策略问题的解，或者按照下面所提供的序惯策略求解测量策略问题。

10.7　测量策略问题求解

第 9 章提出了状态故障的可诊断性问题，而所谓可诊断问题的求解实际上就是被诊断系统的测量信息集合 $B=\{b_1,b_2,b_3,\cdots\}$ 对系统状态的反映能力。因此，诊断问题的实现要求预先测量所有系统的状态特征或至少是绝大部分的状态特征，这样才能得到正确的诊断结果。所以就有一个最佳检测点选择的问题。显然并非系统的所有故障都能诊断，同样并非所有的故障都需要诊断，因为这里有一个成本与可靠性的相互关系做制约。诊断系统的目的仅仅是对那些影响系统正常运行、甚至会造成危险后果的故障实施诊断，并向控制系统提供控制与保护依据。

设备诊断系统 A 的状态集合为 S，系统的状态数为 $2^{|S|}$，$|S|$ 为 S 的模值。其候选子集合为

$$S_1 \subseteq S_{\rm f}, S_1=\{\ \forall s_i \in S_1 \subseteq S \text{ 则 } A \text{ 处于故障状态 }\ \}$$

而

$$S_{\rm n}=S-S_{\rm non}=\{\ \forall s_i \in S_{\rm n} \subseteq S \text{ 则 } A \text{ 处于正常状态 }\ \}$$

$$S=S_{\rm n}+S_{\rm non}+S_{\rm f}, S_{\rm f} \subseteq S_{\rm non}$$

同式（10.4），系统 A 的熵为

$$H(A)=-\sum_{S_i \in S_1 \subseteq S} P(s_1)\log_2 P(S_1) \tag{10.50}$$

若系统已经进行了 n 次检测，已知的可以确定为状态故障时的测量集合为 B^+，已知的可以确定为非故障时，其测量集合为 B^-，而状态未知的测量集合为 $B^?=B-(B^+ + B^-)$，则系统的熵演变为

$$H(A/B^+B^-)=-\sum_{S_i \in S_1 \subseteq S} P(s_1/B^+B^-)\log_2 P(s_1/B^+B^-) \tag{10.51}$$

若进行第 $n+1$ 次检测，则测量结果 $b_{n+1} \in B^+$ 时的条件熵为

$$\begin{aligned} H_A^+ &= H(A|_{b_{n+1}}/B^+B^-) \\ &= -\sum_{S_i \in S_1 \subseteq S} P(s_1/(B^+\{b_{n+1}\})B^-)\log_2 P(s_1/(B^+\{b_{n+1}\})B^-) \end{aligned} \tag{10.52}$$

若进行第 $n+1$ 次检测，测量结果 $b_{n+1} \in B^-$ 时的条件熵为

$$\begin{aligned} H_A^- &= H(A|_{\overline{b_{n+1}}}/B^+B^-) \\ &= -\sum_{S_i \in S_1 \subseteq S} P(s_1/B^+(B^-\{\overline{b_{n+1}}\}))\log_2 P(s_1/B^+(B^-\{\overline{b_{n+1}}\})) \end{aligned} \tag{10.53}$$

因此进行第 $n+1$ 次检测后，系统的条件熵为

$$\begin{aligned} H_A &= H(A|_{b_{n+1}}/B^+B^-)=P(b_{n+1}/B^+B^-)H_A^+ + P(\overline{b_{n+1}}/B^+B^-)H_A^- \\ &= \frac{P(B^+B^-\{b_{n+1}\})}{P(B^+B^-)}H_A^+ + \frac{P(B^+B^-\{\overline{b_{n+1}}\})}{P(B^+B^-)}H_A^- \end{aligned} \tag{10.54}$$

根据式（10.34）关于信息量的定义，可得到在第 $n+1$ 测量 b_{n+1} 后所带来的信息量为

$$J_A(n+1/B^+B^-)=P(A/B^+B^-)-P(A|_{n+1}/B^+B^-)$$
$$=-\sum_{S_i\in S_1\subseteq S}\frac{P(B^+B^-/s_1)P(s_1)}{P(B^+B^-)}\log_2\frac{P(B^+B^-/s_1)P(s_1)}{P(B^+B^-)}-H_A \quad (10.55)$$

式（10.55）就是基于 Wald 序惯策略的检测控制策略问题。若不考虑序惯测量的过程，则式（10.55）本质上与式（10.43）是等价的。

若考虑序惯测量，则只要在测量序列 $B=\{b_1,b_2,\cdots,b_n,b_{n+1},\cdots\}$ 中求取一个测量 $b_{n+1}\in B$，使 $J_A(n+1/B^+B^-)$ 最小，则该 b_{n+1} 就是所要求的最佳测量点。但是同式（10.43）相似，这样的最优点的求解往往很困难。或者，退一步求出一个最佳的候选集合，满足定义 9.9 的九元式或者定义 9.10 的五元式的所提出的诊断问题 P 的解。设诊断测量的最佳解为 S_k，在已知 B^+ 和 B^- 时，相对测量 $s_i\in S_f$ 的候选假设 $C_{i,n+1}$，第 n 次测量是 b_{n+1}，当 $b_{n+1}\in B^+$ 时，S_k 的条件概率为

$$P(S_k/B^+b_{n+1}B^-)$$
$$=\begin{cases}P(S_k/B^+B^-)\dfrac{P(B^+B^-)}{P(B^-(B^+\{b_{n+1}\}))}(1-\prod\limits_{s_i\in S_k}(1-C_{i,n+1})), & b_{n+1}\in \text{effects}(S_k)-B^+-B^-\\ 0, & b_{n+1}\in B^+-B^--\text{effects}(S_k)\end{cases} \quad (10.56)$$

$$P(S_k/B^+\overline{b_{n+1}}B^-)$$
$$=\begin{cases}P(S_k/B^+B^-)\dfrac{P(B^+B^-)}{P(B^+(B^-\{\overline{b_{n+1}}\}))}(1-\prod\limits_{s_i\in S_k}(1-C_{i,n+1})), & b_{n+1}\in \text{effects}(S_k)-B^+-B^-\\ P(S_k/B^+B^-)\dfrac{P(B^+B^-)}{P(B^+(B^-\{\overline{b_{n+1}}\}))}, & b_{n+1}\in B^+-B^--\text{effects}(S_k)\end{cases} \quad (10.57)$$

$$P(S_k/B^+b_{n+1}B^-)-P(S_k/B^+\overline{b_{n+1}}B^-)$$
$$=\begin{cases}P(S_k/B^+B^-)P(B^+B^-)\left[\dfrac{\prod\limits_{s_i\in S_k}(1-C_{i,n+1})}{P(B^+(B^-\{\overline{b_{n+1}}\}))}-\dfrac{1-\prod\limits_{s_i\in S_k}(1-C_{i,n+1})}{P(B^-(B^+\{b_{n+1}\}))}\right]\\ P(S_k/B^+B^-)\dfrac{P(B^+B^-)}{P(B^+(B^-\{\overline{b_{n+1}}\}))}\end{cases} \quad (10.58)$$

条件同上式。

$$\mathrm{OMI}(b_{n+1}) = \begin{cases} \left| -\dfrac{1}{P(B^+B^-)} + \left(\dfrac{1}{P(B^-(B^+\{b_{n+1}\}))} - \dfrac{1}{P(B^+(B^-\{\overline{b_{n+1}}\}))} \right) \prod_{s_i \in S_k} (1 - C_{i,n+1}) \right| \\ \dfrac{1}{P(B^+(B^-\{\overline{b_{n+1}}\}))} \end{cases} \tag{10.59}$$

基于以上推理，当完成$n+1$次测量后，测量结果的归结步骤为：

（1）若测量结果$b_{n+1} \in B^-$，则对所有$b_{n+1} \in B^-$时的S_k计算条件概率$P(S_k / B^+\overline{b_{n+1}}B^-)$，然后进行下一次的测量；若$b_{n+1} \in B^+$，则直接进入下一步。

（2）生成一个新的候选集合S_{new}：若$b_{n+1} \in B^+$，则相应的$S_k \in S_{\mathrm{new}}$，并记$S_1 = S_{\mathrm{new}}$。

（3）若S_1满足定义 9.9 或定义 9.10，或$j > 2$，使得$b_{n+1} \in B^-, b_{n+2} \in B^-, \cdots, b_{n+j} \in B^-$，则相应的$\{b_1, b_2, \cdots, b_n\}$就是对应问题的解，否则继续步骤（1）。

由于诊断本身就是一个递推的间接过程，也是一个对对象不断认识与知识不断积累的过程，上面的求解过程的实际意思就是：测量点的选择是一个不断优化的过程。当进行诊断推理所作的测量时，它是在不断地精炼样本的候选空间，然后再用这获得的测量信息去进一步指导诊断测量，以获得一个诊断问题所要求的解为止。

10.8　检测控制技术实践

由以上的推理计算可知，在系统存在某一具体故障的情况之下，某些测量点所提供的信息量较大，而另外一些测量点则意义不大。测量点选择的原则是尽量选择能够提供较大信息量的测量点，使得测量损耗最小，即测量点最少和测量次数最少。在图 10.12 所示的直流传动控制系统中，标出了 4 个电流测量点。为了诊断变流器系统的故障，在试验台上模拟异常现象进行了 100 次测量和统计计算。如果设电流上升速度为$d_1 (= \Delta i / \Delta t)$，电流幅值为$d_2$（按$100\% = 2000\mathrm{A}$折算），而取

$$d = \frac{a_1 d_1 + a_2 d_2}{a_1 d_{1,\max} + a_2 d_{2,\max}} \tag{10.60}$$

式中，$a_1 \geqslant 0, a_2 \geqslant 0, a_1 + a_2 = 1$。若以$d \geqslant 65\%$表示异常，则它们的测量特征$b_1$、$b_2$、$b_3$，相应的状态$A_1$、$A_2$和概率如表 10.1 和表 10.2 所示。

表 10.1　系统状态值

测量状态	A_1 正常	A_2 正常
b_1	3	27
b_2	22	9
b_3	36	3

表 10.2　测量状态的概率值

	b_1	b_2	b_3	$P(A_i)$
A_1 正常	0.03	0.22	0.36	0.61
A_2 正常	0.27	0.09	0.03	0.39
$P(b_j)$	0.30	0.31	0.39	

则由式（10.39）得到系统测得状态正常的信息量为

$$J_{A_1}(B)=0.303$$

同理可得系统测得状态异常的信息量为

$$J_{A_1}(B)=0.557$$

而由式（10.43）得到各个测量点的信息量分别为

$$J_A(b_1)=0.8249\text{，}\quad J_A(b_2)=0.0313\text{，}\quad J_A(b_3)=0.3715$$

$$J_A(b_4)\approx 0.0\text{，}\quad J_A(b_5)\approx 0.0$$

由信息量的统计计算可以看出，点 1 的信息量远大于点 2 的信息量。对测量点 1 的信息采用模糊模式识别技术或通过波形的智能阅读就能够实现变流器的故障的诊断识别（如电流不对称、触发脉冲失败、过流或短路等），若按照图 10.12 中所示的 2、3、4、5 号的电流传感器设置点（其中 2 号测量点是控制系统的实际设置点），则变流器的状态特征在经过平波电抗器和电机绕组的滤波作用后荡然无存。同理，若要诊断牵引电机的过流等故障，则电流的测量点一般是选择 2 号测量点设置传感器。

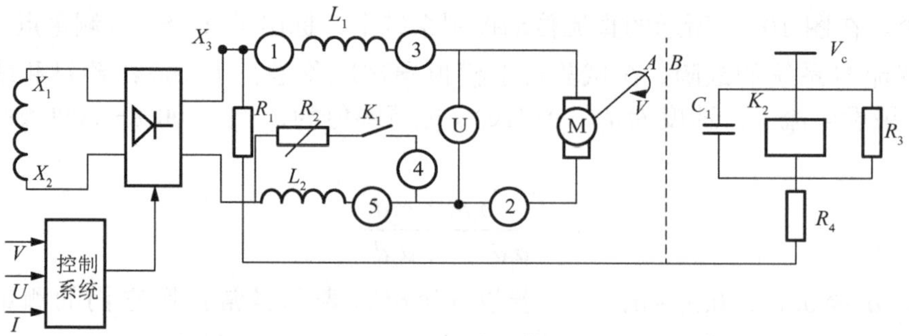

图 10.12　带有接地检测的直流传动控制系统的简化主电路

X_1 X_2 -变压器副边绕组；L_1 -平波电抗器；L_2 -励磁绕组；R_2 -励磁电流分流电阻

若常规测量点的信息量不足以完成给定故障的诊断，则此时检测控制技术问题就显得极其重要。

10.9　传感器分布优化方法

10.9.1　传感器分布优化方法概述

以上从理论上讨论了传感信息的获取方法和传感器的使用，是建立在信息熵理论之上的。也就是讨论了故障诊断效率和传感器的布局有关，不合理的传感器配置方案不仅使诊断费用增加，还会导致测试与诊断能力降低。本节从另外一个角度讨论传感器的设置与使用问题。但是无论如何，传感器的选择、安装方法，其理论依据都是：传感器所提供的检测信息，是否能够为诊断过程提供有效的测量信息。

而且这些方法并没有利用系统设计时定性和定量信息，没有考虑系统诊断代价，并不是以系统诊断代价最低为目标函数来优化传感器的布局。下面讨论了一种以系统诊断代价为设计准则的传感器优化配置方法，直接利用故障诊断方法所产生的中间结果指导传感器优化配置问题，这种方法不仅计算简单，而且可以体现系统为诊断设计的思想。

10.9.2　基于诊断重要度的传感器分布方法

一般来说，用于监测系统的传感器数目越多，系统的诊断效率越高，但一方面会增加系统成本，另一方面也会降低诊断系统的可靠性，所以对此需要作出权衡。下面假设系统中所用的传感器数目为固定值 2，讨论传感器的优化配置问题。要确保系统期望诊断代价较低，设置传感器位置时需考虑部件的故障率和部件在系统中结构位置。诊断重要度从诊断的角度对不同部件进行了区分，诊断重要度越大的部件越重要，故可以将它作为传感器位置选择的标准，将传感器设置在证据信息函数 DIF 诊断重要度大的部件上。设传感器 X 同时监测部件 C 和 D，证据信息函数可以表示为

$$E = \mathrm{DIF}_C \cdot \mathrm{DIF}_D \tag{10.61}$$

如果考虑证据信息函数的测试代价，则它的费用诊断重要度：

$$\mathrm{CDIF}_E = \frac{q_E}{t_E} \tag{10.62}$$

式中，q_E 是被诊断部件的故障概率；t_E 是检测代价。

在设置传感器位置时，应尽量选择使证据信息函数费用诊断重要度最大的部件作为传感器的监测点，诊断系统时，就能获得较低的期望诊断代价，提高系统诊断效率。

基于证据信息函数重要度的传感器优化分布设计步骤如下：

（1）建立系统的故障树模型；

（2）分析故障树模型，将系统故障树转化为相应的贝叶斯网络进行分析，计算各部件的诊断重要度；

（3）确定证据信息函数，在有限资源的约束条件下，选择诊断重要度大的部件作为传感器的监测对象；

（4）计算诊断期望代价，根据传感器提供的证据信息，利用前面的方法对系统割集和诊断重要度信息进行更新，计算期望诊断代价，验证传感器分布方法的有效性。

10.9.3　实例

同样以油压指示警告系统为例，假设所有部件的测试代价均为 1，由第 9 章的分析结果可知部件 X_{10} 诊断重要度最大，X_2 次之，考虑两种情况，第一种情况传感器 S_1 监测部件 X_1 和 X_3，第二种情况传感器 S_2 监测部件 X_2 和 X_{10}，这两种情况所对应的证据信息函数分别为

$$E_1 = X_1 X_3, \quad E_2 = X_2 X_{10} \tag{10.63}$$

则它们的费用诊断重要度分别为

$$\begin{aligned} \text{CDIF}_{E_1} &= \frac{\text{DIF}_{X_1} \times \text{DIF}_{X_3}}{t_{X_1} + t_{X_3}} = \frac{0.106 \times 0.07}{2} = 3.71 \times 10^{-3} \\ \text{CDIF}_{E_2} &= \frac{\text{DIF}_{X_4} \times \text{DIF}_{X_6}}{t_{X_4} + t_{X_6}} = \frac{0.895 \times 0.367}{2} = 0.164 \end{aligned} \tag{10.64}$$

第一种情况前面已经分析了，第二种情况下的证据条件割集为

$$F_{\text{CUE2}} = X_5 + X_6 + X_{11} + X_{12} + X_1 X_3 + X_1 X_7 + X_1 X_8 + X_1 X_9 \tag{10.65}$$

将证据信息输入贝叶斯网络进行推理，获得更新后的诊断数据如表 10.3 所示，与之相对应的诊断决策树见图 10.13。

表 10.3　收到 X_2 和 X_{10} 证据信息后警告系统的诊断重要度

排序	证据条件下割集	证据条件下割集诊断重要度	部件重要度
1	X_{11}	1.2×10^{-3}	1.2×10^{-3}
2	X_{12}	1×10^{-3}	1×10^{-3}
3	X_5	8×10^{-4}	8×10^{-4}
4	X_1, X_3	1.5×10^{-6}	$1\times10^{-3}, 1.5\times10^{-3}$
5	X_1, X_9	8×10^{-7}	$1\times10^{-3}, 8\times10^{-4}$
6	X_6	5×10^{-9}	5×10^{-9}
7	X_1, X_7	1.2×10^{-11}	$1\times10^{-3}, 1.2\times10^{-8}$
8	X_1, X_8	1.2×10^{-11}	$1\times10^{-3}, 1.2\times10^{-8}$

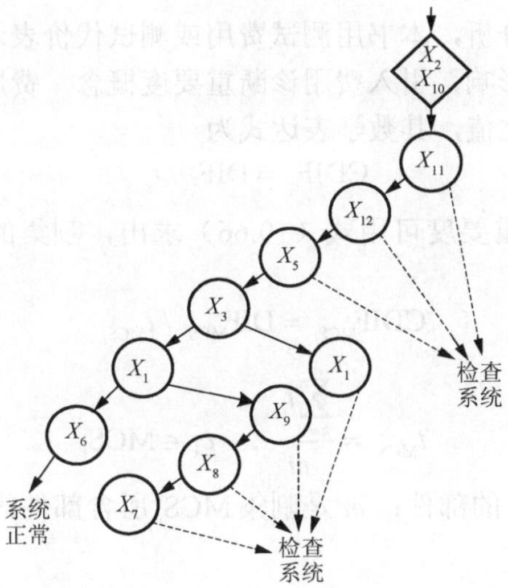

图 10.13　收到 X_2 和 X_{10} 证据信息后警告系统的诊断决策树

根据诊断决策树，按照式（10.64）可算出它的期望诊断代价约为 0.0056，比第一种情况下的值要低很多，那是因为传感器所监测的部件 X_2 和 X_{10} 对系统故障的贡献最大，刚好构成了一个最小割集，如果它们同时发生故障，系统必然发生故障，因此维修好 X_2 和 X_{10} 就能使系统恢复正常，而不需要再测试其他部件，故它的期望诊断代价几乎为 0。所以，在进行传感器配置时，应选择证据信息函数值高的部件作为传感器设置点，这样可以获得较低的期望诊断代价，而且这种传感器优化配置方法可以在产品设计阶段进行，充分体现为诊断设计的思想。

10.10　融合部件的测试代价

10.10.1　费用诊断重要度

前面提到的故障诊断方法是在基于各部件测试代价均相等这一假设的情况下得到的，这显然与实际不符，必须将部件的测试代价融入系统故障诊断过程。在故障诊断与维修决策中通常需要考虑的代价因素有：

（1）时间 T，诊断或维修操作获得结果所需的时间，一般可用分钟度量；

（2）风险 R，指在诊断或维修操作过程中，可能对设备造成的损害或其他不良后果；

（3）费用 M，执行诊断或维修操作所需的费用。

通常，可以将上述三个因素合并表达为代价函数：

$$t = \alpha T + \beta R + \gamma I \tag{10.66}$$

对于权重 α 、β 和 γ 可由领域专家确定，为统一量纲，权重可以根据度量单位设置量纲。为简化分析，本书用测试费用或测试代价表示部件的代价函数。为考虑部件测试代价的影响，引入费用诊断重要度概念，费用诊断重要度是指诊断重要度与诊断代价的比值，其数学表达式为

$$\mathrm{CDIF}_{c_i} = \mathrm{DIF}_{c_i} / t_{c_i} \tag{10.67}$$

部件的费用诊断重要度可用式（10.66）求出，割集的费用诊断重要度可用式（10.68）求得：

$$\begin{aligned} &\mathrm{CDIF}_{\mathrm{MCS}_i} = \mathrm{DIF}_{\mathrm{MCS}_i} / t_{\mathrm{MCS}_i} \\ &t_{\mathrm{MCS}_i} = \frac{\sum_{k=1}^{m} t_{c_k}}{m}, \quad c_k \in \mathrm{MCS}_i \end{aligned} \tag{10.68}$$

式中，c_k 为割集 MCS_i 的部件；m 是割集 MCS_i 所含部件的个数；t_{c_k} 是部件 c_k 的测试费用。

10.10.2　融合了测试代价的诊断决策算法

假设各部件之间的测试代价不具有相关性，融合了测试代价的诊断决策算法只需在 10.10.1 节的基础进行修改，将诊断重要度全部改为费用诊断重要度即可，具体见下列算法。

算法　融合传感器证据信息和部件测试代价的诊断算法。

（1）列出系统所有证据条件下割集并按其费用诊断重要度从大到小排列。

（2）选择费用诊断重要度最大的证据条件下割集，并诊断费用诊断重要度最大的部件 c_i。

（3）把所有证据条件下割集分成两部分，一部分包含部件 c_i，另一部分不包含部件 c_i。

① 如果 c_i 诊断为故障，则诊断所有包含 c_i 的证据条件下割集。

（a）诊断所有证据条件下割集，费用诊断重要度大的证据条件下割集优先诊断；

（b）在诊断同一证据条件下割集时，费用诊断重要度大的部件优先诊断。

② 如果 c_i 诊断为正常，则诊断所有不包含 c_i 的证据条件下割集。

在未诊断的证据条件下割集中，选定费用诊断重要度最大的证据条件下割集；递归重复循环（2）～（3）。

10.11　传感器自身故障问题的提出

前面讨论了如何利用系统设计阶段的定性和定量信息，提出了基于信息熵理论和基于诊断重要度的传感器选择、安装和运行的理论基础。在系统运行时，如

果系统出现故障，则可以利用这些方法指导产生获取系统的状态信息，指导系统的检测、诊断和维修过程。通常，系统发生故障时一般会伴随一些故障证据信息，将这些信息用于指导诊断必能提高系统诊断效率。证据信息一般可通过诊断传感器获取，传感器通常有两种结构：内置传感器和虚拟传感器，内置传感器可以直接产生结果，而虚拟传感器需执行计算才能产生结果。

而无论对于自动化控制系统，还是自动检测与监控系统，以及本书所讨论的故障诊断系统，其控制、监控和诊断实现的前提是获取系统的状态信息。因此保障控制、监控和诊断实现的前提是传感器的性能状态必须是正常和无故障的。也就是说，故障诊断最基本的诊断就是传感器自身故障的故障诊断实现。

一方面传感器工作在最基本的场所，工作环境恶劣，不可避免会造成各种故障，其故障率可能高于系统的其他部件。另一方面，显然无法仅仅依靠传感器自身的信息实现对自身的诊断，因此传感器自身故障的诊断实现有其困难性和复杂性。

10.11.1　传感器故障类型

传感器是信息获取的基本装置或主要装置，当传感器出现性能蜕化、故障或失效时，将给后续的监测、控制、故障诊断等系统带来严重影响，产生误诊断、误报警，甚至造成载体系统损坏而造成不可估量的经济损失与恶劣的社会影响。对应各种不同的故障测控的方法有各种不同的传感器，按传感器故障大小，存在时间及变化速率可将传感器故障作如下分类（表 10.4）。

表 10.4　传感器故障分类

分类依据	故障名称	故障特征
按故障大小分类	软故障	信号幅度小或变化速率小（大时延故障）
	硬故障	信号幅度大或变化速率大（小时延故障）
按存在时间分类	间歇性	时好时坏（又称活故障）
	永久性	失效后，不能再恢复（吸收态故障）
按变化速率分类	突变型	信号变化速率大（小时延故障）
	缓变型	信号变化速率小（大时延故障）

10.11.2　传感器故障数学模型

被诊断对象的数学模型一般可以表达为如下非线性系统：

$$\begin{cases} x_{k+1} = f(k, x_k, u_k) + v_k \\ y_k = h(k, x_k) + e_k \end{cases} \tag{10.69}$$

式中，$f(*)$、$h(*)$是非线性函数；x_k是系统状态变量；y_k是输出变量；u_k是系统输入；e_k是测量噪声；v_k是过程噪声；y_k、u_k是可以测量的。

1. 传感器故障的建模

传感器的故障多种多样，按故障的原因可分为恒偏差故障、冲激故障、开路故障、漂移故障、短路故障、周期性干扰以及非线性死区故障等。由于开路故障和短路故障相对容易识别，因此这里主要介绍传感器的恒增益、恒偏差和渐变型漂移故障等 3 种主要故障。

2. 传感器恒偏差故障

假设系统的传感器故障模型表达为

$$\begin{cases} x_{k+1} = f(k, x_k, u_k) + v_k \\ y_k = h(k+1, x_{k+1}) + g(s_{k+1}) + e_{k+1} \\ g(s_{k+1}) = g(s_k), \quad g(s_0) = 0 \end{cases} \tag{10.70}$$

由先验知识得知，只有第 $J_1, J_2, \cdots, J_{m_1} \cup \{1, 2, \cdots, m\}$ 输出传感器可能发生故障时，可得到下面的简化模型：

$$\begin{cases} x_{k+1} = f(k, x_k, u_k) + v_k \\ y_{k+1} = h(k+1, x_{k+1}) + D\overline{g}(s_{k+1}) + e_{k+1} \\ \overline{g}(s_{k+1}) = \overline{g}(s_k), \quad g(s_0) = 0 \end{cases} \tag{10.71}$$

式中，$\overline{g}(s_k) = [\overline{g}_{J_1}(s_k), \overline{g}_{J_2}(s_k), \cdots, \overline{g}_{Jm_1}(s_k)]^{\mathrm{T}}, D \in \Re^{m \times m_1}$，其第 J_i 行，第 i 列元素为 1，其余元素为零。

3. 传感器恒增益故障

假设系统的传感器故障模型表达为

$$\begin{cases} x_{k+1} = f(k, x_k, u_k) + v_k \\ y_{k+1} = h(k+1, x_{k+1}) g(s_{k+1}) + e_{k+1} \\ g(s_{k+1}) = g(s_k), \quad g(s_0) = 1 \end{cases} \tag{10.72}$$

由先验知识得知，只有第 $J_1, J_2, \cdots, J_{m_2} \cup \{1, 2, \cdots, m\}$ 输出传感器可能发生故障时，可得到下面的简化模型：

$$\begin{cases} x_{k+1} = f(k, x_k, u_k) + v_k \\ y_{k+1} = h_1(k+1, x_{k+1}) + D(k)\overline{g}(s_{k+1}) + e_{k+1} \\ \overline{g}(s_{k+1}) = \overline{g}(s_k), \quad \overline{g}(s_0) = 1 \end{cases} \tag{10.73}$$

式中，故障向量 $\overline{g}(s_{k+1}) = [\overline{g}_{J_1}(s_{k+1}), \cdots, \overline{g}_{Jm_2}(s_{k+1})]^{\mathrm{T}}$；$h_1(\cdot)$ 为 $h_1(\cdot)$ 中用“0”代替 J_i，$i = 1, 2, \cdots, m_2$ 个元素而得到的列向量；$D \in \Re^{m \times m_2}$，其第 J_i 行，第 i 列，$i = 1, 2, \cdots, m_2$，元素为 $h_{J_1}(\cdot)$，其余为零。

4. 传感器渐变型漂移故障

假设系统的传感器故障模型表达为

$$\begin{cases} x_{k+1} = f(k, x_k, u_k) + v_k \\ y_{k+1} = h_1(k+1, x_{k+1}) + g(s_{k+1}) + e_{k+1} \\ g(s_{k+1}) = g(s_k) + D_k, \quad g(s_0) = 0 \end{cases} \tag{10.74}$$

式中，$D = \left[D_1, \cdots, D_l\right]^{\mathrm{T}}$, $D_i (i = 1, 2, \cdots, l)$ 为 k 时刻的输出漂移量。则以上这三种传感器故障模型可以综合成一种表达形式如下：

$$\begin{cases} x_{k+1} = f(k, x_k, u_k) + v_k \\ y_k = h(k, x_k) + g(s_k) + e_k \end{cases} \tag{10.75}$$

式中，$g(s_k)$ 是故障函数向量。

10.11.3　传感器故障常用的诊断技术

1. 传感器故障诊断冗余分类法

对于传感器的故障诊断，主要采用的是各种各样的冗余法，其中基于硬件的冗余性设计的分析性冗余和解析性冗余是最简单和有效的分析与诊断方发生，10.13 节的诊断实践就是一个例子。通常来说，传感器故障诊断的冗余诊断法主要有三种：直接冗余法诊断、分析性冗余诊断和基于时序分析的冗余诊断方法等。

直接冗余法诊断，又称基于硬件冗余的诊断方法，它采用多个传感器测量同一个系统参数来提供裕度信息，或者通过不同的传感器的组合分析其中的一个传感器状态。当测量某一物理量的两个同类传感器的输出明显不同时，或者，存在数学关系的几个传感器之间存在数学关系上的差异时，故障则可立即被检测或者识别出来。为了识别故障，对于一个物理量的检测一般需要采用 3 个或以上的同类传感器，或者需要存在数学关系之间的完整传感器装置。

例如，动车组列车（包括高速列车和地铁列车）的动车车辆，一般有 2 个动力转向架，4 台牵引电机。如果每个牵引电机安装一个速度传感器和电压传感器、电流传感器，则一个动车车厢的 4 个速度传感器之间的冗余关系，不仅可以分析判断车辆是否处于滑动或者空转状态，同时可以实现速度传感器自身的状态诊断。或者，通过速度传感器、电压传感器以及电流传感器之间的耦合关系，可以诊断这些传感器自身的状态。

分析性冗余（10.13 节）主要通过系统不同输出量之间的解析关系来提供冗余信息。一般来说，它使用一个系统的参考模型和其他传感器的信息构成解析关系，提供该被诊断传感器状态的冗余估计值。该估计值与直接测量值的比较，就可以用来检测该传感器可能的故障。

基于时序分析的冗余诊断方法是用某传感器的时间序列，计算相关状态参量如上升时间、上升速度、上升加速度等，这些通过输出时序信息得到的冗余信息来检测故障。幅值检测和变化率检测就经常被应用于时序冗余法的检测中，一般地，时序冗余也归于分析冗余中。

2. 故障诊断的 Frank 分类法

按照国际故障诊断权威德国的 Frank 教授的观点，故障诊断方法可以划分成基于知识的方法、基于解析模型的方法、基于信号处理的方法等 3 种（也有其他权威学者的分类方法，这里没有列举）。当可以建立比较准确的被控过程的数学模型时，基于解析模型的方法是首选的方法；当可以得到被控过程的输入输出信号，但很难建立被控对象的解析数学模型时，可采用基于信号处理的方法；当很难建立被控对象的定量数学模型时，可采用基于知识的方法。

当前由于传感器技术和计算机处理技术的发展，基于大数据分析的诊断方法也取得快速的发展并且得到成功的应用。

另外，由于网络技术的快速发展，基于云计算与云搜索的技术与基于知识和基于信号分析的方法完美结合，同样成功地应用于大型设备的故障诊断。

1）基于信号处理的方法

基于信号处理的方法通常利用信号模型，如相关函数、频谱处理（傅里叶变换和小波变换）、自回归滑动平均等，直接分析可测信号，提取诸如方差、幅值、频率等特征值，进而诊断出故障。目前，应用较多的是基于小波变换的方法和基于信息融合的方法。云计算的融合是推动信号处理技术快速发展与运用实现的主要基础之一。

2）基于解析模型的方法

基于模型的方法是随着解析冗余思想的提出而形成的，在其几十年的发展过程中，已得到了广泛的应用，例如，等价空间法、观测器法、参数估计法等。这些方法应用分析冗余代替物理（硬件）冗余，从被诊断系统的数学模型得到的信息和实际测量得到的信息相比较，通过分析残差进行故障诊断。基于模型的故障诊断，由残差产生及残差评估两阶段组成。目前，基于模型的传感器故障诊断研究多集中在如何提高诊断方法的鲁棒性，加强诊断策略本身，以及对模型失配的适应性以及提高诊断结果的准确性、减少漏报率和误报率等方面。通过大数据分析是目前有效提高残差分析质量和解决漏报率与误报率矛盾的技术途径之一。

3）基于知识的故障诊断方法

基于知识的智能故障诊断技术是故障诊断领域最为引人注目的发展方向之一，它大致经历了两个发展阶段：基于浅知识的第一代故障诊断专家系统和基于深知识的第二代故障诊断专家系统。近期出现的混合结构的专家系统，将上述两种方法结合使用，互补不足，相得益彰。它在传感器故障诊断领域的应用，主要集中在专家系统、神经网络、模糊数学与模糊逻辑、蚁群算法、遗传算法、智能推理系统以及大数据分析系统等几个方面。

10.12　基于分析性冗余的传感器故障诊断技术

若系统中有同类同参数的传感器数量为$n(n\geqslant 3)$，而且是合格产品，则可以通过n取m的方法（其中$m\leqslant n$）判定传感器的工作状态。

若被诊断系统的模型结构如式（9.1）（或式（9.13））所示，而输入激励信号为$u(t)=\left[u^1(t),u^2(t),\cdots,u^l(t)\right]^{\mathrm{T}}$，各分量的测量值分别记为$u^i(t)(i=1,2,\cdots,l)$；因激励而导致的系统行为的输出为$y(t)=\left[y^1(t),y^2(t),\cdots,y^m(t)\right]^{\mathrm{T}}$，各分量的测量值分别记为$y^j(t)(j=1,2,\cdots,m)$；无论测量值$u^i(t)$或$y^j(t)$出现何种征，依照式（9.1）均有可能出现以下各种可能状态：

系统状态正常，测量传感器正常，因此测量信息集合$B=\{b_1,b_2,b_3,\cdots\}$的特征也正常，即系统状态$x_n\left(t\right)=f^{-1}(b_n)\in S_{\text{non}}$。

系统状态发生故障，但是由于测量传感器同时也发生故障，因此无法在测量信息集合$B=\{b_1,b_2,b_3,\cdots\}$中提取出异常特征；或者u_i和y_j对应的传感器故障；或者系统遭受较强外部扰动。

如果式（9.1）所表达的是一个理想的电阻系统，如图 10.14 所示，并且无严重的外部扰动，电源在一给定工作点时的特性p（电流与电压）和线路特性L（电流的变化量与阻抗）满足图 10.15（a）所示的理想u_0和i_0；如果实测电压为u_m、实测电流是i_m；若u_m-u_0=0，i_m-i_0=0，则系统达到标准工作状态；否则：

图 10.15（b）所示状态是电流检测错误，数值u_m和i_m偏离两理想的特性曲线，u_m-u_0=0，$i_m-i_0\neq$0，所以电流的测量有问题；

图 10.15（c）所示的状态表示电压测量有问题，数值u_m和i_m也不位于特性曲线上$u_m-u_0\neq$0，i_m-i_0=0；

图 10.15（d）表示驱动电源系统故障，电源特性曲线偏低，数值$i_m<i_0$，而数值u_m和i_m位于原来的特性曲线上；

图 10.15（e）所示特性曲线表明电回路发生漏电现象，线路特性向低阻抗方向偏移，实测电流$i_m>i_0$，而数值u_m和i_m位于原来的特性曲线上；反之，若特性向高阻抗方向偏移，则表示线路可能有发生开路的可能。

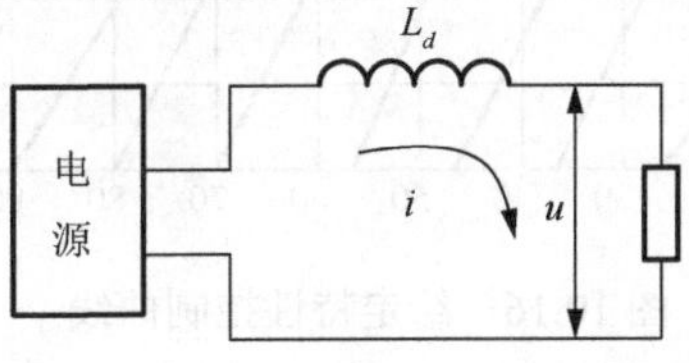

图 10.14　一个简单的电压及负载系统

以上就是基于系统模型和分析性冗余的故障分析方法的一般性讨论。

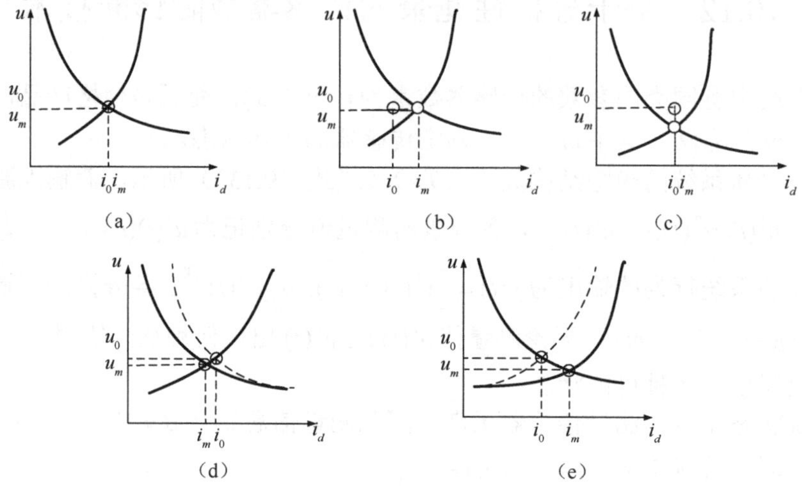

图 10.15　具有电流 i_m 和 u_m 的特性分析原理

10.12.1　基于分析性冗余的传感器故障诊断推理

若将图 10.14 演变成一个实际的系统如某型电力机车的直流串励控制系统，其主电路原理如图 10.12 所示，是一个包括励磁电流分流电路的直流串励电机传动控制系统，电流、电压的测量点如图中所标。牵引给定曲线是一个恒电流启动的准恒速控制方式（图 10.16）。电压传感器和电流传感器是霍尔器件的传感器，角速度传感器是光电脉冲编码传感器，系统共设系统控制给定输入、电机电枢电压、电枢电流、励磁电流及角速度等四个传感器，所输出的信号分别为 n_c 、u_d 、i_d 、i_f 和 n 。

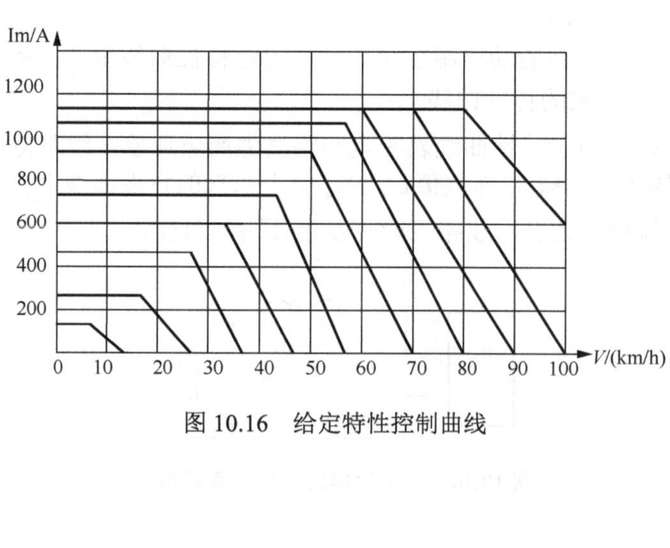

图 10.16　给定特性控制曲线

系统运行中，n_c、u_d、i_d、i_f 实际出现的异常状态如下：

（1）u_d 的测量值长时间保持最大值或几乎为零；

（2）i_d 或 i_f 的测量值长时间保持最大值或者几处为零；

（3）n 的测量值长时间偏低或几乎为零；

（4）u_d、i_d 或 i_f 出现线性故障，即长时间偏离正常测量标准。

其中，（1）和（2）两类静态故障的测量与判定比较容易实现，如 $i_f \neq 0$ 而 $i_d = 0$，则明显的表示 i_d 所对应的测量电流传感器故障，此类诊断测量技术已经比较成熟，并已在实际运行之中；（3）类的故障诊断推理及实践技术在 10.14 节中另行讨论；（4）类动态线性故障的在线诊断问题在下面进行初步探讨。

设控制给定值为 $I_{\sin}$，设相应传感器的测量点分别为 u_d、i_d、i_f 和 n，它们的测量值记为 u_d、i_d、i_f 和 n；相应的传感器记为 U、I_d、I_f 和 N。

由于任意此类型一台机车有图 10.12 所示四个相同的传动控制系统，相应的量记为

$$\begin{cases} u_j, i_{dj}, i_{fj}, n_j, \quad j = 1,2,3,4 \\ U_j, I_{dj}, I_{fj}, N_j \end{cases}$$

去除每一个测量值的最大值和最小值，则求得相应的均值为 $\overline{u}$、$\overline{i}_d$、$\overline{i}_f$ 和 $\overline{n}$。并且令 $u_0 = u_0' = \overline{u}$ 和 $i_0 = i_0' = \overline{i}_d$。则依据图 10.14 给出的分析性冗余原则和图 10.16 给出运行控制特性曲线，将每一个测量信号的值与相应的理论估计量进行比较，就可以大致确定传感器的状态特性。

若实际的测试数据如表 10.5 所示，则有 $\overline{u}$=502，$\overline{i}_d$=399，$\overline{n}$=60，$\overline{i}_f$=499.5；依据分析性冗余的分析准则，可以确定电压传感器 U_1 存在测量问题。

表 10.5　仿真测试数据

	j=1	j=2	j=3	j=4
u_j/V	580	505	499	498
i_{dj}/A	402	401	397	390
n_j/（km/h）	60	61	60	60
i_{fj}/A	510	500	499	499

10.12.2　说明

分析性冗余技术所依据对象是一个比较平稳的过程，它是一种以特征模式识别为基础的定量分析方法，一般用于分析传感器的增益变化故障。但是由于对象的复杂性和不确定因素的存在，这类诊断方法所导出结论的准确性较低，即故障误报率较高。因此这类方法往往作为诊断系统设计中的一种辅助诊断方法。

目前，列车牵引控制系统中的车轮空转与滑动检测、列车速度传感器、列车电机的电流传感器以及电压传感器的故障诊断实现一般都是基于分析性冗余的诊断方法，并且运行的效果和诊断识别率均处于可以接收的状态。

10.13　基于鲁棒观测器的解析性冗余传感器故障诊断

10.13.1　基于冗余关系的鲁棒观测原理

如果考虑如下离散线性定常系统：

$$\begin{cases} x(k) = Ax(k-1) + Bu(k-1) \\ y(k) = Cx(k) + Du(k-1) \end{cases} \tag{10.76}$$

式中，$x(k) \in \Re^n$；$y(k) \in \Re^m$；$u(k) \in \Re^l$。若关系模型已知，则矩阵 A（$n \times n$ 矩阵）、B（$n \times 1$ 矩阵）、C（$m \times n$ 矩阵）和 D（$m \times 1$ 矩阵）也是已知的。

所谓鲁棒的冗余关系是 $y(k)$ 和 $u(k)$ 的当前测量值及以前的历史数据（即时序信息）的线性组合，若系统不发生故障，其表达冗余关系 $\eta(k)$ 的校验信息，如残差序列应为零（以某种算子或法则）。

根据定义 9.16，A 和 C 张成的子空间为 $\langle A|C \rangle$，则定义测量的 q 阶等价空间 P 为 $\langle A|C \rangle$ 的核 $\mathrm{Ker}\langle A|C \rangle$，即

$$P = \mathrm{Ker}\langle A|C \rangle = \left\{ v; \mathrm{if} \forall v \in \tilde{P}, v^{\mathrm{T}} \begin{bmatrix} C \\ CA \\ M \\ CA^s \end{bmatrix}, v \in \Re^{(s+1)m} \right\} \tag{10.77}$$

$$\eta(k) = v^{\mathrm{T}} \left[\begin{bmatrix} y(k-s) \\ y(k-s+1) \\ M \\ y(k) \end{bmatrix} - H \begin{bmatrix} u(k-s) \\ u(k-s+1) \\ M \\ u(k) \end{bmatrix} \right] \tag{10.78}$$

式中

$$H = \begin{bmatrix} D & & & \\ CB & D & & \\ CAB & CB & D & \\ \Lambda & \Lambda & \Lambda & \\ CA^{s-1}B & \Lambda & CB & D \end{bmatrix} \tag{10.79}$$

其中，s 可以看做取数据窗的长度。由式（10.76）可以推导出

$$\begin{bmatrix} y(k-s) \\ y(k-s+1) \\ M \\ y(k) \end{bmatrix} - H\begin{bmatrix} u(k-s) \\ u(k-s+) \\ M \\ u(k) \end{bmatrix} = \begin{bmatrix} C \\ CA \\ M \\ CA^s \end{bmatrix} x(k-s) \tag{10.80}$$

因此由式（10.77）和式（10.80）可知，在无故障时，冗余关系应该有

$$\eta(k)=0 \tag{10.81}$$

这就是作为一个鲁棒性观测器在系统无故障时所应该满足的条件，也是我们所希望达到的目标。因为此时系统的冗余关系对系统的模型误差、不确定量和过程噪声最不敏感，但是对系统的突变故障最敏感。下面就它的几何意义作出说明。

若系统（10.76）是一个状态可观测器系统，则 A 和 C 张成的子空间 $\langle A|C\rangle$ 就是系统观测空间。若系统模型不准确，或者说系统存在不确定量及过程扰动与测量噪声，则此都可能在测量信息中有所反映，因而造成状态观测或估计的不准确性。为了解决这些问题，最优的方法是取测量空间为 $\langle A|C\rangle$ 的正交子空间，则以上的问题自然得到解决。而正交子空间就是 q 阶等价空间 P，这一点可以由式（10.77）的定义得到。

下面考虑连续的线性定常系统：

$$\begin{cases} x'(t) = A(t)x(t) + B(t)u(t) \\ y(t) = C(t)x(t) \end{cases} \tag{10.82}$$

式中，$x(t)\in\Re$；$y(t)\in\Re^m$；$u(t)\in\Re^l$。如果设 $\langle A|C\rangle$ 的维数为 r，也就是 $\text{rank}[C, CA,\cdots,CA^{n-1}]=r$（$r\leqslant n$）；并假设：能观测的状态变量为 $[x_1,x_2,\cdots,x_r,\cdots,x_n]^{\mathrm{T}}$ 中的 $x_1\sim x_r$，它的状态估计各量为 $\hat{x}(t)=[\hat{x}_1,\hat{x}_2,\cdots,\hat{x}_r,0,\cdots,0]^{\mathrm{T}}$，$\hat{y}(t)$ 为系统的估计输出；则状态观测器的一般结构为

$$\begin{cases} \hat{x}'(t) = F\hat{x}(t) + TBu(t) + Gy(t) \\ \hat{y}(t) = K\hat{x}(t) + Qy(t) \end{cases} \tag{10.83}$$

式中，F、T、G、K 和 Q 分别为 $n\times n$、$n\times n$、$n\times m$、$m\times n$ 和 $m\times m$ 矩阵。

因此有如下关系成立：

$$[sI-F]\hat{X}(s)=[GC+Ts-TA]X(s) \tag{10.84}$$

式中，$\hat{X}(s)$ 和 $X(s)$ 分别是 $\hat{x}(t)$ 和 $x(t)$ 的 Laplace 变换。

以下是故障鲁棒性观测器所满足的条件一：

$$TA-FT=GC \tag{10.85}$$

$$KT+QC=HC \tag{10.86}$$

并且有 F 稳定，即具有全部负实部特征根。

H 是一给定矩阵，它满足故障鲁棒性观测器的条件二：

$$\lim_{t\to\infty}\eta(t)=\lim_{t\to\infty}[\hat{y}(t)-HCx(t)]=0$$

取

$$P = Q - H \tag{10.87}$$

所以有系统的输出（测量）残差为

$$\eta(t) = \hat{y}(t) - HCx(t) = K\hat{x}(t) + Py(t) \tag{10.88}$$

于是式（10.83）的鲁棒观测器方程就变为

$$\begin{cases} \hat{x}'(t) = F\hat{x}(t) + TBu(t) + Gy(t) \\ \eta(t) = K\hat{x}(t) + Py(t) \end{cases} \tag{10.89}$$

故障鲁棒观测器的条件三满足

$$TA - FT = GC \tag{10.90}$$

$$KT + PC = 0 \tag{10.91}$$

并且 F 稳定，即具有全部负实部特征根。

记

$$D(t) = \left[d_1(t), d_2(t), \cdots, d_m(t)\right] \tag{10.92}$$

是系统的测量传感器故障向量，则有如下的系统测量输出方程：

$$y_i(t) = \sum_{j=1}^{n} c_{ij} x_j(t) + d_i(t), \quad i = 1, 2, \cdots, m \tag{10.93}$$

式中，$d_i(t)$ 是第 i 个测量传感器对输出 $y_i(t)$ 的影响。对于故障诊断状态观测器，一般是增强 $d_i(t)$ 对系统的输出残差 $\eta(k)$ 的影响，以达到通过残差识别故障 $d_i(t)$ 的目的。而这里鲁棒观测器的设计原则是尽量压抑 $D(t)$ 对 $\eta(t)$ 的影响，即若要发现第 i 个测量传感器的突发故障 $d_i(t)$，则设计一个观测器，使得 $d_i(t)$（$j = 1, 2, \cdots, m; j \neq i$）对 $\eta(t)$ 的影响几乎为零，而 $\eta(t)$ 仅对 $d_i(t)$ 敏感。于是，检测出 m 个测量传感器的故障，则必须要有 m 个鲁棒观测器。

设系统的状态残差为 $e(t)$：

$$e(t) = x(t) - z(t) \tag{10.94}$$

将式（10.82）、式（10.83）、式（10.85）、式（10.90）、式（10.91）和式（10.93）等分别代入，就得到下面存在测量传感器故障时的状态方程：

$$\begin{cases} e'(t) = Fe(t) + GD & (10.95) \\ \eta(t) = Ke(t) + PD & (10.96) \end{cases}$$

若系统的可控子空间为 $\langle F|G \rangle$，则就可以得到系统在存在测量传感器故障时的观测器鲁棒性条件为：

（1）满足故障鲁棒性观测器条件三；

（2）满足

$$K \in \mathrm{Ker}\langle F|G \rangle \tag{10.97}$$

（3）并且满足

$$P = 0 \tag{10.98}$$

10.13.2　基于鲁棒观测器的解析冗余诊断技术

上面仅就对象是线性系统传感器故障时的故障观测器方法作了探讨。传感器故障的解析性冗余方法就是建立在故障鲁棒观测器基础上的诊断推理方法。实际上，对于系统：

$$\begin{cases} x'(t) = f(x,u,t) \\ y(t) = h(x,u,t) \end{cases} \tag{10.99}$$

若发生传感器故障，则系统模型可以改写为

$$\begin{cases} x'(t) = f(x,u,d,t) \\ y(t) = h(x,u,d,t) \end{cases} \tag{10.100}$$

式中，$d(t) = \left[d_1(t), d_2(t), \cdots, d_m(t)\right]^{\mathrm{T}}$。相应 $d_i(t)$ 的故障鲁棒观测器 F_i 为

$$F_i：\begin{cases} \hat{x}'(t) = f_i\left(\hat{x},u,y\right) \\ z^i(t) = \hat{y}(t) = \hat{h}^i\left(\hat{x},u,y\right) \end{cases} \tag{10.101}$$

其相应的输出残差为

$$\eta_i(t) = \left[y(t) - \hat{y}(t)\right]_{F_i} = y(t) - z_i(t) \tag{10.102}$$

满足：若 $d_i(t)$ 无故障则 $\eta_i(t)=0$，若 $d_i(t)$ 故障则 $\eta_i(t) \neq 0$，并且对任意的 $d_j(t)$（$j \neq i$）故障，都有 $\eta_i(t)=0$，即 F_i 仅对 $d_i(t)$ 敏感。

若对象是线性系统或已知数学模型的非线性系统，则 F_i 容易实现；若对象模型未知或部分未知，则可采用神经网络观测器实现。而要实现 m 个输出传感器的状态测量与故障诊断推理，就必须有 m 个鲁棒观测器，如图 10.17 所示。

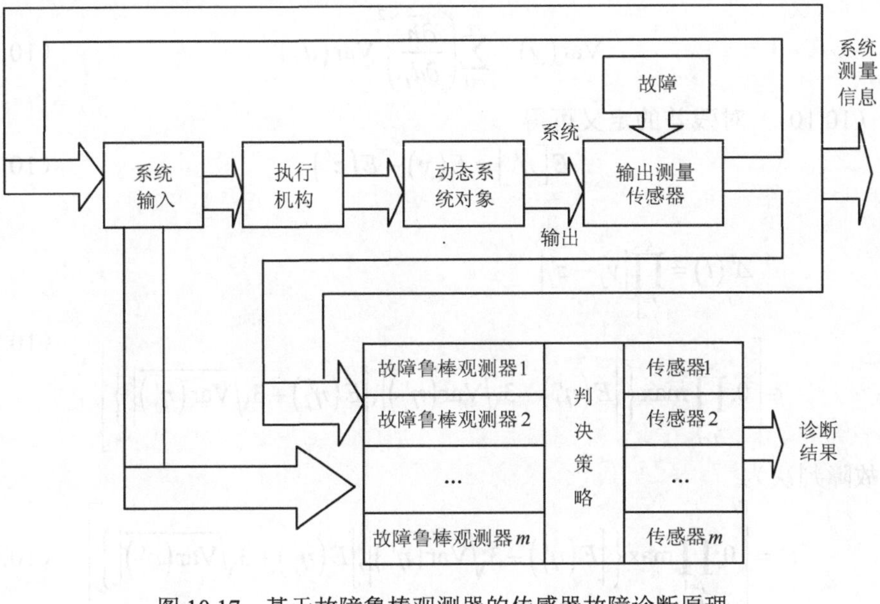

图 10.17　基于故障鲁棒观测器的传感器故障诊断原理

由此，存在的问题如下：一是如何设计针对第 i 个传感器故障 $d_i(t)$ 的鲁棒观测器 Fliter$_j$，它仅对故障 $d_i(t)$ 是敏感的，而对其他的故障 $d_j(t)$（$j=1,2,\cdots,m; j\neq i$）是鲁棒的；二是设计判决的策略。

对式（10.100）所示系统的方程 2 求数学期望得

$$E(y)=\bar{y}+\frac{1}{2}\sum_{j=1}^{m}\frac{\partial^2\bar{h}(x,u,d,t)}{\partial d_i^2}\mathrm{Var}(d_i)+\sum_{i=1}^{m}\frac{\partial^2\bar{h}(x,u,d,t)}{\partial x\partial d_i}\frac{\partial\bar{x}}{\partial d_i}\mathrm{Var}(d_i)+ \\ \frac{1}{2}\sum_{i=1}^{m}\left[\frac{\partial\bar{x}}{\partial d_i}\right]^{\mathrm{T}}\frac{\partial^2\bar{h}(x,u,d,t)}{\partial x^2}\frac{\partial\bar{x}}{\partial d_i}\mathrm{Var}(d_i)\frac{\partial\bar{h}(x,u,d,t)}{\partial x}\Delta x \tag{10.103}$$

若系统稳定，其初始状态正常，$\bar{x}(t_0)=x_0$，则

$$\left.\frac{\partial x}{\partial d_i}\right|_{t=t_0}=0,\quad i=1,2,\cdots,m \tag{10.104}$$

对式（10.100）的第一式求微分，考虑到初始条件就可得 $\frac{\partial\bar{x}}{\partial d_i}$ 的方程：

$$\frac{\partial\bar{x}}{\partial d_i}=\left.\frac{\partial x}{\partial d_i}\right|_{t=t_0}=-\left[\frac{\partial\bar{f}(x,u,d,t)}{\partial x}\right]^{-1}\frac{\partial\bar{f}(x,u,d,t)}{\partial d_i},\quad i=1,2,\cdots,m \tag{10.105}$$

考虑到

$$\frac{\partial h}{\partial x}=\frac{\partial h(x,u,d,t)}{\partial d_i}+\frac{\partial h(x,u,d,t)}{\partial x}\frac{\partial x}{\partial d_i} \tag{10.106}$$

由 $y(t)$ 的一组 Taylor 展开式可得

$$\mathrm{Var}(y)=\sum_{i=1}^{m}\left(\frac{\partial\bar{h}}{\partial d_i}\right)^2\mathrm{Var}(d_j) \tag{10.107}$$

由式（10.101）对残差的定义可得

$$E\left[\eta^i\right]=E(y)-E\left(z^i\right) \tag{10.108}$$

由于

$$\Delta^i(t)=\prod_{\substack{j=1\\j\neq i}}^{q}\left|y_j-z_j^i\right| \\ \in\left[0,\prod_{\substack{j=1\\j\neq i}}^{q}\max\left\{\left|E\left(\eta_j^i\right)-3\sqrt{\mathrm{Var}\left(\eta_j^i\right)}\right|,\left|E\left(\eta_j^i\right)+3\sqrt{\mathrm{Var}\left(\eta_j^i\right)}\right|\right\}\right] \tag{10.109}$$

因而故障判决为

$$\tau^i=\left[0,\prod_{\substack{j=1\\j\neq i}}^{q}\max\left\{\left|E\left(\eta_j^i\right)-3\sqrt{\mathrm{Var}\left(\eta_j^i\right)}\right|,\left|E\left(\eta_j^i\right)+3\sqrt{\mathrm{Var}\left(\eta_j^i\right)}\right|\right\}\right] \tag{10.110}$$

例如，式（10.111）和式（10.112）是一个直流电机控制系统的数学模型：

$$\begin{bmatrix} x_1'(t) \\ x_2'(t) \end{bmatrix} = \begin{bmatrix} -33.3, -8.8 \\ 21.04, -1.67 \end{bmatrix} \begin{bmatrix} x_1(t) \\ x_2(t) \end{bmatrix} + \begin{bmatrix} 66.67 \\ 0 \end{bmatrix} u(t) \tag{10.111}$$

$$y(t) = \begin{bmatrix} y_1(t) \\ y_2(t) \end{bmatrix} = \begin{bmatrix} 1 & 0 \\ 0 & 1 \end{bmatrix} \begin{bmatrix} x_1(t) \\ x_2(t) \end{bmatrix} \tag{10.112}$$

式中，$x_1 = i$ 是电机电枢电流；$x_2 = n$ 是电机转速。

依据输出设计出两个鲁棒观测器分别为

$$\begin{bmatrix} x_\Lambda' \\ x_\Omega' \end{bmatrix} = \begin{bmatrix} -33.33, -8.8 \\ 21.044, -1.67 \end{bmatrix} \begin{bmatrix} x_\Lambda \\ x_\Omega' \end{bmatrix} + \begin{bmatrix} 66.67 \\ 0 \end{bmatrix} u(t) + G_i(y_i - x_{ii}), \quad i = 1,2 \tag{10.113}$$

$$G_1 = \begin{bmatrix} -17.00 \\ 15.05 \end{bmatrix}, \quad G_2 = \begin{bmatrix} 19.29 \\ -17.0 \end{bmatrix} \tag{10.114}$$

则通过计算式（10.109）与式（10.110）的判决信息 $\varDelta^i(t)$ 和 $\tau^i(t)$，就可基本准确地确定传感器的工作状态。若设所有传感正常时的判决量为 ${\varDelta^i}_0(t)$ 和 ${\tau^i}_0(t)$，则计算出：若电流传感器出现输出为 0 故障，判决量为 ${\varDelta^i}_1(t) \gg {\varDelta^i}_0(t)$ 和 ${\tau^i}_1(t) \approx {\tau^i}_0(t)$；若增益下降 50%故障，判决为 ${\varDelta^i}_2(t) \gg {\varDelta^i}_0(t)$ 和 ${\tau^i}_2(t) \approx {\tau^i}_0(t)$。由此可以看出判决结论的正确性。

10.14　小　结

基于传感器的信息获取，是系统故障诊断实现的前提和基础。因此，建立传感信息获取的方法、度量以及检测策略等，也就是如何考察传感信息的获取方式、信息获取的有效性，是故障诊断系统的实现的基本前提与基础。

而故障诊断系统实现系统状态的故障诊断，首先必须保证传感器是正常的，才能保证所获取信息的正确性与有效性。在此前提下，首先必须建立传感器的故障识别算法。传感器的故障算法包括解析性冗余和分析性冗余等。以故障鲁棒观测器为基础的解析性冗余技术，无论对传感器的增益变化故障，还是输出为零故障，其测量判决都十分有效，而且还是一种可以实现动态测量的分析计算方法。但是该算法实现的前提是对象的数学模型必须是已知或可知的。

无论何种算法，传感器自身的状态识别，其前提是冗余技术，包括硬件冗余、分析冗余和计算冗余等。

第 11 章　基于状态观测的控制系统诊断问题

11.1　概　　述

故障本身包括其是否存在（或发生）和评判标准等都是客观的，诊断机问题是对故障诊断问题（或过程）在形式上的描述。可诊断性与可分离性问题是取决于被诊断对象的内部结构与本质，与所实施的信号处理手段、特征分析方法、状态识别原理以及评估与推理技术等均无关。而检测控制技术是实现系统故障诊断与分离所必需的途径和技术手段，只有在测量信息中含有诊断推理技术足以能够识别的信息，诊断的实现才成为可能；但是检测控制技术本身含有主观的成分，即它是由人的意识、经验与知识控制实践的，因此，诊断测量的实现往往是一个对对象不断认识的过程，也是一个知识积累的过程。

第 9 章主要就理论上的可诊断与可分离问题作了一些初步的探讨，但是如何对一个实际的对象实施诊断以及诊断的深度和可信度等，就完全取决于诊断系统研制人员的经验与知识积累，以及与对象的原始设计者、应用及维修人员的配合，甚至是对象的历史信息等完善程度等。

对于式（9.1）或式（9.13）所描述的系统，其故障测量和故障诊断方法通常可以分为基于系统动态模型的诊断技术、不依赖于系统动态模型而基于浅知识的诊断推理技术，以及系统模型技术与知识技术相结合的深知识的诊断推理技术等。

由于系统对象的复杂性和不确定性，包括组成系统元素的特性不确定性及元素间联系的不确定性；检测与分析装置的不确定性如测量精度的不确定性和装置本身的本底噪声；系统状态描述方法的不确定性与工作环境的不确定性。因此无法建立系统完善精确的模型，甚至根本就不可能建模。就这一大类系统主要采用基于浅知识的诊断推理技术。

（1）基于系统设计约束条件和运行环境约束条件的故障测量技术。根据系统要求的运行环境技术条件和系统运行的约束条件，直接测量系统的输入输出，通过阈值判断来确认系统的状态：

$$u_{\min}(t) \leqslant u(t) \leqslant u_{\max}(t)$$

式中，$u_{\min}(t) \in U|_{\text{Con}}$，$u_{\max}(t) \in U|_{\text{Con}}$。

若 $y_{\min}(t) \leqslant y(t) \leqslant y_{\max}(t)$，其中 $y_{\min}(t) \in RY_{\text{Con}}$ 和 $y_{\max}(t) \in RY_{\text{Con}}$，则系统正常；否则系统故障。

大部分的单项的区别在于虚线框中部分是动车所独有的。DSP（司机信息显示系统，也称 HMI）装置完成向司乘人员提供整列车的运行状态信息、人机接口功能以及向地面诊断系统提供信息无线接口功能。图 11.1 中的虚线框内部分实现了 11.5 节的测量策略，第 10 章的传感器在线诊断一般都是采用此类技术。

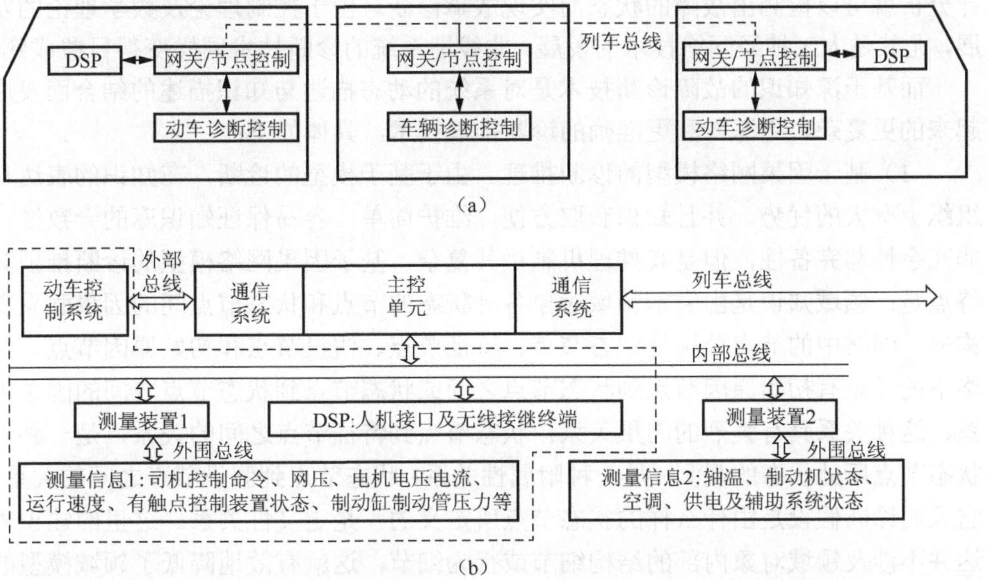

图 11.1　高速列车车载故障诊断系统网络结构示意图

（2）基于符号推理的诊断推理技术。它包括：以规则形式表达和组织诊断经验知识的产生式演绎；以贝叶斯理论为基础，通过统计模式识别技术进行分类而完成诊断任务的基于统计理论的模式分类法；以及基于框架的合情推理（也称不明推理，根据诊断问题的初始输入信息，产生一组似然的故障假设，然后对这些假设进行测试，并指导获取更多的信息，直至一个或一组最优的解释作为诊断问题的解）技术等。这类诊断技术有难以克服的缺点：局限性、脆弱性、弱解释能力和知识获取的困难等。

（3）基于层次因果模型的诊断推理技术。经验知识的前提与结论之间存在联想关系。其特点是领域知识是由表示领域对象内部各种状态的节点和状态节点间的因果关系所构成，但是不涉及领域对象的结构细节或行为细节。这一方面降低了领域模型的复杂性，另一方面也是在更高的层次上对系统的一种抽象。但是因果关系常常具有不确定性，因此有时需要一次附加的条件。但是要清楚地表达这些条件，会使因果模型的表达变得非常复杂，甚至有时这些附加条件本身也是不确定的或不能确定存在。

早期基于系统对象动态模式的诊断检测与推理技术大多局限于线性确定性系统和线性不确定性系统。其诊断思路基于系统的模型描述，利用观测器或滤波器对系统的参数或状态进行重构，并构成残差序列，然后用一些措施来增强残差序列中的故障信息，抑制模型误差及状态扰动等非故障信息，通过对残差序列的统计分析就可以检测出故障的状态而实现故障诊断。由于控制理论及数学理论的发展，尤其是人工神经网络技术的发展，非线性系统的诊断技术同样变得日益成熟。

而基于深知识的故障诊断技术是对系统的动态描述与知识描述的结合而发展起来的更复杂、更深入和更准确的诊断推理技术，具体如下：

（1）基于因果网络模型的诊断推理。由于基于模型的诊断，在知识的表达与组织上有大的优势，并且知识获取方便，维护简单，容易保证知识库的一致性、非冗余性与完备性，但是其推理机制极其复杂。基于因果网络模型的诊断推理其特点是：领域知识是由表示领域对象各种状态的节点和状态节点间的因果联系所构成。网络中的节点分别是状态节点、特征节点、假设节点和初始原因节点。网络中的关系有初始原因节点到状态节点之间或状态节点到状态节点之间的因果关系，这种关系具有强烈的因果关系；状态节点到特征节点之间的关系，是一种对状态节点所处状态的观测，是一种附属性关系；状态节点到假设节点之间的关系，它表明诊断假设是由什么样的状态节点所定义的，是定义性关系。这里的知识表达并不涉及领域对象内部的结构细节或行为细节，这就有效地降低了领域模型的复杂性，这是在更高的层次上对领域对象的一种抽象。

（2）基于物理过程描述的诊断推理。由于被诊断系统的复杂性，对复杂系统的描述不能采用单一深度的知识源，而必须根据系统中层次间的关系，同时采用多种深度的知识描述方法。在系统的工作过程中，通常包含着不同的物理过程和相互间的转化关系，而这些都是基于一点的物理原理和满足一定的设计要求。例如，内燃机本身就包含有机械运动过程、冷却过程、润滑过程、气体流动过程、燃烧过程和能量转化过程等。通过对这些过程的物理描述或数学描述，结合知识描述，以最小的观测代价和最大的可靠度，根据约束传播原理，以候选和冲突假设的方式实现假设诊断。

（3）基于结构与行为功能模型的诊断推理。结构与行为模型是对诊断对象的结构与行为描述。目前常用的结构描述方法是将对象看成由一系列单一零件通过相互连接来构成。如连线图就是对集成电路的一种结构描述。为了实现推理，还要对这些零件的输入和输出进行行为描述，如集成电路中的 I/O 描述等。行为描述说明了对象中符号、数值及约束的传播，以及当一个元件获得输入激励后的引起的一系列因果关系。其推理包括两部分：与领域有关的冲突识别和与领域无关的候选的产生。所谓冲突就是一个支持某个不变特征的假设集合。当诊断者进行测量时，要不断地精炼候选空间，然后再去指导进一步的测量。

控制系统作为工程系统中最大量运行的系统，其可靠性和安全性需要从系统的角度解决。提高控制系统可靠性的主要措施包括高可靠性的设计如简化系统的结构、对重要结构采取备份和冗余方法，通过容错设计提高系统的稳定性和自镇定能力等。另外，故障诊断技术为控制系统可靠性的提高提供了技术保障。

控制系统的故障通常有被控过程元部件故障、传感器故障、执行器故障、数模/模数转换通道及输入输出接口故障以及控制器故障等。这些故障通常有脉冲型故障、阶跃型故障以及漂移型故障等多类。

11.2　控制系统的故障问题

假设线性定常系统无故障时的闭环动态模型由如下状态方程和测量方程给出：

$$x'(t) = Ax(t) + Bu(t) \tag{11.1}$$

$$y(t) = Cx(t) \tag{11.2}$$

式中，$x(t)$ 为 $n\times 1$ 维状态向量；$y(t)$ 为 $m\times 1$ 维测量方程。

检测滤波器具有如下通常的线性观测器的形式：

$$\hat{x}'(t) = A\hat{x}(t) + Bu(t) + D(y(t) - C\hat{x}(t)) \tag{11.3}$$

式中，$\hat{x}(t)$ 为状态估计；D 为检测增益阵。

如果定义状态估计误差为 $\varepsilon(t)=\Delta x(t) = x(t) - \hat{x}(t)$，那么 D 的选取就是要使得系统中出现故障时，输出误差 $\overline{\varepsilon}(t) = y(t) - C\hat{x}(t)$ 具有限定的方向特性。

当无故障时，闭环方程为

$$\begin{cases} \dot{\varepsilon} = G\varepsilon \\ G = \Delta A - DC \end{cases} \tag{11.4}$$

当发生部件或执行机构故障时，可用式（11.5）描述：

$$\tilde{x}(t) = Ax(t) + Bu(t) + f_i\mu_i(t) \tag{11.5}$$

式中，f_i 为 n 维的与第 i 个部件或执行机构有关的故障方向，是已知的；$\mu_i(t)$ 通常为一个时变的标量，是未知的。通常不需要知道 $\mu_i(t)$ 的先验知识。当然，当两个故障具有相同的输出方向时，幅值 $\mu_i(t)$ 的先验知识对于故障的分离是十分有用的。

对于部件或执行机构故障，误差方程可以写成

$$\begin{cases} \varepsilon(t) = G\varepsilon(t) + f_i\mu_i(t) \\ \overline{\varepsilon}(t) = C\varepsilon(t) \end{cases} \tag{11.6}$$

现在的任务是选取 D 使得 $\overline{\varepsilon}(t)$ 与 Cf_i 成比例，并使得滤波误差 $\overline{\varepsilon}(t)$ 在出现故障的瞬间以及达到稳态后始终与 Cf_i 成正比。

11.3　连续线性系统的诊断观测器问题

11.3.1　诊断中的观测器问题

设所考虑的系统结构如下式所示：

$$A_1:\begin{cases}x'(t)=f(x(t),u(t))\\ y(t)=g(x(t))\end{cases} \tag{11.7}$$

式中，系统输出 $y(t)$ 是 m 维向量，$y(t)\in\mathfrak{R}^m$（输出空间）；f 为可微向量场；$x(t)\in N$，N 为 n 维连通的微分流形，它是被诊断单元的状态描述；I 控制维向量 $u(t)$ 是系统激励输入，$u(t)\in\mathfrak{R}^1$，而 g 为可微映射。而由微分几何控制理论可知，流形上的微分方程在局部等价与一般的微分方程组，微分方程组（11.7）第一式的解就是向量场 X 的积分曲线。

从确定性的系统开始，先讨论线性定常系统，则式（11.7）演变为

$$A_2:\begin{cases}x'(t)=Ax(t)+Bu(t)+F\mu(t)+E\omega(t)\\ y(t)=Cx(t)+Du(t)\end{cases} \tag{11.8}$$

式中，A 为 $n\times n$ 矩阵；B 为 $n\times 1$ 矩阵；C 为 $m\times n$ 矩阵；D 为 $m\times 1$ 矩阵；$y(t)$、$x(t)$ 和 $u(t)$ 的定义同式（9.13）或式（9.17）；$\omega(t)\in\mathfrak{R}^n$ 为过程噪声，是零均值高斯白噪声；F 为状态故障转移矩阵，没有先验知识；$\mu(t)$ 为分离出来的状态故障。

第 9 章讨论了系统状态故障可分离的条件，以及存在过程扰动时的状态故障可分离条件。如果在诊断系统中仅仅是考虑系统的故障，而不必关心系统的状态，则式（11.7）和式（11.8）可以改写成如下形式：

$$y(t)=g_u(u^{(0)}(t),u^{(1)}(t),\cdots,u^{(l)}(t))+g_f(f^{(0)}(t),f^{(1)}(t),\cdots,f^{(k)}(t))+\Delta y(t) \tag{11.9}$$

式中，$y(t)$、$u(t)$ 同式（11.7）或式（11.8）；$\Delta y(t)\in\mathfrak{R}^m$ 是系统的不可测干扰和不确定性因素。若式（11.8）满足故障可诊断和可分离性条件，或者 $\mu(t)=0$ 即未发生故障，则对式（11.8）进行 Laplace 变换可得

$$Y(s)=G_u(s)U(s)+G_f(s)F(s)+\Delta Y(s) \tag{11.10}$$

式中，$f(t)$ 是所要诊断的故障函数；$F(s)=L(f(t))$；$G_f(s)$ 是故障转移函数；$G_u(s)$ 是状态转移函数；$\Delta Y(s)$ 是干扰量 $\Delta y(t)$ 的 Laplace 变换，一般可以写为

$$\Delta y(t)=G_d(s)d(s)$$

并且总是假定 $d(s)$ 是有界的，即 $\|d(s)\|^2\leqslant\Delta d,\Delta d$ 为有限的实数。也就是说 $G_d(s)$ 描述了系统干扰的强度和不确定性的强度，若无关于 $G_d(s)$ 的先验知识，通常取 $G_d(s)=I$（单位矩阵），所以式（11.10）变为

$$Y(s)=G_u(s)U(s)+G_f(s)F(s)+G_d(s)d(s) \tag{11.11}$$

因此实现基于过程模型故障诊断的第一步就是设计一个观测器，得到对系统状态 $x(t)$ 的估计 $\hat{x}(t)$，以获得系统的残差序列 $\varepsilon(t)$ 或者 $\eta(t)$：

$$\varepsilon(t)=x(t)-\hat{x}(t) \tag{11.12}$$

$$\eta(t)=y(t)-\hat{y}(t) \tag{11.13}$$

对线性系统（11.8），有

$$\eta(t)=C(x(t)-\hat{x}(t))=C\varepsilon(t) \tag{11.14}$$

一旦发生突发性故障，则必定有

$$\varepsilon(t)=x(t)-\hat{x}(t)+F\mu(t) \tag{11.15}$$

$$\eta(t)=y(t)-\hat{y}(t)+CF\mu(t) \tag{11.16}$$

因此通过对残差序列按某种计算推理测量就可以从中检测出故障状态。

设 $R(s)=L(\eta(t))$，则对于式（11.8）所给出的线性定常系统，其基于状态观测器和等价空间的残差序列产生器具有如下形式：

$$R(s)=G_R(s)(\hat{M}_u(s)Y(s)-\hat{N}_u(s)U(s)) \tag{11.17}$$

式中，$G_R(s)$ 为一个稳定系统的后置滤波器，也是一个可以选取的 $G_R H_\infty$ 控制系统传递函数矩阵；$G_u(s)$ 为式（11.8）所述系统的状态空间解，即

$$G_u(s)=C(sI-A+GC)^{-1}B+D \tag{11.18}$$

则有

$$\hat{M}_u(s)=I-C(sI-A+GC)^{-1}G \tag{11.19}$$

$$\hat{N}_u(s)=D+C(sI-A+GC)^{-1}(B-GD) \tag{11.20}$$

式中，G 为任意选取的矩阵，条件是保证矩阵 $A-GC$ 具有全部的负特征根。实际上，系统的残差序列也可以写成如下表达式：

$$R(s)=G_R(s)(Y(s)-\hat{Y}(s)) \tag{11.21}$$

式中，$\hat{Y}(s)$ 为系统（11.2）中基于状态观测器的输出，是对 $Y(s)$ 的一个估计。进一步有

$$R(s)=G_R(s)\hat{M}(s)(G_f(s)F(s)+G_d(s)d(s)) \tag{11.22}$$

式（11.21）和式（11.22）都是一个残差序列产生器，而式（11.21）通常用于在线计算，式（11.22）表达了系统的内部关系，通常用于系统的设计分析。

11.3.2　诊断系统的观测器设计

由以上的推导可以看出，基于物理模型的故障测量和诊断推理的第一步就是建立系统状态的观测器或者滤波器，以状态观测器或滤波器的输出 $\hat{Y}(s)$ 作为 $Y(s)$ 的一个估计，然后产生系统的残差序列 $d(s)$。而故障测量和诊断推理的第二步就是建立在对残差分析的基础之上对残差序列的分析计算。非线性系统（11.7）的

状态观测器的建立相对困难，目前常见和实用的在线观测器方法通常是用一个3～7层神经网络来实现状态估计。对于线性定常系统（11.8），系统的状态观测器为

$$\begin{aligned}\hat{x}'(t) &= A\hat{x}(t) + Bu(t) + G(y(t) - \hat{y}(t)) \\ &= A\hat{x}(t) + Bu(t) + GC(x(t) - \hat{x}(t)) = (A + GC)\hat{x}(t) + GCx(t) + Bu(t)\end{aligned} \tag{11.23}$$

所以得到 $Y(s)$ 的估计向量 $\hat{Y}(s)$ 的设计为

$$\begin{aligned}\hat{Y}(s) = \left[I + C(sI - A)^{-1}G\right]^{-1}&\left\{\left[C(sI - A)^{-1}B + D\right]U(s)\right. \\ &\left.+C(sI - A)^{-1}GY(s)\right\}\end{aligned} \tag{11.24}$$

式中，G 的选择前提是 $A-GC$ 具有全部的负特征根。此时由式（11.6）就有

$$\varepsilon'(t) = (A - GC)(x(t) - \hat{x}(t)) = (A - GC)\varepsilon(t) \tag{11.25}$$

$$\varepsilon(t) = \mathrm{e}^{(A-GC)t}\varepsilon(0) \tag{11.26}$$

当 $t \to \infty$ 时，$\varepsilon(t) \to 0$，$\eta(t) = C\varepsilon(t) \to 0$。即用残差序列 $\varepsilon(t)$ 或 $\eta(t)$ 实现突变故障诊断（包括状态故障、执行部件故障和测量传感器故障）都是可行的。

若系统建模时存在模型误差，用于建立观测器的系统模型就可以表达为

$$\begin{cases} x'(t) = (A + \Delta A)x(t) + (B + \Delta B)u(t) \\ y(t) = Cx(t) \end{cases} \tag{11.27}$$

此时基于此模型的状态观测器为

$$\hat{x}'(t) = (A + \Delta A)\hat{x}(t) + (B + \Delta B)u(t) + G(y(t) - C\hat{x}(t)) \tag{11.28}$$

由此得到的残差方程为

$$\varepsilon'(t) = (A - GC)\varepsilon(t) - \Delta A\hat{x}(t) - \Delta Bu(t) \tag{11.29}$$

此时由于 ΔA 和 ΔB 的影响，当 $\varepsilon(t)$ 增加时，即当 $t \to \infty$ 时，不再有 $\varepsilon(t) \to 0$ 和 $\eta(t) \to 0$。于是会导致诊断计算产生误报率的增加。因此必须通过测量信息在线补偿以抵消 ΔA 和 ΔB 的影响。引入以下的自适应律：

$$\begin{cases} \Delta A = M \times \eta(t) \times \hat{x}^{\mathrm{T}}(t) \\ \Delta B = N \times \eta(t) \times u^{\mathrm{T}}(t) \end{cases} \tag{11.30}$$

将式（11.30）代入式（11.29）就可以得到

$$\begin{aligned}\varepsilon'(t) &\approx \left[(A - GC) - \|\hat{x}\|^2 MC - \|u\|^2 NC\right]\varepsilon(t) \\ &= W(\varepsilon, t)\varepsilon(t)\end{aligned} \tag{11.31}$$

于是，式（11.28）能够成为式（11.27）的状态估计，并且得到有效的 $\varepsilon(t)$，即通过此时的 $\varepsilon(t)$ 可以实现故障诊断的前提是：选择适当的 $n \times n$ 矩阵 G、$n \times m$ 矩阵 M 和 $n \times m$ 矩阵 N，使得矩阵 $W(\varepsilon, t)$ 满足条件：

$$W(\varepsilon, t)\varepsilon(t) = \left[(A - GC) - \|\hat{x}\|^2 MC - \|u\|^2 NC\right] \tag{11.32}$$

的全部特征根具有负实部，这样就可以通过状态观测器式（11.28）实现对系统

式（11.27）状态的快速跟踪，而由其实现的残差序列对系统噪声和模型误差不敏感，仅仅对状态故障和测量传感器故障敏感。

11.3.3　观测器的收敛性及稳定性条件

对系统（11.8）由观测器（11.24）构成的残差系统（11.25），只要适当选择矩阵G，则残差系统（11.25）是稳定和收敛的，这一点由式（11.26）可以明显地看出，而且几乎所有的线性控制系统理论或现代控制理论（状态空间模式）都有证明。因此这里仅就系统（11.27），即非完全确定性模型系统，建立在状态观测器（11.28）之上的残差系统（11.29）的稳定性与收敛性进行讨论。而稳定性讨论依据就是李雅普诺夫稳定性理论。

若简记$\varepsilon(t)$为ε，对式（11.31）所表达的残差系统，构成李雅普诺夫函数：

$$V(\varepsilon)=\varepsilon^{\mathrm{T}}Q\varepsilon \tag{11.33}$$

则根据李雅普诺夫稳定性定理，式（11.29）稳定的条件是：存在一个定常、正定矩阵Q，使得李雅普诺夫函数满足以下条件：

$$V(\varepsilon)=\begin{cases}0, & \varepsilon=0\\ >0, & \varepsilon\neq 0\end{cases} \tag{11.34}$$

和

$$\lim_{\|\varepsilon\|\to\infty}V(\varepsilon)=+\infty \tag{11.35}$$

若式（11.29）是大范围内一致稳定的，则还需要满足

$$V'(\varepsilon)<0,\quad \varepsilon\neq 0 \tag{11.36}$$

根据李雅普诺夫函数的定义，则可推出

$$\begin{gathered}V'(t)=\varepsilon^{\mathrm{T}}\left[QW(\varepsilon,t)+W^{\mathrm{T}}(\varepsilon,t)Q\right]\varepsilon=\varepsilon^{\mathrm{T}}P\varepsilon\\ P=QW(\varepsilon,t)+W^{\mathrm{T}}(\varepsilon,t)Q\end{gathered} \tag{11.37}$$

P必须是负定的。而根据$W(\varepsilon,t)$的定义，对称矩阵P是G、M、N、Q、$u(t)$和$\varepsilon(t)$的函数。将式（11.37）展开，得

$$V'(\varepsilon)=\sum_{\substack{i=1\\ i\neq j}}^{n}\sum_{j=1}^{n}\left[q_{ii}w_{ii}\varepsilon_i^{\ 2}+(q_{ii}w_{ij}+q_{jj}w_{ji})\varepsilon_i\varepsilon_j+q_{jj}w_{jj}\varepsilon_j^{\ 2}\right] \tag{11.38}$$

此时若

$$q_{ii}w_{ij}+q_{jj}w_{ji}\leqslant 2\sqrt{q_{ii}w_{ii}q_{jj}w_{jj}} \tag{11.39}$$

并且存在任意的$d>0$，使得有

$$q_{ii}w_{ii}\leqslant -d<0 \tag{11.40}$$

$$q_{jj}w_{jj}\leqslant -d<0 \tag{11.41}$$

则可以推导出

$$
\begin{aligned}
& q_{ii}w_{ii}\varepsilon_i^{\ 2}+(q_{ii}w_{ij}+q_{jj}w_{ji})\varepsilon_i\varepsilon_j+q_{jj}w_{jj}\varepsilon_j^{\ 2} \\
\leqslant & q_{ii}w_{ii}\varepsilon_i^{\ 2}+2\sqrt{q_{ii}w_{ii}q_{jj}w_{jj}}\,\varepsilon_i\varepsilon_j+q_{jj}w_{jj}\varepsilon_j^{\ 2} \\
\leqslant & -(d\varepsilon_i^{\ 2}+2d\varepsilon_i\varepsilon_j+d\varepsilon_j^{\ 2})=-d(\varepsilon_i+\varepsilon_j)^2<0
\end{aligned} \tag{11.42}
$$

也就是有

$$
V'(\varepsilon)\leqslant -2d\sum_{\substack{i=1\\ i\neq j}}^{n}\sum_{j=1}^{n}(\varepsilon_i+\varepsilon_j)^2<0 \tag{11.43}
$$

即残差系统(11.29)在奇异平衡点$\varepsilon=0$是大范围内一致稳定的条件是，存在$d>0$，选择适当的矩阵G、M和N，使得满足条件式（11.39)、式（11.40）和式（11.41)。

11.4 离散系统诊断观测器的结构与设计

基于观测器的故障测量与诊断推理，其主要内容就是观测器或滤波器的建立以及在此基础上的残差序列产生器，和通过对残差序列的分析计算以实现故障的测量与分离。通过系统测量产生的残差以实现故障的测量和诊断，通常有 Wald 的序惯分析法、等价空间方法、广义似然法、极大似然比法、检测滤波器法和马尔可夫链法等。

11.4.1 基于 Kalman 滤波器的残差计算

若系统为线性离散系统，系统的数学模型为

$$
\begin{cases}
x(k)=\Phi(k,k-1)x(k-1)+B(k,k-1)u(k-1)+\Gamma(k,k-1)\omega(k-1)\\
y(k)=C(k)x(k)+\theta(k)
\end{cases} \tag{11.44}
$$

式中，$x(k)\in\Re^n$为系统状态；$u(k)\in\Re^1$为系统的确定性输入，如给定控制输入等；$\omega(k)\in\Re^n$为系统的过程噪声；$y(k)\in\Re^m$为系统的测量输出；$\Phi(k,k-1)$为$n\times n$矩阵；$B(k,k-1)$为$n\times 1$矩阵；$C(k)$为$m\times n$矩阵；$\theta(k)\in\Re^m$为系统测量噪声。设$\omega(k)$和$\theta(k)$是互不相关的零均值白噪声序列，$x(k)$和$\omega(k)$也统计无关。则有

$$
E\{\omega(k)\}=0,\quad k\geqslant 0 \tag{11.45}
$$

$$
\operatorname{cov}\{\omega(k),\omega(j)\}=Q(k)\delta_{kj},\qquad k,j\geqslant 0 \tag{11.46}
$$

$$
E\{\theta(k)\}=0,\quad k\geqslant 0 \tag{11.47}
$$

$$
\operatorname{cov}\{\theta(k),\theta(j)\}=R(k)\delta_{kj},\qquad k,j\geqslant 0 \tag{11.48}
$$

$$
\operatorname{cov}\{\omega(k),\theta(k)\}=0,\qquad k,j\geqslant 0 \tag{11.49}
$$

式中，E表示数学期望算子；cov 是协方差算子；δ_{kj}是 Kronecker delta 算子，即$\delta_{kj}=\begin{cases}0, & k\neq j\\ 1, & k=j\end{cases}$；$Q(k)$为对称非负定矩阵；$R(k)$为对称正定矩阵。则系统状态

$x(k)$ 估计值 $\hat{x}(k)$ 可由递推的 Kalman 滤波器得到

$$\begin{aligned}\hat{x}(k|k) &= \hat{x}(k|k-1) + K(k)[y(k) - \hat{y}(k)] \\ &= \hat{x}(k|k-1) + K(k)[y(k) - C(k)\hat{x}(k|k-1)]\end{aligned} \tag{11.50}$$

$$\hat{x}(k|k-1) = \Phi(k,k-1)\hat{x}(k-1|k-1) + B(k)u(k-1) \tag{11.51}$$

$$K(k) = P(k|k-1)H^{\mathrm{T}}(k)[C(k)P(k|k-1)C^{\mathrm{T}}(k) + R(k-1)]^{-1} \tag{11.52}$$

$$\begin{aligned}P(k|k-1) &= \Phi(k,k-1)P(k-1|k-1)\Phi^{\mathrm{T}}(k,k-1) \\ &\quad + \Gamma(k,k-1)Q(k-1)\Gamma^{\mathrm{T}}(k,k-1)\end{aligned} \tag{11.53}$$

$$P(k|k) = [I - K(k)C(k)]P(k|k-1) \tag{11.54}$$

其中递推的初值的设置为

$$\hat{x}(0|0) = \hat{x}(0) = 0 \tag{11.55}$$

$$P(0|0) = P(0) = I \tag{11.56}$$

则系统的残差序列 $\eta(k)$ 为

$$\eta(k) = y(k) - \hat{y}(k) = y(k) - C(k)\hat{x}(k|k-1) \tag{11.57}$$

$\eta(k)$ 的协方差阵 $V(k)$ 为

$$V(k) = \mathrm{cov}\left\{\eta(k)\eta^{\mathrm{T}}(k)\right\} = C(k)p(k|k-1)C^{\mathrm{T}}(k) + R(k) \tag{11.58}$$

若系统状态正常无故障时，残差序列 $\eta(k)$ 服从零均值正态分布 $N(0,\sigma^2)$，其模值 $H_0 = \|\eta(k)\|$。若系统发生突发性故障，则必定可以在残差 $\eta(k)$ 中体现出来，假设此时的残差 $\eta(k)$ 服从均值为 $\overline{\mu}$ 的正态分布 $N(\overline{\mu},\sigma^2)$，其模值为 $H_1 = \|\eta(k)\|$。则采用一定的推理算法比如序惯测量技术，通过对残差序列的分析计算确定系统的运行状态。

11.4.2　基于自适应滤波器的残差计算算法

对于式（11.37）所描述的系统，若在运行中结构参数发生较大的变化，或者原先获得的数学模型并不十分准确，则在状态估计算法中必须考虑模型的参数变化或者模型误差所带来的影响，于是可以采用自适应的计算方法获得对系统状态的估计，然后得到残差序列。

将非线性滤波器应用到线性变参数系统就可得到

$$\hat{x}(k|k) = \hat{x}(k|k-1) + PC^{\mathrm{T}}(k)((PC^{\mathrm{T}}(k) + R)^{-1}(y(k) - C(k)\hat{x}(k|k-1))) \tag{11.59}$$

$$\hat{x}(k|k-1) = \Phi(k,k-1)\hat{x}(k-1|k-1) + B(k,k-1)u(k-1) \tag{11.60}$$

式中，P 由下面的 Riccati 方程求出：

$$P = A(0,0)(P^{-1} + C^{\mathrm{T}}R^{-1}C)^{-1}A^{\mathrm{T}}(0,0) + Q \tag{11.61}$$

而 Q 与 R 是系统的过程噪声和测量噪声的协方差阵，其定义见式（11.39）和式（11.41），用于调整滤波器的。Q 与 R 均取正定的对称矩阵，而且一般取

$Q = 10 \times R$。则残差向量为

$$\eta(k) = y(k) - \hat{y}(k) = y(k) - C\hat{x}(k|k-1) \tag{11.62}$$

由于是变参数、变结构或非线性系统，$\Phi(k,k-1)$ 和 $B(k,k-1)$ 都是时间变化的，于是令 $Z(k)$ 是 $\Phi(k,k-1)$ 和 $B(k,k-1)$ 扩展成的矩阵：

$$Z(k) = \left[\Phi(k,k-1), B(k,k-1)\right] \tag{11.63}$$

则 $Z(k)$ 是 $n \times (n+1)$ 矩阵。于是系统的结构参数 $Z(k)$ 的估计为

$$\hat{Z}(k) = \hat{Z}(k-1) + K(k)\left[y(k) - C\hat{x}(k|k-1)\right] \tag{11.64}$$

$K(k)$ 是递推增益矩阵，它由以下公式获得：

$$\begin{aligned} K(k) = {} & P_a C_a(\hat{x}(0),u(0))^{\mathrm{T}}\left[C_a(\hat{x}(0),u(0))P_a C_a(\hat{x}(0),u(0))^{\mathrm{T}} + R_a\right]^{-1} \\ & + (P_a - Q_a)\left[C_a(\hat{x}(k-1|k-1),u(k-1)) - C_a(\hat{x}(0),u(0))\right]^{\mathrm{T}} R_a^{-1} \end{aligned} \tag{11.65}$$

$$C_a(x(k|k),u(k)) = \frac{C \times \partial(\Phi x + Bu)}{\partial Z}\Big|_k \tag{11.66}$$

P_a 由下面的 Riccati 代数方程求得：

$$P_a = (P^{-1} + C_a^{\mathrm{T}}(0)R_a^{-1}C_a^{-1}(0))^{-1} + Q_a \tag{11.67}$$

式中，$C_a(0) = C_a(x(k|k),u(k))\big|_{k=0}, Q_a = 0.01 \times R_a$。

对于非线性系统，则可采用扩展的 Kalman 滤波器算法、自适应递推算法及鲁棒算法等实现残差的产生，若系统存在一些未知的输入信号，则必须将这些未知信号作为扰动信号看待，在满足第 6 章所提出的基于扰动无关的条件时，可采用故障鲁棒的检测观测器设计方法，实现对系统状态的估计，然后产生可以完成故障检测与诊断的残差序列。但是由于其复杂性，并不存在一个同样的算法对全体非线性系统都有效，而是必须针对相应的系统采用对应的算法加以实现。这一点与线性系统有很大的区别。

对于基于系统状态观测器产生的残差序列的故障检测与诊断算法，由于它可以对系统（包括线性系统和大量的非线性系统）的过程参数进行有效的跟踪，但是这种算法明显的缺点是对系统元部件（包括执行机构和测量机构部件）的渐变性故障（或大时延故障）不敏感。而突变性故障（所谓的小时延故障相对于测量和诊断周期而言）可以对残差序列产生明显的影响，即它只能适用于系统突变故障的诊断。本章所介绍的各类状态估计算法在对初始故障的测量与诊断计算时也非常不敏感，实现部件诊断与故障定位时同样极其困难。第 10 章利用分析性冗余和模糊模式识别技术对传感器的渐变故障的诊断技术进行了研究探讨，还利用神经网络技术和基于状态估计的残差分析算法相结合实现了系统故障时的故障定位于部件诊断功能。

11.5　基于神经网络的故障诊断问题

系统故障诊断的目的是根据系统的采样输入（包括系统的激励输入和系统的响应输出），经过给定的推理计算原则，计算出系统内部的特征，确定状态的性能，然后判断出系统是否故障。若发生故障则要尽量指明故障的部位，分析故障发式的机理，向监控装置、控制系统或系统的操作者（人或机器）提出故障时的系统控制和处理原则，实施故障隔离以降低故障的层次性，实施故障保护以达到故障安全导向。由此可以看出，实现故障时的故障定位与部件诊断是故障诊断的重要内容之一，它是在实践中如何实现系统故障的诊断分离。

第 9 章在理论上提出系统故障的可分离性的问题，故障可分离性本身是一个客观问题，它完全取决于系统自身的结构与测量的实施。然而在实践中，如何实现一个故障可分离系统的故障定位诊断却是一个主观问题，它取决于人们对对象的认识程度以及由此所采取的技术途径与方法。

而绝大部分被诊断对象几乎都是人造系统，如机械结构、电气系统或电子装置等，人们对此类系统总有一些了解和知识积累，而不可能一无所知。因此，被诊断对象一般（或者是大多数）都是一些灰箱系统，其结构通常是已知或者可知的，但是由于系统结构的复杂性、非线性特性、测量信息的有限性以及运行环境的不确定性等因素，其数学模型或者是无法求出，或者是模型过于庞大复杂而难以完整描述，或者是由于一些不确定性因素而无法准确描述，或者是部分结构及参数未知等，因此很难用一般的解析方法实现诊断计算，无论机器人控制系统、大功率传动系统、旋转机械系统或往复机械系统等都是如此。由此，在故障发生时，无论实现故障定位还是故障隔离，都需要对对象故障机理作进一步的研究。

神经网络能够通过自身学习了解被学习对象，进一步能够描述对象的结构、参数和特性，尤其是对一些不确定对象和严重非线性对象，神经网络系统对此能够给出合理的和准确的描述。因此，神经网络系统也被广泛地应用在故障诊断智能应用领域。

然而从以往的文献来看，神经网络应用于故障诊断技术，主要是将被诊断对象作为“黑箱”来研究。即把对对象的认识过程完全交给人工神经网络的学习训练算法。在这样的情况下，若神经网络的结构简单则不足以完整和准确地描述对象；若神经网络的结构过于复杂则学习与训练的速度太慢，不适合系统的在线学习与动态诊断应用。而且由神经网络构成的故障诊断系统，实际上是一个神经网络专家系统，它是将人类专家丰富的诊断应用经验作为已知抽象的知识描述，存储在神经网络的网络结构与神经单元间的连接权中，将故障诊断的动态推理过程转变为一个网络的静态计算过程，这实际上是一种基于浅知识的诊断推理方法。

因此，一般的基于神经网络技术的诊断推理方法往往用于故障检测，以确定系统的实际运行状态。而实现故障的定位尤其要实现部件诊断，特别是在机理分析时有相当的困难，而现有的关于故障定位与隔离的推理计算方法大都是基于系统结构的完全透明。基于以上的原因，本书提出一种以系统已知或可知部分的数学模型为基础，基于这部分的可知模型结构建造一种构造式人工神经网络，这种构造的原则是网络连接权必须体现对象的物理特性。通过实时在线数据的自适应学习表达对象的结构特征，建立一个能够描述系统内部状态的诊断模型，以实现灰箱系统和完全透明系统的系统状态诊断推理，故障定位与部件诊断以及故障机理分析等。

11.5.1　基于构造式神经网络的诊断观测器模型

本章的出发点是，利用系统的已知部分的构造作为神经网络的一部分，余下部分作为补偿结构。所谓构造式神经网络是指，补偿部分的网络连接权由图 11.2 中元部件的特性与元部件之间的联系共同组成。元部件的特征是人为强制性给定的，在线仅学习元部件之间的联系。显然，这样的神经网络确实是认为构造出来的，而且还充分体现了图 11.2 所给出的关于“系统”的定义（定义 1.1）。

人工神经网络在构成原理和功能特点等方面更加接近人脑，与传统的故障诊断分析方法相比，不需要建立对象的精确数学模型，因此在故障诊断中得到了越来越广泛的重视。人工神经网络的出现，为故障诊断问题提供了一种新的解决途径。特别是复杂系统，由于基于解析模型的故障诊断面临着难以建立系统模型的实际困难，基于知识的故障诊断方法成了重要的，也是实际可行的方法。

人工神经网络早期的研究工作应该追溯到 20 世纪 40 年代。1943 年心理学家 McCulloch 和数理学家 Pitts 在分析、总结神经元基本特性的基础上首先提出了神经元的数学模型。50 年代末，Rosenblatt 设计制作了感知机，首次把人工神经网络的研究从理论探讨付诸于工程实践。60 年代末，由于感知机功能有限，无法解决如“异或（XOR）”这样的基本问题，人们对感知机的兴趣开始衰落，人工神经网络的研究沉寂了相当长的时间。美国物理学家 Hopfield 于 1982 年和 1984 年在美国国家科学院院刊发表了两篇关于神经网络研究的论文，引起巨大的反响。随后一大批学者和研究人员围绕着 Hopfield 提出的方法展开了进一步的工作，形成了 80 年代中期以来的研究热潮。

故障诊断问题是一个从故障所体现的特征来识别故障源的问题，目前机械、控制系统、化工等领域，已经尝试用神经网络实现故障诊断。因此，将人工神经网络用于模拟电路故障诊断是一个很有希望的新的研究领域。特别是神经网络具有的容错能力，预计会使神经网络诊断容差电路硬故障和软故障成为可能，有可能为电路故障诊断开辟一条新的途径。

11.5.2 基于系统模型的构造型补偿神经网络观测器

所谓基于对象数学模型的构造式神经网络，是指以抑制的对象数学模型，无论线性模型或非线性模型，为基本的网络模型结构$\varPsi_1$，其输入信号为系统的测量信号，输出信号是系统的状态估计。显然，由于原始或先验知识的有限性，如模型准确性等，其输出信号并不等于系统的状态估计，存在极大的偏差。然后构造一个有限构造的神经网络$\varPsi_2$和$\varPsi_1$一起形成一个完整的神经网络系统$\varPsi$，$\varPsi$的输出就是系统的状态估计。$\varPsi_2$的输入可以与$\varPsi_1$有同样的输入，这时构成一个并联补偿结构的构造式神经网络状态观测器；若$\varPsi_2$的输入是$\varPsi_1$的输出，则构成一个串联补偿结构的构造式神经网络状态观测器。这里之所以称为构造式神经网络状态观测器，是指：网络的学习必须结合无监督的Hebb学习规则和有监督的Widrow-Hoff学习规则，系统部件的激励特性应在补偿网络$\varPsi_2$的权学习中体现出来，也就是他的设计与选择也是完全根据系统物理结构和特性。这样就构成一个深知识的诊断推理模型从而达到部件诊断与激励分析的目的。

设系统的结构模型为

$$\varOmega_1:\begin{cases} x'(t)=f(x(t),u(t)) \\ y(t)=h(x(t),u(t)) \end{cases} \tag{11.68}$$

或者是

$$\varOmega_2:y(t)=f(x'(t),x(t),u(t),t) \tag{11.69}$$

式中，$n\times 1$向量$x(t)\in\Re^n$是系统内部的运行状态；$m\times 1$向量$y(t)\in\Re^m$是系统的测量输出；$l\times 1$向量$u(t)\in\Re^l$是系统的控制或给定输入。

将系统（11.68）或（11.69）离散化，就可得到

$$\begin{aligned}\varOmega_3:y(k)=&f(x(k),x(k-1),\cdots,x(k-p_1),u(k-1),u(k-2),\cdots,u(k-p_2))\\ &-\sum_{i=1}^{p_1}A_i x(k+1-i)+\sum_{j=1}^{p_2}B_j u(k-j)\end{aligned} \tag{11.70}$$

式中，f是非线性转移函数；A_i是$m\times n$的状态转移矩阵，$i=1,2,\cdots,p_1$；B_j是$m\times 1$的控制矩阵，$j=1,2,\cdots,p_2$。

若系统是状态能观测的，则式（11.70）可以分解为

$$\begin{aligned}x(k)=&h(y(k),y(k-1),\cdots,y(k-p_3);x(k-1),\cdots,x(k-p_1);u(k-1),\cdots,u(k-p_2))\\ &+\sum_{i=2}^{p_1}E_i x(k+1-i)+\sum_{j=1}^{p_2}F_j u(k-j)+\sum_{q=1}^{p_3}G_q y(k+1-q)\end{aligned} \tag{11.71}$$

$$=\varPsi_{11}+\varPsi_{12} \tag{11.72}$$

式中

$$\Psi_{12}=h(y(k),y(k-1),\cdots,y(k-p_3);x(k-1),\cdots,x(k-p_1);u(k-1),\cdots,u(k-p_2)) \tag{11.73}$$

$$\Psi_{11}=\sum_{i=2}^{p_1}E_i x(k+1-i)+\sum_{j=1}^{p_2}F_j u(k-j)+\sum_{q=1}^{p_3}G_q y(k+1-q) \tag{11.74}$$

于是，构造式串联补偿结构的构造式神经网络状态观测器的构成形式如图 11.2 所示，由三部分组成：线性网Ψ_{11}、非线性网Ψ_{12}和补偿网Ψ_2。

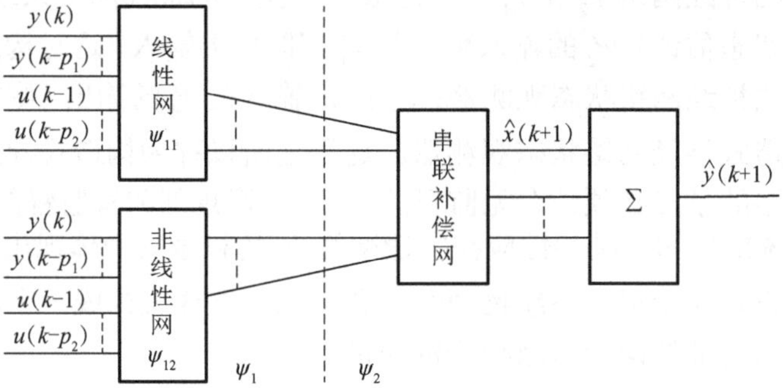

图 11.2　基于系统模型的构造式神经网络状态观测器结构原理

其中，Ψ_{11} 的全部连接权 ω_{ij}^1（$i=1,2,\cdots,p_1+p_2+p_3-1$，$j$=层数−1）就是 $E_i(i=1,2,\cdots,p_1-1)$、$D_j(j=1,2,\cdots,p_2)$ 和 $G_q(q=1,2,\cdots,p_3)$ 的全部元素；而Ψ_{12}是通过离线学习获得的，从理想状态来说，有如下关系：

$$\Omega_3=\Psi_{11}+\Psi_{12} \tag{11.75}$$

即

$$\Psi_{12}=\Omega_3-\Psi_{11} \tag{11.76}$$

因此可以根据式（11.76）的关系，离线学习获得前馈网Ψ_{12}的连接权ω_{ij}^2，($i=1,2,\cdots,p_1+p_2+p_3-1$，$j$=层数−1)。$\Psi_{11}$和$\Psi_{12}$的输出都是只有$n$个元。而且在诊断系统在线动态诊断时，$\omega_{ij}^1$和$\omega_{ij}^2$是不变的静态系数。

由于经过多次转换，加上系统模型本身的不确定性和不准确性，$\Psi_{11}+\Psi_{12}$并不等同于系统Ω_2的实际状态，因此就希望通过补偿网Ψ_2来消除由此产生的误差。Ψ_2的连接权为$\nu_{ij}(k)$ (i=1,2,⋯,n，j=1,2,⋯,s)，$\nu_{ij}(k)$的选取规则为

$$\nu_{ij}(k)=\varsigma_{ij}(k)\Delta_{ij},\quad i=1,2,\cdots,n;\quad j=1,2,\cdots,s \tag{11.77}$$

而Δ_{ij}则代表系统中需要诊断或监视的元件的输入输出关系的抽象，或元件之间联系的抽象。到此，就完成了一个基于对象数学模型的串联补偿结构的构造式神经网络状态观测器。而需要在线学习的仅仅是补偿网络的连接权$\nu_{ij}(k)$的系数$\varsigma_{ij}(k)$。学习控制规则通常是误差二次型指标。由于学习的系数很少，因此学习的

方法在大部分场合仅需采用最小二乘法即可。

11.5.3　串联补偿结构的构造式神经网络状态观测器设计

事实上，很多的系统都是工作在某个平衡点附近，其输入和输出信号的幅值一般总是在设计氛围内的一个有限区段，工作在这个区段内，可以将系统近似地看做一个线性系统。于是就有这样的设想：将系统已知部分看做一个线性系统，设计状态观测器，然后以简单神经网络结构作为补偿，构成一个完整的神经网络状态观测器（图 11.3）。

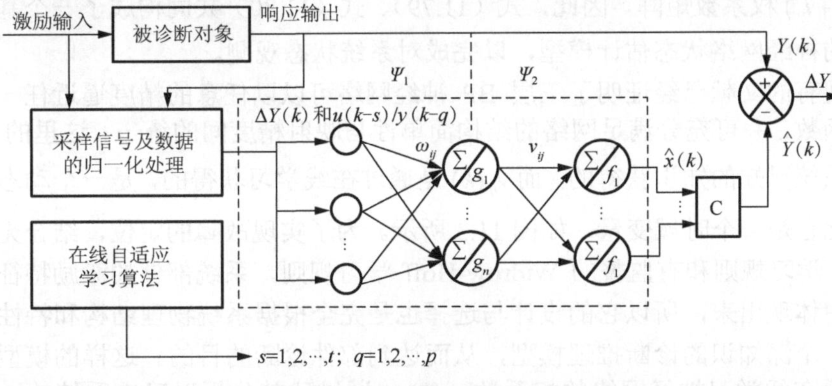

图 11.3　基于模型和神经网络的诊断系统结构原理

将系统 Ω_1（11.68）或 Ω_2（11.69）在某平衡点 t_0，以时间步长 T 线性化并且离散化后得

$$\Omega_4:\begin{cases}x(k+1)=\sum_{j=0}^{p_1}A_jx(k-j)+\sum_{i=0}^{p_2}B_ju(k-i)\\ y(k+1)=Cx(k+1)+Du(k+1)\end{cases}\tag{11.78}$$

式中，A_j 是 $n\times n$ 常数矩阵，$j=0,1,2,\cdots,p_1$；B_i 是 $n\times 1$ 常数矩阵，$i=1,2,\cdots,p_2$；C 是 $m\times n$ 常数矩阵；D 是 $m\times 1$ 常数矩阵。

显然由于式（11.78）是在一个特定的前提之下获得的，因此式（11.78）并不能完全表达动态系统 Ω_1 式（11.68）。实际上，由于式（11.68）的非线性、时变和强耦合关系，式（11.78）仅仅推导出其中的在特定条件下的可知部分数学模型，不可知部分主要包含系统的时延环节、放大环节、控制策略、一些非线性因素和一些其他的不可知因数。因此模型（11.78）具有非完全可知性和非完全确定性，即它是描述了在特定条件下的部分过程。令

$$g(k)=x(k)$$

式中

$$g(k)=(g_1(k),g_2(k),\cdots,g_n(k))^{\mathrm{T}}$$

如果系统（11.78）是状态能观测的，则式（11.78）可以写为

$$g_j(k)=\sum_{i=0}^{p_1}\omega_{ij}y(k-i)+\sum_{i=i_1}^{i_1+i_2}\omega_{i_1+i}u(k+i_1-i) \qquad (11.79)$$

也就是将式（11.79）作为系统状态观测器的输出，显然次状态估计与要求的状态估计之间存在很大的误差。于是将式（11.79）作为神经网络状态观测器的前级部分Ψ_1，而对不可知部分构造串联补偿网络Ψ_2：

$$f(k)=(f_1(k),f_2(k),\cdots,f_n(k))^{\mathrm{T}}=V(k)g(k) \qquad (11.80)$$

作为对状态估计的补偿输出，其中，$f_i(k)$是对$x_i(k)$的估计，即$f(k)=\hat{x}(k)$，$V(K)$是$n\times(i_1+i_2)$权系数矩阵。因此，式（11.79）、式（11.80）共同构成了一个基于模型结构的神经网络状态估计模型，以完成对系统状态观测。

而现有的文献已经证明了三层 BP 神经网络可以以任意的精度逼近任一连续非线性函数，并可充分满足网络的结构简单性与映射精度间的统一。这里的ω_{ij}是根据对系统已知的知识获得的，而$v_{ij}(k)$是通过在线学习获得的，是一个动态的过程，因此它是一个时域变量，如图 11.3 所示。为了实现故障的定位，结合无监督的 Hebb 学习规则和有监督的 Widrow-Hoff 学习规则，系统部件的激励特征应在权学习中体现出来，所以它的设计与选择也是完全根据系统物理结构和特性。这就构成一个深知识的诊断推理模型，从而达到部件诊断的目的。这样的模型结构仅仅需要在线学习神经网络的权系数$v_{ij}(k)$，通过残差分析以确定系统的运行状态，一旦系统故障就通过辨识算法，反推出系统的部件参数，这样就将故障隔离到部件或元件级，极易实现故障定位与部件的故障诊断推理。

在这个人神经网络结构中，每一个神经单元都有一定的物理背景，神经单元之间的连接都表达了相应的状态变换关系，因此，这样的神经网络能够充分描述被诊断对象的结构特性和实现对系统的状态跟踪，同时通过残差分析可以进行故障检测，在系统故障时依据网络结构的物理关系，通过反演推理可以实现故障的定位而解决部件诊断问题。

11.6　传动系统的诊断实践

图 10.12 所示被诊断对象是一个实际的直流串励电机控制系统的简化结构图，其中X_1、X_2是变压器副边绕组；L_1是平波电抗器；L_2是串励电机的励磁绕组；R_2为励磁电流分流电阻。由于是串励电机，其励磁电路与电枢绕组串联，而磁通是非线性的。由图 10.12 可得系统简化的数学模型如下。

电路的电压方程为

$$U_d=C_e\phi n+L\frac{\mathrm{d}i_d}{\mathrm{d}t}+R_d i_d \qquad (11.81)$$

力矩方程为

$$C_M \phi i_d = M_L + J\frac{\mathrm{d}n}{\mathrm{d}t} + Bn \tag{11.82}$$

式中，R_d 为电枢回路的等价总电阻，$R_d = 0.061\Omega$；L 为电路的等价总电感，包括平波电抗器电感和电机励磁绕组电感在内，$L = 16.5\text{mH}$；C_e 为电机的结构常数；ϕ 为电机励磁磁通，现将其乘积看做一体，经过分段处理后，其与电流的关系表示如下：

$$C_e\phi = \begin{cases} \dfrac{0.53}{284} i_d, & i_d < 284 \\ 0.52 + \dfrac{0.106}{85}(i_d - 284), & 284 \leqslant i_d < 342 \\ 0.636 + \dfrac{0.159}{169}(i_d - 342), & 342 \leqslant i_d < 444 \\ 0.795 + \dfrac{0.159}{169}(i_d - 342), & 444 \leqslant i_d < 613 \\ 0.954 + \dfrac{0.106}{227}(i_d - 613), & 613 \leqslant i_d < 940 \\ 1.06 + \dfrac{0.106}{898}, & 940 \leqslant i_d < 1738 \end{cases} \tag{11.83}$$

$C_M\phi$ 为电机转矩常数与磁通的乘积，它与 $C_e\phi$ 的关系为

$$C_M\phi = 9.55 C_e\phi \tag{11.84}$$

B 为风阻系数。由于在额定工作点有

$$C_M\phi I_e = P_e + Bn_e^2$$

所以

$$9.55 C_e\phi I_e = P_e + Bn_e^2$$

$$9.55(U_e - I_e R_e) = P_e + Bn_e^2$$

所以

$$B = 0.75$$

其中，I_e、P_e 和 n_e 分别为额定电流、额定功率和额定速度。J 为折算到电机上的等价总转动惯量：

$$J{=}0.001065m$$

其中，m 为整个拖动系统的质量。M_L 为折算到电机上的阻力转矩，是一个干扰量，只有一个估计值。

由图 11.12 知，系统测量是给定输入 $u_{d_0}(k)$、电机电枢电压 $u_d(k)$、电枢电流 $i_d(k)$ 和速度 $n(k)$，且是经过归一化处理后的标称值，按百分数表达，100%分别代表电流是 2000A、电压是 2000V、速度是 200km/h。令

$$\begin{cases} u(k)=u_d(k), \quad x_1(k)=i_d(k), \quad x_2(k)=n(k) \\ y(k)=[x_1(k), \quad x_2(k)]^{\mathrm{T}} \\ f_1(k)=\hat{x}_1(k), \quad f_2(k)=\hat{x}_2(k) \end{cases} \tag{11.85}$$

将式（11.73）和式（11.74）离散化，则图 11.2 中的已知结构部分构成图 11.3 中的神经网络连接权 ω_{ij}：

$$g_n(k)=\sum_{i=1}^{2}\omega_{in}x_i(k-i+1)+\omega_{3n}u(k), \quad n=1,2 \tag{11.86}$$

式中

$$\omega_{11}=1+\frac{TR_d}{L}, \quad \omega_{21}=\frac{TC_e\phi}{L}, \quad \omega_{31}=-\frac{T}{L} \tag{11.87}$$

$$\omega_{21}=-\frac{C_M\phi T}{L}, \quad \omega_{22}=1+\frac{TB}{L}, \quad \omega_{32}=0 \tag{11.88}$$

$$\hat{x}_i(k)=f_i(k)=v_{i1}(k)g_1(k)+v_{i2}(k)g_2(k), \quad i=1,2 \tag{11.89}$$

根据式（11.77）的要求，未知部分的连接必须体现部件的物理特性和激励特性，令

$$v_{ij}(k)=\varsigma_{ij}(k)\varDelta_i, \quad i=1,2; \quad j=1,2 \tag{11.90}$$

式中

$$\begin{cases} \varDelta_1=\dfrac{R_d+\Delta R}{L+\Delta L}-\dfrac{R_d}{L} \\ \varDelta_2=\dfrac{1}{R_d+\Delta R}+\dfrac{1}{L+\Delta L}-\dfrac{1}{R}-\dfrac{1}{L} \end{cases} \tag{11.91}$$

一般取

$$\Delta R=\pm1\%R_d\sim\pm5\%R_d \tag{11.92}$$

$$\Delta L=\pm1\%L\sim\pm5\%L \tag{11.93}$$

$v_i(k)$ 的学习采用在线自适应的学习算法，通过这样一个过程，将属于静态范畴的神经网络转变为一个动态的过程，同时这样使得网络尽可能多地含有系统的状态信息。学习训练的准则为

$$\min\left\{\frac{1}{2}|\Delta y(k)|^2\right\}=\min\left\{\frac{1}{2}|y(k)-\hat{y}(k)|^2\right\} \tag{11.94}$$

系统状态估计误差确定如下：

$$e_1(k)=e_d(k)=0 \tag{11.95}$$

$$e_2(k)=e_u(k)=u(k)-\hat{u}(k) \tag{11.96}$$

$$e_3(k)=e_i(k)=i_d(k)-\hat{i}_d(k)=x_1(k)-f_1(k) \tag{11.97}$$

$$e_4(k)=e_n(k)=n(k)-\hat{n}(k)=x_2(k)-f_2(k) \tag{11.98}$$

残差：

$$\mathrm{AVG}(k)=\frac{1}{2}\left\{\left|e_1(k)\right|^2+\left|e_2(k)\right|^2+\left|e_3(k)\right|^2+\left|e_4(4)\right|^2\right\} \tag{11.99}$$

诊断过程的设计与实现如下：

（1）建立诊断模型。

（2）给出初始参数 $\nu_1(0)=K_0,\nu_2(0)=K_0,\eta_{mj}(0)=0.1$，其中 K_0 是系统的放大系数，可以通过实验方式预先获得。

（3）基于采样信息，在式（11.90）的控制下在线学习网络的连接权 $\nu_i(k)$。

（4）由式（11.99）计算跟踪误差和残差 AVG(k)。

（5）根据已知的 R_d 和 L，由式（11.90）辨识求出 η_{mj}。

（6）根据残差评估准则分析 AVG(k)；若系统运行正常则重复步骤（3），否则进行步骤（7）。

（7）若系统异常，辨识出新的等效电阻 R' 和等效电感 L'。

（8）判断故障部位并评价故障的后果及处理方式，给出故障报警。

（9）重复步骤（3），进入新一轮的故障过程。

由于已知的非线性过程经过分段处理（式 11.75），故连接权的学习采用最小二乘法，经过四个测量周期递推，跟踪达到误差控制要求（在仿真时也采用递推的遗传算法，按每次递推进化迭代 3 次，则大约需要 60 代、920 个测量周期后开始收敛，达到类似结果）。

表 11.1 是图 10.12 所示实际系统的一次实际的故障记录，故障现象是电机电枢电流过流导致保护继电器动作，将此数据经本书所给出的算法计算后得到的结论是回路的等价电阻由 0.061Ω下降至 0.021Ω，而回路等价电感几乎不变，结论为系统发生活接地现象而导致的瞬间过流，这与实际检修结论吻合。

表 11.1　一次实际故障记录数据

	−20×25ms	−15×25ms	−10×25ms	−5×25ms	t=0×25ms	5×25ms	10×25ms	15×25ms	20×25ms
$i_d(k)$	31%	39%	51%	60%	70%	78%	35%	12%	3%
$u_d(k)$	18%	19%	21%	24%	26%	29%	17%	10%	6%
$i_d(k)-i_f(k)$	31%	20%	25%	30%	35%	39%	18%	6%	1%
$u_{d_0}(k)$	20%	20%	20%	20%	20%	20%	20%	20%	20%
$n(k)$	20%	23%	26%	28%	31%	36%	30%	25%	19%

11.7　小　　结

本章所给出的被诊断对象，力矩 M_L 的负荷变化范围的最大值到最小值有 10 倍之多，转速 n 变化最大值与最小值之间有 50 倍之多，因此系统存在大的结构常数变化和严重的非线性，而且故障因素较多，利用系统所设置的传感器仅仅实现故障的检测并非难事。本书仅就实现故障的定位和故障的隔离这一问题作了初步的探讨，所提出的基于已知的确定模型，附加一个补偿神经网络作为结构参数变化和对非线性部分的补偿，实现对系统状态的观测，同时将故障时的参数特征演变为对网络连接权的刺激，以实现故障定位与隔离，方法简单，计算量小，易于在线诊断系统的实现。

神经网络的起源与发展，是通过人们对自身的认识过程而产生的，系统通过构造一个类似人脑生理结构的模型来模拟人的智能与智慧，再现人的思维过程。但是这样的过程并非完全成功，这是由于人的生理结构实在是过于复杂，以至于目前人们还无法掌握人类的智能与思维过程。然而，人们对自己设计的人造系统的了解要深刻得多，在实施故障诊断之前，就可以了解和掌握对象的相当多的先验知识。因此，本章的出发点是尽可能地利用人们掌握的先验知识来构造诊断系统，而尽可能少地在线学习不足部分实现对已知部分的补偿，尽可能减少神经网络的学习负担，以适合在线学习实现在线动态诊断。

第 12 章 牵引变流器系统故障分析与诊断

12.1 概 述

电力牵引传动系统是电力机车和电动车组的核心装置，而牵引变流器是其电能变换与运行控制的关键部件，其可靠性对于保证电力机车和电动车组的安全运行非常重要。牵引变流器在绝大部分时间处于连续工作状态，产生故障是不可避免的，当牵引传动系统出现故障时，在牵引变流器上也会突出地反映和表现出来，若变流器出现短路、断路等严重故障将直接导致机破而使铁路运输中断，给铁路运输造成巨大的损失。因此，通过牵引变流器故障诊断系统，实时在线地向司务人员提供列车运行状态和故障处理信息，是发挥机车最高能效、保证机车安全运行、提高运输效率的一个重要技术手段。

12.2 故障诊断分析及故障特征提取

12.2.1 故障类型及机理分析

牵引变流器的故障按故障发生部位分为输入级故障、内部故障和输出级故障。输入级故障包括供电接触网、受电弓、主断路器、牵引变压器、互感器故障等；输出级故障是指牵引电机故障和制动电阻器故障；内部故障是指变流器本身的故障，包括四象限整流器故障、中间直流环节故障、逆变器故障、控制系统故障、冷却系统故障等。

常见故障主要有过电流故障（原边过流、输入过流、逆变过流）、过电压故障、欠电压故障、过热故障、过载故障、原边接地、主回路接地、中间电压故障、冷却装置保护、接触器故障等。

引起故障发生的原因比较复杂，如过电流故障可能是由短路、接地、过负载、负载突变、加减速时间设定太短、电源断相、谐波含量大等引起的；过电压故障可能由电源电压过压、制动力矩不足、负载惯性大、控制系统故障、变流器 IGBT 元件故障等引起的。

牵引变流器的故障按发生的性质可分为永久性故障和偶发性故障。永久性故障包括 IGBT 损坏、熔断器保险丝熔断造成的缺相等。偶发性故障包括接触器接触不良、元件虚焊、电磁骚扰引起控制混乱等。

下列因素可能导致变流器发生故障：启动列车（机车）设备时，变流器电流、电压瞬间值过大，电子组件被击穿；电子组件长期使用后散热性能自然下降等，导致电子组件烧坏；粉尘、潮湿以及腐蚀性气体的渗入，引发电子组件的接触不良甚至开路导致其不能工作正常等。绝大部分故障现象是变流器电路开路，具体表现为晶闸管、二极管等电子组件的击穿以及接触不良。

12.2.2　故障诊断要求和方法

当牵引变流器发生故障时，列车的电机电流、电机电压、运行速度、设备温度等状态参数表现出异常特性，故障诊断的任务就是根据这些参量表现出的特性实现对牵引变流器系统状态的识别、诊断以及故障的分离和定位。

1. 故障诊断要求

变流器系统故障诊断就是通过系统自身的传感器，检测获得牵引变流器各种状态参数，经过信号变换、分析与处理技术以及去除噪声，把信号映射到不同的特征域内，以获得更能敏感反映牵引变流器状态的特征，从而识别变流器的状态以实现状态诊断。

电力机车、电动车组（包括城轨列车）上，牵引变流器的故障诊断一般具有以下特点：

（1）以系统特性偏离标准状态的功能性降低，作为故障判决依据。这种故障的识别与定位深度和广度首先取决于故障诊断系统传感器性质、数量、安装方式以及诊断软件的智能化的程度。

（2）目前的列车全部采用基于网络的计算机控制，控制系统均具有故障检测功能，系统中的各传感器的测量信息不仅应用于控制，同时应用于状态诊断。

（3）为了保证列车安全可靠运行，发现部件故障后，还需要进行故障评估，根据故障等级提示司机进行相应的应急处理措施，如故障单元隔离、降功率运行或者紧急制动等。

（4）故障诊断所需的数据可以通过列车通信网络进行传输。

2. 故障诊断方法

目前，变流器系统的故障诊断方法大都采用基于信号处理的方法、基于解析模型的方法和基于知识的方法等。

基于信号处理的方法，是指利用信号模型，直接分析可测信号并从中提取特征值，从而检测出故障的方法。这种方法不需建立对象的精确数学模型，利用故障发生时系统的输出在幅值、相位、频率及相关性与故障之间的联系等进行变换、分析与处理，从而实现故障诊断。主要故障检测与诊断方法有小波变换方法、主元变换方法等。

基于解析模型的方法是在明确对象数学模型的基础上，按一定的数学方法对被测信息进行诊断处理。常用的有参数估计法和状态估计法。由于实际情况下，这类系统存在严重的非线性，难以建立精确的数学模型，因此这种方法的使用范围受到限制。

基于知识的故障诊断方法是根据长期的实践经验和大量的故障信息并借助于计算机技术来解决复杂的故障诊断问题。主要有专家系统故障诊断方法、模糊故障诊断方法、故障树故障诊断方法、神经网络故障诊断方法等。

基于知识的故障诊断方法是建立在专家长期经验积累和人的智能能力的基础上，适合对复杂系统和非线性系统的诊断实现。在牵引传动系统中常常把基于知识的故障诊断方法和检测灵敏、克服噪声能力强的信号处理方法相结合，扬长避短，实现牵引变流器的故障诊断。

12.2.3　变流器故障检测方法

牵引变流器故障诊断的实质就是对功率半导体（如 IGBT）器件的诊断，IGBT 开路故障诊断方法主要有专家系统法、电流检测法和电压检测法三种。专家系统法基于经验积累，将可能发生的故障一一列出，归纳出规律并建立知识库，当发生故障时只需要观测故障现象，查询知识库即可判断故障类型，难点在于难以穷尽所有的故障现象并得到完备的故障知识库，而有些故障模态往往与变流器正常运行时的某种状态非常相似，由此难以准确匹配故障。电压检测法通过考察变流器故障时电机相电压、电机线电压或电机中性点电压与正常时的偏差来实现故障诊断。只需要 1/4 基波周期便能完成故障检测，大大缩短了诊断时间，但是这种方法需要增加电压传感器，通用性差。

电流检测法最为常用，其又派生出平均电流 Park 矢量法、单电流传感器法和电流斜率法等，平均电流 Park 矢量法以 Coimbra 大学的 ACaseiro 教授发表的文章为代表。该方法在 α/β 坐标系下进行，通过变换得到 I_α 和 I_β，在一个电流周期内求其平均值，根据平均值求得平均电流 Park 矢量。发生故障时 Park 矢量将不为零，通过判断其幅值和相位确定哪个 IGBT 出现故障。平均电流 Park 矢量法的缺点在于其对负载敏感，负载不同情况下，Park 矢量电流大小不同，会造成故障评价的标准不统一。电流矢量斜率法根据故障前后定子电流矢量轨迹斜率的不同来诊断故障，缺点在于该方法极易受到干扰而导致误判。

1. 平均电流 Park 矢量法

首先对三相电流 I_a、I_b、I_c 进行 Park 变换：

$$\begin{cases} I_\alpha = I_a \\ I_\beta = \left(I_b - I_c\right)/\sqrt{3} \end{cases} \tag{12.1}$$

然后计算 I_α 和 I_β 一个周期之内的平均值：

$$\mu_v = \frac{1}{N}\sum_{N=1}^{N} i_v(n) \quad v=(\alpha,\beta) \tag{12.2}$$

于是可得到平均电流 Park 矢量的模和相角为

$$\begin{cases} \mu = |\mu| = \sqrt{{\mu_\alpha}^2 + {\mu_\beta}^2} \\ \text{angle}(\mu) = \arctan(\mu_\alpha / \mu_\beta) \end{cases} \tag{12.3}$$

正常无故障情况下，一个周期内的电流平均值为零，平均电流 Park 矢量的模为零，如果某功率管开路故障时，某相电流的负电流部分被削去，同时其他两相电流出现直流分量。三相电流出现直流分量，Park 矢量不再为零。故障晶体管的具体判别方法为：当 Park 矢量的模大于某一阈值时，表明有故障出现，再通过判别 Park 矢量的相角来确认具体的故障功率晶体管，故障晶体管与相角的对应关系如表 12.1 所示。平均电流 Park 矢量法在稳态时可以准确地检测并定位故障晶体管。但在动态过程中，如突加负载和突减负载，易产生误判现象。产生误诊断根本原因在于某时刻突加负载后电机电流突然增大，导致计算出的一个周期内的电流平均值不为零，Park 矢量的幅值突然增大并大于故障阈值，从而产生了误诊断。如果故障阈值设定得较大，则误诊断的概率会减小，但检测灵敏度降低使得漏诊率增加，导致空载或负载较小时无法故障漏诊。

表 12.1　Park 矢量法故障定位表

故障开关	μ / A	angle(μ)/(°)	故障开关	μ / A	angle(μ)/(°)
T_1	大于阈值	150～210	T_4	大于阈值	330～360，0～30
T_2		270～330	T_5		90～150
T_3		30～90	T_6		210～270

2. 三相电流平均值法

首先根据式（12.4）计算三相电流在一个周期内的平均值 μ_a、μ_b和μ_c，然后，根据式（12.5）得到 F 。若 F 大于预先设定好的阈值，则判定有故障发生，再根据表 12.2 来确定具体发生了故障的功率管。

$$\mu_v = \frac{1}{N}\sum_{N=1}^{N} i_v(n) \quad v=(a,b,c) \tag{12.4}$$

$$F = \left(|\mu_a| + |\mu_b| + |\mu_c|\right)/3 \tag{12.5}$$

表 12.2　电流平均法故障定位表

故障开关	μ_a	μ_b	μ_c	故障开关	μ_a	μ_b	μ_c
T_1	最大，负	—	—	T_4	最大，正	—	—
T_2	—	最大，负	—	T_5	—	最大，正	—
T_3	—	—	最大，负	T_6	—	—	最大，正

该方法的依据在于，如三相电流的平均值不为零，则必然有功率管故障，鉴于系统噪声的存在，必须设定阈值，当 F 大于阈值时认定有故障发生。功率晶体管故障时，故障相的平均电流一定为最大，所以根据三相电流平均值的最大者判断故障相，再根据平均值的“正”或“负”确认具体故障晶体管。该方法与平均电流 Park 矢量法原理上相同，此方法的灵敏程度仍然要依赖于所设置的阈值，如设置的阈值较大，在空载或负载较小情况下，平均电流偏小，不易判断出故障；如阈值设置较小，该方法较灵敏，但在突加负载和突减负载时同样会造成误诊断。

3. 基于离散傅里叶变换的归一化方法

前面提到的平均电流 Park 矢量法和三相电流平均值法都具有一个对负载敏感的共性问题，阈值的设定与负载相关，为了能够在空载到满载整个区间内都能进行故障诊断，只能将阈值设置得较小；但较小的阈值会引起突加负载和突减负载情况下的误诊断。针对负载敏感性问题，提出了基于离散傅里叶分析的归一化方法，通过离散傅里叶变换计算每一个电流周期中定子电流的直流分量和基波幅值，然后用基波幅值将直流分量归一化，计算规则如下：

$$a_{j,k}=\frac{1}{N}\sum_{N=0}^{N-1}i_j(n)\cos\left(\frac{2\pi kn}{N}\right),\quad j=a,b,c \tag{12.6}$$

$$b_{j,k}=\frac{1}{N}\sum_{N=0}^{N-1}i_j(n)\sin\left(\frac{2\pi kn}{N}\right),\quad j=a,b,c \tag{12.7}$$

$$h_j=\frac{a_{j,0}}{\sqrt{a^2{}_{j,0}+b^2{}_{j,0}}},\quad j=a,b,c \tag{12.8}$$

$$\begin{aligned}&\text{if}:\max(|h_j|)>1,\text{then}:f_{2,j}=1,\text{else}:f_{2,j}=0\\&\text{if}:h_j>0,\text{then}:f_{1,j}=1,\text{else}:f_{1,j}=0\end{aligned} \tag{12.9}$$

式（12.6）和式（12.7）用于计算三相电流的谐波幅值。其中，下标 k 表示谐波次数。式（12.8）利用三相电流的基波幅值将三相电流的直流分量进行归一化，归一化的目的在于使故障诊断方法不再对负载敏感，如某相归一化后绝对值最大且超过阈值 1，认定系统发生故障，且该相为故障相，如式（12.9）所示，$f_{2,j}=1$ 表示系统出现故障，且故障相为第 j 相，$f_{2,j}=0$ 表示系统无故障。再利用式（12.9）判断故障相中上管故障还是下管故障。$f_{1,j}=0$ 表示上位晶体管故障，$f_{1,j}=1$ 表示下位晶体管故障，故障定位表如表 12.3 所示。阈值 1 的选取参照故障条件下波形的基波幅值和平均值之间的关系得到，因为该方法中已进行归一化，所以在各种负载条件下不必更改阈值即可准确故障诊断。

表 12.3 基于傅里叶变换的归一化方法故障定位表

故障开关	$f_{1,a}$	$f_{1,b}$	$f_{1,c}$	$f_{2,a}$	$f_{2,b}$	$f_{2,c}$
T_1	0	—	—	1	—	—
T_2	—	0	—	—	1	—
T_3	—	—	0	—	—	1
T_4	1	—	—	1	—	—
T_5	—	1	—	—	1	—
T_6	—	—	1	—	—	1

利用离散傅里叶变换得到定了电流的直流分量和基波幅值，然后根据基波幅值大小将直流分量归一化，依据归一化后的直流分量大小定位开路故障的功率晶体管 IGBT，可解决传统方法在突加、突减负载时会出现误诊断的问题。

12.2.4 牵引变流器故障特征提取

信号处理是故障诊断的主要环节之一，同样是牵引变流器故障诊断的一个关键环节。牵引变流器的故障表现为一些特征参量的变化，如电压和电流的波形畸变。可以对牵引变流器电流电压信号采用 FFT、小波分析等方法，提取其故障特征，实现变流器的故障诊断。本节仅介绍小波分析方法。

1. 频带分析技术

应用多分辨率分析和小波包分析技术可以把信号分解在不同的频带之内。对这些频带内的信号进行分析，称为频带分析技术。通常可根据感兴趣信号的频率范围，把信号在一定尺度上进行分解，从而提取相应频带内的信息。另外，还可对各频带内的信号进行统计分析，形成反映信号特性的特征向量。若分析各频带内的信号能量，则称为频带的能量分析。

傅里叶分析可作频带能量分析，其得出的不同故障的谱结构特征向量，在实际诊断中已获得了成功的运用。然而傅里叶分析只是对信号中的正弦波成分进行了变换展开，实际诊断信号往往包含非平稳成分，严格地说，这些信号不能用正弦信号作为基进行展开或者描述。即使用正弦信号作为基描述，其对于信号所包含能量的表示也不全面。而应用小波进行信号分析，则可以描述信号中的非平稳成分。尤其用小波包分析技术，可把信号分解在任意精细的频带上。在这些频带上作能量统计，形成特征向量，更具有合理性。与傅里叶频谱分析技术一样，小波频带分析技术的理论依据也是 Parseval 能量积分等式。因 $f(x)$ 在时域上的能量：

$$\|f\|^2 = \int_{-\infty}^{\infty} |f(x)|^2 \, \mathrm{d}x \tag{12.10}$$

$f(x)$ 的小波变换如下：

$$C_{j,k}=W(2^j,2^jk)=2^{\frac{j}{2}}\int_R\widehat{\psi}(2^{-j}x-k)f(x)\mathrm{d}x \tag{12.11}$$

二者由 Parseval 恒等式相关联：

$$\int_{-\infty}^{\infty}\left|f(x)\right|^2\mathrm{d}x=\int\left|C_{j,k}\right|^2 \tag{12.12}$$

由式（12.12）可知，小波变换系数 $C_{j,k}$ 的平方和具有能量的量纲，因此可以用于能量分析，形成信号的特征向量，从而实现对信号的特征提取。小波频带能量分析和基于傅里叶频谱的能量统计机理相同，但在实施方法上不同。小波频带分析直接把信号的时域波形进行分解，形成不同频带的信号。这些频带内的信号保留了其时间特征，仍然是时域信号。对这些频带内的能量统计是在时域波形上进行的，这与在信号傅里叶频谱上进行的能量统计是不同的，这种能量统计上的差异正是小波分析具有时域分析能力的重要表现。

2. 基于小波分析的故障特征提取

故障特征提取是为故障诊断提供实用的特征向量，通过小波分析牵引变流器的重要信号的变化，可以提取故障特征信息，达到故障特征提取的目的。下面介绍基于小波分析对牵引变流器故障特征的提取方法。

对相应信号采用 db3 小波基进行 6 层分解，提取 1 个低频系数和 6 个高频系数，然后对各个系数求出其能量值，按照顺序排成一列向量，该向量就是与某一故障相对应的特征向量。对信号进行 6 层小波分解得到 7 个频带的小波分解系数，重构各节点小波分解系数，则总信号可表示为

$$S=A6+D6+D5+D4+D3+D2+D1 \tag{12.13}$$

下面是故障特征能量的提取方法。

（1）确定各分解系数信号的总能量。其能量公式为

$$E_j=\sum_{k=1}^{n}\left|d_j(k)\right|^2,\quad j=0,1,\cdots,7;\quad k=1,2,\cdots,n \tag{12.14}$$

式中，$E_7=\sum_{k=1}^{n}\left|a_6(k)\right|^2$。

（2）构造特征向量。当牵引变流器出现故障时，会对相关信号波形各频带内信号的能量有较大的影响，因此以能量为元素可以构造一个特征向量。特征向量 T 构造如下：

$$T=[E_0,\ E_1,\ E_2,\ E_3,\ E_4,\ E_5,\ E_6] \tag{12.15}$$

当能量较大时，通常是一个较大的数值，在数据分析上会带来一些难度，为此对特征向量 T 进行归一化处理，令 $E_j=(\sum\left|E_j{}^2\right|)^{\frac{1}{2}}$，则归一化后的向量为

$$T^1=[E_0/E,\ E_1/E,\ E_2/E,\ E_3/E,\ E_4/E,\ E_5/E,\ E_6/E] \tag{12.16}$$

通过小波变换提取的特征向量，它和故障之间的对应关系是一种复杂的非线性映射，很难用规则推理、统计分析等常规方法来识别，需要进一步采用先进的故障识别方法。另外，为了提供一个合理的比较标准，各类故障信号的特征向量都应具有相同的定义，即对应维的意义必须相同，这样才具有可比性。利用小波分析实现牵引变流器的故障信号处理并获取故障特征后，需要进一步识别故障类型或原因。牵引变流器常用的故障识别方法有神经网络诊断方法、支持向量机诊断方法、故障树诊断方法等。

12.3　IGBT 器件的故障分析与诊断

由于变流器系统工作温度高、冲击振动、电磁干扰等，对电力电子器件的正常可靠工作提出了较高的要求。另外，在实际的电力电子电路中，半导体器件受到主电路高电压、大电流的冲击——通过改进主电路器件的结构与器件分布、采用合适的缓冲吸收回路可以使之得到改善；驱动电路用以对半导体器件实施良好的驱动，如果驱动电路故障，则功率半导体器件很可能工作不正常——设计工作可靠性高并且能够提供一定保护功能的驱动电路对于功率半导体器件和变流系统的正常可靠工作有非常重要的意义；采用必要的传感器对主电路工作温度、器件电流、主电路电压等进行监测，当出现过热、过流、过压等非正常状态时，能够及时停止工作，对电力电子器件进行保护，这是每一个变流系统都必须要做到的。

半导体电力电子开关器件是变流器系统的核心组成部分，是实现能量转换的关键装置与必需器件。如果半导体器件损坏，那么整个变流器系统工作就会受到严重影响，甚至会停机。所以在对变流器系统的故障进行分析要以电力电子器件本身的使用寿命分析为基础。

元器件的失效率是指尚未发生失效的元器件在随后一个单位时间内发生失效的概率。大多数元器件的失效率都呈现出一个类似于浴盆形状的失效率曲线，如图 1.6 所示。该浴盆曲线表明元器件的失效率随时间的变化大致分为三个阶段：初期失效期、偶然失效期和磨损失效期。对于元器件经过老化筛选以后，基本都处于偶然失效期。此阶段时间内如果使用得当，并且通过对产品的合理维护，将磨损的元器件给以更换，将会延长产品的使用时间。

IGBT 模块运用在变流系统中，如果出现接线失误、实际安装失误、环境散热不良、驱动信号故障以及负载出现短路等偶然因素都会导致元件（功率晶体管）的破坏。下面从应用的角度出发分析外部因素可能导致的器件损坏情况。

根据表 12.4 所示系统异常工况可能引起 IGBT 的损坏来看，IGBT 模块的损坏可能是因为门极过电压、工作区域超出 RBSOA（反向安全工作区域）、过热导致的模块内部 IGBT 部分的损坏、内部集成续流二极管的损坏以及可靠性造成的损坏。下面以 IGBT 损坏的前三个原因为例详细分析模块的故障诊断流程，可以根据此流程查找相应的故障源头，从而对电路进行改进。

表 12.4　系统异常工况对 IGBT 的影响

<table>
<tr><th colspan="2">外部电路工作异常</th><th colspan="2">可能导致的原因</th><th>半导体器件破坏方式</th></tr>
<tr><td rowspan="6">过压</td><td rowspan="2">直流电压过大</td><td rowspan="2">因在 C-E 间外加了超过元件耐压值的过电压而破坏</td><td>输入电压过大</td><td rowspan="2">C-E 间超出耐压值</td></tr>
<tr><td>过压保护设定不合理</td></tr>
<tr><td rowspan="4">尖峰电压过大</td><td colspan="2">因关断时的浪涌电压超出了 RBSOA 而破坏</td><td>RBSOA</td></tr>
<tr><td colspan="2">因 FWD 换向（反向恢复）时的浪涌电压超出元件耐压值而破坏</td><td rowspan="3">超出 C-E 间的耐压值</td></tr>
<tr><td rowspan="2">因门极信号发生短暂的脉冲中断，出现非常短时间间隔的关断→开通（数百 ns 级），产生超出元件耐压范围的过大的反向恢复浪涌电压而破坏</td><td>由于干扰产生的逻辑或门极电路误动作</td></tr>
<tr><td>来自主电路等传向门极信号线的电磁感应</td></tr>
<tr><td colspan="2" rowspan="2">过流</td><td rowspan="2">因过大电流流过引起破坏</td><td>逻辑电路误动作</td><td rowspan="2">过热</td></tr>
<tr><td>过电流保护设定失误</td></tr>
<tr><td colspan="2" rowspan="3">驱动电路电源电压下降</td><td rowspan="3">因 V_{GE} 降至规定的设计值以下，V_{CE} 间的电压变大，损耗增加而破坏</td><td>DC-DC 变换器误动作</td><td rowspan="3">过热</td></tr>
<tr><td>驱动电源稳定时间常数过大</td></tr>
<tr><td>门极信号配线连接脱落</td></tr>
<tr><td colspan="2" rowspan="2">门极过压</td><td colspan="2">因在 G-E 间有外加静电而造成门极破坏</td><td rowspan="2">G-E 间超出耐压值</td></tr>
<tr><td colspan="2">因门极配线过长，导致 G-E 间超出耐压值，出现尖峰电压而破坏</td></tr>
<tr><td rowspan="4">过热</td><td rowspan="3">散热能力不足</td><td rowspan="3">因散热能力不足而使元件异常过热，超出最大结温而破坏</td><td>端子紧固螺钉松动</td><td rowspan="4">过热</td></tr>
<tr><td>散热绝缘混合剂涂抹不足</td></tr>
<tr><td>冷却扇停止</td></tr>
<tr><td>热失控</td><td colspan="2">因逻辑误动作引起载流子频率增加等，总损耗上升导致破坏</td></tr>
</table>

图 12.1 中的“1”为控制电路板异常故障，“2”为门极驱动电路异常。

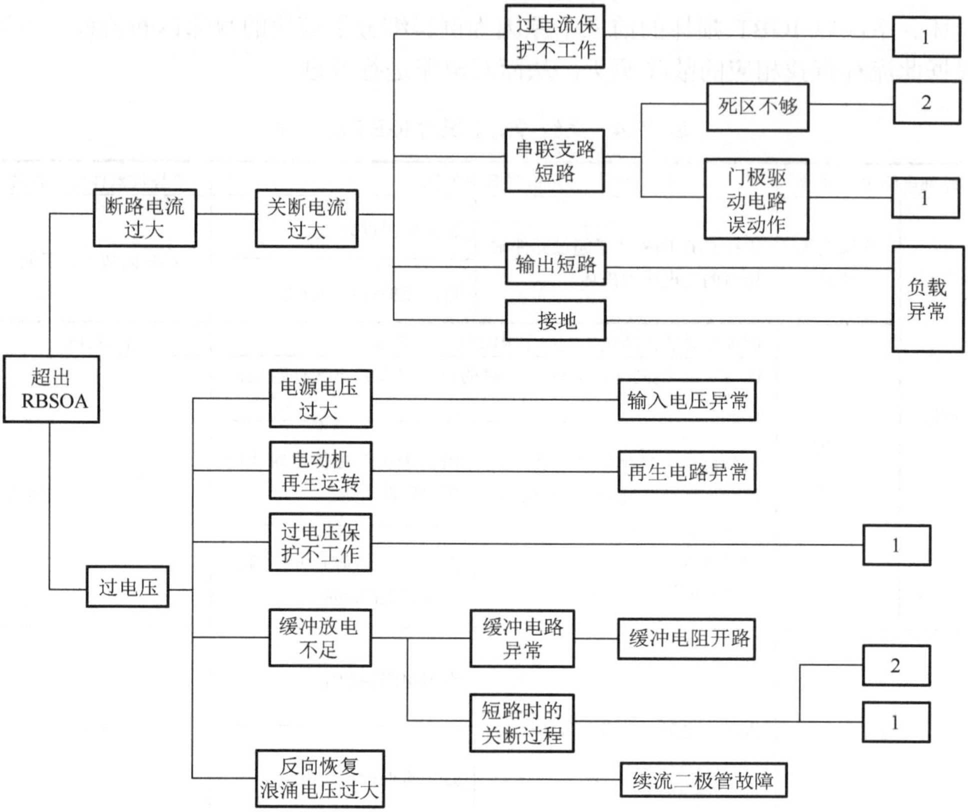

图 12.1　工作区域超出 RBSOA 故障诊断流程

图 12.3 中，“1”是门极驱动电路故障，“2”是驱动电源故障，“3”是控制电路板故障。

运用图 12.1～图 12.3，根据 IGBT 模块的损坏机理对引起故障的电路中的不合理因素进行分析，从而可以从根本上解决此问题。同时可以为变流系统的故障提供依据。

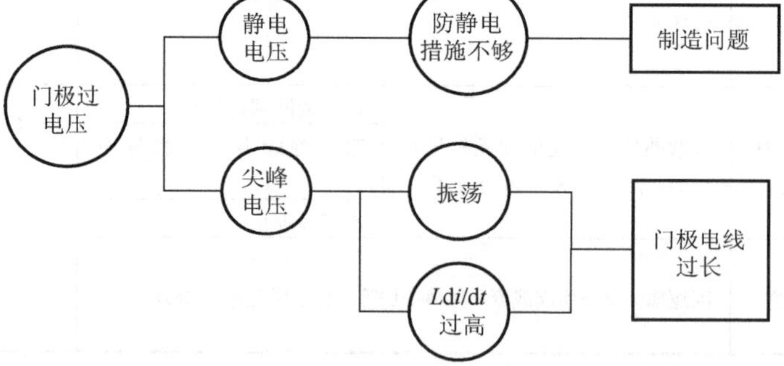

图 12.2　门极过电压故障诊断流程

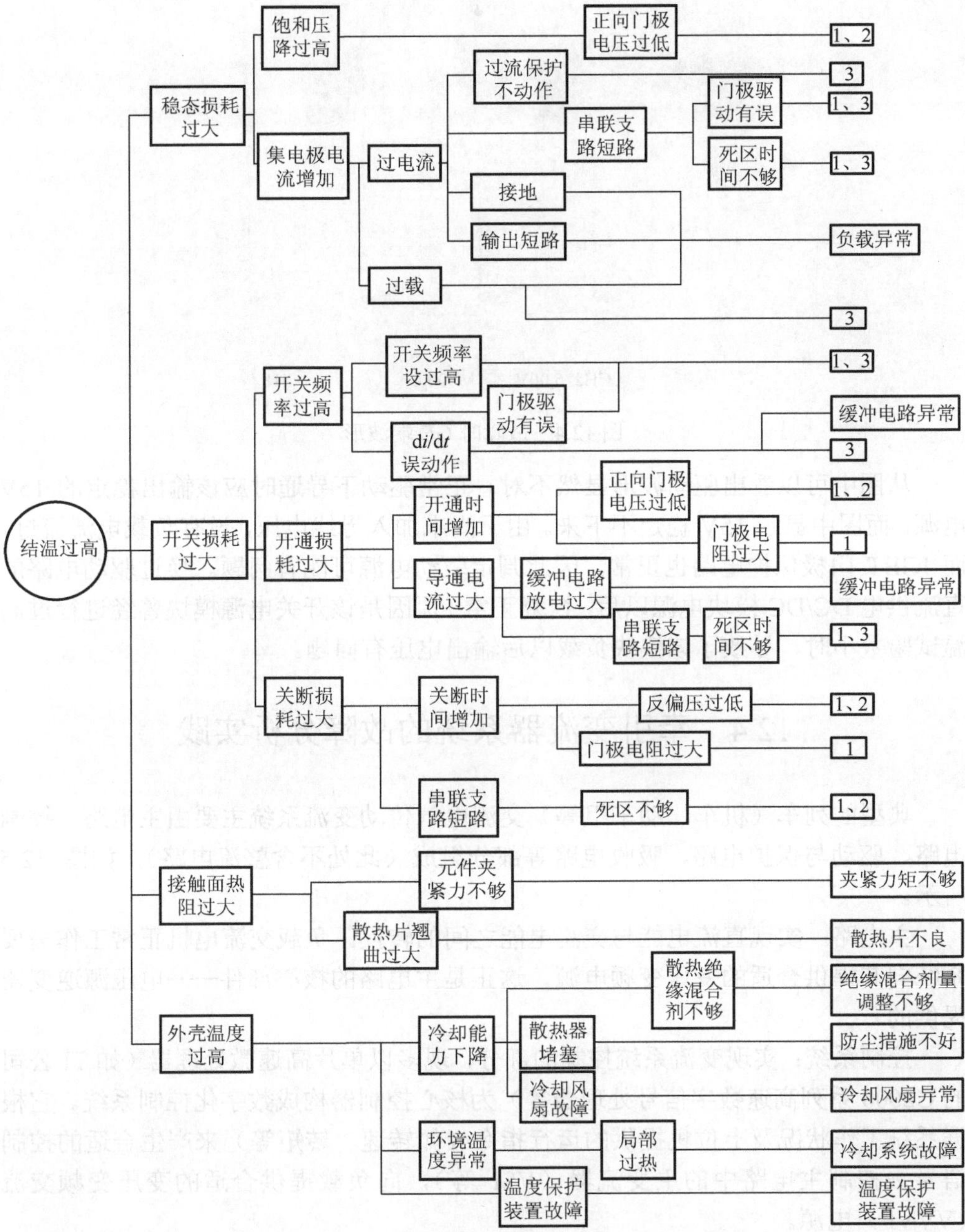

图 12.3　结温过高故障诊断流程

一个故障实例就是在一个逆变器驱动电路测试中，在尚未加母线电压情况下对驱动部分进行调试，发现门极电阻温度过高，有冒烟现象。由于门极电阻本身选用时已经考虑到在设定工作频率下的功率裕量，因此判定实际工作的开关频率过高，导致频繁的充放电从而使门极电阻过热。检测到的门极波形如图 12.4 所示。

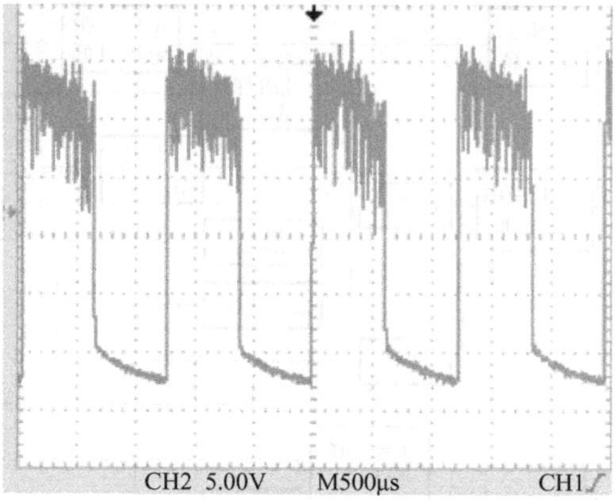

图 12.4　故障时 GE 端波形

从图中可以看出驱动波形显然不对。正常驱动下导通时应该输出稳定的 15V 电源，而图中显示 15V 稳定不下来。由于尚未加入母线电压，没有负载电流流过，而 IGBT 门极保护电路也正常，因此判定驱动电源可能有问题。换过驱动电路的直流供电 DC/DC 模块电源以后，恢复正常。原因是该开关电源模块曾经进行过高温试验数小时，导致了该模块负载以后输出电压有问题。

12.4　牵引变流器系统的故障分析实践

典型的列车（机车、动车组等）交流电气传动变流系统主要由主电路、控制电路、驱动与保护电路、吸收电路等部分组成（此处不含整流电路），如图 12.5 所示。

主电路：实现直流电能与交流电能之间的转换。负载交流电机正常工作需要系统向其提供合适的变压变频电源，这正是主电路的核心部件——电压源逆变器提供的。

控制系统：实现变流系统控制的部分，现多以单片高速微处理器（如 TI 公司的 C2000 系列高速数字信号处理器等）为核心控制器构成数字化控制系统。它根据系统工作状况及上位机提供的运行指令（如转速、转矩等）来产生合适的控制信号去控制主电路中的主变流器（VSI 等），向负载提供合适的变压变频交流（VVVF）电源。

驱动与保护电路：将控制系统提供的数字控制信号进行功率放大，以使 VSI 主功率电子器件正常导通与关断。同时提供简单的底层保护，封锁驱动信号，确保故障状态时 VSI 主器件管子处于关断状态。

缓冲吸收电路：为减少电力电子器件开通、关断过程中产生的电压尖峰需选用合适的吸收电路，以保护器件工作在安全工作范围之内。

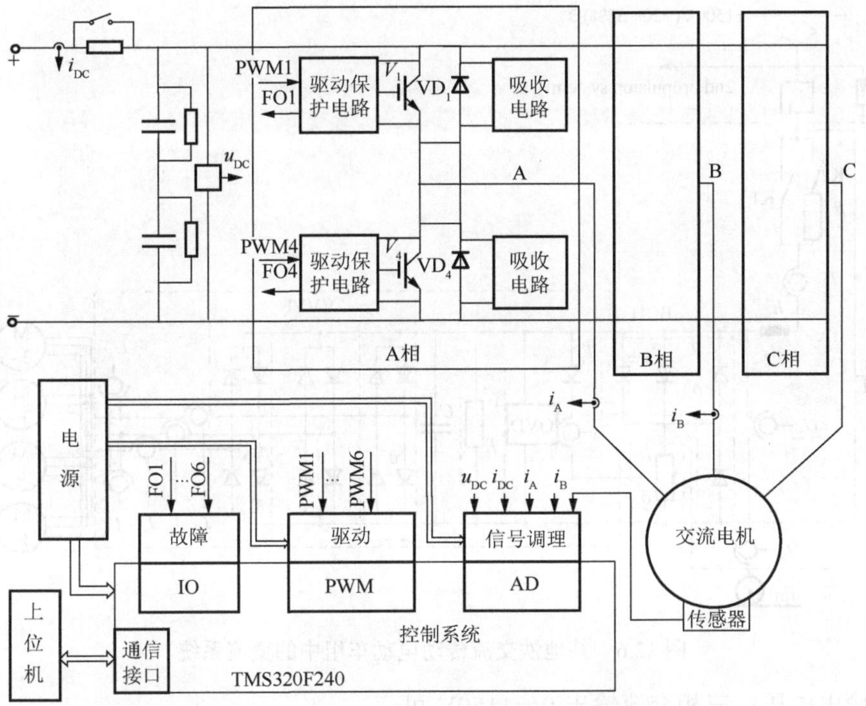

图 12.5　交流电气传动变流系统典型结构图

另外，图中还给出了典型系统中控制系统的其他功能：下位机与上位机的通信接口，主要有 RS232、RS485 接口、CAN 接口和现场总线等；信号调理电路——对系统电流、电压、速度、位置等信号进行检测以实施反馈控制；故障综合与诊断功能——实施更全面的保护功能，同时将故障记录下来以备后用。

下面结合某型地铁实例分析其交流电气传动系统中变流系统部分原理与常见故障。

12.4.1　典型变流系统介绍

该型电动列车是 20 世纪 90 年代末从国外引进的交流传动地铁车辆，其关键的核心部件是采用可关断晶闸管 GTO 构成的主牵引逆变器，在当时属世界先进技术水平。

该型动车组采用 4 动 2 拖的 6 车编组。每辆动车上采用一台两电平电压型逆变器同时向四台三相异步电动机供电，如图 12.6 所示。

整个系统的电气参数如下。

输入直流电压：1500VDC（−33%～+20%）。

输入电流：550A。

输入功率：最高 990kW。

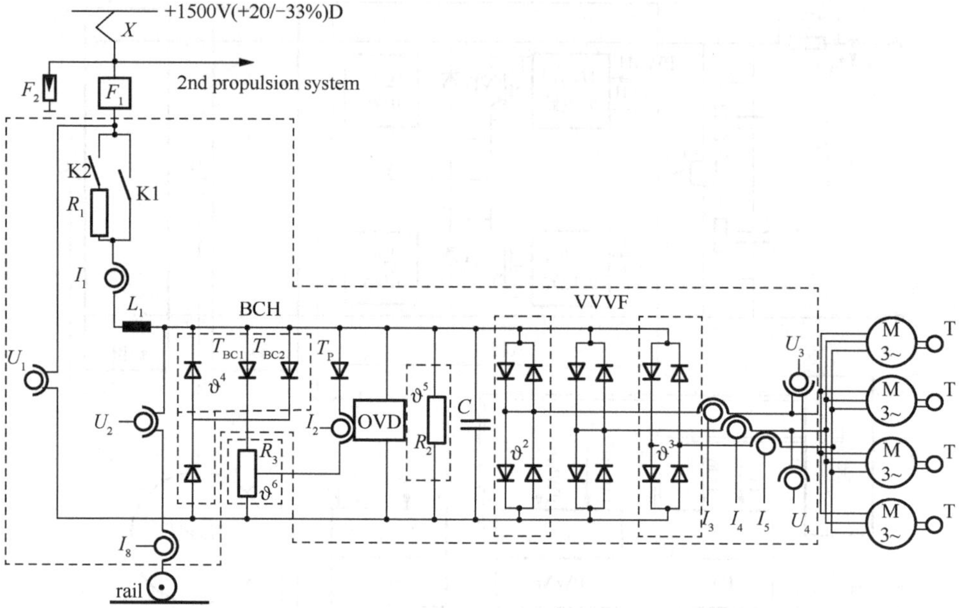

图 12.6　某地铁交流传动电动车组中的变流系统

输出电压：三相交流输出 0～1150V 可变。

输出电流：580A。

输出频率：0～128Hz 可变。

直流环节电容：8mF。

线路滤波电抗：5mH。

控制电路电压：110VDC（−30%～+25%）。

按照各部分功能的不同可以分为下面五个部分。

第一部分：供电部分。

图中 X 为受电弓，将直流电从牵引接触网引入动车。F_1 为高速断路器，当电路出现严重过流或短路时稳定可靠的切断电路。F_2 为浪涌抑制器，为系统提供过压保护。R_1 为预充电电阻，用以限制直流环节电容充电过程中的充电电流，K2 为预充电接触器，用以将充电电阻投切到电路中。K1 为线路接触器，在支撑电容充电完毕后短接充电电阻。L_1 为线路电抗器。这部分电路的功能如下：

（1）在系统上电后通过预充电单元 K2、R_1 以小电流对直流电路进行充电。

（2）充电完毕，K1 闭合，K2 断开。将预充电电阻切断，以保证系统工作在较高效率下。

（3）电路故障时，K1 断开，将系统与电网隔离。

（4）L_1 可限制故障时电流的上升率。

（5）L_1 与 C 形成网侧滤波器，减少谐波电流。

第二部分：直流链路。

由电容 C、R_2（持续放电电阻）以及短路晶闸管 T_P 构成，这部分电路的功能如下：

（1）直流链路稳定直流环节的电压，从而使逆变器对负载呈现低阻抗，逆变器输出电压箝位为直流侧电压。

（2）提供负载牵引异步电动机工作时所需的无功功率。

（3）吸收线路中的交变电流成分。

（4）C 为网侧滤波器部分，与 L_1 一起构成 LC 滤波装置，可以减弱电网电压波动对逆变器的影响，同时限制了负载谐波电流向电网的流动，可以减少电磁干扰降低对电子仪器的干扰。

（5）支撑电容两端并联有 R_2 用以在系统从电网切除以后对支撑电容进行放电。

（6）图中的 T_P 为晶闸管，当出现紧急故障（如网压过高等）需要泄放直流环节电能时，该管触发导通，电能通过部分的大功率制动电阻快速释放。

第三部分：制动电路 BCH。由制动模块（两个 GTO：TBC_1、TBC_2）与大功率制动电阻 R_3 构成。

当直流链路电压超过某一限值，制动电路工作，全控型器件 GTO 以一定的频率和占空比导通（两管导通时间相差半个周期，也可同时通断），将电能通过 R_3 释放掉，以限制直流电压上升。

第四部分：牵引逆变器

图中的 VVVF 为脉冲宽度调制控制（PWM）的三相变压变频逆变器。它由三个采用可关断晶闸管 GTO 构成的相模块构成（图 12.6）。根据实际电路的工作要求，GTO 采用 4500V/3000A 的主管，开关频率限制在 435Hz 以内。

主牵引逆变器的功能：三相电压源逆变器与三相异步牵引电机每相对应连接，通过控制 GTO 的门极信号来控制主管的导通与关断，从而控制逆变器输出牵引异步电机所需的电压波形。实际的电压波形是脉冲形状的，其中所含基波分量就是异步电机所需的变压变频正弦电压。由于采用脉冲宽度调制方法来控制逆变器的输出电压，电机线电压中的谐波分量向高频带移动，因此可以得到近似正弦的电流波形，从而对电机实施高效率、高性能的变频调速。

第五部分：各种测量传感器。

地铁动车组安全可靠的工作与图 12.6 中的各种传感器分不开的。图中的传感器主要有下述四类。

（1）电压传感器：分别对进线电压（U_1）、直流回路电压（U_2）、牵引逆变器输出的线电压（U_3、U_4）进行检测，此外图中的 OVD 对直流回路过压进行检测，用以进行保护。

（2）电流传感器：对线路电流（I_1、I_8）、晶闸管 T_P 放电电流（I_2）、电机的线电流（I_3、I_4、I_5）。

（3）温度传感器：对主逆变器的相模块（ϑ_2、ϑ_3）、制动电路 GTO（ϑ_5）、制动电阻（ϑ_6）的温度进行测量。

（4）速度传感器：四个速度传感器 T 分别对四台异步电动机进行速度测量，在控制系统中，综合考虑四路转速信号，从而保证对每一台电机都实施有效的速度和转矩控制。

12.4.2　牵引变流器系统的故障分析、诊断与处理

1. 牵引变流系统的故障检测方法

变流系统是系统能量转换的重要环节之一，也是列车速度与转矩控制的核心之一。牵引变流系统出现故障将会直接影响到列车系统的正常工作，所以必须对变流系统的故障问题进行详细的分析。

一种常用的故障分析方法是故障树诊断法。这种方法把整个变流系统最不希望发生的故障状态作为故障分析的目标，并作为顶事件。然后分析顶事件可能由哪些直接因素（包括硬件、环境、人为因素等）造成。而这些因素中的每一个因素又是由哪些直接的子因素造成的。按照上述思路步步深入，一直分析到原始因素（故障产生的机理已经明确）为止。通过将各种因素按照适当的逻辑关系把它们与系统故障连接起来，构成一棵故障诊断树，如图 12.7 所示。诊断时由下而上逐级检查，直到把故障找出为止。

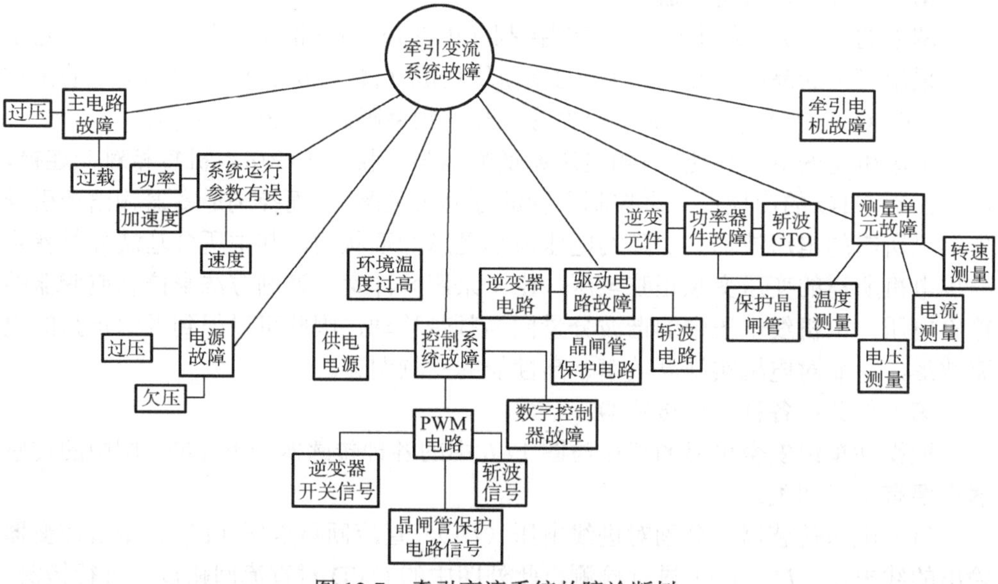

图 12.7　牵引变流系统故障诊断树

另外，一种常用的方法是自诊断法。因为现在的变流系统中已经广泛应用高速微处理器，所以当系统发生故障时，高速处理器往往对近期的各种重要的系统

变量进行记录，存储在非易失性半导体存储器（EPROM、FLASH MEMORY 等）中。一方面诊断系统程序根据事先编制的故障知识库信息和故障时的变量进行对比分析，得出系统可能的故障原因供维修人员参考；另一方面，维修人员可以将存储器中记录的数据取出，通过详细的分析，综合考虑各种因素，得出故障的最终原因。前者是系统的自动诊断过程，有时可能有误导之嫌，所以往往需要结合后者——人工诊断的方法，逐个检查疑点，缩小范围，最终查出真正原因和故障部位。

上述该型电动车组的牵引变流系统中核心部件——牵引控制单元（traction control unit，TCU）是通过 SIBAS32 系统进行控制的。该系统的主要功能是对牵引系统实施高效的转矩控制、自动空转/滑动保护、监控功能，同时每一个 TCU 配有诊断存储器，当意外事件发生时，与牵引设备相关的数据（牵引电机电压、电流、速度、温度等）以及故障出现和消失的时间等信息都记录在诊断存储器中。用户可以通过个人计算机的串行接口与 TCU 的微处理器进行通信，将诊断存储器中记录的数据读取出来。

2. 牵引变流系统常见故障分类

图 12.7 中已经给出了牵引变流系统常见的具体故障，根据系统实际故障发生次数大体上又可以分为以下几类。

1）主电路故障

主电路故障通常会引起变流系统的严重故障，也是系统维修工作的主要组成部分。上述变流系统中主电路故障主要出现在两个地方：预充电电阻和牵引逆变器模块。因为预充电电阻工作状况基本上都设计为短时工作，所以如果出现：①充电结束后该电阻不能及时切除；②网压过大导致充电电流过大；③充电电阻尚未切除，牵引逆变器过早带负载投入运行，导致该电阻流过大电流等状况，就会导致其损坏，那么下一次上电时就会出现问题。

牵引逆变器模块故障原因多种，如负载过大、模块损耗过大导致发热严重、冷却风扇效果差致使模块温度过高、直流回路电压过高导致模块击穿等。下面也将结合本系统逆变器相模块进行故障实例分析。

2）驱动电路故障

驱动电路用于驱动变流系统中的各个可控模块。本例中有逆变器相模块中的 GTO、直流斩波电路中的 GTO、直流保护电路中的晶闸管。驱动电路的故障通常体现在驱动电路工作不良、驱动电路电源故障、驱动电路保护功能失效、死区时间不够等。

GTO 对驱动电路要求较高：对于开通触发需要一个前沿陡峭的电流信号，以保证 GTO 能够迅速全开通，并且该电流脉冲大小和持续时间必须与使用的 GTO 器件相匹配。由于驱动电源提供的驱动信号不良，通常会对半导体电力电子开关器件的性能造成损伤，导致其性能下降。向驱动电路供电的开关电源故障，将会导致驱动电路输出开关波形有误。

除了 IPM 功率集成模块已经将驱动电路设计在内部的模块以外，大功率器件的驱动电路需要自行设计，即便是采用专用驱动模块，但是针对器件进行检测与保护部分的模拟电路参数仍需要进行调试。例如，IGBT 驱动模块的保护通常情况下是建立在对集电极电压进行检测的基础上，但是设定的电压阈值大小、U_{ce} 与该阈值比较的时刻等是需要进行调试的，如果不合适，可能导致 IGBT 器件正常工作状态下被检测到过流或者已经过流但是没有检测到等问题的发生。

两电平电压型逆变器通常工作在 180° 导通模式下，同一相上下两个桥臂的 GTO 工作时必须留有充分的死区时间，否则导致两个管子同时导通的直通现象，这对器件的损伤将是致命的。死区时间的设置要与电力电子器件自身的特性以及工作时负载大小等因素有关，设计时需要给予充分考虑。

3）信号检测与处理电路故障

多数应用场合往往需要对变流系统输出能量实施闭环控制，这就需要对系统输出的电压、电流以及负载的一些（如交流电机的转速等）物理量进行测量。这些信息经过传感器的检测、信号的调理、定标以及 A/D 转换以后送到高速微处理器中进行运算。如果信息在此过程中发生不希望的变化，往往会导致闭环控制失效。例如，本例中一台牵引逆变器同时向 4 台交流异步电动机供电，转速闭环控制的速度信号同时取自于 4 台电机的速度传感器，微处理器中对 4 个速度信号进行平均，然后输出合适的电压同时供给 4 台电机。如果有一路传感器失效，那么将有可能出现各电机负载分配不均，进而出现空转等现象发生。另外，如果检测电机电流的霍尔传感器由于受温度、湿度等环境因素的影响，工作点容易发生漂移，将可能导致过流信号的产生。

3. 常见故障实例分析

下面结合该车型牵引变流系统分析下述实例。

1）直流电路过压故障分析

直流电路电压过高对主电路各器件（支撑电容、逆变器开关器件）的耐压和使用寿命是严重的考验，也会损害到负载（交流电机等）的绝缘，因此必须进行有效的抑制。

当出现雷击等因素造成的瞬间高电压冲击时，主电路中的过电压抑制器 F_1（图 12.6）可以进行较好的抑制。直流侧供电电网网压超出允许范围时，将会造成直流侧过压。直流电压过高另一个主要因素就是牵引变流器负载侧因素造成的直流电压过高。通常情况如下。①当电动车组进入减速工况，交流牵引电机进入再生发电状态，将机械能转换成电能，能量从负载侧向变流器的直流回路回馈能量，短时间内能量的集中回馈，导致直流回路电压过高。地铁实际运行情况中，多列动车组是采用同一个直流电网进行供电，当某一列（或两列）动车组进行再生制动时，就会造成电网局部电压逐步升高。②牵引变流器运行多年后，中间直流回路电容容量下降较多，中间直流回路对直流电压的调节程度减弱。③制动电阻损坏，在网压较高的情况下，不能及时地将直流侧电能释放掉，导致直流侧过压。④直流电压检测单元故障，从而造成在电压比较高的情况下，制动电阻未能及时投入运行以限制网压的进一步上升。

地铁车辆中对于直流侧电压过高的情况下，首先将大功率制动电阻投入运行，对过高网压进行抑制，如果不能抑制，将会切断电源，停止运行。对于可能造成过压的故障源分析如下：①外部雷击等造成过压；②直流电压限制比较器单元故障；③制动电路故障；④制动电路的电力电子器件 GTO 驱动单元故障；⑤制动电路中的制动电阻烧坏；⑥直流侧电压检测单元故障。如果过压故障连续发生，针对各故障源进行下述步骤的检查：①检查与过压故障相关的一些故障；②使用用户程序测试制动电路的好坏；③检查主电路（制动斩波器、制动电阻等）；④更换直流电压限制比较器单元；⑤检查直流侧电压检测单元。

2）过流故障分析

直流侧电网出现过流故障：直流侧电网电流由电流限制比较器硬件电路进行监控，当超出允许最大电流时，电网侧高速断路器将会断开。造成直流侧电网过流故障原因可能是：①主电路故障（如直流侧出现短路）；②电网电流实际值检测单元故障。对此，应按以下步骤检查：①查看自诊断系统提供的与此相关的诊断信息；②检查主电路；③检查电网电流传感器及相应电缆；④检查输入/输出电流调理单元，如果需要给予更换。

牵引变流器某一相输出过流故障：牵引变流器出现过流时，牵引控制单元在牵引电机控制电路中采用限流措施，如果依然不奏效，那么牵引变流器将会封锁。可能造成牵引变流器输出过流的故障原因是：

（1）相关信号处理单元出现故障；

（2）变流器工作时设置的频率变化率 $\frac{df}{dt}$ 过大；

（3）输入电压/频率 IVF 设定模块故障；

（4）逆变器监控模块 INVM 故障；

（5）逆变器的电流或者电压传感器损坏；

（6）速度传感器故障；

（7）牵引电机出现接地故障或者绕组损坏。

针对上述原因，采取下面措施：

（1）如果故障频繁发生，必须对控制软件进行优化处理；

（2）检查对应相模块与逆变器连接插座是否松动或者接插位置是否正确；

（3）检查相关相模块与器件；

（4）检查牵引电机电流/电压/转速检测单元是否正常；

（5）检查电机绕组是否存在短路。

3）主牵引逆变器相模块故障排查

该车型交流电气传动系统（图 12.6）中一相模块电路图结构如图 12.8 所示。

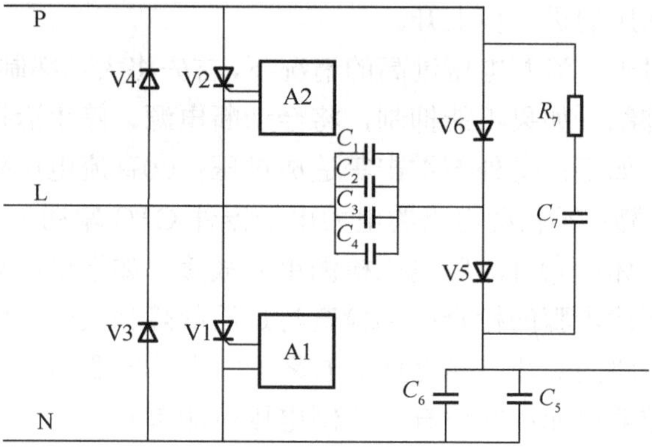

图 12.8　主牵引逆变器相模块结构

由图可以看出：V1 与 V2 是两个主晶闸管 GTO1 和 GTO2；V4 和 V5 为 V2 和 V1（GTO）的续流管；电容 C_1～C_4、C_5～C_6 与吸收二极管 V5～V6 以及与端子 C_+相连的外接电阻 R_1 一起构成低损耗的非对称式低损耗吸收电路；R_7 和 C_7 起保护 V5V6 的作用。高压驱动单元 A1 和 A2 是直接驱动 GTO 的驱动单元，通过 A1 和 A2 按 PWM 规律交替通断 V1（GTO1）和 V2（GTO2）可将输入端 P 与 N 间的直流电压变换为输出端 L 的交流电压。

通过诊断系统记录的故障前后的波形以及据此分析的结果，如果判定故障源位于主牵引逆变器中，建议首先按照如下步骤进行检查：

（1）观察牵引逆变器，主要是下面几点：①绝缘间隙处是否有大量灰尘堆积；②是否有器件温升过高的证据；③是否有电压火花的证据；④器件之间的机械连接是否松动和损坏；⑤其他一些机械变形和损坏。

（2）将已经判定出的故障源部件移去，如某些经常相互碰撞的部位、发生泄漏的盖子与密封圈等。

（3）替换损坏的部件，然后进行下面的相模块测试环节。

相模块是主牵引逆变器的核心部件，对其测试按照如下步骤进行：

（1）测试 GTO 门极驱动单元。

GTO 门极驱动单元在每相模块和制动单元中使用（图 12.9），由高压部件 A1、A2 和控制单元 A3 组成，它们之间通过连接器 X1/X2 连接，另外 A1/A2 侧面都有 LED 阵列（2 只红色 LED 与 2 只绿色 LED）。发光二极管的含义是：

GTO 关断	红色和绿色 LED 点亮	驱动单元工作正常
GTO 导通	红色 LED 点亮、绿色熄灭	门极持续流过电流，GTO 导通

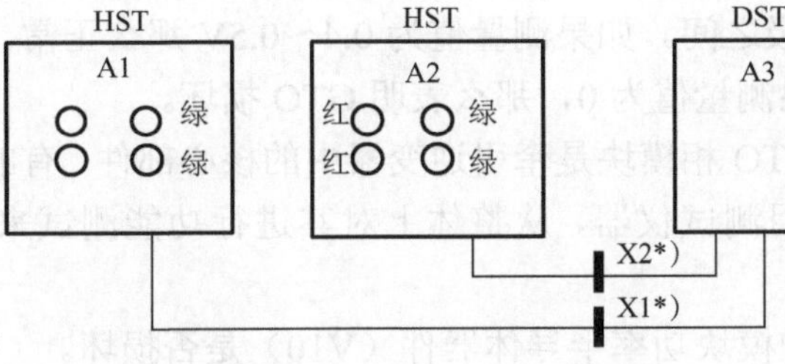

图 12.9　门极驱动单元及连接示意图

可以根据 LED 状态判定故障：

绿色点亮，红色（1 或 2 只）熄灭	相模块故障
绿色持续熄灭，至少 1 只红色点亮	相模块故障
所有 LED 全部熄灭	连接器 X1/X2 故障 供电单元故障

（2）测试相模块：测量并判定损坏的 GTO 模块。

① 测试吸收回路二极管（V5、V6）。

进行如图 12.10 的测试，测试仪器提供 1mA 的测试电流。如果测量压降为 0.2～0.3V，那么吸收回路二极管正常。进行反向电流的测试，模块正常时的测量值为无穷大；如果测量电压为 0，那么两个二极管均损坏；如果电压小于 0.3V，那么一个二极管损坏。根据测试结果，取出并替换损坏的二极管。

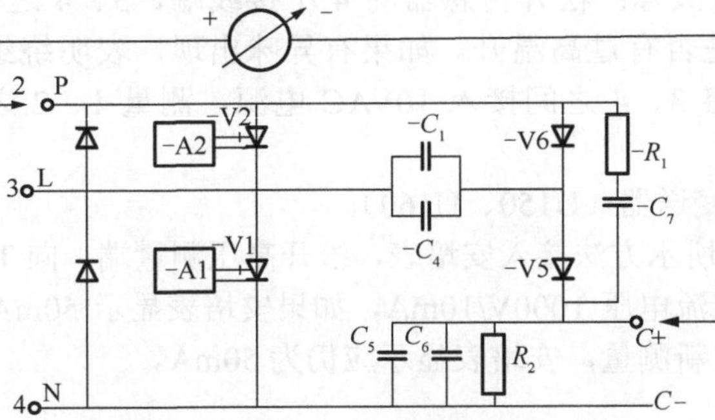

图 12.10　吸收电路二极管测试示意图

② 测试续流二极管（V4、V3）。

测试 V4 时，图 12.10 中的测试仪器的正负端分别连接到 L 与 P 端；测试 V3 时，则相应连接至 N 与 L。按照图示接线测量电压，如果为 0.2～0.3V 那么续流二极管正常。反接后测量，正常时应该为无穷大；如果电压为 0，那么续流二极管或者与之并联的 GTO 损坏。

③ 检测 GTO（V1、V2）的门极-阴极通路是否损坏。

首先移去高压单元的门极电缆，将上述测试仪器提供的 1mA 测试电流接入 GTO 的门极与阴极之间。如果测量值为 0.4～0.5V 那么正常。反接后，测量值应改为无穷大；如果测量值为 0，那么表明 GTO 损坏。

此外，由于 GTO 相模块是牵引逆变器中的核心部件，有的应用部门为提高检测效率研制了专用测试仪器，从整体上对其进行功能测试来查找相模块中各种故障。

（3）检查保护模块功率半导体器件（V10）是否损坏。

测试仪器的正极接入保护晶闸管 V10 的 A 端，负极接入晶闸管的 K 端，测试结果应该为无穷大；测试仪器的极性反向以后，测试结果应该依然为无穷大。如果测试结果为 0，那么表明晶闸管损坏。

（4）测试电流/电压变送器。

测试仪器为直流电流源 100A 和直流电压源 100V/10mA，示意图见图 12.11。

图 12.11　电机电压变送器检测示意图

① 电机电压变送器（T100、T110）。

首先检查绕组故障：松开传感器的 4 个接线端，3、4 之间接入 10VAC 电源，检查传感器是否有过高温升。如果有异味出现，表明绕组异常。其次检查传感器的变比：将 3、4 之间接入 10VAC 电源，测量 1、2 之间的电压是否为 1500VAC。

② 线路电压变送器（U150、U160）。

按照图 12.12 所示方法接入安培表，松开高压测量端，向 TCU 供电，电压传感器输入侧接入直流电压 1000V/10mA，如果安培表显示 50mA 则表示正常。电压极性反接以后重新测量，安培表显示应仍为 50mA。

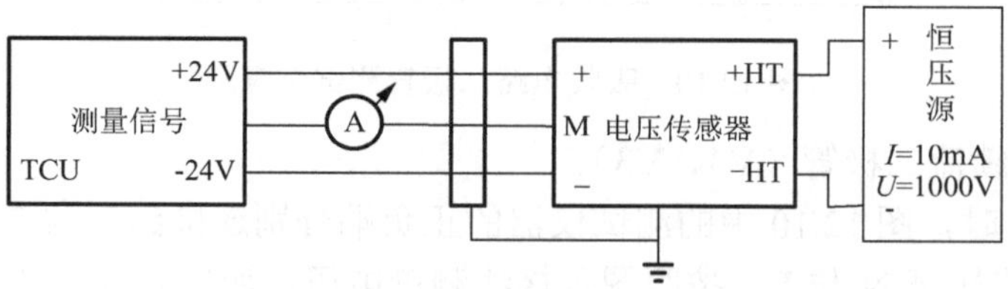

图 12.12　电压变送器检测示意图

③ 线路电流变送器（U100、U110）。

松开电流传感器原边电缆，取两根电缆接入原边（截面积大于 16mm^2），接入安培表，将传感器原边接入恒流源，向 TCU 供电，测量安培表读数。因为电流传感器的变比为 1∶4000，所以图 12.13 所示接法安培表应该显示 25mA，电流反接后安培表应显示−25mA。

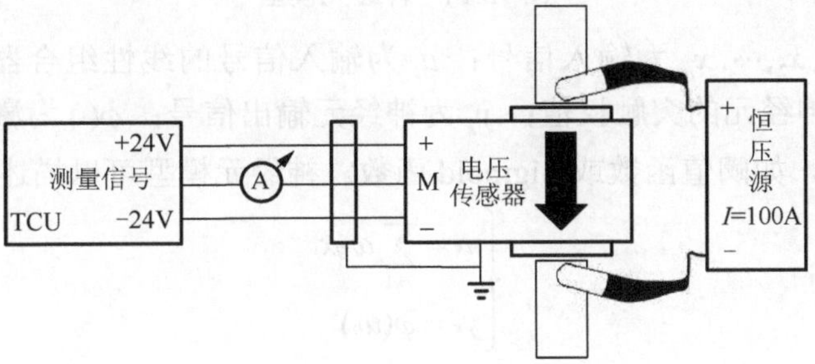

图 12.13　线路电流变送器检测示意图

④ 电机电流变送器（U120、U140）。

检测原理同线路电流变送器检测原理。

12.5　牵引变流器故障诊断与识别

12.5.1　基于神经网络的牵引变流器故障识别

建立神经网络控不需要数学模型，其输入与输出之间是非线性映射关系，适合于像牵引变流器这种故障类型和故障信号之间的逻辑关系难以描述的场合。建立小波分析结果为输入与故障类型为输出的神经网络关系，然后将学习好的神经网络用于故障诊断，这种将小波分析与神经网络理论结合起来实现牵引变流器的故障识别是一种非常有效的方法。所选择的神经网络结构可以是基于误差反向传播算法的前向神经网络（BP 神经网络），也可以是自组织特征映射（SOM）神经网络。

1．神经元模型

神经网络是模拟人脑的结构和功能的一种信息处理系统，是由大量神经元通过极其丰富和完善的连接而构成的自适应非线性动态系统，具有分布存储和容错、大规模并行处理以及自学习、自组织和自适应性的优点。

神经元是神经网络操作的基本信息处理单位，常用的最简单的神经元模型如图 12.14 所示。

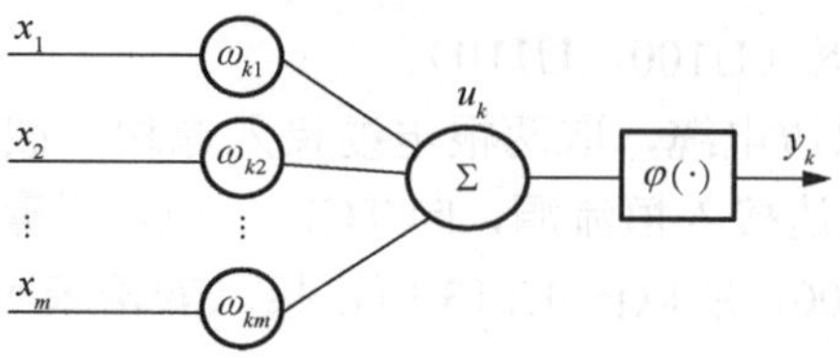

图 12.14　神经元模型

图中，$x_1, x_2, \cdots, x_m$ 为输入信号；u_k 为输入信号的线性组合器的输出；ω_{k1}, $\omega_{k2}, \cdots, \omega_{km}$ 为神经元的突触权值；y_k 为神经元输出信号；$\varphi(\cdot)$ 为激活函数，是一个非线性函数，如阈值函数或 Sigmoid 函数。神经元模型可以描述为

$$\begin{cases} u_k = \sum_{i=1}^{n} \omega_{kj} x_i \\ y_k = \varphi(u_k) \end{cases} \tag{12.17}$$

激励函数是神经元网络的核心，网络解决问题的能力与效果除了与网络结构有关，还取决于所采用的激励函数，常用的激励函数有阈值型、线性型和 S 型（Sigmoid）。神经网络的结构类型有多种，可将它们分为四类：前向型、反馈型、随机型和自组织竞争型。此外，学习方法是神经网络的另一个主要特征，从学习过程的组织而言，主要分为有监督学习和无监督学习。

2. BP 神经网络算法

BP 网络是目前应用最广泛的神经网络模型，具有强大的非线性映射能力和泛化功能，其算法的主要思想是从后向前（反向）逐层传播输出层的误差，以间接算出隐层误差。算法分为两个阶段：第一阶段（正向过程）输入信息从输入层经隐层逐层计算各单元的输出值；第二阶段（反向传播过程）输出误差逐层向前算出隐层各单元的误差，并用此误差修正前层权值，从而使网络误差的平方和最小，通常采用梯度法修正权值。

3. 基于 BP 网络的故障识别

采用 BP 神经网络对牵引变流器进行故障识别的设计步骤可归纳如下：

（1）对故障进行分类，对每种故障模式进行编码；

（2）利用小波分析得到的故障特征向量设计 BP 神经网络的学习样本；

（3）BP 神经网络的建立与训练，确定输入层、输出层及隐层的神经元数目、训练函数等要素，利用学习样本数据对 BP 网络进行训练，通过不断修正权值和阈值，使 BP 网络的输出误差达到最小，满足实际应用的要求；

（4）BP 神经网络的测试，BP 网络相对固定后，通过非样本数据来验证网络对故障识别的有效性，从而用于牵引变流器的实际故障诊断。

但是 BP 算法存在收敛速度慢、容易陷入局部极小值的问题，此时可以采用遗传算法的选择、基因突变（基因重组）及变异过程代替 BP 神经网络的反向传播过程的遗传神经网络算法，以提高变流器的故障诊断系统的效率和准确性。

4. 基于小波变换和 BP 神经网络的变流器故障诊断系统应用

以下仅对只考虑逆变环节的交-直-交牵引变流器进行故障分析，当逆变环节出现故障时，会引起三相输出电流波形的畸变，在三相电流上有不同体现，所以对逆变器三相输出故障电流信号进行小波分析，提取其三相电流的各相不同频段局部能量值组成故障特征向量，可以用于后面的故障诊断。

1）变流器故障模式

变流器逆变环节的电路如图 12.15 所示，其输出端的电流包含了功率器件是否有故障的信息。以三相 SPWM 逆变器环节的六个功率管开路故障为例进行分析。

考虑最多同时有两只功率管发生故障，这样可将故障类型分为以下五大类。Ⅰ类（001）：正常运行；Ⅱ类（010）：一只功率管开路，具体包括 6 种情况；Ⅲ类（011）：上下桥臂中的两只功率管同时发生故障，具体包括 3 种情况；Ⅳ类（100）：同一半桥的两只功率管同时发生故障，具体包括 6 种情况；Ⅴ类 c（101）交叉的两只功率管发生故障，具体包括 6 种情况。详细编码如表 12.5 所示。

表 12.5　故障模式编码

故障序号	故障编码		故障模式	故障序号	故障编码		故障模式
	大类	小类			大类	小类	
1	001	001	无故障	12	100	010	T2、T4 故障
2	010	001	T1 故障	13	100	011	T3、T5 故障
3	010	010	T2 故障	14	100	100	T4、T6 故障
4	010	011	T3 故障	15	100	101	T1, T5 故障
5	010	100	T4 故障	16	100	110	T2、T6 故障
6	010	101	T5 故障	17	101	001	T1、T4 故障
7	010	110	T6 故障	18	101	010	T2, T3 故障
8	011	001	T1、T2 故障	19	101	011	T2, T5 故障
9	011	010	T3、T4 故障	20	101	100	T1、T6 故障
10	011	011	T5、T6 故障	21	101	101	T3、T6 故障
11	100	001	T1、T3 故障	22	101	110	T4、T5 故障

对故障的大类、小类进行了编码，用 6 位编码 X6 X5 X4 X3 X2 Xl 表示，其中 Xi=0 或 1，第 4～6 位用于大类编码，第 1～3 位用于小类编码。对应于每组特征信号的故障编码作为神经网络的要求输出。在上面的分类说明中列出了相应的大类、小类编码。当神经网络用于故障诊断时，对第 1～6 位的输出结果进行四舍五入取整，即输出小于 0.5 则为 0，大于 0.5 则为 1，通过这 6 位代码可查到对应的故障诊断结果。

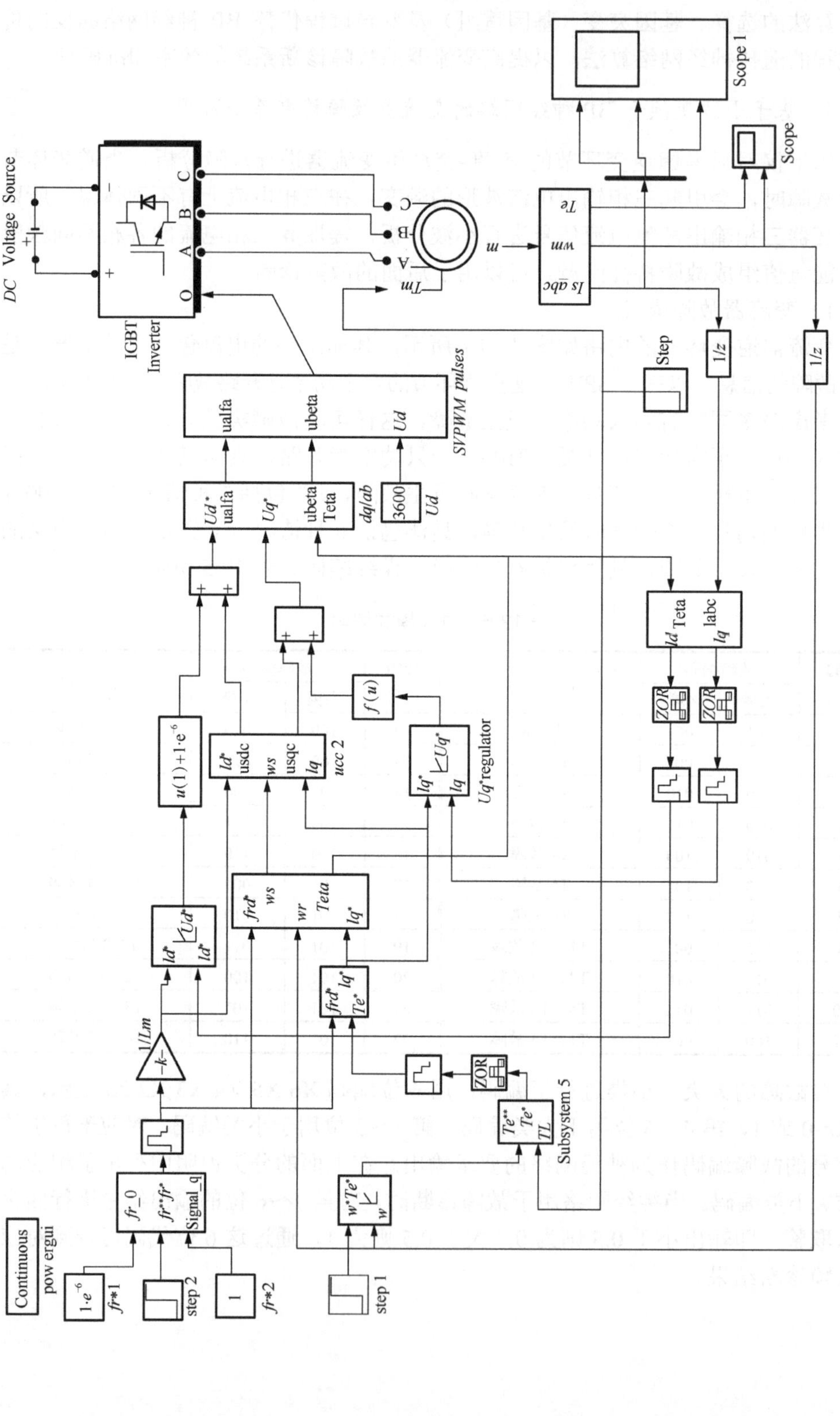

图 12.15　牵引变流器逆变环节仿真模型

2）电流信号的小波分析

当出现不同故障时，从小波分解图可以看出各个尺度下的变换明显不同，通过提取其特征，可以很容易地判断出故障。下面对输出电流波形采用 db3 小波进行 6 层分解，再分别提取它们的能量向量，小波分解如图 12.16 和图 12.17 所示。

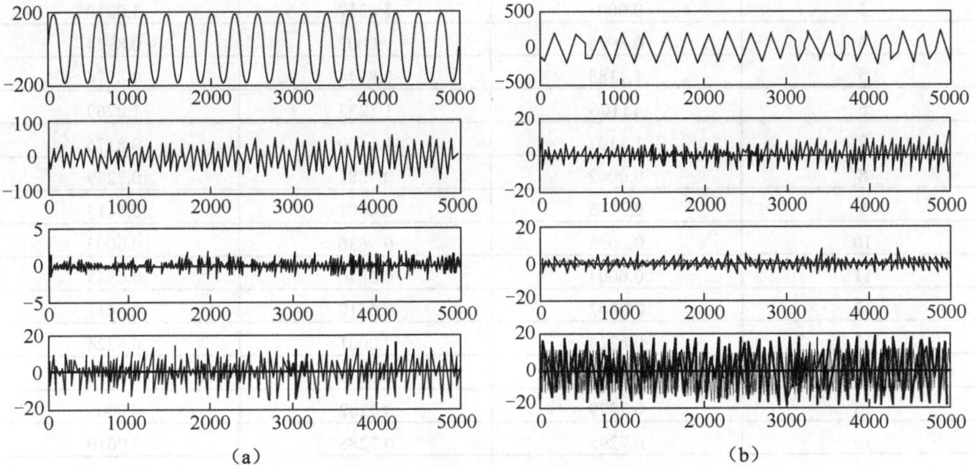

图 12.16　正常时 A 相电流小波分解图

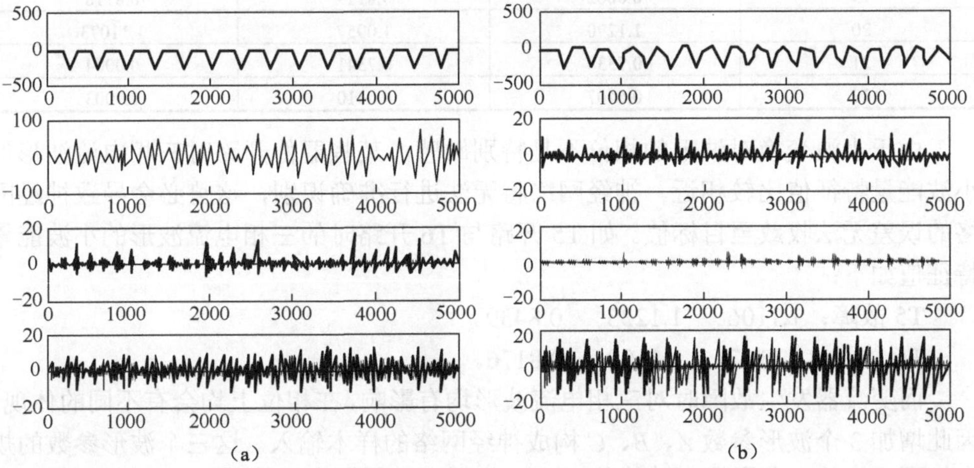

图 12.17　T1 故障时 A 相电流小波分解图

3）故障特征参数及神经网络训练

在变流器的仿真过程中，将各个不同组元件损坏后的输出电流波形进行直接采样和小波分析。其中通过小波变换提取三相电流波形的低频能量值如表 12.6 所示。

表 12.6　三相电流的低频能量值（输出信号均乘以 10^4）

故障编号	A 相低频能量 EA6	B 相低频能量 EA6	C 相低频能量 EA6
1	0.8654	0.8851	0.8679
2	0.8115	1.1021	1.1042
3	0.0003	1.0317	1.0319
4	0.8974	0.0002	0.8974
5	1.1183	0.8744	0.8974
6	11106	1.1233	1.0769
7	1.1107	1.1100	0.8176
8	0.0002	0.7281	0.7279
9	0.7113	0.0001	0.7113
10	0.9635	0.9636	0.0003
11	0.0004	0.6840	0.6843
12	0.0002	0.6412	0.6411
13	0.6224	0.0001	0.6224
14	0.6098	0.0009	0.6100
15	0.7279	0.7282	0.0003
16	0.7295	0.7288	0.0010
17	1.2074	1.1337	01195
18	0.7065	0.0002	0.7063
19	0.0002	0.8119	0.8118
20	1.1290	1.0957	1.11073
21	0.7338	0.7341	0.0004
22	0.6407	0.6410	0.0003

由于小波变换对波形的相位不是特别敏感，某些器件开路时三相电流波形的小波能量特征值比较相近，神经网络将无法进行准确识别，这势必会导致神经网络的误差无法收敛至目标值。如 T5 开路与 T6 开路时的三相电流波形的小波能量特征值如下：

T5 故障：1.1106　　1.1233　　0.8439。

T6 故障：1.1107　　1.1100　　0.8176。

而变流器发生故障时对三相电流波形均有影响，在相位上均会有不同的体现，因此增加 3 个波形参数 *A*、*B*、*C* 构成神经网络的样本输入。这三个波形参数的规定如下：将前半个周期中波峰值（p_1）与后半个周期中波峰值（p_2）作比较，当 $p_1 > p_2$ 时，设参数 *A*（*B*/*C*）=1；当 $p_1 = p_2$ 时，设参数 *A*（*B*/*C*）=0.5；当 $p_1 < p_2$ 时，设参数 *A*（*B*/*C*）=0；这样神经网络的节点数为 6。

4）故障特征参数及神经网络训练

输入层的神经元个数为训练参数的维数即为 6 个，输出层的神经元个数为期望值的维数即为 6 个。隐层的神经元数目选择是一个十分复杂的问题，往往需要根据设计者的经验和多次实验来确定。根据经验，隐层的节点数一般取 2*N*+1，其

中 N 为输入的节点数，这里取 13 个隐单元。用 MATLAB 语言及神经网络工具箱生成神经网络，隐含层采用正切传递函数（tansig），输出层采用对数 S 型传递函数（logsig），训练函数采用 levenberg-marquardt 规则训练的 trainlm 函数。输入的数据表示或矩阵形式为 P：（通过图 12.15 变流器 Simulink 仿真模型，模拟各断开器件，并将数据连接到小波变换，按前面所述获得如下特征向量数据，注意矩阵的转置符号）。

对输出结果进行四舍五入取整对应的逆变器故障发生的故障类型使其成为 0 或 1，通过这 6 位代码可查到实际输出结果见表 12.7。

表 12.7　实际输出结果与设定编码比较

故障号	故障类型	实际输出编码						目标输出量
		X6	X5	X4	X3	X2	X1	
1	正常	0.0116	0.0092	1.0000	0.0002	0.0019	1.0000	001001
2	T1 故障	0.0106	0.9924	0.0106	0.0019	0.0000	1.0000	010001
3	T2 故障	0.0000	0.9994	0.0063	0.0052	1.0000	0.0001	010010
4	T3 故障	0.0001	0.9999	0.0079	0.0000	1.0000	0.9963	010011
5	T4 故障	0.0013	0.9868	0.0025	0.9954	0.0000	0.0084	010100
6	T5 故障	0.0000	1.0000	0.0077	0.9927	0.0094	1.0000	010101
7	T6 故障	0.0014	0.9995	0.0099	0.9961	0.9892	0.0085	010110
8	T1T2 故障	0.0079	0.9916	0.9988	0.0001	0.0000	1.0000	011001
9	T3T4 故障	0.0081	0.9932	0.9839	0.0085	0.9751	0.0003	011010
10	T5T6 故障	0.0013	0.9840	1.0000	0.0000	0.9839	1.0000	011011
11	T1T3 故障	0.9918	0.0061	0.0000	0.0020	0.0052	0.9947	100001
12	T2T4 故障	0.9999	0.0001	0.0013	0.0053	1.0000	0.9786	100010
13	T3T5 故障	0.9996	0.0006	0.0052	0.0000	1.0000	0.9786	100011
14	T4T6 故障	0.9971	0.0040	0.0175	0.9898	0.0250	0.0000	100100
15	T1T5 故障	0.9983	0.0043	0.0145	0.9968	0.0122	0.9958	100101
16	T2T6 故障	0.9998	0.0032	0.1044	0.9980	0.8361	0.1546	100110
17	T1T4 故障	0.9992	0.0133	0.9920	0.0081	0.0010	1.0000	101001
18	T2T3 故障	0.9952	0.0087	0.9898	0.0000	1.0000	0.0194	101010
19	T2T5 故障	0.9959	0.0007	0.9889	0.0001	1.0000	0.9897	101011
20	T1T6 故障	0.9884	0.0075	0.9888	0.9972	0.0000	0.0103	101100
21	T3T6 故障	0.9996	0.0069	0.8962	0.9964	0.1650	0.8448	101101
22	T4T5 故障	0.9995	0.0002	0.9895	0.9993	0.9832	0.0087	101110

由表 12.7 可以看出，针对变流器逆变环节的 22 种开路故障类型，最终故障诊断系统的实际输出特征值通过四舍五入后得到的输出故障代码和设定的故障代码完全一致。

5）神经网络的测试

为了进一步验证神经网络的故障识别性能，采用±10%的电压噪声的非学习样本数据对训练好的 BP 神经网络进行仿真验证，分别取表 12.8 中各类型的输出电流波形进行测试。

表 12.8　神经网络测试故障类型

故障类型	故障编码	故障类型	故障编码
无故障	001001	T3T5 故障	100011
T1 故障	010001	T1T5 故障	100101
T3 故障	010011	T1T4 故障	101001
T1T2 故障	011001	T2T5 故障	101011
T1T3 故障	100001	T3T6 故障	101101

加电压噪声的非样本训练数据经过小波变换和特征提取后的特征向量，见表 12.9。

表 12.9　非样本测试数据

序号	测试数据						备注
1	0.8993	0.8566	0.9027	0.5000	0.5000	0.5000	正常
2	0.8575	1.1314	1.1156	0	1.0000	0.5000	T1 故障
3	0.8836	0.0002	0.8837	0	0.5000	1.0000	T3 故障
4	0.0002	0.7452	0.7451	0.5000	0	1.0000	T1T2 故障
5	0.0004	0.6831	0.6835	0.5000	0	1.0000	T1T3 故障
6	0.6098	0.0000	0.6098	1.0000	0.5000	0	T3T5 故障
7	0.7341	0.7341	0.0002	0	1.0000	0.5000	T1T5 故障
8	1.1370	1.1723	1.1210	0	1.0000	0.5000	T1T4 故障
9	0.0002	0.8186	0.8185	0.5000	1.0000	0	T2T5 故障
10	0.7370	0.7368	0.0002	1.0000	0	0.5000	T3T6 故障

输入到训练好的网络，仿真结果见表 12.10。

表 12.10　神经网络故障诊断结果数据

序号	故障诊断输出结果						期望值
1	0.0256	0.0011	0.9984	0.0001	0.0205	0.9999	001001
2	0.0021	0.9890	0.0048	0.0000	0.0000	0.9931	010001
3	0.0000	0.9999	0.0097	0.0001	1.0000	0.9777	010011
4	0.0041	0.9967	0.9950	0.0001	0.0000	1.0000	011001
5	0.9881	0.0111	0.0000	0.0038	0.0237	0.9922	100001
6	1.0000	0.0000	0.0000	0.0000	1.0000	0.8499	100011
7	1.0000	0.0003	0.0246	0.9996	0.0079	1.0000	100101
8	0.9149	0.0195	1.0000	0.0048	0.0000	1.0000	101001
9	0.9934	0.0094	0.9987	0.0000	1.0000	0.9974	101011
10	0.9945	0.0079	0.9825	0.9998	0.0320	0.9888	101101

仿真结果表明该网络已能进行准确的故障诊断。

12.5.2　基于支持向量机的牵引变流故障诊断实践

数据挖掘的任务是从数据中识别模式。支持向量机（SVM）方法是数据挖掘的研究领域之一，已被引用到机车牵引变流器的故障诊断。支持向量机是通过训练样本的学习，掌握样本的特征，从而对未知的样本进行预测。与神经网络不同的是，支持向量机着重研究小样本条件下的统计规律和学习方法。

1. 支持向量机原理和算法

设已知训练样本集 $S=\{(x_1,y_1),\cdots,(x_n,y_n)\}$，其中 $x_i\in\Re^d$，$y_i\in\{-1,+1\}$，$i=1,\cdots,n$。若样本集线性可分，那么必存在一个分类超平面 $\omega_x^{\mathrm{T}}+b=0$。所谓最优超平面就是不但能够将所有训练样本正确分类，而且使训练样本中离分离面最近的点到分类面的距离最大。则其优化问题可表示如下，在满足式（12.18）的约束条件下求式（12.19）函数的最小值。

$$y_i(\omega^{\mathrm{T}}x_i+b)\geqslant 1,\quad i=1,\cdots,n \tag{12.18}$$

$$\varphi(\omega)=\frac{1}{2}\omega^{\mathrm{T}}\omega \tag{12.19}$$

将这个约束优化问题称为原始问题。通过利用 Lagrange 函数方法, 原始问题的解可转化为对偶问题来求解，即在式（12.20）的约束条件下求解式（12.21）函数的最小值。

$$\sum_{i=1}^{n}y_i\alpha_i=0 \text{ 和 } \alpha_i\geqslant 0,\quad i=1,\cdots,n \tag{12.20}$$

$$Q(\alpha)=\frac{1}{2}\sum_{i=1}^{n}\sum_{j=1}^{n}\alpha_i\alpha_j y_i y_j(x_i\cdot x_j)-\sum_{j=1}^{n}\alpha_j \tag{12.21}$$

通过求解上述各个系数的最优解 α^*、ω^*、b^* 可得决策函数 $f(x)$。

$$f(x)=\mathrm{sgn}(\omega^*\cdot x)+b^*=\mathrm{sgn}\left(\sum_{i=1}^{n}\alpha_i^* y_i(x_i\cdot x)+b^*\right) \tag{12.22}$$

对于非线性问题，可以通过非线性函数将 x 映射到某个高维特征空间 $\varphi(x)$，然后在该特征空间进行线性分类，求解最优分类超平面。使用核函数取代求解过程中涉及的内积运算，即 $K(x_i,x_i)=(\varphi(x_i)\cdot\varphi(x_j))$。这样，相应的决策函数表示为

$$f(x)=\mathrm{sgn}\left(\sum_{i=1}^{n}\alpha_i^* y_i K(x_i,x_j)+b^*\right) \tag{12.23}$$

目前，常用的核函数主要有高斯径向基函数（RBF）、多项式函数（Poly）和神经网络（Sigmoid）核函数，其中以高斯径向基核函数使用最广。

2. 基于支持向量机的故障识别

将支持向量机应用于机车牵引变流器故障识别的算法分为两个阶段，首先通过已知的各种故障状态下的特征样本对 SVM 分类器进行训练，找到样本中的支持向量，确定最优分类超平面，然后根据最优分面的划分对测试样本作出分类和识别。具体步骤如下：

（1）建立牵引变流器故障诊断的 SVM 模型，根据一对多的分类算法的思路，为每一种故障类型构造一个 SVM。

（2）建立训练样本集（x, y）。根据故障诊断 SVM 模型，为每个二类 SVM 建立训练样本，当输入训练样本属于第 i 类 SVM 时设定标号为 1，故障类型不属于该类时标号为−1。

（3）依据实际情况为 SVM 选择适当的核函数及有关参数，作为高维特征空间在低维输入空间的一个等效形式。

（4）通过训练样本集，求解二次规划式，获得每一个 SVM 的支持向量及相应的 Lagrange 乘子。

（5）装入 SVM 学习阶段的有关数据（包括训练样本数据（x, y）、系数以及支持向量）。

（6）输入未知故障样本，根据多故障分类流程图和判别函数公式计算输入未知故障样本的决策输出值。

（7）由步骤（6）得到判别函数的值，判断故障样本所属的故障类型。

3. 基于小波变换和 SVM 的牵引变流器故障识别

1）提取牵引变流器故障特征信息

按照小波分析方法，提取主变流器故障特征信息。对提取的特征信号进行预处理后，采用 dB3 小波进行 6 层小波分解。

2）构造故障特征向量，建立故障样本集

采用小波分析将特征信号分解为 6 层，提取低频和高频系数，进而获得低频和高频系数能量值，然后按照一定的顺序排列所得到的能量值，就可获得故障特征向量，最后构造得到训练故障样本集。按照这种方法可以顺利地得到各功率管开路故障所对应的特征向量，从而建立完备的训练故障样本集。

3）样本分析与处理

在无限空间中，由于没有对分类空间进行约束，SVM 存在误分类的问题。因此，为提高分类精度（诊断精度），有必要分析故障样本的特征，并据此对分类空间进行有效约束。由此可知：在构造 SVM 分类器进行故障诊断之前，必须先对故障样本集进行分析，充分挖掘样本集的特征，目的是对故障分类空间进行有效的约束，以提高故障诊断精度。

4）构造 SVM 分类器，进行故障诊断

利用 MATLAB 的 LS-SVM 工具箱训练构造的样本集，从而获得每一个 SVM 分类器的支持向量及相应 Lagrange 因子，并建立故障分类超平面。由于特征向量和故障之间的对应关系是一种复杂的非线性关系，我们所构造的故障样本集属于小样本集，支持向量机建立在严格的理论基础之上，在解决小样本集和非线性问题方面具有独特优势。综合考虑样本特点和 SVM 的专长，采用 SVM 进行故障分类，以充分利用其分类速度较快、分类准确率较高的优势。

5）实验结果与分析

对故障样本进行训练是为了让 SVM 寻找合理的分类超平面，最终建立能够准确预测故障类型的分类器。所以，故障训练这一环节在故障诊断中所处的位置是相当重要的。故障训练效果的好坏直接影响故障诊断的精度。为此，对故障样本训练图进行分析，以了解故障训练效果。

12.5.3　基于故障树的牵引变流器故障识别

故障树分析法是逻辑诊断法的一个典型应用。故障树反映了特征向量与故障向量（都是逻辑向量）之间的全部的逻辑关系。如果把特征向量看成一个 m 维逻辑空间 A 中的点，故障向量看成一个 n 维逻辑空间 B 中的点，则逻辑关系表示 Z_m 个特征向量点到 Z_n 个故障向量点的映射关系，故障诊断特征向量与故障向量映射关系见图 12.18。

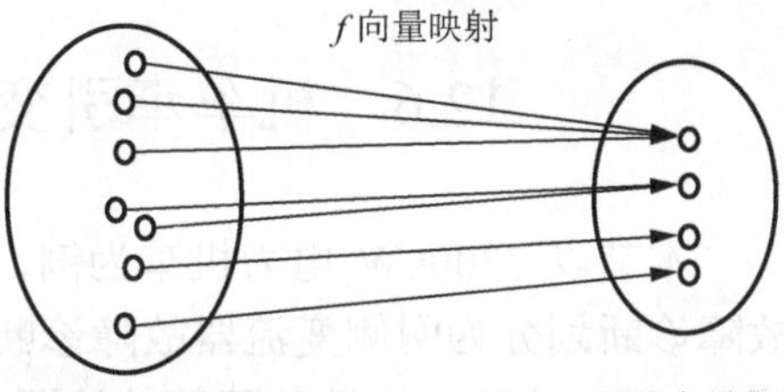

图 12.18　特征向量与故障向量的映射关系

牵引变流器的故障诊断也可以简单归结为根据运行过程中的检测数据和保护动作情况，将故障状态分类到某一部件的故障。因此，牵引变流器的故障诊断可以通过分类的方法来完成，分类过程就是典型的故障识别过程，具体就是用分类证据去和标准模式比较，将分类对象归到相一致或最接近的标准模式中。

这种分类过程可采用基于故障树的层次分类方法来实现。首先建立牵引变流器的故障树模型，如图 12.19 所示。将故障现象由高向低逐层分类，形成一个树形结构，层次越高的故障节点越抽象、越普遍，层次越低的故障节点越具体。在故障树中，节点的知识单元包括父节点与子节点、证据模式、工况参数等。证据模式描述了节点的基本特征，通过证据模式就可以建立或否定这一节点；工况参数指对故障差别具有重要影响的条件，如牵引/制动状态、恒速控制级位、25 kV 供电情况等。

分类过程就是根据给定的故障现象或特征，首先将其与第 1 层的节点相匹配，假设找到所属的节点是 S_i，则分类继续在 S_i 中进行，而不再考虑其他节点；如果在 S_i 内可将故障继续分类到 S_{2i}，则该故障所属的模式就是 S_{2i}；如果 S_{2i} 还有子节点，则可在 S_{2i} 内继续分下去。用这种故障树结构来组织故障的识别，使得诊断过程在整体上层次分明，模块性强，易于实现。

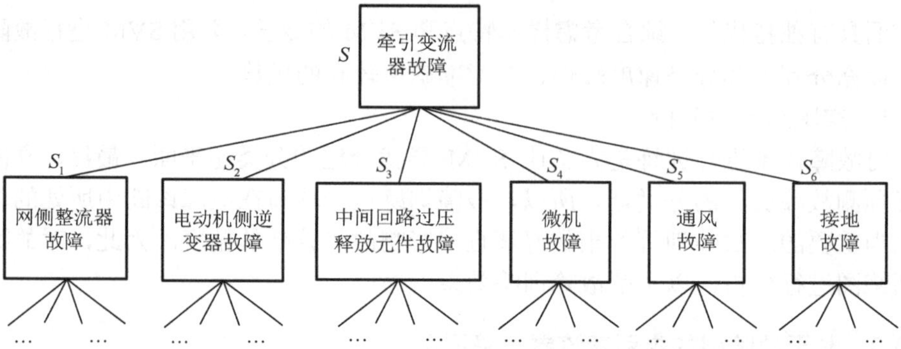

图 12.19　牵引变流器故障树模型

12.6　机车牵引变流器故障诊断处理系统

本节以 7200kW 电力机车为例，介绍某型牵引变流器的故障诊断，将变流器故障诊断划分为网侧变流器故障诊断和电机侧故障诊断，实现整流器及逆变器过流、IGBT 故障、接地故障等的诊断。

12.6.1　传动控制单元硬件介绍

基于列车通信网络的牵引控制技术，TCU 将变流器系统与微机网络控制系统联系起来，形成控制与通信系统。根据司机指令完成对牵引变流器及交流异步牵引电机的实时控制、黏着利用控制，同时具备完整的故障保护功能、模块级的故障自诊断功能和一定程度的故障自复位功能。可用于四象限整流、中间直流和牵引逆变三个环节的故障诊断和协调工作，还监测牵引电机、主变压器等的相关状态量用于机车的控制和保护，并和机车的 CCU 进行通信等。TCU 控制接口如图 12.20 所示。

TCU 置于牵引变流器中，采用无边插的 84R-6U 标准机箱，从各插件的前面板输入/输出信号。机箱各插件如下。

1）脉冲转换

将 MCC 发出的 PWM 信号由 5V 转换到 24V 输出，接收模块脉冲分配来的元件状态、故障保护的 24V 信号，转换成 5V 信号，送电机信号插件保护。

2）模拟输入 A、模拟输入 B

每块插件有 18 路模拟量处理通道。每个通道可采样的信号形式为电流、电压或输出恒流源提供给电阻，然后采样电阻两端的电压差。采样的信号有：逆变器输出电流；斩波支路电流，直流电压、主回路接地检测电压 Ud3；变压器原边电流、4QS 输入电流；电机温度、水温、水压等。

相应的灯信号显示含义见表 12.11～表 12.14。

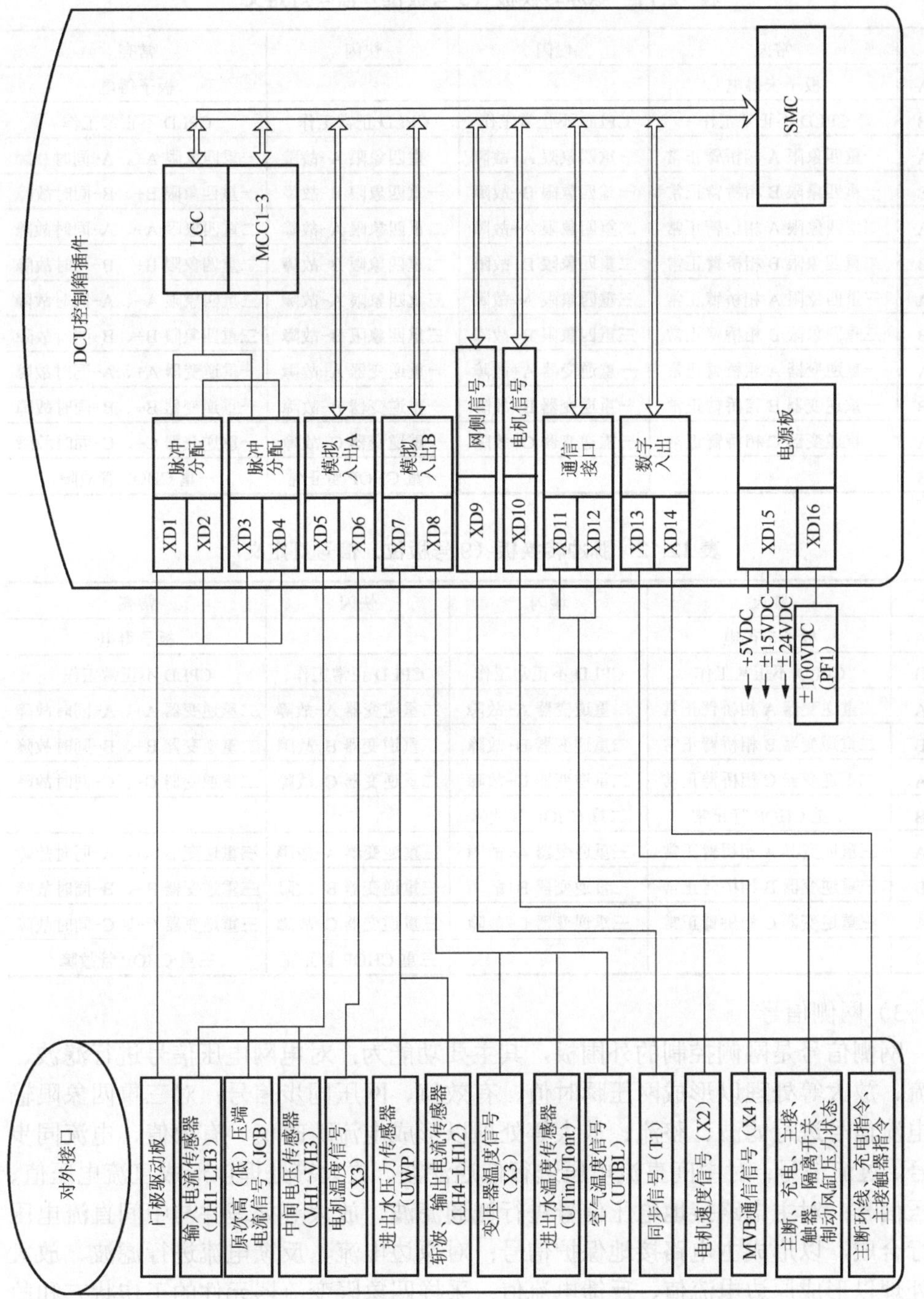
DCU控制箱插件
SMC
LCC
MCC1-3
脉冲分配
脉冲分配
模拟入出A
模拟入出B
网侧信号
电机信号
通信接口
数字入出
电源板
XD1
XD2
XD3
XD4
XD5
XD6
XD7
XD8
XD9
XD10
XD11
XD12
XD13
XD14
XD15
XD16
+5VDC
±15VDC
±24VDC
±100VDC (PF1)
对外接口
门极驱动板
输入电流传感器（LH1~LH3）
原次高（低）压端电流信号（JCB）
中间电压传感器（VH1~VH3）
电机温度信号（X3）
进出水压力传感器（UWP）
斩波、输出电流传感器（LH4~LH12）
变压器温度信号（X3）
进出水温度传感器（UTin/UTont）
空气温度信号（UTBL）
同步信号（T1）
电机速度信号（X2）
MVB通信信号（X4）
主断、充电、主接触器、隔离开关、制动风缸压力状态
主断环线、充电指令、主接触器指令

图12.20　控制接口

表 12.11　脉冲转换板（5 号板位）信号灯定义

	常灭	慢闪	快闪	常亮
1A	板子未得电			板子得电
1B	CPLD 不正常工作	CPLD 不正常工作	CPLD 正常工作	CPLD 不正常工作
2A	一重四象限 A 相桥臂正常	一重四象限 A+故障	一重四象限 A−故障	一重四象限 A+、A−同时故障
2B	一重四象限 B 相桥臂正常	一重四象限 B+故障	一重四象限 B−故障	一重四象限 B+、B−同时故障
3A	二重四象限 A 相桥臂正常	二重四象限 A+故障	二重四象限 A−故障	二重四象限 A+、A−同时故障
3B	二重四象限 B 相桥臂正常	二重四象限 B+故障	二重四象限 B−故障	二重四象限 B+、B−同时故障
4A	三重四象限 A 相桥臂正常	三重四象限 A+故障	三重四象限 A−故障	三重四象限 A+、A−同时故障
4B	三重四象限 B 相桥臂正常	三重四象限 B+故障	三重四象限 B−故障	三重四象限 B+、B−同时故障
5A	一重逆变器 A 相桥臂正常	一重逆变器 A+故障	一重逆变器 A−故障	一重逆变器 A+、A−同时故障
5B	一重逆变器 B 相桥臂正常	一重逆变器 B+故障	一重逆变器 B−故障	一重逆变器 B+、B−同时故障
6A	一重逆变器 C 相桥臂正常	一重逆变器 C+故障	一重逆变器 C−故障	一重逆变器 C+、C−同时故障
6B			一重 CHOP 管正常	一重 CHOP 管故障

表 12.12　脉冲转换板（9 号板位）信号灯定义

	常灭	慢闪	快闪	常亮
1A	板子未得电			板子得电
1B	CPLD 不正常工作	CPLD 不正常工作	CPLD 正常工作	CPLD 不正常工作
2A	二重逆变器 A 相桥臂正常	二重逆变器 A+故障	二重逆变器 A−故障	二重逆变器 A+、A−同时故障
2B	二重逆变器 B 相桥臂正常	二重逆变器 B+故障	二重逆变器 B−故障	二重逆变器 B+、B−同时故障
3A	二重逆变器 C 相桥臂正常	二重逆变器 C+故障	二重逆变器 C−故障	二重逆变器 C+、C−同时故障
3B	二重 CHOP 管正常	二重 CHOP 管故障		
5A	三重逆变器 A 相桥臂正常	三重逆变器 A+故障	三重逆变器 A−故障	三重逆变器 A+、A−同时故障
5B	三重逆变器 B 相桥臂正常	三重逆变器 B+故障	三重逆变器 B−故障	三重逆变器 B+、B−同时故障
6A	三重逆变器 C 相桥臂正常	三重逆变器 C+故障	三重逆变器 C−故障	三重逆变器 C+、C−同时故障
6B			三重 CHOP 管正常	三重 CHOP 管故障

3）网侧信号

网侧信号是网侧控制的外围板，其主要功能为：对电网电压信号进行滤波、整流、放大等处理以形成网压瞬时值、有效值、网压同步信号；对三重四象限输入电流信号进行滤波、整流、放大等处理以形成电流瞬时值、有效值、电流同步信号、过流信号；对中间直流电压进行低通滤波、放大等处理以形成直流电压值、过压信号；对主电路接地电压信号进行低通滤波、放大等处理并与中间直流电压进行合成，以形成主电路接地保护信号；对原边电流、反馈电流进行滤波、放大等处理以形成原边电流值、反馈电流值；采样四象限变流器元件的工作状态和故障信息；通过 AMS 总线把所有的故障信息传递给 SMC 进行处理。

表 12.13　网侧信号板信号灯定义

	常灭	慢闪	快闪	常亮
1A			复位或故障复位	跳主断
1B		原边接地保护	复位	
2A		原边过流	电源故障	电源故障，原边过流
2B		一重直流过压	一重直流接地	一重直流过压，一重直流接地
3A		二重直流过压	二重直流接地	二重直流过压，二重直流接地
3B		三重直流过压	三重直流接地	三重直流过压，三重直流接地
4A		一重交流过流	一重模块故障	一重交流过流，一重模块故障
4B		二重交流过流	二重模块故障	二重交流过流，二重模块故障
5A		三重交流过流	三重模块故障	三重交流过流，三重模块故障
5B	一重脉冲释放			一重脉冲封锁
6A	二重脉冲释放			二重脉冲封锁
6B	三重脉冲释放			三重脉冲封锁

4）网侧控制（LCC）板

硬件与电机控制插件相同，DSP C6711 完成三重四象限脉冲整流器的实时控制，DSP F2812 完成同步信号的锁相环处理。

5）电机信号板

电机侧控制的外围板，其主要功能为：速度信号进行滤波处理、二选一；具有三重牵引逆变器输出过流保护、中间直流电压过压保护、斩波过流保护、接地保护；并采集三个牵引逆变器机组的所有 IGBT 元件故障信息。通过 AMS 总线把所有的故障信息传递给 SMC 插件进行处理；SMC 操作电机信号插件产生故障复位信号，可以对电机信号、网侧信号、脉冲转换进行复位。

表 12.14　电机侧信号板信号灯定义

	常灭	慢闪	快闪	常亮
1A				跳主断故障
1B				MCC1 脉冲允许
2A			模块 1 故障	
2B				MCC2 脉冲允许
3A		电源故障	模块 2 故障	电源故障、模块 2 故障同时存在
3B				MCC3 脉冲允许
4A		板不在位	模块 3 故障	板不在位、模块 3 故障同时存在
4B		斩波 1 过流	逆变 1 过流	斩波 1 过流、逆变 1 过流同时存在
5A				复位
5B		斩波 2 过流	逆变 2 过流	斩波 2 过流、逆变 3 过流同时存在
6A			程序正常运行	
6B		斩波 3 过流	逆变 3 过流	斩波 3 过流、逆变 3 过流同时存在

6）电机控制板（MCC）

MCC 采用直接转矩控制，对电机电流等采用瞬时值控制，实时性要求高。控制插件上采用的器件处理速度和精度较高，CPU 由两片浮点 32 位 DSP TMS320C6711 和一片定点 32 位 DSP TMS320F2812 组成。DSP TMS320F2812 通过一片双口 RAM 连接 AMS 总线，完成速度处理、斩波控制，并用其自带的 A/D 采集外部传感器信号。浮点 DSP TMS320C6711 通过双口 RAM 连接 DSP TMS320F2812，通过高速 A/D 采集控制所需的直流电压、逆变电流等信号，产生逆变控制 PWM 信号。

7）通信接口

为 TCU 提供 MVB 通信接口，对内通过双口 RAM 连接 AMS 总线，对外连接车辆总线。

8）SMC 板

完成管理 AMS 总线，车辆逻辑单元的控制；牵引/制动特性控制；故障的传递及记录等功能。

9）数字入出板

20 路 110V 数字量输入，12 路数字量输出。数字量输入环节主要通过光电隔离和转换将外部 110V 的指令信号，如系统工作命令、系统复位指令及接触器闭合反馈信号转换成系统管理单元能够识别的高、低电平信号。

数字量输出环节主要将系统的高、低电平信号经过隔离转换成 110V 信号向外提供系统的状态。如将主控插件发出的用于控制接触器闭合或断开的高、低电平信号转化为接于接触器线圈的 110V 信号。

10）开关电源

主要为机箱提供+5V、+15V、−15V、+24V、−24V 电压，为机箱内各插件、风扇层、电流、电压传感器、速度传感器等提供电源。

12.6.2 牵引变流器故障典型案例介绍

案例 1：原边接地。

故障来源：2010 年 6 月 11 日，HXD1-229 机车。

故障现象：报 TCU2 原边接地故障。

故障原因：原边电流互感器信号线接线柱松动，具体的波形分析如图 12.21 所示。

故障处理：当显示屏提示原边接地时，可能是原边真实接地（主变原边绕组 A、B 端之间接地），或原边接地检查电路误报（电流互感器故障、电流检查板故障、TCU 内部信号处理环节故障），根据不同故障现象判断相应的故障点，例如：

（1）TCU1、TCU2 同时或交叉报原边接地，则故障点应为：①原边真实接地；②原边电流或回流电流互感器；③TCU 内部某一块电流检测板中某路检测电阻故障（正常情况下为 2.5Ω）。

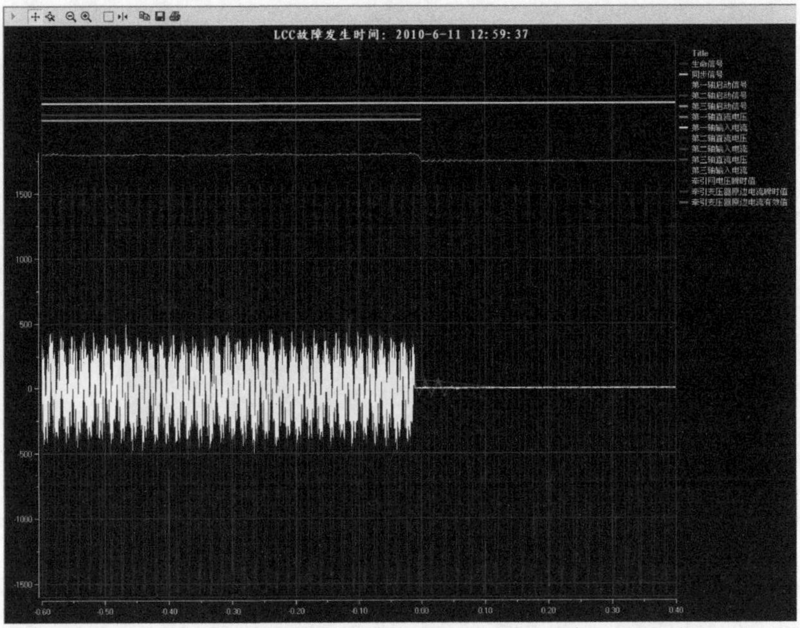

图 12.21　原边接地故障

（2）TCU1 或 TCU2 单独报原边接地，则故障点应为：故障架的 TCU 内部信号处理环节故障（模拟输入 A、网侧信号板）。

若为信号处理环节故障，途中应急处理方法：可打开 TCU 柜门，甩开故障架 TCU 内部电流检测中的 X2 插头（使故障架原边和回流电流均无零，则故障架电流差值达不到 50A）维持运用；注意：①电流检查板中 X1 插头不能甩开，因 X1 断开后电流互感将为开路，则此时感应电压会很大，容易损坏电气部件，且全车将失去原边接地保护功能；②两架电流检测板中的 X2 插头不能同时甩开，同样会使全车失去原边接地保护功能。

可以通过切架判断是否为 TCU 信号处理环节故障，例如，TCU1 报原边接地，首先断开 TCU1 空开，再给牵引力，此时看 TCU2 是否会报原边接地。若 TCU2 不报，则为 TCU1 电流信号处理环节有故障，否则同第 1 故障现象。

案例 2：原边过流。

故障来源：2010 年 3 月 19 日，179 车。

故障现象：报四象限输入过流+主回路接地故障+原边过流。

故障原因：TCU2 第 6 轴四象限模块故障，具体的波形分析如图 12.22 所示。

故障处理：对于原边过流故障，设备中有相应的保护措施，当原边电流有效值大于 430A 时，启动软件保护系统，在故障排除后允许合主断；当原边电流瞬时值（浪涌电流）大于 850A 时，采用硬件保护，接收到合主断信号后，激活该故障判断。

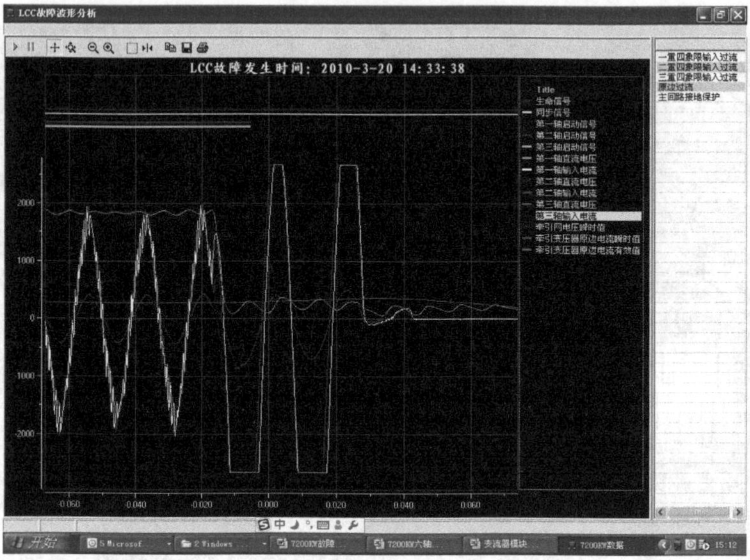

图 12.22　原边过流故障

当显示屏提示原边过流时，可能是真实过流（可检查原边绕组匝间是否有短路现象）；或是过流检查电路误报（可检查原边电流互感器故障、电流检查板故障、TCU 内部信号处理环节故障）。同原边接地处理方法，可以根据故障现象来判断故障点。

（1）TCU1、TCU2 同时或交叉报原边接地，则故障点应为：①原边真实过流；②原边电流电流互感器。

（2）TCU1 或 TCU2 单独报原边接地，则故障点应为：故障架的 TCU 内部信号处理环节故障（模拟输入 A 板、网侧信号板、SMC 板）。

若为信号处理环节故障，途中应急处理方法：可打开 TCU 柜门，甩开故障架 TCU 内部电流检测中的 X2 插头维持运用。同理：①电流检查板中 X1 插头不能甩开；②两架电流检测板中的 X2 插头不能同时甩开。

可以通过切架判断是否为 TCU 信号处理环节故障，例如，TCU1 报原边过流，首先断开 TCU1 空开，再给牵引力，此时看 TCU2 是否会报原边过流。若 TCU2 不报，则为 TCU1 电流信号处理环节有故障，否则同第 1 故障现象。

案例 3： 输入过流。

故障来源： 2011 年 2 月 27 日，464 机车。

故障现象： 1 轴 1 重四象限过流。

故障原因： 机车重联运行，过分相后，原边电流在电流达到保护门槛之前已经归零，从而判断到主断在此时断开。而当 TCU 接收到主断状态还需要一段时间，在此时间间隔四象限还处于启动状态，因为变压器的剩磁，导致过流。具体的波形分析如图 12.23 所示。

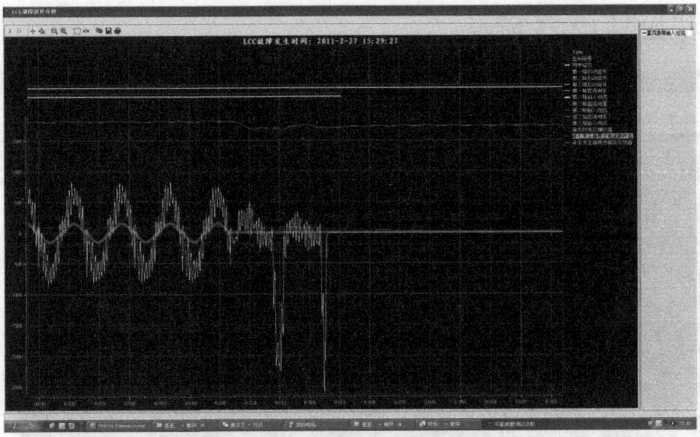

图 12.23　输入过流故障

故障处理：四象限输入电流 I4QC>2500A，即为输入过流。当面板提示输入过流时，可能是真实输入过流（可检查四象限模块和中间直流电路是否短路，以及四象限控制电路是否故障（LCC 板））；或是过流检查电路误报（根据故障提示，检查电流互感器、模拟输入 A 板、网侧信号板）。应急处理：按三次微机复位自动或手动隔离故障轴电机，隔离故障轴维持运用。

案例 4：逆变过流。

故障来源：2010 年 8 月 5 日，0002 车。

故障现象：逆变过流。

故障原因：逆变器 1 元件总故障、逆变器 1B 相上管故障。根据提示的故障原因进行进一步的确诊，确定为 TCU1 M1 逆变器模块故障。具体的波形分析如下。

MCC1 波形如图 12.24 所示。

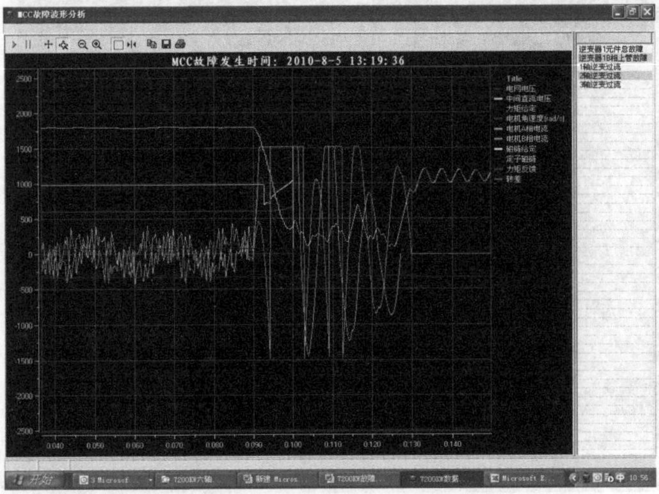

图 12.24　逆变过流故障 MCC1

MCC2 波形如图 12.25 所示。

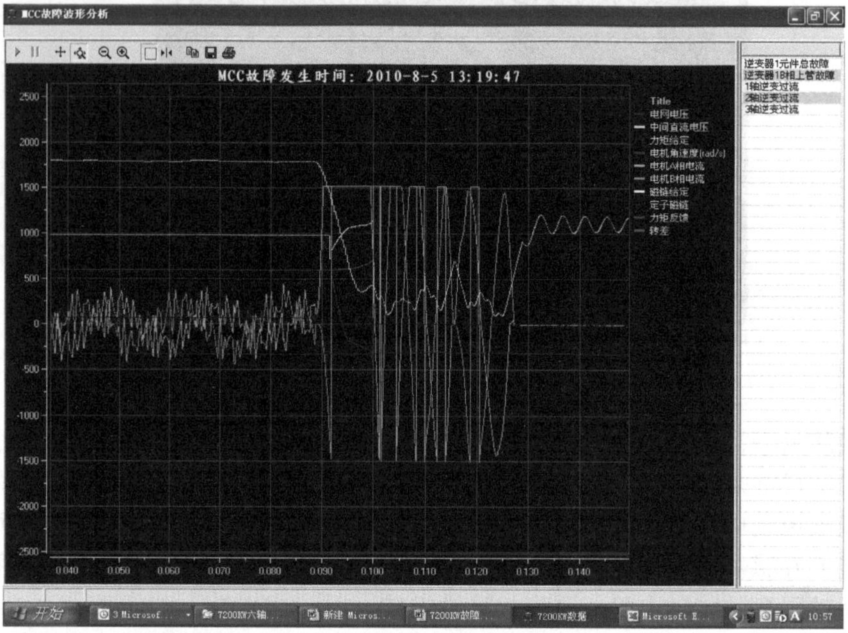

图 12.25　逆变过流故障 MCC2

MCC3 波形如图 12.26 所示。

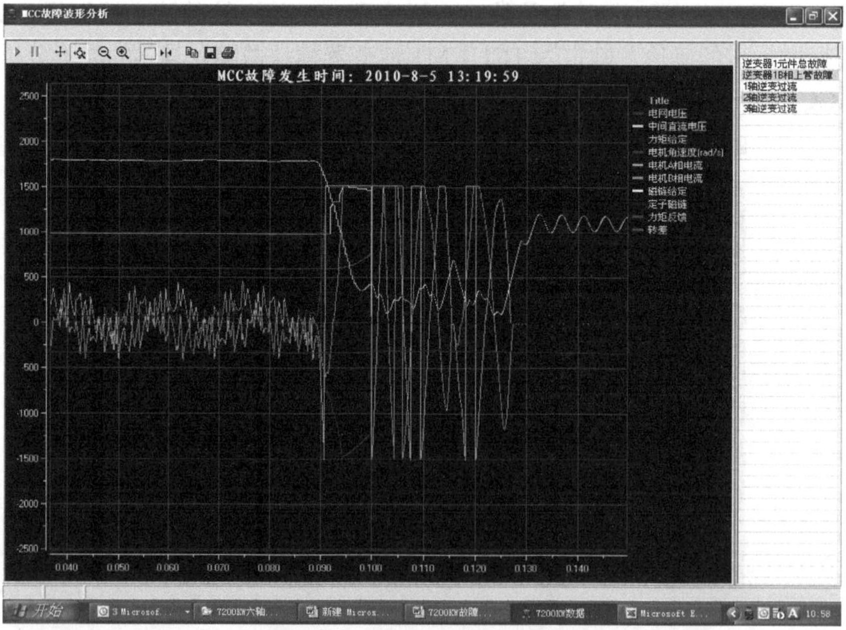

图 12.26　逆变过流故障 MCC3

故障处理：逆变输出电流大于 1500A，即为逆变过流。因输出电流检测只用 A 相和 B 相两个电流传感器，C 相为计算值 C=-（A+B），速度传感器故障也会引起逆变过流。处理过程见案例 5。

案例 5：逆变过流。

故障来源：HXD1C-0013 机车。

故障现象：机车在运行途中报 TCU2 4 轴逆变过流。

故障原因：第 4 轴速度传感器故障，具体波形如图 12.27 所示。

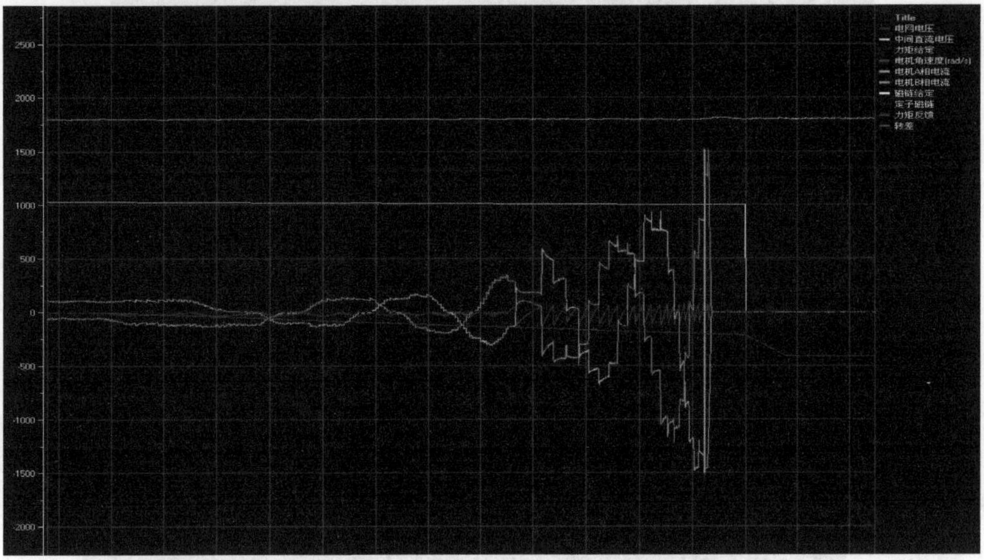

图 12.27　28HXD1C 逆变过流故障

故障处理：互换 TCU1、TCU2 的模拟入出 B 及电机信号插件，更换第 4 轴两个输出电流传感器，更换还逆变模块，更换速度传感器。

输出电流传感器测出电流信号通过 XD7 插头送入模拟入口 B，并通过电机信号插件检测是否逆变过流保护。此时可测量模拟入出 B 电流采样电阻是否正确。并检测模拟输入 B 板 3A（U 相）和 3B（V 相）测试孔直流电压值（1000A/6.6V），W 相电流值为-（U + V），三相输出最大电流不得大于 1500A（9.9V）。由于 0013 车故障为途中报出，库内高压均正常。可互换 TCU1、TCU2 的模拟入出 B 及电机信号插件，运行观察，看故障是否转移。当时 0013 车互换插件后，故障仍未转移，排除了插件故障。

案例 6：整流模块故障。

故障来源：2010 年 7 月 23 日，60 车。

故障现象：报元件故障。

故障原因：TCU2 L3 整流模块故障，且元件损坏，具体波形如图 12.28 所示。

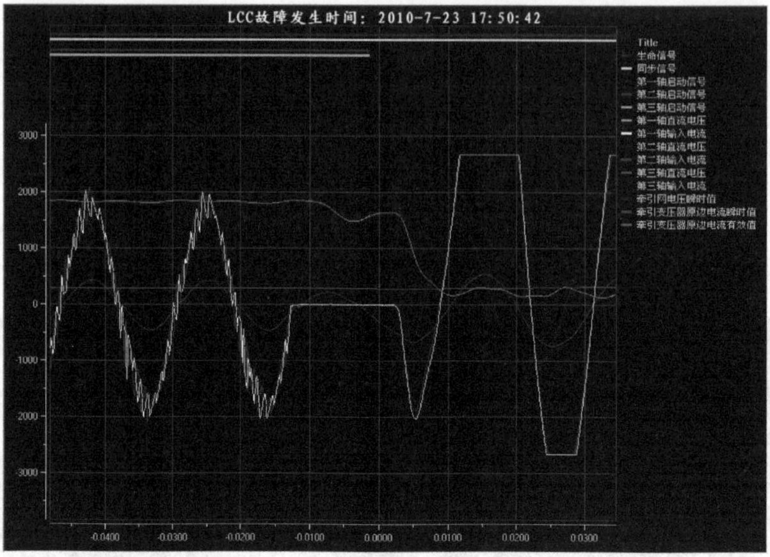

图 12.28　整流模块故障

案例 7：逆变器模块故障。

故障来源：2010 年 6 月 27 日，136 车。

故障现象：报元件故障。

故障原因：TCU1 第 1 位电机（逆变器 1 模块）烧损，具体波形如图 12.29 所示。

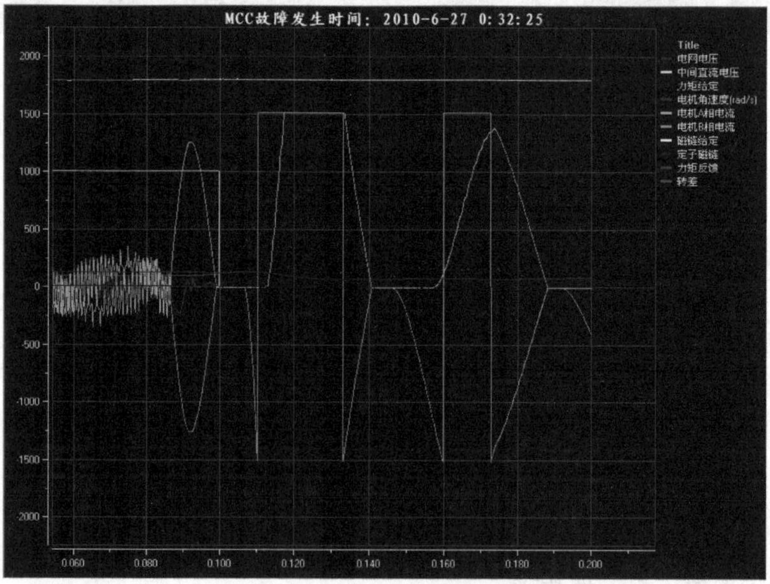

图 12.29　逆变器模块故障

故障处理：模块故障包括模块过热、IGBT 管子故障等，由变流模块发送给 TCU 执行保护。模块过热主要由内置温度继电器的开关量来判断；IGBT 管子故障主要有管子过流、管子开、关量故障等。

IGBT 故障排查方法如下。

通过驱动板排查：观察驱动板上的 XT1、XT2 光纤插头是否有光。有光，则说明该板未报故障；无光，则说前该板已发出故障，此时应分别甩开 XV1、XV2 插头再观察是否故障消除，若故障消除，则为模块故障；反之，则为驱动板故障。

通过分配板排查：观察分配板中的工作指示灯（四象限模块应只亮四象限指示灯；逆变模块应同时亮四象限和逆变指示灯），观察分配板中的故障指示灯（亮为有故障），“HL1～HL8”8 个指示灯分别对应 8 个管子。如 HL1-A 相上管、LH2-A 相下管、HL3-B 相上管、LH4-B 相下管、HL5-C 相上管、LH6-C 相下管、HL7-D 相上管、LH8-D 相下管。若指示灯显示正常，则故障点应为脉冲转换插件或线路故障。

案例 8：主回路接地。

故障来源：2010 年 1 月 29 日，148 号车。

故障现象：在鹰潭段运行过程中先后出现 3 次机破，报 TCU2 主回路接地故障。

故障原因：原边电流互感器接地。具体波形如图 12.30 所示。

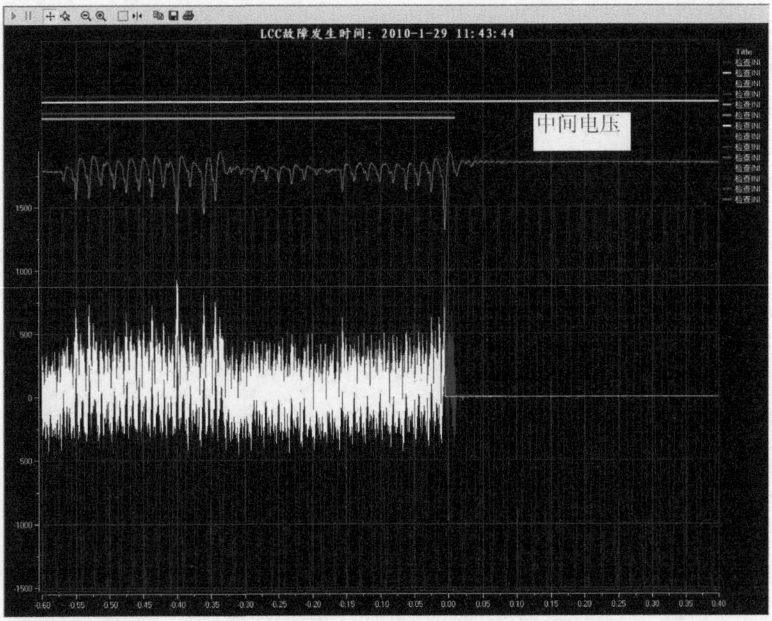

图 12.30　主回路接地故障

故障处理：|（全电压/2）−半电压|≥720V（延时 0.85ms 保护），即为主回路接地。观察该故障发生时，是否伴有其他故障，若有，应结合一起分析检查公共

部分（如上述事例）。接地检测电路为三重电路公共部分，因此，当某路出现中间直流电路接地时，应通过隔离 K1～K3 应急处理。通过隔离 K1～K3 闸刀，判断故障轴；若分别切除 K1～K3 闸刀试验后，故障依旧存在，则该故障点应在三轴公共部分二次谐振电路和主接地检测电路上。由于公共部分无隔离装置，此时应在主电路中用二次谐振电路和主接地检测电路的连接大线排查。

12.7 小　结

变流器装置是电压变换的基本装置，而牵引变流器则是列车（包括机车、高速动车组和城轨列车）的速度控制和转矩控制的核心之一。牵引变流器工作环境极其恶劣，高温、冲击振动、粉尘与潮湿、电磁干扰等严重影响了牵引变流器的工作状态。因此，列车牵引控制系统的主要工作内容除了牵引控制之外，另外一个主要的工作内容就是故障诊断，以保障列车系统稳定的工作状态和安全高效的运行状态。

第 13 章　电机的故障分析与诊断

13.1　概　　述

电动机是实现电能与机械能之间转换的设备，在机械、冶金、石油、煤炭、化学、航空、交通、农业以及日常生活等各种行业中应用最广泛的动力设备之一。三相异步电动机因其结构简单、价格低廉、可靠性高、使用方便以及能适用于各种复杂的工作环境而成为一种用量最大、覆盖面最广的电机。

作为动力设备，电动机的正常工作对保证生产过程的安全、高效及低耗运行意义重大。电动机的运行环境各异，受各种因素（如电源波动与冲击、负载变化、恶劣环境等）影响，在长期运行时，其结构和部件会逐渐劣化，逐渐失去原有性能和功能，暴露出一些不正常的状态，如不及时发现和处理，不仅容易造成烧坏电动机，还会使与之关联的设备系统陷入瘫痪，带来巨大的经济损失。

据不完全统计，全国运行的 1～320kW 低压电动机数量为 6000 多万台，每年损毁电动机数量约 300 万台，容量为 10 亿 kW，修理费高达数 100 亿元左右，造成停工停产损失竟达数百亿元。除上述费用，还会造成电动机修理后功率下降、耗电量大、性能变差而直接影响企业正常生产。因此，准确、及时地预报与判断电动机的故障,并对电动机进行相应的保护，就能有效地防止灾难性的事故发生。

诊断技术是通过各种检测和信息处理技术，分析反映故障隐患和趋势的状态参数，由此得到预警信息。进一步通过信息分析，对电动机故障程度和起因有一个准确的判断，及时和有效地对电动机进行维修、排除故障，实现电动机的预防性维修，从而确保电机安全、可靠、高效运转。从外部现象看，电动机常见故障有电动机不能启动、电动机外壳带电、电动机过热和电动机运转声音异常等。实际运行中，电动机故障情况复杂并且类型众多，大体可概括为机械与电气两方面。其中，机械方面有扫膛、振动、轴承过热和机械损坏等故障；电气方面故障则有定子绕组缺相运行、定子绕组首尾反接、三相电流不平衡、绕组短路和接地绕组过热以及转子断条、开路等。

13.1.1　电动机机械故障

分析电动机的机械故障，不能仅仅从电动机自身的机械结构出发，应从系统的角度综合分析故障现象和原因。实际运行中，电动机、底座、传动装置以及负载构成了一个复杂的机械系统，该系统在工作时存在不平衡、不对中和不同心现象，还有摩擦和振动，任何一个环节出现问题，均会在很大程度上影响电动机的可靠运行。电动机机械故障从现象角度可以分为以下几个方面。

1）扫膛

扫膛是指转子铁心转动时触碰定子铁心，其本质为电机转子和定子不同心，局部间隙太小，发生了摩擦。引起扫膛的原因有轴承磨损严重，电机定子与转子间有异物，电机前后端盖上的轴承台严重磨损等原因。按扫膛发生部位分类主要有以下情况：①扫膛部位发生在定子大头铁心端部，它与定子导入机座有直接关系，如定子压入机座过程中未导正，致使定子大头冲片受挤压而凸片扫膛；②扫膛部位发生在定子大头或小头端部，位置不确定与机座同心度、端盖止口及轴承符合性有关；③分散间或性与铁心叠压质量有直接关系；④转子偏心所致的扫膛，这种情况相对较少；⑤定子个别槽楔扭斜弹出，定子槽楔高出铁心内圆，均是导致扫膛的原因；⑥电机定子铁心与机座定位扭曲变形导致定子压入机座时定子片发生径向位移。

2）振动

振动应先区分是电动机本身引起的，还是传动装置不良所造成的，或者是机械负载端传递过来的，而后针对具体情况进行排除。电机的振动类型多种多样，可以以其固有的频率自由振动，也可以以多种频率强迫振动。从振动力学观点来看，不外四种类型，即自由振动、强迫振动、自激振动和参变振动，无论何种振动，其结果都可能导致过高的噪声或机械部件的损坏，最终导致电机故障。

3）定子/转子铁心损坏和变形

定子和转子是电动机中的关键组成部件，它们都由相互绝缘的硅钢片叠成，是电动机的磁路部分。定、转子铁心的损坏和变形主要由以下几个方面原因造成：

（1）轴承过度磨损或装配不良，造成定、转子相擦，使铁心表面损伤；

（2）拆除旧绕组时用力过大，使倒槽歪斜向外张开；

（3）受潮等原因造成的铁心表面锈蚀；

（4）因绕组接地产生高热烧毁铁心或齿部；

（5）铁心与机座间结合松动。

4）轴承故障

电动机转子转轴通过轴承支撑转动，是负荷最重的部分，又是容易磨损的部件。如果轴承工作不正常，可凭经验用听觉及温度来判断。用听棒（铜棒）接触轴承盒，若听到冲击声，就表示可能有一只或几只滚珠磨损甚至扎碎，如果听到有咝咝声，那就是表示轴承的润滑油不足，因为电动机每运行 3000～5000 小时需要换一次润滑脂。在添加润滑脂时不宜太多，如果太多会使轴承旋转部分和润滑脂之间产生很大的摩擦而发热，一般轴承盒内所放润滑脂为全容积的 1/2～2/3 即可。在轴承安装时如果不正确，配合公差太紧或太松，都会引起轴承发热。在卧式电动机中装配良好的轴承只受径向应力，如果配合过盈过大，装配后会使轴承间隙过小，有时接近于零，用手转动不灵活，这样运行中就会发热。另外，轴承外表面上的锈斑可用砂纸擦除，然后放入汽油中清洗；若轴承有裂纹、内外圈碎裂或轴承过度磨损时，应更换新轴承。更换新轴承时，要选用与原来型号相同的轴承。

13.1.2　电动机电气故障

电动机电气方面常见的故障有电压不正常、绕组接地、绕组短路、绕组断路、缺相运行等。

（1）电压不正常。电源电压偏高，激磁电流增大，电动机会过分发热，过分的高电压会危及电动机的绝缘，使其有被击穿的危险。电源电压过低时，电磁转矩就会大大降低，如果负载转矩没有减小，转子转速过低，这时转差率增大造成电动机过载而发热，长时间会影响电动机的寿命。当三相电压不对称时，即一相电压偏高或偏低时，会导致某相电流过大，电动机发热，同时转矩减小会发出“嗡嗡”声，时间长会损坏绕组。总之无论电压过高过低或三相电压不对称都会使电流增加，电动机发热而损坏电动机。

（2）绕组接地。电动机绕组绝缘受到损坏，及绕组的导体和铁心、机壳之间接触即为绕组接地。这时会造成该相绕组电流过大，局部受热，严重时会烧毁绕组。出现绕组接地多数是由电动机受潮引起，有些是在环境恶劣时由金属物或有害粉末进入电动机绕组内部造成。电动机出现绕组接地后，除了绝缘已老化、枯焦、发脆外都可以局部处理，绕组接地一般发生在绕组伸出槽外的交接处（绕组端部），这时可在故障处用天然云母片或绝缘纸插入铁心和绕组之间，在用绝缘带包扎好涂上绝缘漆烘干即可，当接地点在铁心槽内时，如果上层边绝缘损坏，可以打出槽楔修补槽衬或抬出上层线匝进行处理，若故障在槽底或者多处绝缘受损，最好办法就是更换绕组。

（3）绕组短路。绕组中相邻两条导线之间的绝缘损坏后，使两导体相碰，就称为绕组短路。发生在同一绕组中的绕组短路称为匝间短路。发生在两相绕组之间的绕组短路称为相间短路。无论哪一种，都会引起某一相或两相电流增加，从而引起局部发热，使绝缘老化损坏电动机。出现绕组短路时，短路点在槽外修理并不难。当发生在槽内时，如果线圈损坏不严重，可将该槽线圈边加热软化后翻出受损部分，换上新的槽绝缘，将线圈受损的部位用薄的绝缘带包好并涂上绝缘漆进行烘干，用万用表检查，证明已修好后，再重新嵌入槽内，进行绝缘处理后就可继续使用，当线圈受损伤的部位过多，或者包上新绝缘后的线圈边无法嵌入时，只好更换新的绕组。

（4）绕组断路。绕组断路是指电动机的定子或转子绕组碰断或烧断造成的故障。定子绕组断部，各绕组元件的接头处及引出线附近。这些部位都露在电动机座壳外面导线容易碰断，接头处也会因焊接不实长期使用后松脱，发现后重新接好，包好并涂上绝缘漆后就可使用。如果因故障造成的绕组被烧断则需要更换绕组。如转子绕组发生断路时，可根据电动机转动情况判断。

（5）电动机缺相运行。三相异部电动机在运行过程中，断一根火线或断一相绕组就会形成缺相运行（俗称单相），如果轴上负载没有改变，则电动机处于严重过载状态，定子电流将达到额定值的二倍甚至更高，时间稍长电动机就会烧毁。在各行业中，因缺相运行而烧毁的电动机所占比重最大。一般电动机缺相是由于某相熔断器的熔体接触不良，或熔丝拧得过紧而几乎压断，或熔体电流选择过小，这样通过的电流稍大就会熔断，尤其是在电动机起动电流的冲击下，更容易发生熔体非故障性熔断。

（6）电动机的接地装置。电动机接地是一个重要环节，可是有的单位往往忽视了这一点，因为电动机不明显接地也可以运转，但这给生产及人身安全埋下了安全隐患。因为绝缘一旦损坏后外壳会产生危险的对地电压，这样直接威胁人身安全及设备的稳定性。所以电动机一定要有安全接地。所谓的电动机接地就是将电气设备在正常情况下不带电的某一金属部分通过接地装置与大地进行电气连接，而电动机的接地就是金属外壳接地。这样即使设备发生接地和碰壳短路时电流也会通过接地向大地进行半球形扩散，电流在向大地中流散时形成了电压降，这样保证了设备及人身安全。

13.1.3　从引起的原因看电动机的故障

电动机故障的直接原因如下：

（1）定子铁心故障：定子铁心短路、定子铁心松动。

（2）绕组绝缘故障：绕组绝缘磨损、绝缘破损、匝间短路、绝缘电阻降低。

（3）异步电动机转子绕组故障：断条和端环开裂、绕线转子绕组击穿、开焊和匝间短路。

（4）转子本体的故障。

电动机故障的间接原因如下：

（1）电源的原因，如电网的电压和频率波动等。

（2）负载性质和负载机械的原因。

（3）安装环境和场所的原因：环境温度、湿度、海拔以及电动机安装场所的粉尘、有害气体、盐雾、酸气等，对电动机的运行都将产生影响。

（4）地基和基础的原因，如因基础振动、冲击使电动机受到影响。

（5）运行条件的原因：恶劣的环境和苛刻的运行条件，以及超过技术条件所规定的允许范围运行，往往是直接导致故障的起因。

（6）电动机的选型不当引起故障。

人们常把从现象看电动机的故障，称为电动机的外部故障，如短路、过热、断相等，电动机的外在故障，由电动机的继电保护系统进行保护。

把引起电动机故障的直接原因，称为电动机的内在故障，如定子匝间短路、转子断条等，电动机的内在故障由电动机的故障诊断系统进行监测和诊断。

13.2　电动机的故障诊断技术概述

如第 9 章所述，电动机故障的诊断，依赖于对电动机结构、特性以及故障机理的深入分析，必须掌握故障发生的机理、故障模式（引起的征兆）以及故障的发展趋势，还包括故障对电动机的性能所产生的影响。

由于电动机内同时存在多个相关的工作系统（如电路系统、磁路系统、机械系统、绝缘系统、通风散热系统等），故障机理和故障模式表现出多样性，而对于轻微故障的电动机，其故障模式又具有相当的隐蔽性，故障信息的量值小，难以检测与发现，这为电机故障诊断增加了难度。

在电动机中，一个故障常常表现出多种模式（征兆），例如，电动机转子绕组断条或端环开裂会引起电动机定子电流发生变化（摆动）、电动机振动增加、启动时间增加、转速与转矩产生波动等；而这些变化又受其他多种因素的影响，如电源不稳、负载波动等。另外，多种不同的故障可能会产生同一种故障模式，如导致电动机振动增大的故障机理，除转子绕组断条故障外，定子绕组匝间短路、定子端部绕组松动、机座安装不当、铁心松动、转子偏心与不对中、转子与定子相擦、转子裂纹故障以及轴承损坏等都是导致振动增大的机理之一。由此可见，对电动机这种运行状态复杂、影响因素众多的电气设备，只有对其结构、原理、运行特征、工作方式、负载性质等必须有非常深刻的研究，才能实现对电动机的故障诊断。

电动机故障诊断过程的流程图如图 13.1 所示。

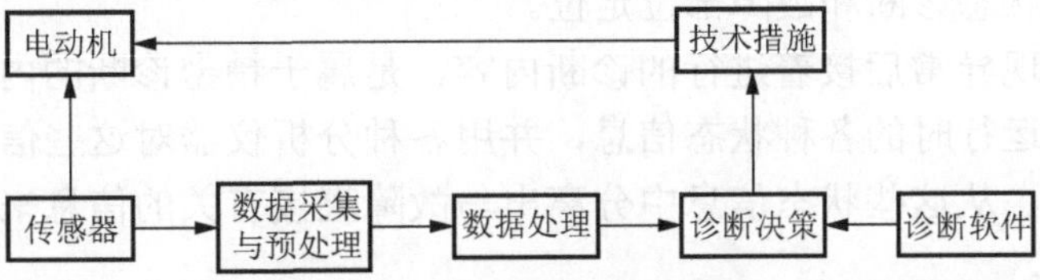

图 13.1　电动机故障诊断流程图

电动机故障分析与诊断的技术通常包括以下几种。

（1）电流分析法（current analysis）。

通过对电机电流的幅值、波形的检测和频谱分析，诊断电动机故障的机理和状态，如可以通过频谱分析，诊断电动机是否存在转子绕组断条、气隙偏心、定子绕组故障、转子不平衡等故障。

（2）振动诊断（vibration diagnosis）。

通过检测电动机的振动信号，对振动信号进行变换、处理和分析，实现电动机故障的诊断以及故障部位的定位，并制定处理办法。

（3）绝缘诊断（insulation diagnosis）。

采用合适的电气试验和特殊诊断技术，对电动机的绝缘结构、工作性能和是否存在缺陷做出结论，并对绝缘剩余寿命作出预测。

（4）温度诊断（temperature diagnosis）。

采用合适的温度检测方法和红外测温技术，对电动机各部分温度进行监测，由此实现电机故障的诊断。

电动机在运行过程中有能量、介质、力、热量、磨损等各种物理和化学参数的传递和变化，由此而产生相应的信息。这些信息变化直接或间接地反映出系统的运行状态，而在正常运行和出现异常时，信息变化规律各异，电动机的诊断技术是根据电动机运行时不同的信息变化规律，即信息特征来判别电动机运行状态是否正常。

电动机的诊断过程包括异常检查、故障状态诊断和故障部位定位、故障类型和机理分析三个部分。

（1）异常检查。

这是对电动机进行简易诊断，是采用简单的设备和仪器，对电动机状态迅速有效地作出概括性评价。电动机的简易诊断具有以下功能：

① 电动机的监测和保护；

② 电动机的故障的早期征兆发现和趋势控制；

如果异常检查后发现电动机运行正常，则无须进行进一步的诊断；如发现异常，则应对电动机进行精密诊断。

（2）故障状态诊断和故障部位定位。

这时在发现异常后接着进行的诊断内容，是属于精密诊断的内容。可用传感器采集电动机运行时的各种状态信息，并用各种分析仪器对这些信息进行数据分析和信号处理，从这些状态信息中分离出与故障直接有关的信息来，以确定故障的状态和部位。

（3）分析故障类型和机理。

这是利用诊断软件或专家系统进行电动机状态的识别，以确定故障类型和部位。

故障诊断的后两部分是属于电动机精密诊断的内容，电动机的精密诊断是对于状态有异常的电动机进行的专门性的诊断，它具有以下功能：

① 确定电动机的故障类型、分析故障起因；

② 估算故障的危险程度，预测其发展；

③ 确定消除故障、恢复电动机正常状态的方法。

13.3 电动机继电保护和故障诊断原理

电动机运行过程中会发生过载、短路、断相等故障，此类故障导致电动机定子电流增大，因此可通过对定子电流的采集，通过数学模型计算实现对电动机的继电保护；同样，电动机发生定子匝间短路、转子断条故障时，也会导致定子电流的状态特征发生变化。本节讨论电动机故障诊断的理论基础、热过载保护算法、断相保护算法，以及电动机故障诊断的一般性原理。

13.3.1 定子绕组匝间短路故障诊断原理

若电动机某相绕组发生匝间短路，则定子绕组的对称性被破坏，由定子绕组产生的气隙磁势变为椭圆形，该椭圆形磁势可以分解为正转分量$\overline{F_{11}}$和反转分量$\overline{F_{12}}$，二者转速相同，转向相反。正转分量$\overline{F_{11}}$在定子绕组中感应出频率为f_1的交流电势，在转子绕组中感应出频率为sf_1的电势和电流；反转分量$\overline{F_{12}}$在定子绕组中同样感应出频率为f_1的交流电势，但它的相序相反，从而在定子三相电流中产生出负序分量，这是主要的故障特征量。

由于电动机定、转子之间的磁耦合关系，当定子绕组出现故障时，在电动机转子绕组电流中会感应出相应的故障特征分量，该特征分量同样会因电动机定、转子间的磁耦合关系而映射到定子电流中，因此在定子电流中检测某些代表定子绕组故障特征的一些典型频率成分，就能对电动机定子绕组的故障情况作出判断。

根据多回路理论分析定、转子之间的互链过程：定子电流频率(ω) $\rightarrow$ 转子电流频率$(\omega+k\omega_p)$ $\rightarrow$ 定子电流频率$\left[\omega\pm(k\pm k')\omega_p\right]$ $\rightarrow$ 转子电流频率$\left[\omega\pm\left(k\pm k'\pm k''\right)\omega_p\right]$ $\rightarrow\cdots$。式中，$k,k',k''=1,3,5,\cdots$；$\omega_p=(1-s)\omega$；$\omega=2\pi f_1$；f_1为电源频率。所以可以推导出电动机定子绕组故障后，定子电流中各故障谐波分量的表达式为

$$f=\left(1\pm 2k\left(1-s\right)\right)f_1,\qquad k=0,1,2,3,\cdots \tag{13.1}$$

实验结果表明，当电动机定子绕组发生故障时，上述谐波分量会有所增加。

取 k=1，2，得故障特征频率为

$$f_{r1}=(3-2s)f,\quad f_{r2}=(3-4s)f,\quad f_{r3}=(5-4s)f \tag{13.2}$$

对这些故障特征频率进行频谱分析得到定子匝间短路特征频率处谐波的幅值。

通过以上分析可知，当电动机定子绕组发生匝间短路时，定子电流会出现以下征兆：

（1）定子电流三相不平衡；

（2）单相电流会发生波动；

（3）定子三相电流中产生出负序分量；

（4）定子电流 $3f$、$5f$ 频率处会产生谐波分量。

13.3.2　转子断条故障诊断原理

理想的感应电动机定子电流频率是单一的，即电源频率，但是当转子回路出现故障时，定子电流频率谱图上就会在与电流频率相差二倍转差频率 ($\pm 2sf$) 的位置上各出现一个边频带，这一现象已经由英国的 Hargis 等学者的理论所推论证实。

一台极对数为 P 的异步电动机，当电网供电频率为 f_1 时，工作时定子绕组产生磁动势 F_1，其基波表达式为

$$F_1 = K_1 N_1 I_1 \sin(\omega t - p\theta) \tag{13.3}$$

式中，K_1 为与电动机极对数、绕组系数有关的常数；N_1 为定子绕组每相匝数；I_1 为定子电流；ω 为电网角频率；θ 为以机械角度表示的初相角。

转子绕组相位角为

$$\varphi = \theta - \omega_r t \tag{13.4}$$

式中，ω_r 为转子旋转角速度。

对于两极（$p=1$）电动机，其磁动势为

$$F_1 = K_1 N_1 I_1 \sin((\omega - \omega_r)t - \varphi) \tag{13.5}$$

转子转速与定子旋转磁场转速之差即为转差率，转子绕组在定子旋转磁场作用下，将感应电势并产生电流，建立起一个与定子磁动势相平衡的转子磁动势，转子磁动势基波的表达式为

$$F_2 = K_2 N_2 I_2 \sin((\omega - \omega_r)t - \varphi) \tag{13.6}$$

式中，K_2 为与极对数和绕组系数有关的常数；N_2 为转子绕组每相匝数；I_2 为转子电流。

当转子绕组存在故障时，如一根断条时，转子电流的磁势被 $\sin 2\varphi$ 所调制，这时转子绕组磁动势表达式为

$$F_2 = K_2 N_2 I_2 \sin((\omega - \omega_r)t - \varphi)\sin 2\varphi \tag{13.7}$$

进行简单变换，并注意到转差率：

$$s = \frac{\omega - \omega_r}{\omega} \tag{13.8}$$

即

$$\omega_r = (1-s)\omega \tag{13.9}$$

即可得反映到定子的磁动势表达式为

$$F_1 = F_2 = \frac{K_2 N_2 I_2}{2}\left\{\cos\left[(3-2s)\omega t - 3\theta\right] - \cos\left[(1-2s)\omega t - \theta\right]\right\} \tag{13.10}$$

分析式（13.10）就可以发现，磁动势表达式中第一项磁动势分量含有 $3\omega t$ 和 3θ，将在三相定子绕组中产生一个零序电动势，此电动势对电源电流并无影响，第二项磁动势分量中含有一个比电源角频率低 $2s\omega$ 的分量，这个分量将使异步电

动机定子绕组中出现一个比电源电流角频率低 $2s\omega$ 的三相电流分量，它与电源电流频率十分接近，由于它的调制作用，定子电流将会出现节拍性变化，电流周期性的脉动将使定子电流表指针发生摆动，也使电动机的转矩随之而脉动，从而使异步电动机转子转速也将按 2 倍滑差频率而波动。

转速波动将使异步电动机的电流在以电源频率为中心，在 $\pm 2sf$ 上下限之间变化，由于电机定子中三次谐波磁通的调制作用，这种转速和电流的波动将更加明显，边频电流的幅值与基频电流幅值的比值大小，与异步电动机转子断条损坏程度有明显的关系。

从以上分析可知，当转子绕组出现断条故障时，会在定子绕组中产生频率为 $(1\pm 2s)f$ 的电流分量，其大小主要由转子不对称的严重程度而定，所以在电动机转子故障的检测中主要还是检测 $(1-2s)f$ 及 $(1+2s)f$ 频率分量来判断转子故障。

13.4 电动机故障诊断方法综述

电动机的内在故障中，定子绕组匝间短路和转子绕组断条故障是最常见的故障，目前国内外关于电动机的故障诊断主要集中在对这两类故障的监测和诊断上。

13.4.1 定子绕组匝间短路故障诊断

异步电动机定子绕组故障是导致电动机失效的主要原因之一，电动机 30%～40%的故障是由定子绕组匝间短路和相间短路故障引起的。这种故障最明显的标志是绕组出现局部过热、相电流的对称性破坏、转矩降低、蜂鸣和振动加剧。

电机定子绕组的故障检测分为离线测试和在线检测。评估电机定子绕组绝缘状态及绕组故障的传统离线检测方法是脉冲注入法，通过向电机定子绕组中注入一个上升沿陡峭的电压短脉冲作为激励源，从示波器上检测其响应波形，与正常电机的响应波形进行比较，从而得到绕组绝缘的状态信息。此外，离线检测方法还包括电阻测试、介质损耗角测试、浪涌测试、介电常数测试、高频测试、耐压测试以及观察法等。离线检测的方法效果显著，但缺点也很明显：不能在运行过程中随时了解电机的绝缘状态及故障情况，无法进行状态监测。相比离线检测来说，在线检测与诊断更加具有意义。

电动机定子绕组故障在线检测方法由 Williamson 与 Mirzoian 于 1985 年首次提出。在线检测和故障诊断是指在电机运行过程中检测电机的各个参数，如电压、电流、转速、磁通、温度、振动等，并采取相应的信号处理方法来确定电机的运行状态和判别电机是否发生故障以及故障类型和严重程度。国内外许多学者对感应电机定子绕组匝间短路故障在线检测和诊断进行了研究，主要方法如下：

（1）不平衡电流法。故障诊断早期，相关文献提出了不平衡电流法，使用电流互感器对电机的三相电流进行检测。在理想情况下，互感器初级线圈中的三相电流的矢量和为零，而且次级线圈中没有电流。定子绕组发生短路故障时，由于相间的不平衡，互感器次级线圈中将会产生正比于不对称度的电压降，导致次级线圈中流过不平衡电流。此电流的大小与定子绕组短路故障严重程度成正比，其幅值可作为故障判据。不平衡电流法是一种非入侵式的检测方法，操作简便，信号的处理相对简单。但电机自身的不对称以及电源波动等都有可能造成互感器的次级线圈中产生不平衡电流，这使得该方法的运用受到一定的限制。

（2）磁通检测法。感应电机在发生定子绕组匝间短路故障时，气隙磁通会产生发生改变并产生相应的谐波分量。在电机中放置探测线圈，检测轴向漏磁通的大小以及谐波分量的变化，可以实现定子绕组匝间短路故障检测和定位。该方法在实际应用时，必须事先确定无故障电机的磁通大小并假定该磁通是恒定不变的。但各种非理想状况的影响使得轴漏磁通并非恒定。而且探测线圈极易受到周围电磁干扰的影响，当故障信号微弱时难以准确检测，能够反应早期微弱故障的灵敏度不高。该方法需要在电机里放置探测线圈，使用不方便。

（3）相关分析法。当感应电机发生匝间短路故障后，绕组的自感、互感都会发生变化，定子三相电流相位对称关系受到影响，它们之间的相位差将发生改变。因此三相电流之间的相位差可以用于判别定子匝间短路故障。在考虑了由于绕组不对称导致的高次谐波增大的影响后，检测电流电压等参量做相关分析，得到定子匝间短路故障的特征量，并且可以和电机的其他故障区分开。但是，此方法的可靠性容易受到电源波动的影响，判断故障是否存在的阈值也难以确定。

（4）局部放电监测。对高压电机定子侧的放电强度进行准确检测不仅可以提供早期的报警信号，还能提供绝缘的剩余寿命信息。利用电机定子出线端或定子绕组中性点引出线的电流互感器和高频检测仪，或通过射频天线和带通滤波器监测局部放电脉冲，可辨别各种局部放电源，诊断定子绕组故障。局部放电监测主要用于高压大型电机，对于低压电机绝缘的检测，局部放电监测法不是很有效。

（5）负序分量法。定子绕组匝间短路造成电机三相不对称，将在定子电流中产生负序分量。由于负序电流还有可能来自电源不平衡等其他因素，因此利用负序电流检测电机故障，其效果取决于对非理想状况的补偿程度。相对于负序电流来说，负序阻抗对电源不平衡、负载波动等都有一定的不敏感性，检测负序阻抗的变化可对定子故障作出诊断。但负序阻抗定义为负序电压与负序电流之商，在电机对称度较好的情况下，特别是大型感应电机中，负序电流非常小，此时负序阻抗的计算将出现很大的误差，从而影响该方法的灵敏度。由于负序电压对于正序电压是任意相位，因此负序电流和负序阻抗都不能作为匝间短路故障诊断的可靠判据。

（6）Park 矢量法。基于 Park 矢量的感应电机定子故障诊断方法，将三相坐标系下的定子电流信号变换到静止的 $\alpha\beta$ 坐标系下。故障诊断思想为：电机正常时，

Park 矢量在 $\alpha\beta$ 坐标系中的轨迹为一个圆，当电机出现故障时，Park 矢量轨迹将变为一个椭圆，根据 Park 矢量的轨迹来进行故障诊断。但由于电机本身有一定的不对称度，即使正常时 Park 矢量轨迹也只是接近于圆，当故障比较轻微时，椭圆的变换量非常小而难以识别。同时，电源的不对称也会造成 Park 矢量轨迹的改变，增加了该方法诊断故障的难度。鉴于直接通过 Park 矢量圆的形状来判定故障的困难，扩展的 Park 矢量法，对 Park 矢量模进行频谱分析，用 $2f_1$ 频率分量的幅值与直流分量的比值来作为定子匝间短路的故障特征量，其实质就是根据椭圆度的大小来判断匝间短路故障并计算严重程度。但是电源的波动也会造成 Park 量模中 $2f_1$ 频率分量的增长从而容易造成误判，这是此方法的不足之处。

（7）瞬时功率分解法。通过对电机瞬时功率的分解，可以有效地计算出电机固有不对称、温度变化和电机非线性对负序电流的影响，并且排除了供电电源不平衡产生的负序电流，从而得到仅由定子故障引起的负序电流，有较高的准确度。功率分解法中需要用到电机的电抗等参数，若能准确获得电机参数，将大幅提高该方法故障诊断的精度。

（8）坐标变换法。将信号变换到不同的坐标系下，对故障特征的提取可以取得较好的效果。通过逆同步速坐标变换，可将负序电流变为直流量从而能够方便地消除，利用故障在电流正序分量上产生的附加分量作为故障指标，从而避开了负序电流的计算。但该方法对于信号的处理要求较高。

（9）高频信号注入法。向定子绕组中注入一个高频信号，通过检测高频负序电流可对电机定子故障进行在线诊断。所检测的信号频率远离基波频率，该方法可以有效地避免负载的影响。在逆变器供电的感应电机中，高频信号可利用逆变器产生，无须添加额外的装置，因此，该方法在逆变器供电的感应电机故障诊断中比较有优势。

（10）基于模型的参数辨识法。此类方法通常是建立电机故障时的数学模型，将匝间短路故障部分作为需要辨识的参数，通过实际检测得到的值与辨识所得的值相比较而进行故障诊断。这种方法的准确度很大程度上取决于所建的数学模型，由于定子绕组匝间短路故障模型很难精确建立，同时电机的参数也难以准确获得，因此基于模型的参数辨识方法用于电机故障诊断中还需进一步的研究。

（11）人工智能方法。近年来随着人工智能的发展，神经网络、专家系统、模糊逻辑、模式识别，数据融合等人工智能方法在电机故障诊断技术中也得到了相当广泛的应用。人工智能故障诊断方法以大量的历史数据为基础，通过学习训练，建立相应的映射关系，在故障诊断中可以融合多个特征量同时进行在线检测，具有相当高的诊断精度。

此外，以定子电流、电磁转矩、零序电压、极坐标系下电流与电压相位差的波动，电压失配、阻抗矩阵等作为分析对象的感应电机定子故障诊断方法，都得到了一定的应用。但总的来说，现有的电机故障诊断方法仍存在许多不足之处，主要体现在诊断方法的可行性和通用性，早期故障提取的准确度以及故障严重程度的量化等方面。感应电机通常工作环境复杂，电源的不对称、电网频率的波动、负载的变化等因素对故障诊断带来不利的影响；定子绕组故障初期，故障特征比较微弱，在这样复杂的外部条件的影响下，更是难以做到准确诊断。对电机进行在线检测时，其故障的严重程度应该是一个与运行状态无关的量，但实际中由于故障特征受电源或负载变化的影响，同一短路状况往往会诊断出差别较大的故障严重程度，这就给人们对此电机是否需要停机检修的判断带来了不便。

13.4.2　转子断条研究故障诊断

转子断条是电动机的常见故障之一。由于定子电流相对于其他参数受环境等外界影响最小，也因为电流互感器安装方便，因此，长期以来定子电流作为电机各类故障诊断的主要参数。当感应电机发生故障时，定子电流中将引入频率大小为 $f_{br} = (1 \pm 2s) f_s$（s 为转差率，f_s 为电网频率）故障特征分量。对电机定子电流进行傅里叶变换，分析定子电流频谱中有无该特征分量及其幅值大小来判断电机是否存在转子故障及故障严重程度，就是基于定子电流频谱分析的转子断条故障诊断思想。但是，转子故障特征量在故障初期相对于基频分量的幅值很小，且电机稳态运行时转差率 s 一般很小，导致故障特征分量和基频的频率十分接近，由于傅里叶分析时的频谱泄漏的影响，故障特征往往被基频和环境噪声湮没而难以识别，这也成为电动机转子故障诊断长期以来的一大瓶颈。近年来，随着信号分析技术以及各种人工智能算法的飞速发展，为了能够在电动机故障早期及时准确地检测出故障，学者开始以定子电流为研究对象，尝试从不同的角度来解决这一难题，主要包括以下几个方面。

1）基于优于傅里叶频谱分析的其他信号分析方法

如短时傅里叶变换方法、Wigner 分布及 Choi-William 分布等二次型时频分析方法、小波/小波包分解方法、自适应时频分析方法、高阶谱/高阶统计量等。这些新的信号处理技术，对微弱信号的提取有着傅里叶频谱分析无法比拟的效果。例如，由于电动机转差率在启动过程中是连续变化的（$1 \to s \to 0$），因此转子故障特征分量的频率 $(1-2s) f_s$ 在电动机起动过程中也是变化的，利用具有非平稳信号分析能力的小波变换技术对电动机起动过程进行分析，完全避开了基于傅里叶频谱分析时工频分量泄漏的影响，在电动机转子故障诊断技术的发展历程中具有突破性的进展，只是由于其不能够对电动机随时进行检测而使得应用场合有一定的局限性。近年来涌现出的基于断电停机过程的分析，也是基于非平稳信号分析的原理。显然，通过对电动机暂态运行过程的分析方法还可以克服负荷及电网频率波动等影响。

2）工频消去法

如噪声最优抵消法、自适应滤波法、Hilbert 变换法等。此类方法在对定子电流信号进行频谱分析之前首先进行预处理以突出故障特征量，但在通常情况下，现有的滤波手段很难做到工频分量的完全抵消，也就使这类方法的可靠性大大降低。

3）Park 矢量和扩展的 Park 矢量法

为避开工频分量泄漏的影响，将三相静止坐标系中的定子电流信号变换到两相静止 $\alpha\beta 0$ 坐标系中，电机正常时，Park 矢量在 $\alpha\beta 0$ 坐标系中的轨迹为一个圆，当电机出现故障时，Park 矢量轨迹将变为一个椭圆，根据 Park 矢量的轨迹来进行故障诊断。由于在电动机早期故障图形的变化很小，识别难以实现。在此基础上，学者尝试对 Park 矢量模平方函数 $\left|i_\alpha^2 + i_\beta^2\right|$ 进行频谱分析，其实质也是把工频分量转化为直流量，类似于工频消去法，但由于平方算子的作用，使定子电流中各种频率成分相互作用产生新的频率分量，导致矢量模的频谱复杂化，且该矢量模物理意义也不够明确。

4）旋转坐标变换法

将定子电流信号变换到同步速坐标系下，则定子相电流中的基波正序分量转换成了 i_{dc} 与 i_{qc} 中的直流分量，而断条故障特征分量的频率则由 $(1\pm 2s)f_s$ 变为了 $2sf_s$。该方法解决了 Park 矢量模平方函数分析时频谱复杂化的不足，完全能够抵消频谱泄露的影响。但是该方法要求计算出电网频率 f_s 的精确值，这在电网供电品质因数较差时很难实现。

5）人工智能方法

如模糊逻辑、神经网络、模式识别、专家系统、数据融合等，是近年来随着人工智能分析方法的迅速发展而逐渐发展起来的。这些方法的特点是：以大量的历史故障数据为基础，建立相应的输入/输出映射关系，进而实现电机故障的判断及分类。这些方法具有相当高的诊断精度。

6）有限元分析方法

该方法不同于人工智能方法要求事先提供很多历史故障数据进行学习、训练，而是首先建立电动机的一种精确模型，然后用时间一步进耦合有限元空间状态的方法模拟出很多的故障模型中的数据，将实测数据与故障模型下的数据进行比较，从而事先电动机故障的识别。但该类方法受环境的影响，实际上电动机的精确模型很难建立，很容易造成电动机故障的误判。

7）Vienna 监测方法

该方法是一种基于空间向量理论的时域分析方法，它首先对电动机建立正常运行状态各种参数的电流和电压空间矢量参考模型，然后对实际被监测电动机各种参数进行分析计算，通过计算实测数据与参考模型之间的差值来事先电动机故障诊断。该方法在一定程度上还可以克服负荷波动带来的影响，但是其和有限元分析方法一样，受环境等因素的影响很大，精确的电动机模型很难建立。

由此可以看出，定子电流信号易于采集，分析电动机故障之前只需作降噪处理，简单实用。近年来随着信号处理技术以及人工智能的飞速发展，基于定子电流信号的转子断条故障定性分析涌现了很多成熟的方法，在保证电动机可靠运行、降低维修费用上表现除了良好的效果，因此基于定子电流信号分析的方法已广泛用于电动机状态监测与故障诊断领域。

13.5　基于 Petri 网的电动机的离线故障诊断实例

在现场使用中，可以采用传统低压电器实现对电动机较为完善的继电保护。当电动机发生故障后，系统会告知用户发生故障的类型，但用户仍然需要根据专业知识来排除故障。本节运用 Petri 网技术，对专家知识进行表示，可实现对电动机的故障定位，从而实现电动机的离线故障诊断。

13.5.1　离线故障诊断问题

对于中小型电动机，可通过数字化控制与保护开关电器（CPS）实现完备的继电保护，并且通过其通信功能，将电动机的状态（实时参数、故障类型）等上传到上位机中。上位机可对电动机监测、控制，还可以对多台电动机的组态。

该系统能对电动机实现过载、过载和断相等的完整保护，并能实现灵活的控制和监测功能。但是在实际使用中，当电动机发生故障时，继电保护装置断开后，用户需排除电机的故障，然后再重新投入运行。排除电机故障的这一过程，需要大量的专业知识和经验积累，并且要消耗大量的时间。

故障定位诊断的数据输入可以是数字化控制与保护开关电器上传的信息，诊断的数据输出作为电动机故障的类型和位置，连接输入和输出之间的桥梁即为电动机维修和故障诊断的专家知识，这也是实现故障定位的关键。在专家知识表示中，通过比较专家系统、神经网络、Petri 网等方案，专家系统的搜索与推理存在收敛困难的可能性、神经网络需要充分的先验数据，而 Petri 网的使用则相对简单，因此可以选用 Petri 网来进行专家知识表示。

13.5.2　Petri 网

Petri 网是 1962 年由德国的 Petri 在他的博士论文中提出的，作为一种数学和图形的描述分析工具，具有直观、形象等优点，又具有许多优良的数学性质，可以较好地描述复杂系统中常见的同步、并发、分布、冲突、资源共享等现象，已被广泛用于分布式系统、信息系统、离散事件系统和柔性制造系统等领域。在人工智能领域，利用 Petri 网图形特性来描述对象之间的输入输出关系，能更直观地反映系统的特性同时提高处理效率。将 Petri 网用于产生式规则的知识表示和知识推理是目前的一个研究方向。人们还在探索 Petri 网的扩展研究，如模糊 Petri 网等，也取得了一定效果。因此本节采用 Petri 网来表述电机故障与征兆之间的关系。

Petri 网是一种可以用图形表示的组合模型，同时是严格定义的数学对象，它以描述系统中各元件之间的关系为基础，用网络来表示系统中同时发生、次序发生或循环发生的各种活动，结合数学工具即可用于分析静态的结构又可用于动态的行为分析。

定义 13.1　三元组 $N=(P, T; F)$称为有向网的充分必要条件是

$$P \bigcap T = \varnothing$$
$$P \bigcup T \neq \varnothing$$
$$F \subseteq P \times T \bigcup T \times P$$

其中，“×”为笛卡儿积

$$\text{dom}(F) \bigcup \text{cod}(F) = T \bigcup T$$

其中

$$\begin{aligned} \text{dom}(F) &= \{x \mid \exists y : (x, y) \in F\} \\ \text{cod}(F) &= \{y \mid \exists x : (x, y) \in F\} \end{aligned} \tag{13.11}$$

其中，P 为 N 的库所集，T 为变迁集，F 为流关系，$X = P \bigcup T$ 为 N 的元素集，P 的元素称为库所，T 中的元素称为变迁，$\varnothing$ 表示空集，“×”是两集合的笛卡儿乘积运算，F 为库所节点与变迁节点之间的有向弧集合，dom(F) 是 F 所含有序偶的第一个元素组成的集合，cod(F) 是第二个元素的集合。Petri 网用图形来表示时库所由圆圈“○”表示，变迁用矩形或直线段“|”表示，库所与变迁之间的流关系用一段有向弧来表示。如果有向弧是从库所到变迁，则称此库所是输入库所，变迁是库所的输出变迁；反之，如果有向弧是从变迁到库所，则称此库所是变迁的输出库所，变迁是库所的输入变迁。

若 $N=(P, T; F)$，其中库所集 $P=\{P_1, P_2, P_3, P_4, P_5\}$，变迁集 $T=\{t_1, t_2, t_3, t_4, t_5\}$，流关系 $F=\{(P_1, t_1)$，(t_2, P_2)，(t_1, P_3)，(P_2, t_2)，(P_3, t_3)，(t_2, P_4)，$(t_3, P_5)\}$，则该 Petri 网的图形如图 13.2 所示。

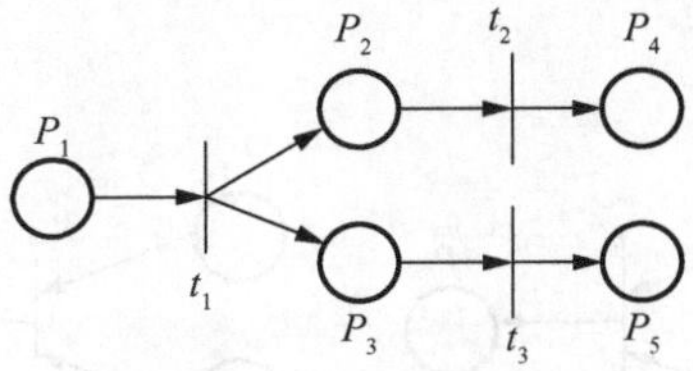

图 13.2　Petri 网的图形

定义 13.2　标识是一个 m 维数组（m 为库所个数），它的一个元素对应一个库所，库所中的托肯数取值为非负整数，标识代表系统的状态。在 Petri 网中如果

一个库所 P 的标记为一个非负整数 k，则在库所 P 中置以 k 个小黑点，并称这些小黑点为托肯，称库所 P 有 k 个托肯。

定义 13.3　若三元组 N 是一个有向网，则其满足：若 K 为从 P 到 $\mathrm{IN}\cup\{\infty\}$ 的映射，$K:P\rightarrow \mathrm{IN}\cup\{\infty\}$，其中 $\mathrm{IN}=\{1,2,3,\cdots\}$，则称 K 为 N 上的一个容量函数，$K(P)=\infty$，表示 P 的容量是无穷的。

若 K 是 N 上的容量函数，M：$P\rightarrow\mathrm{IN}$ 称为 N 的一个标识的充分必要条件是

$$\forall P_i \in P: M(P) \leqslant K(P)$$

映射 W：$F\rightarrow\mathrm{IN}$ 成为 N 的权函数，W 用弧 $W(X,Y)$表示。

容量 $K(P)$表示某个库所允许储存托肯的数量，$K(P)$的值可标在代表该库所的圆圈旁，有限容量是用大于零的整数表示，不标明时，表示库所无限大，标识 $M(P)$ 是库所 P 中的托肯数，用黑点表示，权 $W(X,Y)$的值写在表示(x,y)的弧上，它表示从 $X\rightarrow Y$ 托肯的转移量，凡弧上不注明的都假定其值是 1。

定义 13.4　设六元组$(P,T;F,K,W,M)$满足以下条件：$N=(P,T;F)$构成有向网，称为基网；K、W、M 依次是 N 上的容量函数、权函数和标识函数。M_0 称为网的初始标识。

上述定义的网络系统实际上是系统的静态结构。系统的动态行为通过托肯变化反映，而托肯变化是由变迁的触发（也称点火）来实现的。为研究系统的动态行为，还需要给出变迁变化的条件和规律，这些规律是：

（1）如果一个变迁的每一个输入库所都存在托肯，则该变迁是使能的（enable）；

（2）只有使能变迁能触发；

（3）一个使能变迁的触发是从它的每个输入库所取走一个托肯（token），放入它的输出库所中。

在逻辑推理中，有两种基本的逻辑关系：与逻辑、或逻辑。在 Petri 网描述中，两种逻辑关系的表示分别如图 13.3 和图 13.4 所示。

与逻辑即库所 P_1、P_2 同时存在一个托肯，变迁 t 被触发，P 存在一个托肯。

或逻辑即库所 P_1、P_2 只要有一个库所存在托肯，变迁 t 被触发，P 存在一个托肯。

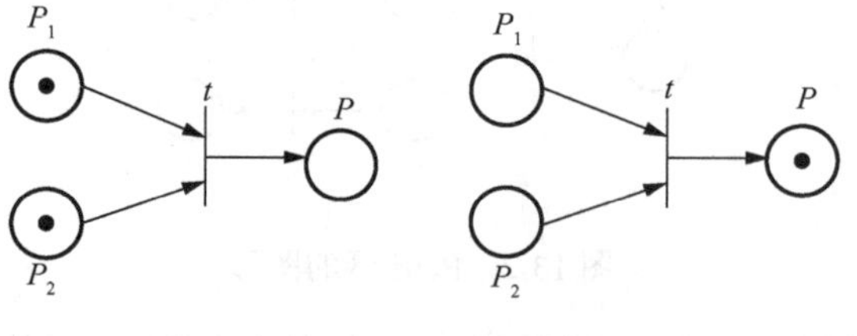

图 13.3　与逻辑变迁前后示意图

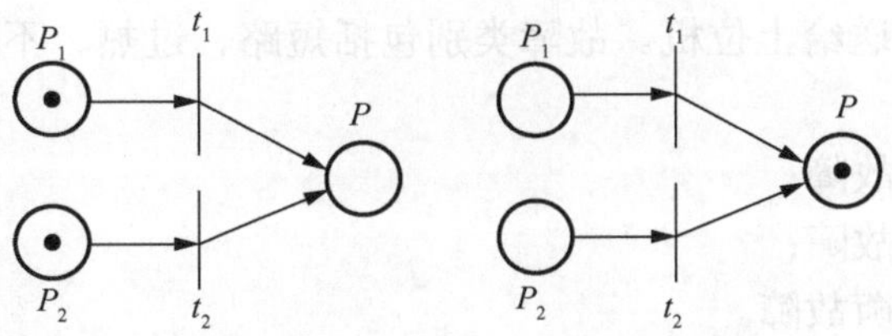

图 13.4　或逻辑变迁前后示意图

同时，Petri 网可以模拟下述几种概念：顺序、冲突、优先、抑制（图 13.5）。

顺序：图中，变迁 t_2 的触发只能在 t_1 触发后完成，因此 t_1 与 t_2 的触发存在一个先后顺序约束关系，电力系统中继电保护装置的动作时序就是顺序关系。

冲突：图中，三个变迁 t_1、t_2、t_3 具有相同的输入库所，当其中一个变迁后，另两个变迁就不再是使能的，究竟哪个变迁被触发，可以对这些冲突的变迁赋予一定的概率或者制定优先规则。

并发：图中，三个变迁 t_1、t_2、t_3 是并发的，也就是说它们的发送可在同一时刻发生，并发的变迁不能有共同的输入库所。

优先与抑制：优先也是实际中经常碰到的情况，两个以上的变迁有共同的输入库所，其中某个变迁有优先发送权，则其他变迁被抑制。图中，P_2 称为 t_2 的抑制库所，t_1 被发送的条件除了其所有输入库所的标记都必须大于或等于其输入弧的权外，其抑制库所 p_2 的标记必须为 0，则 t_2 的触发被抑制，所以 t_1 自然优先于 t_2 变迁。

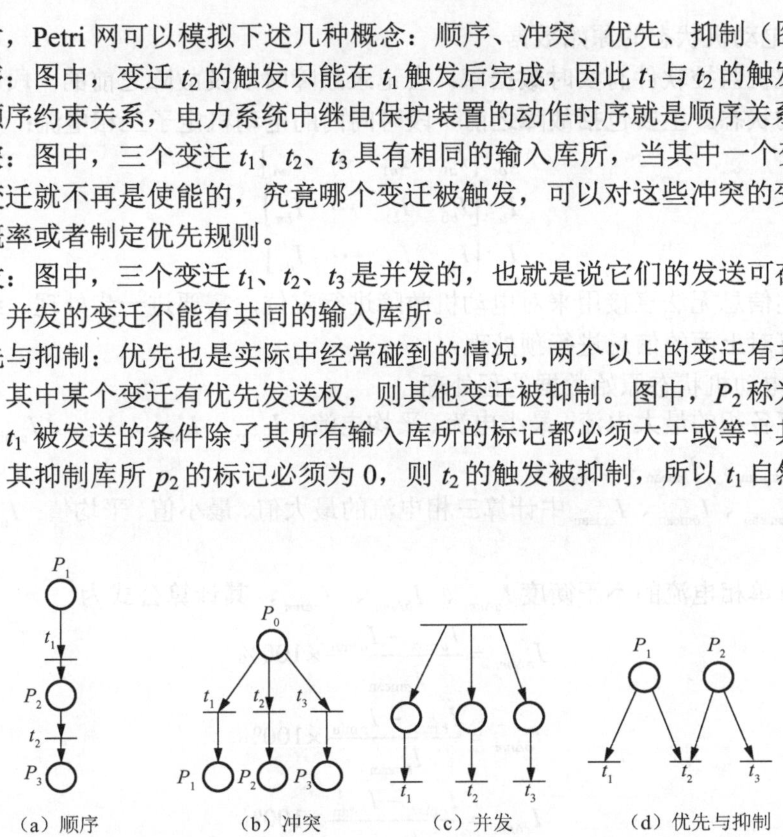

图 13.5　顺序、冲突、并发、优先、抑制示意图

13.5.3　系统的输入信息

电动机故障发生，继电保护动作后，通过数字化控制与保护开关电器提供的信息有故障类别、故障时的电动机部分状态信息。但只有这两类信息，还很难对电动机的故障进行定位，还需要用户输入一些信息。

1. 故障类别

当电动机发生故障，继电保护动作后，数字化控制与保护开关通过端口将检测到的故障类别发送给上位机。故障类别包括短路、过热、不平衡断相。从而得到以下三个库所：

（1）P_1：短路故障；

（2）P_2：过热故障；

（3）P_3：不平衡故障。

2. 故障时电动机的状态

1）电动机状态的原始数据

上位机监控软件有实时数据库，会记录故障时以及故障之前的一段时间内的电动机的状态。主要包括故障之前一段时间内的电动机定子三相电流：

$$\begin{aligned} I_a &: [I_{a0} \quad I_{a1} \quad \cdots \quad I_{an}] \\ I_b &: [I_{b0} \quad I_{b1} \quad \cdots \quad I_{bn}] \\ I_c &: [I_{c0} \quad I_{c1} \quad \cdots \quad I_{cn}] \end{aligned} \tag{13.12}$$

上述信息无法直接用来对电动机故障进行定位，需要进一步处理。结合专家知识，可对上面的信息进行预处理。

2）电动机状态原始数据的预处理

计算各相的最大电流、最小电流、平均电流：$I_{a\max}$、$I_{b\max}$、$I_{c\max}$、$I_{a\min}$、$I_{b\min}$、$I_{c\min}$、$I_{a\text{mean}}$、$I_{b\text{mean}}$、$I_{c\text{mean}}$。

在$I_{a\text{mean}}$、$I_{b\text{mean}}$、$I_{c\text{mean}}$中计算三相电流的最大值、最小值、平均值：$I_{\max}$、$I_{\min}$、I_{mean}。

计算单相电流的不平衡度$I_{a\Delta nm}$、$I_{b\Delta nm}$、$I_{c\Delta nm}$，其计算公式为

$$I_{a\Delta nm} = \frac{I_{a\max} - I_{a\min}}{I_{a\text{mean}}} \times 100\% \tag{13.13}$$

$$I_{b\Delta nm} = \frac{I_{b\max} - I_{b\min}}{I_{b\text{mean}}} \times 100\% \tag{13.14}$$

$$I_{c\Delta nm} = \frac{I_{c\max} - I_{c\min}}{I_{c\text{mean}}} \times 100\% \tag{13.15}$$

在$I_{a\Delta nm}$、$I_{b\Delta nm}$、$I_{c\Delta nm}$中计算单相电流不平衡度的最大值$I_{\Delta nm\max}$和三相电流的不平衡度$I_{\Delta nm}$。

3）电动机状态的系统输入信息

根据预处理的数据，判断以下事件是否为真，并作为故障定位的库所。

P_4：最大电流大于 10 倍的电动机额定电流。其判断条件为$I_{\max} > 10I_e$。

P_5：最大电流大于 5 倍的电动机额定电流，小于 10 倍的电动机额定电流。其判断条件为$5I_e < I_{\max} < 10I_e$。

P_6：最大电流大于 1.2 倍的电动机额定电流，小于 5 倍的电动机额定电流。

其判断条件为$1.2I_e < I_{\max} < 5I_e$。

P_7：三相电流不平衡。其判断条件为$I_{\Delta nm} > 50\%$。

P_8：单相电流不平衡。其判断条件为$I_{\Delta nm\max} > 20\%$。

3. 用户输入信息

通过信息电器上传的电动机外在故障类别以及电动机继电保护动作之前的状态，还不足以对电动机进行精确定位。此时需要用户补充输入故障时电动机的状态。

根据故障定位的需要，同时考虑到现场用户不一定具备专业的测试工具，还需要求用户输入凭感官能够判断的信息。共有两个库所。

P_9：电动机振动过大。输入方法：在故障定位时，由用户通过对话框选择。

P_{10}：电动机噪声过大。输入方法：在故障定位时，由用户通过对话框选择。

13.5.4　专家知识的概括

电动机的故障与其表现模式之间的关系相当复杂，它们之间并非一一对应，即一种故障可能有多重模式，同时一种模式可能会由多重故障产生。故障诊断必须研究电动机故障的状态特征与故障机理。故障识别与分类必须有大量经验积累，用计算机语言进行形式化表述后，才有较高的可行性。同时，故障识别必须对诊断对象的性能、结构、各种参数进行非常深入的研究。

为了能够对电动机的外在故障进行准确定位，本节将专家知识进行概括归纳，并用 Petri 网的语言进行表达。

1. 电动机外在故障产生的原因

电机断相、过热以及短路故障发生的原因与机理如下：

（1）电源线断线；

（2）数字化控制与保护开关电器到电动机的接线松动；

（3）工艺原因（过负荷）；

（4）断相运转；

（5）三相电压不对称；

（6）电压偏低或偏低；

（7）电动机的机械故障；

（8）转子卡住；

（9）定子、转子绕组接地或短路；

（10）开关电器到电动机之间的连线有短路。

2. 电动机常见的故障类型与征兆

电动机常见的故障与模式总结如表 13.1 所示。

表 13.1　电动机常见故障与模式

电动机部位	故障	故障机理	故障模式
定子绕组	匝间短路	端部固定不好 机械碰撞使绕组变形 绕组振动 制造缺陷	三相电流不对称 电动机振动 有短路匝的线圈温度高 电流表指针出现摆动
转子本身	不平衡	匝间短路或断条 转子零部件脱落 转子绕组或端环移位	振动 噪声
	与定子相擦	偏心产生单边磁拉力 轴承磨损	振动、温升增加 电流摆动
转子绕组	匝间短路	绝缘损伤 过热 污垢积存	电流摆动 三相阻抗不平衡 振动、绝缘热分解
	断条、开焊	设计、制造缺陷 焊接不良，长期过载 起动次数频繁	电流摆动，起动困难 振动、转差增加 换向 火花加大

3. 电动机常见异常现象分析

1）电动机温升过高（机理分析见表 13.2）

表 13.2　电动机温升过高的机理

序号	原因类别	故障原因
1	电源质量	电源电压过低
2		电网三相电压不对称
3		电网频率低
4	电动机运行故障	一相绕组断电
5		绕组短路
6		绕组接地
7		定转子相擦
8	负载状况不正常	被拖机械有故障
9		负载工作不正常
10		电动机过载运行

2）异步电动机三相电流不平衡

异步电动机三相电流不平衡的原因及查找方法见表 13.3。

表 13.3　异步电动机三相电流不平衡的原因及查找方法

序号	原因	故障原因
1	三相电压不平衡	测量三相电压
2	匝间短路	观察绕组外部有无烧焦的地方或绝缘烧焦气味
3	绕组短路	测量三相电阻
4	定子绕组部分线圈接反	低压直流测试
5	三相匝数不相等	首、尾串联，测量分段压降

4. 异步电动机常见故障诊断及处理方法

异步电动机常见故障诊断及处理方法见表 13.4。

表 13.4 异步电动机的常见故障及诊断

故障	原因	检查诊断
电动机有嗡嗡声，但转子不动或加速度小	（1）电源电压太低； （2）定子绕组或外部电路中有一相断线； （3）绕线型电机转子及其外部线路断线，接触不良或脱焊； （4）笼型转子绕组断条、或脱焊； （5）启动器拉接线错误，定子绕组接线错误，或极性错误 （6）机械负载过大或机构卡住； （7）轴承损坏、定子、转子相碰	（1）如采用降压起动可适当提高启动电压； （2）逐段检查，用万用表检查电路通断，用钳形电流表检验有无电流； （3）用兆欧表检查； （4）电动机接至较低电压（额定电压的 15%～30%）的三相交流电，用手转动转子，如有断条或脱焊，随转子位置不同定子电流波动； （5）核对接线图和铭牌，检查启动器、绕组连接及绕组始末端、极性，并加以矫正； （6）检查机械负载或将电动机与负载分开，试转； （7）更换轴承
电动机启动时熔丝即熔断	（1）单相启动； （2）定、转子绕组接地或短路； （3）开关到电动机之间的连线有短路； （4）电机负载过大或机构卡住； （5）绕线型电机启动电阻太小或短路； （6）熔丝截面积过小	（1）检查开关、熔断器、电机引出线； （2）打开电动机，有否烟味焦味，用兆欧表检查故障； （3）检查电动机短路点和导线的绝缘性能； （4）将负载调至额定值，排除拖动机构故障； （5）增加启动电阻，消除短路故障； （6）重新选择熔丝
电动机启动时电流大且三相电流不平衡	（1）定子三相绕组的 6 根引出线中有一相始末端接反； （2）三相电源电压不平衡； （3）定子绕组有匝间短路； （4）重绕定子绕组后，部分线圈匝数有错误； （5）部分线圈接线错误	（1）先用兆欧表确定同相的线头再确定极性； （2）测三相电压； （3）用双臂电桥测各项绕组的直流电阻； （4）严重时，测出匝数有错的线圈并更换； （5）校正接线
电动机全部过热或局部过热	（1）电动机过载； （2）电源电压过高或过低； （3）定子铁心部分硅钢片间的绝缘不良或有毛刺； （4）定子、转子在运行中摩擦（扫膛）； （5）电动机通风不良； （6）电机周围环境温度过高； （7）定子绕组有短路或接地故障； （8）重换线圈后的电机接线错误或绕制线圈时匝数错误； （9）运转中三相电动机一相断线； （10）电机受潮或浸漆后烘干不彻底； （11）绕线型转子绕组的焊接点脱焊因而转子过热且转速、转矩也降低，属龙转子断条	（1）用钳形电流表测量定子电流，降低负载； （2）调整电源电压，允许在电动机额定电压的 ±5%范围内波动； （3）需要时可作定子铁损实验； （4）抽出转子检查铁心是否变形，轴是否弯曲，端盖的止口是否过松，轴承是否磨损； （5）检查风扇旋转方向，通风孔道是否堵塞； （6）改善环境通风条件； （7）测线圈直流电阻和绝缘电阻； （8）按正确图纸检查； （9）检查电源回路和电机绕组； （10）彻底烘干； （11）仔细检查各焊点，将脱焊点重焊，检查笼形转子断裂处

续表

故障	原因	检查诊断
电动机有不正常的振动或响声	（1）电动机基座不平，电机安装不良； （2）滑动轴承的电机轴颈与轴承间隙过小或过大； （3）滚动轴承在轴上装配不良或滚动轴承本身有缺陷； （4）电动机转子和轴上所附的皮带轮、飞轮、齿轮等不平衡； （5）转子铁心变形或轴弯曲； （6）定子绕组局部短路或有接地故障，此时三相电流也不均衡； （7）绕线型转子绕组有局部短路故障； （8）定子铁心的硅钢片压得不紧； （9）定子铁心外径与机座内径之间的配合不够紧密； （10）定子槽数与转子槽数配合不适当，在通电运转中有噪声，切断电源后噪声立即消失	（1）检查电机基座及安装情况； （2）检查滑动轴承； （3）检查滚动轴承或更换轴承； （4）应作静平衡或动平衡实验； （5）拆开电机，将转子放在车床上用千分表校正； （6）用电桥或兆欧表检查绕组是否短路或接地； （7）可将转子绕组开路，在定子绕组上加三相额定电压（三相电压应平衡）使转子不动，测量转子绕组的三相开路电压，然后与电机铭牌数值比较； （8）重新压装后用电焊点焊数处； （9）可用电焊点焊数处或在机座外部向定子铁心钻螺孔，加固定螺栓； （10）对电机正常运行无妨
电动机运行时电流表指针来回摆动	（1）绕线型转子电动机一相电刷接触不良； （2）绕线型转子电动机集电环的短路装置接触不良； （3）笼形转子断条或线型转子断路	（1）调正电刷压力，改善电刷与集电环的接触面； （2）修理或更换断路装置； （3）采用开口变压器法或其他方法检查

13.5.5　专家知识的表示

1. 故障定位库所的确定

根据 13.5.4 节中的概括，确定以下几个故障为故障定位库所：

（1）P_{11}：电源进线一相断线；

（2）P_{12}：负载过大；

（3）P_{13}：三相电压不对称；

（4）P_{14}：电源电压偏高或偏低；

（5）P_{15}：电动机转子卡住；

（6）P_{16}：电动机到开关电器之间的连线有短路；

（7）P_{17}：定子绕组匝间短路；

（8）P_{18}：转子匝间短路。

2. 故障后的处理措施

故障后的处理措施如表 13.5 所示。

表 13.5　故障后处理措施

故障	处理措施
P_{11}：电源进线一相断线	用万用表检查电源到开关、开关到电动机的接线，检查接线是否松动
P_{12}：负载过大	减轻负载或更换电动机，改进机械传动机构
P_{13}：三相电压不对称	检查电源电压质量，与供电部门联系解决
P_{14}：电源电压偏高或偏低	检查电源电压质量，与供电部门联系解决
P_{15}：电动机转子卡住	检查传动机构，排除卡住故障
P_{16}：电动机到开关电器之间的连线有短路	检查短路点并进行修复
P_{17}：定子绕组匝间短路	检查绕组极性，找出短路点，改进接线和排除故障
P_{18}：转子断条	检查转子断条或开焊处，并进行修理

3. 专家知识表示

根据前面分析结果，对于电动机故障定位的 Petri 网，将把电动机各故障的外在体现作为输入库所，实际原因即内在故障作为输出库所，变迁表示电动机外在故障表现与内在故障原因之间的逻辑关系。将逻辑关系用数学表达式（13.16）表示，即可得到该 Petri 网的关联矩阵（见图 13.6）。

$$C(P,t)=\begin{cases}-W(P,t), & P\text{是}t\text{的输入库所}\\ W(P,t), & P\text{是}t\text{的输出库所}\\ 0, & \text{其他}\end{cases} \tag{13.16}$$

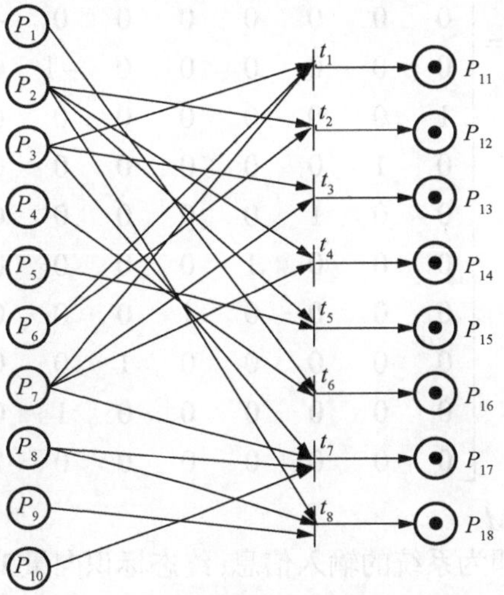

图 13.6　电动机故障定位 Petri 网示意图

13.5.6 基于 Petri 网的离线故障诊断模型

故障定位过程与故障传播的过程相反，它是根据系统的外在故障所表现及提供的各种信息并进行分析处理后寻找到导致该故障发生的内在原因，对故障元件或者故障区域进行定位。

采用代数分析技术对该 Petri 网系统进行分析。代数分析主要以关联矩阵的形式对一个网系统的结构给予刻画，然后建立状态可达的线性系统关系。它的优点在于可以借助线性代数的有关结果，展现 Petri 网的一些性质，尤其是结构性质。Petri 网的结构以及变迁的激活和执行可以用矩阵运算来描述和分析，用于分析 Petri 网的基本矩阵包括关联矩阵 C、网络标识向量 M、变迁的触发序列 U 等。状态方程 $M = M_0 + CU$ 描述 Petri 网络的动态行为过程，反映系统的状态变化。

1）关联矩阵 C

根据图 13.6，该 Petri 网包含 18 个库所，8 个变迁表示外在故障表现与故障定位结果间的逻辑关系。根据式（6.16）得到图 13.6 所示的网络的关联矩阵为

$$C=\begin{bmatrix} 0&0&0&0&0&-1&0&0\\ 0&-1&0&-1&-1&0&0&-1\\ -1&0&-1&0&0&0&-1&0\\ 0&0&0&0&0&-1&0&0\\ 0&0&0&0&-1&0&0&0\\ -1&-1&0&0&0&0&0&0\\ -1&0&-1&-1&0&0&-1&0\\ 0&0&0&0&0&0&-1&-1\\ 0&0&0&0&0&0&0&-1\\ 0&0&0&0&0&0&-1&0\\ 1&0&0&0&0&0&0&0\\ 0&1&0&0&0&0&0&0\\ 0&0&1&0&0&0&0&0\\ 0&0&0&1&0&0&0&0\\ 0&0&0&0&1&0&0&0\\ 0&0&0&0&0&1&0&0\\ 0&0&0&0&0&0&1&0\\ 0&0&0&0&0&0&0&1 \end{bmatrix}$$

2）网络标识向量 M

初始标识向量 M_0 即为系统的输入信息；终态标识向量 M_1 即为网络的输出结果。

3）变迁触发（点火）向量 U

点火向量 U 用于表示满足触发条件的变迁节点 t 的实际点火序列。

只要点火向量 U 中的任意一个元素不为零，表明 Petri 网中存在被触发变迁的条件，Petri 网的状态将发生变化，只有当点火向量 U 中的所有元素的值都为 0 时，

表明 Petri 网中不存在变迁触发条件，Petri 网进入最终的稳定状态。

得到上述三个状态向量后，即可由式 $M = M_0 + CU$ 得到该 Petri 网的状态方程。

13.5.7　离线故障诊断测试

为对故障定位功能进行测试，试验条件下模拟电动机断相和三相电压不平衡故障，检验系统是否能够准确进行故障定位。

故障情况 1：当电动机出现不平衡故障，控制与保护开关电器对数据进行预处理后上传提供最大电流值在 1.2～5 倍额定电流值，电流的三相不平衡度大于 50%。同时，故障定位模块提示用户输入电动机振动与噪声情况。则该故障定位过程如下。

由控制与保护开关电器提供的信息数据及用户输入信息得到该故障的初始标识 M_0 及触发矩阵 U 为

$$M_0 = \left[P_1\ P_2\ P_3\ P_4\ P_5\ P_6\ P_7\ P_8\ P_9\ P_{10}\ P_{11}\ P_{12}\ P_{13}\ P_{14}\ P_{15}\ P_{16}\ P_{17}\ P_{18} \right]^{\mathrm{T}}$$
$$= \left[0\ 0\ 1\ 0\ 0\ 1\ 1\ 0\ 0\ 0\ 0\ 0\ 0\ 0\ 0\ 0\ 0\ 0 \right]^{\mathrm{T}}$$

$$U = [1\quad 0\quad 0\quad 0\quad 0\quad 0\quad 0\quad 0\quad 0\quad 0]^{\mathrm{T}}$$

通过公式 $M_1 = M_0 + CU$ 及由专家系统得出的对该类电机进行故障定位的 Petri 网模型关联矩阵运算得

$$M = M_0 + CU = [0\quad 0\quad 0\quad 0\quad 0\quad 0\quad 0\quad 0\quad 0\quad 0\quad 1\quad 0\quad 0\quad 0\quad 0\quad 0\quad 0\quad 0]^{\mathrm{T}}$$

对照该 Petri 网，该电机的不平衡故障定位是由电源进线其中一相断线引起，符合实际故障情况（见图 13.7）。

故障情况 2：当电动机出现不平衡故障，但控制与保护开关电器对数据进行预处理后当仅发现三相不平衡度大于 50%，同时故障定位模块提示用户输入电动机振动与噪声情况。则该故障定位过程如下。

由控制与保护开关电器提供的信息数据及用户输入信息得到该故障的初始标识 M_0 及触发矩阵 U 为

$$M_0 = \left[P_1\ P_2\ P_3\ P_4\ P_5\ P_6\ P_7\ P_8\ P_9\ P_{10}\ P_{11}\ P_{12}\ P_{13}\ P_{14}\ P_{15}\ P_{16}\ P_{17}\ P_{18} \right]^{\mathrm{T}}$$
$$= \left[0\ 0\ 1\ 0\ 0\ 0\ 1\ 0\ 0\ 0\ 0\ 0\ 0\ 0\ 0\ 0\ 0\ 0 \right]^{\mathrm{T}}$$

$$U = [0\quad 0\quad 1\quad 0\quad 0\quad 0\quad 0\quad 0]^{\mathrm{T}}$$

通过公式 $M_1 = M_0 + CU$ 及由专家系统得出的对该类电机进行故障定位的 Petri 网模型关联矩阵运算得

$$M = M_0 + CU = [0\quad 0\quad 0\quad 0\quad 0\quad 0\quad 0\quad 0\quad 0\quad 0\quad 0\quad 1\quad 0\quad 0\quad 0\quad 0\quad 0\quad 0]^{\mathrm{T}}$$

对照该 Petri 网，该电机的不平衡故障定位是由三相电压不对称引起的，符合实际故障情况（见图 13.8）。

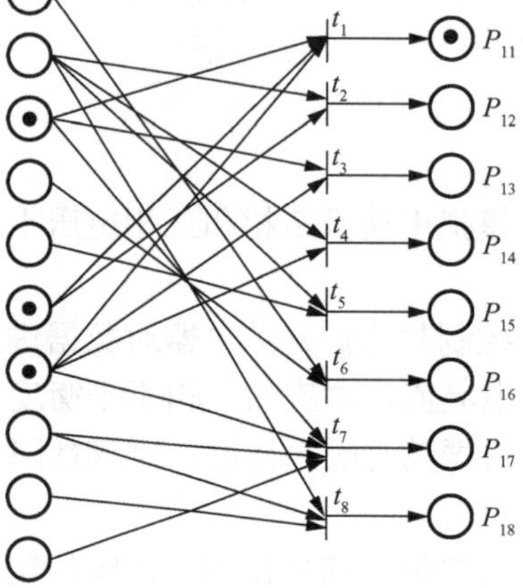

图 13.7　故障情况 1 Petri 网结构图

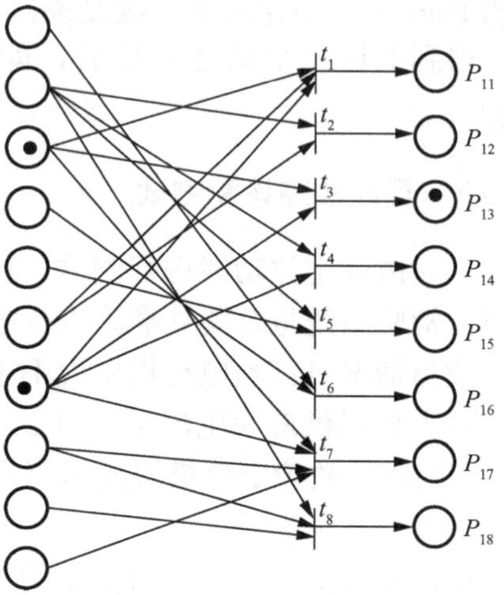

图 13.8　故障情况 2 Petri 网结构图

13.6　基于 FNN 的电动机的在线故障诊断实例

电动机出现匝间短路、转子断条故障后，会在定子电流中出现一些故障模式，采集这些含征兆的信号采用模糊神经网络进行数据处理，即可实现对电动机早期故障的在线检测。

13.6.1　模糊神经网络

1. 模糊逻辑与神经网络的结合

模糊理论已经广泛地应用在控制器、模式识别、辨识和信号处理中。模糊逻辑方法的优点在于它的逻辑性和透明性，使人们很容易将先前已知的有关知识结合到模糊规则中。但是，模糊系统必须包括人为选定的模糊隶属函数的模糊化过程和采用适当方法的模糊规则的推理过程，每一过程对系统的执行性能都有影响，而且模糊系统中模糊规则的前提和结论部分通常都是模糊子集，最后通过求解得到确实对应的结果。由于模糊系统输入/输出关系式是高度非线性的，因此模糊求解有一定的难度，需要通过对众多的调节参数过程，才能得到一个合适的输入/输出关系。另外，人工神经网络的最重要特点就是对网络参数的自适应学习，以及具有的并行处理与泛化能力。这就很自然促使将模糊逻辑和神经网络组合合成一个系统，即称其为模糊神经网络或模糊神经系统。通过神经网络实现的模糊逻辑系统结构具有模糊逻辑推理功能，同时网络的权值具有明确的模糊逻辑意义，从而达到以神经网络及模糊逻辑各自的优点相互弥补的目的。

2. 神经网络与模糊逻辑的结合

模糊逻辑和神经网络之间的互补与关联性，可将两者融合起来构成模糊神经网络（FNN），其实质是对人脑结构和思维的双重模拟，即同时模拟大脑神经网络的拓扑结构和模糊信息处理功能。它充分吸收了模糊逻辑理论和神经网络技术的优点，既能处理专家知识和经验，又能通过自学习增强系统的分类与判断能力：

（1）可以利用神经网络的自学习功能，优化模糊逻辑系统中的模糊规则、隶属函数和模糊决策算法；

（2）可以将神经网络的学习结果转化为模糊逻辑系统规则知识，从而更有利于知识的解释与利用。

模糊逻辑与神经网络可以多种方式结合，基本的方式包括：以模糊算子代替神经网络中神经元的传递函数、采用模糊参数作为神经元的权值，采用模糊变量作为神经网络的输入信号等。本节是采用模糊变量作为神经网络的输入信号这种方式实现两者的结合。

模糊集合理论提供了系统的、以语言表示这类信息的计算工具，通过使用由隶属函数表示的语言变量，可以进行数值计算。不过在模糊推理系统中、合理选择 if-then 规则是模糊推理系统的关键因素。尽管模糊推理系统拥有模糊 if-then 格式的结构化知识表。但是它们缺少对变化的外部环境进行适应的能力。因此，将神经元网络学习的概念引入模糊推理系统，从而产生神经模糊系统，它是神经模糊控制系统中的关键技术。

通过神经网络来实现模糊系统可以用计算机对模糊逻辑进行实时操作。在采用神经网络实现模糊化、模糊推理和解模糊化过程中，为了运算简单，采用乘积求和代替模糊系统中常用的最小最大推理法，且输出变量的隶属函数取单值型。

假定输入为 x_1 和 x_2，模糊标记取高（H）、正（P）、零（Z）、负（N）和低（L）五个，由此可构造一个具有模糊功能的神经网络，即传统的 Madina 模糊系统，模糊神经网络的结构如图 13.9 所示。

由图 13.9 可以看出，它是一个具有输入层、中间层和输出层的网络结构，而输入 x_1 和 x_2 各自被送入一个前向人工神经网络，该网络的激活函数的形状即代表模糊隶属函数的形状，可由设计者确定采用线性或指数型，分别可对应模糊隶属函数的三角形、梯形和高斯型等；输入层神经元的个数代表模糊标记数，也由设计者选定。通过调节输入层网络的权值 ω 和偏差 B，可以达到调节激活函数的宽度及其中心位置的目的。

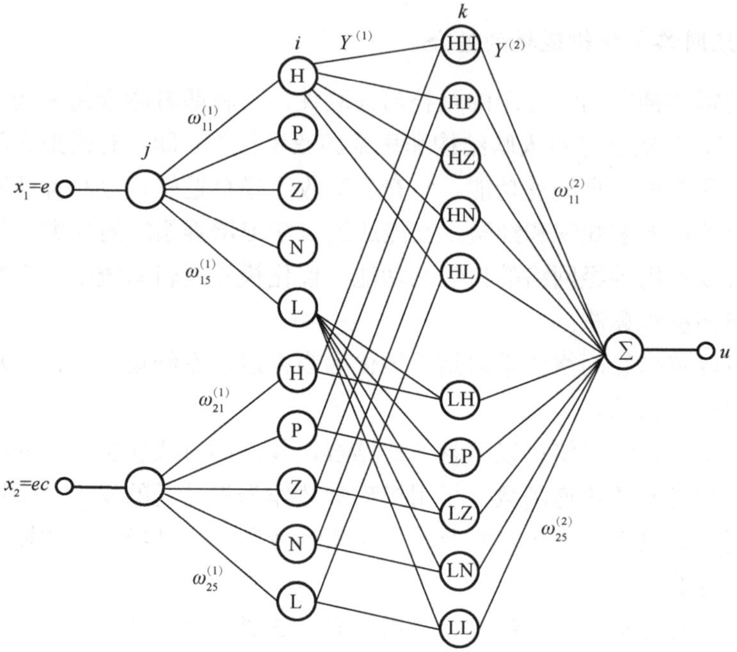

图 13.9　模糊神经网络结构图

由输入层输出的 H、P、Z、N 和 L 分别代表模糊化后的结果，即数值相应的隶属度。中间层执行的是将模糊化得到的隶属度两两相乘的功能。由 x_1 得到的 H 值与 x_2 得到的 H 值相乘获得 HH 值，由 x_1 得到的 H 值与 x_2 得到的 P 值相乘获得 HP 值，以此类推。所以在图 13.9 中所看到的 HH、HP 等节点是简单的乘法单元，功能是计算出相应输入的乘积。最后乘法单元的输出通过 ω_{11} 到 ω_{25} 的权值送到一个求和。

这就实现了乘积求和的模糊推理过程。其结论仍是一个模糊集合，需要对各输出变量进行解模糊处理。

由此，即通过神经网络实现了模糊系统，从而可以通过训练来求得其中的参数，不必依赖专家经验人工事先确定，做到了自动确定系统参数。系统的隶属函数的中心、宽度以及规则等全部参数同时得以自寻优。

该模糊神经网络的实现是通过对网络采用监督式训练来确定输入层权值、偏差以及输出层的权值。由于该网络不是标准的全连接，加上模糊标记一般情况下比较多，因此网络的训练速度通常是相当慢的，对于某些复杂的输入/输出关系，网络训练常常很难收敛到期望的极小值。另外，由于网络中代表模糊标记的神经元数必须由设计者事先确定，它的数目对网络的精度也是有影响的。

3. 模糊神经网络的故障诊断模型

基于模糊神经网络的诊断模型，如图 13.10 所示。

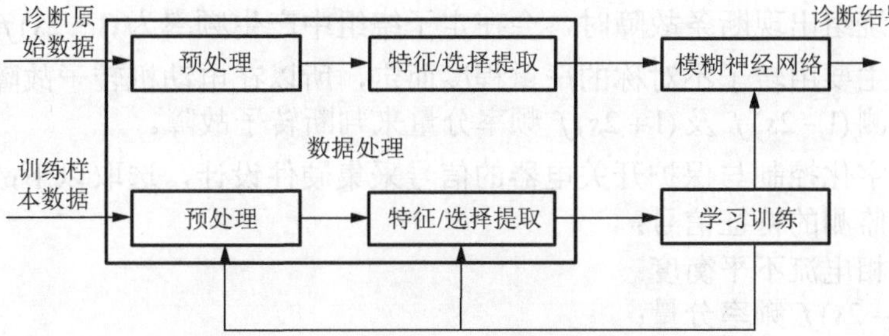

图 13.10　基于 FNN 的故障诊断模型

模糊神经网络作为一种自适应的模式识别技术，并不需要预先给出有关模式的经验知识和判别函数，它通过自身的学习机制自动形成所要求的决策区域。其中，网络的输入节点对应故障模式，输出节点对应故障原因。其工作流程如下：

（1）试验环境下模拟各种故障的发生，形成训练样本数据；

（2）训练样本数据进行预处理，提取故障特征，输入到模糊神经网络，学习训练，并在达到制定的精度阈值后停止；

（3）通过控制电器上传的数据，获得实测参数（诊断原始数据），对数据进行预处理和特征提取；

（4）将特征参数输入到学习熟练后的模糊神经网络中，进行诊断推理，得到诊断结果。

基于模糊神经网络的诊断模型具有以下的特点：

（1）FNN 诊断模型重视了原始知识的产生问题。从某种意义上看，它体现了“正问题”求解与“反问题”求解相结合的诊断策略；同时为丰富原始知识的内容、研究原始知识的产生方法铺平了道路。

（2）FNN 诊断模型考虑了故障诊断中不可逆性问题。它采用模糊方法组织学习样本，从而使诊断模型能以模糊估计的方式给出诊断结果，具有模糊诊断能力。

（3）FNN 诊断模型的 FNN 模块中采用通用的神经网络模型，使得它所概括的常见网络模型（BP 网络、Hopfield 网络等）都能充当 FNN 模块中与模糊逻辑相结合的 ANN 网络。由于 FNN 模块承担了诊断知识的隐式存储和特征数据信息的分类识别的重要角色，它是整个诊断模型的核心，因此 FNN 模型的形式多样，具有较好的诊断效果。

13.6.2　故障特征信号的提取

1. 故障特征信号的选择

当电动机定子绕组发生匝间短路时，定子电流会出现以下征兆：

（1）定子电流三相不平衡；

（2）单相电流会发生波动；

（3）定子三相电流中产生出负序分量；

（4）定子电流 $3f$、$5f$ 频率处会产生谐波分量。

当转子绕组出现断条故障时，会在定子绕组中产生频率为$(1\pm 2s)f$的电流分量，其大小主要由转子不对称的严重程度而定，所以在电动机转子故障的检测中主要还是检测$(1-2s)f$及$(1+2s)f$频率分量来判断转子故障。

结合数字化控制与保护开关电器的信号采集硬件设计，选取以下故障模式作为在线故障监测的特征信号：

（1）三相电流不平衡度；

（2）$(1-2s)f$频率分量；

（3）$(3-2s)f$频率分量；

（4）$(5-4s)f$频率分量。

2. 故障特征信号的采集

电动机定子电流信号由数字化控制与保护开关电器的数字化控制器进行采集。单片机的A/D转换模块采集到电动机定子电流信号的时域离散值。然后通过单片机的软件算法得到三相定子电流的有效值和特征频率分量。

1）傅里叶变换

要将离散的时域信号转换成离散的频域信号通常采用离散傅里叶变换。而快速傅里叶变换（FFT）是一种快速有效的方法，下面主要介绍本书使用的按时间抽取基-4FFT算法。

设$x(n)$是一个长度为N的有限长序列，则定义$x(n)$的N点离散傅里叶变换为

$$X(k)=\mathrm{DFT}[x(n)]=\sum_{n=0}^{N-1}x(n)W_N^{kn},\quad k=0,1,\cdots,N-1 \tag{13.17}$$

采用FFT算法，要求$N=4l$（l为正整数）。输入序列$x(n)$分解为如下4个子序列：

$$x_m(i)=x(4i+m) \tag{13.18}$$

子序列$x_m(i)$均为$N/4$点序列，设它们的$N/4$点DFT为$X_m(r)$，则FFT时分蝶式运算公式如下：

$$X(k)=\sum_{m=0}^{3}W_N^{mk}X_m(k)=X_0(k)+W_N^{k}X_1(k)+W_N^{2k}X_2(k)+W_N^{3k}X_3(k) \tag{13.19}$$

$$k=0,1,2,\cdots,N-1$$

式中，$X_0(k)$、$X_1(k)$、$X_2(k)$、$X_3(k)$均为$N/4$点的DFT。

由四个$N/4$点的DFT合成N点的DFT，要利用$N/4$点的DFT的周期性，即

$$\begin{cases}X_0(k)=X_0(k+N/4)=X_0(k+N/2)=X_0(k+3N/4)\\X_1(k)=X_1(k+N/4)=X_1(k+N/2)=X_1(k+3N/4)\\X_2(k)=X_2(k+N/4)=X_2(k+N/2)=X_2(k+3N/4)\\X_3(k)=X_3(k+N/4)=X_3(k+N/2)=X_3(k+3N/4)\end{cases} \tag{13.20}$$

这样，N点DFT为

$$\begin{cases} X(k) = X_0(k) + W_N^k X_1(k) + W_N^{2k} X_2(k) + W_N^{3k} X_3(k) \\ X(k+N/4) = X_0(k) + W_N^{\left(k+\frac{N}{4}\right)} X_1(k) + W_N^{2\left(k+\frac{N}{4}\right)} X_2(k) + W_N^{3\left(k+\frac{N}{4}\right)} X_3(k) \\ X(k+N/2) = X_0(k) + W_N^{\left(k+\frac{N}{2}\right)} X_1(k) + W_N^{2\left(k+\frac{N}{2}\right)} X_2(k) + W_N^{3\left(k+\frac{N}{2}\right)} X_3(k) \\ X(k+3N/4) = X_0(k) + W_N^{\left(k+\frac{3N}{4}\right)} X_1(k) + W_N^{2\left(k+\frac{3N}{4}\right)} X_2(k) + W_N^{3\left(k+\frac{3N}{4}\right)} X_3(k) \end{cases} \tag{13.21}$$

注意到式（13.21）的旋转因子是规律性的：

$$W_N^{N/4} = -j, \quad W_N^{2N/4} = -1, \quad W_N^{3N/4} = j, \quad W_N^{4N/4} = 1 \tag{13.22}$$

$\pm j$、± 1 都不必做乘法运算，如：

$$W_N^{2\left(k+\frac{3N}{4}\right)} = W_N^{2k} W_N^{2\frac{3N}{4}} = W_N^{2k} W_N^{\frac{N}{2}} = -W_N^{2k} \tag{13.23}$$

所以，利用旋转因子的规律，式（13.21）可以化简为

$$\begin{cases} X(k) = X_0(k) + W_N^k X_1(k) + W_N^{2k} X_2(k) + W_N^{3k} X_3(k) \\ X(k+N/4) = X_0(k) - jW_N^k X_1(k) - W_N^{2k} X_2(k) + W_N^{3k} X_3(k) \\ X(k+N/2) = X_0(k) - W_N^k X_1(k) + W_N^{2k} X_2(k) - W_N^{3k} X_3(k) \\ X(k+3N/4) = X_0(k) + jW_N^k X_1(k) - W_N^{2k} X_2(k) - jW_N^{3k} X_3(k) \end{cases} \tag{13.24}$$

从图 13.11 可以看出，依次进行基-4 的蝶形运算共需要 3 次复数乘法和 8 次复数加法运算。

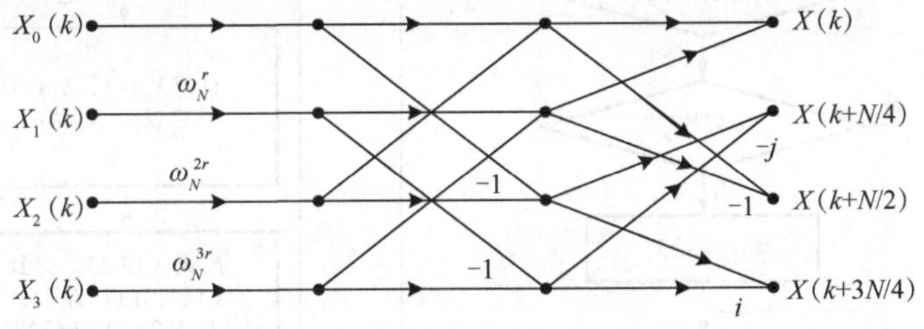

图 13.11　基-4 基本蝶形运算图

2）特征频率采集算法

数据采集与处理的主要功能是采集电流的瞬时值，根据一定数量的瞬时值计算出电流的有效值，并对电流信号进行快速傅里叶变换提取特定频率的幅值。

对于一个周期（20ms）内采集点数 N 的选取，本设计综合采集精度和采集速度两方面因素，将采集频率定为 3kHz，即 N 为 60 个点。

首先设定好定时中断，每 333μs 进入一次中断程序，在一次中断程序内完成一相定子电流的采集，存为一个 60 个元素的数组，中断程序结束。然后进行有效值计算和傅里叶变换。

其中，电流有效值算法采用牛顿迭代法，公式为

$$X_{k+1} = \frac{1}{2}\left(X_k + \frac{a}{X_k}\right) \tag{13.25}$$

计算有效值结束后，对电流信号进行 64 点的时间抽取基-4FFT 变换后，得到其离散频谱，然后根据用户输入的 s 值，得到 $(1-2s)f$ 、$(3-2s)f$ 、$(5-4s)f$ 三个频点上的幅值。

有效值计算与 FFT 变换的程序流程图如图 13.12 所示。考虑到单片机的运算速度，对于 FFT，只对 A 相进行 FFT，B、C 两相不进行 FFT。

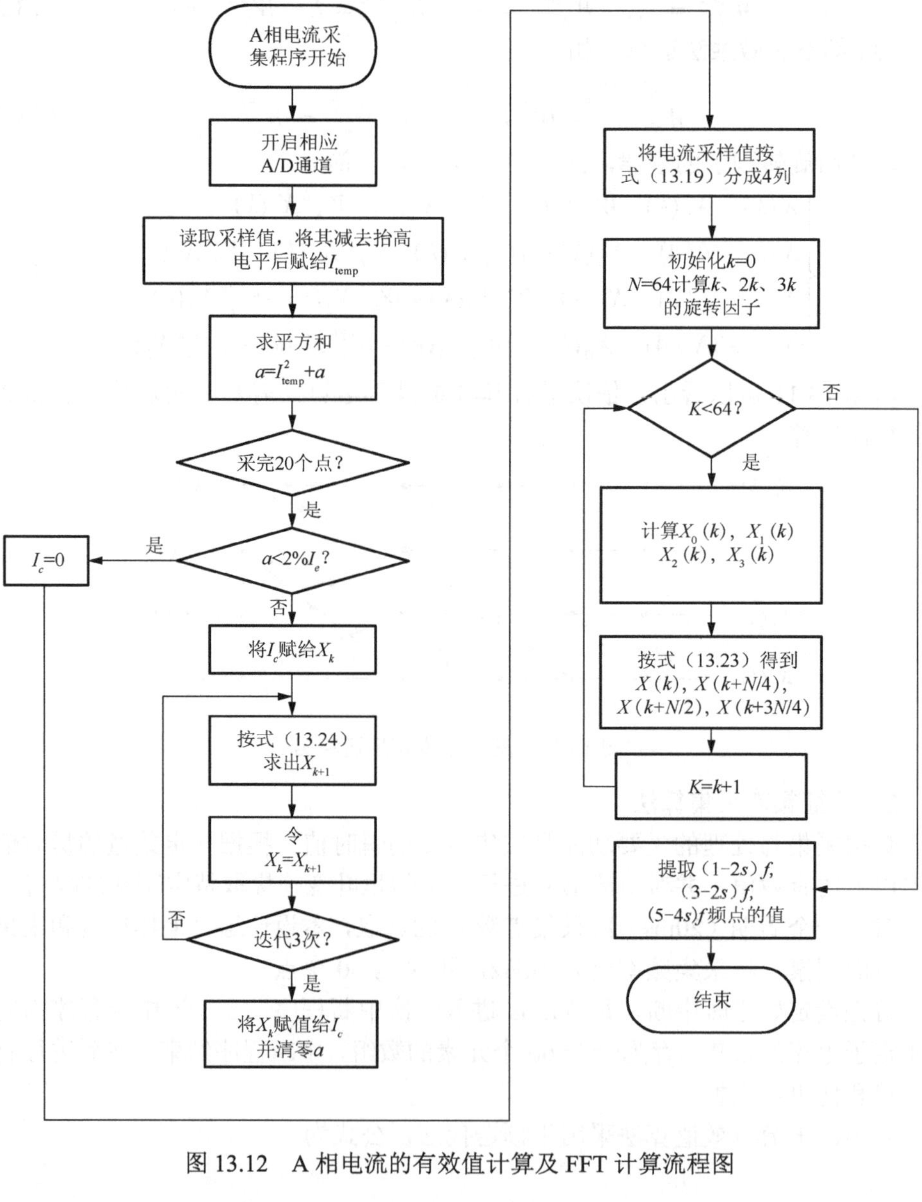

图 13.12　A 相电流的有效值计算及 FFT 计算流程图

采集到三相电流后，可方便根据下式计算不平衡度$I_{\Delta nm}$。

三相不平衡度$I_{\Delta nm}$的计算公式为

$$I_{\Delta nm}=\begin{cases} I_{\Delta nm}=\dfrac{I_{\max}-I_{\min}}{I_{\text{mean}}}\times 100\%, & I_{\text{mean}}>I_e \\ I_{\Delta nm}=\dfrac{I_{\max}-I_{\min}}{I_e}\times 100\%, & I_{\text{mean}}<I_e \end{cases} \tag{13.26}$$

式中，$I_{\max}$为三相电流中的最大电流；$I_{\min}$为三相电流中的最小电流；I_{mean}为三相电流平均电流；I_e为电动机的额定电流。

13.6.3 试验系统及样本的选取

本节对一台 1.1kW 的小型鼠笼式三相感应式电动机进行试验，电机三相绕组采用星形接法，获得试验样本数据。匝间短路故障的原理图如图 13.13 所示。

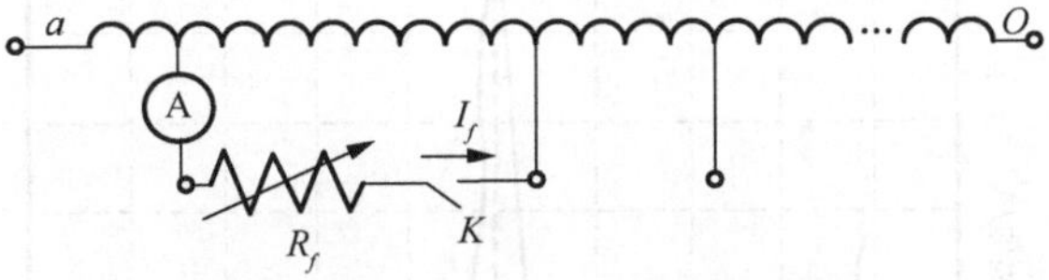

图 13.13　匝间短路故障的原理图

通过示波器采集的各种故障下的试验波形如图 13.14～图 13.16 所示。

通过反复试验，得到以下原始数据，见表 13.6。

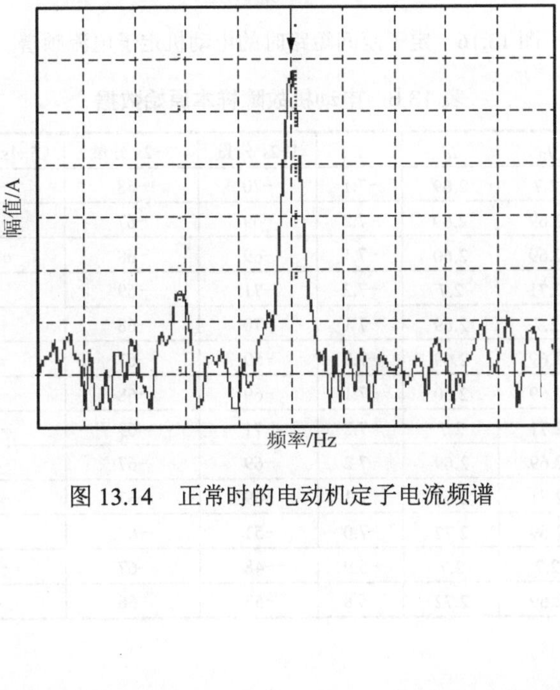

图 13.14　正常时的电动机定子电流频谱

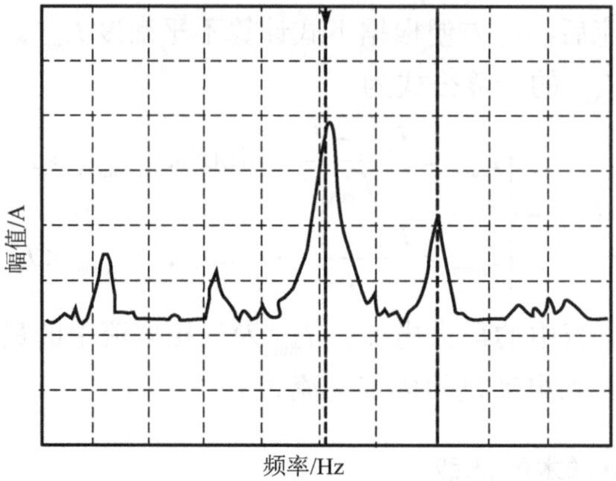

图 13.15　转子断条时的电动机定子电流频谱

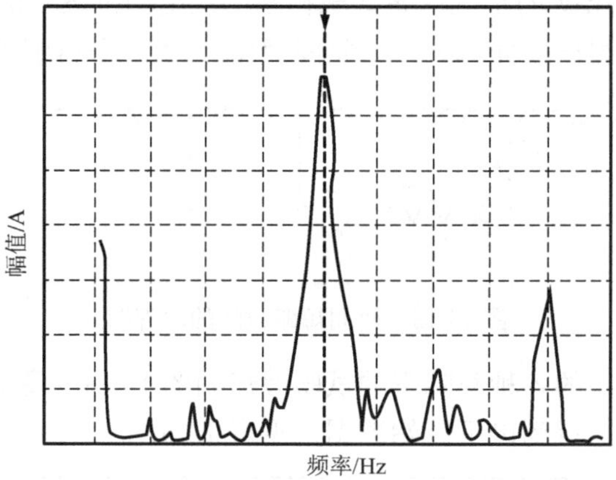

图 13.16　定子匝间短路时的电动机定子电流频谱

表 13.6　电动机故障样本原始数据

序号	I_A	I_B	I_C	f	1-2s 分量	3-2s 分量	(5-4s)f 分量	电机状态
1	2.68	2.7	2.69	-7.1	-70	-68	-65	正常
2	2.69	2.69	2.69	-7.2	-69	-67	-64	正常
3	2.68	2.69	2.60	-7.1	-69	-68	-65	正常
4	2.69	2.71	2.7	-7.2	-71	-69	-66	正常
5	2.68	2.7	2.69	-7.1	-70	-68	-65	正常
6	2.69	2.69	2.69	-7.2	-69	-67	-64	正常
7	2.68	2.69	2.60	-7.1	-69	-68	-65	正常
8	2.69	2.71	2.7	-7.2	-71	-69	-66	正常
9	2.69	2.69	2.69	-7.2	-69	-67	-64	正常
10	2.7	2.71	2.69	-7.1	-69	-67	-63	正常
11	2.68	2.69	2.72	-7.0	-51	-67	-64	转子断条
12	2.7	2.7	2.7	-6.9	-48	-67	-63	转子断条
13	2.68	2.69	2.72	-6.8	-53	-66	-63	转子断条

续表

序号	I_A	I_B	I_C	f	1-2s 分量	3-2s 分量	(5-4s)f 分量	电机状态
14	2.68	2.69	2.60	−7	−52	−68	−64	转子断条
15	2.69	2.71	2.7	−6.9	−49	−67	−63	转子断条
16	2.7	2.71	2.69	−6.9	−54	−66	−63	转子断条
17	2.68	2.69	2.60	−6.8	−52	−67	−64	转子断条
18	2.68	2.69	2.72	−6.9	−53	−67	−66	转子断条
19	2.7	2.7	2.7	−6.8	−52	−66	−63	转子断条
20	2.68	2.69	2.72	−7	−51	−68	−64	转子断条
21	2.68	2.69	2.60	−7.0	−48	−67	−63	转子断条
22	2.68	2.69	2.72	−6.9	−53	−66	−63	转子断条
23	2.68	2.69	2.60	−6.8	−52	−67	−63	转子断条
24	2.7	2.7	2.7	−6.8	−52	−66	−63	转子断条
25	2.69	2.71	2.7	−6.9	−49	−67	−63	转子断条
26	3.6	2.6	2.4	−6.7	−69	−62	−59	匝间短路
27	3.8	2.5	2.3	−6.6	−69	−61	−58	匝间短路
28	4	2.3	2.3	−6.7	−69	−63	−57	匝间短路
29	3.5	2.4	2.4	−6.5	−71	−62	−59	匝间短路
30	3.3	2.3	2.3	−6.4	−69	−61	−58	匝间短路
31	3.2	2.4	2.4	−6.7	−69	−61	−56	匝间短路
32	3.1	2.5	2.5	−6.7	−71	−63	−55	匝间短路
33	3.4	2.3	2.4	−6.5	−69	−62	−56	匝间短路
34	3.5	2.6	2.6	−6.4	−69	−61	−57	匝间短路
35	3.5	2.4	2.4	−6.5	−71	−62	−59	匝间短路
36	3.3	2.3	2.3	−6.4	−69	−61	−58	匝间短路
37	3.6	2.3	2.7	−6.7	−71	−62	−56	匝间短路
38	3.2	2.4	2.4	−6.7	−69	−61	−56	匝间短路
39	3.1	2.5	2.5	−6.7	−71	−63	−55	匝间短路
40	3.4	2.3	2.4	−6.5	−69	−62	−56	匝间短路

13.6.4　网络构建及仿真应用

1．模糊神经网络的构建

神经网络应用的关键是网络的构建过程，它涉及多个参数的选择和确定，同时需要在训练过程中对各参数进行调整。选用基于 Takagi-Sugeno 模型建立的自适应神经模糊推理系统，简称 ANFIS。

研究表明，这种基于 Sugeno 模型的模糊推理系统当输入模糊集采用非梯形及非三角形的隶属函数时，其比传统的 Madina 模糊系统所需的模糊规则及输入的模糊集的个数更少，相应的平均误差也更小。

一个具有两条规则的简单的 Sugeno 模糊系统的 ANFIS 结构如下：

If x is A_1 and y is B_1 then $f_1 = a_1x + b_1y + c_1$；

If x is A_2 and y is B_2 then $f_2 = a_2x + b_2y + c_2$。

对应的结构如图 13.17 所示，各层功能如下。

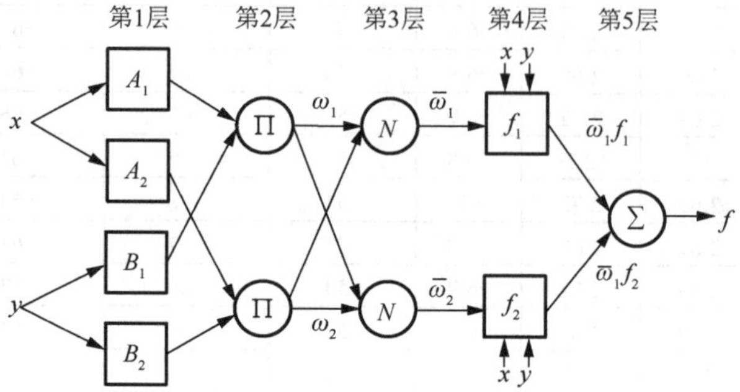

图 13.17　Sugeno 模糊系统的 ANFIS 结构

第 1 层：将输入变量模糊化，输出对应模糊集的隶属度，其中一个节点的传递函数可以表示为

$$O_i^1 = \mu_{Ai}(x) \tag{13.27}$$

根据所选择的隶属函数的形式，可以得到相应的参数集，称为条件参数。

第 2 层：实现条件部分的模糊集的运算，输出对应的每条规则的适用度，通常采用乘法：

$$O_i^2 = \omega_i = \mu_{Ai}(x) \times \mu_{Bi}(y) \tag{13.28}$$

第 3 层：对各条规则的适用度进行归一化处理：

$$O_i^3 = \overline{\omega_i} = \frac{\omega_i}{\omega_1 + \omega_2} \tag{13.29}$$

第 4 层：每个节点的传递函数为线性函数，表示局部的线性模型，计算出每条规则的输出：

$$O_i^4 = \overline{\omega_i} f_i = \overline{\omega_i}(a_i x + b_i y + c_i) \tag{13.30}$$

由所有 $\{a_i, b_i, c_i\}$ 组成的参数集称为结论参数。

第 5 层：计算所有规则的输出之和：

$$O_i^5 = f = \sum \overline{\omega_i} f_i = \frac{\sum_i \omega_i f_i}{\sum_i \omega_i} \tag{13.31}$$

从以上输入和输出之间的关系可以看出，网络与模糊推理系统完全等价。模糊推理系统的参数学习可归结为对条件参数（非线性参数）与结论参数（线性参数）的调整。

2. 参数确定

1）输入/输出节点的确定

输入/输出节点与样本直接相关。对于所设计的神经网络，目的是对电动机的转子断条故障及匝间短路故障进行诊断，由于 Sugeno 特性，ANFIS 的输出神经元仅一个，因此分别采用不同值对应正常运行、转子断条故障及匝间短路故障三种状态。而通过前面的分析可知，当知道电流不平衡度及相应的频率分量后即可对上述两种故障进行唯一判定。因此该神经网络的输入层含有 4 个神经元。

2）层数问题

理论上已证明：具有偏差和至少一个 Sig 型隐层加上一个线性输出层的网络，能逼近任何有理函数，增加层数主要可以更进一步降低误差，提高精度，但同时会使网络复杂化，增加网络权值的训练时间。而误差精度的提高实际上也可以通过增加隐层中的神经元数目来达到，在利用 MATLAB 进行训练的过程中，通过增加神经元数目的效果也比增加层数更易于观察和调整。

3）隐层的选择

在 BP 网络中，对于任何在闭区间内的一个连续函数都可以用单隐层的 BP 网络逼近，因此一个三层 BP 网络就可以完成任意的 n 维到 m 维的映射。

因此本书就选择广泛使用的 5 层模糊神经网络结构。

4）归一化问题。

为了保证 BP 网络运行稳定，应将样本数据进行归一化预处理，即通过简单的线性变化，使网络的输入和输出数据在[0, 1]的网络空间变化。针对前面的试验样本，利用：

$$f' = \frac{f - f_{\min}}{f_{\max} - f_{\min}} \tag{13.32}$$

进行归一化处理，然后将处理后的样本作为神经网络的学习样本进行训练，见表 13.7。

表 13.7　处理化后的样本数据

序号	I 不平衡度	1-2s 分量	3-2s 分量	（5-4s）f 分量	电机状态
1	0.74%	0.166667	0.233333	0.333333	正常
2	0.00%	0.2	0.266667	0.366667	正常
3	3.33%	0.2	0.233333	0.333333	正常
4	0.74%	0.133333	0.2	0.3	正常
5	0.74%	0.166667	0.233333	0.333333	正常
6	0.00%	0.2	0.266667	0.366667	正常
7	3.33%	0.2	0.233333	0.333333	正常
8	0.74%	0.133333	0.2	0.3	正常
9	0.00%	0.2	0.266667	0.366667	正常

续表

序号	I 不平衡度	1-2s 分量	3-2s 分量	（5-4s）f 分量	电机状态
10	0.74%	0.2	0.266667	0.4	正常
11	1.48%	0.8	0.266667	0.366667	转子断条
12	0.74%	0.9	0.266667	0.4	转子断条
13	1.48%	0.733333	0.3	0.4	转子断条
14	3.33%	0.766667	0.233333	0.366667	转子断条
15	0.74%	0.866667	0.266667	0.4	转子断条
16	0.74%	0.7	0.3	0.4	转子断条
17	3.33%	0.766667	0.266667	0.366667	转子断条
18	1.48%	0.733333	0.266667	0.3	转子断条
19	0.74%	0.766667	0.3	0.4	转子断条
20	1.48%	0.8	0.233333	0.366667	转子断条
21	3.33%	0.9	0.266667	0.4	转子断条
22	1.48%	0.733333	0.3	0.4	转子断条
23	3.33%	0.766667	0.266667	0.4	转子断条
24	0.74%	0.766667	0.3	0.4	转子断条
25	0.74%	0.866667	0.266667	0.4	转子断条
26	41.86%	0.2	0.433333	0.533333	匝间短路
27	52.33%	0.2	0.466667	0.566667	匝间短路
28	59.30%	0.2	0.4	0.6	匝间短路
29	39.76%	0.133333	0.433333	0.533333	匝间短路
30	37.04%	0.2	0.466667	0.566667	匝间短路
31	29.63%	0.2	0.466667	0.633333	匝间短路
32	22.22%	0.133333	0.4	0.666667	匝间短路
33	40.74%	0.2	0.433333	0.633333	匝间短路
34	31.03%	0.2	0.466667	0.6	匝间短路
35	39.76%	0.133333	0.433333	0.533333	匝间短路
36	37.04%	0.2	0.466667	0.566667	匝间短路
37	45.35%	0.133333	0.433333	0.633333	匝间短路
38	29.63%	0.2	0.466667	0.633333	匝间短路
39	22.22%	0.133333	0.4	0.666667	匝间短路
40	40.74%	0.2	0.433333	0.633333	匝间短路

对于输出层的神经元选择采用目标输出样本集。

5）隶属函数及传递函数

基于 Takagi-Sugeno 的 ANFIS 系统的模糊隶属函数选用高斯型。

由于 BP 网络要求采用非线性的连续可导的激发函数，因此选用 Sigmoid 函数作为各层间的传递函数：

$$f(x)=\frac{1}{1+\mathrm{e}^{-x}} \tag{13.33}$$

3. 网络的结构

建立后的网络如图 13.18 所示。

4. 网络的训练

采用 BP 类型，采用 30 步长，训练结果如图 13.19 所示。

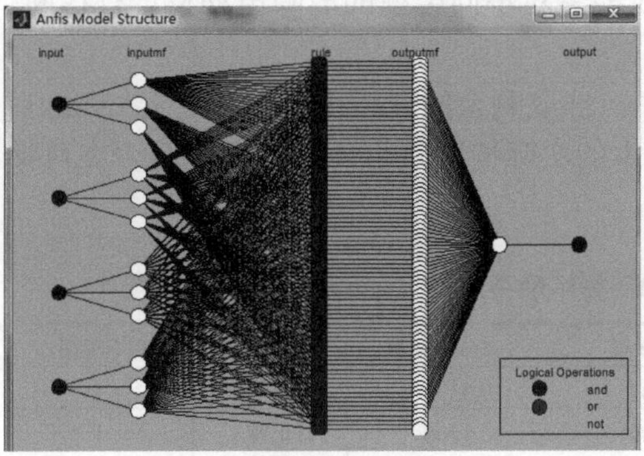

图 13.18 FNN 的网络结构图

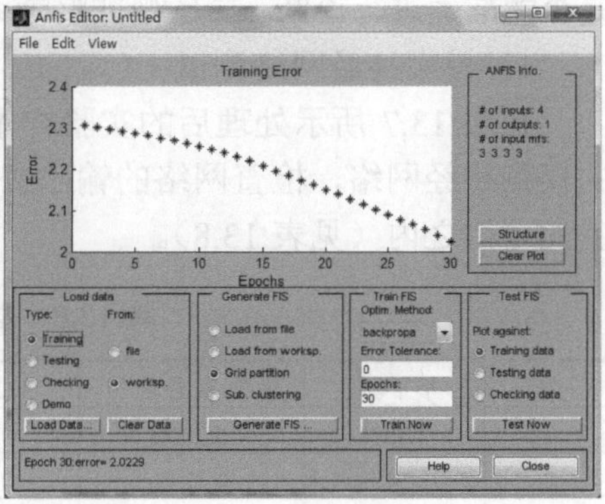

图 13.19 补偿 30 时的训练结果

步长为 100 时，误差明显缩小，且当步长使用 130 时，误差仅减小百万分之一，因此选择训练步长为 100。

在表 13.6 处理后的实验样本中针对 3 中不同的电机状态，共选取 30 组样本数据对该神经网络进行训练，训练结果的步长误差如图 13.20 所示。

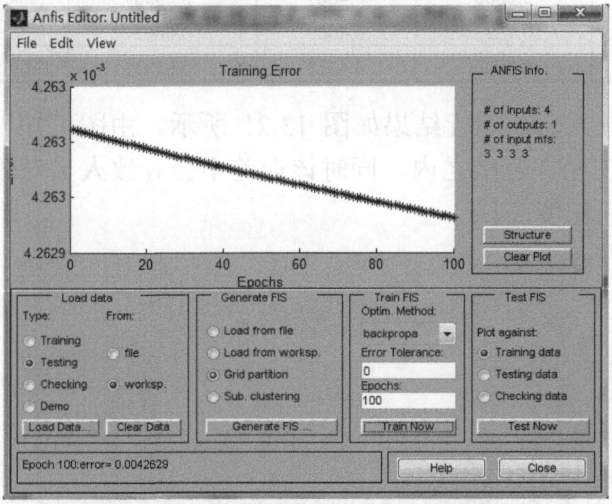

图 13.20 步长为 100 时的训练结果

从以上训练结果中可以得到，当采用 30 步长时，神经网络无法达到需要的误差范围，直至训练结束时误差仍大于 2。而当采用 100 步长进行训练时，虽然网络的训练速度相对减慢，但是训练一经开始误差即达到允许误差范围之内，0.0043 的误差不会对网络输出结果造成误判。因此，图 13.18 所示的神经网络具有较快的收敛速度，同时具有较高的判断精度。

5. 在线故障诊断测试

对于故障诊断系统的测试分为两种：一是利用试验得到的样本测试模糊神经网络是否能准确进行诊断；二是测试整个系统能否对不同类型的故障电动机进行诊断。

1）模糊神经网络测试

在表 13.7 所示处理后的实验样本中，选取剩余的 12 组样本数据导入训练后的模糊神经网络，检查网络的输出去样本的实际情况是否一致，误差是否在可接受的范围之内（见表 13.8）。

表 13.8　准确性测试样本数据

序号	I 不平衡度	1-2s 分量	3-2s 分量	(5-4s) f 分量	电机状态	目标输出
1	3.33%	0.2000	0.2333	0.3333	正常	1
2	0.74%	0.1333	0.2000	0.3000	正常	1
3	0.00%	0.2000	0.2667	0.3667	正常	1
4	0.74%	0.2000	0.2667	0.4000	正常	1
5	1.48%	0.7333	0.3000	0.4000	转子断条	2
6	3.33%	0.7667	0.2667	0.4000	转子断条	2
7	0.74%	0.7667	0.3000	0.4000	转子断条	2
8	0.74%	0.8667	0.2667	0.4000	转子断条	2
9	45.35%	0.1333	0.4333	0.6333	匝间短路	3
10	29.63%	0.2000	0.4667	0.6333	匝间短路	3
11	22.22%	0.1333	0.4000	0.6667	匝间短路	3
12	40.74%	0.2000	0.4333	0.6333	匝间短路	3

将测试数据导入后，运行结果如图 13.21 所示。由图可知，测试的平均测试误差为 0.0039，在允许范围之内，同时该误差不会导致人员对输出结果与实际情况作出误判，诊断精度高。

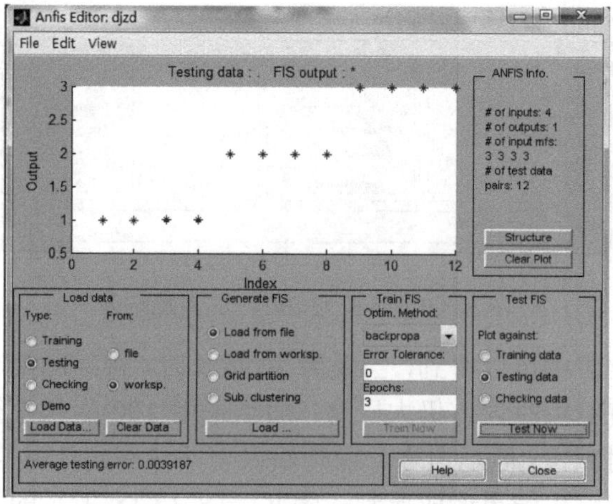

图 13.21　模糊神经网络测试结果

2）系统测试

分别将定子匝间短路故障电机和转子断条电机接入数字化控制与保护开关电器，并将系统投入运行，试验结果如下。

（1）接入转子断条的故障电动机

实验显示如下，下方*形点为 MATLAB 实际输出，上方圆形点为标准参考值，可得两者的平均测试误差为 3.27×10^{-3}，如图 13.22 所示。

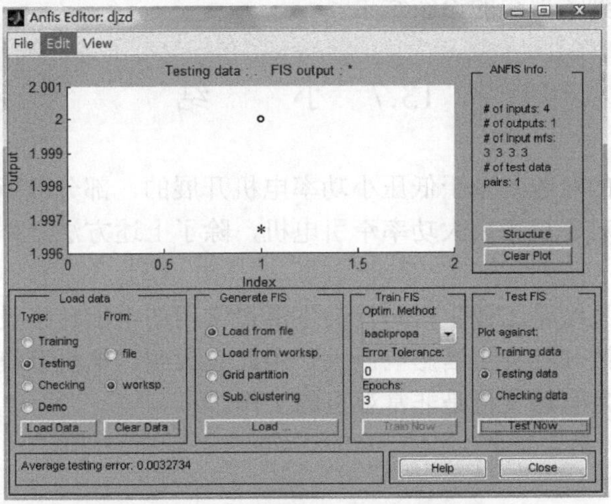

图 13.22 转子断条电动机诊断结果

（2）接入匝间短路的故障电动机

实验显示如下，下方*形点为 MATLAB 实际输出，上方圆形点为标准参考值，可得两者的平均测试误差为 5.96×10^{-3}，如图 13.23 所示。

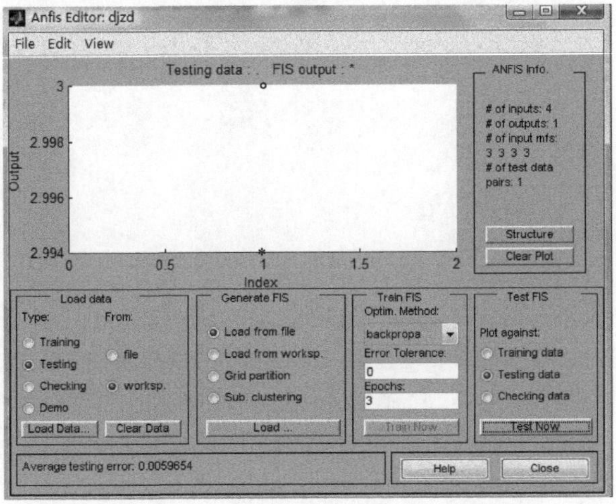

图 13.23 定子匝间短路电动机诊断结果

从上述测试试验结果可以看出，图 13.18 所示的模糊神经网络对中小型电机的三种工作状态（正常、转子断条及定子匝间短路）的诊断能得到正确诊断结果。图 13.22 及图 13.23 所示的误差对诊断结果不会造成影响。由于本书所搭建的中小型电机的故障诊断系统仅针对上述三种电机工作状态，同时考虑到相关样本的难获取性，选取 40 组训练测试样本来完成系统神经网络的训练及测试。从训练结果及测试结果看出，40 组的样本容量已能取得理想的效果，尤其训练得到的网络在实际应用中也达到了理想的诊断结果。

13.7 小　　结

本节所诊断的对象是基于低压小功率电机开展的，部分故障工作适用于大功率电机。但是，对于机车用大功率牵引电机，除了上述方法之外，还需要更多的研究与探讨。

总之，电机系统是工业生产与社会生活最常用的电能转换设备之一，其状态的正常与否对经济与社会生活影响巨大。由此也说明，电机系统的故障诊断是一项非常重要、非常有意义也是非常艰巨的工作。

第 14 章　机车走行部件的故障诊断

14.1　概　况

（列车）机车走行部件直接关系到铁路机车的行车安全。一旦出现故障，轻则造成机破事故，影响列车正点运行，重则发生机车切轴、列车颠覆的重大事故，给国家和人民生命财产带来无法估量的损失。随着列车的不断提速，机车走行部件的可靠性变得尤为重要，安全隐患也更为突出。故障多发部位包括机车轴箱轴承、牵引电机轴承、滚动抱轴轴承或轮对空心轴轴承、轮对踏面等运动部件，对这些重点部位的诊断与维护保养尤为重要。

故障诊断就是根据设备运行过程中产生的各种信息来判别和识别设备运行状态。由于列车走行部件件的高速运行的特性，其在线故障诊断的实现必须依靠振动、噪声和温度等二次综合信息。机车走行部件故障监测诊断方法可分为静态检测法和动态检测法两种。动态检测是指机车车辆在运行时进行的测量，可采取随车测量形式，也可采用地面非接触式测量形式。

远红外探测方式是国外铁路热轴地面探测系统主要采用的技术，法国和德国红外探测器探头采用光子元件；美国采用热释电元件或高阻抗热敏电阻元件，光子元件和热释电元件的响应速度达到微秒级，可以满足高速铁路行车的要求。日本新干线高速列车取消了地面热轴探测器，全部采用车上热轴探测器，法国铁路也为 TGV 高速列车研制车载热轴监测技术。

车上热轴监测系统直接连续监测车轴工作状态，实现实时监测报警，故障定位准确，能够避免外界因素干扰、误报、漏报等缺陷。

货运方面，电空制动系统在北美、日本、欧洲、澳大利亚等国家和地区的铁路都得到了应用，电空制动系统的电气控制线路可以作为热轴监测系统的传输线路，将监测信息直接传送到司机室，为车上热轴探测系统的实用化创造了条件。北美铁道协会（AAR）、BNSF 铁路公司和制造商共同开发试验了车上热轴探测器及电空制动系统。

西日本铁路客运公司研制了列车运行状态管理系统，该系统能分析检测列车上各种机器设备的振动频率，判断设备工作状态，确定是否预修。该系统是车载检测记录装置，检测项目包括机车走行部件及其他设备，可将记录在 IC 卡上的检测数据复制到微机上，然后进行振动分析。

近十几年来，我国铁道部门在这方面也做了大量的工作。如在铁路沿线采用红外线轴温探测装置，在机车上安装机车轴承温度监测报警装置等，有效地防止了多起事故的发生。但是轴承温度检测有一定的局限性，走行部件产生故障后往往不首先表现在发热，故不能及时发现和早期诊断故障，重大事故和险性事故仍时有发生。在此形势下，我们研制开发了机车走行部件状态监测及故障诊断系统（以下简称“系统”）。系统从识别现状、预测未来两方面着手，通过检测轴承温度及振动信号对轴承状态进行辨识，尽早及时发现故障，最大限度地防止热切事故的发生。它采用在线监测报警方式，数据自动检测并保存，然后转储至地面，建立历史档案，通过对相应数据的分析，得到故障发展趋势曲线，为运用部门识别早期故障服务，为检修维护提供科学依据，为设计和制造的研究改进提供依据。系统还可用于高速长时间运行的发电厂、炼油厂、钢铁厂等行业的关键设备上进行轴承与齿轮的故障监控。

14.2　机械故障诊断技术

14.2.1　滚动轴承的振动监测技术

滚动轴承是旋转机械中的重要零件，在机械设备中应用最为广泛。因为它具有一系列显著的优点，如摩擦系数小、运动精度高、对润滑剂的黏度不敏感以及在低速下也能承受载荷，有些轴承还能同时承受径向和轴向力，但是，滚动轴承也是机器中最易损坏的零件之一，所以对滚动轴承的故障监测和诊断一直是近年来国内外发展机械故障诊断技术的重点。

1. 滚动轴承故障诊断技术的发展

最原始的方法是将听音棒（或螺丝刀）接触轴承座部位，靠听觉来判断有无故障。虽然训练有素的人能觉察到轴承刚发生的疲劳剥落与损伤部位，但受主观因素的影响较大。由于各种测振仪的投入使用，可通过检测振动位移、速度或加速度的均方根值或峰值来判断轴承是否故障，有效地减少对人为经验和主观认识的依赖，但仍很难发现早期故障。

20 世纪 60 年代瑞典 SPM 公司发明了冲击脉冲计（shock pulse meter）（如 MEPA-10A、SPM-43A 等型号的仪器）用于检测轴承损伤，快速简单且准确。70 年代日本新日铁株式会社研制了 MCV-021A 机器检测仪（machine checker），可分别在低频、中频和高频段检测轴承的异常信号。另有油膜检查仪，可通过油膜状况实现对其润滑状态的监测。80 年代日本精工公司（NSK）相继研制了轴承监视仪 NB-1、NB-2、NB-3、NB-4 型。利用 1～15kHz 范围内的轴承振动信号，测量其均方根值（RMS）和峰值以识别轴承故障。由于去掉了低频干扰，灵敏度有所提高，设有报警设置。

随着对滚动轴承的运动学和动力学的深入研究，对轴承的振动信号中的频率成分与轴承零件的几何尺寸及缺陷类型的相互关系有了更多的了解，加之快速傅里叶变换技术的发展，开创了用频域分析方法来检测和诊断轴承的故障。

由此研究奠定了这方面的理论基础，相干波、自适应滤波等信号预处理技术与频率细化技术、倒频谱、包络谱等的结合形成多种信号处理技术用于滚动轴承的故障诊断和监测，提高了诊断灵敏度，使得振动监测使用最为广泛，其中冲击脉冲法又是最受欢迎的一种检测诊断方法。

2. 冲击脉冲技术的原理

影响轴承寿命的主要因素包括安装、工作状况和维修保养。为了防止轴承的突然损坏，理想的办法是随时掌握轴承的工作状态。以前曾经试用过测温、测振和测声的方法，目前普遍采用冲击脉冲法。

可以通过观察机械冲击过程以说明冲击脉冲法，如图 14.1 所示，当一个钢球垂直掉到一个钢棒上时，在碰撞的冲击点处产生一个很大的冲击加速度，该加速度的幅值完全由冲击速度决定，而不受材料的质量、设计或任何机械振动的影响。在钢棒的冲击点处会产生一系列压缩波，此压缩波是一个衰减波，并以超声的速度在钢棒内传播，在钢棒一端用一个传感器接收此信号，就可得到与冲击大小对应的冲击脉冲信号。

如图 14.2 所示，假如，此钢球是滚动轴承内的一个滚动体，而滚道上有一个缺陷区（剥落、裂纹、凹坑和高低不平的粗糙区），那么在滚动轴承运转中，就会发生以上的撞击现象，产生的冲击脉冲信号会传递到轴承座上，可用一个适当的传感器获取此冲击脉冲信号。

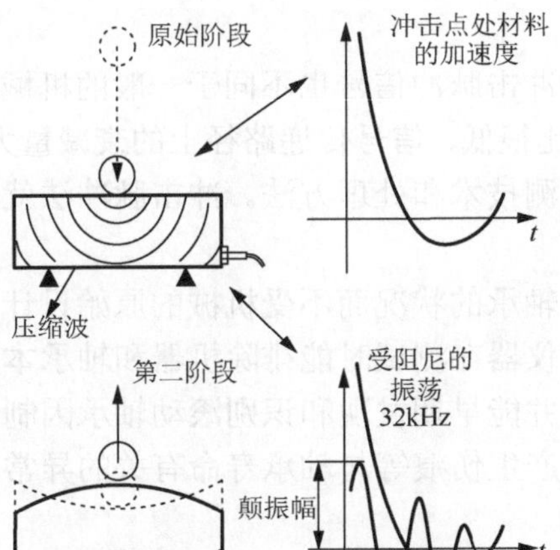

图 14.1　机械冲击示意图

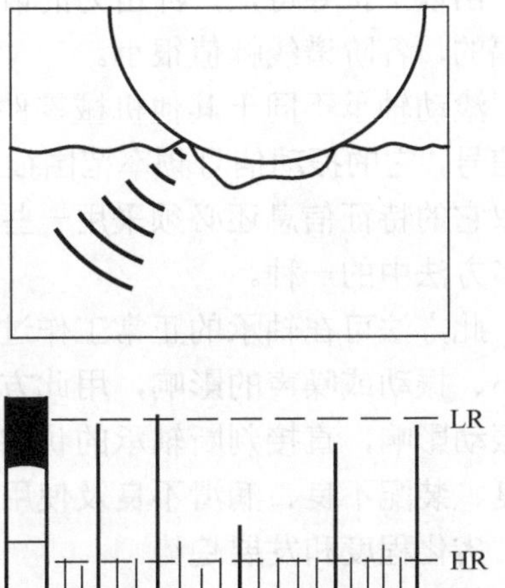

图 14.2　滚动冲击示意图

按照赫兹理论，这种冲击引起的纵波在材料尚未发生形变之前就以声速向外发射，有着陡峭的前沿和极其丰富的高频频谱。随着材料形变的发生，这种纵波急剧衰减，冲击发射至传感器的冲击脉冲是一种脉宽不足 1μs 的窄脉冲。

设冲击窄脉冲群的波幅为 A，波形近似于矩形波，脉宽 $\tau=1\mu s$，每串间隔（滚动周期）为 T，将这组脉冲 $f(t)$展开为傅里叶级数，则各级正弦分量的幅值如下：

$$C_n=\frac{1}{T}\int_0^T f(t)\,\mathrm{e}^{-\mathrm{j}n\omega t}\mathrm{d}t=\frac{1}{T}\int_0^\tau A\mathrm{e}^{-\mathrm{j}n\omega t}\mathrm{d}t=\frac{A\tau}{T}\frac{\sin n\omega\tau}{n\omega\tau} \tag{14.1}$$

$$C_1=\frac{A\tau}{T}\frac{\sin\omega\tau}{\omega\tau}=\frac{A\tau}{T}\frac{\sin\dfrac{2\pi\tau}{T}}{\dfrac{2\pi\tau}{T}} \tag{14.2}$$

显然$\tau\ll T$，则

$$C_1\approx\frac{\tau}{T}A \tag{14.3}$$

设幅值为零的最低阶谱线发生在 $n=X$ 条，则

$$C_x=\frac{A\tau}{T}\frac{\sin X\omega\tau}{X\omega\tau}=0 \tag{14.4}$$

$$\sin X\omega\tau=0$$

$$X\omega\tau=\pi$$

$$X=\frac{\pi}{\omega\tau}=\frac{\pi}{2\pi f_1\tau} \tag{14.5}$$

$$f_x=f_1X=\frac{1}{2\tau}=500\text{kHz}$$

由以上推导可知，冲击力的谱线范围很宽，衰减很慢，在 100kHz 内几乎是等幅的，各阶谱线幅值很小。

滚动轴承不同于其他机械零件，产生的冲击脉冲信号也不同于一般的机械振动信号，它的振动信号频率范围很宽，信噪比很低，信号传递路径上的衰减量大，提取它的特征信息还必须采用一些特殊的检测技术和处理方法。冲击脉冲法就是诸多方法中的一种。

此方法可在轴承的正常工作过程中测定轴承的状况而不受机械的原始设计、大小、振动或噪声的影响，用此方法制作的仪器在测试时能排除机器和轴承本身的振动影响，直接判断轴承的状态和寿命。并能早期发现和识别滚动轴承因制造不良、装配不良、润滑不良及使用中旋转面产生伤痕等与轴承寿命有关的异常原因、劣化程度和发展趋势。

使用冲击脉冲仪的目的，主要是利用轴承的全部寿命，避免不必要的更换，通过不断测量，获得一个逼近的轴承失效早期报警，减少设备故障率及减少维修工作量。

3. 滚动轴承的典型结构

滚动轴承的典型结构如图 14.3 所示，它由内圈、外圈、滚动体和保持架四部分组成。

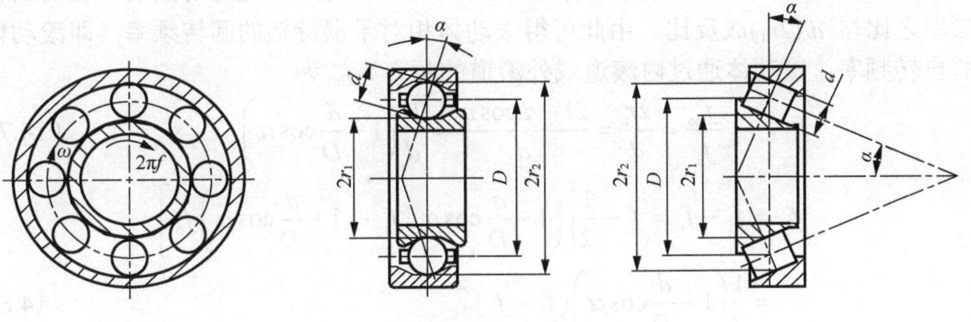

图 14.3　滚动轴承的典型结构

图 14.3 所示滚动轴承主要包括如下几何参数：

（1）轴承节径 D：轴承滚动体中心所在的圆的直径；

（2）滚动体直径 d：滚动体的平均直径；

（3）内圈滚道半径 r_1：内圈滚道的平均半径；

（4）外圈滚道半径 r_2：外圈滚道的平均半径；

（5）接触角 α：滚动体受力方向与内外滚道垂直线的夹角；

（6）滚动体个数 Z：滚珠或滚珠的数目。

4. 滚动轴承的特征频率

为分析轴承各部运动参数，先作如下假设：

（1）滚道与滚动体之间无相对滑动；

（2）承受径向、轴向载荷时各部分无变形；

（3）内圈滚道回转频率为 f_i；

（4）外圈滚道回转频率为 f_o；

（5）保持架回转频率（即滚动体公转频率为 f_c）。

参见图 14.3，则滚动轴承工作时各点的转动速度如下：

内滑道上一点的速度为

$$V_i = 2\pi r_1 f_i = \pi f_i (D - d\cos\alpha)$$

外滑道上一点的速度为

$$V_o = 2\pi r_2 f_o = \pi f_o (D + d\cos\alpha)$$

保持架上一点的速度为

$$V_C = \frac{V_i + V_o}{2}$$

由此可得保持架的旋转频率（即滚动体的公转频率）为

$$f_{\mathrm{c}}=\frac{V_{\mathrm{i}}+V_{\mathrm{o}}}{2\pi D}=\frac{1}{2}\left[\left(1-\frac{d}{D}\cos\alpha\right)f_{\mathrm{i}}+\left(1+\frac{d}{D}\cos\alpha\right)f_{\mathrm{o}}\right] \tag{14.6}$$

从固定在保持架上的动坐标系来看，滚动体与内圈做无滑动滚动，它的回转频率之比与 $d/(2r_1)$成反比。由此可得滚动体相对于保持架的回转频率（即滚动体的自转频率，滚动体通过内滚道或外滚道的频率）f_{bc} 为

$$\frac{f_{\mathrm{bc}}}{f_{\mathrm{ic}}}=\frac{2r_1}{d}=\frac{D-d\cos\alpha}{d}=\frac{D}{d}\left(1-\frac{d}{D}\cos\alpha\right) \tag{14.7}$$

$$\begin{aligned}f_{\mathrm{ic}}&=f_{\mathrm{i}}-f_{\mathrm{c}}=f_{\mathrm{i}}-\frac{1}{2}\left[\left(1-\frac{d}{D}\cos\alpha\right)f_{\mathrm{i}}+\left(1+\frac{d}{D}\cos\alpha\right)f_{\mathrm{o}}\right]\\&=\frac{1}{2}\left(1+\frac{d}{D}\cos\alpha\right)(f_{\mathrm{i}}-f_{\mathrm{o}})\end{aligned} \tag{14.8}$$

$$f_{\mathrm{bc}}=\frac{1}{2}\frac{D}{d}(f_{\mathrm{i}}-f_{\mathrm{o}})\left[1-\left(\frac{d}{D}\right)^2\cos^2\alpha\right]$$

根据滚动轴承的实际工作情况，定义滚动轴承内、外圈的相对转动频率为

$$f_{\mathrm{r}}=f_{\mathrm{i}}-f_{\mathrm{o}} \tag{14.9}$$

一般情况下，滚动轴承外圈固定，内圈旋转，即

$$\begin{aligned}&f_{\mathrm{o}}=0\\&f_{\mathrm{r}}=f_{\mathrm{i}}-f_{\mathrm{o}}=f_{\mathrm{i}}\end{aligned} \tag{14.10}$$

同时考虑到滚动轴承有 Z 个滚动体，则滚动轴承的特征频率如下。滚动体在外圈滚道上的通过频率 Zf_{oc} 为

$$Zf_{\mathrm{oc}}=\frac{1}{2}Z\left(1-\frac{d}{D}\cos\alpha\right)f_{\mathrm{r}} \tag{14.11}$$

滚动体在内圈滚道上的通过频率 Zf_{ic} 为

$$Zf_{\mathrm{ic}}=\frac{1}{2}Z\left(1+\frac{d}{D}\cos\alpha\right)f_{\mathrm{r}} \tag{14.12}$$

滚动体在保持架上的通过频率（即滚动体自转频率 f_{bc} ）为

$$f_{\mathrm{bc}}=\frac{D}{2d}\left[1-\left(\frac{d}{D}\right)^2\cos^2\alpha\right]f_{\mathrm{r}} \tag{14.13}$$

5. 滚动轴承的固有振动频率

滚动轴承在运行过程中，由于局部缺陷或结构不规则而产生冲击振动，激发各个元件以其固有频率进行振荡，这时的振动频率为轴承各部分的固有频率，滚动轴承元件的固有振动频率一般在 1～20kHz，此时轴承的时域曲线是以零部件回转间隔为包络的高频振动曲线。

固有振动中，内、外圈的振动表现最明显，如图 14.4 所示。

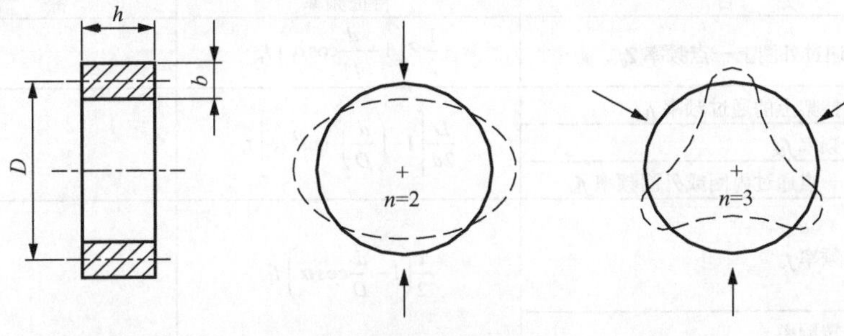

图 14.4　滚动轴承套圈横截面简化图与径向弯曲振动振型示意图

轴承圈在自由状态下的径向弯曲振动的固有频率为

$$f_n = \frac{n\left(n^2-1\right)}{2\pi\sqrt{n^2+1}}\frac{4}{D^2}\sqrt{\frac{EIg}{\gamma A}} \tag{14.14}$$

式中，n 为振动阶数（变形波数），$n=2, 3, \cdots$；E 为弹性模量，钢材为 210GPa；I 为套圈横截面的惯性矩，mm^4；γ 为密度，钢材为 $7.86\times10^{-6}kg/mm^3$；A 为套圈横截面积，$A\approx bh$，mm^2；D 为套圈横截面中性轴直径，mm；g 为重力加速度，$g = 9800mm/s^2$。

对于钢材，将各常数代入得

$$f_n = 9.4\times10^5\frac{h}{b}\frac{n\left(n^2-1\right)}{\sqrt{n^2+1}} \tag{14.15}$$

有时钢球也会产生振动，钢球振动的固有频率为

$$f_{bn} = 0.212\frac{Eg}{R\gamma} \tag{14.16}$$

式中，R 为钢球半径；E 为弹性模量，钢材为 210GPa；γ 为密度，钢材为 $7.86\times10^{-6}kg/mm^3$；g 为重力加速度，$g = 9800mm/s^2$。

6. 滚动轴承特征频率表

为方便使用，将以上介绍的滚动轴承各特征频率列于表 14.1 中，频谱分析时利用其特征频率可对轴承故障进行定型分析。

表 14.1　滚动轴承特征频率表（假定外圈固定、内圈旋转）

项　目	特征频率	备　注
内圈旋转频率 f_i	$f_i = N/60$	转轴转速 N，单位 r/min
内外圈相对旋转频率 f_r	$f_r = f_i - f_o = f_i$	假定外圈固定，内圈旋转
Z 个滚动体通过内圈上一点频率 Zf_{ic}	$\frac{1}{2}Z\left(1+\frac{d}{D}\cos\alpha\right)f_r$	

续表

项　　目	特征频率	备　　注
Z 个滚动体通过外圈上一点频率 Zf_{oc}	$\frac{1}{2}Z\left(1-\frac{d}{D}\cos\alpha\right)f_r$	
滚动体在保持架上的通过频率 f_{bc}	$\frac{D}{2d}\left[1-\left(\frac{d}{D}\right)^2\cos^2\alpha\right]f_r$	
滚动体自转频率 f_{bc}		
滚动体上的一点通过内圈或外圈频率 f_{bc}		
保持架旋转频率 f_c	$\frac{1}{2}\left(1-\frac{d}{D}\cos\alpha\right)f_i$	
滚动体的公转频率 f_c		
内外滚道的自振频率 f_n	$\frac{n\left(n^2-1\right)}{2\pi\sqrt{n^2+1}}\frac{4}{D^2}\sqrt{\frac{EIg}{\gamma A}}$	
钢球的固有频率 f_{bn}	$f_{bn}=0.212\frac{Eg}{R\gamma}$	

7. 故障冲击量值

轴承运行故障检测的理论基础，是弹性体的碰撞力学。SPM 曾用接触状态的 Herrz 理论研究这种机械碰撞的振动波，建立了下面的力学方程：

$$\frac{\mathrm{d}^2\delta_c}{\mathrm{d}t^2}=K_1\frac{E}{\sqrt{R}}\frac{V_i^2}{\sqrt{S^3}}+K_2\frac{E^2}{m}S \tag{14.17}$$

式中，δ_c 为接触压力；E 为弹性模量；R 为接触表面曲率；m 为有关物质的质量；V_i 为碰撞速度；S 为总的撞入深度；K_1、K_2 为常数。

在碰撞的初期，该表达式可以写为

$$\left(\frac{\mathrm{d}^2\delta_c}{\mathrm{d}t^2}\right)_{\max}\propto\frac{V_i^2}{\sqrt{R}} \tag{14.18}$$

压缩波具有同样的特性，因此有

$$\left(\frac{\mathrm{d}^2\delta_w}{\mathrm{d}t^2}\right)_{\max}\propto\frac{V_i^2}{\sqrt{R}} \tag{14.19}$$

式中，δ_w 为压缩波，波前通过材料时，该材料所承受的压缩。然而，在材料内由压缩波波前的通过而产生的最大加速度：

$$a_{\max}\propto\left(\frac{\mathrm{d}^2\delta_w}{\mathrm{d}t^2}\right)_{\max} \tag{14.20}$$

所以，如果压缩波传入加速度传感器，传感器的理想输出为

$$e_t=K_P\frac{V_i^2}{\sqrt{R}} \tag{14.21}$$

式中，e_t为传感器理论输出；K_P为机电转换常数。

压缩波是基于这样一种假设：传感器要足够快地复现波前的状态。SPM 实际上是采用了一种由初始波前按弹击方式激励的加速度传感器，由该波前在此传感器中产生一瞬变的振荡波，其幅值是$V_i^2/\sqrt{R}$的函数。也就是说，SPM 并未使用能足够快地复现冲击波前沿的传感器，而是使用了谐振的传感器，然后用适当的电子方法处理。

由相似性原理可知，机械的和电子的谐振系统引起的自然衰减振荡原理是相似的。就可用电子的谐振来代替机械谐振无损长距离传输，更加方便地实现这种检测。

从故障冲击波的频谱分析可知，在一定范围内，各阶谱线几乎是等幅的。该信号经过谐振器，有限带宽的谐振器会对该信号的频率域产生“截取”，信号正比于谐振器带宽B。随着冲击频率f的升高，谐波间的角频率间隔$2\pi f$加大，谐振器收集的谱线数成反比减少。因此谐振器收集的故障冲击能量E可用式（14.22）描述：

$$E=\alpha\frac{B}{f}e_t \tag{14.22}$$

式中，α是系数；e_t是理想值。由于B是常数，式（14.22）可进一步简化为

$$E=\beta\frac{1}{f}e_t \tag{14.23}$$

由于冲击速度与元件直径成正比，现在近似用轴承内径D代表这些影响，还与运行转速N成正比，故障冲击频率f也与转速成正比，并近似与轴径D成正比，于是

$$E=\beta\frac{1}{f}e_t=\gamma\frac{1}{ND}\frac{(ND)^2}{\sqrt{D}}=\gamma N\sqrt{D} \tag{14.24}$$

故障冲击频率f在一定的条件下近似与轴径成正比是一个统计规律，根据在于轴承的内外环故障频率与滚动体数成正比，而滚动体数又大体上随轴承直径增加而增加。

基于上式，故障冲击值（SV）的近似表达式为

$$\begin{gathered}\mathrm{SV}'=\sigma N\sqrt{D}\\ \sigma=\frac{K\mathrm{SV}}{N\sqrt{D}}\end{gathered} \tag{14.25}$$

SPM 方法采用专门的压电式脉冲冲击传感器获取当轴承滚动体在滚道面缺陷区内而引起的冲击振动信号，信号经窄带滤波器再经放大及脉冲序列生成电路可以得到与冲击振动强度有关的脉冲序列，SPM 方法就根据这一脉冲序列的特性来评价滚动轴承的运行与润滑状态的，并且采用了故障冲击值这一新的尺度，它

是一个无量纲的量，实际使用时用分贝值 dB_c、dB_m 表示。

dB_c（carpet value）值又称地毯值或高频值（HR），它是由滚动面的纹波随机激励引起的，与轴承的润滑状态和油膜厚度有关。它出现的频次高（1kHz 以上）而且值较小。

dB_m（maximum value）值又称强脉冲值或低频值（LR），表示脉冲序列中强脉冲序列的幅值。它与滚动轴承的损伤和润滑油中的杂质有关。出现的频次低（1kHz 以下）而且值较大。

实际上，振动脉冲值不仅与轴承的油膜厚度、损伤程度有关，还与轴承的几何尺寸、转速有关。对于不同的轴承相同的测量值 dB_c 与 dB_m 所反映的滚动轴承损伤程度和油膜厚度是不同的，为了得到一个衡量各种滚动轴承状态的标准，SPM 方法规定了一个只与轴承工作状况有关而与几何尺寸、转速无关的 dB_n 值，称为标准分贝值。实际上是表示冲击值的增加率，可用式（14.26）表示：

$$dB_n = dB_{sv} - dB_i \tag{14.26}$$

式中，dB_{sv} 为测量时用对数表示的冲击值；dB_i 为用对数表示的正常轴承的冲击值。

当 dB_n 等于 20 dB 即增大 10 倍时应当引起注意；当 dB_n 等于或大于 35 dB 即增大超过 56 倍时表示该轴承已经损坏。经过研究试验，SPM 给出了故障等级的经验公式为

$$dB_n = 20\lg\frac{2150SV}{ND^{0.6}} \tag{14.27}$$

式中，N 为转速，r/min；D 为轴承轴径，mm；SV 表示冲击值。

14.2.2　故障诊断的原理与仿真

旋转机械故障产生周期性的冲击脉冲信号，利用听诊的办法就能识别它，但故障冲击信号往往湮没在巨大的噪声中而难以识别，利用振动冲击进行故障诊断的关键是去噪，本系统同时采用了两种方法进行故障诊断：一是常用的包络线检波法；二是基于小波变换的动态包络解调法。小波分析主要由软件实现，可充分利用当前故障诊断研究的最新成果，具有硬件简单、便于调试、可靠性好、分析方法灵活、信息处理误差小、特征信息更丰富，剔除干扰能力强等突出优点。

1. 包络检波原理

由于存在干扰，不能直接将振动传感器检测的信号进行频谱分析，可将故障振动信号先通过一带通滤波器后再进行包络检波，再把包络检波得到的信号进行频谱分析。

局部损伤的故障轴承弹性振动系统造成冲击性激励时，会激起轴承振动系统的自振频率。在测得的振动响应中，响应波形中的脉冲重复周期与激励的冲击脉冲周期是相同的，只是时间上有个延迟。为了避免调制信号的边带频谱的影响与

消除其他低频信号的干扰，可以采用中心频率作为轴承系统自振频率的带通滤波器，信号经过这一带通滤波器，响应 $x(t)$ 可以写成输入脉冲的傅里叶变换 $F(\omega)$ 和带通滤波器频率响应函数 $H(\omega)$ 乘积的傅里叶反变换。

$$x(t)=\frac{1}{2\pi}\int_{-\infty}^{\infty}F(\omega)H(\omega)\mathrm{e}^{\mathrm{j}\omega t}\mathrm{d}\omega \tag{14.28}$$

假定输入带通滤波器的波形是非常窄的矩形连续脉冲，每个脉冲持续时间为 τ，幅度为 C，带通滤波器也看成一个线性系统，且满足 $\Delta f \ll \frac{1}{\tau}$ 的条件，那么式（14.28）的积分可以近似写成

$$x(t)=2C_\tau\frac{\sin\pi f_0\tau}{\pi f_0\tau}\frac{\sin\pi\Delta f\left(t-t_0\right)}{\pi\Delta f\left(t-t_0\right)}\Delta f\cos 2\pi f_0 t \tag{14.29}$$

式中，C_τ 为脉冲击波形面积；f_0 为滤波器中心频率；Δf 为带宽；t_0 为滤波器相移决定的延迟时间。

$x(t)$ 可以表示为

$$x(t)=a(t)\cos(\omega_0 t) \tag{14.30}$$

式中，$a(t)$ 是低频信号，其最高频率 ω_{h} 远小于余弦信号的频率 ω_0。$x(t)$ 经检波以后成为 $g(t)$，可以由式（14.31）表示：

$$g(t)=\begin{cases}x(t), & x(t)\geqslant 0\\ \lambda x(t), & x(t)<0\end{cases} \tag{14.31}$$

当 $\lambda=-1$ 时，为全波检波；当 $\lambda=0$ 时，为半波检波。一般来说，$a(t)\geqslant 0$。全波检波时：

$$g(t)=\left|x(t)\right|=a(t)\left|\cos(\omega_0 t)\right| \tag{14.32}$$

令 $u(t)=\left|\cos(\omega_0 t)\right|$，则

$$u^2(t)=\cos^2(\omega_0 t)=1-\frac{1}{2}\left[1-\cos(2\omega_0 t)\right] \tag{14.33}$$

令 $y(t)=\frac{1}{2}\left[1-\cos(2\omega_0 t)\right]$，则 $\left|y(t)\right|\leqslant 1$，$u(t)=\sqrt{1-y(t)}$，由泰勒级数展开为

$$u(t)=\sqrt{1-y(t)}=1-\frac{1}{2}y(t)-\frac{1}{8}y^2(t)-\cdots\approx 1-\frac{1}{2}y(t)=\frac{3}{4}+\frac{1}{4}\cos(2\omega_0 t) \tag{14.34}$$

所以

$$g(t)=a(t)\left[\frac{3}{4}+\frac{1}{4}\cos(2\omega_0 t)\right] \tag{14.35}$$

对 $g(t)$ 进行低通滤波，再除去直流分量，可得

$$x_t(t)=\frac{3}{4}a(t) \tag{14.36}$$

同理可得半波检波结果为

$$x_t(t) = \frac{3}{8}a(t) \tag{14.37}$$

对于包络线检波法，在理论上故障冲击波中包含有无穷高的频率成分。在进行软件解调时所有信号都是数字信号，采样频率不可能无限高，所以频率混叠是难以避免的，并且这种混叠是不能用滤波的办法消除的。由于级数展开时各项的系数是呈级数递减的，起作用的主要是前几项，因此只要采样频率足够高，检波以后选用的低通滤波器的通过频率足够低，就可以将频率混叠降到满意程度。检波的实质是对信号进行整流，采用硬件实现比较方便。

2. 频谱分析仿真

采用周期性方波模拟冲击脉冲，利用 LabVIEW 软件对常用的包络线检波法进行仿真分析，可以对其原理有一个清楚的理解，仿真数值用来进行系统硬件的调试。

图 14.5 表示一个周期性矩形脉冲电压，其中 V 为脉冲幅度，T_k 为脉冲宽度，T 为脉冲重复周期。

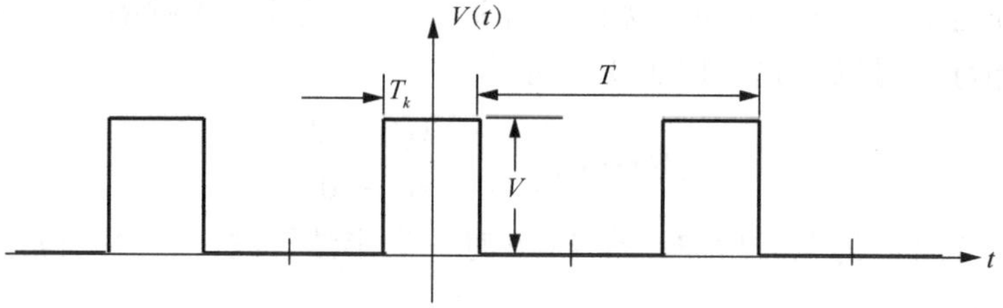

图 14.5　周期性脉冲

代表周期性激励与响应的周期函数可以利用傅里叶级数，分解为一系列不同频率的谐波分量。这个周期性脉冲的 n 次谐波的振幅相量为

$$\bar{V}_n = \frac{2}{T}\int_{-\frac{T}{2}}^{\frac{T}{2}} V(t)\mathrm{e}^{-\mathrm{j}n\omega_1 t}\,\mathrm{d}t = \frac{2V}{n\pi}\sin\frac{n\omega_1 T_k}{2} \tag{14.38}$$

（1）当 $T_k = \frac{T}{2}$，即占空比为 50%时，相邻谐波间的角频率间隔为

$$\omega_1 = \frac{2\pi}{T} = \frac{2\pi}{2T_k} = \frac{\pi}{T_k}$$

n 次谐波振幅相量为

$$\bar{V}_n = \frac{2V}{n\pi}\sin\frac{n\pi}{2}$$

n 次谐波振幅为

$$V_n = \frac{2V}{n\pi}\left|\sin\frac{n\omega_1 T_k}{2}\right|$$

振幅零点 $n=2,4,6,8,\cdots$ 时，$\dot{V}_n=0$。

直流分量和振幅相量为

$$\frac{V_0}{2}=\frac{VT_k}{T}=\frac{VT_k}{2T_K}=0.5\text{V}$$

$$\bar{V}_1=\frac{2V}{\pi}\sin\frac{\pi}{2}=0.636\text{V}$$

$$\bar{V}_3=\frac{2V}{3\pi}\sin\frac{3\pi}{2}=-0.212\text{V}$$

$$\bar{V}_5=\frac{2V}{5\pi}\sin\frac{5\pi}{2}=0.127\text{V}$$

$$\bar{V}_7=\frac{2V}{7\pi}\sin\frac{7\pi}{2}V_7=-0.091\text{V}$$

$$\vdots$$

振幅频谱图如图 14.6 所示。

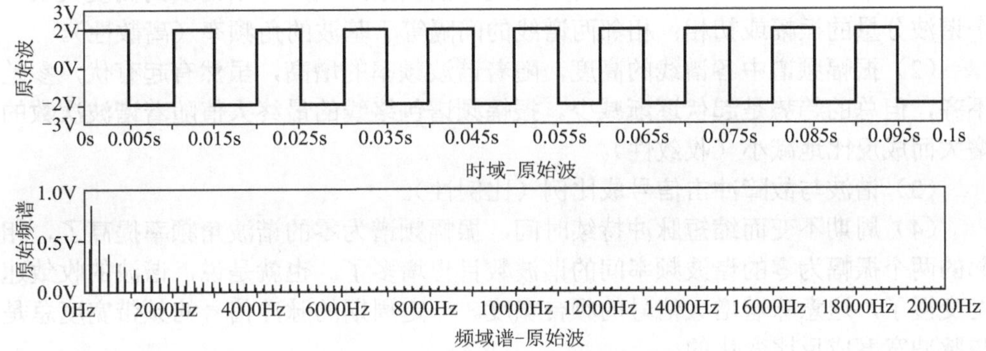

图 14.6　占空比为 50%时振幅频谱图

（2）占空比为 25%时，振幅频谱图如图 14.7 所示。

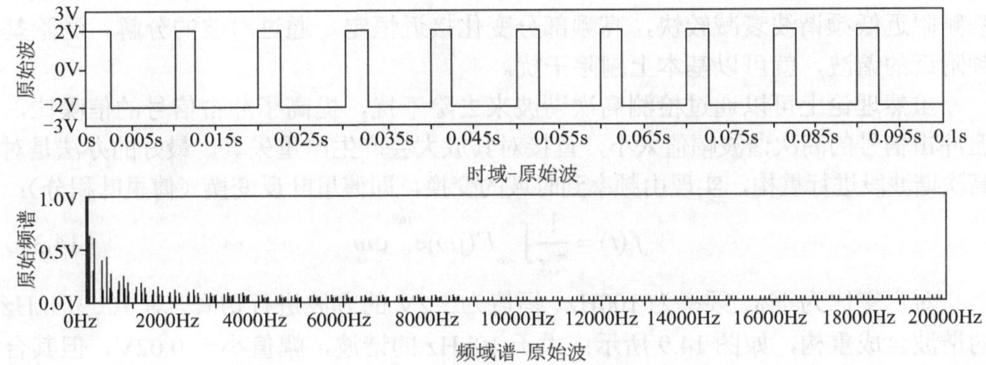

图 14.7　占空比为 25%时振幅频谱图

（3）占空比为 5%时，振幅频谱图如图 14.8 所示。

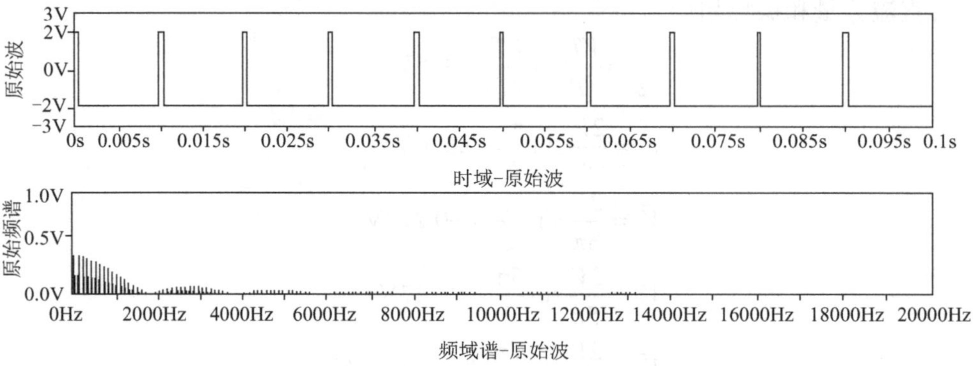

图 14.8　占空比为 5%时振幅频谱图

由以上分析可知，周期性矩形脉冲频谱具有如下特性：

（1）这种频谱由一系列被称为“谱线”的线条组成。每条谱线的高度代表一个谐波分量的振幅或初相；相邻两谱线的间隔等于基波的角频率（离散性）。

（2）振幅频谱中各谱线的高度，随着谐波频率的增高，虽然有起有伏，参差不齐，但总的趋势是起伏逐渐减少。振幅频谱包络线的最终大值随着谐波次数的增大而成反比地减小（收敛性）。

（3）谐波与故障冲击信号成比例（比例性）。

（4）周期不变而缩短脉冲持续时间，振幅频谱为零的谐波角频率提高了，相邻的两个振幅为零的谐波频率间的谐波数目也增多了。也就是说，谐波的收敛速度变慢了，这意味着增大信号的频带宽度。一定周期的脉冲信号的频带宽度总是与脉冲宽度成反比变化的。

脉冲宽度变窄，信号趋近于冲击信号，有更加丰富的高次谐波。机械振动干扰信号可以根据其振动机理推导，如转子不平衡，其振动频率与转速（基频）一致，车体振动与之类似，振动的时域波形近似为正弦波，谐波能量集中于基频，基频附近低频谐波衰减较快，高频部分变化接近恒定。通过对波的分解，滤除基频附近的谐波，就可以基本上剔除干扰。

虽然理论上可以通过检测高次谐波来去除干扰，提高了冲击信号的信噪比，但冲击信号的高次谐波幅值太小，直接对其放大会产生严重失真。最好的办法是对高次谐波段进行重构，实现由频率到时域的变换，即傅里叶反变换（傅里叶积分）：

$$f(t)=\frac{1}{2\pi}\int_{-\infty}^{\infty}F(\mathrm{j}\omega)\mathrm{e}^{\mathrm{j}\omega t}\mathrm{d}\omega \tag{14.39}$$

对占空比为 1%、频率为 100Hz、幅值为±2V 的方波进行仿真，对 10～14kHz 的谐波合成重构，如图 14.9 所示：大于 10kHz 的谐波，幅值小于 0.02V，但其合成波幅值大于 1V，该波为衰减波形，重复周期与基波相同。由此可知方波（对应故障脉冲波）的频率。

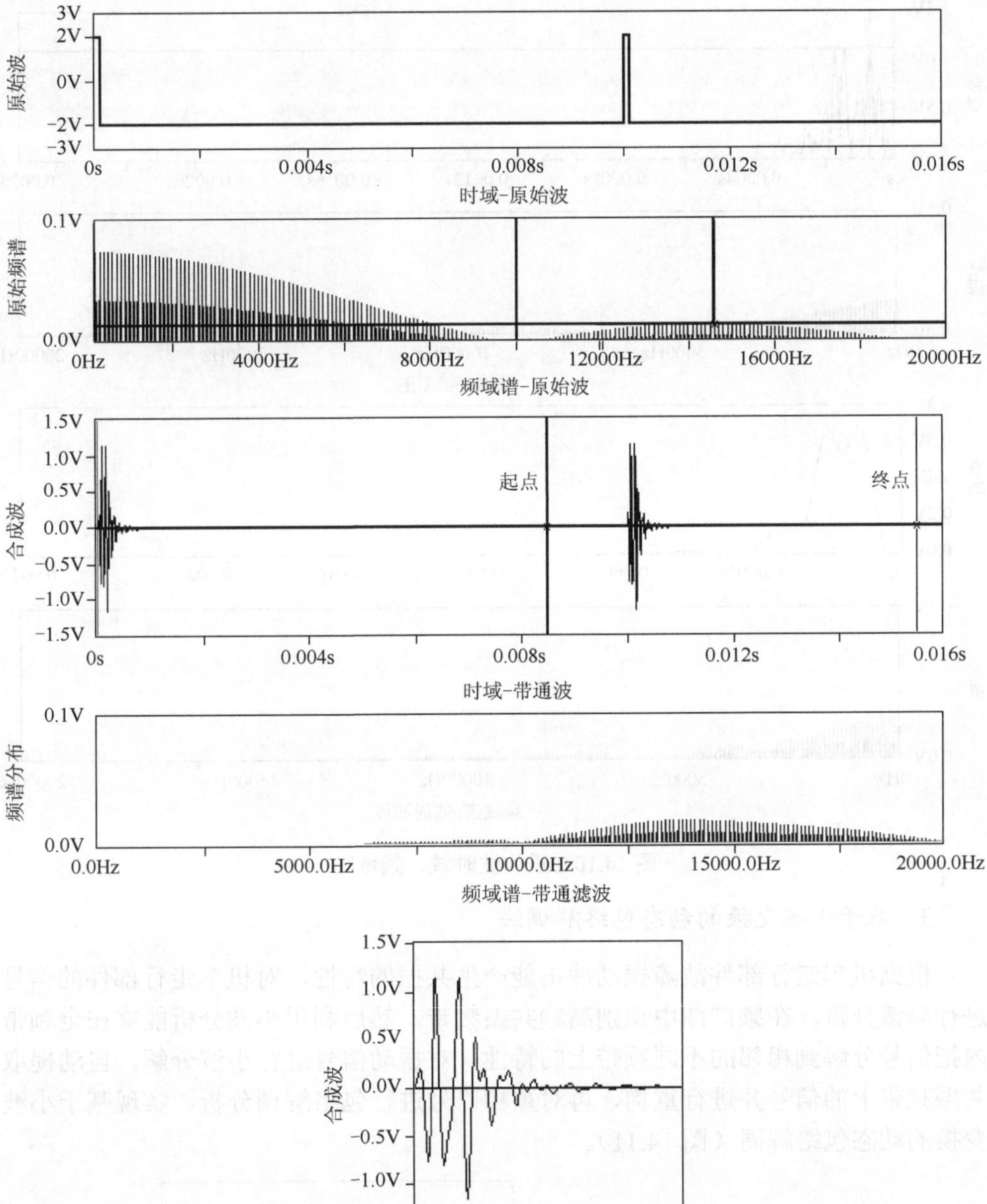

图 14.9　合成波时域图

合成波的频率成分是高次谐波，应对其进一步包络处理，便于检测及频谱分析。合成波经检波、包络钝化后得到去噪“还原”波形（图 14.10）。与原冲击信号相比，幅值有所下降，宽度增大，频谱特性一样。

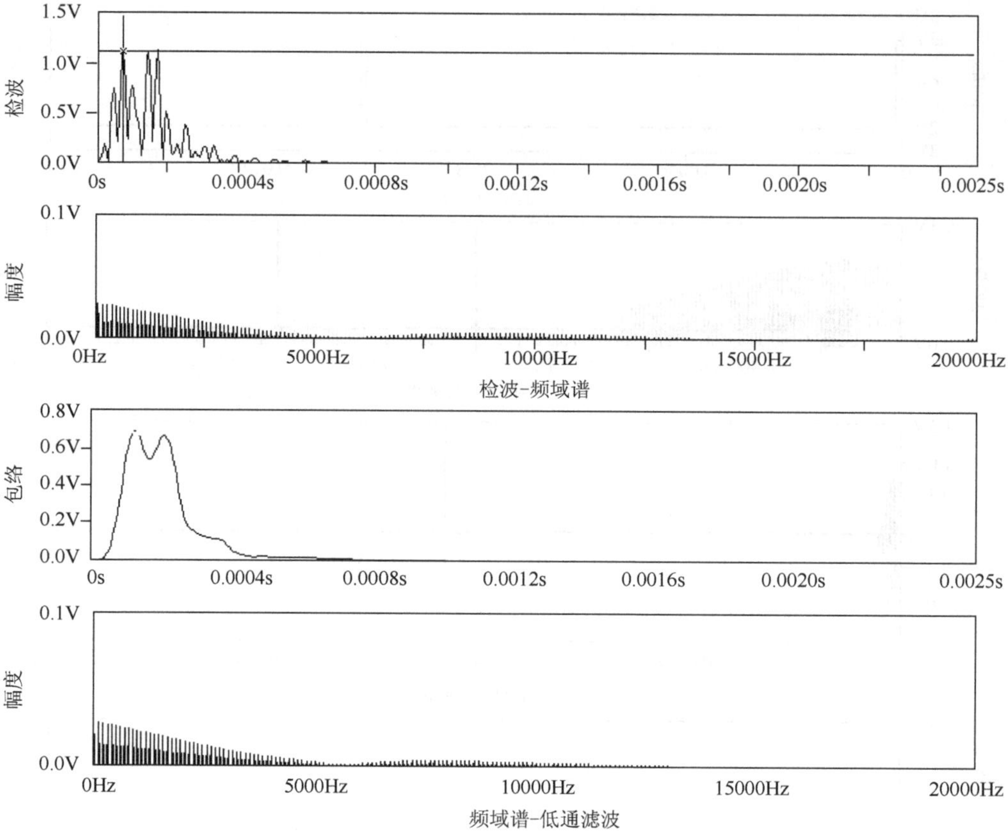

图 14.10 重构波时域、频域图

3. 基于小波变换的动态包络解调法

根据机车走行部件故障振动冲击能产生共振的特性，对机车走行部件的信号进行频谱分析。在频谱图中识别高频共振频带，然后利用小波分析能够在全频带内把信号分解到相邻的不同频带上的特性，对振动信号进行小波分解，自动提取共振频带上的信号并进行重构，再对重构信号进行包络解调分析，实现基于小波变换的动态包络解调（图 14.11）。

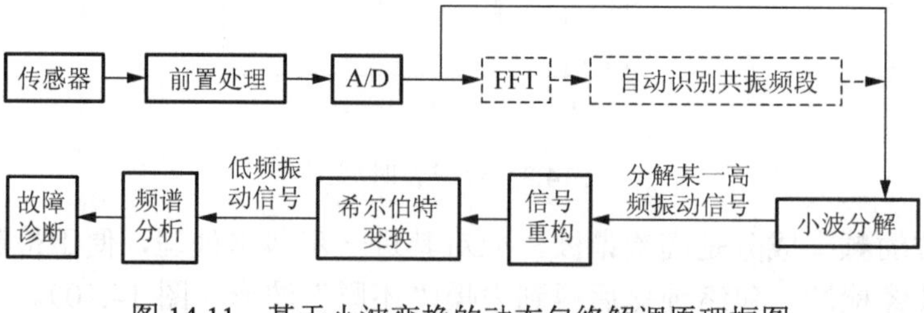

图 14.11 基于小波变换的动态包络解调原理框图

14.3　机车走行部件故障诊断系统设计

14.3.1　系统方案设计

系统方案框图如图 14.12 所示。系统由主机、传感器网络、他机（另一主机）及（TAX2 插箱）通信板等组成，其中，他机和通信板为可选件。传感器网络是由接线转接盒、复合传感器、插头、插座、总线组成的测试线路。

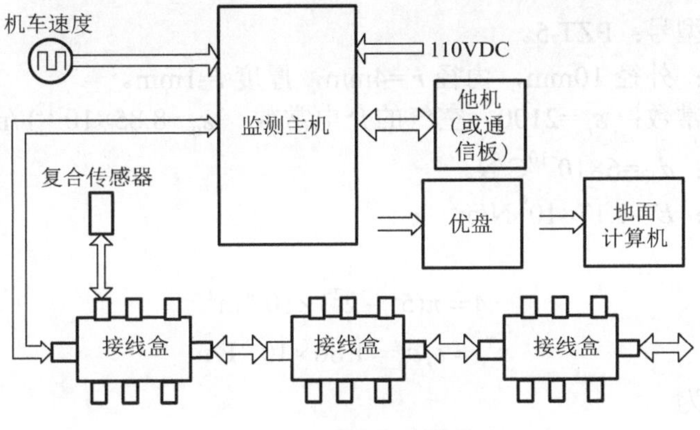

图 14.12　系统方案框图

1. 技术参数

系统满足 TB/T 3021—2001《铁道机车车辆电子装置》、TB/T 3058—2002《铁路应用机车车辆设备冲击和振动试验》、TB/T 3034—2002《机车车辆电气设备电磁兼容性试验方法及其限值》相关条文要求。根据电机试验温升要求及机车轴承润滑油的工作温度限制，结合数字温度传感器 DS1820 的技术参数，参考国外振动测量仪器相关参数，制定了诊断系统主要技术参数如下：

（1）供电电源。标称电压为 110VDC，电压的范围 77～138VDC。

（2）测量周期。温度测量周期不大于 2s；单点振动冲击量测量时间不大于 5s。

（3）测量范围。温度测量范围为-55～125℃；振动冲击测量范围为 0～99dB。

（4）测量误差。在-15～105℃范围内，系统温度测量误差不大于±2℃；在小于-15℃或大于 105℃时，误差不大于±4℃；系统测量振动冲击误差为±2dB。

（5）测量分辨率。温度测量分辨率为 0.5℃；振动冲击测量分辨率为 0.5dB。

（6）传感器振动性能参数。供电电源：11～16VDC，3～5mA。灵敏度：30μA/g±10%（25℃）。最高振幅：50*g*。

（7）测量距离。传感器网络长度之和允许长度 250m。

（8）报警条件。

温度报警：当某一轴位温升超过 55K 时，进行黄色温升报警；当某一轴位温度超过 90℃时，进行红色超温报警。振动报警：当故障冲击值≥35dB 时，进行黄色预警；当故障冲击值≥50dB 时，进行红色报警。

2. 复合传感器

诊断系统设计的温度、振动复合传感器（图 14.13），温度检测采用进口数字式温度敏感元器件 DS18B20；振动传感器采用压电式加速度传感器。压电元件采用压电陶瓷材料，具有耐湿防潮、机械强度大等优点。压电元件及质量块套在圆柱上，同螺母固定，利用压电材料的纵向压电效应产生电荷信号。

传感器设计参数如下：

压电陶瓷型号：PZT-5。

环形尺寸：外径 10mm，内径 r=4mm，厚度 l=1mm。

相对介电常数：ε_r=2100，空气的介电常数：$\varepsilon_0=8.85\times10^{-12}$F/m。

压电系数：$d_{33}=6\times10^{-10}$C/N。

弹性模量：$E=1.17\times10^{9}\ \text{N/m}^2$

经计算得

$$A=\pi(5^2-2^2)\times10^{-6}\,\text{m}^2 \tag{14.40}$$

$$\varepsilon_{33}^{\text{T}}=\varepsilon_r\varepsilon_0=1.86\times10^{-8}\,\text{F/m} \tag{14.41}$$

静电容量为

$$C_d=\frac{\varepsilon_{33}^{\text{T}}A}{l}=1226\text{pF} \tag{14.42}$$

铜质量块（图 14.14）体积及质量为

$$\begin{aligned}V&=\pi(5^2-2^2)\times3+\pi(5^2-1.5^2)\times1\approx263\text{mm}^3\\M&=8.9\times263\times10^{-3}\approx2.34\text{g}\end{aligned} \tag{14.43}$$

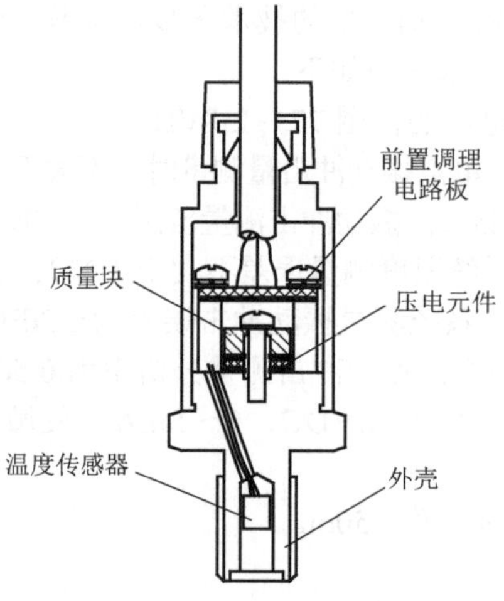

图 14.13　复合传感器结构图

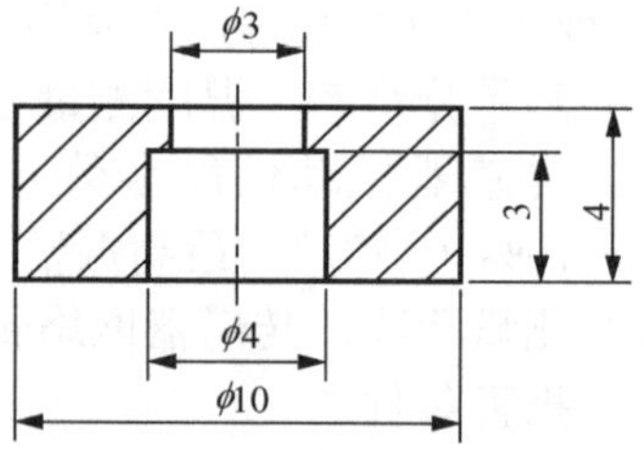

图 14.14　质量块尺寸图

电压灵敏度为

$$U\Big|_{a=g}=\frac{d_{33}lMg}{\varepsilon_{33}^{\mathrm{T}}A}=10\mathrm{mV/g} \tag{14.44}$$

固有频率为

$$f_n=\frac{1}{2\pi}\sqrt{\frac{EA}{Ml}}=28900\mathrm{Hz} \tag{14.45}$$

由于压电传感器的内阻抗很高、输出电信号很弱，必须经高输入阻抗的前置放大器进行放大再进行传输。本系统的传感器内置了前置调理电路，采用恒流源调制输出，静态直流工作电流为3.7mA，压电传感器电信号经放大、电压/电流变换后输出，便于用低噪声电缆进行远距离传输，不受电缆长度变化的影响。

传感器调理电路原理图如图14.15所示。压电晶体采用等效电压源进行分析，对于振动交流信号，其等效电容 C_d 及电路中电容 C_1 可看成短路。R_3 为压电晶片提供静态工作基准电压，它足够大（兆欧级），可看成开路，假定压电晶体产生振动电压为 u_i，经N1A放大后电压为

$$u_{\mathrm{AC}}=\left(1+\frac{R_4}{R_P}\right)u_i$$

$$i_2=i_1=\frac{u_{\mathrm{AB}}}{R_5}=\frac{u_{\mathrm{AC}}}{R_5}=\frac{1}{R_5}\left(1+\frac{R_4}{R_P}\right)u_i \tag{14.46}$$

$$u_{\mathrm{BD}}=R_7 i_2=\frac{R_7}{R_5}\left(1+\frac{R_4}{R_P}\right)u_i \tag{14.47}$$

$$i_3=\frac{u_{\mathrm{CD}}}{R_6}=\frac{u_{\mathrm{BD}}}{R_6}=\frac{R_7}{R_5R_6}\left(1+\frac{R_4}{R_P}\right)u_i \tag{14.48}$$

$$i=i_2+i_3=\frac{1}{R_5}\left(1+\frac{R_7}{R_6}\right)\left(1+\frac{R_4}{R_P}\right)u_i \tag{14.49}$$

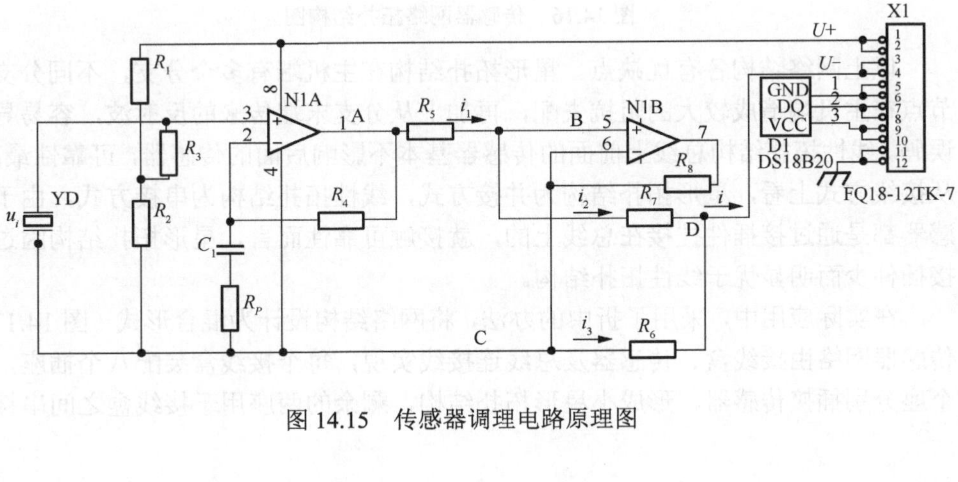

图 14.15　传感器调理电路原理图

可见，传感器输出电流 i 与振动信号电压值成正比，其中 R_p 为灵敏度放大倍数调整，每只传感器出厂时需用专用扫频电磁振动试验台进行测试调整，满足设计要求。

振动传感器电流灵敏度为

$$i\big|_{a=g}=\frac{1}{R_5}\left(1+\frac{R_7}{R_6}\right)\left(1+\frac{R_4}{R_P}\right)U\big|_{a=g}=\frac{1}{R_5}\left(1+\frac{R_7}{R_6}\right)\left(1+\frac{R_4}{R_P}\right)\frac{d_{33}lMg}{\varepsilon_{33}^{\mathrm{T}}A} \qquad (14.50)$$

电路静态恒流值 I 及 R_8 取值应合适，保证输出振动交流信号在较大的动态范围内不产生失真。分析电路静态直流工作电路时，可将电容看成开路。R_3 无电流通过，无压降，看成短路。传感器供电电压为 U 时，同理可求得传感器直流恒流值为

$$I=\frac{R_2R_6+R_2R_7}{R_2R_5R_6+R_1R_5R_6+R_2R_6R_7}U \qquad (14.51)$$

3. 传感器网络

系统采用温度及振动复合传感器用于信号监测，温度信号监测采用数字单总线器件，而振动信号为模拟信号，由于检测点较多，需对各路振动信号通道分别进行切换，最后用一个通道接入监测主机。系统用接线盒完成该功能，它主要由单总线控制的双路地址开关 DS2406P 组成，一路经控制温度传感器切换，一路经光隔控制相应振动信号切换。

传感器网络结构对单总线通信可靠性有不可忽视的影响。相关文献将网络结构归结为线性拓扑、树形拓扑、星形拓扑三种形式，如图 14.16 所示。

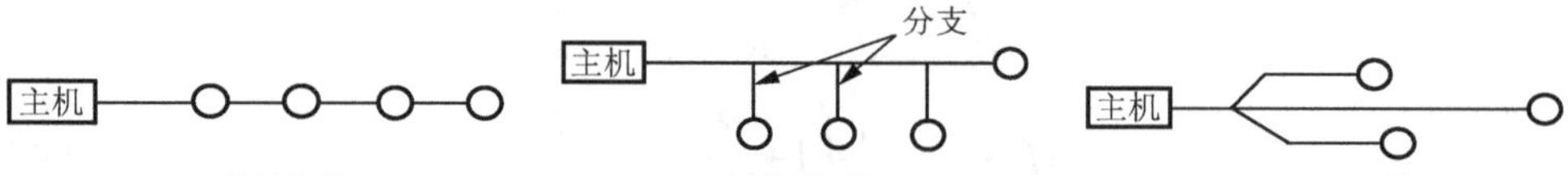

(a) 线性拓扑　　(b) 树形拓扑　　(c) 星形拓扑

图 14.16　传感器网络拓扑结构图

以上网络结构各有优缺点。星形拓扑结构在主机端有多个分支，不同分支的节点在主机端造成较大的阻抗失配，再加上从分支末端传来的反射波，容易导致误码。线性拓扑结构总线上前面的传感器基本不影响后面的传感器，可靠性最高。从接线方式上看，星形拓扑结构为并接方式，线性拓扑结构为串接方式，由于传感器都是通过接插件挂接在总线上的，就接触可靠性而言，星形拓扑结构因过渡接插件少而明显优于线性拓扑结构。

在实际应用中，采用了折中的办法，将网络结构设计为混合形式（图 14.17）。传感器网络由接线盒、传感器及总线连接线实现，每个接线盒装配八个插座，六个座分别插接传感器，形成小星形拓扑结构，剩余的两座用于接线盒之间串接，

形成大线性拓扑结构。多余插心并联，增加接触可靠性。需要特别注意的是，应尽量避免接线盒并接。这一点在早期未能引起注意，如东风 11 机车的传感器网络就是在主机端由多个接线盒、传感器并接，形成了多个长分支的星形拓扑结构，导致测量容易出错。

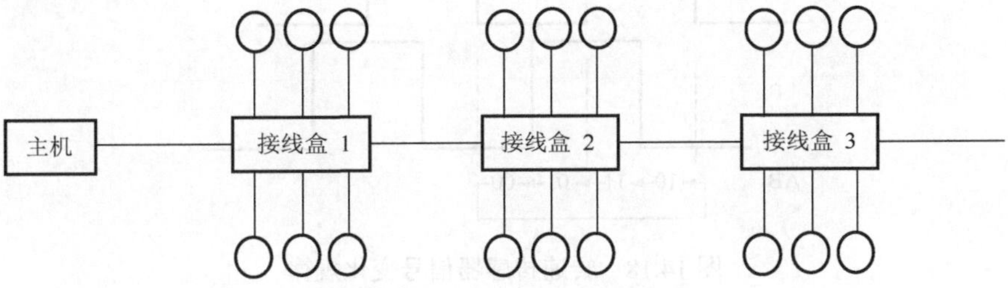

图 14.17　传感器网络结构图

4. 传感器安装

机车的每个轴一般安装六个传感器就可满足测量需求，对半悬挂单齿轮结构，依次为齿端轴箱轴承座、齿端电机轴承座、齿端抱轴轴承座、非齿端抱轴轴承座、非齿端电机轴承座、非齿端轴箱轴承座。用两位数表示传感器在机车轴承上的位置坐标，十位表示轴号，个位表示位号，位号为 0 表示环境温度。因此，对半悬挂单齿轮结构机车，从 I 端左方开始六根轴轴位号依次取值为 11～16，21～26，31～36，41～46，51～56，61～66；环境温度轴位规定为 10、20；对于全悬挂空心轴结构，4 位空缺。

复合传感器在装车前将轴位号写入内部温度传感器芯片 E^2PROM，监测主机通过单总线搜索指令建立通道切换开关与复合传感器轴位号的一一对应关系，实现传感器的定位与控制，再根据车型找到相应的轴承参数，进行频谱分析。

5. 机车速度测量

机车速度信号是与主传动轮轴同步转动的转速传感器信号，它提供一个相位基准信息，对于机械振动，相位与频谱是振动的主要特征，它为故障诊断提供重要的特征信息。而转速信号可用于采样频率的确定、控制采样，以保证振动信号的整周期采样。与本系统配套的速度传感器一般采用 TQG 系列轴端光电转速传感器，一周 200 个脉冲。

如图 14.18 所示，光电转速传感器有两路相差 90° 的方波信号 A、B，可用两路 I/O 口检测其高低电平，高电平为 1，低电平为 0，图中 AB 信号按→10→11→01→00→周期性规律变化，按箭头方向变化表示机车前进方向，每变化 1 个状态，角度增加 1 个单位（0.25×360°/200）；反之，角度减少 1 个单位。双波测量比单波形测量精度更高，具有防抖功能。当其中一路失效时，程序自动变为单波测量方式。

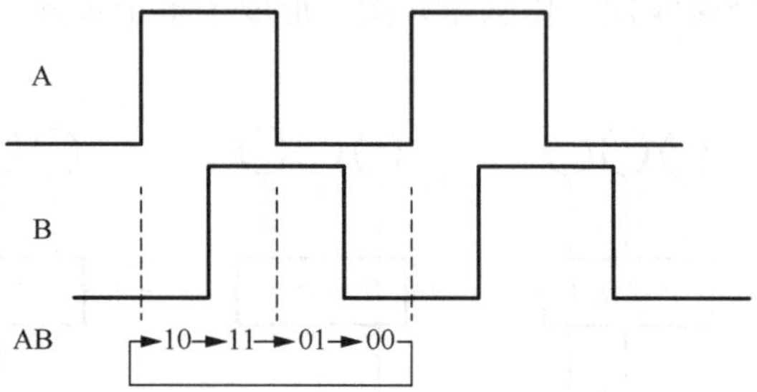

图 14.18　转速传感器信号变化规律

6. 通信

机车司机室分Ⅰ端、Ⅱ端，都需进行监测显示，因此该系统按主副机要求设计，主副机通过通信交换信息。对有些机车，主机应和 TAX2 箱通信，利用现有机车状态显示屏显示；对重联机车，则需安装两个主机。在以上各种应用情况下，主副机的硬件完全相同，采用基于 RS485 的无主通信方式，实现两装置自适应通信。

实现原理如下：主机定时每 1s 发送数据一次，只有当接收到他机（另一主机）信息时，定时器自动调整，延时 0.5s 发送，这样主机和他机主从关系轮换，交替发送、接收信息，实现两者有序通信，主机发送周期仍为 1s。从理论上来说，只有在开机时，排序关系才没有建立，主机和他机通信才存在竞争，两机可能同时发送，这时主机和他机只发本机地址信息，试验表明，由于每帧传输信息量少，通信时间间隙较大，信息冲突很难碰到。当然，信息冲突存在时，硬件电路也应不损坏。这种“竞争上岗”式通信可以很快变得有序，可以从微观上来解释，引起同步竞争消失的条件有很多，如计算机复位电容差异、晶振频率的细微变化、各种干扰等因素，都会导致信号非同步的必然发生，竞争难以持续，经软件处理后不会影响系统整体的性能。

7. 数据转储

机车回段后，车载装置数据可以通过 U 盘转储，导入地面计算机，利用地面分析软件进行更详细的分析及统计，得到装置及机车的运用情况，提出维修计划。

14.3.2　工作原理

监测主机原理框图如图 14.19 所示，硬件由检测板、ARM 板、电源板构成。

1. 检测板设计

检测板主要完成传感器网络的检测控制与速度检测、振动信号模数转换前的处理。

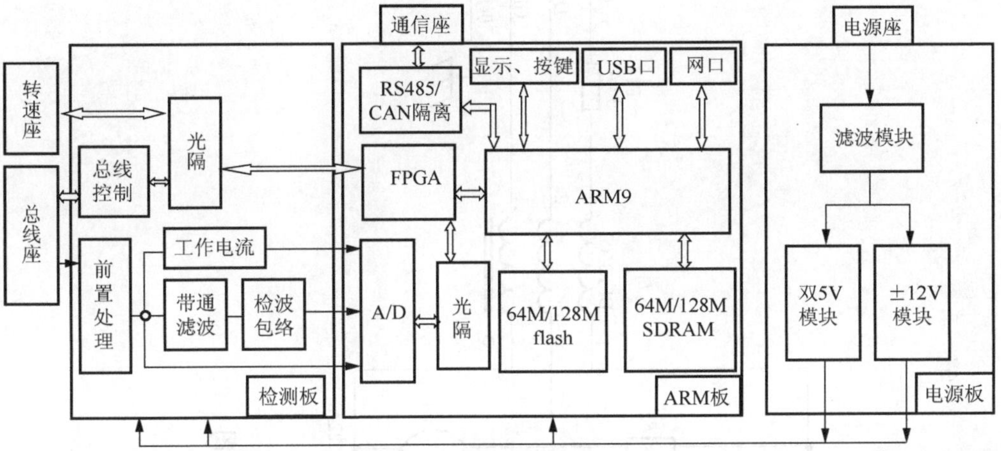

图 14.19 监测主机原理框图

1）总线控制原理

单总线控制原理如图 14.20 所示。FPGA 内部单片机通过光隔 V2 控制三极管 V3，发送单总线指令，随后 V3 截止，释放总线 DQ，接在总线上的单总线器件产生应答信号经小电流驱动光隔 V1（HCPL-2300）返回单片机。R_9、C_3、C_4对单总线信号进行摆率控制，总线下降时间过快（高摆率）会引起自激，在单总线上产生伪信号，影响有效的数据波形。上升时间和下降时间过慢又可能不满足时隙要求，使过渡期受到噪声和反射的影响。R_5实现总线阻抗匹配，D1（MAX6314）用于动态上拉，克服大的网络半径和单总线器件所引起的附加（电容性）总长度。共模电感 L_1 增大了信号线的抗干扰能力，同时抑制总线对外发射干扰。本电路采用电流环检测总线，总线介质采用绞线以提高抗干扰能力，单总线的驱动距离达到几百米。

2）前置处理电路

前置处理电路原理如图 14.21 所示。来自振动传感器的振动调理电流信号 i 经运放 N1A 后变为电压信号 $u=-iR_{11}$，该信号经 N1B 组成的交流滤波电路后，得到传感器直流静态工作电流值送 A/D 转换 AD0，用于判断振动传感器工作状态。电流值超设定范围，系统显示传感器开路或短路故障信息。N1D 用于工作电流 5V 限幅，防止传感器短路时超过 A/D 转换量程。振动调理电压信号 u 另经 N1C 组成的高通滤波器，滤除直流成分，得到振动交流信号，分为两路：一路去包络检波处理电路；一路限带宽后去 AD2，用于小波变换。

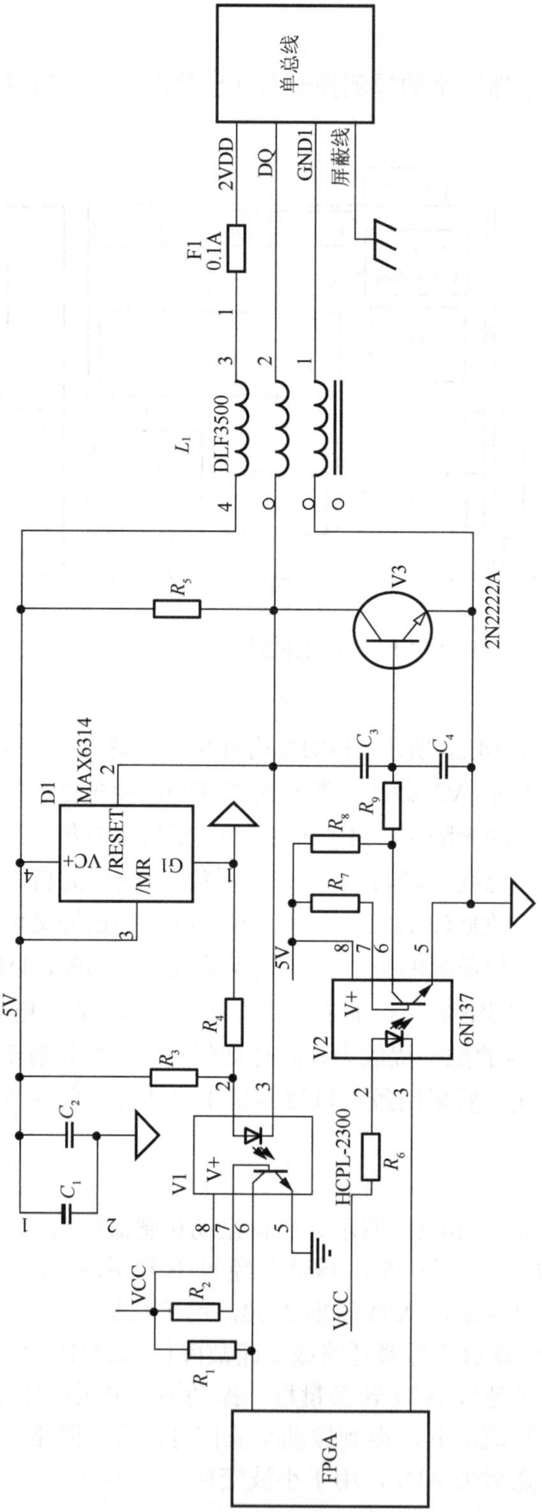

图 14.20 单总线控制原理图

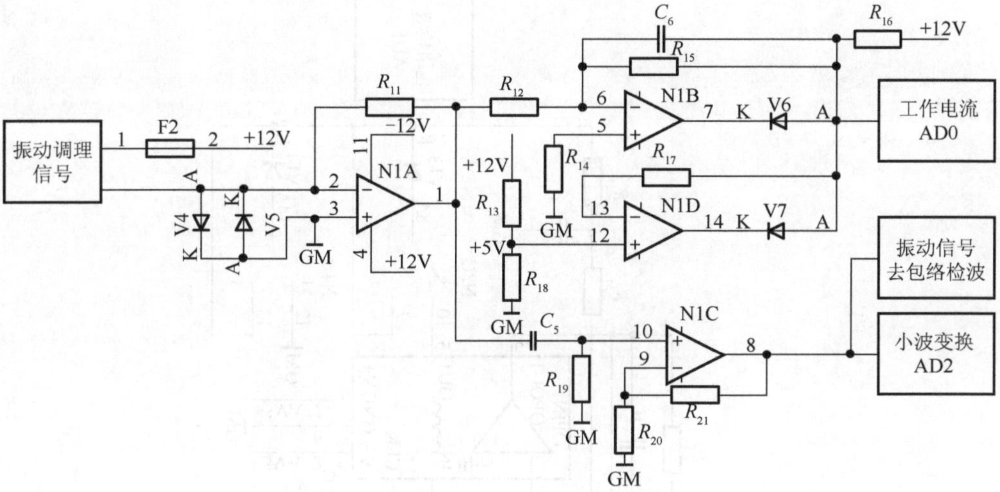

图 14.21　前置处理电路原理图

3）包络检波电路

包络检波电路原理如图 14.22 所示。振动信号进入八阶连续时间有源滤波器 MAX274 组成的 Chebyshev 型高阶滤波器。MAX274 有四个相同的单元，每个单元（图 14.23）为一个二阶高 Q 值的谐振器组成，中心频率 f_o、Q 值及放大倍数均可由其外接电阻 R_1～R_4 来设计确定，maxim 公司提供了相应计算软件。该集成化方案较分离器件方案而言，外接元件少，参数调节方便，不受运放频响影响，对电路杂散电容有更优的抗干扰性。

滤波后的输出信号送 N3A、N3B 组成的绝对值检波器。信号要求运放有高的压摆率及尽量小的失调电压。

检波后的信号经 MAX293 前端运放组成的低通滤波器进行包络处理，输出到 N3：8 脚，进行抗混滤波。为提高信号频率的分辨率，要求抗混滤波器的带宽是可变的，主机根据机车速度由 FPGA 改变采样频率来控制。MAX293 为八阶低通椭圆形开关电容滤波器，本身有开关噪声，其输出信号由 R_{54} 负反馈至输入端得到抑制。

2. ARM 板设计

1）ARM 内核

ARM 板采用 ARM9 S3C2440 微处理器，其计算能力优于常规 X86 体系的嵌入式系统，最高主频速度达到 400MHz。板上由 FPGA 实现逻辑功能及单总线所需的严格时序，另外集成了 CAN 总线、RS485 总线、USB 主从接口、以太网口，A/D 转换采用 FPGA 逻辑控制的 SPI 串行通信接口，支持 0～10V，0～5V，±10V，±5V 模拟信号输入，最高采样速率 110kHz。

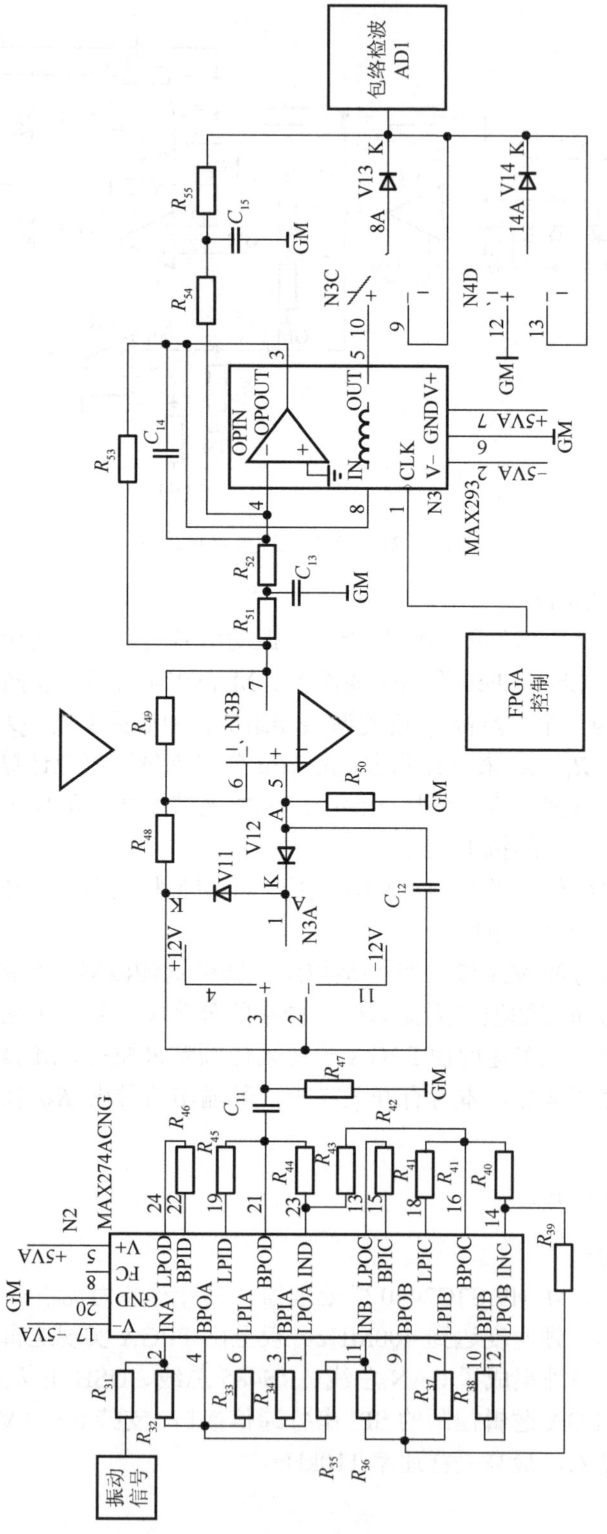

图 14.22　包络检波电路原理图

连FC到:	RY/RX(kΩ)
V+	13/52
GND	65/13
V−	325/13

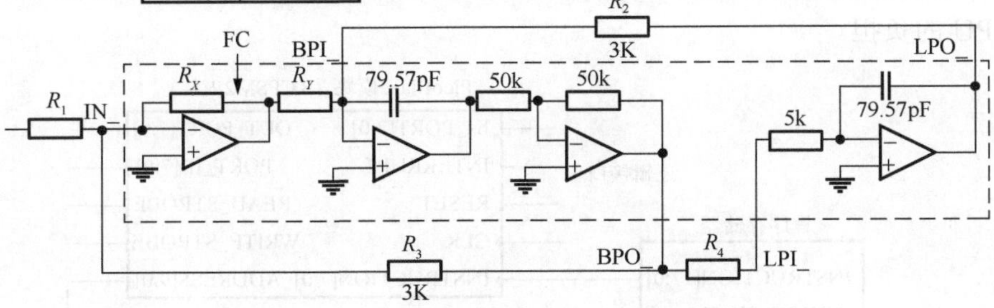

图 14.23　MAX274 内部单元原理图

S3C2440 是一款专用的以手持设备为主而设计的芯片，其基于 ARM920T 内核，0.13μm 的工艺，功耗极小、简单、稳定的设计非常适合对电源要求较高的产品上。它采用了新的总线构架（AMBA），内部集成了多项功能：

（1）LCD 专用控制器和专用 DMA 通道；

（2）外部 4 路独立 DMA 控制器；

（3）3 路串口，读写 64KB 缓存；

（4）2 路 SPI 口；

（5）IIC 总线接口；

（6）IIS 音频总线接口；

（7）AC'97 解码总线接口；

（8）SD host interface version 1.0 and MMC 2.11；

（9）2 路 USB 主控制器和单路从 USB1.1 控制器；

（10）4 路定时器、1 路内部计数器和看门狗；

（11）8 通道 10bitADC 和触摸屏幕接口；

（12）RTC 时间日志功能；

（13）摄像头接口（Max 4096×4096 and 2048×2048 support for scaling）；

（14）130 路独立通用 GPIO/ 24 通道中断资源。

2）FPGA 的特殊应用

为了满足底层信号接口的实时性，A/D 芯片以及单总线的信号时序由 FPGA 芯片 XCS2S100E 负责接口，该芯片内含 10 万个门单元，除了可以作为一般的可编程逻辑电路外，FPGA 芯片在其内部嵌入了 8 位的微处理器 IP Core-PicoBlaze（图 14.24），有自己的编程语言和编译工具。

运用 IP 复用技术，将 FPGA 和微处理器相结合，充分发挥 FPGA 的高速运行和微处理器软件可编程的特点，使得 FPGA 既能实现底层大运算量的算法，又能实现高层控制功能。本系统在 FPGA 内部利用 IP Core 生成了一个 8 位单片机内核，专职负责单总线网络通信的时序匹配和总线协议应答，满足十分严格的时序要求和智能处理。解决了在非实时操作系统下实现底层实时通信的难题，也降低了 CPU 的负担。

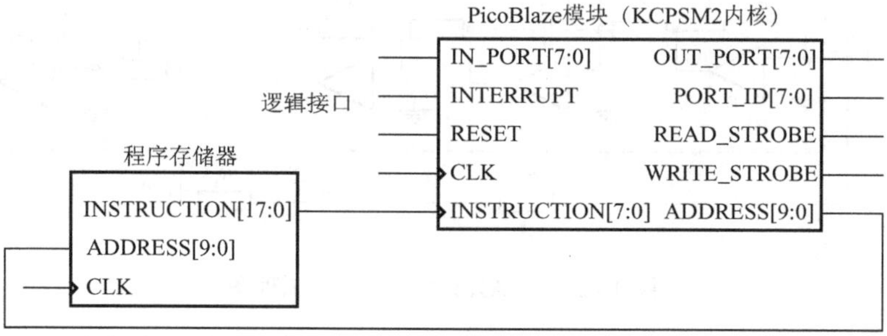

图 14.24　PicoBlaze 结构图

3. 电源板设计

电源的可靠性是监测主机的一个重要保证。电源采用模块化设计，应用滤波、接地等技术满足系统电磁兼容性要求。

1）电源模块

电源模块采用 TOPSwitch 系列器件 TOP100 构成单端反激式开关电源。TOPSwitch 系列器件集成了开关电源所必需的具有通态可控栅极驱动电路的高压 N 沟道功率 MOS 场效应管、电压型 PWM 控制器、100kHz 高频振荡器、高压启动偏置电路、具有温度补偿的带隙基准、用于环路补偿的并联偏置调整器以及误差放大器和故障保护等功能电路。单端反激式开关电源具有电路简单、可提供稳定的多路直流输出等优点，特别适合小功率开关电源。图 14.25 为输入电压为 50～160VDC，输出为双 5VDC 的开关电源模块电路。

D2（TL431）并联稳压器内部包含 2.5V 带隙基准电压、运算放大器和驱动器，作次级基准误差放大器用。R_2 和 R_3 是输出取样电阻，对输出分压后，通过 TL431 的 REF 端控制器件从阴极到阳极的分流，这个电流驱动光耦 V5 发光部分。当输出电压有变大趋势时，REF 随之增大导致流过 TL431 的电流增大，光耦发光加强，N1 控制极从感光端得到的反馈电压变大，减小 PWM 导通占空比，输出电压随之回落，达到稳定输出电压的目的。

2）抗电磁干扰电路

机车上电磁干扰严重，电源线是电磁干扰的主要传播路径之一，电源模块需采取抗干扰措施，电路板电路原理如图 14.26 所示。

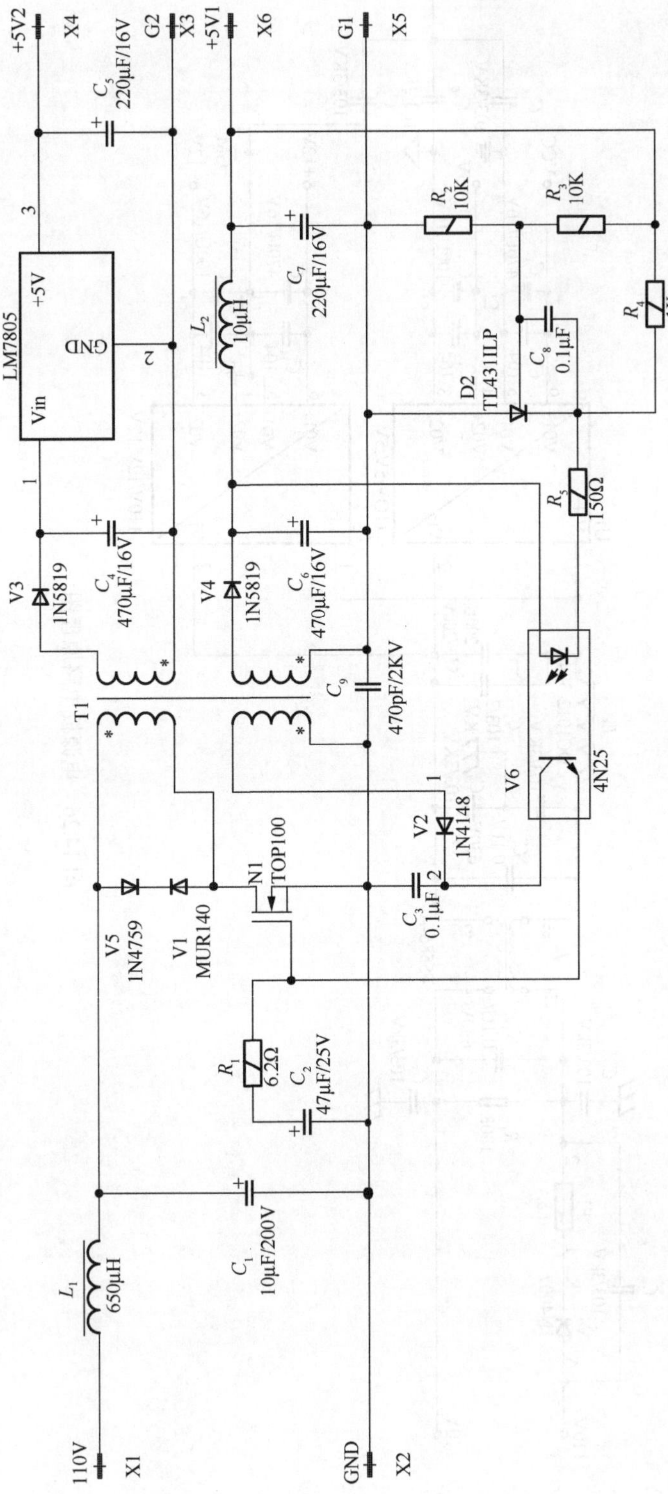

图 14.25　电源模块电路原理图

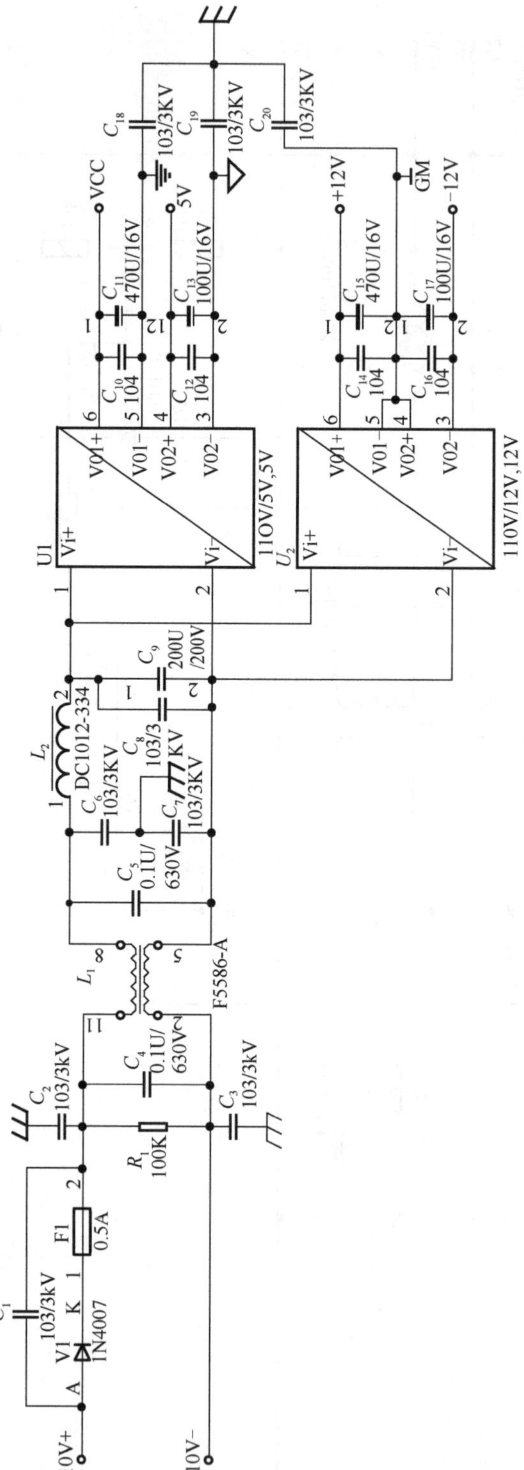

图 14.26　电源板电路原理图

设计合理的电源 EMI 滤波器，它既能有效地抑制电源系统内存在的骚扰信号传入系统，又能大大衰减系统工作时本身的骚扰信号传向电源或通过电源线向空间辐射。

内部电源地、外部接口电源地分别通过射频电容器与机壳连接，达到静电放电（ESD）防护的目的，同时满足直流隔离要求。

电源模块电路由集成化程度高的三端 PWM 开关电源芯片 TOP100 构成，它不仅输入工作电压范围宽，还能降低开关电源所产生的电磁干扰。

14.3.3　车载软件结构

诊断装置以嵌入式 Linux 为操作系统软件平台，采用标准 C 语言编程，使用 MiniGUI 图形用户界面支持系统开发，6.4 寸 TFT 液晶屏。

1. Linux 操作系统

嵌入的 Linux 操作系统只需进行裁剪，去掉多余的功能，修改系统中相关硬件平台参数，使其能在相应的硬件系统上运行。它具有如下特点：

（1）适应于多种 CPU 和多种硬件平台，是一个跨平台的系统，性能稳定，裁剪性很好，开发和使用方便；

（2）开发的源代码，不存在黑箱技术；

（3）内核小、效率高，内核的更新速度很快；

（4）版权免费。

2. 驱动程序

操作系统通过驱动程序访问底层设备，本系统除了显示屏、USB 接口、以太网接口可以使用 Linux 操作系统的自带驱动程序外，A/D 转换、单总线读写、键盘输入、RS485 通信等都需要编写相应的驱动程序。

A/D 转换、机车速度测量、键盘输入和单总线读写驱动程序的实时性要求较高，其驱动主要由 FPGA 来完成，操作系统通过对特定地址的读写实现信号的读取和指令的输出。RS485 驱动在 Linux 操作系统内实现。

3. 软件主要结构

软件运行过程如图 14.27 所示。

软件创建四个线程分别管理温度、振动、通信和软件整个运行结构，线程之间通过消息机制交换信息，保证各个线程同步运行。

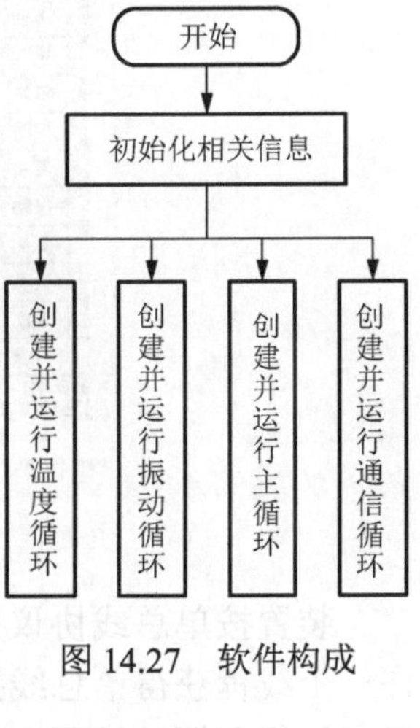

图 14.27　软件构成

（1）温度线程管理采集温度、处理温度、消息处理和文件保存；

（2）振动线程管理采集振动数据、分析振动数据、消息处理和文件保存；

（3）主循环线程管理整个软件的框架、键盘、液晶屏、各显示窗口和消息处理；

（4）通信线程管理 RS485、消息处理和外界通信。

Linux 系统提供了消息机制的函数，用这些函数可实现一套完善的消息机制，如读消息、写消息、发送消息等，程序对可见的错误分别处理，防止消息传递错误时线程之间的数据不同步。

软件主线程运行后启动主窗体，如图 14.28 所示。主窗体显示所有传感器的温度、振动和机车信息，其数据通过消息机制从温度线程、振动线程和通信线程读取。在主窗体上有 F1～F5 五个按键，每个按键相应启动不同功能的子窗体，每个子窗体也根据消息机制向温度线程或振动线程读写数据，结束后返回至主窗体。五个子窗体分别显示传感器的状态信息、实时振动曲线、温度曲线、设置和转储功能。窗体的编程及内部消息机制均调用 MiniGUI 库来实现，各个线程之间的消息机制采用 Linux 系统的消息机制实现。

通信线程主要从外界设备获取信息，并将温度及振动信息传送给外界设备。通信线程控制 RS485 进行通信，数据从温度线程和振动线程中读取。读取的外界设备信息又通过消息机制传送给主线程、温度线程和振动线程。

温度线程和振动线程是软件功能的核心，装置通过这两个线程获取各个传感器的检测数据并对其进行处理，通过诊断算法给出诊断结果。

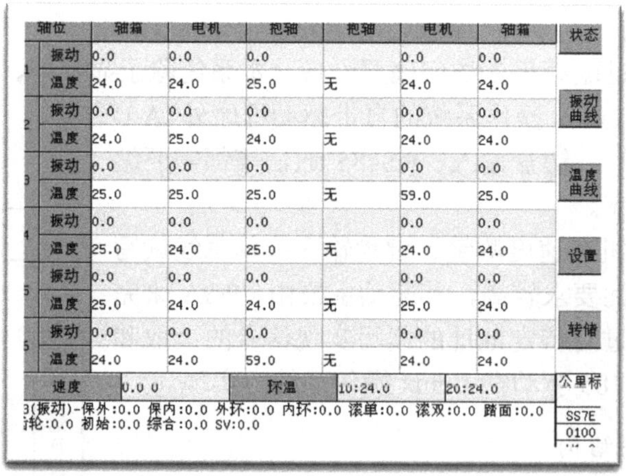

图 14.28　软件主窗体界面

装置按单总线协议采集复合传感器的温度和振动信号。在每个时间节点只允许一个线程获得单总线控制权，因此控制权在温度线程和振动线程之间交替变换。温度线程和振动线程之间靠消息机制互相读写，不具有实时性，为避免在控制权上产生冲突，须在程序中设置单总线控制权的信号量，由信号量判断是否允许控制单总线。如果线程出现错误，也可通过信号量来判断，如经过一段时间信号量不可用，则强制恢复信号量和线程，复位单总线，以保证程序的正常运行。

1）温度线程

主线程通过消息传递命令对温度线程进行控制，如图 14.29 所示，温度线程读取到温度值后进行如下处理：

（1）发现温度值超过 90℃或温升大于 55K 时进行报警处理；

（2）温度值较上次检测值变化较大，则通过多次采集进行比较，确认温度值的真实性，并采用“积分”运算对检测值进行滤波处理；

（3）传感器出现故障，置故障标志，装置记录并显示故障信息；

（4）对温度值最高的传感器特别关注，读取的频率比其他传感器高，这样温度达到报警条件时可以及时反应；

（5）将温度变化通过消息传递给主线程，每个点前后温度变化达到或超过 2℃时，则形成一条记录保存到文件中，以便下载分析。

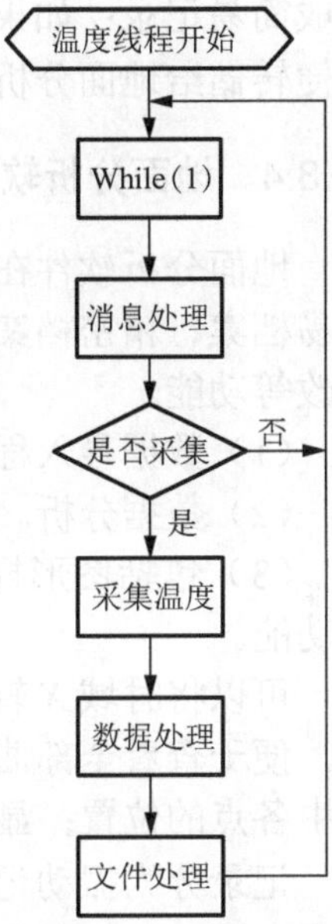

图 14.29　温度线程流程图

2）振动线程

振动线程流程和温度线程基本一致，振动线程对振动信号进行 A/D 转换和采集后，利用诊断算法进行分析处理。图 14.30 为主机界面显示的振动分析曲线，界面的上半部分为时域曲线，下半部分为频域曲线。

采用故障诊断的方法由按键进行选择。

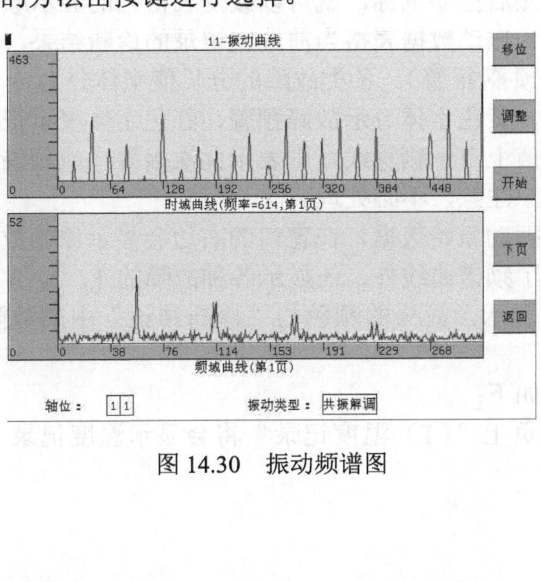

图 14.30　振动频谱图

振动线程采集一个样本的振动数据需要较长时间，采集数据和分析数据程序是同时运行的，即在采集某点振动数据的同时分析上次采集的数据，这样避免了时间资源的浪费。数据处理结论通过消息机制发送给主线程，同时保存至文件中，形成简易记录；如果遇到振动故障结论，则同时保存振动数据，形成详细记录，以便转储给地面分析软件进行进一步分析。

14.3.4　地面分析软件

地面分析软件在 Windows 下采用 Borland C++ Builder 开发，包含数据转储、简易档案、精密档案的管理、历史档案的趋势分析、各种报表打印、轴承参数的修改等功能。

（1）数据导入程序。

（2）数据分析。

（3）包括图形操作工具、数据删除工具、数据筛选工具、打印工具等共 18 种功能。

可以将时域 X 轴放大一倍便于观察波形的细节信息，也可将时域 X 轴缩小一半，便于查看全部曲线；可以针对频谱曲线操作；显示曲线点标记，用于确定曲线中各点的位置；显示曲线中各点数值；以及打印时域和频谱曲线图。

记录分为振动记录和轴温记录两部分，可以通过记录窗口左下方的“记录选择页”进行切换。振动记录如图 14.31 所示。

窗口的左上方为振动数据表格，表格中每一条记录对应一次检测，包括检测时间、轴位号、环温、轴温、速度、区段号、公里标等信息，其诊断结论显示在窗口左下方的“诊断结论”区。

表格中的数据最初是按日期、时间、轴位排序显示的，如果要按其他顺序排序，只要用鼠标点击表格标题中的对应项即可。如果在表格标题栏的某一列名称上点击鼠标左键，然后拖动鼠标，就可以改变表格列的显示顺序。

窗口的左下方为振动数据表格当前选定记录的诊断结果，即 8 类故障的故障级别及报警类型（预警/报警）。各类故障的分贝值字体分为 3 种颜色：黑色字体表示没有该类故障，黄色字体表示故障预警，红色字体表示报警。如果出现预警或报警值，但在数值上有一删除线，则表示此次报警（或预警）未确认，未确认的报警只是提醒用户注意，不必处理。

如果记录包含振动原始数据，在窗口的右边会显示原始数据的波形及其频谱曲线。频谱图中除了频谱曲线外，还显示各种故障的 1、2、3 阶理论特征频率，用不同颜色的箭头表示，箭头的颜色与“诊断结论”中的故障类型文字的颜色对应。

温度记录描述如下：

点击记录选择页上“（T）温度记录”将会显示温度记录（图 14.32），分四个区。

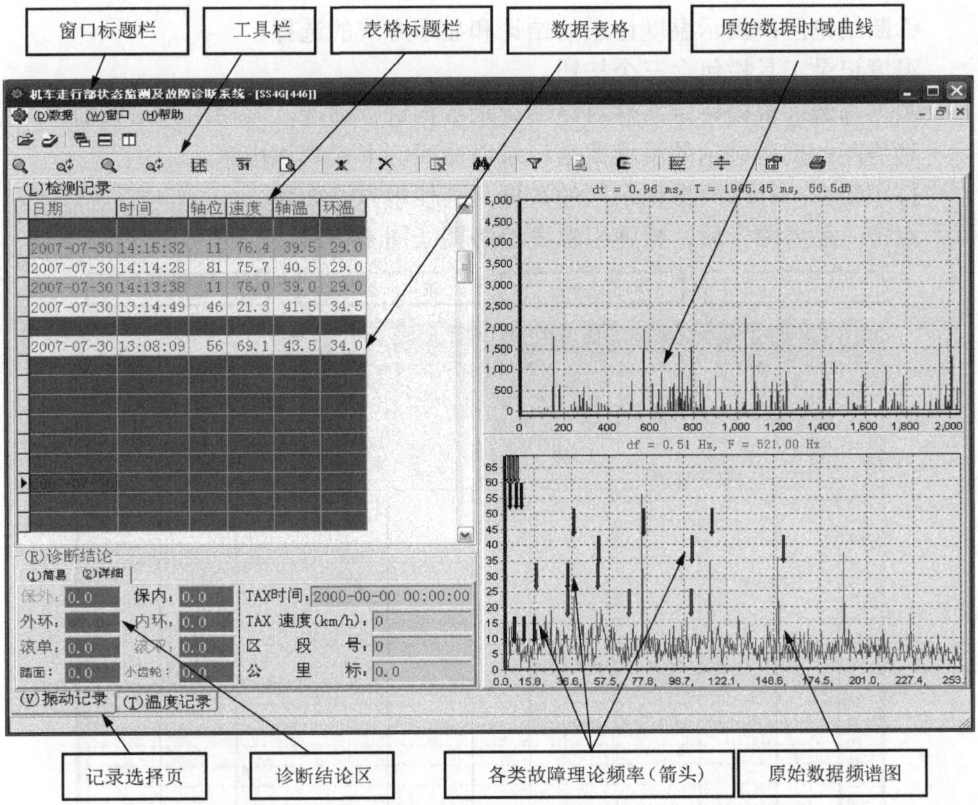

图 14.31　振动记录

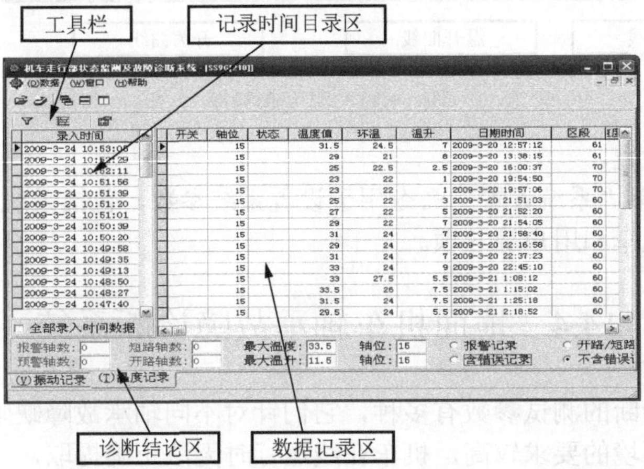

图 14.32　温度记录

记录时间目录区：每次通过数据导入软件导入温度记录的时间。

数据记录区：显示详细的温度记录信息。

诊断结论区：显示温度记录的结论和显示方式的选择。

温度记录工具栏包含三个按钮。

数据筛选：根据特定条件对温度记录数据进行筛选，其使用方法如前。

趋势图：把所显示的温度数据记录以曲线的形式表达出来。

打印报表：打印数据记录区的数据。其使用方法如前。

点击“趋势图”后，将弹出温度趋势图（图 14.33）

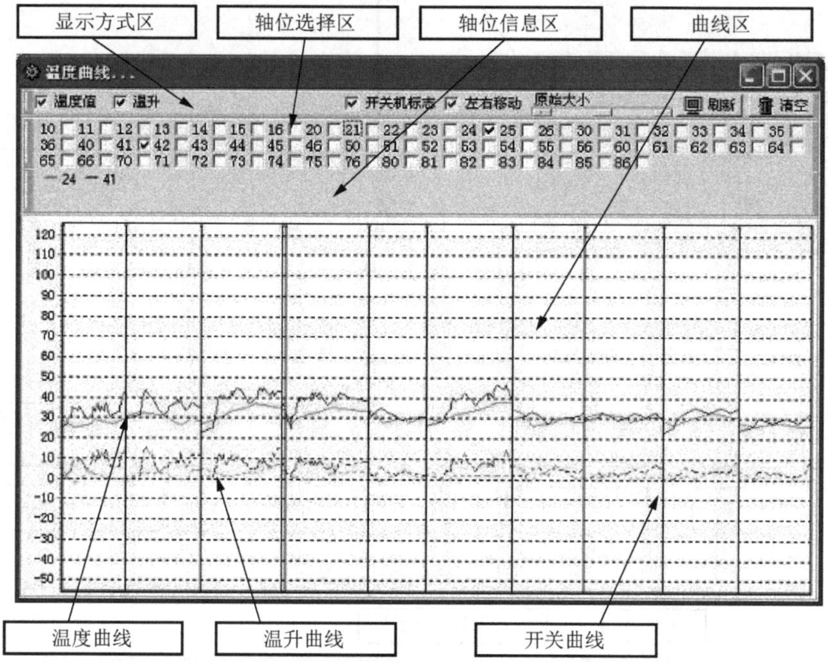

图 14.33　温度趋势图

（4）系统设置。

“数据”菜单“系统设置”命令用于设置系统参数，包括系统、轴承、车型、传感器分布、机车和用户等 6 项。

14.4　地面机车轴承故障诊断系统

用于振动诊断的测试参数有多种，它们针对不同轴承故障缺陷各有优势。有些参数对测试环境的要求较高，机车在线运行时无法正确提取，只能在地面进行机车顶轮检测，为此，本节给出了一种便携式机车轴承故障诊断系统的设计技术。若应用于已安装在线监测设备的机车，可以确认轴承故障的诊断，减少误判带来的维修费用；若应用于未安装在线监测设备的机车，作为检修辅助设备可以诊断轴承故障。

14.4.1　工作原理

系统由 PC、数据采集器、振动传感器及转速传感器组成，如图 14.34 所示。

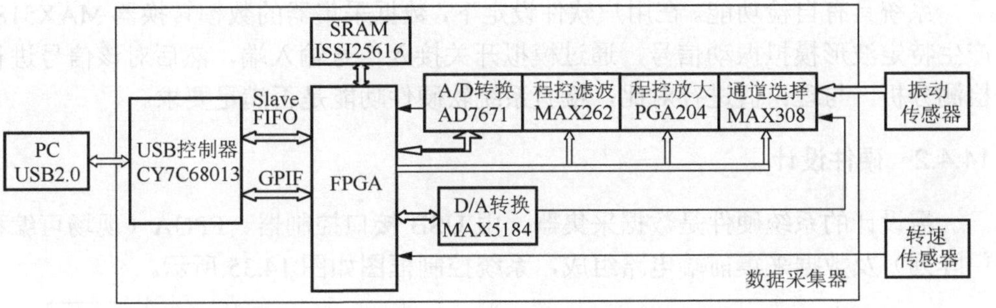

图 14.34　系统原理框图

系统采用能支持 USB2.0 协议的便携式计算机，主要完成信号的处理、分析及文件管理功能。信号处理包括滤波、包络检波等。信号分析采用以下常用的几种诊断测振参数进行诊断。

（1）有效值（RMS）和峰值，峰值对轴承初期阶段破碎的检测能力十分理想。

（2）波峰因数，也称峰值系数，是指峰值与有效值的比率。正常轴承的波峰因素为 4～5，轴承破碎的振动波峰因素可超过 10。波峰因数的最大特点是，它不受轴承尺寸、转速及载荷的影响，且不受振动绝对水平的影响，所以检测系统的灵敏度和放大率即使有变化，也不会出现误差。但对表面点蚀和磨损，波峰因素几乎没有检测能力。

（3）振幅概率密度函数，可以根据轴承振幅概率密度函数分布曲线的形状来诊断轴承由于破碎而产生的冲击振动，还可用峭度来表示分布宽度的量，作为诊断的指标。

（4）包络检波频谱分析，此方法能分析出轴承损伤及破碎的位置，区分外界干扰和由轴承异常而产生的信号，所以被广泛应用，目前装车的在线监测设备即此种方式。

针对不同机车轴承，上述参数故障阈值会有差异，可参考铁道部运输局装备部颁布的《机车轴承技术管理规范（试行）》（运装机检〔2000〕111 号）在用户软件中设置。

数据采集器在 PC 主机的控制下，采集轴承转速信号及最多可达八路的振动信号。转速信号用非接触光电反射式转速传感器测量，在被测体上贴一可识别光标即可，传感器输出与转速周期对应的脉冲信号，数据采集器对该信号周期计量得到轴承转速。振动信号用压电加速度传感器测量，传感器带有磁力座，方便安装、拆卸。振动信号经传感器内部电路放大、恒流源调制后输出，由八选一模拟开关MAX308选择通路，再经程控放大器PGA204进行放大，程控滤波器MAX262初级滤波处理后，模数转换器A/D7671将之转换为16位数字量，缓存于数据存储器ISSI25616中，最后通过Slave FIFO方式把数据从USB2.0总线上传回PC。

系统具有自检功能。在用户软件设定下，数据采集器的数模转换器MAX5184产生特定波形模拟振动信号，通过模拟开关接入信号输入端，然后对该信号进行检测分析，与理论值进行对比，检验系统软硬件功能是否满足要求。

14.4.2　硬件设计

需设计的系统硬件是数据采集器，由USB接口控制器、FPGA（现场可编程门阵列）及数据采集前端电路组成，系统控制框图如图14.35所示。

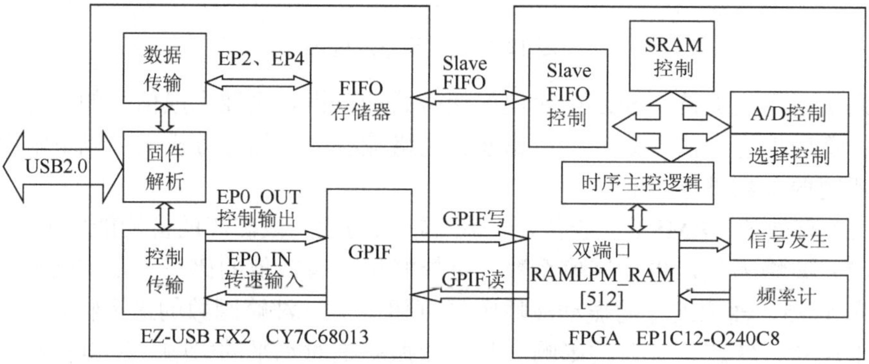

图14.35　系统控制框图

1. USB控制器

USB控制器CY7C68013属于Cypress公司的EZ-USB FX2系列产品，是世界上第一款集成USB2.0的微处理器，它集成了USB2.0收发器、SIE（串行接口引擎）、增强的8051微控制器和可编程的外围接口。FX2这种独创性结构可使数据传输率达到56MB/s，即USB2.0允许的最大带宽。在FX2中，智能SIE可以硬件处理许多USB1.1和USB2.0协议，从而减少了开发时间和确保了USB的兼容性。代码与8051系列单片机兼容，而速度是8051的3～5倍。

CY7C68013与外设有两种接口方式：可编程接口GPIF和Slave FIFO。

可编程接口GPIF是主机方式，可以由软件设置读写控制波形，灵活性很大，几乎可以对任何8/16 bit接口的控制器、存储器和总线进行数据的主动读写，使用非常灵活。Slave FIFO方式是从机方式，外部控制器可像对普通FIFO一样对FX2的多层缓冲FIFO进行读写。

2. FPGA设计

在数据采集器控制中，主电路采用了50MHz时钟驱动。信号的控制时序要求非常严格，以保证数据采集和存储同步进行。在 FPGA 外部，为避免时序信号失真，必须要有足够的旁路电容和滤波电容及信号线滤波器，以降低电路噪声。PCB 布线采用高速布线原则，同时考虑控制信号与数据信号的传输延迟。在整个 FPGA 设计过程中，采用了 QuartusⅡ软件中 SignalTapⅡ嵌入式逻辑分析仪在线对 FPGA 内部信号状态进行分析和评估，对各模块电路功能进行功能验证，保证设计的正确性和可靠性。在本设计中，采用了 VHDL 设计和图形设计相结合的方法。VHDL 设计具有极大的灵活性和通用性，只要修改和编译就能形成不同的功能电路，用软件来修改硬件电路，使用方便，开发效率高，可维护性好等。

FPGA 芯片为 Altera 公司的 EP1C12，所用的开发软件是 Altera 公司的 Quartus Ⅱ 6.0 完全版，各主要功能模块电路全部采用硬件描述语言 VHDL 编写，然后生成功能模块符号，顶层设计采用原理图方式设计，直观方便，可读性好。主要功能模块包括以下几个方面。

Slave FIFO 控制模块：由时序主控逻辑产生控制时序，实现同 FX2 的异步 Slave FIFO 的数据交换，模块会根据端口状态信号控制外部数据缓冲区中的数据进入 FX2 批量端点缓冲区，从而实现 USB 数据的批传输。

SRAM 控制模块：实现容量为 256K×16 位的 SRAM ISSI25616 读写控制。最大能实现 256K×16 位的数据存储深度，有了这个缓冲区，可以保证采样数据的连续性和完整性。

A/D 控制模块：在控制参数的作用下，如采集频率，存储深度等，主控制逻辑会按照这些参数调整采样时序，控制 A/D 转换，然后把转换的数据在采样周期内存于外部数据缓冲区中，实现数据的同步转换和存储。

选择控制模块：根据 PC 设定的控制参数执行控制，进行通道选择、程控放大、程控滤波。控制参数包括采样方式、采样频率、通道序号、程控增益、程控滤波器类型及其参数值等。

双端口 RAM 模块：两个端口可被独立访问的存储器的存储单元。用于存储 USB 控制传输的指令和数据，如各种采集控制参数，转速数据等。

信号发生模块：采用 DDS 数字频率合成技术实现频率、相位及幅度的数控调制，通过 D/A 转换器 MAX5184 产生 10 位精度的任意波形，以供测量校准。

频率计模块：采用等精度测频原理，将光电转速传感器的脉冲转换成转速，通过 FX2 的 EP0 控制传输读回 PC。

3. 前端电路

轴承的故障是多种多样的，振动频带宽，瑞典 SPM 公司将其分为高频值和低频值进行分析。为了提高系统检测精度，防止放大以后的信号幅值超过 A/D 转换的量程，因此数据采集系统须根据信号的变化相应地调整放大器的增益及滤波带通。

本系统选择具有增益可编程功能的芯片 PGA204，用软件自动控制放大器的增益，增益范围为 1～1000。

硬件滤波选用MAX262。MAX262是CMOS双二阶通用开关电容有源滤波器。可构成各种带通、低通、高通、陷波和全通配置，且不需外部元件。每个 MAX262 器件含有两个二阶滤波器，在程序控制下设置中心频率 f_0、品质因数 Q 和滤波器工作方式。系统可根据振动传感器工作频带范围及振动分析方式要求进行灵活设置，结合计算机软件数字滤波，进行振动诊断研究试验，有利于系统升级。

滤波处理后的高频振动信号一般不会超过 20kHz。模数转换选用采样速率达 1MSPS 的 16 位逐次逼近型高速高精度数模转换器 AD7671，选用±5V 双极性输入、16 位并行接口方式。

14.4.3　软件设计

USB 应用系统软件设计分为三部分：固件程序、主机操作系统上的客户驱动程序及用户应用程序。Cypress 公司提供了完整的 CY7C68013 固件的框架、驱动程序源码及控制面板程序，大大提高了用户开发的进度。用户只需稍加修改即可使用所带驱动程序，软件设计主要集中在固件程序和应用程序的开发。固件程序是下载到 USB 控制器中的固件代码，响应各种来自系统的 USB 标准请求，完成连接设备和主机的任务。用户应用程序通过客户驱动程序与系统 USBI（USB device interface）进行通信，其主要任务是用 Windows 程序处理采集进来的数据流。

1. 固件程序设计

固件程序负责初始化各硬件单元，重新配置设备。当首次插入 USB 设备时，EZ-USB FX2 通过 USB 电缆自动进行设备枚举，下载固件程序和 USB 设备描述表，之后对设备再次枚举，在这次枚举中将根据第一次枚举中下载的信息进行设备定义。这一次的枚举过程称为重枚举。由于固件程序在 PC 主机中，由驱动程序下载到设备 RAM 后执行，极大地方便了系统的调试和升级。

固件程序框图如图 14.36 所示。FX2 设备上电或复位后，首先对所有的内部状态变量初始化，然后固件程序不断检测控制端口 0 是否收到 SETUP 包。一旦收到，固件程序就执行系统设备请求。首先，通过 GPIF 口写方式设置硬件参数，然后通过 GPIF 读方式得到转速信号，在完成以上设备请求后，再使 FX2 工作在 Slave FIFO 方式，振动数据就可以进行块传输了。GPIF 和 Slave FIFO 方式每次改变时都需对接口重新进行相应初始化。GPIF 读写及控制逻辑是通过装入 GPIF 波形描述符到接口配置寄存器来实现的，Cypress 公司提供了 GPIF 工具 GPIFTOOL，用户可以非常方便地编译 GPIF 波形描述符。

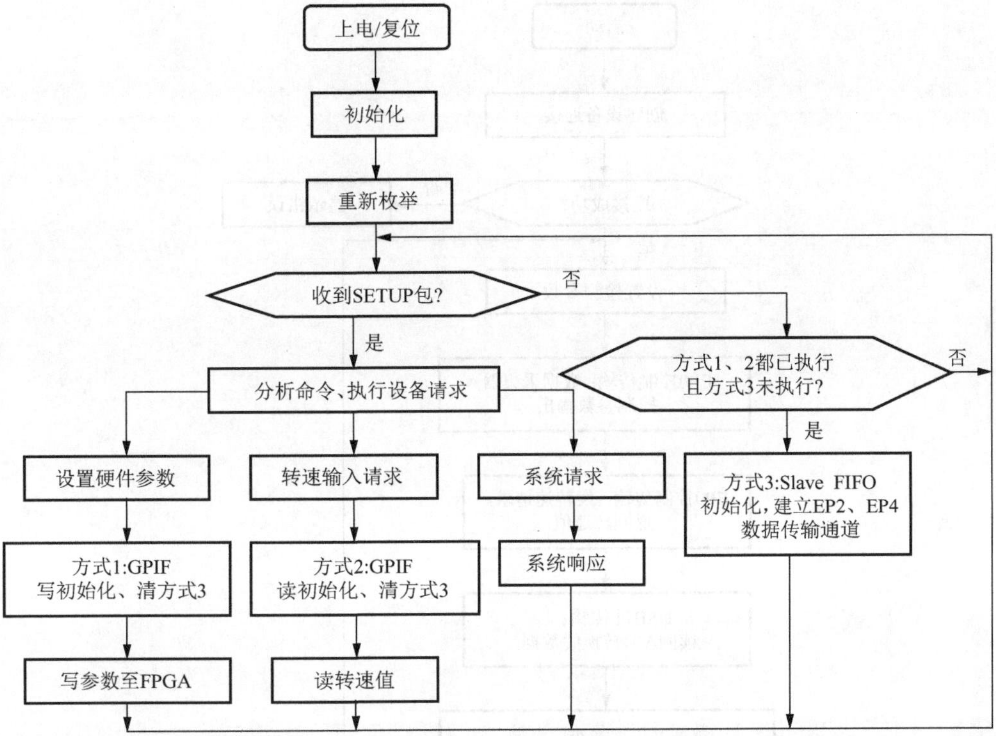

图 14.36　固件程序框图

2. 应用程序设计

应用程序采用 VC++编写，程序框图如图 14.37 所示。首先程序要建立与外设的连接，利用 CreateFile 得到 USB 句柄，然后用 DeviceIoControl 来向设备驱动程序发送请求，完成与 FX2 的数据传输。PC 取得采样数据后，进行多种处理分析，判断轴承是否正常，以绿、黄、红背景色分别表示轴承正常、损坏预警、损坏报警的状态。数据存档后，可实现查询、统计、打印等管理功能。

采用振动法诊断轴承故障的标准不是一成不变的。应用程序容许用户对数据采集器的硬件参数、待检测的轴承参数及故障报警门限值等进行灵活的设置、存档，通过不断积累经验，形成日益完善的数据库。

各振测参数的计算公式如下：

（1）有效值：

$$g_{\mathrm{rms}}=\sqrt{\frac{\sum_{i=1}^{N}(X_i-X_{\mathrm{mean}})^2}{N}} \tag{14.52}$$

式中，X_i 为信号采样值；X_{mean} 为信号采样点的平均值；N 为采样点数。

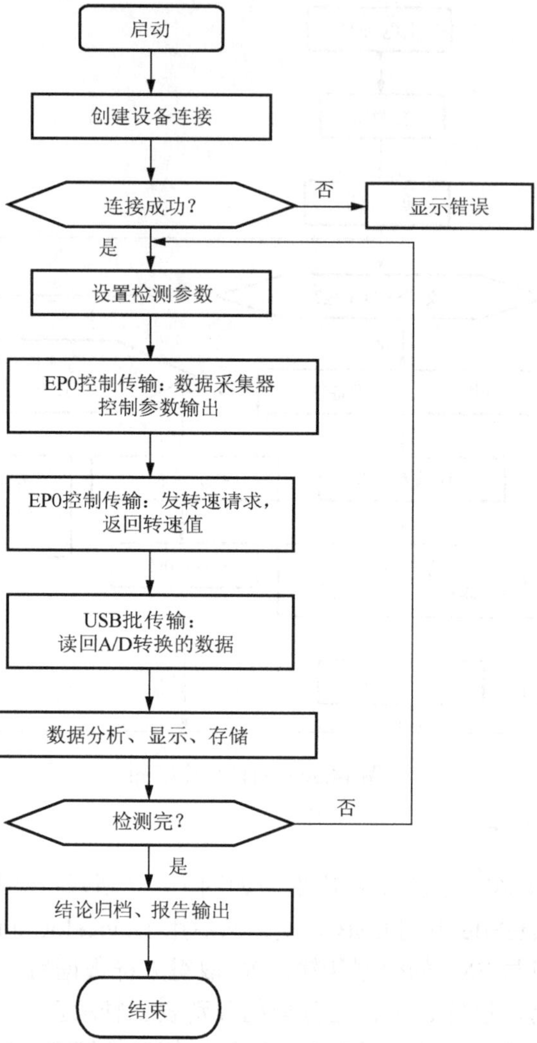

图 14.37　应用程序框图

（2）峰值系数：

$$G = \frac{X_{\text{peak}}}{X_{\text{mean}}} \tag{14.53}$$

式中，X_{peak} 为信号的峰值；X_{mean} 为信号采样点的平均值。

（3）峭度系数：

$$K_V = \frac{N\sum_{i=1}^{N}(X_i - X_{\text{mean}})^4}{\left[\sum_{i=1}^{N}(X_i - X_{\text{mean}})^2\right]^2} \tag{14.54}$$

式中，X_i 为信号采样值；X_{mean} 为信号采样点的平均值；N 为采样点数。

（4）包络检波频谱分析

频谱分析时，利用其冲击值及特征频率可对轴承故障进行定量定型分析，分析方法同车载设备。

14.4.4　试验验证

采用模拟信号对数据采集器进行测试，测试误差 $\delta_1 \leqslant \pm 2\%$。本系统采用的振动传感器灵敏度误差 $\delta_2 \leqslant \pm 10\%$，则系统误差 $\delta \leqslant \pm\sqrt{\delta_1^2+\delta_2^2} \approx 10.2$。采用振动试验台对系统进行扫频试验，测试误差在该误差内。

采用频谱分析的国外仪器冲击测量值误差一般为±2dB，根据公式：

$$\mathrm{dB_n} = 20\lg\frac{2150\times \mathrm{SV}}{N\times D^{0.6}} \tag{14.55}$$

可求得其冲击值 SV 可能的误差。

设标称值为 $\mathrm{SV_0}$、$\mathrm{dB_{n0}}$，实测值为 $\mathrm{SV_1}$、$\mathrm{dB_{n1}}$。

（1）当 $\mathrm{dB_{n1}}-\mathrm{dB_{n0}}$=2dB 时，可得

$$20\lg(2150\times \mathrm{SV_1}/(N\times D^{0.6}))-20\lg(2150\times \mathrm{SV_0}/(N\times D^{0.6}))=2$$

$$20\lg(\mathrm{SV_1}/\mathrm{SV_0})=2$$

$$\mathrm{SV_1}=\mathrm{SV_0}\times 10^{(2/20)}$$

$$\mathrm{SV_1}\approx 1.259\ \mathrm{SV_0}$$

$$(\mathrm{SV_1}-\mathrm{SV_0})/\mathrm{SV_0}=25.9\%$$

（2）当 $\mathrm{dB_{n1}}-\mathrm{dB_{n0}}$=−2dB 时，可得

$$20\lg(2150\times \mathrm{SV_1}/(N\times D^{0.6}))-20\lg(2150\times \mathrm{SV_0}/(N\times D^{0.6}))=-2$$

$$20\lg(\mathrm{SV_1}/\mathrm{SV_0})=-2$$

$$\mathrm{SV_1}=\mathrm{SV_0}\times 10^{-(2/20)}$$

$$\mathrm{SV_1}\approx 0.79\ \mathrm{SV_0}$$

$$(\mathrm{SV_1}-\mathrm{SV_0})/\mathrm{SV_0}=-21\%$$

系统的测振参数分别与国内外相应测试仪器进行了对比试验，测试数据吻合。随后系统经过多次现场应用检验，其诊断结论均正确无误。图 14.38 为系统对一外环故障轴承进行实测的频谱分析图。

系统设计采用了虚拟仪器技术，充分利用计算机软件平台完成信号的处理、分析等功能，最大限度地简化了硬件。与传统仪器相比，该系统在智能化程度、处理能力、性能价格比、可操作性等方面均具有明显的技术优势。其 USB 设备的可热插拔特性使得该系统具有便携式的特点，使用方便，无须关机重启或打开机箱进行安装。

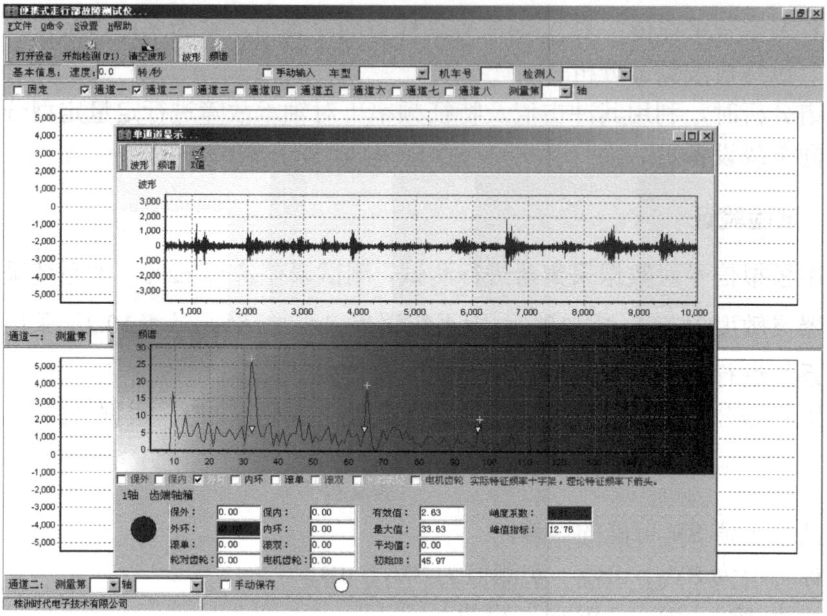

图 14.38　频谱分析界面

该诊断系统的管理模式是针对铁路机车的，其诊断方法对一般地面旋转机械的故障诊断同样适用。如对软硬件稍加改动，还可实现如虚拟示波器、信号发生器、频率计等通用仪器。因此，使用前景十分广阔。

14.5　机车走行部件故障诊断实例

14.5.1　某机务段 DF11G-0165 机车踏面故障分析

某机务段 DF11G-0165 机车上安装的走行部件监测及故障诊断系统于 2008 年 5 月 12 日产生踏面Ⅱ级报警，报警轴位为 25（2 轴非齿端）。将数据转储并导入计算机中，通过地面分析软件进行分析，其波形如图 14.39 所示。

由振动信号的频谱分析图可见，频谱曲线的峰值与踏面/齿轮的各阶理论故障频率吻合得非常好，具有典型的踏面故障特征。

此外，21 和 65 轴位也发现有振动异常，且均为踏面异常。在软件的“检测记录”表格中用鼠标点击表格标题中的“轴位”一列，将记录按轴位排序，可以看到 21 和 65 的振动异常记录（记录的底色为灰色）特别多。这点也可以通过软件的趋势分析功能来证实。用鼠标点击工具栏中的“趋势图”按钮，出现“历史记录趋势图”界面（图 14.40），选择要分析的轴位号及日期范围后，按“更新”按钮后，可以发现，21、31 及 65 轴位的踏面/齿轮振动异常记录比其他轴位明显要多，建议对 21 及 65 轴位密切注意。对轮对踏面检查后发现踏面有损伤，如图 14.41 所示，机务段对报警轮对进行旋轮处理后，报警提示消失。

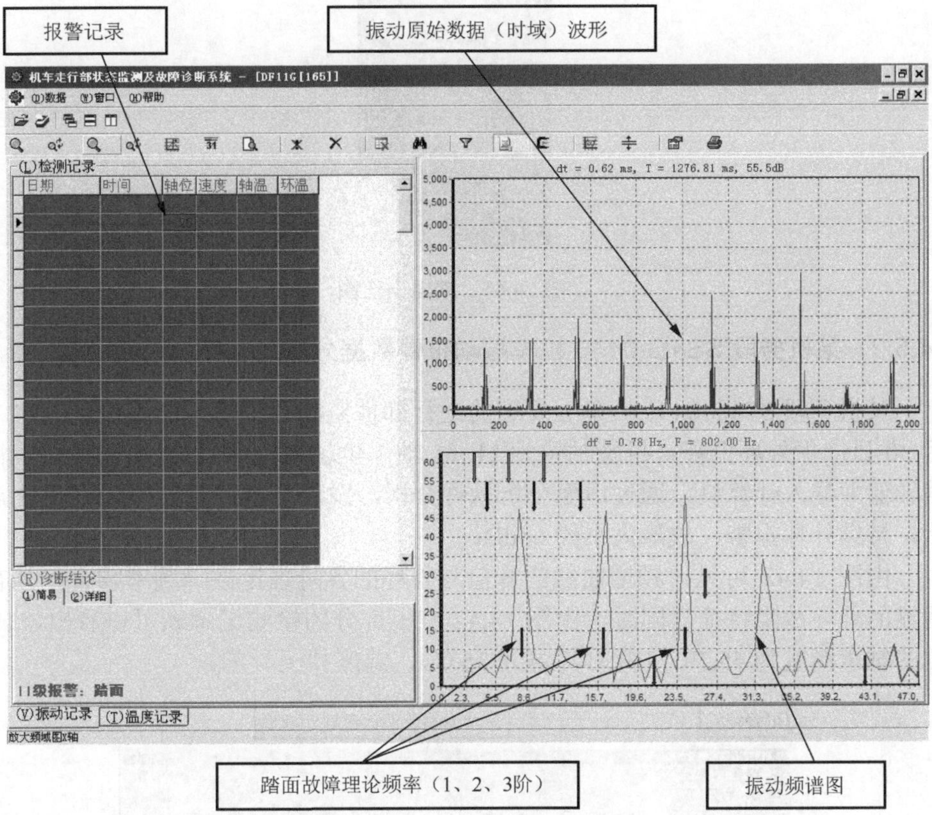

图 14.39　25 轴位报警数据

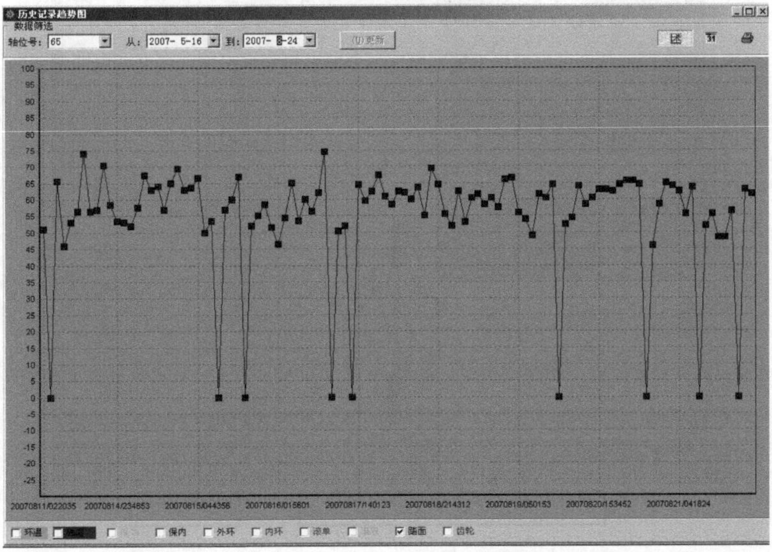

图 14.40　DF11G-0165 机车 65 位历史记录趋势图

图 14.41　踏面损伤图

14.5.2　某机务段 SS4G-0446 机车振动报警数据分析

某机务段 SS4G-0446 机车上安装的走行部件监测及故障诊断系统于 2007 年 7 月 30 日产生外环报警，报警轴位为 11（1 轴 1 位轴箱轴承）。机车回段后，将数据转储并导入计算机，通过地面分析软件分析，发现 11 轴位从 7 月 30 日 3 点开始，持续外环报警，故障大小约 65dB。

由图 14.42 可见，频谱曲线的峰值与外环的各阶理论故障频率吻合，具有很明显的外环故障特征。同时，由图 14.42 左上部分的检测记录表可以看出，11 轴位的轴承温度为 45.5℃（此时环温为 35℃），温度并无异常。

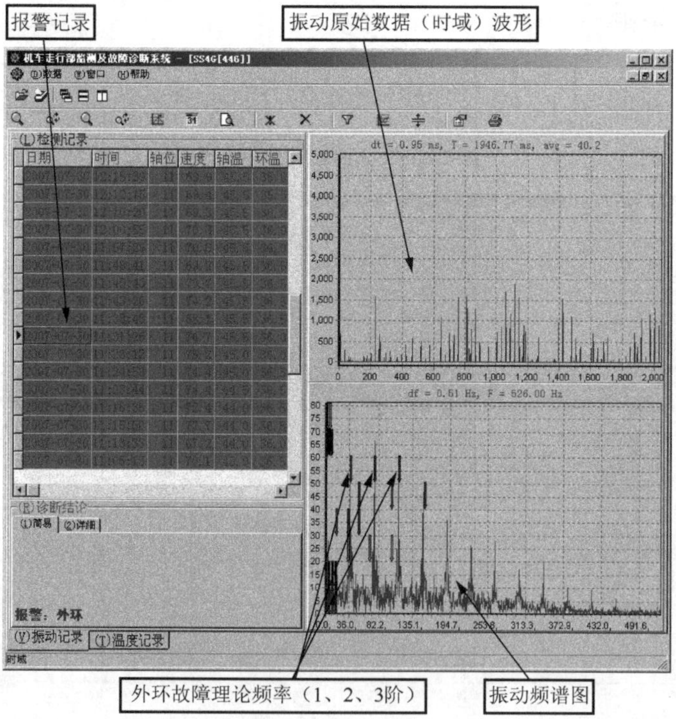

图 14.42　11 轴位报警数据

通过将 11 轴位的轴承解体，发现外环已严重剥离，如图 14.43 所示。更换此轴承后，机车运行正常。

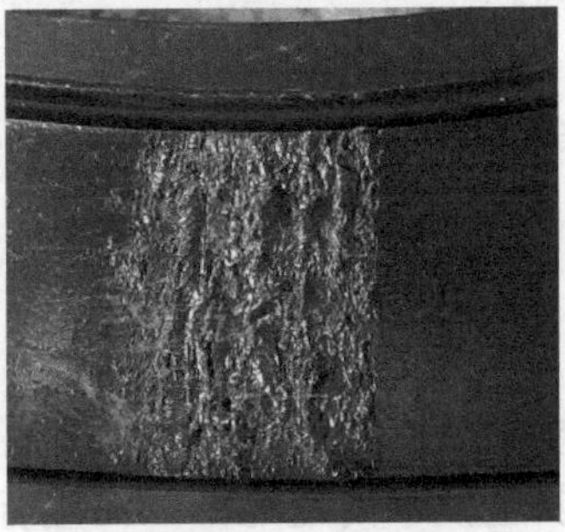

图 14.43　11 轴位解体后的外环缺陷图

14.5.3　某机务段 SS9G-0210 机车轴承故障分析

某机务段 SS9G-0210 机车上安装的走行部件监测及故障诊断系统于 2007 年 12 月 23 日产生轴承振动报警，报警轴位为 51（5 轴 1 位轴箱轴承）。机车回段后，将数据转储并导入计算机，通过地面分析软件分析，其振动波形及频谱图如图 14.44 所示。

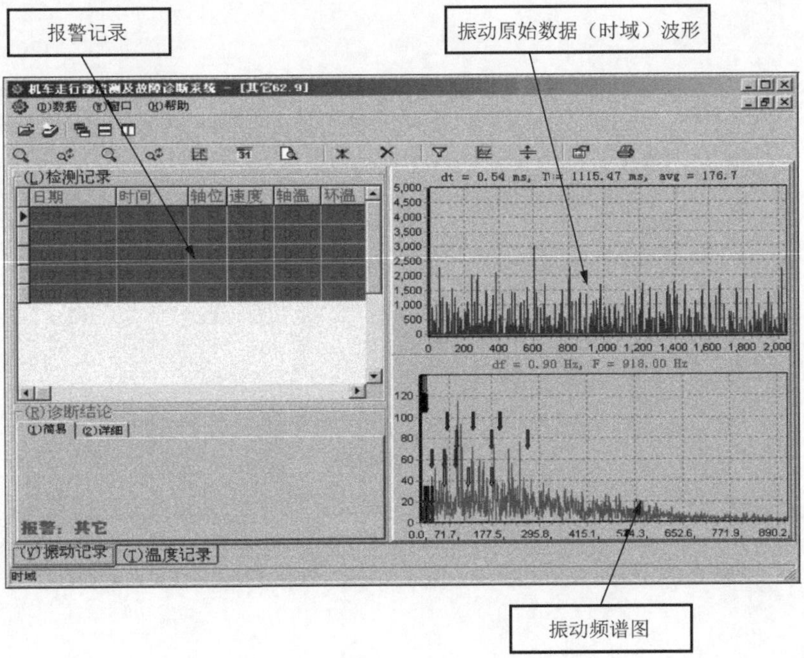

图 14.44　51 轴位报警数据

从频谱图中可以看出，并没有特定的故障频率与其相吻合，但是振动时域波形幅值却很大（约为2000mV）。由于该轴承为新更换的轴承，损坏的可能性很低。因此怀疑为该轴承的安装问题。

主机厂家派人到现场，对51位轴承进行解体分析，发现所用的油脂存在问题，影响轴承的润滑性能，造成振动过大。

14.6 小　　结

列车走行部的状态直接关系到列车运行的安全，尤其是高速动车组的走行安全问题，是列车最关键的安全技术问题之一。而走行部的故障诊断内容主要是轴承的状态诊断。目前，由于前面所述的诊断技术的成熟，国内的机车和高速动车组开始批量安装轴承检测与诊断系统，部分的城市轨道列车也有试装。这类技术的运用和设备的运行，为保障列车运行安全提供了有效的技术支持。

参考文献

安徽机电学院《电动机维修问答》. 1981. 电动机维修问答. 合肥: 安徽科学技术出版社.

白新桂. 1986. 数据分析与试验优化神经. 北京: 清华大学出版社.

鲍光海. 2011. 低压控制与保护电器智能化技术研究. 福州: 福州大学.

鲍晓红, 贾英民. 1997. 用神经网络辨识非线性系统中的模型误差分析(Ⅰ)—函数逼近误差及其对确定性动态系统的影响. 控制与决策, 12(5).

常存, 任爱锋, 孙肖子, 等. 2004. 基于FGPA的嵌入式系统设计. 西安: 西安电子科技大学出版社.

陈佳新. 2000. 电机维修技术自学速成. 福建: 福建科学技术出版社.

陈剑. 2008. 便携式机车轴承故障诊断系统.机车电传动, 4.

陈金水, 孙优贤. 1997.系统存在参数振动时基于观测器规划的一种故障诊断方法. 23(1): 77-80.

陈明. 1989. 电测与自动化装置可靠性. 西安: 西北工业大学出版社.

陈省身, 陈维桓. 1983. 微分几何讲义. 北京: 北京大学出版社.

陈特放, 黄采伦, 樊晓平. 2005. 基于小波分析的机车走行部件故障诊断方法.中国铁道科学, (28): 100-105.

陈玉宝, 厦继强, 郧学礼. 2000. Petri网模型在故障诊断领域的应用研究. 中国机械工程, 11(12).

陈政. 2013. 我国铁路运输业产业创新系统模式及创新因素研究. 天津: 河北工业大学.

程代展. 1988. 非线性系统的几何理论. 北京: 科学出版社.

褚福磊, 李贵三, 张正松. 1996. 旋转机械常见故障的振动三维谱特征及其识别.清华大学学报(自然科学版), 36(7): 86-91.

辞海编辑委员会. 1979. 辞海. 上海: 上海辞书出版社.

崔锦泰. 1995. 小波分析导论. 程正兴, 译. 西安: 西安交通大学出版社.

戴文战, 等. 1989. 故障诊断及状态偏差估计的二级分解算法. 控制理论与应用, 6(3): 101-107.

戴文战, 等. 1989. 一种有效的诊断大系统故障源位置等方法. 信息与控制, 18(4): 37-43.

戴文战. 1997. 基于函数空间迭代的大系统故障诊断方法. 信息与控制, 26(4).

邓聚龙. 1985. 灰色控制系统. 武汉: 华中工学院出版社.

邓学寿. 2008. CRH2型200km/h动车组牵引传动系统. 机车电传动, 4: 1-7, 38.

丁道振. 2013. 基于ZigBee的高压开关柜触头温度在线监测系统研究. 厦门: 集美大学.

丁康, 陈键林, 苏向荣. 2003. 平稳和非平稳振动信号的若干处理方法及发展.振动工程学报, 16(1): 1-10.

丁明霞. 2000. 低压电器可靠性的探讨. 江苏电器, (1): 11-12.

丁玉兰, 石来德. 1991. 机械设备故障诊断技术. 上海: 上海科学技术文献出版社.

董建园, 段志善, 熊万里. 1999. 异步电机定子绕组故障分析及其诊断方法.中国电机工程学报, 19(3): 26-30.

董选明, 裘丽华, 王占林. 1997. 神经网络自适应非线性滤波器及在线故障检测. 控制与决策, 12(1).

方崇智, 萧德云. 1988. 过程辨识. 北京: 清华大学出版.

高为柄. 1988. 非线性控制系统导论. 北京: 科学出版社.

高为柄. 1996. 变结构控制的理论及设计方法. 北京: 科学出版社.

葛彤, 邓建华. 1997. 组合概率信息的复杂系统层次故障诊断方法. 23(4): 538-543.

郭其一. 1994. 高速列车故障诊断系统的结构及可靠性研究. 上海铁道学院学报, 15(2): 73-80.

郭其一. 1994. 一种灰箱系统的故障定位诊断技术. 信息与控制, (4).

郭其一. 1998. 系统故障诊断的理论与技术研究. 机车电传动, (4).

郭其一. 1999. 系统故障可诊断性的形式描述研究. 上海铁道大学学报, 20(8): 7-11.

郭其一. 2015. 轨道交通车辆系统安全完整性问题综述, 机车电传动, (6).

郭晓鹏. 2013. 交流电力机车牵引传动系统的保护分析和总结. 成都: 西南交通大学.

国家标准, GB/T21562. 轨道交通可靠性、可用性、可维修性和安全性规范及示例.

韩捷, 张瑞琳. 1997. 旋转机械故障机理及诊断技术. 北京: 机械工业出版社.

昊金培. 1995. 模糊诊断理论及其应用. 北京: 科学出版社.
何成武. 1990. 自动有限机理论及其应用. 北京: 科学出版社.
何新贵. 1990. 知识处理与专家系统. 北京: 国防工业出版社.
何正嘉, 曹宏瑞, 李臻, 等. 2009. 铣削刀具破损检测的第二代小波变换原理.中国科学, 6(39): 1174 -1184.
胡海清. 2007. 振动检测技术和涡街流量计的研究. 杭州: 浙江大学.
化学工业部人事教育司, 化学工业部教育培训中心. 1997. 电机基础及维修. 北京: 化学工业出版社.
黄采伦, 樊晓平, 陈特放. 2006. 列车故障在线诊断技术与应用. 北京: 国防工业出版社, 23.
黄进, 牛发亮, 杨家强. 2006. 基于双 PQ 变换的感应电机转子故障诊断.中国电机工程学报, 26(13): 135-140.
黄文虎, 夏松波, 刘瑞岩. 1997. 设备故障诊断原理、技术及应用. 北京: 科学出版社.
姜建国. 1995. 故障诊断学及其在电工中的应用. 北京: 科学出版社.
姜鸣, 陈进, 汪慰军. 2003. 几种 Cohen 类时频分布的比较及应用.机械工程学报, 39(8): 129-134.
蒋新松. 1983. 意大利的人工智能研究. 国外自动化, 5(6).
焦李成. 1996. 神经网络系统理论. 西安: 西安电子科技大学出版社.
康世崴. 2010. 基于模糊层次分析的电能质量综合评估. 长沙: 湖南大学.
雷继尧, 何世德. 1989. 机械故障诊断基础知识. 西安: 西安交通大学出版社.
李奎, 陆俭国, 胡德霖. 1997. 保护类电器的可靠性指标及其验证试验理论分析. 电工技术学报, 12(3): 50-54.
李奎, 陆俭国, 瞿建喜. 2003. 剩余电流动作保护器的可靠性验证试验技术的研究. 电工技术学报, 18(4): 114-117.
李乃夫. 2003. 电动机维修实训. 北京: 高等教育出版社.
李佩禹. 1992. 电动机维修技巧. 济南: 山东科学技术出版社.
李全林, 何忠韬. 2009. SOM 神经网络在电力机车主变流器故障诊断中的应用.铁道机车车辆, 4
李士勇. 1996. 模糊控制, 神经网络控制和智能控制. 哈尔滨: 哈尔滨工业大学出版社.
李谓华, 萧德云, 芳崇智. 1992. 基于数学模型的故障检测与分离技术. 控制与决策, 7(6): 401-409.
李小忠, 汪培庄, 罗承忠. 1998. 模糊神经网络. 贵阳: 贵州科技出版社, 15-20.
李昕. 2012. 电磁继电器触头相关参数的测量研究. 天津: 河北工业大学.
李正良. 1989. 矩阵理论和代数基础. 成都: 电子科技大学出版社.
连三级. 1994. 电力牵引控制系统. 北京: 中国铁道出版社.
梁锦. 2007. 智能脱扣器电参数测量方法及不确定度的研究. 长沙: 湖南大学.
林立新. 2008. SS7E 电力机车电气系统的故障诊断技术研究.长沙: 中南大学.
刘宝碇, 赵瑞清. 1998. 随机规划与模糊规划. 北京: 清华大学出版.
刘炳章. 2003. 低压电器的可靠性及其试验研究(一). 江苏电器, (2): 19-25.
刘炳章. 2003. 低压电器的可靠性及其试验研究(二). 江苏电器, (3): 13-28.
刘炳章. 2003. 低压电器的可靠性及其试验研究(三). 江苏电器, (4): 19-21.
刘炳章. 2003. 低压电器的可靠性及其试验研究(四). 江苏电器, (5): 13-18.
刘帼巾, 陆俭国, 赵靖英. 2007. 接触式继电器的可靠性验证试验抽样方案. 中国电机工程学报, 27(21): 43-46.
刘建华, 张伟江, 徐晓鸣. 1997. 基于 PNN 滤波的非线性系统故障检测方法, 控制理论与应用, 14(2).
刘玲. 2010. 牵引变流器故障诊断的研究. 成都: 西南交通大学.
刘松柏. 2003. SS8 电力机车主变流器故障智能诊断系统的研究.长沙: 中南大学.
刘延刚. 2005. 电机维修工操作技术要领图解. 山东: 山东科学技术出版社.
刘延年, 冯纯伯. 1994. 用精神网络进行非线性离散系统辨识的可行性. 控制理论与应用, 11(4): 413-420.
刘迎春. 1993. 传感器原理、设计与应用. 2 版. 长沙: 国防科学技术大学出版社.
刘元洪. 1989. 我国控制类电器的可靠性指标和试验方法. 机床电器, (2): 32-34.
刘增良, 等. 1996. 模糊逻辑与精神网络——理论与研究. 北京: 北京航空航天大学出版社.
龙飞文. 2007. 电机构造及维修. 北京: 中国劳动社会保障出版社.
陆俭国, 王景芹, 师新莉. 1997. 断路器的可靠性指标及其评估方法. 机床电器, (2): 8-10.
陆俭国, 王景芹. 2004. 低压断路器可靠性评估方法与验证试验方案的研究. 中国电机工程学报, (12): 193-196.
陆俭国, 张乃宽, 董德起. 1995. 我国低压电器可靠性研究和应用工作现状及展望. 机床电器, (5): 22-24.

陆俭国. 1986. 低压电器可靠性技术.
陆俭国. 1991. 接触器的失效模式与失效机理. 电杂志, (3): 12-18.
陆俭国. 2004. 低压电器可靠性概况及其发展. SPOSPTP, (3): 5-8.
陆俭国. 2005. 低压断路器和漏电保护器的可靠性研究. 中国工程科学, 7(6): 36-40.
栾桂冬, 张金绎, 金欢阳. 2002. 传感器及其应用. 西安: 西安电子科技大学出版社.
罗斯 A M. 1979. 信息与通信理论. 钟义新, 李道本, 王继先, 译. 北京: 人民邮电出版社.
骆燕燕, 陆俭国, 李志刚. 2001. 小型断路器可靠性试验分析. 机床电器, (3): 6-8.
骆燕燕. 2000. 小型断路器的可靠性研究. 天津: 河北工业大学.
马宏忠. 2008. 电机状态监测与故障诊断. 北京: 机械工业出版社, 702.
牛发亮, 黄进, 刘炯. 2004. 基于感应电机电磁转矩信号特征提取的转子故障检测. 第五届全国石油和化学工业电气技术交流研讨会论文集(中国化工设备 2004 年增刊), 11, 57-62.
牛发亮, 黄进, 魏云冰. 2003. 基于小波脊线的笼型异步电动机转子断条故障特征提取. 大电机技术, (7): 10-15.
牛发亮, 黄进, 魏云冰. 2004. 基于气隙转矩的笼型异步电动机转子断条检测. 电力系统及其自动化学报, 16(2): 15-16.
牛发亮, 黄进, 杨家强, 等. 2005. 基于感应电机启动电磁转矩 Hilbert-Huang 变换的转子断条故障诊断.中国电机工程学报, 25(24): 107-112.
牛发亮, 黄进, 杨家强. 2005. 基于电磁转矩小波变换的感应电机转子断条故障诊断.中国电机工程学报, 25(24): 122-127.
潘松, 黄继业. 2002. EDA 技术实用教程. 北京: 科学出版社.
彭志科, 何永勇, 卢青, 等. 2003. 用小波时频分析方法研究发电机碰摩故障特征.中国电机工程学报, 23(5): 75-79.
钱峰. 2006. EZ-USB FX2 单片机原理编程及应用. 北京: 北京航空航天大学出版社.
钱守义. 2004. 三相交流异步电动机维修入门. 杭州: 浙江科学技术出版社.
秦虹. 2004. 电机原理与维修. 北京: 中国劳动社会保障出版社.
邱阿瑞. 1997. 提取感应电动机转子故障特性的新方法.清华大学学报(自然科学版), 37(1): 35-37.
屈梁生, 何正嘉. 1986. 机械故障诊断学. 北京: 上海科学技术出版社.
日本电气书院. 1984. 电气设备故障检测手册. 钱汝立, 等译, 北京: 水利电力出版社.
沙斐. 2000. 机电一体化系统的电磁兼容技术. 北京: 中国电力出版社.
沈标正. 1996. 电机故障诊断技术. 北京: 机械工业出版社.
沈艳霞. 2004. 电机故障诊断的人工智能方法综述. 微特电机, 2.
隋家贤, 黄苏南, 夏圈世. 1995. 故障检测与定位. 自动化学报, 21(4).
孙慧妤, 王文义, 陈桂林, 等. 1989. 继电器失效分布类型的识别及其参数的回归分析. 机械工程师, 17-29.
孙晋超. 2008. 基于 Petri 网的变电站故障诊断的研究. 贵阳: 贵州大学硕士学位论文.
孙丽玲, 许伯强, 李和明. 2005. 笼型异步电机转子断条与定子绕组匝间短路双重故障研究.电工技术学报, 20(4): 38-40.
孙翔. 1992. 世界各国的高速铁路. 成都: 西南交通大学出版社.
谭兮. 2008. 工业热电偶自动检定系统.长沙: 中南大学.
潭民, 疏松桂. 1990. 基于神经网络的控制系统故障诊断. 控制与决策, (5): 58-60.
唐淑琴, 武颖琪. 1995. 基于遗传算法的非线性参数估计器. 系统仿真学报, (4): 43-47.
陶笃纯. 1986. 实现谱峰自动识别的句法方法. 自动化学报, 12(1).
汪忠, 廖恫生. 1995. SPRT 在控制系统诊断中的应用.控制工程, (5):
王冠伟. 1991. 电机的机构与维修. 北京: 电子工业出版社.
王奇. 2015. 轨道交通安全相关系统安全完整性的探讨, 机车电传动, (2).
王汝文, 宋政湘, 杨伟. 2003. 电器智能化原理与应用. 北京: 电子工业出版社.
王时任, 陈继平. 1983. 可靠性工程概论.
王则柯, 凌志英. 1991. 拓扑理论及应用. 北京: 国防工业出版社.
王祖译. 1983. 电气故障检测.

维纳. 1985. 控制论：或关于在动物和机器中控制和通信的科学. 郝季仁译. 北京：科学出版社.
魏云冰. 2002. 小波变换在电机故障诊断与测试中的应用研究.杭州：浙江大学博士学位论文.
文件《TGA9 型牵引变流器使用维护说明书》.TE273-000000. 第 1.0 版.
芜湖机械学院《电动机维修问答》编写组. 1975. 电动机维修问答. 合肥：安徽人民出版社.
吴广宁，谢恒坤，马积勋，等. 1996. 大型汽轮发电机局部放电在线监测装置及现场试验. 大电机技术, (4): 35-39.
夏道行，吴卓人，严绍宗，等. 1979. 实变函数论与泛函分析. 2 版. 北京：高等教育出版社.
谢秀杰. 2008. 电阻法测温的原理及数学计算. 电子质量, 12: 12-14.
辛格 I M，索普 J A. 1985. 拓扑学与几何学基础讲义. 于丹岩，译. 上海：上海科学技术出版社.
信息处理协会. 1985. 信息处理手册. 信息处理手册翻译组. 北京：机械工业出版社.
徐飞. 2009. 逆变器中 IGBT 的保护和故障诊断研究. 长沙：中南大学.
徐凤海，全映红. 2005. 控制与保护开关 CPS 的特点分析. 电工技术, (12): 85-86.
解学书，钟宜生. 1994. H_∞ 控制理论. 北京：清华大学出版社.
许伯强，李和明，孙丽玲，等. 2004. 异步电动机定子绕组匝间短路故障检测方法研究. 中国电机工程学报, 24(7): 177-182.
绪方胜彦. 1981. 现代控制工程. 卢伯英，佟明安，罗维铭，译. 北京：科学出版社.
严云升. 1995. 现代高速列车的诊断系统. 机车电传动, (5).
杨光勋. 电动机振动原因分析及对策. 防爆电机, 200(2): 24-26.
杨国治. 1999. 电机维修 300 问. 杭州：浙江科学技术出版社.
杨乐申，刘炳章. 2008. 低压电器可靠性标准及其宣贯的建议. 低压电器, (5): 62-64.
杨良士，钟延炯. 1976. 系统故障诊断技术. 机器人, 12(6): 601-611.
杨柳春. 2004. 电机维修技术实训指导. 北京：化学工业出版社.
杨士元. 1995. 数字系统的故障诊断与可靠性设计. 北京：清华大学出版社.
杨叔子，等. 1993. 基于知识的诊断推理. 清华大学出版社，北京：广西科学技术出版社.
杨四清. 2005. 机车轴温报警装置及其抗干扰设计.机车电传动, 11.
姚芳，陆俭国，郑建荣，等. 2007. 交流接触器可靠性研究概况. 低压电器.(11): 2-5.
叶昊，王桂增，方崇智. 1998. 一种基于小波变换的导弹运输车辆故障诊断方法. 自动化学报, 24(3): 301-305.
叶昊，王桂增，万崇智. 1997. 小波变换在故障检测中的应用. 自动化学报, 23(6): 236-241.
叶剑虹. 2009. Petri 网若干关键技术的研究及其应用. 成都：电子科技大学.
叶俊. 2005. 基于 Petri Net 的故障诊断理论研究及其在磁浮列车上的应用. 长沙：国防科学技术大学.
叶银忠，潘日芳，蒋慰孙. 1987.　动态信道故障检测与诊断方法. 信息与控制, 15(6): 27-34.
于泳，蒋生成，杨荣峰，等. 2011. 变频器 IGBT 开路故障诊断方法.中国电机工程学报, 3.25.
余成波，陶红艳，杨菁，等. 2008. 数字信号处理及 MATLAB 实现. 2 版. 北京：清华大学出版社.
余高翔，吴磊. 2010. 基于 ARM+LINUX 嵌入式系统的机车走行部件故障诊断装置.机车电传动, 3.
虞和济，韩庆大，李沈. 2001. 设备故障诊断工程. 北京：冶金工业出版社.
虞和济，韩庆大，原培新. 1992. 振动诊断的工程应用. 北京：冶金工业出版社.
虞和济，侯广琳. 1990. 故障诊断专家系统. 北京：冶金工业出版社.
虞和济. 1988. 故障诊断的基本原理. 北京：冶金工业出版社.
张弛，许伯强. 2006. 异步电动机定子绕组匝间短路故障特征分析.华北电力大学学报, 33(3): 22-26.
张海艳. 2009. 基于 Petri 网的船舶电力系统故障诊断. 哈尔滨工程大学学报, 9
张军. 2007. 电机维修入门. 合肥：安徽科学技术出版社.
张曙光. 2009. HXD1 型电力机车. 北京：中国铁道出版社.
张涛，武小悦，谭跃进. 2003. Petri 网在系统可靠性分析中的应用. 国外可靠性与环境试验技术, 2(1).
张贤达. 1989. 现代信号处理. 北京：清华大学出版社.
张雪松，王超，程晓东. 2008. 基于马尔科夫状态空间法的电网系统可靠性分析. 电网技术, 32(13): 94-99.
张沿辉. 2014. 电气设备状态维修与故障诊断的探析. 科学中国人, 22: 42.
赵家礼. 2000. 电机故障诊断修理手册. 北京：机械工业出版社.

赵建立, 高会生, 赵生岗. 2008. 贝叶斯网络在可靠性评估中的应用. 电力科学与工程, 24(2): 51-53.
赵静. 2002. 电器可靠性试验数据处理的研究. 天津: 河北工业大学.
赵明玉. 1998. 这对传感器故障的容错控制问题的数值解法. 自动化学报, 24(4): 512-517.
郑君里, 应启珩, 杨为理. 2000. 信号与系统上册. 2 版. 北京: 高等教育出版社.
郑南昌. 2005. 控制系统继电器可靠性分析与措施. 火箭推进, 31(4): 58-62.
郑琼林. 2009. 交流传动机车牵引变流器的设计与控制. 电力电子.
中国大百科全书[现代医学卷 1]. 1997. 上海: 中国大百科全书出版社.
中国国家标准分类[电子与信息技术卷 1, GB3187-82]. 北京: 中国国家标准出版社.
钟秉林, 黄仁. 1997. 机械故障诊断学. 北京: 机械工业出版社.
钟燕科. 2009. 基于 SVM 的机车主变流器故障诊断.长沙: 中南大学.
钟义信, 潘新安, 杨议先. 1992. 智能理论与技术——人工智能与精神网络. 北京: 人民邮电出版社.
曾建. 2003. 新型直通式电空制动机及其关键技术研究. 成都: 西南交通大学.
曾天翔. 1994. 可靠性及维修性工程手册. 北京: 国防工业出版社.
周东华, 等. 1994. 控制系统的故障检测与诊断技术. 北京: 清华大学出版社.
周东华, 席裕庚, 张钟俊. 1991. 故障检测与诊断技术. 控制理论与应用. 8(1): 1-10.
周东华, 叶昊, 王桂增. 1998. 基于观测器方法的故障诊断技术若干问题的探讨, 自动化学报, 24(3).
周桂法. 1995. SS8 机车控制与部件诊断. 机车电传动, (3) .
周金荣, 等. 1995. 遗传算法的改进及其应用研究. 控制与决策, 10(3): 261-302.
朱国辉. 2011. HXD1 型机车主变流器的常见故障及其原因分析.电力机车与城轨车辆. 7.20
朱洪, 陈增武, 段振华, 等. 1989. 算法设计和分析, 上海: 上海科学技术文献出版社.
朱洪, 陈增武, 段振华. 1987. 算法分析和设计. 上海: 上海科学技术出版社.
朱继洲. 1989. 故障树原理和应用. 西安: 西安交通大学出版社.
Albert B, Fiorenzo F, Giovanni F, et al. 2001. Quantitave evaluation of induction motor broken bars by means of electrical signature analysis. IEEE Transactions on Industry Applications, 37(5):1248-1255.
Albizu I, Zamora I, Mazon A J, et al. 2006. Techniques for online diagnosis of stator shorted turns in induction motors. Electric Power Components and Systems, 34(1):97-114.
Anlin Q G, Dai Y G. 1997. A local on-Line sensor fault detection method on the automotive environment. IEEE ICLPS'97, 1495-1498.
Arkan M, Perovic D K, Unsworth P. Online stator fault diagnosis in induction motor. IEEE Proceedings on Electric Power Application, 148(6):537-547.
Arkan M, Unsworth P J. 1999. Stator fault diagnosis in induction motors using power decomposition. Conference Record of the Industry Applications Conference, 3:1908-1912.
Arthur N, Penman J. 2000. Induction machine condition monitoring with higher order spectra. IEEE Transactions on Industry Electronics, 47(5):1031-1041.
Bachir S, Tnani S, Trigeassou J C, et al. 2006. Diagnosis by parameter estimation of stator and rotor faults occurring in induction machines. IEEE Transactions on Industry Applications, 53(3):963-973.
Benbouzid M E H, Nejjari H, Beguenane R, et al. 1999. Induction motor asymmetrical faults detection using advanced signal processing techniques. IEEE Transactions on Energy Conversion, 14(2): 147-152.
Benbouzid M E H,Vieira M, Theys C. 1999. Induction motors faults detection and localization using stator current advanced signal processing techniques. IEEE Transactions on Power Electronics, 14(1):14-22.
Benbouzid M E H. 2000. A review of induction motors signature analysis as a medium for faults detection. IEEE Transactions on Industrial Electronics, 47(5):984-993.
Binns K J, Dye M. 1973. Indetification of principal factors affecting unbalanced magnetic pull in cage induction motors. Proc IEE, 120(3):903-915.
Bonissone P P. 1983. DELTA. An expert system for trouble shooting of diesel electrical locomotives, NAFIP Ⅱ workshop. Schenectady, New York.

Bonnelt A H, Soukup G C. 1992. Cause and analysis of stator and rotor failures in three-phase squirrel-cage induction motors. IEEE Transactions on Industry Applications, 28(4):921-937.

Bo-Suk Yang, Seok Kwon Jeong, Yong-Min Oh, Andy Chit Chiow Tan. 2004. Case-based reasoning system with Petri nets for induction motor fault diagnosis. Expert System with Applications, 301-311.

Briz F, Degner M W, Diez A B, et al. 2004. Online diagnostics in inverter-fed induction machines using high-frequency signal injection. IEEE Transactions on Industry Applications, 40(4):1153-1161.

Briz F, Degner M W, Zamarron A, et al. 2003. Online stator winding fault diagnosis in inverter-fed AC machines using high-frequency signal injection. IEEE Transactions on Industry Applications, 39(4):1109-1117.

Brooks R A. Intelligence Without Reason MIT Artificial Intelligence Lab 545Technology Square Cambridge.

Campbell J J, Clark P E, et al. 1984. Strains on Motor Endwindings. IEEE Trans IAS, 20(1):37-44.

Cantone R R, Pipitone F J, et al. 1983. Model-based probabilistic reasoning for electronics troubleshooting. Proceedings of the 8th International Joint Conference on Artificial Intelligence, Washington DC.

Cardoso A J M, Cruz S M A, Fonseca D S B. 1999. Inter-turn stator winding fault diagnosis in three-phase induction motors, by Park's vector approach. IEEE Transactions on Energy Conversion. 14(3):595-598.

Cash M A, Habetler T G, Kliman G B. 1998. Insulation failure prediction in AC machines using line-neutral voltages. IEEE Transactions on Industry Applications, 34(6):1234-1239.

Cash M A. 1998. Detection of turn faults arising from insulation failure in the stator windings of ac machines. Doctoral thesis of Georgia Institute of Technology, USA.

Chandrasekaran B, Gomez F. 1979. An approach to medical diagnosis based on conceptual structures. Proc. of IJCAI'79.

Cho K R, Lang J H, Umans S D. 1992. Detection of broken rotor bars in induction motors using state and parameter estimation. IEEE Transaction on Industry Applications, 28(3):702-709.

Chow M Y, Mangum P M, Yee S O. 1991. A neural network approach to real-time condition monitoring of induction motors. IEEE Transactions on Industrial Electronics, 38(6):448-453.

Chow T W S, Gou F. 1995. Three phase induction machines asymmetrical faults identification using bispectrum. IEEE Transactions on Energy Conversion, 10(4):688-693.

Cristian D A, Guillermo B, Santiago G, et al. 2006. Model based stator fault detection in induction motors. 32nd Annual Conference on IEEE Industrial Electronics, 1095-1100.

Cruz S M A, Cardoso A J M, Toliyat H A. 2003. Diagnosis of stator, rotor and airgap eccentricity faults in three-phase induction motors based on the multiple reference frames theory. Conference Record of The 2003 IEEE Industry Applications Society Annual Meeting, Salt Lake City, 2:1340-1346.

Cruz S M A, Cardoso A J M. 2005. Multiple reference frames theory: A new method for the diagnosis of stator faults in three-phase induction motors. IEEE Transactions on Energy Conversion, 20(3):611-619.

Cruz S M A, Cardoso A J M. 2000. Rotor cage fault diagnosis in three-phase induction motors by extend Park's vector approach. Electric Machines and Power System, 28(3):289-299.

Cruz S M A, Cardoso A J M. 2001. Stator winding fault diagnosis in three-phase synchronous and asynchronous motors, by the extended Park's vector approach. IEEE Transactions on Industry Applications, 37(5):1227-1233.

Cruz S M A, Toliyat H A, Cardoso A J M. 2005. DSP implementation of the multiple reference frames theory for the diagnosis of stator faults in a DTC induction motor drive. IEEE Transactions on Energy Conversion, 20(2):329-335.

Cruze S M A, Cardoso A J M, Toliyat H A. 2003. New developments in the diagnosis of faults in line-connected and direct torque controlled induction motors. The 29th Annual Conference of the IEEE Industrial Electronics Society, 2: 1361-1368.

Dai W Z. 1997. A kind of parallel algrorithm based on tabular iteration for fault diagnosis. IEEE ICIPS'97, 1483-1486.

DALLAS 器件资料: DS18B16.pdf.

DALLAS 应用笔记 148:1-Wire 网络可靠设计指南.

Darwish H A, Taalab A M I, Kawady T A. 2001. Development and implementation of an ANN-based fault diagnosis

scheme for generator winding protection. IEEE transactions on Power Delivery, 16(2):208-214.
David J M, Krivine J R. 1987. Reasoning from structure and behavior towards a methodology. Proc. of First European Workshop on Fault Diagnostics, Reliability and Related Knowledge Based Approachse, (2):17-27.
Davis R. 1984. Diagnostic reasoning based structure and behavior. Artificial Intelligence, (24):247-410.
Dekleer J, Brow J S. 1984. A qualitative physics based on influences. Artificial Intelligence, 24(1):7-84.
Dekleer J. 1984. An Assumption-Based TMS, AI, 28(1).
Dekleer J. 1985. How Circuits Work, Qualitative Reasoning about Physical System, D Bobrow. Cambridge : MIT Press.
Dekleer J. 1986. Extending the ATMS, AI, 28(3).
Dekller J, Williams B C. 1987. Diagnosing multiple faults. Artificial Intelligence, 32(1).
Demba D, Benbouzid M E H, Denis H, et al. 2005. Fault detection and diagnosis in an induction machine drive: A pattern recognition approach based on concordia stator mean current vector. IEEE Transactions on Energy Conversion, 20(3):512-519.
Deng Z D, Sun Z Q. 1997. A fully dynamic fuzzy neural networks. IEEE ICIPS'97, 387-391.
Diallo D, Benbouzid M E H, Hamad D, et al. 2005. Fault detection and diagnosis in an induction machine drive: A pattern recognition approach based on concordia stator mean current vector. IEEE Transactions on Energy Conversion, 20(3):512-519.
Ding H, Gui X W, Yang S Z. 1989. State knowledge representation technique. Proc. of ICESEA'89, Wuhan.
Ding H, Yang S Z. 1988. Fault diagnosis by time series analysis. Proc. of the IEEE Int. orkshop on Applied Time Series Analysis, C. H Chen Ed, orld Scientific.
Ding H, Yang S Z, Gui X W. 1989. The state knowledge based diagnosis for engines. Proc. of the ASME Biennial Conf on Mechanical Vibration and Noise, Montreal.
DoebelinE O. 1986. 系统的建模和响应——理论及实验方法. 董钧芳, 关国枢, 译. 上海: 上海科学技术文献出版社.
Doise R. 1984. Diagnostic reasoning based on structure and behavior. Artificial Intelligence, 24(2).
Dotoli M. 2009. Maria Pia Fanti, Agostino Marcello Mangini, Walter Ukovich. On-line falult detection in discrete event systems by Petri nets and integer linear programming. Automatica, 2665-2672.
Ehrich R, Foith J P. 1976. Representation of random waveform by relational tree. IEEE Trans. on Computers, 25(7).
Elkasabgy N M, Eastham A R, Dawson G E. 1992. Detection of broken bars in the cage rotor on an induction machine. IEEE Transactions on Industry Applications, 22(6):165-171.
Erdelyi E, Erie P A, Haway G. 1956. Vibration modes of trans. ASME, 39-45.
Erskine J B. 1978. A user's view of noise and vibration aspects of a.c. induction motors//IEE Colloquium on Design Applications and Maintenance of Large Inductrial Drives.
Ethan, Song Y H. 2003. Condition monitoring techniques for electrical equipment-A literature survey. IEEE Transactions on Power Delivery, 18(1):4-15.
Farley A M. 1989. Diagnostic mechanism modeling. International Journal of Pattern Recognition and Artificial Intelligence, 3(3).
Filippetti F, Franceschini G, Carla T, et al. 1998. AI techniques in induction machines diagnosis including the speed ripple effect. IEEE Transactions on Industry Applications, 34(1):98-108.
Filippetti F, Franceschini G, Tassoni C, et al. 2000. Rencet developments of induction motor driver fault diagnosis using AI techniques. IEEE Transaction on Industrial Electronics, 47(5):994-1004.
Filippetti F, Franceschini G, Tassoni C. 1993. Neural networks aided on-line diagnostics of induction motor faults. Proc. IEEE Industry Applications Soc. Annual Meeting Conf. I:316-323.
Fiorenzo F, Giovanni F, Tassoni C, et al. 1998. AI techniques in induction machines diagnosis including the speed ripple effect. IEEE Transactions on Industry Applications, 34(1):98-108.
Francesco C, Vanna Elisabetta de, Luigi S, et al. 2004. Analysis technique for detection of IM broken rotor bars after supply disconnection. IEEE Transactions on Industry Applications, 40(2):526-533.
Frank P M, Ding X. 1994. Frequency domain approach to optimally robust residual generation and evaluation for model

based fault diagnosis. Automatica.

Frank P M. 1987. Fault diagnosis in dynamic system via state estimation—a survey. Proc. of First European Workshop on Fault Diagnostic, Reliability and Related Knowledge Based Approachse, 1:35-95.

Gallanti M, et al. 1987. Exploiting physical and design knowledge in the diagnosis of complex industrial systems. in Advances in AI-I1, Boulay, B. D, Hogg, D and Steels, L. Eds., Elsevier Science Publishers B. V, North-Holland.

Garcia P, Briz F, Degner M W, et al. 2004. Diagnostics of induction machines using the zero sequence voltage. Conference Record of 2004 IEEE Industry Applications, 2: 735-742.

Geneserch M R. 1984. The Use of Design Descriptions in Automated Diagnosis, AI, 24(3).

Geneserech M R. 1982. Diagnosis Using Hierarchical Design Models, AAAI-82.

Haji M, Toliyat H A. 2001. Pattern recognition-A technique for induction machines rotor broken bar detection. IEEE Transaction on Energy Conversion, 16(4):312-317.

Hargis C,Gaydon B G, Kamash K. 1982. The detection of motor defects in induction motors. Proc. of int.conf.on Electrical Machines-Design and Appplication//IEE, London, Conference Publin.213, 216-220.

Holtzblatt L J. 1988. Diagnosine multiple failures using knowledge of component states. Conf. on AI Application.

Hornik K, Stinchcombe M, White H. 1989. Multilayer feedforward networks are universal approximators neural networks, 2(2).

Horowitz S L. 1997. Peak Recognition in Waveforms, in Syntactic Pattern Recognition, Applications Ed by K S Fu, Sprinter-Verlag, Berlin, Heidelberg, New York.

Horvitz E J, et al. 1984. Diagnostic strategies in the hypothesis-directed pathfinder system. Proc. of the IEEE Conf. on AI Application.

Hsu J S. 1995. Monitoring of defects in induction motors through air-gap torque observation. IEEE Transaction on Industry Application, 31(5):1016-1021.

Hu H S, Li Z W, Abdulrahman AI-Ahmari. Reversed fuzzy petri nets and their application for fault diagnosis. Computers & Industrial Engineering.

Hua Z C, Ye C Q, Lu W X. 1997. Diagnostic reasoning based on a human mathematical model. IEEE ICIPS'97, 1487-1489.

Hudilcka E, Lesser V. 1987. Modeling and diagnosing problem-solving system behavior. IEEE Transactions System, Man and Cybernetics, 17(3).

Hugh D, Pragasen P, Ziarani A K. 2004. A new algorithm for transient motor current signature analysis using wavelets. IEEE Transactions on Industry Applications, 40(5):1361-1368.

Hunt J E. 1989. A qualitative diagnostician for mechanical devices. Engineering Application of AI, 2(1).

Isermann R. 1984. Process fault detection based on modeling and estimation methods—a Survey. Automatica, 20(4): 387-404.

Isernmann R. 1987. Experience with process fault detection methods via parameter estimation. Proc. Of First European Workshop on Fault Diagnostic, Reliability and Related Knowledge Based Approachse, 3-33.

James A, David M. Neural networks algorithms. Application, Application, and Programming Technique. Addison-Wesley Publishing Company.

Jiroveanu G, Boel R K. 2006. A distributed approach for fault detection and diagnosis based on time Petri nets. Mathematics and Computers in Simulation, 287-313.

Jones A H, Burge S E. 1987. An expert system design using cause-effect representation and simulation for fault detection. Proc. Of First European Workshop on Fault Diagnostics, Reliability and Related Knowledge Based Approachse, 2:71-80.

Kailath T. 1980. LINEAR SUSTEMS, Prentice-Hall, lnc, Englewood Cliffs.

Kanjilal P P. Adaptival prediction and predictive control. Peter Peregrinus Ltd, on behalf of The Institution of Electrical Engineers.

Kellner A. 1989. Treatment of unforeseen situations by online knowledge-based diagnostic system. Proc. First European

In-Orbit Operations Technology Symposium, Parmstadt, W. Germany.

Keravnou E T, Johnson L. 1986. Towards a generalized model of diagnostic behavior. Knowledge-Based System, 3(2).

Kerp P D. 1989. An analysis of the distinction between deep and shallow expert systems. International Journal of Expert System, 2(1).

Kim K, Parlos A G, Bharadwaj R M. 2003. Sensorless fault diagnosis of induction motors. IEEE Transactions on Industry Electronics, 50(5):1038-1051.

Kim K, Parlos A G. 2002. Induction motor fault diagnosis based on neuropredictors and wavelet signal processing. IEEE/ASME Transaction on Mechatronics, 7(2):201-219.

Kitowski J, Bargiel M. 1987. Diagnostics of faulty states in complex physical systems using fuzzy relational equation. Approximate Reasoning in Intelligence Systems, Decision and Control, Ed by E, Sanchez, Pergamon Press.

Kliman G B, Premerlani W J, Koegl R A, et al. 1996. A new approach to on-line turn fault detection in AC motors. Conference Record of IEEE Industry Applications. Thirty-First IAS Annual Meeting, IAS'96. Piscataway, NJ, 687-693.

Kliman G B, Premerlani W J, Koegl R A, et al. 2000. Sensitive, on-line turn-to turn fault detection in AC motors. Electric Machines and Power Systems, 28(5):915-927.

Kliman G B, Stein J, Endicott R D, et al. 1988. Noninvasive detection of broken rotor bars in operating induction motors. IEEE Transactions on Industry Applications, 3(4),873-879.

Knight A M, Bertani S P. 2005. Mechanical fault detection in a medium-sized induction motor using stator current monitoring. IEEE Transaction on Energy Conversion, 20(4):753-760.

Kohler J L, Sottile J, Trutt F C. 1992. Alternative for assessing the electrical integrity of induction motors. IEEE Transaction on Industry Applications, 28(5):1109-1117.

Kohler J L, Sottile J, Trutt F C. 2002. Condition monitoring of stator windings in induction motors: Part I-experimental investigation of the effective negative-sequence impedance detector. IEEE Transactions on Industry Applications, 38(5):1447-1453.

Lappus G. 1987. Knowledge-based process monitoring and failure detection applied to gas transmission networks. Proc. of First European Workshop on Fault Diagnostics, Reliability and Related Knowledge Based Approachse, 2:167-181.

Lee S B, Tallam R M, Habetler T G. 2003. A robust, on-line turn-fault detection technique for induction machines based on monitoring the sequence component impedance matrix. IEEE Transactions on Power Electronics, 18(3):865-872.

Legowski S F, Sadrul Ula A H M, Trzynadlowski A M. 1996. Instantaneous power as a medium for the signature analysis of induction motors. IEEE Transactions on Industry Applications, 32(4):904-909.

Leveson N G, Stolzy J L. 1987. Safety analysis using petri nets. IEEE Transactions on Software Engineering, SE-13(3).

Maier R. 1996. Protection of squirrel-cage induction motor utilizing instantaneous power and phase information. IEEE Transactions on Industry Applications, 28(3):376-380.

Manz L. 1997. Motor insulation system quality for IGBT drives. IEEE Industry A lications Magazine, 3(1):51-55.

Mario E, Ali C, Isamil Z. 2004. A comparison of external and internal methods of signal spectral analysis for broken rotor bars detection in induction motors. IEEE Transaction on Industrial Electronics, 51(1):107-121.

Marks R J, El-Sharkawi M A. Shorted windings sensing for excited electrical machines. Record of the 1997 International Symposium on Diagnostics for Electrical Machines, Power Electronics and Drives, Carryle-Route, 218-222.

Maxwell J H. 1983. Induction motor magnetic vibration//Proc. Vibration Monitoring and Analysis Meeting, Houston.

McDermid W. 1993. Insulation systems and monitoring for stator windings of large rotating machines. IEEE Electrical Insulation Magazine, 9(4):7-15.

Melero M G, Cabanas M F, Rojas C, et al. 2003. Study of an induction motor working under stator winding inter-turn short circuit condition. IEEE International Symposium on Diagnosis for Electric Machines, Power Electronics and Drives. SDEMPED Atlanta, 52-57.

Mirafzal B, Demerdash N A O. 2006. On innovative methods of induction motor interturn and broken-bar fault diagnostics. IEEE Transactions on Industry Applications, 42(2):405-414.

Mitchell M. An introduction to genetic algorithems. Massachusetts London: The MIT Press Cambridge.

Napolitano M R, Chen C I. 1993. Aircraft failure detection and identification using neural networks J or guidance. Control and Dynarnies, 16(3).

Natarajan R. 1989. Failure indentification of induction motors by sensing unbalanced stator currents. IEEE Transactions on Energy Conversion, 4(4):585-590.

Nejjari H, Benbouzid M E H. 2000. Monitoring and diagnosis of induction motors electrical faults using a current park's vector pattern learning approach. IEEE Transactions on Industry Applications, 36(3):730-735.

Niu F L, Huang J. 2005. Rotor broken bars fault diagnosis for induction machine based on the wavelet ridge energy spectrum. Proceedings of the Eighth International Conference on Electrical Machines and Systems(ICEMS20005), III:2274-2277.

Ouali M. –S., Ait-Kadi D., Rezg N. 1999. Fault diagnosis model based on Petri net with fuzzy colors. Computers & Industrial Engineering, 173-176.

Pazzani M J. 1987. Failure driven learning of fault diagnosis heuristics. IEEE Tran. on System, Man and Cybernetics, 17(3): 380-384.

Penman J, Sedding H G, Lloyd B A, et al. 1994. Detection and location of interturn short circuits in the stator windings of operating motors. IEEE Transaction on Energy Conversion, 9(4):652-658.

Rai R B. 1974. Airgap eccentricity in induction motors. EAR Report, 1174-1188.

Ren H, Mi Z Q, Zhao H S, et al. 2004. Fault diagnosis for substation automation based on Petri nets and coding theory. IEEE PES 2004 General Meeting, Denver.

Said M S N, Benboizid M E H, Abdelkrim B. 2000. Detection of broken bars in induction motors using an extended Kalman filter for rotor resistance sensorless estimation. IEEE Transactions on Energy Conversion, 15(1):66-70.

Samanta B, Al-Balushi K R. 2003. Artificial neural network based fault diagnostics of rolling element bearing using time-domain features. Mechanical Systems and Signal Processing, 17:317-328.

Schoen R R, Labeler T G, Kamran F, et al. 1995. Motor bearing damage detection using stator current monitoring. IEEE Transactions on Industry Applications, 31(6):1274-1279.

Schoen R R, Lin B K, Habetler T G, et al. 1995. An unsupervised on-line system for induction motor fault detection using stator current monitoring. IEEE Transactions on Industry Applications, 31(6):1280-1286.

Schrodi E. 1984. Fault tolerant and fail-safe microcomputer system for modern automatic process control by redundancy. Proc. of 9th IFAC World Congress, 2739-2744.

Selkainaho J, Halme A, Behbehani F. 1983. An efficient nonlinear filtering with application experience on multivariable adaptive control and fault detection. IFAC Workshop on Adaptive System in Control and Signal Processing, 199-206.

Shnnon C. 1948. E A mathematical theory of communication. Bell System Technical Journal, 27:379.

Sottile J Jr, Kohler J L. 1993. An on-line method to detect incipient failure of turn insulation in random-wound motors. IEEE Transactions on Energy Conversion, 8(4):762-768.

Sottile J, Trutt F C, Kohler J L. 2002. Condition of stator windings in induction motors, Part II-Experimental investigation of voltage mismatch detectors. IEEE Transactions on Industry Applications, 38(5):1454-1459.

Strong W J, Palmer E P. 1973. Format estimat from linear prediction spectra and their second derivatives. HASA, 55:396(A).

Su Y L, Govindindaraj T. 1986. Fault diagnosis in a large dynamic system experiments on training simulator. IEEE Trans. on Systems, Man and Cybernetics, 16(1):129-141.

Tallam R M, Habetler T G, Harley R G. 2002. Transient model for induction machines with stator winding turn faults. IEEE Transaction on Industry Applications, 38(3):632-637.

Tao L W, Lappus G, Schmidt G. 1988. Combined knowledge and model-based fault detection and diagnostic for gas transmission network. Proc. of 12th IMACS World Congress on Scientific Computation, 156-158.

Tavner P J, Penman J. 1987. Condition Monitoring of Electrical Machines. New York: John Wiley&Sons Inc.

TB/T 3057－2002 机车轴承温度监测报警装置技术条件.

Thomas W T. 2001. On-line MCSA to diagnose shorted turns in low voltage stator windings of 3-phase induction motors prior to failure. IEEE International Electric Machines and Drives Conference, 891-898.

Toliyat H A, Lipo T A. 1995. Transient analysis of cage induction machines under stator, rotor bar and end ring faults. IEEE Transactions on Energy Conversion, 10(2):241-247.

Tommy W S, Shi H. 2004. Induction machines fault diagnostic analysis with wavelet technique. IEEE Transactions on Industrial Electronics, 51(3):558-565.

Trutt F C, Sottile J, Kohler J L. 2002. Online condition monitoring of induction motors. IEEE Transactions on Industry Applications, 38(6):1627-1632.

Trzynadlowski A M, Ewen R. 2000. Comparative investigation of diagnostic media for induction motors: A case of rotor cage faults. IEEE Transaction on Industrial Electronics, 47(5):1092-1099.

Tzafestas S G. 1987. A look at the knowledge based approach to system fault diagnosis and supervisory control. Proc. Of First European Workshop on Fault Diagnostics, Reliability and Related Knowledge Based Approachse, 2:2-15.

Venkatasubramanian V,Vaidyanathan R, Yamamoto Y. 1990. Process fault detection and diagnosis using neural networks computers chem engng, 14(7): 699-712.

Wang D H, Wang Y M. 1997. Studies on developing the products of computer detection and control system combined with intelligent-fault-diagnosis. IEEE ICIPS'97, 1502-1505.

Wang H. 1997. Fault detection and diagnosis for unknown nonlinear system: a generalized framework via neural networks. IEEE ICIPS'97, 1506-1510.

Wang P, Yumoto M, Miyasaka F. 1997. An inspection method for sensors installation faults in air conditioning systems by stochastic qualitative reasoning. IEEE ICIPS'97, 1511-1515.

Wang Z Z, Li C R, et al. 2000. Partial discharge recognition of stator winding insulation based on artificial neural network. Conference Record of the 2000 IEEE International Symposium on Electrical Insulation, 9-12.

Wern-Kueir Jehng. 2002. Petri net models applied to analyze automatic sequential pressing systems. Journal of Materials Processing Technology, 115-125.

Williamson S, Mirzoian P. 1985. Analysis of cage induction motor with stator winding faults. IEEE Transaction on Power A lications, 104(7):1031-1038.

Willsky A S. 1987. A survey of design methods for detection in dynamic systems. Automatic, 12(6): 601-611.

Wu G N, Park D H. 1999. On-line monitoring instrument of fault discharge in large generators 1999. Eleventh International Symposium on High Voltage Engineering, (5):340-343.

Wu S T, Chow T W S. 2004. Induction machine fault detection using SOM-based RBF neural networks. IEEE Transactions on Industrial Electronics, 51(1):183-194.

Xia H, Cao X R, Liu Q, et al. 1997. Knowledge-based diagnostic system of turbine with faults using the blackboard model IEEE ICIPS'97, 1516-1519.

Yaici B, Kliman G B. 1999. An adaptive statistical time- frequency method for detection of broken bars and bearing faults in motors using stator current. IEEE Transactions on Industry Applications, 35(2):442-452.

Yamada N, Motoda H. 1983. A diagnostic method of dynamic system using the knowledge on system description. Proc. of IJCAI-83.

Yang S. 1981. Low noise electric motors. IEE Monograph, Clarendon Press, Oxford.

Yang X, Chen L J. 2009. Design and fault diagnosis of Petri net contollers for Petri nets with uncontrollable and unobservable transitions. Journal of Manufacturing Systems, 17-22.

Ye Z M, Wu B, Alireza S. 2003. Current signal analysis of induction mechanical faults by wavelet packet decomposition. IEEE Transaction on Industrial Electronics, 50(6):1217-1228.

Yoon W C, Hammer J M. 1988. Aiding the operator during novel fault diagnosis. IEEE Trans. SMC-18, 4.

Yoon W C, Hammer J M. 1988. Aiding the operator during novel fault diagnosis. IEEE Trans. On System, Man and Cybernetics, 18(1): 142-147.

Yoshiki, Kenji, Toshio, Peng Chen. 1994. Diagnosis method of centrifugal pumps by rough sets and partially-linearized neural network. IEEE ICIPS'97, 1490-1494.

Zhang B, Zhang L. 1997. The analysis and improvement of artificial neural network models. IEEE ICIPS'97, 7-13.

Zhigag Xiang & Srihari S N. 1986. Diagnosis using multi-level reasoning. Conf.on AI Application.

Zhou D H, Xi Y G, Zhang Z J. 1991. Knowledge based fault tolerant control of nonlinear dynamic system. Preprints of First IFAC Symposium on Design Methods of Control System.

Zidani F, Benbouzid M E H, Diallo D, et al. 2003. Induction motor stator faults diagnosis by a current Concordia pattern-based fuzzy decision system. IEEE Transactions on Energy Conversion, 18(4):469-475.